인간과 자연을 위한

하천공학

River Engineering

우효섭 · 오규창 · 류권규 · 최성욱 지음

청문각

머리말

하천공학(river engineering)은 인간사회의 이익을 위해 하천의 유로 및 흐름 특성에 대해 계획적으로 간섭하는 과정이다. 이 책에서는 하천의 자연적(환경적) 기능을 보전하면서 이·치수와 같은 하천의 공학적 기능의 효율을 높이기 위한 제반기술로 정의한다.

하천공학의 주요 대상은 하도 및 하상 정비 등 하천정비(channelization), 분수로, 방수로, 배수로, 운하 등 하도개설(canalization), 제방·호안, 수제, 하상유지시설, 보, 어도 등 하천시설물의 계획·설계, 시공, 유지관리 등이다. 더불어 최근 사회적 관심이 높아진 하천복원 관련 지식과 기술도 하천공학의 주요 대상이다. 이밖에 하천유역 조사 및 계획 등도 하천을 포함한 유역 관점에서 하천공학의 대상이 될 수 있을 것이다.

위와 같이 광범위한 분야를 다루는 하천공학을 이해하기 위해서는 수리학, 수문학, 하천형태학, 수생태학 등 관련 기본지식은 물론 수리공학, 지반공학, 토목시공학, 토양생물공학, 공학경제 등의 응용 지식이 필요하다. 그러나 위와 같은 하천공학의 대상과 범위를 모두 망라하는 '하천공학' 책은 현실적으로 가능하지 않다. 이 책은 위와 같은 다양한 관련 기본, 응용 지식과 기술 중에서 하천사업에 직접적으로 쓰이는 지식과 기술을 중심으로 집필되었다.

특히 이 책의 제목에서 알 수 있듯이 그동안 인간 위주의 공학적 효율성만 강조한 전통적 하천기술 시각에서 벗어나 생물서식처, 수질자정, 친수 등 하천의 자연적 기능의 지속가능성을 담보하는 새로운 하천기술 시각을 부각하려고 노력하였다. 구체적으로 하천의 생태기능, 하천환경의 조사 및 관리계획, 자연형 하천시설, 환경유량, 하천복원 등 각 장마다 환경과 생태를 직간접적으로 고려한 하천기술을 강조하였다. 또한 하천기술에 직접 관련된 것은 아니지만 유역관리 차원에서 통합물관리(IWRM)에 대해 간단히 설명하였다. 이를 통해 2018년 중반부터 하천 및 수자원 관리를 통합적으로 접근하려는 우리 사회의 노력에 도움이 되고자 하였다.

이 책은 하천공학 강좌를 개설한 대학이나 대학원의 전공교재로서 학술적, 기술적 관련성에 충실하면서 동시에 하천실무의 참고교재로서 실용성을 강조하였다. 예를 들면, 이 책은 하천계획이나 시설물 설계의 근간이 되는 관련 지식과 기술 설명을 생략하지 않으면서 동시에 그러한 실무를 수행하는 데 필요한 절차와 방법을 비교적 구체적으로 설명하려고 노력하였다.

이 책은 우선 서론 성격으로 하천에 대한 과학적, 사회적 이해부터 시작하여 하천공학의 역사와 영역 등을 다룬다. 이어서 전통적인 하천기술자들이 그동안 소홀히 다루었던 하천 생태기능을 비교적 자세히 설명한다.

다음 실무관점에서 하천 계획과 설계를 위한 관련 지식을 다룬다. 구체적으로 2장에서 유역부터 시작하여 수문, 하천 유량과 유사량, 하천환경 등 유역과 하천 조사 기술을 실무 위주로 다룬다. 3장에서는 하천계획 분야를 구체적으로 소개하기 위해 치수·이수 계획, 수문수리량 산정, 하도계획, 하천환경관리계획 등을 다룬다.

4장은 하천시설물 계획 및 설계를 위한 관련 기술을 현 국내 기준인 '하천설계기준'을 중심으로 실무 관점에서 소개한다.

5장은 유역관리 및 환경유량으로서, 세계적으로 효율적 물관리의 중요한 정책적 수단인 통합수자원관리에 이어 하천의 환경적 기능의 지속가능성을 담보하기 위한 환경유량의 산정기술을 소개한다. 이어서 앞 두 내용과 성격이 조금 다르지만 도시화의 진전으로 그 중요성이 점차 커지는 도시하천관리에 대해 간단히 다룬다.

6장은 전통적인 하천공학에서는 다루지 않았지만 근래 들어 그 중요성이 커진 하천복원 기술을 다룬다. 여기에는 하천복원의 정의와 의의부터 시작하여 하천교란 요인, 그리고 하천복원사업의 절차와 기술 등을 다룬다. 이 장의 끝부분에는 '일반적인' 하천복원만큼 중요한 수변완충대, 강변저류지 등 다양한 목적지향적 하천복원기술을 소개한다.

7장은 하천공학의 중요한 기술적 도구인 하천모형기술을 소개한다. 여기에는 전통적 수리모형기술과 최근 급속히 개발·보급된 수치모형기술을 다룬다.

이 책의 부록에는 학술교과서로는 꼭 필요하지 않지만 하천실무에서 자주 다루는 자료를 수록하였다. 구체적으로 부록 A에는 하천계획 관련 제도와 측량실무, 강우-유출 모형 관련 실무자료 등을 수록하였으며, 부록 B에는 HEC-RAS를 이용한 수위와 하상변동 계산 예를 수록하였다.

이 책은 대학에서 학부교재로 사용할 경우 1장, 2장, 3장의 수문수리량 산정, 4장의 대부분, 7장 등이 주요 대상이 될 수 있을 것이며, 대학원 교재로 사용할 경우 모든 장이 대상이 될 수 있을 것이다. 각 장에 예제를 수록하여 독자들의 이해를 높이게 하였으며, 대학교재로서 효용성을 높이기 위해 각 장 말미에 연습문제를 수록하였다.

구미와 일본에서 하천공학 책은 수리학, 수문학 책만큼 보편적이지 않다. 이 책은 전통적인 하천기술은 물론 환경 및 생태 측면을 가미한 하천기술을 강조하였다는 점에서 국내외 하천공학 책들과 차별된다. 이 책은 대학교재로 쓰이기 위해 하천공학 관련 기본 지식 및 기술을 체계적으로 설명하는 데 등한시하지 않으면서 동시에 하천계획, 하천시설물 설계를 하는 실무자들이 참고할 수 있도록 실무적 관점에서 기술하려고 노력하였다. 그러기 위해 집필진도 학계, 연구계, 산업계 전문가들로 구성하였다. 부족하지만 이 책이 그러한 취지에 맞게 활용되기를 기대한다.

끝으로 이 책은 하천정비기술 중에서 안전한 홍수소통을 위한 하도계획에 초점을 맞추었기 때문에 준설영향 검토, 합류부 및 지류부 처리기술, 두부침식 및 국부세굴 문제, 주운수로 유지기술 등은 다루지 못했다. 또한 운하, 방수로 등 하도개설기술도 다루지 못했기 때문에 위와 같은 내용들은 다른 하천공학 서적을 참고하기 바란다.

2018년 8월
저자 일동

차 례

제1장 ┃ 하천과 하천공학

제 2 장 ┃ 유역 및 하천 조사

제 3 장 ┃ 하천계획

제 4 장 ┃ 하천시설물

제 5 장 ┃ 유역관리 및 환경유량

제 6 장 ┃ 하천복원

제 7 장 ▌ 하천모형

부록 A. ▌ 하천계획 제도와 실무

부록 B. ┃ 수위와 하상변동 계산

1장 하천과 하천공학

1장은 이 책의 서론 성격으로서, 모두 4개의 절로 구성된다. 1.1절에서는 하천의 정의와 의의, 역사적인 관점에서 하천과 인간활동, 하천의 기능과 관리 등을 설명한다. 1.2절에서는 물, 유사, 지형 간 상호 작용과 그 결과물인 하천형태에 대해 간단히 설명한다. 1.3절에서는 이 책 제목의 수식어인 '인간과 자연을 위한' 취지에 맞게 하천의 생태기능에 대해 설명한다. 마지막으로 1.4절에서는 세계사적 관점에서 하천공학의 역사와 국내 하천정책의 변천 등을 간단히 설명하고, 하천공학과 수리학, 수문학, 지반공학, 수질공학, 생태학 등 관련 학문과 기술과의 관계를 설명한다.

1.1 하천이란?

1.1.1 하천의 정의

하천은 '지표수가 모여서, 또는 지하수가 흘러나와 중력에 의해 높은 데서 낮은 데로, 단기간에는 변하지 않는 비교적 일정한 곳을 따라 흐르는 자연의 물길'이다(우효섭 등 2015). 하천법에서는 하천을 '지표면에 내린 빗물 등이 모여 흐르는 물길로서 공공의 이해에 밀접한 관계가 있어 (하천법에 따라) 국가하천 또는 지방하천으로 지정된 것'을 말한다. 하천구역은 하천법이 미치는 영역으로서 상하류 및 횡방향으로 일정 구간을 하천관리자가 지정하며, 보통 하도와 홍수터, 자연 및 인공제방 등을 포함한다. 그림 1.1은 하천의 주요 구성요소를 보여준다.

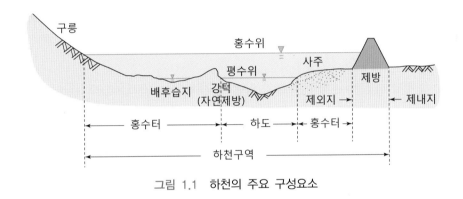

그림 1.1 하천의 주요 구성요소

그림 1.2는 지구상의 물 분포를 보여준다. 이 그림과 같이 지구상 물의 총 부피 13.9억 km^3

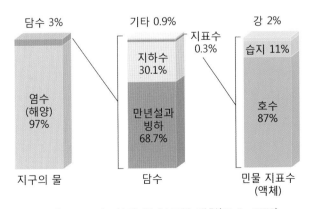

그림 1.2 지구상의 물 분포와 하천(Gleik 1996)

그림 1.3 지구상 물의 순환과 하천(한국어 위키백과, '물의 순환')

중에서 하천에 존재하는 물의 양은 단지 $0.03 \times 0.003 \times 0.02 = 1.8 \times 10^{-4}(\%)$ 밖에 되지 않는다. 그러나 이렇게 미미한 수량을 지닌 하천이지만 역사적으로 인류문명과 매우 긴밀한 관계를 맺어왔다.

그림 1.3을 보면 하천은 수문학적으로 다양한 지구상의 '물그릇' 중에서 낮은 곳에 모인 지표수를 더 낮은 곳으로 보내는 이동통로 역할을 한다. 하천수는 주변 지하수와 상호교환을 하면서 더 낮은 곳에 있는 호소나 바다로 들어간다.

하천은 그 규모나 지역에 따라 강, 개울, 내, 천 등 다양하게 불리나, 법률적으로는 인공수로는 물론 수로터널을 포함하여 다 같이 '하천'이다. 하천은 보통 바다, 호수, 저수지, 또는 다른 하천으로 흘러들어가나, 남한강 상류인 평창강의 일부 구간에서와 같이 강바닥이 투수성이 큰 석회암 등으로 구성되어 있는 경우 저수(低水) 시 하류로 가면서 흐름이 없어지는 경우도 있다. 또한 하천수는 보통 민물이지만, 바다와 만나는 하구에서와 같이 민물과 짠물의 중간 성격인 기수(汽水)일 수 있다.

수리학에서는 하천을 개수로로 취급한다. 개수로는 경계면이 흐름에 의해 변형하지 않는 고정상 개수로와 변형하는 이동상 개수로로 나뉜다. 하천은 경계면이 자갈, 모래, 실트 등 충적재료로 구성되어 있어 흐름에 의해 쉽게 변형되고 이동하기 때문에 이동상 개수로에 속하며, 이를 지형학에서는 충적하천(沖積河川, alluvial river)이라 한다. 충적하천의 개념에 대해서는 하천수리학 책(우효섭 등 2015)을 참고할 수 있다.

1.1.2 하천의 분류

하천은 기준에 따라 여러 종류로 나눌 수 있다. 우선 앞서 언급한 하천관리 주체를 기준으로 하천법에 의거하여 중앙정부가 관리하는 국가하천, 광역시나 도가 관리하는 지방하천, 그리고 소하천정비법에 의거하여 시·군·구 등 지자체가 관리하는 소하천 등으로 나뉜다. 다음에 하천 길이, 폭, 유량 등 하천의 물리적 규모에 따라 대하천, 중하천, 소하천 등으로 나눌 수 있으며, 이러한 구분은 일반적으로 국가하천, 지방하천, 소하천 등에 1:1 상응한다.

하천은 기본적으로 하상의 구성 성분에 따라 충적하천과 비충적하천으로 나뉜다. 충적하천은 하상이 흐름에 의해 이송되는 재료, 즉 자갈, 모래, 실트/점토 등으로 구성된 하천을 말하며, 비충적하천은 흐름에 의해 움직이지 않는 암반이나 콘크리트 하천 등을 말한다. 하천공학의 대부분의 대상은 충적하천이다.

하천유역의 지형 특성이나 하상경사를 기준으로 하면 급류하천, 산지하천, 평지하천 등으로 나눌 수 있다. 유사이송 특성에 영향을 주는 하상재료의 특성을 기준으로 하면 암반하천, 자갈하천, 모래하천, 진흙하천 등으로 나눌 수 있다. 하천의 평면형태를 기준으로 하면 직류하천, 곡류하천(또는 사행하천), 다지하천(또는 망상하천) 등으로 구분한다.

하상표고와 주변 지반의 상대적 위치에 따라서는 하상이 밑으로 내려간 굴입하천, 위로 올라간 축제하천(천정천) 등으로 나눌 수 있다. 전자는 보통 주변 지하수가 하천으로 들어가는 용출하천(effluent stream)이며, 후자는 하천수가 주변 지하로 들어가는 복류하천(influent stream)이다. 또한 하천에 상시 물이 흐르는 항류하천(perennial stream)과 어느 기간만 물이 흐르는 간헐하천(ephemeral stream)으로 나눌 수 있다.

하천유역의 개발 특성에 따라서는 자연하천, 농촌하천, 도시하천 등으로 나눌 수 있다. 하천유황이 자연상태인 경우 자연유량하천, 인위적으로 조절되는 경우 유량조절하천이라 한다. 하천수의 오염 정도에 따라서는 청정하천(1급수), 2급수하천, 3급수하천, 오염하천 등으로 구분하기도 한다.

마지막으로 하천의 자연도를 기준으로 자연상태가 비교적 잘 보전된 자연하천, 이치수 목적으로 부분적, 또는 상당 부분 인위적으로 손을 댄 정비하천, 그리고 100% 인공적으로 만들어진 인공하천으로 구분할 수 있다.

위와 같은 구분은 일부 추상적이고 상대적이지만 하천의 관리, 이용, 개발, 보전 관점에서 기본적으로 고려할 사항이다.

1.1.3 하천과 인간활동

하천에 들어 있는 물의 양은 전 지구상에 존재하는 물의 총량의 1.8×10^{-4}% 수준으로서 사실상 0이다. 이와 같이 지구상 물 전체의 극히 일부분을 차지하는 하천이지만 역사적으로 인간사회와 가장 밀접한 관계를 맺어왔다. 지구상 하천수 총량은 지하수, 호수, 하천 등에 있는 민물의 총량에 비해서도 0.006%에 불과하다.

표 1.1은 하천연장을 기준으로 지구상 10대 하천을 보여준다. 이 표에서 보는 바와 같이 지구상에서 가장 긴 하천은 과거 나일강에서 아마존강으로 바뀌었다.[1] 유역면적과 하구 기준 평균 유출량으로 봐도 아마존강이 가장 크고, 수량이 풍부한 하천이다.

표 1.1   세계의 10대 하천(길이 기준) (자료: Wikipedia, 2017년 7월 접속)

순위	하천	길이(km)	유역면적 (천 km^2)	평균유출량 (m^3/s)	위치 대륙(주요국)
1	아마존강	6,992(6,400)	7,050	209,000	남미(브라질)
2	나일강	6,853(6,650)	3,255	2,800	아프리카(에티오피아, 수단, 이집트)
3	양쯔강	6,300(6,418)	1,800	31,900	아시아(중국)
4	미시시피강	6,275	2,980	16,200	북미(미국)
5	예니세이강	5,539	2,580	19,600	아시아(러시아)
6	황하	5,464	745	2,110	아시아(중국)
7	오브강	5,410	2,990	12,800	아시아(러시아)
8	파라나강(라플라타강)	4,880	2,583	18,000	남미(브라질, 아르헨티나)
9	콩고강	4,700	3,680	41,800	아프리카(콩고)
10	아무르강(흑룡강)	4,444	1,855	11,400	아시아(러시아, 중국)

주) 길이에서 괄호 안은 다른 학자들의 의견임

그림 1.4는 우리나라 하천도이며, 표 1.2는 10대 하천을 보여준다. 이 표에서 보는 바와 같이 우리나라 하천은 반도의 하천으로서 표 1.1의 대륙의 하천에 비해 그 규모가 상대적으로 작다. 예를 들면, 지구상에서 가장 긴 아마존강과 우리나라에서 가장 긴 낙동강의 길이 비는 약 13.8:1이며, 유역면적이 가장 넓은 아마존강과 한강의 유역면적 비는 약 197:1이다. 여기서 재미있는 것은 길이비와 면적비는 14:197로서 길이비의 제곱이 면적비가 된다는 점이다.

전술한 바와 같이 하천은 지구상 물의 극히 일부밖에 가지고 있지 않는 아주 작은 '물통'이지만 인간활동과의 관계는 5,000년 전 인류문명의 발상부터 시작되었다(우효섭 2005). 지난 5,000년 인류의 역사 이래 지금까지 하천은 인간에게 경외의 대상이었다. 세계 4대 고문명의 발상지가 모두 대하천 변이었다는 사실은 문명의 시작부터 인간이 '어머니 같은 자연(Mother Nature)'인 하천이 주는 혜택을 누렸다는 것을 보여준다. 이집트 나일강의 경우처럼

---

1) 이는 하천의 원류와 하구 기준점을 어디에 두느냐에 따라 달라질 수 있으며, 아직 학자들 간에 이론은 있음

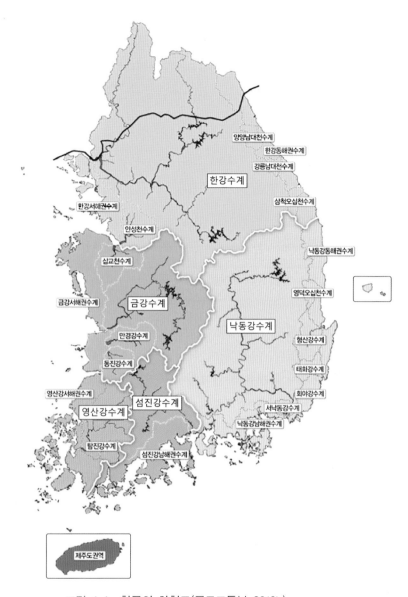

그림 1.4   한국의 하천도(국토교통부 2016b)

매년 규칙적으로 발생하는 홍수는 재앙이기 이전에 인간에게 농사 지을 물과 뱃길을 제공하였다. 더욱이 홍수는 상류의 비옥한 토사를 하류로 운반하여 충적지에 쌓음으로써 인간의 농경활동을 더욱 기름지게 하였다. 넓은 평야의 한 곳을 도도히 흐르는 강은 인간에게 풍요로운 자연의 일부였을 것이며, 때로는 무서운 홍수를 가져다주는 재앙의 근원이었을 것이다. 하천은 '어머니 같은 자연'으로서 친근감과 동시에 재앙의 근원으로서의 두려움의 양면을 가진 경외의 대상이었다. 이와 같은 경외의 대상으로서 하천과 인간관계의 양상은 그 이후 지금까지 크게 변하지 않고 지속되었다.

표 1.2 우리나라의 10대 하천(길이 기준) (국토교통부 2016a)

이 름	길이(km)	유역면적(km²)	평균 유출량(m³/s)	위치(주요 시도)
낙동강	506	23,384	599	경남, 경북
한강	494	25,954(35,770)	438	경기, 강원
금강	395	9,912	209	전북, 충남, 충북
섬진강	224	4,912	124	전북, 전남
영산강	138	3,468	86	전남
안성천	76	1,656	41	경기
삽교천	64	1,649	32	충남
만경강	81	1,504	32	전북
형산강	63	1,133	19	경북
동진강	51	1,124	25	전북

주) 한강의 유역면적에서 괄호 안은 북한 유역을 포함한 값임

　　그러나 20세기에 들어와 인간의 지혜가 커지면서 인간의 이익을 위해 하천을 '길들이려 (taming)' 하였다. 이를 위해 하천을 가로질러 댐을 쌓아 전기를 생산하는 수력발전부터 시작하여 나아가 하천유역 전체를 '물' 입장에서 보는 유역종합개발이 시작되었다. 또한 인간이 거주하는 지역만 둥그렇게 둑을 쌓아 홍수를 막으려는 과거의 소박한 노력 대신 하천을 따라 길게 둑을 쌓아 하천변 모두를 이용하려는 '하천정비(channelization)'도 시작되었다. 그 결과 상당 부분 성공을 거두어 20세기는 인간이 하천을 '길들인' 시대로 각인되었다.

　　21세기를 시작하는 시점에서 지난 100년을 되돌아보면 이러한 노력으로 많은 성과를 거둔 것도 사실이지만 하천을 '평정'하려는 인간의 노력은 한계에 달했다는 것이다. 예를 들면, 댐과 제방으로 홍수를 막으려는 인간의 노력은 지구촌 곳곳에서 예기치 않은 더 큰 홍수로 물거품이 되고 있다. 나아가 인간은 지금까지 지속적으로 하천유역을 변형하여 농경지와 주거지로 만들면서 자연의 물순환 과정과 유역의 생태계를 왜곡하였다. 산업혁명 이후 인간활동에 의한 대기 중 이산화탄소의 가속적인 배출이 기후변화를 가져온 것은 이제 과학적 사실로 인정되고 있다.

　　21세기 하천과 인간활동의 새로운 패러다임은 인간이 기술과 자본을 투자하여 '하천'이라는 자연을 평정하려는 노력에는 한계가 있음을 인식하는 것부터 시작하여야 할 것이다. 그보다는 하천이라는 '어머니 같은 자연'과 서로 조화롭게 사는 지혜를 강구하는 것이 필요할 것이다. 그러기 위해서는 지난 100년 동안 축적한 하천공학적 지식과 경험을 바탕으로 보다 효율적인 하천기술은 물론 하천과 유역의 생태적 지속가능성을 담보하는 새로운 하천기술을 적극 개발, 적용하는 것이 하천과 인간의 공생하는 21세기 새로운 패러다임이 될 수 있을 것이다.

1.1.4 하천의 기능과 관리

■ 하천기능

하천공사 등 하천사업을 주도하는 하천기술자들은 하천의 기능을 흔히 공학적 기능(engineering function)과 자연적 기능(natural function), 또는 환경적 기능(environmental function)으로 구분한다(Woo 2004, TU Delft 2017). 공학적 기능은 용수공급, 골재채취, 수운, 수력발전 등 이수기능과 홍수조절, 토사재해 조절 등 치수기능을 말하며, 자연적 기능은 생물서식처, 수질자정, 친수(amenity)기능 등을 말한다.

자연적 기능 중 친수기능만 따로 떼어서 사회적 기능으로 분류하는 경우도 있다. 그러나 엄밀히 말하면 이수는 물이 가진 가치(value)를 이용하는 것이며, 치수는 기능이라기보다는 관리 대상이다. 또한 자연적 기능 중 하나로 간주되는 친수도 기능이라기보다는 하천이 인간에 주는 서비스이다. 따라서 이러한 분류는 실무적으로 이해하기 편할지 모르나 학술적으로는 논리성이 약하다.

하천도 근본적으로 자연생태계의 일부이므로 하천생태계의 내재적 구조와 과정을 통해 인간사회에 재화와 서비스를 제공하는 기능이 있다. 여기서 생태계는 보통 구조와 기능(function)으로 구분하여 설명하지만 보통 '역할'의 의미로 쓰이는 '기능'과 구분하기 위해 생태계 내에서 에너지와 물질순환은 '과정(process)'이라 표현하였다. 생태계 기능 분류(de Groot et al. 2002)에 의하면 생태계 기능에는 공급(production), 조절(regulation), 정보(information), 서식처(habitat) 기능 등이 있다. 이러한 각각의 기능이 인간사회에 제공하는 재화와 서비스는 다시 공급적(provisional), 조절적(regulating), 사회문화적(socio-cultural) 재화와 서비스 등으로 구분한다. 여기서 '기능'은 재화와 서비스를 제공하는 능력이다. 따라서 결국 공급 서비스는 주로 위에서 하천기술자들이 분류한 이수기능에, 조절 서비스는 (자연적) 홍수조절과 수질자정 기능에, 사회문화적 서비스는 심미, 위락 등 친수성 기능에 해당한다. 다만 서식처 기능은 인간에게 직접적인 재화와 서비스를 제공하기보다는 생태계 자체로서 의미가 강하기 때문에 서비스와 직접 연결하지 않았다. 이러한 관계를 그림으로 표시하면 그림 1.5와 같다.

이 그림에서 눈여겨 볼 것은 공학적 기능으로서 치수기능과 생태계 조절기능으로서 홍수 및 토사재해 조절기능이다. 전자는 제방, 댐 등과 같이 인공적인 구조물에 의한 홍수 및 토사 조절기능인 반면에, 후자는 삼림, 홍수터 등과 같이 자연생태계가 제공하는 조절기능이다. 여기서 각각의 생태계는 그 수용능력이 제한되어 있다. 인간사회가 요구하는 하천생태계의 공급과 조절 서비스 양이 자연생태계가 줄 수 있는 양을 초과하면서 이른바 하천의 공학적 기능이 인위적으로 확대되었다. 자연생태계가 줄 수 있는 재화와 서비스 수준을 Limburg

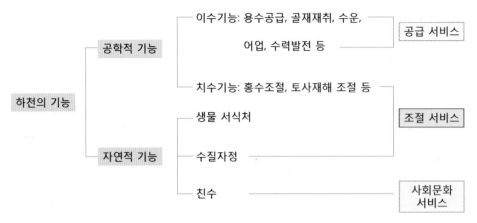

그림 1.5 하천기술자들이 보는 하천의 기능

et al.(2002)은 '지속가능한 이용수준'이라 하였다. 하천에 인위적인 활동으로 자연이 주는
이용수준을 넘게 되면 하천생태계의 구조와 과정이 교란되고, 그에 따라 자연하천의 제 기
능에 부정적 영향을 주게 된다. 전술한 '하천과 인간활동'에서 지난 20세기는 하천개발의 시
대로서, 자연하천이 주는 지속가능한 이용수준을 넘는 재화와 서비스를 추구한 시대였다고
할 수 있다.

■ 하천관리

하천관리는 하천의 여러 가지 기능(공학적 기능이든 자연적 기능이든 또는 하천생태 기능
차원이든)이 원활히 발휘되도록 인간이 하천에 개입하는 것이다. 여기에는 하천의 조사, 평
가부터 시작하여 계획, 설계, 시공, 유지관리 등을 망라한다. 또한 하천관리 대상에는 공학
적 기능과 자연적 기능의 개발, 보전, 복원 사업을 망라한다. 하천관리는 그 특성상 어느 한
개인이나 지역만을 대상으로 하지 않고, 대부분 불특정 다수와 하천, 유역, 국가 차원을 대
상으로 한다. 이러한 면에서 하천관리는 전통적으로 자연자원관리 측면과 사회기반시설관리
측면의 양면이 있는, 공공성격의 자원 및 시설관리이다.

하천의 공학적 기능의 보전, 확대를 위한 전통적인 하천관리 시설로는 다음과 같은 것들
을 들 수 있다.

- 댐과 보(위어): 하천흐름을 조절하거나 저류
- 제방: 하천이나 호소의 흐름 제한
- 운하: 물이동이나 수운을 위해 한 수역(하천/호소/바다 등)에서 다른 수역으로 물길 연결
- 하도정비: 수운이나 홍수소통을 위해 하도를 정비하거나 직강화

하천의 자연적 기능의 보전과 복원을 위한 하천관리는 우리나라의 경우 1990년대 들어 부각되기 시작하였으며, 다음과 같은 것들을 들 수 있다.

- 생물서식처: 습지 보전, 하천복원, 환경유량 유지 등
- 수질자정: 하천 내 수질정화
- 친수: 하천공원화

하천관리는 공공관리 중 하나이므로 하천관리 주체는 정부(중앙정부와 지자체)와 소속 공공기관이다. 우리나라 공공하천관리는 그동안 기능별 분산관리, 구간별 분할관리되었으나 (권혁준과 이태관 2012), 2018년 중반에 정부의 물관리 일원화 방침에 따라 국토교통부의 수량관리와 환경부의 수질·생태관리 업무를 환경부로 통합되었다.

그에 따라 하천법에 의한 하천공사만 국토교통부에서 관리하고, 그 밖에 하천 및 수자원 관련 대부분의 업무는 환경부가 관리하게 되었다. 다만 소하천은 소하천정비법에 의해 행정안전부에서 관리한다.

하천은 하천규모와 중요도 등에 따라 국가하천과 지방하천으로 구분하여 관리된다. 지방하천의 경우 관류하는 시도에 따라 분할관리된다. 하천법에 의한 법정하천은 3,835개이며 총연장은 29,784 km이다. 여기서 중앙정부가 관리하는 국가하천은 62개, 2,995 km이며, 지자체(광역시·도)가 관리하는 지방하천은 3,773개, 26,789 km이다(국토교통부 2016a).

1.2 하천의 작용과 형태[2)]

1.2.1 하천의 작용

■ 충적하천의 개념

비행기를 타고 땅을 내려다보면 하천만큼 그 형태가 변화무쌍한 자연지형도 드물다. 그 이유는 우리가 보는 대부분의 하천은 이른바 충적토 위를 흐르는 충적하천이기 때문이다. 충적하천에서는 흐름의 특성에 따라 하천의 평면, 단면 변화와 하상재료의 변화가 가능하다. 다시 말하면 충적하천은 흐름에 의해 하천바닥과 측면, 그리고 수면 등 3차원적인 변화가 가능한 하천이다. 따라서 하천공학은 흐르는 물의 변화만 다루지 않고 하상, 강턱, 홍수터

---

2) 하천공학 관련 책에서는 통상 '하천의 형태와 작용'이라고 하지만 하천의 작용에 의해 형태가 결정되므로 이 책에서는 '하천의 작용과 형태'라고 표현하였음. 이 절은 하천수리학(우효섭 등 2015)의 제7장 1, 2절의 내용을 주로 인용하였음

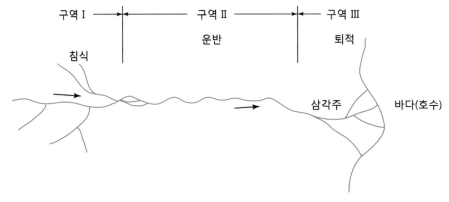

그림 1.6 충적하천의 구역 구분

등 물을 담고 있는 '그릇'의 변화도 다루어야 하는 어려움이 있다.

■ 하천의 작용

하천의 물과 토사는 중력에 의해 상류에서 중류를 거쳐 하류로 흐른다. Schumm(1977)은 그림 1.6과 같이 하천을 구역 I(상류역, 침식구역), 구역 II(중류역, 운반구역), 구역 III(하류역, 퇴적구역) 등 세 개의 구역으로 나누었다. 구역 I은 하천상류의 침식구역으로 대부분의 물과 유사가 생성되는 구역이다. 일반적으로 이 구역에서는 하천규모는 작으며, 하천망은 불안정하다. 구역 II는 구역 I에서 내려온 유사를 하류로 운반하는 구역으로, 하천은 비교적 길다. 이 구역의 하천은 전체적으로 안정되어 있지만, 국부적으로 여전히 동적인 변화가 계속된다. 구역 III의 하천은 통상 바다나 호수 등으로 연결되는 하구로, 주로 퇴적작용이 일어나는 구역이다. 이 구역의 하천은 조석이나 기준 수면의 변화에 영향을 받는다. 이 구역의 맨 끝에는 통상 삼각주가 형성되며, 그 위의 하천은 통상 하도가 여러 갈래로 나누어진 하천이다. 일반적으로 구역 I에서는 자갈이나 그보다 더 큰 하상재료의 하천이, 구역 II에서는 모래하천이, 구역 III에서는 진흙하천이 나타난다.

■ 지형변화와 하천

지구상의 하천을 형태적으로 분류하는, 자주 인용되는 지형학적 이론 중 하나는 이른바 Davis(1899)의 지형윤회설(geomorphic cycle)이다. 이 이론은 그 후 많은 비판을 받았음에도 불구하고 우리가 보는 지형의 형태를 시간에 따른 물의 침식작용의 결과로 간단히 설명하는 데 여전히 인용된다. Davis의 지형윤회설에 의하면 처음에 평탄한 지형은 비바람과 흐르는 물의 침식작용에 의해 점차 깎여 유년기, 장년기, 노년기 지형의 3단계를 거쳐 마지막으로 바다 등 침식 기준면까지 낮아진 준평원이 된다. 지각변동은 이러한 준평원을 다시 들어 올려 새로운 침식작용이 시작된다는 것이다.

Davis의 지형윤회설에 의하면 유년기 지형에서 나타나는 유년기 하천은 연직방향으로 하곡을 깎는 이른바 하방침식이 왕성하며, 통상 하천경사는 매우 급하여 상류에서 공급되는 유사량을 하류로 완전히 이송한다. 따라서 이러한 유년기 하천은 V자형 하곡을 이루어, 많은 협곡, 폭포, 급류, 그리고 중간에 호수를 만든다. 다음 단계는 장년기 하천으로, 이 단계에서 하천은 더 이상의 하방침식을 멈추고 측방침식을 시작한다. 이에 따라 하곡은 넓어지고, 그 형태는 V자형에서 U자형으로 바뀌며, 그 경사는 완만해진다. 장년기 하천의 경사는 상류에서 공급되는 유사량을 하류로 이송시킬 수 있을 만큼 완만해지며, 따라서 하천 내에서 대규모의 침식과 퇴적은 일어나지 않는다. 마지막 단계는 노년기 하천으로 하곡은 충분히 넓어지고 그 경사는 완만해져서 하천은 측방으로 만곡을 이루며 자유롭게 흐른다. 하천 주위로 홍수터가 넓게 자리 잡으며, 하천을 따라 자연적으로 둑이 형성된다. 하곡의 두터운 퇴적층은 지하수를 충분히 함양하여 하곡에는 지표수와 지하수가 서로 연결되어 흐른다. 이 단계에서는 지류의 경사도 모두 충분히 완만해져서 본류와 마찬가지로 노년기 특성을 나타낸다.

평형하천의 개념은 지형윤회설에서 나온 것은 아니지만 관련지어 설명할 수 있다. 평형하천은 노년기 하천에서 하천의 침식과 퇴적이 동적으로 균형을 이루는 하천을 말한다. 이에 대해 Mackin(1948)은 다음과 같이 정성적으로 정의하였다.

"평형하천이란 상당 기간에 걸쳐 가용한 유량과 지배적인 하천 특성하에서 하천상류에서 들어오는 유사의 이송에 꼭 필요한 만큼의 유속이 생기도록 하천경사가 자연적으로 정교하게 조정된 하천이다. 평형하천은 평형상태의 하천이다. 평형하천의 특징은 지배요소의 어느 변화가 평형상태를 어느 방향으로 깨뜨려도 곧 그 변화를 흡수하려고 한다."

하천기술자들은 오래 전부터 이러한 평형하천의 개념을 안정하도나 수로의 설계에 이용하려고 노력하였다. 그에 따라 위와 같은 평형상태의 하천을 조정하천(adjusted stream) 또는 안정하천(stream in equilibrium) 등으로 불렀다. 그러나 자연상태에서 평형하천이란 결국 노년기 하천으로서, 하곡과 하천의 경사가 충분히 완만해지고 유사이송의 균형이 잡힌 하천이다. 여기에는 하천의 경사, 단면, 하상재료, 유량 등 흐름과 유사 변수뿐만 아니라 상류유역에서 유사공급, 하천의 만곡과 종단 변화 등 그 하천을 둘러싼 모든 변수들이 관여하여 평형을 이룬 상태이다.

1.2.2 하천의 형태

■ 평면형태

하천은 그 평면형태를 기준으로 직류하천, 사행 또는 곡류하천, 다지 또는 망상하천 등으로 나눌 수 있다. 이러한 분류는 지도나 항공사진에서 바로 가능하다. 이러한 하천형태를 도식적으로 나타내면 그림 1.7과 같다.

직류하천은 상당 길이의 하천구간에 걸쳐 곡선하도가 없고 직선하도가 계속되는 하천이다. 그러나 자연상태에서 직류하천은 사실상 없으며, 대부분의 하천은 어느 정도 만곡이 있다.

사행하천은 하도가 곡선을 이루는 하천이다. 대부분의 자연하천은 사행하천이다. 사행하천에서 하천만곡의 정도를 가늠하는 지표로서 만곡도가 통용되며, 이는 하천의 최심선 길이(통상 만곡 하도의 길이)와 직선거리의 비로서 표시된다. 만곡도가 1.5 이상이면 통상 사행하천으로 본다. 사행하천의 만곡부 안쪽에는 통상 점사주가 형성되며, 바깥쪽에는 깊은 소가 형성된다. 사행하천은 계속적인 측방침식으로 만곡도가 점차 커지면 결국에는 만곡부의 바깥쪽과 다른 만곡부의 바깥쪽이 서로 닿아 연결되는 첩수로가 형성된다. 이에 따라 남은 사행하도 구간은 우각호를 형성한다. 이를 하도이동이라 한다. 한반도에는 한강, 낙동강 등 대하천의 하류까지 측방으로 암반이 노출된 지형이 많기 때문에 완전한 사행을 이루기 어렵다. 그러나 산지와 구릉이 많은 유역에 흐르는 대하천이 아닌 충적 평지를 흐르는 중소하천의 경우 1960년대 이후 하천정비사업이 본격적으로 시작되기 전에는 대부분 만곡하천이었

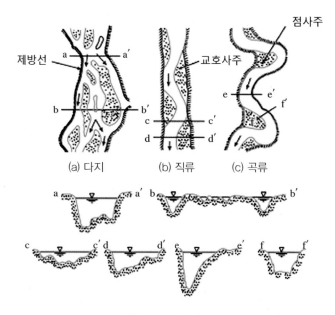

그림 1.7 하천의 평면형태(우효섭 등 2015)

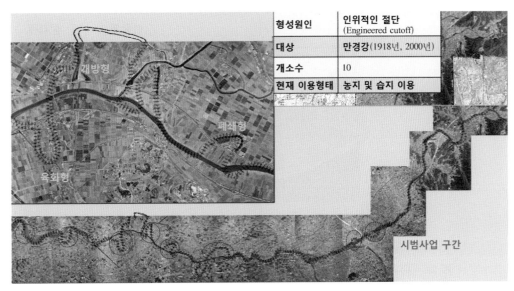

형성원인	인위적인 절단 (Engineered cutoff)
대상	만경강(1918년, 2000년)
개소수	10
현재 이용형태	농지 및 습지 이용

그림 1.8 구 만경강 하도(붉은색 선, 1918년)와 하천정비 후 직강화된 하도(지형도, 2000년)(홍일 등 2012)

다. 그림 1.8에서 붉은색 선과 막대기선은 1918년 만경강 원래 하도를 보여주는 것으로서 매우 심한 사행이 있었음을 알 수 있다. 반면에 이 사진 바탕 지형도는 2000년 것으로서, 대부분의 사행하도가 직강화되었음을 알 수 있다.

이러한 충적토에서 하천의 측방침식으로 형성되는 사행하천과 형태가 아주 유사하지만 그 생성과정이 다른 하천으로 감입곡류하천(incised meandering river)이 있다. 실제로 이러한 하천은 강원도, 경상북도 등 한반도 산간지방에서 볼 수 있다. 감입곡류하천은 과거 만곡으로 흐르던 하곡이 지각변동으로 융기하여 사행형태를 유지하면서 다시 하방침식이 시작되어 형성된 하천이다. 따라서 이러한 하천의 주위는 충적토가 아닌 암반으로 구성되어 있다.

다지하천 또는 망상하천은 하천경사는 급하고 하천수심은 얕은 여러 줄기로 구성된 하도망을 말한다. 다지하천은 하천의 유사이송능력 이상의 유사가 공급되거나, 하폭이 넓고 수심이 얕아지는 경우 생성된다. 다지하천은 계곡에서 급하게 내려오는 계류가 갑자기 평지를 만나게 되면 유사이송능력이 떨어지고 하폭이 넓어지면서 선상지를 형성하게 된다.

지금까지 설명한 것은 하도 자체의 형태이며, 하도 외에 하천의 주요 형태요소는 그림 1.9와 같이 홍수터 또는 범람원(floodplain), 자연제방(natural levee), 배후습지(swamp/backmarsh), 삼각주(delta), 선상지(alluvial fan) 등이 있다.

범람원(홍수터)은 하천 양안의 평탄한 충적지형으로서 홍수 시에만 물이 차거나 흐르는 지형이다. 범람원은 홍수 시 하천의 퇴적작용뿐만 아니라 하천의 측방침식에 의해 하도가 좌우로 움직이면서 하상재료를 남겨 놓게 되어 점토와 같은 미립토사부터 자갈과 같이 입자

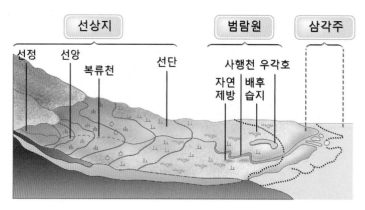

그림 1.9 자연하천의 일반적인 평면형태(http://study.zum.com/book/12068)

가 큰 다양한 재료로 구성되어 있다. 홍수 시 물은 유사와 함께 홍수터로 유입되며, 이때 가는 모래 등 비교적 굵은 유사는 중간에 침전되어 하도를 따라 낮은 둔덕을 형성하게 된다. 이를 자연제방이라 하며, 자연제방의 배후에는 홍수 시 물이 다시 하도로 유입하지 못하여 형성된 배후습지가 있게 된다. 배후습지에는 점토와 같은 미립토사가 주로 쌓인다. 경상남도 우포는 낙동강이 만든 배후습지이다(권혁재 1983).

그러나 위에서 설명한 홍수터는 현재 국내 하천에 사실상 남아 있지 않다. 과거 하천정비 사업을 하면서 대부분의 홍수터는 제방으로 분리되어 제내지[3]가 되어 농경지나 주거지 등으로 전환되었다. 제외지에 일부 남아 있는 홍수터 역시 하천 내 농경지나 좁고 긴 '둔치'로 되었다. 하천실무에서 흔히 이야기하는 고수부지도 홍수터의 일부이다.

삼각주는 하천이 바다나 호수로 유입하게 되면서 유속이 크게 감소하여 상류에서 싣고 내려온 토사를 퇴적하여 형성된 지형이다. 삼각주도 기본적으로 홍수터와 마찬가지로 하천에 의한 퇴적지형으로서 하도의 주위에는 자연제방과 배후습지가 형성된다. 삼각주 위를 흐르는 하천은 통상 다지하천이 된다. 선상지는 계곡이 끝나고 갑자기 평원이 이어지는 하천에서 유사이송능력이 격감하여 상류에서 실려 온 토사가 쌓여 형성된 부채꼴 모양의 지형이다. 지형도에서는 등고선이 동심원상으로 배열되어 있기 때문에 쉽게 식별된다. 이러한 선상지에서 하천은 예외 없이 다지하천의 형태를 이룬다.

현재 국내에서 삼각주는 하천정비사업이나 하구둑사업 등으로 대부분 소멸되었지만 과거 지형도를 보면 낙동강 삼각주와 금강 삼각주 등이 한반도의 대표적인 삼각주였다. 선상지의 경우 국내에서 산지가 끝나고 바로 평지로 이어지는 지형이 많지 않기 때문에 흔히 나타나지 않는다. 그나마 선상지 지형의 하천을 정비하고 농경지를 개발하였기 때문에 현재 원 선

---

3) 하천제방을 기준으로 강 쪽을 제외지(river side), 농경지/주거지 쪽을 제내지(land side)로 부르는 것은 과거 하천제방이 윤중제(ring levee)의 형태를 띠었기 때문임

상지 형태는 거의 찾아보기 어렵다.

한반도 서남해안으로 흐르는 금강과 낙동강 등은 과거 개발되기 전 삼각주가 발달했다(지금은 하구둑으로 막혀있고 대부분의 삼각주가 개발되어 그 형태가 없어졌음). 이러한 삼각주가 동해안으로 흐르는 하천에는 상대적으로 덜 발달한 이유를 간단히 설명하시오.

[풀이]

서해안과 남해안은 동해안에 비해 조석간만의 차가 상대적으로 크고 해안의 수심이 얕으므로 상류에서 운반된 토사가 하구에 퇴적되기 쉬운 환경이다. 반면, 동해안의 경우 수심이 갑자기 깊어지고 조석 영향이 상대적으로 적으므로 하구에 토사가 퇴적되지 않고 바다 전체로 분산되는 환경이다.

■ **종단형태**

하천은 일반적으로 상류에서 하류로 감에 따라 그 종단경사가 줄어든다. 하천의 종단경사는 한 지점의 하상고가 하류하천 거리에 따라 떨어지는 비율로서, 하천경사 또는 하상경사라 한다. 다만 자연하천의 하상은 그 단면형이 불규칙하기 때문에 그 단면의 평균하상고를 기준으로 하는 평균하상경사와 최심선하상고를 기준으로 하는 최심하상경사를 구분한다. 최심하상경사는 전체적으로 하류로 갈수록 줄어드나, 구간에 따라 불규칙하게 변한다. 반면에 평균하상경사는 하류로 갈수록 비교적 완만하게 줄어든다.

그림 1.10은 안동 부근 반변천 합류점부터 하구까지 낙동강 본류의 최심하상고의 종단 변화와 하상경사 변화를 나타낸 것이다. 이 그림과 같이 하상고는 아래로 볼록한 형태를 띠며, 특히 남강 하류부터 최심하상고의 변화가 매우 커진다.[4]

그림 1.6에 도시된 하천구역별 특징 중 하나는 앞서 언급한 바와 같이 하상재료의 변화이다. 일반적으로 상류에서 하류로 감에 따라 하상재료의 입자 크기와 무게가 줄어들며, 이는 하류로 감에 따라 입자 간의 충돌과 바닥 암반에 긁힘에 따른 입자들의 마모(abrasion) 작용과 수리분급(hydraulic sorting) 작용 때문이다. 여기서 수리분급 작용이란 흐름의 선택적 운반 현상에 의해 무거운 입자는 상류 가까이에서 먼저 침강되고 가벼운 입자는 멀리까지 내려가서 침강되어 하상재료가 하천거리에 따라 선택적으로 나누어지는 현상이다.

---

4) 정부의 4대강사업으로 현재 하상고는 이 그림과 다를 것임

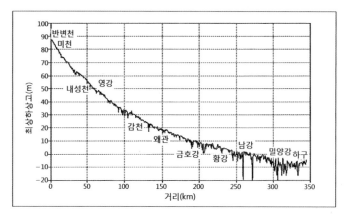

(a) 하상고 종단 변화

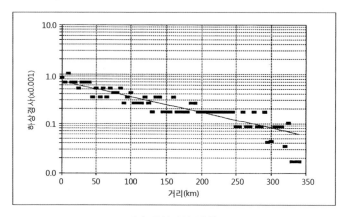

(b) 하상경사 변화

그림 1.10 낙동강의 하상고 종단 변화와 하상경사 변화(우효섭과 유권규 1993)

■ 배수망의 형태

하천유역에는 크고 작은 많은 하천들이 서로 연결되어 있으며, 이러한 하천수계는 유역의 잉여수를 하류로 내려 보내는 배수망의 역할을 한다. 배수망의 해석은 그 수계의 구조와 배수 특성을 이해하는 데 도움이 된다. 배수망의 형태와 구조는 결국 그 배수구역의 지질 특성에 직접적으로 관련되어 있다. 예를 들면, 암석이 비교적 약하고 투수성이 적은 지질에서는 배수망이 잘 발달되며, 반대로 암석이 비교적 강하고 투수성이 크면 배수망의 발달이 약하다.

이러한 배수망의 형태는 Howard(1967)가 도식적으로 수지상, 격자상, 방사상 등 8가지로 분류하였다. Horton(1945)은 이른바 하천차수(stream order)와 배수밀도 또는 수계밀도(drainage density) 개념을 이용하여 배수망 해석을 시도하였다. 그 후 Strahler(1952)는 Horton의 방법을 수정하여 Horton-Strahler 방법으로 알려진 하천차수의 매김 방법을 제안하였다.

이 방법에서는 그림 1.11과 같이 자연하천의 배수망에는 3개 이상의 하천이 한꺼번에 만나

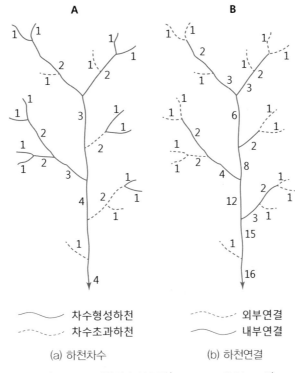

그림 1.11 하천차수시스템(Knighton 1984, p.11)

는 경우가 거의 없다는 사실에 착안하여 최상류로부터 하천번호를 1부터 매긴다. 하류로 가면서 다른 하천과 만나기 전까지는 그 번호를 유지하며 만난 후에는 하나 추가한 2의 하천차수를 가진다. 차수가 큰 하천이 작은 하천과 만나면 큰 하천차수를 그대로 가지게 되며, 반드시 같은 차수의 하천끼리 만나는 경우에 한하여 다음 차수를 가지게 된다.

그러나 이와 같은 하천차수방법은 물리 현상과 잘 맞지 않는다. 왜냐하면 Horton-Strahler 방법에서는 유량의 예를 들어 지류에서 들어온 유량은 본류의 유량에 직접 기여함에도 불구하고 하천차수는 커지지 않기 때문이다. 이러한 단점을 보완하기 위하여 그림 1.11(b)와 같이 Knighton의 '연결(link)' 개념을 도입하면, 두 하천이 만나면 그 두 하천의 연결 크기를 더한 값에 해당하는 연결 크기를 가진다.

배수밀도는 배수구역 내 하천의 총 연장을 배수면적으로 나눈 값으로 정의한다. 배수밀도는 유역의 침식 특성과 수문 특성에 밀접히 관련되어 있다. 일반적으로 배수밀도는 유역의 연평균 강수량이 증가하면 커지나, 600~700 mm 이상이 되면 오히려 줄어든다(Gregory 1976). 그 이유는 연평균 강수량이 커질수록 지표면이 더 잘 침식되어 더 많은 배수망이 형성되나, 어느 정도 이상 커지면 지표면을 보호하는 식생이 왕성해져 배수망 발달이 오히려 저하되기 때문이다. 다만 연평균 강수량이 1,500 mm 이상 되면 식생에 의한 지표면 보호효과보다 강수 에너지에 의한 침식효과가 더 지배적으로 되어 배수밀도는 다시 약간 증가한다. 이러한 결과는 비유사량과 연평균 강수량과의 관계와 흡사하다. 즉, 배수망이 발달할수록 유사이송 효율이 높아져 비유사량이 커지게 된다.

1.3 하천의 생태기능

앞 절의 **그림 1.5**는 하천기술자들이 보는 하천의 환경적 기능(역할)으로서, 생물서식처, 수질자정, 친수(심미와 위락, 또는 쾌적성[5])기능을 보여준다. 다음은 이러한 각각의 기능에 대해 생태학 관점에서 살펴본다.

1.3.1 하천생태계

■ 서식처-생물상 및 생물군집

하천의 생물상은 박테리아, 조류(algae), 대형 수생식물(macrophytes), 원생생물(protists; 아메바, 편모류, 섬모류 등), 소형 무척추동물(길이 0.5 mm 이하), 대형 무척추동물(길이 0.5 mm 이상; 하루살이, 벌레, 조개 등), 척추동물(어류, 양서류, 파충류, 포유류 등) 등 크게 7가지로 나눌 수 있다. 하천 또는 수변의 서식처를 이해하기 위해서는 우선 서식처를 기반으로 하는 생태계의 구조와 기능을 이해할 필요가 있다. 생태계의 구조는 그 서식처를 기반으로 하는 생물과 생물 간의 먹이망(food web)과 위계(niche)이다. 이 같은 하천생물 간 먹고 먹히는 관계를 도식적으로 표시하면 **그림 1.12**와 같다. 먹이망은 하천생태계의 내부적인 과정을 지배하는 생태계 기본구조이다. 생태적으로 건강한 하천일수록 많은 생물종과 수가 출현한다.

이러한 먹이망은 외부로부터 인, 질소, 실리카, 이산화탄소와 같은 화학물질과 햇빛과 같은 에너지를 받아들이는 것부터 시작된다. 플랑크톤과 같은 미세식물이나 대형 식물 등은 영양물질을 흡수하고 광합성 작용으로 유기물과 산소를 생산한다. 이를 1차 영양수준(trophic level)이라 한다. 이렇게 1차 생산자에 의해 만들어진 유기물(biomass)은 동물성 플랑크톤, 소형 갑각류나 어류 등에 의해 먹히며, 이를 1차 소비자(grazer) 또는 2차 영양수준이라 한다. 다시 이러한 소형 동물은 큰 물고기나 새, 수변 포유류, 또는 인간에 의해 먹히며, 이를 2차 소비자, 또는 3차 영양수준이라 한다. 이러한 먹이망에서 동식물의 사체나 배설물 등은 바닥에 침전되고, 이는 다시 박테리아에 의해 분해되어 새로운 영양물로 이용된

---

5) 여기서 쾌적성은 amenity를 의미함

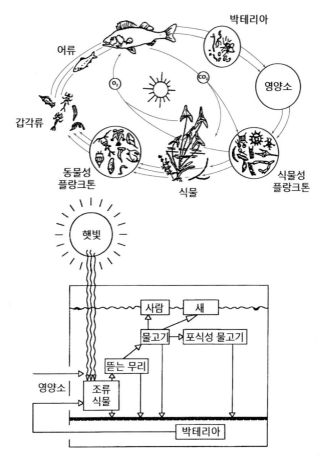

그림 1.12 수역에서 먹이망과 위계(IAHR 1991)

다. 이렇게 하여 영양물의 순환은 계속된다.

그림 1.12의 먹이망에서 기초적인 영양물질 및 에너지 순환과 이동의 이해가 필요하다. 이를 생태계의 기능, 또는 과정이라 한다. 하천은 에너지, 물질, 생물개체군을 받아들이고 내부에서 이동시키다 밖으로 내보낸다. 구체적으로 하천과 같은 개방형 유수생태계는 많은 에너지가 외부에서 들어왔다 나간다. 자연상태에서 하천으로 들어오는 에너지는 하천변 식물에서 떨어진 낙엽, 나뭇가지 등 쇄설물(detritus)과 지하수를 통해 유입하는 유기물 등이다. 여기에 점오염물질, 비점오염물질 형태로 들어오는 각종 하수와 폐수에는 또 다른 유입 유기물이 있다. 이러한 유기물은 하천 내에서 생화학 작용으로 분해되거나 무척추동물 등에 의해 소비되고, 이는 결국 먹이망의 상위에 있는 동물의 에너지원이 된다.

또한 질소, 인, 칼리와 같은 무기물질은 하천식물의 필수영양소로서 그 공급량에 의해 하천 내 식물활동이 제한을 받는다. 이 같은 영양소의 흡수, 전환, 배출은 다양한 생물적, 비생

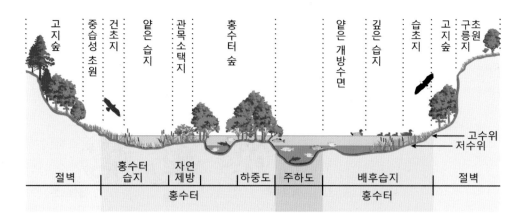

그림 1.13 수변서식처의 횡방향 조망(Sparks 1995)

물적 과정에 의해 이루어진다. 하천 내 영양소의 순환은 식물의 1차 생산에 의한 (질소)고정과 미생물에 의한 유기물 분해과정을 통한다. 여기서 질소고정은 뿌리혹박테리아 등 미생물이 대기 중의 질소를 식물이 이용할 수 있는 암모니아, 질산염 등으로 변환하는 과정을 말한다.

다음으로 하천을 서식처의 생물군집 특성 관점에서 보고 횡방향과 종방향, 연직방향 등 3차원으로 나누어 검토할 수 있다.

자연하천의 서식처를 횡방향으로 보면 하도, 홍수터, 그리고 주변 지형과 연결되는 천이주변구역(upland fringe) 등으로 구성되어 있다. 이를 생태 측면에서 보면 **그림 1.13**과 같다. 이 그림과 같이 주 하도는 거의 상시로 물이 흐르는 곳이며, 홍수터는 홍수 시에만 잠기기 때문에 식생이 자란다. 홍수터 곳곳에는 지형에 따라 샛강이나 습지가 형성된다. 따라서 수변에는 각 위치에 따른 수분조건(물에 감기는 빈도와 지하수위 변화)에 맞는 식물이 자라게 된다. 천이주변구역은 고지(upland)의 숲과 언덕의 풀 등을 포함한다.

하천기술자들은 전통적으로 **그림 1.13**과 같이 복잡 다양한 크고 작은 서식처를 고려하지 않고 오로지 수리계산의 편리성만 강조하여 수변단면을 도식적으로 다루어왔다. 즉, 하천의 공학적 기능만을 고려한 하천관리에 익숙하였으며, 그에 따라 하천의 고유기능 중에 하나인 서식처 기능은 대부분 무시하여 왔다. 국내 하천의 경우 사실상 이 그림과 같이 자연상태의 하천단면을 가진 하천은 거의 없다. 그럼에도 불구하고 이 그림이 시사하는 것은 하천을 수리계산의 대상으로만 보는 시각을 탈피하자는 것이다.

자연하천의 서식처를 종방향으로 보면 **그림 1.14**와 같은 Vannote et al.(1980)의 하천연속체 개념(River Continuum Concept)이 유효하다. 이 개념에 의하면 1~3차[6] 하천의 상류구역

---

6) 여기서 하천의 차수(order)는 1.2절에서 소개한 Horton-Strahler 방법에 의한 차수임

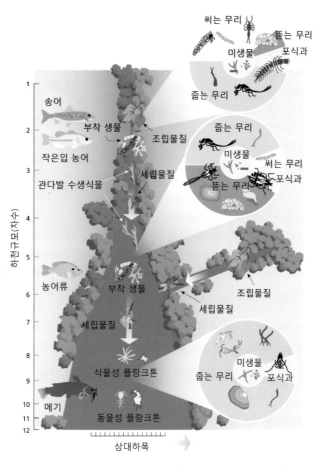

그림 1.14 하천연속체 개념(Vannote et al. 1980)

에서는 수목의 그림자 등으로 물속의 조류나 기타 수생식물의 성장이 억제된다. 따라서 이 구역에서는 광합성이 활발하지 못하기 때문에 중요한 에너지원은 물가의 나무와 풀에서 떨어진 낙엽이나 나뭇가지 등이다. 위와 같은 먹이원의 제한과 비교적 낮고 계절 변화가 크지 않은 수온 등의 영향으로 생물종의 다양성은 제한된다. 그러나 하류로 가면서 4~6차 하천과 같은 중류구역에서는 물속에 빛이 더 많이 들어오면서 광합성으로 자체 영양공급이 가능해지고, 특히 상류에서 내려온 유기물 등으로 다양한 무척추동물이 번성하게 된다. 이는 곧 수생서식처의 다양성을 의미한다. 마지막으로 7~12차 하천과 같은 하류구역에서는 하천의 물리적 안정성은 커지지만 탁도의 증가 등 여러 가지 이유로 수생서식처 상태가 중류와 달라진다. 이렇게 안정된 수역에서는 동물 간 경쟁과 포획 특성이 같이 안정되기 때문에 오히려 종의 다양성은 일부 줄어든다.

이 경우도 마찬가지로 전통적인 하천기술자들은 그림 1.14와 같이 생태적으로 연결되어 있

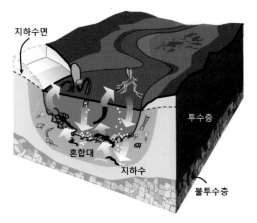

그림 1.15 하천기층의 혼합대(FISRWG 1998, pp.2-73)

는 하천의 종방향 서식처 변화는 고려하지 않고 단지 수리계산의 편리성만 강조하여 수변의
종단면을 하천경사와 평균하폭만 가지고 도식적으로 구분하여 다루어 왔으며, 그에 따라 하
천의 고유기능 중의 하나인 서식처 기능은 대부분 무시되었다.

마지막으로 하천의 기층(substrate), 또는 하상층은 물과 흐름 다음으로 중요한 하천의
서식환경이다. 자갈, 모래, 실트 등 기층재료의 특성에 따라 그 서식환경에 적합한 생물이
서식한다. 일반적으로 잉어, 붕어 등 따뜻한 물에 서식하는 물고기는 진흙과 수초에, 송어
와 연어 등 찬물에 서식하는 물고기는 자갈하상에 산란한다. 또한 기층 자체는 다양한 무
척추동물의 서식처이다. 그림 1.15는 기층의 혼합대(hyporheic zone)를 도식적으로 보여준
다. 혼합대는 하도와 사주의 지하부에서 하천수와 지하수가 상호 작용하면서 물리적, 화학
적, 생물적 특성이 변하는 곳이다. 혼합대의 두께는 장소에 따라 수 cm에서 1 m까지 다양
하다.

■ 수질자정

외부에서 수변에 들어오는 오염물질은 다음에 이어 설명할 수변의 생태기능, 즉 차단 및
여과 기능에 의해 걸러진다. 홍수 시 월류하거나 지류를 통해 들어오는 오염물질은 물리적
으로 확산, 분산 작용에 의해 흐름에 혼합, 희석된다. 또한 강바닥에 침전되거나 하상재료나
수생식생 표면에 흡착되는 오염물질은 궁극적으로 미생물에 의해 생화학적으로 분해된다.
이를 통틀어 하천의 자정작용이라 한다. 이러한 자정작용은 하천의 오염물질 수용능력 이내
에서만 가능하다.

하천의 수질자정작용의 핵심적 지표 중 하나는 용존산소(DO, Dissolved Oxygen)이다. 용
존산소는 수생생물의 호흡작용에 필수적인 환경인자이다. 용존산소가 3 mg/L 이하가 되면

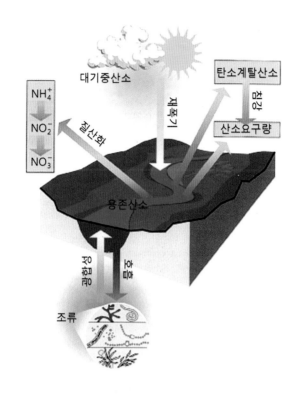

그림 1.16   하천에서 BOD와 DO의 변화과정(FISRWG 1998, pp.2-33)

물고기 개체 수에 직접적인 영향을 준다. 용존산소는 유기물의 분해, 질산염의 분해, 재폭기, 유사 산소요구량(SOD, Sediment Oxygen Demand), 수생식물의 광합성과 호흡 등에 영향을 받는다. 이 밖에 수온과 염도에 따라 달라진다. 여기서 SOD는 사립자에 붙어 있는 유기물의 양을 나타내는 척도이다.

생화학적 산소요구량(BOD, Biochemical Oxygen Demand)은 물속에 있는 유기물 양의 척도이다. 따라서 그 자체로서 수생생물에 영향을 주기보다는 용존산소농도에 영향을 주어 수생서식환경을 변화시킨다. 그림 1.16은 하천에서 BOD와 DO의 변화과정을 도식적으로 표시한 것이다. 질소와 인 같은 영양염류는 육상식물은 물론 수생식물의 필수영양소이다. 그러나 과도한 인과 질소는 하천에서 수생식물의 과다 번식을 불러오며, 이 식물체가 죽으면 분해를 위해 용존산소가 과다하게 소모되고 그에 따라 용존산소농도가 감소하게 한다. 동시에 사람들에게 시각적, 후각적으로 부정적인 영향을 준다. 이를 부영양화라 한다.

■ 친수

하천의 친수기능은 생태학적으로 심미, 위락, 쾌적성 등 정보기능(또는 쉽게 표현하여 사

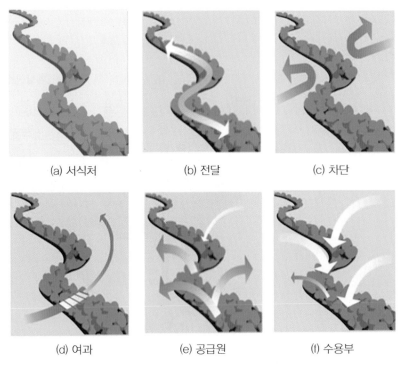

(a) 서식처   (b) 전달   (c) 차단

(d) 여과   (e) 공급원   (f) 수용부

그림 1.17 　경관생태 관점에서 하천의 생태기능 모식도(FISRWG 1998, pp.2-78)

회문화 기능)이며, 인간에게 주는 가치이다. 우리는 흐르는 물과 주변 백사장, 녹색의 식생 등으로 구성된 자연하천에 대해 정서적으로 끌리게 되며, 그곳에서 휴식과 안식을 취하려고 한다. 이러한 기능은 경관미와 함께 하천 관련 역사와 문화라는 사회문화적 가치를 주고 있다.

1.3.2 수변의 생태기능

하천을 경관생태 관점에서 크게 보면 수변(river corridor)이다. 수변은 하도를 따라 길고 좁게 형성된 생태계 조각(patch)으로서, 하도를 포함하여 홍수터, 샛강, 자연제방, 배후습지 등을 망라한다. 수변은 그 자체가 동식물의 서식처이면서 동시에 물질과 생물을 전달, 여과, 차단, 공급, 수용하는 기능이 있다(그림 1.17).

■ 서식처(habitat)

수변은 다양한 생물의 삶의 터전이다. 즉, 생물이 생육, 번식, 먹이활동, 피난 등을 하는 공간이다. 따라서 하천의 서식처 기능을 도외시한 하천관리나 인위적인 활동으로 인한 크고 작은 서식처의 단절, 훼손은 결국 그 안에 사는 동식물의 다양성에 부정적인 영향을 준다.

■ **전달(conduit)**

수변은 앞서 설명한 에너지, 물질, 개체군의 이동통로 역할을 한다. 수변을 따라 전달되는 물질 중 가장 대표적인 것은 물과 유사이다. 그밖에 다양한 형태의 에너지와 물질, 그리고 생물체가 하천에 의해 전달된다. 이러한 전달기능은 하천흐름 방향(종방향)뿐만 아니라 수변을 가로지른 방향(횡방향)으로도 일어난다.

■ **차단(barrier)**

수변은 흐름과 수변식생대 등에 의해 위와 같은 에너지, 물질, 개체군의 전달을 차단하는 기능이 있다. 예를 들면, 육지에서 유입되는 오염물은 하도를 따라 자연적/인위적으로 형성된 식생대에 의해 하천 안으로 유입이 차단된다.

■ **여과(filter)**

수변은 위와 같은 에너지, 물질, 개체군을 선택적으로 통과, 전달하는 기능이 있다. 예를 들면, 수변에 유입된 오염물질, 유기물, 토사 등은 하상에 침전, 흡착, 분해되고 그 일부만 전달된다.

■ **공급원(supply)과 수용부(source)**

수변에서 에너지, 물질, 개체군의 유출이 유입보다 크면 공급원으로서 기능을 하고, 그 반대의 경우 수용부로서 기능을 한다. 하도, 홍수터, 제방, 수림대 등으로 구성된 수변은 주변 서식공간과 연결되어 생물개체군의 타 지역 이동을 가능하게 한다. 동시에 지표수, 지하수, 영양염류, 에너지, 물질 등을 저류하거나 공급한다.

위와 같은 수변의 생태기능을 이용하여 하천을 보호하려는 노력이 이른바 수변완충대(riparian buffer strip)이다. 국내에서는 이와 조금 다른 성격의 '수변구역' 제도를 운용하고 있다. 이에 대해서는 6장에서 자세히 설명한다.

1.4 하천공학의 역사와 영역

1.4.1 하천공학의 역사

하천공학(river engineering)은 전통적으로 하천을 정비하고 조절하는 토목공학의 한 분야로 알려져 왔다. 조금 더 자세히 표현하면, 하천공학은 인간에게 혜택을 주기 위해 하천의 유로, 특성 및 흐름에 대해 계획적으로 간섭하는 과정이라고 할 수 있다(River Engineering, Wikipedia). 이 책에서는 하천공학을 하천의 자연적 기능을 보전하면서, 이수와 치수 등 하천의 공학적 기능의 효율을 높이기 위한 제반기술이라고 정의한다. 여기에는 하천의 자연적 기능의 보전과 복원을 위한 기술도 포함된다.

세계 4대 고문명이 모두 대하천 변에서 시작했다는 사실은 하천이 주는 이수적 혜택뿐만 아니라 하천홍수로부터 인간사회를 보호하기 위한 치수적 노력이 문명 발생의 요인 중 하나였을 것으로 유추할 수 있다. 그 당시 4대 고문명권 모두 관개를 위한 수로개설, 홍수방어를 위한 하도정비와 제방축조와 같은 노동집약적 하천사업을 통해 사회 조직과 위계가 시작되었다(Viollet 2005).

지금도 가장 기본적인 하천시설물 중 하나인 제방은 지금의 인도와 파키스탄 지역의 인더스 고문명에서 세계 최초로 만들어졌다. 고대 이집트에서는 지금의 아스완부터 하류 델타지역까지 총 966 km에 걸쳐 강 좌안에 일련의 제방이 축조되었다(Levee, Britannica Online Encyclopedia).

지금 우리가 말하는 하천공학의 '종합판'의 시작은 기원전 6세기경 메소포타미아 지역의 바빌론 왕국의 여왕 Naquia의 치수사업에서 찾을 수 있을 것이다. 당시 그리스의 사학자 헤로도토스에 의하면 Naquia 여왕은 바빌론을 지나는 유프라테스강의 범람을 막고 군사적으로 도시도 방어하기 위해 강 상류에 호수를 굴착하여 하천홍수를 저류하고 도시 근처에서 직선으로 흐르는 강을 곡선으로 구불구불하게 만들어 유속을 줄이고 강 양안에 제방을 축조하였다 한다(Viollet 2005).[7] 지금의 하천공학에서 주로 다루는 하도정비, 저류지 조성, 제방축조를 통한 하천홍수조절방법과 사실상 같다. 다만 지금의 직강화 대신 곡강화를 택한 것이 다른데, 지금은 통상 홍수방어 대상 하천구간의 홍수위를 낮추는 데 초점을 맞추는 반면, 당시에는 대상 하천구간에서 유속을 줄여서 제방유실을 방지하는 데 초점을 맞춘 것으로 보인다.

동아시아에서 하천사업은 기원전 22~20세기경으로 추정되는 하(夏) 왕조를 세운 우(禹)부터 시작한다(Viollet 2005). 우는 그 전까지 자신의 부친이 실패한 황허의 제방 축조 대신에 물길을 새로 만들고 하도를 파는 오늘날과 같은 하도정비 중심의 치수정책으로 변환하는 데에 성공하였다고 한다. 전국시대 이후 중국에서는 황허 하류의 하도정비를 통한 홍수방지 및 관개배수 사업이 시작되었다. 또한 물길과 물길을 연결하는 운하사업도 시작하였다. 중국 역사상 운하사업의 결정판은 581년 세워진 수 양제의 대운하사업이다. 이 운하는 중국 화남의 곡창지대와 화북의 정치중심지를 연결하는 뱃길로서, 북경과 항주를 잇는다고 하여 경항

---

7) 그러나 Charpin(2002)에 의하면 저류지와 제방 축조는 그보다 훨씬 전인 기원전 18세기 함무라비 왕의 후계자인 Samsu-iluna에 의해 시작되었다 함

그림 1.18 중국 두장옌 치수 및 관개시설(http://www.chinayangtze.com/dujiangyan-irrigation-project/)

(京沆)운하라 하였다. 그 이후 원, 명 시대에 지속적으로 보강되고 확장되었으며 지금도 일부 구간은 사용되고 있다.

또한 이빙(李氷)이 기원전 4세기 말 진나라 시대에 지금의 쓰촨성 청두시 근처를 흐르는 양자강 지류인 민강의 홍수조절 및 관개를 위해 시작한 하천정비사업은 그 당시 하천공학적 기술의 집약체였다. 두장옌 관개사업이라 불리는 이 하천사업은 그림 1.18과 같이 상류부 하천흐름을 유도하는 수제 성격의 제방, 흐름을 나누는 분류수제, 일련의 여수로와 홍수보, 그리고 지금의 청두시 주변의 거대한 쓰촨평야로 이어지는 다수의 관개수로로 이루어졌다. 그당시 제방호안과 수제로 죽부인 모양의 대형 대나무 통에 돌을 넣어 삼각형 나무지지대로 고정하였다. 이 시설은 2013년 쓰촨성 대지진으로 일부 피해를 입었지만 2,400년이 지난 지금도 5,300 km^{2}의 넓은 평야에 물을 대고 있다.

위와 같은 4대 고문명 이후 인류의 하천사업과 그러한 하천사업에 필요한 하천공학의 주요 대상은 크게 다음과 같이 나눌 수 있다.
　－치수목적용 하상굴착, 하도정비, 분수로 개설, 저류지 굴착, 제방축조 등
　－이수목적용 하도정비, 분수로 및 배수로 개설, 운하 건설, 댐 건설 등

위와 같은 하천공학의 대상이 되는 주요 하천사업과 하천시설물은 고대와 중세를 거쳐 현대에 와서도 크게 달라지지 않았다. 다만 19세기 말 수력발전의 시작과 20세기 초 다목적 댐 개발의 보급으로 지난 20세기는 특히 '댐개발의 시대'로 불릴 만큼 댐과 저수지 개발이 보편화되었다.

그러나 1.1절에서 이미 서술한 바와 같이 지금은 하천과 인간활동의 새로운 패러다임으로 하천이라는 '어머니 같은 자연'과 서로 조화롭게 사는 지혜가 요구된다. 이를 실현하기 위해서는 멀리는 세계 4대 고문명 시대부터 가까이는 20세기 내내 축적한 하천공학적 지식과 경험을 바탕으로 하천과 유역의 생태적 지속가능성을 담보하는 새로운 하천기술을 적극 개발, 적용하는 것이 필요하다.

1.4.2 하천정책의 변천

우리나라의 하천정책을 시기별로 살펴보면 근대화 물관리 도입기인 1945년 이전에는 상수도시설 도입(1908년), 141개소 농업용저수지 건설, 1911년 하천조사사업 시행, 14개 하천치수사업, 그리고 수풍댐, 화천댐 등의 발전용 댐이 건설되었다.

광복과 전후 복구시기인 1945년부터 1960년까지는 소규모 발전 댐과 158개의 농업용저수지 건설, 국가하천 19개와 지방하천 44개소 하천정비 및 유지보수를 추진하였다.

하천종합개발 출발시기인 1960년대에는 하천법 제정(1961년), 특정다목적댐법 제정(1966년), 외국 기술지원하에 한강 등 4대강 유역조사사업 시행, 190개 농업용저수지 등을 건설하였다.

하천종합개발 정착시기인 1970년대는 본격적인 이수와 치수사업을 시행하는 시기로서, 소양댐, 안동댐, 대청댐 등 다목적 댐 건설, 1974년부터 5대강 수계치수사업 착수, 1975년부터 한강, 낙동강, 금강 하천기본계획을 수립하였다.

하천종합개발 고도화 시기인 1980년대에는 충주댐, 합천댐 등 다목적 댐 건설, 농업용저수지 249개소 건설, 하천환경 개선 및 친수공간 개념 도입으로 한강종합개발사업 등을 추진하였다. 또한 이 시기에 환경청 신설로 공공수역 수질관리 업무를 시작하였다.

치수환경기반 조성시기인 2000년대에는 '환경친화적'인 중소규모 댐 건설, 5대강 본류와 지류의 60개 지점 하천유지유량이 고시(2006년)되었다. 또한 이 1990년대 말부터 중앙정부와 지자체에서 자연형하천사업, 생태하천조성사업, 하천복원사업 등의 이름으로 하천환경개선사업이 지속적으로 추진되었다.

이 시기에 정치적/사회적 비판이 큰 4대강사업(2009년)과 경인아라뱃길사업(2009년) 등이 추진되었다.

기후변화 적응형 물관리 시기인 2010년대에는 기후변화를 고려한 수자원계획 수립 및 시행 등이 있었다. 이러한 내용을 요약하면 표 1.3과 같다.

표 1.3 하천정책의 변화

시기	주요 하천정책
근대적 물관리 도입 (1945년 이전)	• 수도 및 저수지 개발 − 1908년 상수도 시설 도입: 서울, 인천, 평양, 부산 등에 부분적 급수 추진 − 1906~1944년 141개 농업용저수지 건설 − 1911년 하천조사(수위, 유량) • 치수 − 남북한 14개 하천: 치수 위주의 정비사업 시행 • 발전용 댐 건설 − 1914~1944년 수력발전댐 건설: 부전강댐, 수풍댐, 보성강댐, 장진강댐, 화천댐, 청평댐 등
광복과 전후 복구 (1945~1960)	• 댐 및 저수지 건설 − 5개년 전원개발계획 수립 및 괴산댐 준공(1957) − 158개 농업용저수지 건설 • 하천정비 − 국가하천 19개, 지방하천 44개소 하천정비·유지보수 추진
하천종합개발 시작 (1960년대)	• 전국적인 수자원개발 및 관리체계 구축 − 국토개발이 본격화: 건설부 신설 및 수자원개발 본격 추진 − 1961년 하천관리를 위한 하천법 제정 − 1965년 수자원개발10개년계획(1966~1975) 최초 수립 − 1966년 특정다목적댐법 제정 및 한국수자원개발공사 설립 • 다목적 댐 도입 등 − 섬진강 다목적 댐 준공(1965) • 유역조사 시행 − 한강 등 4대강 유역조사사업 시행 및 190여 개 농업용저수지 건설
하천종합개발 정착 (1970년대)	• 본격적인 이·치수 사업 시행 − 다목적 댐 건설(소양강댐, 안동댐, 대청댐 등) 및 수도권 1단계 등 광역상수도 건설 − 1974년부터 5대강 수계 치수사업 착수 − 1975년부터 국가하천정비 기본계획 수립(한강, 낙동강, 금강)
하천종합개발 고도화 (1980년대)	• 댐, 수도 등 수자원개발사업 지속 추진 − 다목적 댐 건설(충주댐, 합천댐, 주암댐 등) − 수도권 및 기타 지역의 광역상수도 건설 − 하구둑 준공(낙동강, 금강, 영산강) − 농업용저수지 249개소 건설 • 하천환경 개선 및 친수공간 개념 도입 − 친수공간 조성을 위한 한강종합개발사업(1982~1986) 추진 − 환경청 신설로 공공수역 수질관리 업무 시작 • 지하수관리 법정화 − 지하수법 제정(1997년) 및 관리 강화 • 환경청 신설(1980) − 환경처(1990) 및 환경부(1994)로 연속 승격
친수환경기반 조성 (2000년대)	• 수요관리 강화 및 중소규모 댐 건설 등 − 수요관리 정책 및 수자원의 효율적 이용 정책 강화 − 주변 환경과 조화를 강조한 중소규모 댐 건설 • 친환경 하천관리 − 2006년 5대강 본류와 지류의 60개 지점 하천유지유량 고시 − 2007년 하천법 전면개정(하천국유제 폐지, 하천지구 지정) − 하천환경 기초조사 및 국가하천 환경정비사업 추진 − 2003년 서울시 청계천복원사업 추진 • 대규모 하천사업 시행 − 4대강사업, 아라뱃길사업 추진
기후변화 적응형 물관리(2010년대)	• 기후변화를 고려한 수자원계획 수립 및 시행 − 기후변화대응 물확보 및 물산업육성 전략 추진 • 정부 물관리 일원화(2018) − 국토교통부의 수자원 업무를 환경부로 이관

주) 이 표에는 국토교통부 중심의 수자원사업이 주로 제시되었음

결론적으로 지난 100년간 우리나라 하천정책은 일제강점기에 물이용, 발전 등 이수 위주의 하천사업으로 시작하여 1960년대 이후 국토개발의 일환으로 시작한 대규모 다목적 댐 개발사업과 치수목적의 하천정비사업으로 전환되었다. 1980년대에는 개발된 다목적 댐의 효용성을 높이기 위해 광역상수도사업이 본격적으로 시작되었다. 1990년대 들어서는 수질과 생태 및 친수 등 하천의 환경기능을 강조하는 하천환경사업이 시작되었으며, 이러한 추세는 사실 지금도 계속되고 있다. 이는 이·치수 등 하천의 공학적 기능 위주에서 서식처, 수질, 친수 등 하천의 자연적, 환경적 기능 중심으로 방향전환을 한 것이다.

특히 2018년 6월 정부의 물관리일원화 방침에 의해 국토교통부의 수자원 업무가 환경부로 이관된 것은 그동안 개발 위주의 수자원정책에서 보전, 복원 중심의 정책으로 궤도 수정한 것이다.

1.4.3 하천공학의 영역

하천공학이 다루는 기술의 범위를 설명하기 전에 하천공학과 수리학, 수문학 등 유사 학문과 기술을 가급적 명확히 구분할 필요가 있다.

수리학(hydraulics)은 물(흐름)의 역학적 성질에 관한 학문으로서, 경계조건에 따라 관수로 수리학, 개수로 수리학, 다공성매질 수리학 등으로 나눈다. 반면에 수문학(hydrology)은 지구상 물의 순환과정을 연구하는 학문으로서, 대기학 등과 같이 자연과학의 한 분야이다. 그 중 공학수문학(engineering hydrology)은 수문학적 지식을 특히 이수, 치수 관리에 응용하는 기술이다.

수리공학(hydraulic engineering)은 토목공학의 한 분야로서, 수리학적 지식을 바탕으로 공학적으로 자리매김한 기술이다. 예를 들어, 흐름에 견딜 수 있는 사석의 중량이 유속의 6승에 비례한다는 것은 수리학적 지식이며, 이를 토대로 하안보호를 위한 사석공을 설계하기 위해서 6승법칙에서 사석의 크기를 결정하고, 그밖에 밑다짐, 사석면 경사, 입도 분포, 필터 등을 설계하는 것이 수리공학이다. 이 경우 수리공학은 바로 하천공학과 같다.

마지막으로 하천수리학(river hydraulics)은 하천에서 물흐름의 역학적 성질에 관한 학문이라면, 하천공학은 하천수리학과 그밖에 관련 지식을 바탕으로 하천의 관리, 보전, 개발, 복원 사업의 조사, 계획 및 설계, 시공, 유지관리에 직접 이용되는 기술이다.

하천공학의 주 대상은 당연히 하천사업 또는 하천공사(river project)이다. 전통적으로 하천사업은 크게 하천 자체를 목표로 하는 '순수한' 하천사업과 수자원개발과 같은 댐사업으로 나눈다. 우리나라 하천 관련 설계기준도 하천과 댐을 나누어 각각의 설계기준이 있다. 따라서 이 책에서도 하천공학은 댐공학을 제외한 하천사업의 기술적 사항을 주요 대상으로 한다.

하천공학은 토목공학의 한 분야이므로 여느 토목공학의 주요 대상 기술과 같이 일반적으로 조사, 계획과 설계, 시공, 유지관리로 나눌 수 있다. 하천 및 유역조사를 위해서는 지구상의 물순환을 거시적, 미시적으로 다루는 수문학을 필두로 하여 하천의 형태와 과정을 다루는 하천형태 및 과정, 수생태를 다루는 하천호소학적 지식이 요구된다. 또한 유량, 유사량 관측과 같은 전통적인 하천조사기술은 물론 GIS, RS, Lidar 등 첨단 측량기술의 적용이 바람직하다. 하도 계획과 설계를 위해서는 하천수리학을 필두로 하여 강우-유출 모의 기술이 요구된다. 하천시설물 계획과 설계를 위해서는 각종 시설물의 수리학은 물론 지반공학, 구조공학, 콘크리트 공학 등 전통적인 토목공학적 기술이 필요하다. 하천환경관리와 하천복원을 위해서는 수질과 수생태를 다루는 지식과 기술이 요구된다. 하천복원에는 특히 토양생물공학(soil bioengineering)적 지식이 요구된다.

위와 같은 하천공학의 대상과 범위를 정리하면 다음과 같다.
- 하천정비(channelization): 하도 및 하상정비
- 하도개설(canalization): 분수로, 방수로, 배수로, 운하 등
- 하천시설물: 제방, 호안, 수제, 하상유지시설, 보, 어도, 취배수 시설, 저류지 등
- 하천복원: 특정 목적의 복원을 포함한 하천복원

이 밖에 하천을 포함한 유역 관점에서 하천의 계획과 관리도 현실적으로 하천공학의 대상이 된다. 구체적으로 하천실무에서 하천유역조사, 하천유역계획, 유역종합관리 등도 하천공학의 대상에 포함된다.

한편 위와 같은 하천사업에 필요한 하천공학의 범위는 다음과 같다.
- 기본지식: 수리학, 수문학, 하천형태·과정학, 수생태학 등
- 응용지식: 하천수리학, 공학수문학, 수질공학, 측량학 등
- 적용기술: 수리공학, 지반공학, 구조 및 콘크리트 공학, 토목시공학, 토양생물공학, 공학경제 등

그러나 위와 같은 하천공학의 대상과 범위 모두를 망라하는 '하천공학' 책은 현실적으로 가능하지도 않고 필요도 없다. 하천공학에 필요한 기본 및 응용지식과 적용기술은 기존의 관련 학술 및 기술 자료에서 충분히 참고할 수 있을 것이다. 특히 하천수리학은 하천공학을 이해하는 데 필수적인 기본지식이다. 이 책은 위와 같은 다양한 관련 지식과 기술 중에서 하천사업에 직접적으로 쓰이는 지식과 기술을 중심으로 소개한다. 구체적으로 이 책의 차례의 장별 제목과 같이 유역 및 하천조사 기술, 하천계획 기술, 하천시설물 설계 기술, 유역관리 및 환경유량 기술, 하천복원 기술, 하천모형 기술 등을 순서대로 소개한다.

연습문제

1.1   남북한을 관류하는 대표적인 하천 두 개는 무엇인가? 인터넷 언론자료 등을 이용하여 1980년대 이후 이 두 하천의 관류하천(trans-boundary river) 문제를 검토하시오.

1.2   하천의 사회문화 서비스를 친수 이외에 생태학 관련 자료 등을 확인하여 구체적으로 열거하시오(예: Millenium Ecosystem Assessment, MA).

1.3   1:25,000 지형도를 가지고 감입곡류하천으로 추정할 수 있는 하천을 2개 제시하시오. 하천의 평면형태가 만곡인 점 이외에 도상에서 1차적으로 감입곡류하천으로 간주할 수 있는 근거를 제시하시오(힌트: 국내에서 충적지를 흐르는 만곡하천은 직강화 등 사실상 대부분 인위적으로 변형되었음).

1.4   다음과 같은 하천의 각 지류, 본류에 Horton-Strahler 차수방법과 Knighton의 연결방법으로 각각 번호를 붙이시오.

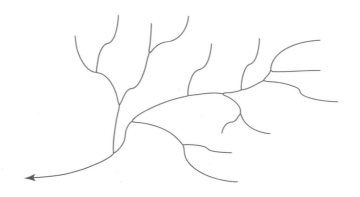

1.5   하천기본계획 자료가 있는 중규모 하천을 대상으로 약 50 km 구간에 대해 1) 최심하상고, 2) 평수위 기준 평균하상고, 3) 계획홍수위 기준 평균하상고를 기준으로 하천의 종단고 변화를 각각 도시하시오. 그 결과를 평가하시오.

1.6   하천의 DO 농도를 증가, 감소하게 하는 과정들을 각각 열거하시오(그림 1.16 참조).

1.7   그림 1.13에서 홍수소통 등 하천의 공학적 기능만을 위해 하천단면을 기하적으로 복단면화하는 경우 예상되는 환경적, 생태적 문제를 몇 가지 설명하시오.

1.8 중국의 경항운하의 현재 이용상황을 인터넷 등 자료를 이용하여 조사하시오.

1.9 2000년대 초 만들어진 서울시 청계천복원사업의 결과를 치수, 수질, 경관 및 위락, 생태 관점에서 성과와 한계 등으로 나누어 간단히 평가하시오.

1.10 우리나라의 하천정비사업(하천개수사업)의 기본적인 절차와 주요 사업내용 등을 간단히 설명하시오.

1.11 우리나라 대표적인 운하사업인 아라뱃길사업의 개요에 대해 간단히 설명하시오.

1.12 우리나라의 하천은 대부분 충적하천이다. 충적하천의 특성을 비충적하천(암반하천, 붕적하천 등)과 비교하여 간단히 설명하시오.

용어설명

- **감입곡류하천**(incised meandering river): 과거 구불구불했던 하곡이 지각변동으로 융기하여 그 형태를 그대로 유지하면서 하방침식이 시작되어 형성된 곡류형태의 하천
- **강턱**(river bank): 하도와 홍수터의 경계를 이루는 양안의 둔덕(급경사 물가)
- **고수부**(지): 기본적으로 홍수터와 같은 의미이나 정비된 하천에서 특히 칭함(일본식 한자)
- **곡류하천**(meandering river): 하도가 구불구불한 하천(사행하천, 만곡하천이라고도 함)
- **기층**(substrate): 하천바닥을 이루는 하상재료의 층
- **다지하천**(braided river): 하도가 두 개 이상으로 분리되거나 다시 합쳐지는 하천(그물 같다고 하여 망상하천이라고도 함)
- **둔치**: 물가라는 뜻의 순 우리말. 현재 고수부지라는 표현 대신 사용되기도 함
- **마모**(abrasion): 유사입자가 하류로 감에 따라 입자 간 충돌과 바닥 암반에 긁혀서 닳는 현상
- **먹이망**: 생태계의 내부적인 과정을 지배하는 기본구조로서, 생태계 내의 종 간 포식자와 피식자 간의 관계를 1차원으로 나타낸 것(과거에는 먹이사슬이라 불렀음)
- **배수밀도**(수계밀도): 유역 내의 지류가 많고 적음을 정량적으로 나타내는 지표로 본류와 지류를 포함한 전체 하천의 총 길이를 유역면적으로 나눈 값
- **배후습지**(back marsh): 홍수 시 홍수터로 유입한 물이 자연제방 뒤에 갇혀서 다시 하도로 유입하지 못하여 형성된 습지
- **부영양화**: 하천이나 호수에 과도한 인과 질소의 유입으로 수생식물이 과다하게 번식하는 현상(식물체가 죽으면 분해를 위해 용존산소가 과다하게 소모되고 그에 따라 용존산소농도가 줄어드는 현상)
- **삼각주**(delta): 강물에 떠내려 온 토사가 하구에 쌓여 이루어진 충적지의 한 종류(대개 삼각형을 이룸)
- **(생태계) 구조**: 한 서식처에서 생물과 생물 간의 먹이망, 위계 등 상호관계
- **(생태계) 기능**: 한 서식처에서 기초적인 영양물질 및 에너지의 순환과 이동
- **생화학적 산소요구량**(BOD, Biochemical Oxygen Demand): 물속에서 미생물이 유기물을 분해할 때 소비하는 용존산소량. 물속에 있는 유기물 양의 척도
- **서식처**: 생물이 생육, 번식, 먹이활동, 피난 등을 하는 공간(물속도 서식처가 될 수 있으므로 이 장에서는 '서식지' 대신 쓰임)
- **선상지**(alluvial fan): 급경사 산지에서 완경사 평지로 흘러나오는 골짜기 어귀에 자갈이나 모래가 퇴적하여 이루어진 부채꼴 지형
- **수리분급**(hydraulic sorting): 흐름의 선택적 운반 현상에 의해 무거운 입자는 상류 가까이에서 먼저 침강되고 가벼운 입자는 멀리까지 내려가서 침강되어 하상재료가 하천거리에 따라 입자 크기대로

선택적으로 나누어지는 현상

• **수변**: 경관생태학 관점에서 하도를 따라 길고 좁게 형성된 생태계 조각(띠). 하도와 직간접적으로 연결되어 있는 홍수터, 샛강, 자연제방, 배후습지 등을 망라하며, '하천회랑'이라고도 함

• **수변구역**: 4대강(한강, 낙동강, 금강, 영산강) 수질 개선을 위해 특별법에서 토지이용 규제, 배출허용기준 규제 강화, 오염물질의 하천 직접 유입을 차단하고 여과과정을 거쳐 자연정화기능을 높이기 위해 설정한 호소 주변 지역과 유입하천 및 지천의 일정 구간

• **수변완충대**: 하천유역에서 유입하는 비점오염물질을 차단 및 저감하고, 그밖에 홍수조절, 생물서식처 기능을 꾀하기 위해 하도를 따라 조성된 일련의 식생 띠

• **어메니티**(amenity, 친수): 사람이 생태적(또는 문화적, 역사적) 가치가 있는 환경과 접하면서 느끼는 매력, 쾌적함, 즐거움이나 이러한 감정을 불러일으키는 장소

• **용존산소량**(DO, Dissolved Oxygen): 물속에 녹아 있는 산소의 양

• **위계**(niche): 먹이망에서 어느 특정 생물이 처한 위치

• **인공제방**(man-made levee): 치수 목적으로 주로 흙으로 인위적으로 만들어진 홍수방어시설

• **자연제방**(natural levee): 홍수 시 주변 홍수터를 잠근 물이 홍수 후 하도로 되돌아오면서 비교적 굵은 유사가 한 곳에 퇴적하여 만들어진, 하도를 따라 형성된 작고 긴 구릉

• **조각**(patch): 경관생태 관점에서 비교적 균일하게 되어 있어 주변과 차별화되는, 상대적으로 작은 지역

• **지형윤회설**(geomorphic cycle): 지형 변화를 물에 의한 침식과 지각의 융기 등으로 설명하는 19세기 말, 20세기 초 Davis의 이론

• **직류하천**(straight river): 하도가 비교적 직선을 이루는 하천

• **질소고정**: 뿌리혹박테리아 등 미생물이 대기 중의 질소를 식물이 이용할 수 있는 암모니아, 질산염 등으로 변환하는 과정

• **충적하천**(alluvial river): 하상이 흐름에 의해 이송되는 재료, 즉 자갈, 모래, 실트/점토 등으로 구성된 하천(대부분의 자연하천은 충적하천임)

• **평형하천**(river in equilibrium): 상당 기간에 걸쳐 가용한 유량과 지배적인 하천 특성하에서 하천상류에서 들어오는 유사의 이송에 꼭 필요한 만큼의 유속이 생기도록 하천경사가 자연적으로 정교하게 조정된 하천(안정하천 또는 조정하천이라고도 함)

• **하도**(river channel): 하천수가 상시로 흐르는 물길. 보통 홍수터 안에서 좌우 강턱(river bank) 사이를 말함

• **하도개설**(canalization): 분수로, 방수로, 배수로, 운하 등 인공적으로 하도를 만드는 것

• **하천공학**(river engineering): 인간에게 혜택을 주기 위해 하천의 유로, 특성, 흐름에 대해 계획적으로 간섭하는 과정

- **하천연속체 개념**(River Continuum Concept): 하천차수가 낮은 상류하천에서 차수가 높은 하류 방향으로 물질교환과 생물이동 특성을 정성적으로 설명한 개념
- **하천정비**(channelization): 이수나 치수 목적을 위해 인위적으로 하천을 정비하는 것
- **하천차수**(stream order): 하천수계를 상류부터 일정한 법칙으로 번호를 매긴 것. Horton-Strahler 방법이 많이 사용됨
- **혼합대**(hyporheic zone): 하도와 사주의 지하부에서 하천수와 지하수가 상호 작용하면서 물리적, 화학적, 생물적 특성이 변하는 곳
- **홍수터**(floodplain): 홍수 시에만 일시적으로 물에 잠기는, 강턱 넘어 언덕이나 산기슭 가까이까지 펼쳐진 비교적 평평한 지역. 범람원이라고도 함
- **1차 영양수준**: 플랑크톤(조류)과 같은 미세식물이나 대형 식물 등이 영양물질을 흡수하고 광합성 작용으로 유기물과 산소를 생산하는 것(생산자)
- **2차 영양수준**: 생산자에 의해 만들어진 유기물이 동물성 플랑크톤, 소형 갑각류나 어류 등에 의해 먹히는 것(1차 소비자)
- **3차 영양수준**: 1차 소비자들이 큰 물고기나 새, 수변 포유류, 또는 인간에 의해 먹히는 것(2차 소비자)

참고문헌

국토교통부. 2016a. 수자원장기종합계획(2001-2020) 제3차 수정계획.

국토교통부. 2016b. 국가·지방하천 총괄보고서(2016-2025). 11-1613000-001544-14.

권혁재. 1983. 자연지리학. 법문사: 400.

권혁준, 이태관. 2012. 국내 물관리체계에 대한 기초적 고찰. 환경과학논집. 16(1): 11-21.

우효섭. 2004. 국내 하천사업의 진화와 전망-청계천사업의 좌표. 한국수자원학회지. 37(1): 41-46.

우효섭. 2005. 하천과 인간활동-패러다임의 변화를 쫓아서. 하천과 문화. 한국하천협회. 여름: 61-71.

우효섭, 유권규. 1993. 평형하상 추정방법의 개발. 한국건설기술연구원 연구보고서, 93-WR-112.

우효섭, 김원, 지운. 2015. 하천수리학. 청문각.

홍일, 강준구, 여홍구. 2012. 영상자료를 이용한 만경강 하도변화에 관한 연구. 한국수자원학회논문집, 45(2): 127-136.

Charpin, D. 2012. Hammurabi of Babylon. I. B. Tauris.

Davis, W. M. 1899. The geographical cycle. Geographical Journal, 14.

De Groot, R. S. et al. 2002. A typology for the classification, description and valuation of ecosystem functions, goods, and services. Ecological Economics, 41: 393-408.

Federal Interagency Stream Restoration Working Group (FISRWG). 1998. Stream corridor restoration-principles, processes, and practices. USDC, National Technical Information Service. Springfield, VA., Oct.

Gleik, P. H. 1996. Water resources. In encyclopedia of climate and weather, ed. by S. H. Schneider, Oxford University Press, New York, 2: 817-823.

Gregory, K. J. 1976. Drainage network and climate. In E. Derbyshire (ed), Geomorphology and climate. Chichester, Wiley-Interscience.

Horton, R. E. 1945. Erosional development of streams and their drainage basins: hydro-physical approach to quantitative morphology. Bulletin of Geological Society of America, 56.

Howard, A. D. 1967. Drainage analysis of geological interpretation: a summation. American Association of Petroleum Geology Bulletin, 51.

IAHR. 1991. Hydraulics and the environment-partnership in sustainable development, IAHR Workshop on Matching Hydraulics and Ecology in Water System. Utrecht, March 14~16. J. of Hydraulics Research, IAHR, 29, extra issue.

Knighton, D. 1984. Fluvial forms & processes. Edward Arnold.

Limburg, K. E., O'Neil, R. V., Costanza, R., and Farber, S. 2002. Complex systems and valuation. Ecological Economics, 41: 409-420.

Mackin, J. H. 1948. Concept of the graded rivers. Bulletin of the Geological Society of America, 59.

Schumm, S. A. 1977. The fluvial system. John Wiley & Sons, New York: 338.

Sparks, R. 1995. Need for ecosystem management of large rivers and their floodplains, Bioscience, 45(3): 168-182.

Strahler, A. N. 1952. Hypsometric(area-altitude) analysis of erosional topography. Bulletin of Geological Society of America, 63.

Vannote, R. L., Minshall, G. W., Cummins, K. W., Sedell, J. R., and Cushing, C. E. 1980. The river continuum concept, Canadian J. of Fisheries and Aquatic Sciences, 37(1): 130-137.

Viollet, P.-L. 2005. Water engineering in ancient civilizations-5,000 years of history. translated into English by F. M. Holly, Jr. IAHR, 2007: 9-10.

Britannica online Encyclopedia. https://www.britannica.com/technology/levee. 2017. 7. 접속.

TU Delft. 2017. Hydraulic Engineering-River Engineering. https://www.tudelft.nl/citg/over-faculteit/ afdelingen/hydraulic-engineering/sections/rivers-ports-waterways-and-dredging-engineering/river-engineering/. 2017. 6. 접속.

Wikipedia: List of rivers by length. https://en.wikipedia.org/wiki/List_of_rivers_by_length#cite_note-longest-7. 2017. 7. 접속.

Wikipedia: River Engineering. https://en.wikipedia.org/wiki/River_engineering. 2017. 7. 접속.

2장 유역 및 하천 조사

하천 관련 계획을 수립하기 위해서 우선 필요한 것은 관련 자료의 조사와 수집이다. 이를 위해서 유역의 일반적 특성부터 시작하여 수문 특성, 하천의 수리 및 유사 특성, 하천환경 특성 등을 조사한다.

유역 및 하천조사에 들어가기에 앞서, 먼저 자료의 특성을 파악해 두어야 한다. 자료는 하천계획을 할 때 직접 조사해서 분석해야 하는 자료와 기존 자료를 수집하여 분석하는 자료로 나눌 수 있다. 전자에는 하천 측량과 하상재료 조사, 시설물 현황 조사 등이 포함되며, 나머지 자료, 즉 유역 특성자료, 강수량, 수위, 유량, 수질, 하천환경 등 대부분의 자료는 하천계획을 수립할 때 직접 조사가 어려운 것들로서 기존에 수집된 자료를 이용하거나 관리대장 등을 참조한다.

2장은 이러한 하천계획에 따른 자료를 조사하고 분석하는 과정과 방법에 대한 것이다. 2.1절에서는 유역의 특성, 2.2절에서는 수문 특성, 2.3절에서는 하천 특성을 차례로 살펴본다. 그리고 2.4절에서는 특히 유역 및 하천의 변화를 일으키는 요인인 유량과 유사량에 대하여 살펴본다. 마지막으로 2.5절에서는 이러한 자료를 바탕으로 하천환경에 대한 자료와 조사방법 등을 살펴본다.

2.1 유역의 특성

유역(流域, watershed)은 강우 시 하천으로 물이 모여드는 주변 지역을 의미하며, 한 유역에 내리는 강우는 유역에서 가장 낮은 지점으로 모이게 된다. 집수구역이라고도 하며, 대부분이 산지로 둘러싸인 부분은 유역 결정이 뚜렷한 반면, 평지에서는 유역이 불분명한 경우가 많다. 예를 들어 낙동강 유역이라 하면, 빗물이 지면에 떨어진 후 빗물이 흐를 때 본류는 물론 지류까지 모두 포함하여 낙동강 쪽으로 물이 흘러내리는 모든 지역을 의미한다. 서로 이웃한 유역은 인공적으로 연결되어 위급 시 서로 물을 주고받을 수 있도록 설치된 곳도 있다. 한편, 지하수의 경우 지상하천과 관련된 유역면적과 지하수가 흘러드는 범위가 반드시 일치하지 않는 경우도 있다(물백과사전, My Water).

유역 특성 조사는 유역의 평면 및 입체적 특성, 지질, 토양, 토지이용 및 사회역사 특성과 같은 항목을 조사하는 것이다. 이를 이용하여 유역의 강우-유출관계를 규명할 수 있으며, 유출량 및 홍수량 추정과 유역개발이나 하천종합개발과 관련된 계획을 수립할 수 있다.

2.1.1 평면 특성

유역의 평면 특성은 하천의 유출 특성, 특히 유출규모를 파악하는 데 중요한 인자로서 유역면적, 유로연장, 유역평균폭 및 형상인자 등이 있다. 유역의 평균폭은 유역면적을 유로연장으로 나눈 것으로 유역이 큰 하천일수록 그 값이 커진다. 형상인자는 유역의 형태를 나타내는 무차원 단위의 수치로서 이 값이 1.0에 가까울수록 유역의 형상은 정사각형에 근접한다. 형상인자가 클수록 유출의 집중성향이 강해서 첨두홍수량이 크며, 형상계수가 작으면 유출의 집중성향도가 약해져서 첨두홍수량이 비교적 작게 나타난다. 유역의 평면적 특성자료는 국가수자원관리종합정보시스템(WAMIS)에서 최원유로연장, 유로연장, 유역면적 등 15가지를 제공하고 있다. 이는 국토지리정보원(National Geographic Information Institute)에서 제공하는 1/25,000 및 1/5,000 수치지도를 기반으로 AutoCAD로 산정되었다. 그중 비교적 흔히 쓰이는 몇 인자를 소개하면 다음과 같다.

① 최원유로연장(basin length, L_b): 본류하천을 따라 유역출구점으로부터 유역분수계까지의 거리를 나타낸다.
② 유로연장(channel length, L): 본류하천을 따라 유역출구점으로부터 지도상에 표시된 하천시작점까지의 거리를 나타낸다.

③ 유역면적(basin area, A_w): 유역면적은 유역의 평면상 면적, 즉 유역분수계로 이루어지는 폐곡선 내의 평면적을 말한다.

④ 유역둘레(basin perimeter, L_p): 지도의 수평면상으로 투영된 주어진 차수의 유역의 경계를 따라서 측정한 길이를 말한다.

⑤ 유역평균폭(effective basin width, R_b): 최원유로연장(L_b)에 대한 유역면적(A_w)의 비를 말한다.

$$R_b = \frac{A_w}{L_b}$$

⑥ 형상인자(form factor, R_f): 최원유로연장(L_b)의 제곱에 대한 유역면적(A_w)의 비로 정의되는 무차원 매개변수이다.

$$R_f = \frac{A_w}{L_b^2}$$

⑦ 수계밀도(drainage density, D): 유역면적(A_w)에 대한 유역 내 하천총길이(L_t)의 비로 정의되며, 단위 면적당 하천길이를 의미한다.

예제 2.1

경기도 양평군에 위치하고 있는 흑천 유역에 대하여 유역의 평면적 특성을 수치지도를 근간으로 AutoCAD를 사용하여 유역면적, 유로연장, 유역평균폭, 형상인자, 평균 고도 및 평균 경사를 구하시오.

[풀이]

국토지리원에서 제공하는 수치지도를 AutoCAD로 산정한 흑천 유역의 평면적 특성 결과는 다음 표와 같으며, 형상계수는 유역의 형상인자는 0.17~0.27의 범위로 유출의 집중도가 낮아서 첨두홍수량이 비교적 작게 나타날 것으로 예상된다.

흑천 유역의 주요 지점별 평면적 특성

주요 지점	유역면적(A) (km^2)	유로연장(L) (km)	유역평균폭 (A/L)	형상인자 (A/L^2)
흑천 하구	312.96	42.53	7.36	0.17
삼성천 합류 전	286.98	35.19	8.16	0.23
용문천 합류 전	199.89	28.93	6.91	0.24
부안천 합류 전	123.15	22.28	5.53	0.25
덕수천 합류 전	91.99	18.98	4.85	0.26
용두천 합류 전	49.36	15.98	3.09	0.19
정지골천(소) 합류 전	28.70	11.95	2.40	0.20
신대천(소) 합류 전	13.85	7.14	1.94	0.27

(* 유역의 특성 예제는 모두 흑천하천기본계획보고서(경기도 2017)를 참고)

:: Box 기사   AutoCAD

Auto Computer Aided Design의 약자이며, 미국의 Auto Desk사에서 만들어 낸 프로그램으로, 1982년 12월에 열린 컴덱스 무역전시회에 처음으로 선보였다. AutoCAD는 다양한 2차원 도면이나 3차원 모형을 마련하는 데 사용할 수 있는 범용 CAD(컴퓨터를 이용한 설계) 프로그램으로서, 사용자 나름의 응용 분야에 맞게 규격화할 수 있는 강력한 도면 작성 기구라고 말할 수 있다.

2.1.2 입체적 특성

유역의 입체적 특성은 유역의 표고별 누가면적 분포 및 구성비와 유역의 평균 경사 등을 의미하며, 이는 유역 전반에 걸쳐 경사에 따른 도달시간의 산정으로 유출량을 구하는 데 있어서 중요하다. 이를 구하기 위해서는 국토지리정보원에서 제공하는 수치지도에서 등고선과 표고를 추출한 뒤 ArcGIS를 이용하여 DEM(Digital Elevation Model)의 각 셀에 해당하는 표고값과 경사를 산출하고 평균한다. 유역의 입체적 특성 자료는 가능한 그림으로 표현하는 것이 좋다.

흑천 유역의 표고별 누가면적 분포 및 구성비와 유역의 평균 경사, 유역의 표고 및 경사분포도를 ArcGIS를 이용하여 구하시오.

[풀이]

수치지도에서 ArcGIS로 DEM을 추출한 후 구할 수 있으며, 그 결과는 아래의 표와 그림과 같다. 표고별 누가면적 EL. 200 m 이상인 면적이 57.16%, 경사별 면적 분포 20° 이상인 면적이 55.71%로 분석되어 대체로 높고, 비교적 급한 경사의 지형을 형성한다.

흑천 유역의 표고별 누가면적 및 구성비

하천명	구분	표고별 면적 분포					
		EL.0 m 이상	EL.100 m 이상	EL.200 m 이상	EL.300 m 이상	EL.400 m 이상	EL.500 m 이상
흑천	면적(km²)	312.96	278.83	178.90	90.47	41.77	19.94
	비율(%)	100	89.09	57.16	28.91	13.35	6.37

흑천 유역의 경사별 면적 및 구성비

하천명	구분	경사별 면적 분포					
		0°≤	10°≤	20°≤	30°≤	40°≤	50°≤
흑천	면적(km²)	312.96	237.86	174.36	88.06	22.27	2.84
	비율(%)	100	76.00	55.71	28.14	7.12	0.91

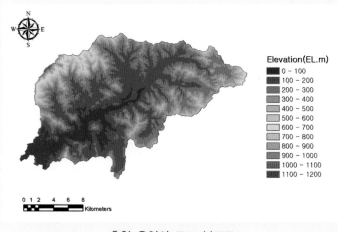

흑천 유역의 표고 분포도

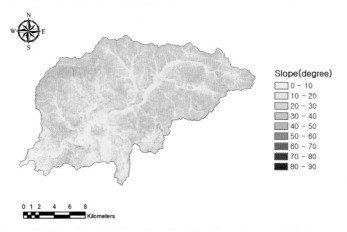

흑천 유역의 경사 분포도

⋮ Box 기사   ArcGIS

    Geographic Information System(GIS, 지리정보체계)는 지구 시스템의 다양한 측면을 이해, 표현, 관리, 전달하는 방법을 제공하며 진화하고 있으며, 지리정보 지식을 획득하는 새로운 메커니즘을 제공, 지리정보를 관리, 분석, 화면표시하는 시스템이며, 정보집합을 연속적으로 표현한다.

    ArcGIS는 Esri사에서 제공하는 GIS 운용프로그램으로 단일/다중 사용자 데스크탑, 서버, 웹, 현장 등에서 GIS 구현을 위한 확장성 있는 체계를 제공하며, 완벽한 GIS 구축을 위한 GIS 소프트웨어 제품이 통합된 집합이고 GIS 활용을 위한 다수의 체계로 이루어져 있다.

    ArcGIS는 확장이 가능하여 다양한 사용자층의 수요를 대처할 수 있으며, 기능에 따라 3가지 등급으로 제공된다.

- ArcView: 간단한 편집, 지형처리기능과 함께 포괄적인 도면화, 데이터 사용, 분석 도구를 제공한다.
- ArcEditor: ArcView의 모든 기능에 형상파일과 지형데이터베이스에 대한 고급 편집기능을 추가로 제공한다.
- ArcInfo: ArcGIS의 전체 기능을 가진 제품으로 ArcView와 ArcEditor보다 고급 지형처리기능이 향상된 제품이다.

2.1.3 지질 특성

유역의 지질 특성은 유역 내의 침투량과 손실량을 추정하고 유출량 등에 대한 전반적인 경향 판단에 사용한다. 수계 전체의 지질학적 발달과정을 판단할 수 있는 하천지형 형태를 조사하며, 이는 하천을 유년기, 장년기, 노년기로 구분한다. 한국지질자원연구원에서 제공하는 1/25,000 수치지질도에 ArcGIS를 적용하면 유역의 지질시대별 지질계통을 구분할 수 있다.

예제 2.3

한국지질자원연구원에서 제공하는 수치지질도를 이용하여 흑천 유역의 지질 특성에 대하여 설명하시오.

[풀이]

ArcGIS를 이용하여 구한 흑천 유역의 지질도는 다음 그림과 같다. 흑천 유역인 양평지역의 지질은 동부에 주로 분포하고 기저를 이루는 고기 편마암류, 이와 단층 및 신기의 편마암, 편암, 규암과 이들을 관입하고 있는 각종 화성암류로 이루어져 있다. 고기 편마암류는 암상 및 변성도에 따라 미그마타이트질 편마암, 호상 흑운모편마암, 자류석편마암, 흑운모편암으로 구분되고, 신기 편마암 및 편암류는 서쪽에 주로 분포하여 분지구조를 이루며 중앙에서 고기 편마암류와 단층에 의하여 접하고 있다.

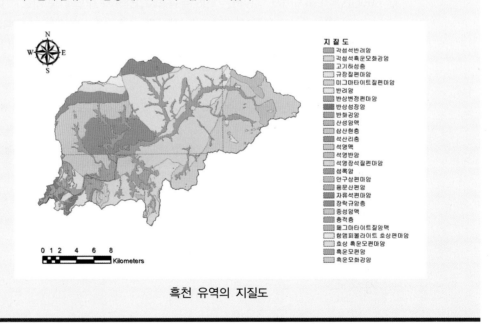

흑천 유역의 지질도

2.1.4 토양 특성

유역의 토양 특성은 유출률, 침투율, 배수상태 등 유출상황을 판단하는 데 이용된다. 이는 강우로 인한 유출과정에 직접적인 영향을 미치고 토양의 성질에 따라 침투능이 다르다. 그러므로 이는 총 강우량 중 직접유출에 기여하는 유효우량의 크기에 영향을 주는 중요한 인자이다. 유역의 토양형별 면적 분포는 한국농촌진흥청의 국립농업과학원에서 제공하는 1/25,000 수치정밀토양도를 ArcGIS에 적용하여 분석한다. 수문학적 토양군의 분류 기준은 표 2.1과 같다.

표 2.1 토양의 수문학적 토양군으로의 분류 기준(한국수자원학회 2009)

흙의 특성	흙의 특성에 따른 점수			
	4	3	2	1
토성	사질(사력질) – 자갈이 많은 사양질(역질)	사양질 – 미사사양질	식양질 – 자갈이 많은 사양질(식양질)	미사식양질 – 식질
배수등급	매우 양호	약간 양호	약간 불량	불량
투수성 (cm/hr)	매우 빠름, 빠름 (>12.0)	약간 빠름 (12.0~6.0)	약간 느림 (6.0~0.5)	느림, 매우 느림 (<0.5)
투수저해토층의 유무 및 출현 깊이(cm)	존재하지 않음	100~50	50~25	25 이하
토양 수문군	A (>13)	B (12~11)	C (10~8)	D (<7)

예제 2.4

국립농업과학원에서 제공하는 수치정밀토양도를 이용하여 흑천 유역의 수문학적 토양군에 대하여 설명하시오.

[풀이]

ArcGIS를 이용하여 정밀토양도를 기준으로 분석한 흑천 유역의 토양은 청산(CaF2) 18%, 덕산(DpF2) 13%, 삼각(SmF2) 8%, 오산(OnE2) 7%, 청룡(CAE2) 6%가 가장 많이 분포한다. 유역의 수문학적 토양군을 분석한 결과, A군 27.81%, B군 35.86%로 전체 유역의 63.67%를 차지하고, C군 4.28%, D군 32.05%로 나타난다. 유역을 덮고 있는 토양의 전반적인 성질은 유출률이 낮고 침투율은 높아 배수가 양호하며 투수성이 빠를 것으로 예상된다.

흑천 유역의 수문학적 토양군 면적 분포

하천명	토양형	면적(km²)	비율(%)	토양형별 면적 분포
흑천	A	87.05	27.81	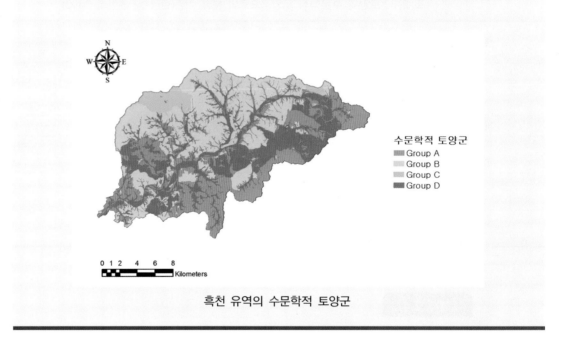
	B	112.23	35.86	
	C	13.38	4.28	
	D	100.30	32.05	
	합계	312.96	100	

흑천 유역의 수문학적 토양군

2.1.5 토지이용 특성

유역의 토지이용 특성은 국토지리정보원의 1/25,000 토지이용현황 수치지도, 환경부의 토지피복도, 지자체 통계연보 등을 이용하여 주거지역, 공업지역, 상업지역, 교통지역, 임야, 논, 밭, 수역 등으로 구분한다. 또한 과거 토지이용상황을 비교하기 위하여 경년별 토지피복 변화 현황을 분석한다. 토지이용 분류는 유역 특성을 잘 반영할 수 있도록 적절하게 구분하며, 연도별 토지이용 변화를 조사한다. 또한, 유역 내 도시기본계획 등 개발계획을 참고하여 목표연도 토지이용 특성과 과거 토지이용상황을 비교하기 위하여 경년별 토지피복 변화 현황을 비교·분석한다. 조사 대상 유역의 유출에 영향을 미칠 수 있는 토지이용상태 조사 항목은 ① 유역 내 토지의 용도별 이용상태 및 구성비, ② 식생피복의 종류, ③ 투수 및 불투수 면적, 구성비 및 위치, ④ 기타 유출 특성을 판단할 수 있는 토지이용상태 등이 있다.

예제 2.5

국토지리정보원의 토지이용현황 수치지도, 환경부의 토지피복 수치지도, 지방자치단체의 통계연보 등을 이용하여 흑천 유역의 토지이용도를 구하시오.

[풀이]

흑천 유역의 토지이용현황은 환경부 1/25,000 토지피복지도를 이용하여 주거지역, 공업지역, 상업지역, 교통지역, 임야, 논, 밭, 수역 등으로 구분하여 ArcGIS로 구하였다. 주거, 공업, 상업, 교통시설을 합하여 2.6%에 불과하고, 임야가 74.7%에 해당하는 삼림이 유역의 대부분을 차지하는 농촌지역의 토지이용 특성을 보여준다.

흑천 유역의 토지이용현황 (단위: km²)

하천명	합계	주거지역	공업지역	상업지역	교통지역	임야	논	밭	수역	기타
흑천	312.96	4.51	0.10	0.87	2.64	233.68	21.63	24.41	3.14	21.98
	(100)	(1.4)	(0.0)	(0.3)	(0.9)	(74.7)	(6.9)	(7.8)	(1.0)	(7.0)

주) ( )는 유역 내 구성비(%)

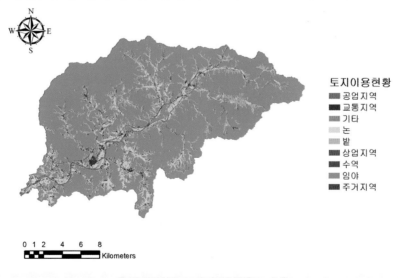

흑천 유역의 토지이용현황(2014년)

2.1.6 사회역사 특성

유역의 사회역사 특성은 유역 개발이나 하천 종합개발과 관련된 계획을 수립하는 데 필요한 사항이다. 이를 위하여 1) 유역의 행정구역 현황, 행정구역별 가구수, 인구, 인구밀도, 면적 등을 전산화된 시·군별 통계연보를 이용하여 행정구역 및 인구현황 등을 파악하고, 2) 유역 내의 가구 수, 인구, 구성인의 직업실태, 인구 밀집지역, 공업지역, 농업지역 등의 조사와 교통망조사 등 인문자료를 파악하며, 3) 하천의 유래, 하천과 관련된 역사적 사건과 전설, 역사자원 등을 관련 도서 및 지방자치단체 자료와 관련 기관의 웹사이트를 활용 조사하여 하천의 유래와 하천의 역사문화 현황을 파악한다.

> **❖ Box 기사** 회야강과 흑천의 유래
>
> - **회야강의 유래**: 회야는 논배미를 돌아서 흐르는 강이라는 의미이다. '돈다'는 말이 '회(回)'로, '논배미'와 같은 말에서 흔히 쓰이는 '배미'는 '바미(밤이)'로 보아 '야(夜)'로 한자화하면서 회야(回夜)로 변하였다. 서생면에서는 임진왜란때 왜군을 무찔러 승리하여 일승강(一勝江)이라고도 부른다. 「여지도서」(울산)에는 "회야강은 부 남쪽 40리에 있는데 동남쪽으로 흘러 바다에 들어간다."라고 기록하고 있다. 「울산서생진지도」에는 이어강(鯉魚江)으로, 「조선지지자료」에는 서생면 대륙동에 있는 일승강으로 각각 수록하고 있다(울산광역시 2016).
> - **흑천의 유래**: 흑천의 본래 이름은 신은천(新恩川)으로 여겨지며, 흑천이란 지명이 고지도에 처음 등장하는 때는 19세기 동여도와 대동지지(大東地志)에서 찾을 수 있으며, 흑천은 거무내, 나무내, 흑천, 신천, 신내개울 등 여러 이름으로도 불리는데 이 중 거무내를 한자로 의역하여 옮겨 적으면서 흑천이 되며, 거무내는 내에 깊은 소(沼)가 많이 있어 물이 검기 때문에 검은내, 거무내가 되었다는 설이 있다. 또한 우리 고유어인 검, 곰, 감, 굼, 거무 등의 옛말이 검(儉), 현(玄), 웅(熊), 부(釜), 흑(黑) 등으로 표기되면서 거모, 거무, 가모, 곰(고마), 가마 등을 나타내었으며, 이 뜻 중에는 큰 내라는 뜻이 포함되어 있으니 흑천은 양평군에서 가장 큰 내였기 때문에 지명이 유래되었다는 설도 있으며, 흑천이 한강에 합류하는 곳의 마을 이름이 신내이기 때문에 흑천의 하류를 신천(新川), 신내천, 신내개울이라고 부른다(경기도 2017).

> **예제 2.6**
>
> 흑천 유역의 행정구역 및 인구현황에 대하여 조사하시오.
>
> **[풀이]**
>
> 통계연보 등 관련 자료를 이용하여 구한 흑천 유역의 행정구역 및 인구현황은 다음의 표와 같다. 유역 내 12,159세대에 전체 인구 27,051명이 거주하며, 인구밀도는 86명/km^{2}이다.

흑천 유역의 행정구역별 인구 및 세대현황

하천명	행정구역	면적 (km²)	인구밀도 (명/km²)	인구(명)			세대
				소계	남	여	
흑천	전체	312.96	86	27,051	13,722	13,329	12,159
	양평읍	9.87	211	2,079	1,080	999	988
	단월면	52.83	50	2,636	1,343	1,293	1,256
	청운면	96.61	38	3,675	1,821	1,854	1,813
	양동면	17.72	27	470	248	222	207
	지평면	26.55	127	3,372	1,698	1,674	1,552
	용문면	102.23	134	13,666	6,951	6,715	5,772
	개군면	7.15	161	1,153	581	572	571

주) 1. 양평군 2013년 통계연보 인용
   2. 산정방법: 행정구역이 해당 유역 내에 100% 편입되지 않는 경우는 편입률을 이용하여 산정

예제 2.7

흑천 유역의 문화재 현황에 대하여 조사하시오.

[풀이]

관련 자료를 이용하여 문화재 현황을 조사한 결과 흑천 유역 내에는 10점의 문화재가 있다.

흑천 유역 내 문화재 현황

구분	총계	국가지정					시도지정				기타		
		계	국보	보물	사적	천연기념물	계	유형문화재	무형문화재	민속문화재	계	문화재자료	등록문화재
양평군	10	3	–	2	–	1	2	1	–	1	5	4	1

주) 자료 출처: 문화재청 문화유산현황(http://www.cha.go.kr, 2014)

흑천 유역 내 문화재 현황

번호	구분	지정 번호	명칭	위치	지정일
1	보물	제531호	양평 용문사 정지국사탑 및 비	양평군 용문면 용문산로 782	1971. 7.7
2	〃	제1790호	양평 용문사 금동관음보살좌상	양평군 용문면 용문산로 782	2012. 12.27
3	천연기념물	제30호	양평 용문사 은행나무	양평군 용문면 용문산로 782	1962. 12.3
4	유형문화재	제180호	양평 지평리 삼층석탑	양평군 지평면 지평의병로 107	2002. 4.8
5	민속문화재	제5호	김병호 고가	양평군 용문면 오촌길 49번길 10	1984. 9.12
6	문화재자료	제18호	운계서원	양평군 용문면 용문산로 192번길 16	1983. 9.19
7	〃	제20호	지평향교	양평군 지평면 지평로 333	1983. 9.19
8	〃	제119호	양평 상원사 철조여래좌상	양평군 용문면 상원사길 292	2003. 4.21
9	〃	제168호	양평 대성사 아미타불회도	양평군 지평면 역말4길 58	2013. 11.12
10	등록문화재	제594호	양평 지평 양조장	양평군 지평면 지평리 551-2	2014. 7.1

2.2 수문 특성

이 절에서는 우리나라 수문조사의 발전과정을 일제 강점기부터 현재까지 시대별로 정리한다. 그리고 기상과 강우의 관측방법과 자료조사의 범위와 특히 레이더에 의한 강수관측에 대하여 서술한다.

2.2.1 수문조사의 변천과정

우리나라의 수문조사 변청과정은 수문조사연보의 발간 및 정착 시대를 지나서, 한국수문조사서를 지속적으로 연보로 발간하였다. 그리고 전문조직을 설립하여 수문자료의 정보화를 발전시켜서 국민에게 종합적인 관련 정보를 제공하였다. 이는 「한국의 홍수통제 40년사」(국토교통부 2014)를 중심으로 기술하며, 환경부의 정보를 추가하였다.

■ 수문조사연보의 발간

조선총독부는 1915년부터 「조선총독부 관측소연보」를 발간하기 시작해 1941년까지 수문자료를 기록했다. 그런가 하면 1928년부터 1940년까지 「조선하천조사연보」를, 1933년과 1944년 「유량요람」을, 1936년에는 「조선기상30년보」를, 1944년에는 「우량요람」을 각각 단행본으로 발간했다. 「조선기상30년보」는 1904년부터 1934년까지 30년간의 기후자료를 정리해 기록한 단행본으로 기상 분야의 다양한 관측 자료들이 망라되어 있다(그림 2.1 참조). 「유량요람」 및 「우량요람」은 압록강, 청천강, 대동강, 한강, 낙동강, 금강, 섬진강, 두만강, 어랑천, 남대천, 성천강, 용흥강 수계의 관측소 자료, 강우량 및 수위·유량 관측값을 수록한 단행본이며, 지점별 일유량 자료가 일목요연하게 정리되어 있다.

일제강점기 말기에는 수문현상을 지속적으로 관찰하는 수문관측소가 총 285개소에 이르렀다. 1945년 해방 후 수문관측 및 조사는 주로 내무부 이수과에서 수행하였다. 그리고 한국전쟁으로 인해 부산 지역을 제외하고 1948년에 발족한 중앙관상대(현 기상청)의 기상관측소 중 대부분의 기상관측과 내무부의 수문관측이 결측 또는 운영되지 못했다. 특히 유량 측정

표제지

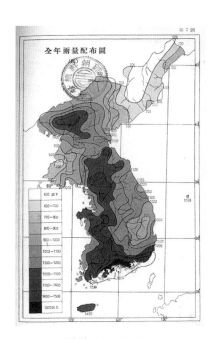

전(全)년 우량 배포도

그림 2.1 조선기상 30년보(조선총독부 1936)

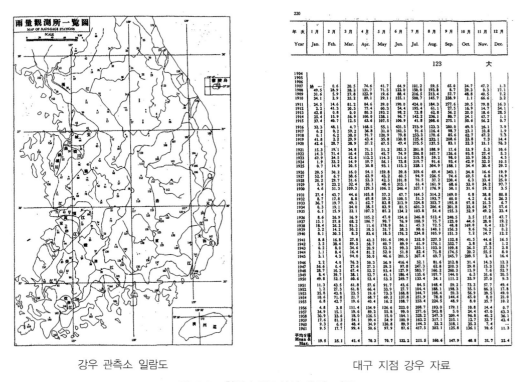

강우 관측소 일람도　　　　　　　　　대구 지점 강우 자료

그림 2.2 한국수문조사서 우량 기록

은 1930년대 후반부터 1950년대 초반까지 거의 이뤄지지 못해서, 장기 수문해석과 수자원 정책 수립에 아직까지도 어려움이 따르고 있다. 이 기간의 수문조사 기록 자료집으로는 1955년의 「한국하천조사연보」, 1958년의 「한국하천요람 제2집」 및 1960년의 「한국하천요람 제1집 개정판」 정도이다.

■ 수문조사연보의 정착

1960년대에는 산업 발전과 생활용수 공급을 위해 대규모 수공구조물 축조를 위한 예비조사 일환으로 건설부를 중심으로 수문조사와 기존 수문자료에 대한 정리가 활발히 이루어졌다. 이 기간에 「한국수문조사서, 수위편」이 1912년부터 1961년까지 관측한 수위 기록을, 1963년의 「한국수문조사서, 우량편」이 1904년부터 1961년까지의 우량 기록을 관측지점별로 취합 정리했다(그림 2.2 참조). 또한 1962년 이후의 일우량 자료는 건설부가 매년 「한국수문조사연보」에 수위 자료와 함께 관측지점별로 수록했다(그림 2.3 참조).

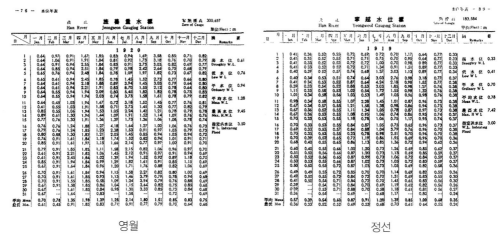

영월　　　　　　　　　　　　　　　　　　　　정선

그림 2.3　한국수문조사서 수위편의 수위 기록

■ 한국수문조사서

「한국수문조사연보」는 1962년부터 지속적으로 발간됐으며, 1979년에는 1962년부터 1978년까지의 연보 기록을 취합해 건설부 수자원국에서 「한국수문조사서 우량, 수위: 1962~1978」을 발간하였다(그림 2.4 참조). 1979년부터 1988년까지의 연보 기록을 1974년에 개소한 건설부의 한강홍수통제소가 취합하여 1989년 「한국수문조사서 우량, 수위: 1979~1988」를, 1989년부터 1998년까지의 수위와 우량관측 자료를 모아 1999년 「한국수문조사서 1989~1998(수위편)」과 「한국수문조사서 1989~1998(우량편)」을 발간하였다. 그리고 1995년부터는 하천 수위관측소에서 유량을 직접 이용할 수 있도록 「유량연보」를 추가로 발간하였다.

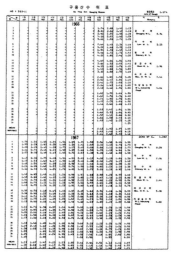

표제지　　　　　　　　　　　　　　구용산 수위표

그림 2.4　한국수문조사서 우량, 수위(1962~1978)

■ 수문자료의 정보화

　지속적인 경제발전에 따라 홍수, 가뭄, 수질, 하천생태, 레저 등에 대한 사회적 기대 수준이 상승되면서 수량, 수질 등의 기초정보가 필요하게 되었다. 또한 국민의 삶의 질이 향상되어 일상·여가생활에 밀접한 관련이 있는 물 정보에 대한 관심이 높아져 국민에게도 종합적인 관련 정보서비스 제공이 필요하게 됐다. 이에 따라 물 관련 기관을 대상으로 산재되어 있는 수문자료 정보를 과학적으로 수집, 생성, 가공, 분석하여 국민에게 제공하는 통합관리 정보시스템을 구축하여 수문자료 등의 정보화를 이루었다.

(1) 한강홍수통제소 홈페이지(http://www.hrfco.go.kr)

　한강홍수통제소는 각종 수문정보를 제공하는 홈페이지를 운영함으로써 대국민 정보서비스를 수행하고 있다. 1962년 이후의 한국수문조사연보와 2003년 이후의 한강홍수예보보고서, 1998년 9월 이후의 「수자원 현황 및 전망」 등의 발간물을 인터넷으로 제공하고 있다. 그리고 홍수예보 상황, 방류 승인사항, 주요 지점의 수위 동영상, 실시간 수문자료 등도 확인할 수 있다.

(2) 국가수자원관리종합정보시스템

　　(http://www.wamis.go.kr; WAMIS, WAter resources Management Information System)

　이 시스템은 물과 관련된 기관들을 대상으로 산재한 수자원 정보를 과학적으로 수집, 분석, 가공하여 대국민 서비스를 시행할 목적으로 구축된 시스템이다. 수문 기상, 유역, 하천, 댐, 지하수, 수도 등 10개 분야 300여 개의 다양한 수자원 기초자료와 GIS를 이용한 수자원 단위지도를 제공하고 있다. 물관리정보유통시스템(WINS)과 연동하여 자료를 제공하고 있으며, 매년 수행하는 유역조사 성과자료를 이용하여 유역, 이수, 환경 및 생태 자료를 연말에 업데이트하고 있다. 2012년부터는 수위, 강수량, 유량, 댐 수문, 유역 특성, 하천시설 및 물 교육 정보 등 물 관련 정보를 스마트폰에서도 쉽고 간편하게 검색할 수 있는 앱 서비스를 제공하고 있다.

(3) 물관리정보유통시스템

　　(http://www.wins.go.kr; WINS, Water management Information Networking System)

　이 시스템은 국토교통부, 환경부 등 5개 부처 12개 물 관련 기관에서 생성되는 수문자료를 온라인으로 공동 활용할 수 있도록 구축된 자료유통시스템이다. 그래서 각 기관에서 공동 활용 데이터베이스 서버로 자료를 자동전송하여 정보를 공동으로 활용할 수 있다. 물 관련 기관의 담당자만 사용할 수 있는 이 시스템은 수문, 기상, 공간 정보 등 66종의 물 관련 정보를 WAMIS와 연동하여 제공하고 있다.

(4) 하천관리지리정보시스템

(http://www.river.go.kr; RIMGIS, River Management Geographic Information System)

하천에 대한 국민의 관심이 높아지고, 정보 기술이 급격하게 발전하고 있다. 따라서 이 시스템은 하천의 체계적인 관리와 대국민 서비스의 질 향상, 하천관리 업무의 효율성 제고 등을 목표로 하천정보의 표준화 및 전산화를 통한 정보 제공과 하천 관련 제반업무 지원을 위해 구축, 운영되는 하천종합정보시스템이다.

서비스 대상은 국민과 중앙 및 지방자치단체 관련 공무원이다. 국가하천을 관리하는 지방국토관리청은 하천관리대장 및 부도, 구조물도 등의 다양한 하천 관련 정보를 정보화하여 인허가와 하천기본계획 등의 하천 업무를 보다 신속하고 효율적으로 수행할 수 있는 지원 체계를 구축하고 있다. 그래서 하천에 대한 정보를 국민에게 효율적으로 전달할 수 있는 서비스 체계를 지원하기 위해 만들어졌다. 또한 일반 국민들에게 하천에 대한 다양한 정보를 제공하는 대국민 서비스와 하천관리대장, 하천점용허가, 홍수위험지도 등 하천관리자들이 하천 업무를 수행하는 데 필요한 기능을 제공하는 하천관리 서비스로 구성되어 있다.

(5) 환경공간정보시스템

(http://egis.me.go.kr; EGIS, Environmental Geographic Information Service)

이 시스템은 환경공간정보서비스와 환경주제도를 통합하여 환경부에서 보유하고 있는 다양한 환경공간정보를 쉽게 활용할 수 있도록 통합지도서비스 및 환경지도집을 제공한다. 통합지도서비스에서 제공하는 환경공간정보는 크게 토지피복지도, 환경주제도, 토지이용 규제지역·지구도, 개별 공간정보시스템이다. 사용자는 원하는 층을 선택하고 색상 및 투영도를 조절하여 중첩을 할 수 있다. 그리고 환경지도집에서는 환경 분야 자료를 주제별로 지도화한 공간정보와 주제에 대한 설명을 추가하여 '주제도＋콘텐츠' 형태의 지도집을 제공한다.

여기서 토지피복도는 항공사진과 위성영상을 이용하여 지표면의 상태를 표현한 지도이다. 환경주제도는 주제별로 맞춤 정보제공을 위해 환경 분야 자료를 지도화하여 시각화된 공간정보를 제공한다. 토지이용 규제지역·지구도는 환경공간정보에서 활용하는 주요 용도지역과 지구정보를 전국단위로 제공한다. 생태자연도는 산, 하천, 도시 등에 대하여 자연환경을 생태적 가치, 자연성, 경관적 가치 등에 따라 등급화한 지도이다.

(6) 물환경정보시스템(http://www.nier.go.kr; WIS, Water Information System)

이 시스템은 환경부에서 운영하고 있으며, 6개 항목에 대해 물환경정보를 제공한다. 우선 '알기 쉬운 물환경'은 지식관, 정보관, 사진관, 정책관, 용어사전으로 구성되어 있다. '물환경전문정보'는 수생태환경, 호소환경, 유역환경, 물환경측정망, 수리수문정보를 제공한다. '물환경데이터'에서는 측점자료조회, 물환경연구보고서를 제공한다. 그리고 알림마당, 물환경지리정보, 조류정보방으로 구성되어 있다. 간편 서비스로는 물환경지리정보, 측정자료검색, 실시간 수질정보시스템, 수질총량정보시스템을 운영하고 있다.

2.2.2 기상 및 강우

■ 기상자료

기상자료는 기상청의 기상관측소에서 얻을 수 있는 기온, 습도, 풍속, 증발량, 천기일수 등을 말한다. 이들 자료는 수문현상뿐만 아니라 수문분석에 직·간접적으로 영향을 주는 요소들로 유역의 강우 및 기상학적인 특성을 파악하는 데 기본적인 자료이다. 이는 ① 관측소명, 위치, 관측기간, ② 기온, 기압, 습도, 풍향 및 풍속, 증발량, 일조량, 일사량 등의 관측종류, ③ 관측량의 평균, 최고·최저값 및 연간 기상개황, ④ 기타 기상에 관계되는 자료 등이 포함된다. 여기서 관련 기상요소는 강수량 및 적설량, 기압, 풍향, 풍속, 증발산, 기온, 온도, 일조시간, 일사량 등이 있다.

■ 강우자료

강우자료는 하천기본계획을 수립하기 위한 가장 기본적인 자료이며 가능한 장기간에 걸쳐 관측된 자료가 필요하고, 지속시간(1, 2, 3, 6, 12, 18, 24, 36, 48, 72시간)별로 수집한다.

강우자료 조사에는 다음 사항이 포함된다. ① 수문 관측시설: 관측소명 및 고유번호, 관측계기의 종류 및 고유번호, ② 이용가능 관측소: 관측소명, 위치, 관측기간, ③ 관측 종류: 강우량, 강설량, 증발량, 지하수위 등, ④ 관할기관: 국토교통부, 기상청, 한국수자원공사, 대학, 연구소 등, ⑤ 관측방법: 원격관측(TM), 위성, 이동통신, 자기, 보통 등, ⑥ 조사관측량: 관측 종류별로 장, 단기별 극대 및 극소량, 연최대, 연평균, 일최대, 일최소, 계절별 특성 등, ⑦ 관측소 운영상태: 자료의 이용 가능성 여부, 관측의 중단 여부, 관측시설의 이설 상황 등, ⑧ 기타 수문관측소의 역사 및 변경사항 등을 포함한다. 그림 2.5는 현대적인 강우관측소 시설을 보여주고 있다.

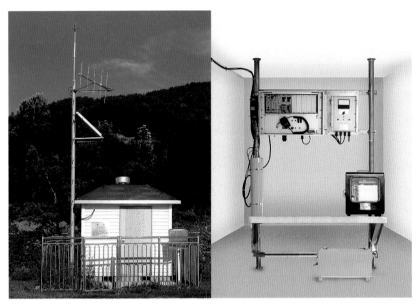
그림 2.5 현대적인 강우관측소 시설(국토교통부 2014)

■ 강우레이더에 의한 관측

강우레이더는 강우량을 정확히 관측하여 신속하고 정확한 홍수예보를 발령하기 위한 것이다. 이는 도시홍수, 하천홍수, 돌발홍수 예측 등을 효율적으로 수행하기 위해서 필요한 비의 양을 정확히 측정하고자 주로 내륙에 위치한 산 정상에 설치되어 운영되는 수문조사시설이다.

강우레이더는 기존 지상 우량계 관측망이 제공하지 못하는 중소규모 하천 및 단시간 내에 발생할 강우를 예측함으로써 집중호우 피해를 사전에 대비하여 홍수피해로 인한 국민의 생명과 재산을 보호할 수 있다.

그림 2.6 강우레이더의 기본 개념에서 보듯이 강우레이더의 원리는 관측소 정상의 둥근 돔 내부 안테나에서 전파를 발사하여 비, 눈, 우박 등의 기상 목표물에 부딪혀 되돌아오는 반사파 신호를 분석하는 것이다. 이를 통하여 강우대의 위치, 발달 분포와 이동방향, 강수량 등을 관측하는 장비이다. 강수가 지상에 떨어지기 직전 자료가 가장 정확한 자료이므로 이를 관측하기 위하여 360° 회전하면서 최고 낮은 고도로 관측을 수행한다. 이를 위하여 주변으로부터 전파 차단을 피해 최고로 높은 산 정상에 위치한다.

국내의 기상레이더 운영은 1969년 기상청에서 서울 관악산에 아날로그 타입의 S밴드 기상레이더를 설치하여 운영한 것이 시초이다. 기상청은 장비 현대화 및 관측망 확충 사업으로 2001년부터 백령도, 진도, 광덕산, 고산, 성산에 레이더를 추가 설치하여 총 10대의 기상레이더 관측망을 구축하였다. 그리고 강수형태 구분, 강수량 추정 정확도가 높은 S밴드 이

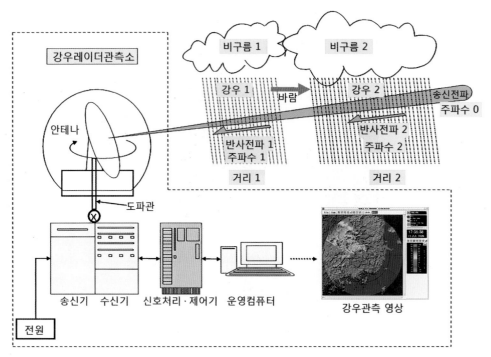

그림 2.6 강우레이더의 기본개념(국토교통부 홈페이지, www.molit.go.kr)

중편파레이더를 운영하고 있다. 기상청의 레이더 네트워크를 활용한 레이더 원시자료를 이용하여 강수량 산정, 레이더 바람장 생산 및 0~6시간까지의 강수량 예측자료를 생성하여 기상예보자료로 활용하고 있다.

국토교통부는 임진강 유역(DMZ 이북)의 효율적인 강수량 산정을 위해서 **그림 2.7**과 같이 임진강 강우레이더를 설치(2001년) 및 운영 중이다. 또한 이중편파 S밴드 레이더를 비슬산(2009년), 소백산(2011년), 모후산 및 서대산(2015년), 가리산(2016년), 예봉산(2018년) 등 7개소에서 운영하고 있으며, 삼척과 울진에 소형 강우레이더 2개소가 설치될 예정이다.

강우레이더와 기상레이더의 차이점은 **그림 2.8**에서 보는 바와 같다. 강우레이더는 지상 근처의 강우 상황을 대상으로 지표 강수에 가장 근접한 낮은 고도의 강우현상을 집중적으로 관측하여 짧은 시간 내에 발생하는 강우상황을 상세하고 높은 정확도로 관측하고 대하천 및 돌발홍수 예보에 활용한다. 반면에 기상레이더는 고도 2,000 m 부근의 대기현상을 대상으로 비구름의 발달 및 이동, 태풍, 바람장 등 전반적인 기상현상을 입체적으로 관측하여 기상예보 및 악기상 감시에 활용한다.

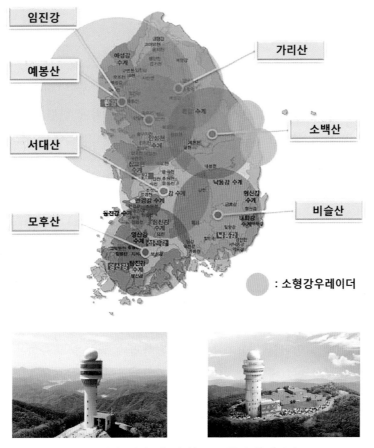

임진강
가리산
예봉산
서대산
소백산
모후산
비슬산

● : 소형강우레이더

그림 2.7 강우레이더 설치 위치 및 범위(국토교통부 홈페이지, www.molit.go.kr)

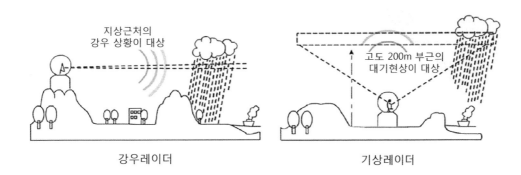

지상근처의
강우 상황이 대상

고도 200m 부근의
대기현상이 대상

강우레이더

기상레이더

그림 2.8 강우 및 기상레이더의 차이점(국토교통부 공식블로그, https://blog.naver.com/mltmkr)

2.3 하천 특성

하천의 특성이라 하면 하도 자체의 지형적 및 수리적 특성, 유사 및 하천환경 특성과 같이 나눌 수도 있고, 하천계획에서 다루는 것처럼 치수, 이수, 하천환경 부문 등으로 나누어 생각할 수도 있다. 이 절에서는 이들 중 하천계획에 관련된 특성들을 치수부문과 이수부문으로 나누어 살펴보기로 한다. 하천환경 특성은 2.5절에서 별도로 다룬다.

2.3.1 치수조사

치수부문에서 조사해야 할 사항은 하천계획 및 정비, 치수시설물, 하도 특성, 홍수피해 및 취약지역 현황 등이다.

■ 하천계획 · 정비 현황

어떤 하천에 대해 하천계획을 수립하기 위해서는 먼저 그 하천에서 이루어진 각종 하천사업의 연혁을 알아둘 필요가 있다. 하천사업의 연혁을 조사하는 목적은 대상 하천에서 하천사업이 시대 변천에 따라 어떤 철학에 입각하여 시행되었는가를 알기 위한 것이다. 이를 파악함으로써, 현재 계획 중인 하천사업이 추구하는 목표와의 부합성을 검토하여, 보다 목표에 충실한 하천사업으로 만들어가고자 하는 것이다.

하천사업 연혁은 현재 하천이 이루어진 역사를 알 수 있도록 시대의 변천에 따른 주요 하천사업을 시기별(근대화, 수자원개발 정착, 치수사업 고도화, 자연친화적 하천사업 시기 등을 고려)로 조사하여 정리한다.

이 과정에서 주요 하천시설물에 대한 조사는 필수적이다. 주요한 하천공사로 설치된 하천시설물에 대해서는 설치연도, 설치목적, 공사규모, 시설물 이력 등을 조사하여 목록을 작성한다.

하천기본계획 수립구간과 미수립구간으로 구분한다. 그리고 하천정비 현황은 하천정비 완료구간, 하천정비 필요구간, 기타 안전도 확보 구간(산지 무제부 등 별도의 대책 없이도 치수안전도가 확보된 구간)으로 구분한다. 대상 하천을 조사할 때는 표 2.2와 같은 양식을 이용한다.

표 2.2 하천기본계획 및 하천정비현황 양식(국토교통부 2015)

하천명	하천 연장	단위	하천기본계획		하천정비		
			수립구간	미수립구간	완료구간	필요구간	기타 안전도 확보 구간
		(km)					
		(%)					

대상 하천에 대해 하천기본계획이 수립되었는지 여부는 국토교통부의 하천관리지리정보시스템인 RIMGIS(www.rimgis.go.kr)에서 확인하고 관련 보고서를 내려 받을 수 있다.

■ **치수시설물 현황**

조사 내용 중에는 치수시설물 현황이 포함된다. 대상으로 하는 치수시설물은 제방, 댐, 강변저류지, 하구둑, 배수펌프장 및 배수통문을 포함한다. 이러한 치수시설물에 대한 조사는 다음과 같이 시행한다.

먼저, 제방시설물에 대한 명칭, 설치연도, 연장, 보수·보강 이력 등을 하천관리청의 '공사기록대장', '하천시설물 대장' 등을 참고하여 조사한다. 조사하여 수록하는 양식은 표 2.3과 같다.

표 2.3 제방연혁 양식(국토교통부 2015)

제방명	설치연도	연장(km)	시행청	보수, 보강 이력		
				연도	내용	시행청

표 2.3의 제방연혁은 홍수 시 제방 파제나 결괴 등 제방에 문제가 발생하여 복구계획을 수립하거나 제방 안전성에 대한 조사를 할 때 매우 중요한 자료이다. 그러나 실제 하천계획에서 이러한 자료가 적절히 기록되어 있지 않으며, 기록된 자료도 제대로 이용되고 있지 않은 것이 현실이다.

또한, 제방시설물에 대한 전체적인 현황을 파악할 수 있게 제방정비 완료구간, 제방보강 필요구간, 제방신설 필요구간(향후 제방을 설치할 필요가 있는 구간)으로 구분하여 표 2.4와 같이 정리한다.

표 2.4 제방시설물현황 양식(국토교통부 2015)

하천명	제방연장 (km)	제방정비 완료구간		제방보강 필요구간		제방신설 필요구간	
		(km)	(%)	(km)	(%)	(km)	(%)

이외에도 대상 하천 유역 내에서 조사해야 할 항목은 다음과 같다.

- 과업대상 유역 내 위치한 댐, 강변저류지, 하구둑 등 저류시설물에 대한 저류능력, 홍수방어규모, 설치연도 능 제원 및 치수안전도를 조사한다.
- 기설치된 배수펌프장 및 배수통문 등을 관리청별로 조사하여 제원, 규모, 점용현황 등을 수록하며, 하천별 배수계통 및 배수 특성을 조사한다.
- 제방 및 구조물 지반의 특성을 파악하기 위하여 하천정비 및 시설물 공사 시 조사된 지반조사 내용을 조사하여 보고서에 수록한다.

이들 항목은 3장에서 논한 하천계획의 수립에 매우 중요한 자료가 될 수 있으므로 현황을 빠짐없이 조사하여 수록한다.

■ 하도 특성

하천 특성의 하나로 가장 중요한 것이 홍수가 유하되는 하도의 특성일 것이다. 하천계획에서 조사하는 하도 특성은 다음과 같이 하도현황, 하상재료 및 유사 특성, 하상변동량 등이다.

- 하천만곡도, 하상경사, 하천횡단 특성 등 하도의 평면 및 종·횡단 특성을 조사한다.
- 조도계수의 추정을 위해 저수로와 고수부지의 구성 재료, 식생 및 수목군 등을 조사한다. 특히, 식생 및 수목군의 경우에는 홍수흐름에 미치는 영향이 크므로 홍수기에 조사하도록 하고 수목의 장기적인 변화를 고려하는 등 신뢰성을 제고할 필요가 있다.
- 하상경사, 대표입경, 대표입경의 수중비중, 하상재료의 입도 분포, 하폭, 저수로 폭 등 해당 하천의 하도 특성량을 결정짓는 기초자료를 조사한다.
- 지배유량, 유량규모에 따른 하도 특성량(유속, 에너지경사, 마찰속도, 무차원소류력 등)을 분석하고 하도의 안정성을 평가한다.
- 해당 하천의 골재채취 현황을 조사하여, 하상변동의 원인 분석을 위한 기초자료로 제공한다.

이 중 첫 번째와 두 번째 항목은 하천지형에 대한 내용이며, 세 번째는 유사량과 하상재료, 네 번째는 지배유량, 다섯 번째는 골재채취나 하상변동에 대한 내용이다. 이 절에서는 하천지형에 대한 내용만 기술하며, 유사에 관련된 부분은 '2.4 유량과 유사량'에서 기술한다.

홍수위 계산을 위해서는 하천의 지형자료가 반드시 있어야 한다. 이러한 지형자료는 대부분을 하천계획을 수립하는 시점에 하천 측량을 통해 구한다. 다만, 과거 지형자료(과거의 하천계획에서 측량한 지형자료)가 있으면, 하상변동분석에 요긴하게 사용할 수 있으므로 반드시 수집하여 정리해 둔다.

하천시설물의 계획, 하도의 특성과 거동을 파악하기 위한 기본 조사항목으로 적정한 간격으로 하천의 종단 및 횡단 측량을 실시한다. 대부분 하천기술자가 직접 측량을 시행하지 않고 측량기술자가 시행하므로, 이에 대한 자세한 설명을 하지 않는다(부록 A.3 참조). 그러나 원칙적으로 다음과 같은 기준에 입각하여 측량을 한다.

- 부등류 계산에 있어서 미 육군공병단 수문공학센터(U.S. Army Corps of Engineers, Hydrologic Engineering Center)에서 추천한 바에 따르면 보통 150 m 또는 하천 폭에 해당하는 간격으로 횡단측량자료가 필요하다.
- 짧은 구간 내 단면이 급격히 변화하거나 긴 구간 내 단면의 변화가 크지 않은 경우에 대하여는 그 측량 단면 간 간격을 적절하게 조정할 수 있다.

하천 측량을 실시할 수 없는 경우는 기존의 자료를 이용한다. 하천기본계획이 수립된 하천의 종횡단 단면 자료는 RIMGIS에서 확인하고 관련 자료를 내려 받을 수 있다.

기존의 하천 측량은 대부분 하천구역에 대한 항공사진 측량, 토털스테이션을 이용한 종단과 횡단에 대한 수준 측량으로 이루어졌다. 최근에는 하천 측량은 하천구역은 드론을 이용한 사진 측량, 라이다를 이용한 레이저 측량(그림 2.9 참조)을 하고, 하천의 유로부는 소나를 연계하여 측량하는 기술을 이용하고 있다.

측량자료가 완성되면 앞서 언급한 바와 같이 하천만곡도, 하상경사, 하천 횡단 특성 등 하도의 평면 및 종·횡단 특성을 조사한다. 이러한 특성은 하천의 전체 특성에 대해 개괄적으로 파악할 수 있도록 분석한다. 예를 들어, 하천만곡도와 하상경사를 수치상의 분석만이 아니라 이에 따라 발생하는 수충부의 문제나 배수 효과에 따른 지류의 수위 상승과 같이 하천 전반에 대한 특성을 파악할 수 있는 분석이 되어야 한다.

하도 특성 조사에서 언급한 '조도계수의 추정을 위해' 하상재료와 식생을 조사하는 데는 현실적으로 두 가지 어려움이 따른다. 첫째는 실제 하천계획을 수립할 때, 하천 측량을 하천기술자가 아닌 측량기술자가 수행하기 때문에 하천기술자가 현장에 직접 나가는 사례가 많

(a) 측량용 드론   (b) 라이다

그림 2.9 측량용 장비

지 않다는 점이다. 둘째는 현재와 같이 종단과 횡단면 측량과 같이 선적으로 측량이 이루어지고 그 자료가 선적 자료로 정리되는 한 이러한 상황을 고려하기 어렵다는 점이다. 따라서 추후 하천의 평면 측량을 통해 면적인 자료를 정리하고 하상재료나 식생 등의 평면적 분포를 동시에 고려하여 조도계수를 추정하여야 할 것이다. 조도계수의 산정에 관한 자세한 사항은 '3.3.3 계획홍수위'에서 찾아볼 수 있다. 또한 하천의 실제적인 조도계수를 산정하고자 한다면, 김원 등(2009)의 보고서를 참조하기 바란다.

■ 홍수피해 현황 및 취약지역

홍수피해 현황 및 취약지역에 대해서는 다음과 같은 내용을 조사한다. 특히 재해복구사업과 같이 재해 발생에 따라 시행하는 하천계획에서는 당해 재해에 대한 사항들을 조사한다.

- 하천유역에 대한 홍수피해 현황 및 특성을 조사하고 검토한다.
- 과거 주요 홍수사상에 대한 발생연도와 발생원인, 강우상황, 최고홍수위, 홍수지속시간, 발생홍수의 빈도해석 결과, 경계·위험수위의 초과 여부, 홍수위 흔적조사, 홍수 발생 시 조치내용 등을 조사하여 기록한다.
- 유역의 홍수피해 현황, 지형적인 특성, 기상 및 수문 특성, 기타 요소 등을 고려하여 피해 원인을 분석한다.
- 홍수피해 원인, 지형 특성 분석(저지대 분석 등), 시설물 능력 검토, 기조사·분석자료 등을 토대로 홍수취약지역을 검토하고 보고서에 수록한다.

'홍수피해 현황 및 취약지역' 자료는 과거에 홍수피해를 입은 이력이 있고, 또 그 홍수피해의 원인 및 분석이 적절한 형태로 보고서로 발간된 경우에 한하여 이용할 수 있는 자료이다. 현재 수립하는 하천계획이 어떤 하천의 복구계획이라면, 과거의 홍수피해 이력이나 현황은 참고로 할 수 있는 매우 중요한 자료이다.

예를 들어, 표 2.5는 경기도(2017)의 흑천 하천기본계획에서 주요 호우사상을 선정하기 위하여 최근 발생한 수해 중 피해액이 큰 호우사상을 조사하여 검토한 것이다. 흑천 유역 내 대부분의 피해는 집중호우 및 태풍으로 인하여 발생하였다. 이 표에서 2001년 집중호우(7.21~ 7.24), 2002년 집중호우(8.04~8.11), 2006년 집중호우 및 태풍 에위니아(7.09~7.29), 2009년 집중호우(7.11~7.16), 2010년 집중호우(9.21~9.22), 2011년 집중호우(7.26~7.29) 등 6개 사상인 것으로 검토되었다.

표 2.5 양평군 홍수피해 현황의 호우사상 순위(경기도 2017)

연도(년)	순위	기간	주요 피해원인	피해액(천 원)
2001	4	7월 21일~24일	집중호우	6,597,959
2002	2	8월 4일~11일	집중호우	8,820,708
2006	5	7월 9일~29일	집중호우 및 태풍 에위니아	4,995,804
2009	3	7월 11일~16일	집중호우	7,042,292
2010	6	9월 21일~22일	집중호우	4,264,347
2011	1	7월 26일~29일	집중호우	12,866,773

주) 양평군 풍수해저감종합계획(양평군 2015. 8)

2.3.2 이수조사

이수부문에서 조사해야 할 자료들은 이수시설물, 하천수 사용량, 지하수 이용량, 물이용 취약 현황이다. 다만, 이러한 이수부문에 대한 조사는 대상 하천의 계획이 치수계획인 경우는 상대적으로 중요성이 떨어진다.

■ **이수시설물 현황**

조사해야 할 이수시설물에 대한 현황은 다음과 같다.
- 이수시설물(하천수 사용허가시설, 지자체 및 한국농어촌공사의 농업생산기반시설 등 하천수를 취수하고 있는 관정, 취수보, 양수장 등)의 위치, 설치연도, 용량, 취수방식, 공급지역 등 제원, 이력 및 점용현황 등을 조사한다.
- 지자체가 관리하고 있는 지하수 이용실태 조사보고서 등을 참고하여 하천구역 경계로부터 300 m 이내에서 지하수 개발·이용시설(이하 '지하수 이용시설'이라 한다)의 설치연도, 위치, 용량, 취수방식, 공급지역 등 이력과 현황을 조사한다.

- 유역의 용수공급을 위해 지자체, 한국수자원공사, 한국농어촌공사 등에서 관리하고 있는 댐, 농업용저수지, 다기능 보, 하구둑, 강변저류지, 저류시설 등의 설치연도, 공급능력, 공급지역 등 이력과 현황을 조사한다.

이처럼 대상 하천 내에 위치한 이수시설물들은 빠짐없이 기록한다. 또한, 관리대장에 기록된 상태대로 유지 및 운영되고 있는지 여부는 반드시 현장 답사를 통하여 확인한다.

예를 들어, 경기도(2017)의 흑천 유역에서 조사된 것을 살펴보면, 하천수를 취수하고 있는 이수시설물(하천수 사용허가시설, 취수보, 양수장, 관정 등)은 40개소이며, 이 중 정수장은 1개소, 취수보 27개소, 양수장 12개소로 조사되었다. 또한 하천구역의 경계로부터 300 m 이내의 지하수 개발·이용시설은 13개소, 유역에 용수공급을 위한 시설(댐, 농업용저수지, 다기능보, 하구둑, 강변저류지, 저류시설 등)은 농업용저수지 6개소이다. 이런 자료는 모두 WAMIS에서 조사된 자료를 정리한 것이다.

한편, 지하수 이용시설(대부분 관정)은 설치하여 사용을 마친 후에도 폐공을 하지 않아 지하수 오염의 원인이 되는 경우가 종종 있으므로, 그 현황에 대해서는 실제 답사를 통해 확인할 필요가 있다.

■ 하천수 사용량 현황

하천수 사용량 현황에 대한 조사는 다음과 같이 시행한다.

먼저, 「하천법 시행령」 제60조에 따른 하천수 사용·관리(1일 생활 5,000 m^3, 공업 1,000 m^3, 농업 8,000 m^3 이상 취수) 시설의 경우 관할 홍수통제소의 사용실적 자료를 활용한다. 그 밖의 시설은 시설관리자가 실적자료를 보유하고 있는 경우에는 그 자료를 활용하고 실적자료를 보유하고 있지 않은 경우에는 사용량을 추정할 수 있도록 허가량, 펌프 가동시간, 전력사용량, 기타 관련 자료 등을 조사한다.

다음에 시설관리자별·용도별 사용량, 연·월별 사용 특성을 분석하여 수록하고 하천수 사용량의 공간적 분포, 시설별 회귀되는 수량 및 지점 등을 조사한다. 이들은 이수계획을 수립할 때 하천수 사용량 현황은 핵심이 되는 자료이다. 따라서 이수시설의 관할 기관에서 보유한 실적 자료를 활용하거나 그 사용량을 추정한다. 관할 기관이 지자체나 한국농어촌공사와 같은 경우는 이러한 하천수 사용량 조사가 용이하다. 그러나 공공사업자가 아닌 경우는 이러한 하천수 사용량 현황을 조사하기 어려울 것으로 보인다.

경기도(2017)의 흑천 유역을 예로 들어 살펴보면, 하천수의 사용량 현황은 표 2.6과 같이 양평정수장에서 26,000(m^3/일)의 하천수를 사용하고 있다. 이들 자료는 양평군(2010)의 양평군 수도정비기본계획에서 제시된 자료이다.

표 2.6 양평양수장 현황(경기도 2017)

시설명	위치	시설용량 (㎥/일)	수원 종류	취수원	용도
양평	양평군 양평읍 회현리	26,000	복류수	흑천	생활용

주) 양평군 수도정비기본계획(양평군 2010. 12)

■ **지하수 이용량 현황**

지하수 이용량 현황에 대해서는 다음과 같은 사항이 포함된다.

먼저, 지하수 이용시설의 사용량을 조사한다. 다만 사용량 자료가 없을 경우에는 최대 취수량, 펌프 가동시간, 전력량, 기타 관련 보고서 등 사용량을 추정할 수 있는 자료를 추가로 조사한다. 또한, 시설관리자별·용도별 사용량, 연·월별 사용 특성을 분석하여 수록하고, 지하수 사용량의 공간적 분포, 시설별 회귀되는 수량 및 지점 등을 조사한다.

위의 하천수 사용량 현황과 마찬가지로, 관할 기관이 지자체나 한국농어촌공사와 같은 경우는 이러한 지하수 사용량 조사가 용이하다. 그러나 공공사업자가 아닌 경우는 이러한 지하수 사용량 현황을 조사하기 어려울 것으로 보인다. 특히 지하수 사용량 조사에서는 관정의 유지관리와 폐공 여부를 함께 조사한다.

흑천 유역의 사례(경기도 2017)를 살펴보면, 유역 내 지하수 이용량 현황을 조사하는 데 어려움이 있어, **표 2.7**과 같이 양평군 내 지하수 이용량 현황을 제시하였다.

표 2.7 지하수 이용량 현황(경기도 2017)

(단위: 공, 천 m³/년)

구분	총계		생활용		공업용		농·어업용		기타용	
	개소수	이용량	개소수	이용량	개소수	이용량	개소수	이용량	개소수	이용량
양평군	28,580	40,618	18,335	17,681	24	249	10,218	22,649	3	40

주) 2015 지하수조사연보(국토교통부, 한국수자원공사 2015. 12)

■ **물이용 취약 현황**

물이용 취약 현황에 대한 조사에는 다음과 같은 사항이 포함된다.

- 하천수 사용시설별 취수가 가능한 최저수위를 조사한다. 다만, 댐·다기능보·하구둑 관리구역에 위치한 하천수 사용시설은 취수가능 수위가 시설물 관리수위에 제약조건으로 작용하는지 여부를 함께 검토한다.

- 하천수 사용시설 중 하천수위 저하로 인해 안정적으로 취수가 불가능했던 시기와 해당

시설을 조사한다.
- 지하수 이용시설에 대해서는 하천변 지하수위가 감소하여 안정적으로 지하수를 이용할 수 없었던 시기와 해당 시설을 조사한다.
- 하천수 사용시설 및 지하수 이용시설에 대해 염분농도, 하구막힘 등으로 인해 하천의 유수소통에 지장이 발생하여 안정적으로 취수가 불가능했던 시기와 해당 시설을 조사한다.

이러한 사항들은 이수계획을 수립할 때 매우 유용한 자료이다. 그러나 치수계획을 작성할 때는 상대적으로 중요성이 떨어진다. 또한, 하천에 대한 지점별 유량측정 자료와 병시 수위 종단도가 없는 상황에서는 이러한 분석이나 조사는 매우 어려운 것으로 보인다. 따라서 이수계획을 수립하는 단계에서 하천의 하류단부터 상류단까지 주요 지점에서 유량과 수위를 측정하고 수위 종단면도를 작성하는 것이 필요하다.

2.3.3 하천이용 조사

하천의 이용(특히 하천구역의 이용)에 대한 조사는 하천수 이용을 제외한 하천의 공간적 이용을 의미하며, 크게 시설물과 이용현황 조사로 나눌 수 있다. 이들 중 시설물 조사는 기존의 관리대장에 기록된 내용을 수집하고 현재 상황과 비교하여 유지관리 상태를 분석하면 된다.
- 하천별·구간별로 고수부지, 기존 폐천부지, 하중도, 구하도 등에 대한 현황(연장, 면적, 평균 폭, 소유권 현황, 이용실태 등)을 조사하여 표로 작성한다.
- 하천 내 선착장, 공원시설, 수상레저시설, 생활체육시설, 강수욕장 및 야외 수영장, 산책로, 자전거길, 야영 및 오토캠핑장, 생태학습시설 등 친수시설 현황을 조사한다.

또한 이용현황은 조사자들이 일정 기간 동안 대상 시설물에서 이용자 수를 직접 세는 방법이 적합할 것이다. 이용현황 조사에는 다음과 같은 사항이 포함된다.
- 하천을 이용한 지역의 주요 축제 및 문화행사를 조사한다.
- 하천의 역사·문화 또는 심미적 가치를 갖는 구조물 또는 지형지물, 장소 등을 포함하여 경관조사를 실시한다.
- 하천 이용 또는 유수소통에 지장을 주는 불필요한 시설(유해시설 등)을 조사한다.
- 하천구역 내 특정 지역 및 지구의 지정 현황(개발제한구역, 상수원보호구역, 수질보전구역, 문화재보호구역 및 자연보전구역 지정 현황 등)을 조사하여 수록한다.

▣ 고수부지 현황

하천의 공간 이용을 조사하는데 첫째로 다룰 부분은 고수부지 현황이다. 이에 대해서는 측량 자료에서 직접 산정하거나 기존의 하천계획 보고서에서 찾을 수 있다. 예를 들어, 표 2.8은 흑천의 고수부지 현황이다.

표 2.8 흑천의 고수부지 현황(경기도 2017)

하천명	측점(No.)	안별	연장(m)	면적(m²)	평균 폭(m)	이용 실태
흑천	0+400~1+700	좌	1,300	56,871	44	초지, 습지
	1+800~2+880	우	1,080	49,954	46	초지, 농경지
	3+300~3+800	좌	500	14,427	29	초지, 습지
	4+020~4+600	우	580	24,984	43	초지
	11+580~12+780	우	1,200	68,362	57	초지, 습지
	11+780~12+550	좌	770	26,306	34	초지
	13+000~13+450	우	450	24,220	54	초지
	17+390~17+800	좌	410	18,535	45	친수공간
	27+500~27+850	좌	350	9,269	26	초지, 농경지

▣ 친수시설 현황

하천에 기존에 수행된 하천계획이 있으면, 그때 만들어진 친수시설이 있을 것이다. 이를 조사하여 정리하면 된다. 예를 들어, 경기도(2017)의 흑천 정비계획에서는 그보다 이전의 하천계획에서 만들어진 하천 내 친수시설로 원덕보(No.4+665) 상류구간에 카누·용선 체험장이 있다.

▣ 축제 및 문화행사

하천을 이용한 지역의 축제 및 문화행사는 대부분 공공부문에서 시행될 것이므로 조사하여 정리하면 된다. 예를 들어, 경기도(2017)의 흑천 하천정비계획에서는 흑천 유역인 양평군에서 시행되는 하천을 이용한 축제 및 문화행사로 수미마을축제와 민물고기축제의 두 행사가 조사되었다(표 2.9).

표 2.9 축제 및 문화행사(경기도 2017)

구분	주관	개최일시	개최장소	내용
수미마을축제	(주)광장	365일	수미마을	365일 계절별 축제 등
너븐여울 민물고기축제	양평군	7~8월	광탄리	민물고기 방류 및 맨손잡기 체험행사 등

■ 하천구역 내 특정 지역 및 지구의 현황

하천구역 또는 하천유역 내 특정 지역 및 특정 지구란 개발제한구역, 상수원보호구역, 수질보전구역, 문화재보호구역 및 자연보전구역 등을 말한다. 이런 특정 지역은 하천의 관리, 특히 수질관리에서 매우 중요한 사항이므로, 서류 조사나 실제 조사를 통하여 정확히 현황을 파악해 두어야 한다. 예를 들어, 흑천 기본계획에서는 흑천 유역 내의 양평군에서 상수원보호구역이 지정되어 있음을 알 수 있다(표 2.10). 즉, 흑천은 한강합류점부터 상류 방향 4,135 m 구간에 대해 상수원보호구역으로 지정되어 있다.

표 2.10 상수원보호구역 지정 현황(경기도 2017)

보호구역명	면적(천 m²)	거리(m)	폭(m)	취수장명	관리청	비고
양평	542	4,135	110	양평통합	양평군	

2.4 유량과 유사량

유량이란 '하천의 특정 횡단면을 단위시간에 통과하는 물의 체적'을 말한다. 유역에 대한 물의 순환과정에서 강우를 입력으로 본다면 유량은 여러 가지 과정을 거쳐서 최종적으로 유역 출구지점으로 빠져나가는 출력이라 할 수 있다. 따라서 수문해석을 하기 위해서는 입력자료인 강우뿐만 아니라 출력자료인 유량에 대한 정보가 필수적이다.

또, 하천계획의 대상 하천이 충적하천인 경우에는 유수에 의해 하상에 침식과 퇴적과 같은 유사현상이 발생한다. 유사현상에 따른 하상변동과 유로변동은 하천계획에서 반드시 고려해야 할 중요한 사항이다. 따라서 유사현상의 원인이 되는 유사량과 하상재료에 대한 조사가 반드시 필요하다.

예를 들어, 하도계획에서 하상변동이 거의 없을 것으로 예상되는 산지의 암반이 노출된 하천이나 도심지의 소하천에서 하상변동량을 추정하는 것은 큰 의미가 없다. 따라서 그러한 하천에서 하상재료를 조사하는 것도 의미가 없다. 반면에, 경북 내성천이나 감천과 같은 모래가 많은 하천에 대해서는 유사량이나 하상재료 등의 조사에 많은 노력을 기울여야 한다. 이런 하천에서는 영주댐이나 부항댐과 같은 대규모 구조물을 건설하거나 첩수로를 신설하는 등 유사 환경에 변화가 커서 하천이 다양한 변화를 겪게 될 것으로 예상되기 때문이다.

유량에 대한 조사는 하천설계기준의 제7장 유량조사, 유사량에 대한 조사는 제9장 유사 및 하상변동조사에 그 핵심적인 내용이 기술되어 있다. 그러나, 여기에 제시된 방법을 그대로 이용하기에는 한계가 있으며, 실제로 현장에서 조사를 할 때는 그 항목별 측정기준이나 측정방법을 별도의 지침이나 문헌(예를 들어, 건설교통부(2004)의 수문관측매뉴얼)을 참고한다. 수문량 측정만을 전문적으로 세밀하게 다룬 문헌의 예로는 Muste et al.(2017)을 들 수 있다. 이 절에서는 이들을 각 대상별로 나누어 유량, 유사량, 하상재료, 하상변동 자료의 조사와 분석으로 나누어 간략하게 살펴보기로 하자.

2.4.1 유량

특정한 강우사상이나 일정기간 동안의 유출 또는 유량을 산정하기 위해서는 하천유출과 관련된 관측자료가 필요하다. 유량을 측정할 때는 보와 같은 구조물을 이용하여 직접적으로 유량을 관측할 수도 있고, 수위와 유속을 측정한 뒤 간접적으로 유량을 산정하는 방법도 있다. 따라서 유량측정법은 매우 다양하며, 이들을 측정 항목별로 간단히 분류하면 표 2.11과 같다. 이 항에서는 이들 중, 유속측정을 통한 유량산정법의 가장 보편적인 방법 몇 가지만을 소개한다.

표 2.11   유량산정방법의 분류(한국수자원학회 2009)

구분	측정량		
	수위	유속	유량
방법	보통수위계 부표식 압력센서식 전자기식	유속계 희석식 부자식 초음파식 전자기식 영상유속계	직접측정 보 사용 잠공 수로 ADCP

실제 유량조사를 할 경우 하천 상황을 홍수 시와 평저수 시로 구별하여 실시하는 것이 일반적이다. 우리나라에서는 홍수 시는 부자법, 평저수 시는 유속계법이 가장 보편적으로 이용된다(유량조사사업단 2007). 최근에는 홍수 시에 전자파표면유속계와 표면영상유속계를 이용하는 방법과 평저수 시에 ADCP를 이용하는 방법이 많이 이용되고 있다. 또, 시기에 상관없이 상시 측정을 위한 H-ADCP를 이용하는 방법도 많이 이용된다. H-ADCP는 Horizontal ADCP라는 의미이다. 수평으로 초음파를 발사하고, 여러 층의 유향과 유속을 계측한다. ADCP는 보통 보트에 장착하여 수표면을 횡단하면서 측정하는 반면, H-ADCP는 교각이나 하천에 세운 구조물에 장착하여 고정식으로 유속분포를 측정한다. 측정된 유속분포를 적절

히 보간하여 유량을 산정할 수 있어 자동 유량측정에서 핵심적인 역할을 한다.

■ 유속계 이용법

하천에서 유속 분포는 수심의 크기에 따라 대수적 연직분포로 계산하는 것이 보통이다. 이를 평균 유속으로 사용하고자 할 때 점유속을 측정하는 각종 장비를 이용하는 것이 일반적인 방법이다. 이러한 장비에는 프로펠러나 컵형 또는 전자기 센서를 사용하는 일반유속계를 이용해 유속을 측정하는 접촉식 유속계(수중에 센서를 담가야 유속측정이 가능한 경우)에 의한 유속측정은 수심에 따라 1점법, 2점법, 3점법, 4점법 등이 있다. 이 중에서 1점법은 수심이 0.6 m보다 직을 때, 2점법은 수심이 0.6~3.0 m일 때, 3점법은 3.0 m 이상일 때 사용한다.

$$1점법: V_m = V_{0.6} \tag{2.1a}$$

$$2점법: V_m = \frac{1}{2}(V_{0.2} + V_{0.8}) \tag{2.1b}$$

$$3점법: V_m = \frac{1}{4}(V_{0.2} + 2V_{0.6} + V_{0.8}) \tag{2.1c}$$

여기서 V_m은 유속측선의 평균유속, $V_{0.2}$, $V_{0.6}$, $V_{0.8}$은 각각 수심의 0.2배, 0.6배, 0.8배 깊이에서 측정된 점유속을 말한다.

그리고 동일 측점에서 2회 측정한 값을 산술평균해 각 측점의 점유속으로 하고, 평균 유속은 식 (2.1)을 이용해 구한다. 구분단면유량은 그림 2.10과 같이 하나의 유속측선이 담당하는 구분단면의 유량이다. 각 구분단면은 한 수심측선에서 이와 인접한 수심측선까지이며, 이것은 중앙의 유속측선의 좌우에 수심측선이 하나씩인 사다리꼴 두 개로 이루어진다. 따라서 구분단면유량은 유속측선의 평균 유속과 구분단면적의 곱으로 다음과 같이 계산한다.

$$q_1 = V_m(A_1 + A_2) \tag{2.2}$$

여기서 q_1은 구분단면 1의 유량, V_m은 유속측선 1의 평균유속, A_1과 A_2는 각각 유속측선 1 좌우의 구분단면적이다.

총 유량은 구분횡단면적을 이용하는 경우 평균 유속과 그것이 대표하는 구분횡단면적과의 곱을 전유속측선에 대해서 합($Q = \sum_{i=0}^{n} q_i$)하여 구한다.

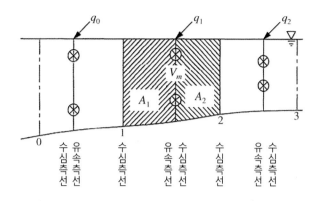

그림 2.10   구분단면 유량산출(한국수자원학회 2009)

■ **부자법**

　부자(浮子)에 의한 유속측정은 부자를 투하하고 그것이 소정의 구간을 유하하는 데 소요된 시간을 측정하여 그 구간의 평균 유속을 구하는 방법이다. 부자를 이용해 유량을 관측할 때 부자가 유수에 의해 적절히 유하되기 위한 직선구간이 필요하며, 보조구간과 측정구간으로 나뉜다(그림 2.11). 보조구간은 부자를 투하하는 위치에서 제1측정 단면까지의 구간이며, 이 구간 내에서 부자가 흘수(吃水)를 유지할 수 있도록 한다. 이 구간의 길이를 보조거리라 하며, 30 m 이상이 되도록 한다. 측정구간은 제1측정단면에서 제2측정단면까지의 구간으로 유하시간을 계측하기 위해서 필요하며, 이 구간의 길이를 유하거리 또는 측정간격이라고 한다. 유하거리는 원칙적으로 50 m 이상으로 한다.

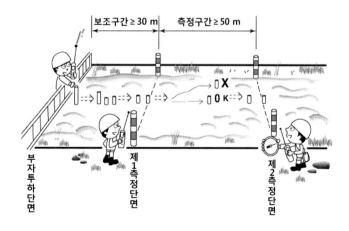

그림 2.11   부자법의 유속측정단면(건설교통부 2004)

부자 측정법에 사용되는 부자는 봉부자 또는 표면부자로 한다. 야간에는 어둠 속에서도 충분히 추적할 수 있도록 특별히 고안한 부자를 사용하여야 한다. 부자를 이용하여 측정한 유속을 평균유속으로 환산하기 위해서는 보정계수를 곱해야 한다. 부자의 길이는 수심에 따라서 선택하나 수심 막대부자의 길이 및 보정계수의 관계는 대단히 복잡하다. 실용적인 목적을 위해서는 표 2.12를 기준으로 하며, 막대부자 4종, 표면부자 1종을 준비해서 수심에 맞추어 사용한다.

표 2.12 수심과 보정계수(한국수자원학회 2009)

내용 \ 번호	1	2	3	4	5
수심(m)	0.7 이하	0.7~1.3	1.3~2.6	2.6~5.2	5.2 이상
흘수(m)	표면부력	0.5	1.0	2.0	4.0
보정계수	0.85	0.88	0.91	0.94	0.96

(1) 부자의 유속측선

유속측선은 제1횡단면과 제2횡단면 사이에 제1횡단면으로부터 흐름방향을 따라 선정해야 한다. 수면폭과 부자유속측선 간격과의 표준비율은 제1횡단면에서 원칙적으로 표 2.13에 따라 정한다. 홍수 시 유속관측을 급히 실시해야 할 경우에는 이 표준에 따르지 않고 긴급 시 관측선수를 이용한다.

표 2.13 면폭에 따른 측선수(한국수자원학회 2009)

측선수 \ 수면폭(m)	20 미만	20~100	100~200	200 이상		
표준 관측선수	5	10	15	20		

측선수 \ 수면폭(m)	50 이하	50~100	100~200	200~400	400~800	800 이상
긴급시 관측선수	3	4	5	6	7	8

(2) 부자에 의한 유량측정

제1횡단면의 통과로부터 제2횡단면까지 부자가 이동하는 데 걸리는 시간 t를 초시계로 측정하고 양 횡단선 간의 거리 L을 t로 나누어서 부자의 유하속도 V_0를 계산한다. 제1횡단면 및 제2횡단면에 관측원이 서서 양 횡단면 사이를 유하하는 시간 t를 측정하는 것이다. 이때 두 횡단면에서 관측원이 소리로 연락을 취하면 횡단면 간격 100 m에서 0.3초 정도의 오차가 생기므로 무전기나 수기신호 등을 사용한다. 하천에서의 유하속도 $V_0 = L/t$로 구한다.

오차가 가장 큰 것은 시간 t의 측정이므로 측정시간의 정확도를 향상시키는데 충분한 주의를 해야 한다. V_0에 보정계수를 곱하여 유속 V로 하며 보정계수는 앞에서 제시한 값을 잠정적으로 사용한다. 유량 관측 중에도 수위가 변화하는 경우가 있으므로 유량 관측의 개시와 종료 시에 제1횡단면 및 제2횡단면에서의 수위를 동시에 읽는다. 특히 홍수 시에는 수위 변동의 가능성이 크므로 관측을 전후하여 2회씩 수위를 읽을 필요가 있다.

부자법은 홍수 때와 같이 유속이 매우 빨라서 보통의 유속계를 이용할 수 없는 경우에 거의 유일한 현실적인 대안으로 오래전부터 이용해 왔다. 그러나 실제 운용을 할 때는 피할 수 없는 여러 가지 문제를 안고 있다. 부자측정법은 측정 인원이 많이 소요되며, 수심별로 부자를 준비해야 하고, 대하천에서 주간과 야간 측정 때 식별이 어렵다는 등의 애로사항을 포함하고 있다. 이러한 측정작업의 문제에 덧붙여, 부자가 측정선을 정확히 따라가지 않는 점, 보정계수의 정확도 등 측정 정확도에 대한 문제도 여러 가지가 있다(山口 2011, 藤田 2013).

■ 전파유속계

기존의 유량 측정 시에 가장 큰 어려움은 홍수 시와 같은 빠른 유속에서는 유속계를 직접 투입하기가 매우 어렵다는 점이다. 이러한 문제에 대한 대안으로 제시된 것이 전자파표면유속계(ESV, Electric Surface Velocimeter)와 다음에 설명할 표면영상유속계(SIV, Surface Image Velocimeter)이다. 이들을 이용한 유량 관측은 물과 비접촉식이기 때문에 측정작업 문제들이 많이 해결된다. 전파유속계는 극초단파를 하천 수표면에 발사한 뒤 반사되어 돌아오는 파장의 도플러 효과를 이용하여 유속을 측정한다. 처음 이 유속계를 개발한 일본에서는 그 원리에 따라 정확한 명칭인 전파유속계(radio current meter)를 사용하나, 국내에서는 전자파표면유속계라는 명칭을 사용한다. 여기서는 이 장비의 통칭은 전파유속계라고 하고, 국내에서 개발되어 판매되는 장비는 고유명칭으로 보아 전자파표면유속계라고 한다.

전파유속계에 의한 유량 관측은 하천의 횡단방향으로 일정하게 설치하고 상류 방향으로 전자파를 발사한 후, 수표면에서 반사되는 전자파를 이용하여 표면유속을 측정한다. ESV는 그림 2.12(a)~(c)와 같이 주요 부품으로 구성되었으며, 그림 2.12(d)와 같이 불규칙한 파동을 갖는 수표면에 주파수를 갖는 전자파를 발사하여 반사되는 신호를 수신하고 잡음을 제거한 후 도플러 효과에 의한 주파수를 산정하여 표면유속을 측정한다(한국수자원공사 1997).

전파유속계는 일본에서 1990년대 초반부터 개발하여 2000년대 중반에는 상업용으로 판매되었다. 우리나라에서는 1990년대 중반부터 개발을 시작하여 역시 2000년대 중반에 상용화

| (a) 안테나 | (b) 신호처리부 | (c) 전자파 표면 유속계 |

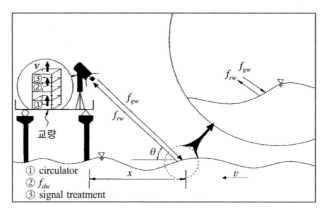

(d) 측정원리의 모식도

그림 2.12 전자파 표면유속계의 주요 구성요소와 측정원리(한국수자원공사 2003)

되었다. 두 나라의 전파유속계는 기본적인 사양과 성능이 비슷한 것으로 알려져 있다. 다만, 우리나라에서는 이를 휴대용으로만 이용하고 있으나, 일본에서는 고정형과 휴대형으로 나누어 사용하고 있다.

전파유속계는 장비가 매우 간단하고 사용하기가 편리하다는 장점이 있다. 일본의 경험에 따르면, 측정 해상도(점유속 측정)와 정확성(유속계의 방향이 주류의 방향과 정확히 일치해야 한다)에는 약간의 문제가 있는 것으로 보인다(山口 2011).

■ 표면영상유속계

표면영상유속계측법은 하천이나 실험수로의 수표면을 사진이나 동영상으로 촬영한 뒤 영상처리를 통해 수표면의 유속을 산정하는 측정법이다. 이것은 실험수로나 풍동에서 레이저 광면을 이용한 유속 측정법인 입자영상유속계측법(PIV, Particle Image Velocimetry)을 하천에 응용한 것이다(류권규와 박문형 2017).

SIV를 이용하여 실제 하천의 표면유속을 측정하기 위해서는 우선 대상 영역의 유동장에 대한 영상을 획득하여야 한다. 영상 획득은 그림 2.13에서 보는 바와 같이 촬영이 용이한 위

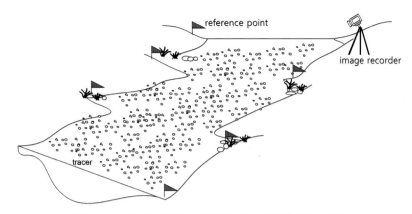

그림 2.13 SIV를 위한 하천표면 영상 획득(노영신 2004)

치에 촬영 장치를 설치하여 유동장에 대한 영상을 촬영하고 이를 기록한다. 촬영지점은 대상
영역과 기준점이 촬영 영역 범위 내에 포함되도록 대상 영역에 비해 높이가 높은 제방 또는
교량 등의 적절한 위치를 선정하고, 선정된 위치에 촬영 장치를 설치하여 기록을 수행한다.

이렇게 촬영된 영상은 정사영상이 아니기 때문에, 실제 유속을 분석하기 위해서는 이를
정사영상으로 변환해야 한다. 정사영상으로 변환법은 여러 가지가 있으며, 그중 하나인 2차
원 투영좌표 변환법에 의한 실제 좌표계 (X, Y)와 영상 좌표계 (x, y) 간의 관계식은 다음 식
(2.3)과 같다. 식 (2.3)은 사진 측량이나 전산시각 분야에서 오래전부터 사용해 왔으며, 표면
영상유속계에 대해서는 藤田 등(1995)이 처음으로 이용하였다.

$$x = \frac{c_1 X + c_2 Y + c_3}{c_7 X + c_8 Y + 1} \tag{2.3a}$$

$$y = \frac{c_4 X + c_5 Y + c_6}{c_7 X + c_8 Y + 1} \tag{2.3b}$$

여기서 $c_i (i = 1, 2, \cdots, 8)$는 사영변환을 위한 8개의 사상계수이다.

실제 좌표계와 영상 좌표계 간의 관계는 그림 2.14와 같다. 기준점은 그림 2.14와 같이 보
통 하천 양안에서 몇 개의 점을 선정하여 정하게 된다. 기준점은 측량을 통해 얻게 되며, 기
준점으로부터 8개의 사상 계수가 결정되면 이로부터 식 (2.3)을 반복 계산하여 나머지 좌표
에 대한 변환을 수행하게 된다.

변환된 영상은 PIV에서 영상변위를 산정하는 방법인 상호상관분석법을 이용하여 영상유
속을 산정한다. 먼저 그림 2.15와 같이 상관영역을 설정한 후 흐름장 유속을 개략적으로 파
악하여, 동일한 입자군이 이동될 수 있는 범위, 즉 검색영역을 설정한다. 각 상관영역의 상
관계수 R_{ab}의 계산은 연속되는 두 번째 영상의 검색영역 내에서 상관영역을 화소단위로 이

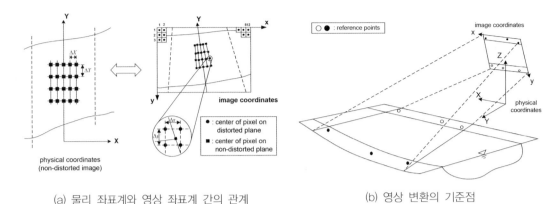

(a) 물리 좌표계와 영상 좌표계 간의 관계　　　　　　(b) 영상 변환의 기준점

그림 2.14　영상의 좌표 변환(Fujita et al. 1998)

동하면서 모든 상관영역에 대해 수행된다. 두 입자군, 즉 상관영역 간의 상관계수 R_{ab}는 연속되는 두 영상의 상관영역 내 명암 등급값 a_{ij}와 b_{ij}로부터 계산되며, 검색영역 내에서 가장 큰 R_{ab} 값을 갖는 입자군을 동일한 입자군으로 판단, 두 입자군 간의 이동거리를 산정하는 방식이다. 상호상관 기법에서의 상관계수 R_{ab}는 식 (2.4)와 같이 정의할 수 있다.

$$R_{ab} = \frac{\sum_{i=1}^{MX}\sum_{j=1}^{MY}[(a_{ij}-\overline{a_{ij}})(b_{ij}-\overline{b_{ij}})]}{\left[\sum_{i=1}^{MX}\sum_{j=1}^{MY}(a_{ij}-\overline{a_{ij}})^2\sum_{i=1}^{MX}\sum_{j=1}^{MY}(b_{ij}-\overline{b_{ij}})^2\right]^{1/2}} \tag{2.4}$$

여기서 MX와 MY는 상관영역의 크기를 나타내며, a_{ij}와 b_{ij}는 각각 연속되는 두 영상 내 상관영역의 픽셀에 대한 i열과 j행에 대한 명암 등급값을 나타낸다. $\overline{a_{ij}}$와 $\overline{b_{ij}}$는 상관영역 내의

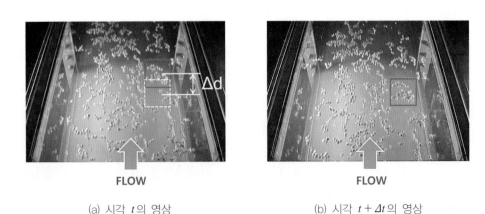

(a) 시각 t의 영상　　　　　　　　　　　　　(b) 시각 $t + \Delta t$의 영상

그림 2.15　상관영역과 검색영역

그림 2.16 표면영상유속계로 측정한 평균유속 분포

모든 명암 등급값의 평균이다.

이렇게 산정한 영상유속을 시간으로 나누고 여기에 물리적인 축적을 곱해주면 각 점의 유속을 산정할 수 있다. 그림 2.16은 이런 과정을 거쳐 측정한 실험 수로의 유속 분포를 보여준다.

표면영상유속계측법은 사용하는 장비와 대상 흐름, 영상처리방법에 따라 다양하게 나뉘며, 이에 대한 전반적인 소개와 사용법은 류권규와 황정근(2017)에 자세히 소개되어 있다. 다만, 이 표면영상유속계는 아직 상용화되어 있지 않으며, 연구자들이 직접 제작하여 연구에 활용하고 있는 단계이다.

■ ADCP

ADCP(Acoustic Doppler Current Profiler)는 물속으로 일정 주파수의 초음파를 전송하고, 부유하는 입자들에 의해 산란되어 돌아오는 반향을 수집, 도플러 효과를 이용하여 유속을 측정한다. 이때 돌아오는 반향의 시차를 이용하여 수심에 따라 일정 깊이별로 정리하여 수심별 유속 분포를 만들어내고 이를 이용하여 수심 평균한 유속을 계산한다.

ADCP는 본질적으로 하천을 횡단하면서 순간적인 유속을 측정하므로 시간평균한 평균유속과의 차이가 발생하지만 1초에 1회 이상의 빠른 속도로 연직유속분포를 수집하면서 이를 공간적으로 평균함으로써 순간 유속이 갖는 변동성을 완화시키는 특징을 갖는다(그림 2.17).

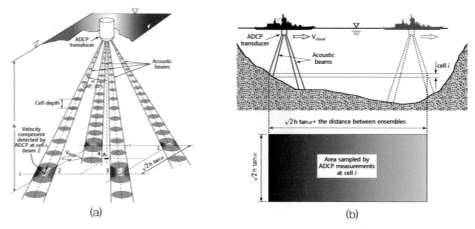

그림 2.17 ADCP의 측정 원리(Muste et al. 2004)

ADCP를 이용하여 하천에서 유속을 측정하는 경우 ADCP를 보트에 고정시키거나 별도의 작은 부유체에 고정시켜 하천을 가로지르는 횡측선을 따라서 이동하면서 측정한다. ADCP 는 자체적으로 기기의 방향과 유속의 방향을 내장한 나침반에 의해 파악하며 하상으로 보낸 음파를 탐지하여 기기가 이동하는 경로와 수심을 자동으로 추적하는 기능을 갖고 있다. 이에 따라 일정 시간 동안 이동한 거리와 단면적을 계산하고 음파에 의해 수집된 연직유속분포를 종합하여 유량을 계산한다(그림 2.18). 물론 음파에 의한 하상 추적이 아닌 DGPS를 이용한 이동 경로의 추적도 가능하다. 그러므로 일반적인 유량 측정방법처럼 유수의 흐름에 직각으로 횡측선을 설치하는 등의 작업이 불필요하여 교량이 없는 지점이나 대하천, 그리고 조석의 영향을 받는 하천에서도 손쉽게 유량을 측정할 수 있는 장점이 있다(이찬주 등 2005). ADCP는 식 (2.5)에 따라 유량을 계산한다(Gordon 1989).

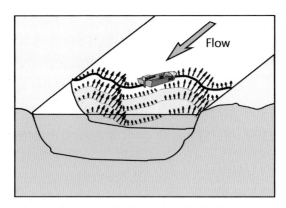

그림 2.18 유속벡터를 이용한 유량 계산 원리(이찬주 등 2005)

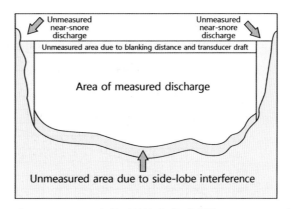

그림 2.19   ADCP의 측정영역과 추정영역(Simpson 2001)

$$Q = \iint U(z,\ L)\ n(L)\ dz\ dL \tag{2.5}$$

여기서 Q는 유량, U는 유속벡터, n은 L에서 직각 단위벡터, z는 수심이다.

    ADCP는 기기의 특성상 하천 단면 일부에서 유량을 측정할 수 없는 한계를 지니는데 측정 가능한 영역은 그림 2.19와 같다. 그리고 측정할 수 없는 영역의 유량은 측정할 수 있는 영역에서 얻은 유속 자료를 이용하여 추정한다. ADCP가 직접 유량 측정을 하지 못하고 추정하는 부분은 크게 셋으로 나누어진다. 첫째, 수면 부근에서는 ADCP가 수면 아래로 잠긴 깊이에 기기 바로 아래에서 발생하는 음파의 간섭 등의 효과를 차단하기 위해 설정하는 공백 깊이를 더한 만큼을 측정하지 못한다. 둘째, 하상 부근에서는 정상적인 방향으로 진행하는 음파에 비해 일찍 하상에 도달한 음파가 강한 반사파를 발생시켜 측정에 잡음을 일으키므로 측정이 불가능하다. 셋째, 하천의 양안에서는 ADCP가 측정할 수 있는 최소 수심보다 얕을 경우 측정이 불가능하다. 이 중 수면과 하상 부근의 경우 단면적은 측정될 수 있으므로 유속을 추정한 후 단면적을 곱하여 유량을 계산하며, 하천 양안의 경우에는 단면 형상을 사용자가 대략적으로 입력하고 측정 가능한 인접 유속 자료를 이용하여 유량을 추정한다. 그리고 측정한 유량과 추정한 유량을 합하여 하천단면의 유량을 계산하는 것이다.

■ 수위-유량관계곡선

    앞의 방법들은 모두 대부분의 경우 현장에서 수위 또는 수심과 유속을 실측한 후 이 자료를 바탕으로 유량을 산정한다. 하지만 유량자료를 필요로 할 때마다 이와 같은 비용 및 시간이 소요되는 방법을 사용하기는 곤란하다. 또한 홍수 시에는 현장에서의 수심 및 유속을 관측하기가 매우 어렵다. 따라서 해당 하천단면에서의 수위와 유량 간의 관계를 수립하면 수위만 자동으로 관측함으로써 유량으로 환산할 수 있어 매우 편리하다.

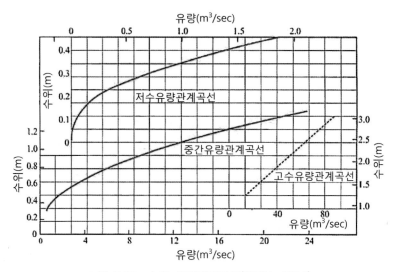

그림 2.20 수위-유량관계곡선(이재수 2006)

하천단면에서 정기적인 하천수위와 이에 상응하는 유량을 동시에 측정하여 수위와 유량 간의 검정곡선(calibration curve)을 얻을 수 있으며, 이를 수위-유량(관계)곡선(rating curve 또는 stage-discharge relation)이라 한다. 대부분의 수위관측소에서 작성한 수위-유량관계곡 선은 그림 2.20과 같이 단순관계로 나타난다. 수위에 따른 횡단면 및 유속의 변화로 인해 저 수위 및 고수위에 모두 적용되는 관계 곡선을 얻기는 곤란하다. 따라서 저유량, 중간유량, 그리고 고유량에 대한 관계곡선을 따로 구하여 사용하는 것이 정확도가 높다. 수위-유량관 계곡선은 포물선 형태로 지배단면이 변하거나 하천횡단면이 불규칙하면 변동성을 보이게 된다.

평균 수위-유량관계곡선에 대한 관측자료의 분산정도는 최소화해야 하며 일반적으로 2% 보다 작아야 한다. 만일 관측자료의 분산정도가 크다면 ① 지배단면이 하상 및 제방에서의 세굴 및 퇴적 또는 식생의 성장으로 인해 점진적으로 변하거나 이동하는 경우, ② 지배단면 에서의 수면경사가 조수, 저수지 수위변동, 하류에서의 지류 유입 등으로 인한 배수 (backwater)의 영향을 받는 경우, 그리고 ③ 관측 시 오류가 발생한 경우이다.

정확하고 신뢰성 있는 수위-유량관계곡선을 만들기 위해서는 갈수위, 저수위, 평수위, 풍 수위, 홍수위에 대한 수위별 유량이 측정되어야 한다. 특히 갈수위, 저수위 시의 유량과 고 수위 시의 유량은 수위-유량관계곡선 개발에 가장 중요한 요소로, 갈수위와 저수위 유량은 이수와 하천환경 측면에서, 고수위 유량은 치수 측면에서 이용하게 된다. 자연하천에서는 일 반적으로 수면경사가 일정하지 않고 횡단면이 불규칙적인 형상을 이루며 단면통제나 하도통 제를 받을 수 있으므로 수위-유량(관계)곡선을 수학적인 계산에 의하여 결정한다는 것은 사실상 불가능하며 관측수위와 유량을 도시하여 최적의 곡선과 식을 구하게 된다.

수위-유량관계곡선을 유도하기 위해서는 수위 대 유량자료를 전대수지상에 도시한 후 두 관계가 직선인지 또는 곡선인지 먼저 파악한다. 만일 수위-유량관계가 전대수지상에서 직선으로 나타나면 다음과 같은 형태의 관계식을 얻을 수 있다.

$$Q = aH^b \tag{2.6}$$

만일 수위-유량관계가 전대수지상에서 직선이 아닌 곡선형태로 나타나면 다음과 같은 형태의 관계식을 얻을 수 있다.

$$Q = a(H \pm H_0)^b \tag{2.7}$$

여기서 Q는 수위 H(m)에 해당하는 유량(m^3/s), H_0는 수위계의 영점표고와 유량이 0이 되는 표고와의 차(m), a와 b는 회귀상수이다.

■ 하상계수(유량변동계수)

하천 내 어느 지점에서 동일한 연도의 최소 유량에 대한 최대 유량의 비율을 나타내는 하상계수(河狀係數)는 어떤 지점에서의 유황을 정량적으로 나타낼 수 있으며, 하상계수 Q_r는 다음과 같다.

$$Q_r = \frac{Q_{\max}}{Q_{\min}} \tag{2.8}$$

여기서 $Q_{\max}$는 최대 유량(m^3/s), $Q_{\min}$는 최소 유량(m^3/s)이다.

우리나라는 국토의 65%가 산악지형이고, 동고서저의 지형 특성상 하천의 경사가 급하여 홍수가 일시에 유출되는 특성이 있다. 급한 하천경사 등 지형적인 여건과 홍수기 강수 집중 등 기상적 특성으로 홍수기 유출이 매우 크며, 상대적으로 갈수기 유출량은 매우 작다. 표 2.14와 같이 우리나라 주요 하천의 하상계수는 댐 건설 전에는 300 이상으로 상당히 큰 편이었으나 댐 건설로 인하여 71~272 정도로서 유황(流況)이 많이 개선되었다. 반면, 프랑스의 세느강은 34, 독일의 라인강은 16, 영국의 템즈강은 8, 이집트의 나일강은 30 정도이다. 이런 유럽과 아프리카 등의 하천에 비해서 우리나라 하천의 하상계수는 상당히 커서 물관리가 상대적으로 어렵다.

표 2.14 우리나라와 세계 주요하천의 하상계수(국토교통부 2016)

하천명(지점)	하상계수			하천명(국명)	하상계수
	댐 건설 전*	1980~1990**	1995~2014***		
한강(한강대교)	390	90	115	대정천(일본)	110
낙동강(진동)	372	260	101	세느강(프랑스)	34
금강(공주)	300	190	71	나일강(이집트)	30
섬진강(송정)	390	270	272	라인강(독일)	16
영산강(나주)	320	130	214	템즈강(영국)	8

  * 한강 1919~1943, 낙동강 1919~1927, 금강 1918~1979, 섬진강 1918~1964, 영산강 1916~1975 자료 이용
 ** 「댐건설로 인한 5대수계 본류의 유황변화 분석」(대한토목학회 논문집 제13권 제3호, 1993)
*** 한국수문조사연보 자료(1995~2014)를 이용하여 지점별 하상계수를 산정

■ 유황곡선

유역의 유출량을 평가하는 주요한 방법 중 하나로 유황곡선(flow duration curve)이 있다. 유황곡선은 가로축에 시간(일수)을 취하고, 세로축에 하천의 어느 지점에 흐르는 일유량을 크기순으로 나열한 것이다. 어떤 지점의 유황곡선을 결정하는 방법은 다음과 같다.

① 1년 또는 그 이상의 기간 동안의 일유량 자료를 수집한다.
② 일유량 자료를 가장 큰 값부터 작은 값까지 내림차순으로 정렬한다. 즉, 가장 큰 값의 순위는 1이고 가장 작은 값의 순위는 N이 된다. 여기서 N은 자료의 총수, 즉 일수이다.
③ 어떤 일유량의 순위가 m일 때, 이 자료의 시간 백분율은 $\frac{m}{N} \times 100$이다.
④ 시간 백분율과 유량을 도시하면 그림 2.21과 같은 유황곡선을 얻을 수 있다. 이때 가로

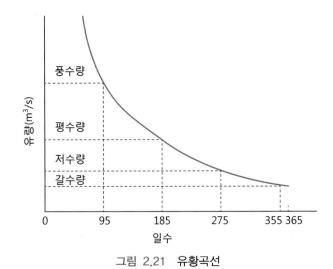

그림 2.21 유황곡선

축은 365일을 100%로 나타낸다. 또, 세로축은 보통 유량(m^3/s)으로 나타내지만, 유량의 범위가 매우 큰 경우는 세로축을 대수로 취하여 표시하기도 한다.

유황곡선에는 1년 중 며칠이 이보다 작지 않은 유량이 흐르는가(1년 중 며칠 동안 이보다 큰 유량이 지속되는가)에 따라 풍수량(95일, 26.0%), 평수량(185일, 50.7%), 저수량(275일, 75.3%), 갈수량(355일, 97.3%)을 결정한다.

유황곡선은 이수계획수립에서 중요하며, 수력발전, 저수지 용량 결정 등 수자원 사업의 계획과 설계에 매우 유용하다. 또, 하천의 어떤 지점에서 유량-유사량 곡선이 존재한다면, 각 유량에 대한 유사량을 산정하여 유황곡선을 누가유사량곡선으로 변환할 수 있다.

2.4.2 유사

하도 내에서 물이 흘러가는 데 물과 함께 중요한 역할을 하는 것은 하상을 이루고 있는 토사(土砂)와 유수 중에서 물과 함께 흘러가는 유사(流砂)이다. 구체적으로 구분하자면, 유송 중인 것은 유사, 퇴적되어 정지상태에 있는 것을 토사 또는 퇴사라고 할 수 있으나, 이들을 함께 지칭할 때는 일반적으로 유사라고 한다.

하천이나 유역의 유사 또는 토사는 다음과 같이 분류할 수 있다(전병호 등 2012).

- 생산토사(토양유실): 비바람에 의해 지표면의 표토가 침식되거나 산지붕괴 등에 의해 새로이 만들어져 하류로 이동하는 토사
- 유출토사(유사유출): 유역의 생산토사가 흐름에 의해 생산지를 떠나 하류의 어느 한 지점을 통과하는 유사
- 유송토사(유사): 유로 내에서 흐름에 의해 소류나 부유의 형태로 이송되는 토사

이때 하천 내의 유송토사를 하천유사(fluvial sediment)라 하고, 사막이나 해안 사구에서 바람에 의해 비산되는 토사를 비사(airborne sediment), 해안에서 발생하는 토사를 표사(coastal sediment), 저수지나 호소에 쌓이는 토사를 퇴사(reservoir sediment)라고 나누어 부르기도 한다. 여기서는 관점을 하천 내에 국한하여 하천유사만을 대상으로 설명한다.

유사는 유수에 의해 피동적으로 이동되어 가기도 하지만, 때로는 하천지형을 변경시켜서 역으로 유수의 움직임에 영향을 미친다. 따라서 유사의 움직임(거동)을 제대로 이해해야 적정한 하천 관리를 할 수 있다. 또한 하상은 크고 작은 입경의 실트나 점토부터 입자의 직경이 256 mm 이상인 퇴적물인 거력에 이르기까지 넓은 분포의 재료(하상재료)로 이루어져 있다. 그래서 흐름이 어느 한계를 넘어서 크게 되면 작은 입경의 토사입자로부터 이동을 시작한다. 자연하천의 이 같은 하상을 이동상(movable bed)이라 한다. 이에 대해 고정상(fixed bed)은 수면만이 변형되며, 윤변은 고정되어 있다고 본다. 고정상의 대표적인 예가 실험수로나 포장된 인공수로이다. 수리학의 이론 및 실험에 의한 취급은 이동상 흐름의 경우가 고정상보다 훨씬 복잡하다.

유사를 수송형태에 따라 나누면 소류사(bed-load)와 부유사(suspended load)로 나눌 수 있다. 소류사는 하상 위에서 비교적 큰 입자들이 구르거나 미끄러지거나 뛰면서 이송하는 유사를 말한다. 반면에 부유사는 비교적 작은 입자들이 유수의 수직 방향의 불규칙 운동인 난류에 의해 떠가는 유사를 말한다. 소류사와 부유사는 고정적인 것이 아니라 중간에 난류 특성이 달라지면 다시 가라앉거나 떠올라서 다른 형태로 이동할 수 있다. 또한, 하상재료와의 관련성에 따라 하상토 유사(河床土流砂, bed-material load)와 세류사(洗流砂, wash load)로 나눌 수 있다. 하상토 유사는 그 이송 특성이 하천 흐름과 유체 특성 등에 관련되어 있는 유사를 말한다. 반면에 세류사는 그 하천의 흐름과 유체 특성보다는 상류 유역에서의 공급에 관련되어 있는 유사를 말한다(우효섭 등 2015).

❖ Box 기사　유사량과 유사농도

단위 시간에 하천의 어느 횡단면을 통과하는 물속에 포함된 토사의 무게를 유사량(sediment load)이라 한다. 유사량의 단위는 보통 ton/sec 또는 ton/day로 나타낸다. 이때, ton은 질량 1,000 kg이 아니라 중량 1,000 kgf을 의미한다. 유사문제를 다룰 때는 질량과 중량을 확실히 구분하지 않으면, 오류를 범하기 쉽다. 즉, 유사의 밀도(2,650 kg/m³)와 단위 중량(2,650 kgf/m³ 또는 25,970 N/m³)을 혼동하여 사용하면 많은 오류를 범하게 된다.

또, 유사를 농도로 표기하는 데 가장 보편적으로 이용되는 단위 중 하나는 mg/L이다. 이것은 물과 유사의 혼합물 부피 1 L 안에 있는 유사의 건조질량을 mg으로 표시한 것이다. 또한 유사농도는 질량농도인 ppm(part per million)으로 표시되기도 하는데 이것은 물과 유사의 혼합물 질량에 대한 유사질량의 비에 1,000,000을 곱한 것이다. 유사의 질량농도를 C_m(ppm), 부피농도를 C_{mv}(mg/L)이라 하면, 이 둘의 변환관계는 다음과 같다.

$$C_{mv} = K C_m \tag{1}$$

여기서 K는 변환계수이며, 다음과 같다.

$$K = \frac{s}{(1 - C_m)s + C_m} \tag{2}$$

여기서 s는 유사의 비중(보통 2.65)이다.

약 16,000 ppm 이하의 저농도에서는 mg/L와 ppm의 값이 거의 일치한다. 그러나 이 이상일 경우에는 mg/L가 ppm보다 약간 더 큰 값을 갖는다.

유사량과 유사농도에 대한 상세한 사항은 한국건설기술연구원(1989)에서 찾아볼 수 있다.

■ 유사량 실측

하천계획을 수립하는 단계에서 실제로 유사량을 실측하는 경우는 거의 없다. 유사량 실측 자료를 축적하는 데는 상당한 기간이 소요되므로, 계획 수립 단계에서 실측에 나서면 설령 유사량 자료를 축적하더라도 계획에 활용할 수 없기 때문이다. 다시 말하자면, 하천 유사량 은 유사량 실측에 의한 방법을 이용하는 것이 원칙이나 어려운 경우 「하천설계기준·해설」 (한국수자원학회 2009)에서 제시한 유사량 공식, 각종 문헌조사 및 연구기관의 측정자료 등 을 활용할 수 있다. 그러나, 이용하고자 하는 유사량 자료가 어떤 과정을 거쳐 실측되는가를 알아두는 것은 자료의 특성을 이해하는 데 크게 도움이 될 것이다. 다만, 여기서 유사량 측 정에 대해 종합적인 내용을 다룰 수는 없다. 유사량에 대한 종합적인 이해를 위해서는 우효 섭 등(2015)을 참고하기 바란다. 또한, 실제적인 유사 시료의 채취와 분석, 유사량 산정 등 에 대해서는 한국건설기술연구원(1990)의 보고서에 제시되어 있으며, 유사량 측정에 대한 지침서로는 건설교통부(2004)를 참고하기 바란다.

유사량 Q_s(kg/s)은 다음 식과 같이 나타낼 수 있다.

$$Q_s = \rho_s \int_A C u \, dA \qquad (2.9)$$

여기서 ρ_s는 유사의 밀도(kg/m^3), C는 유사의 농도, u는 유속(m/s), A는 흐름단면적(m^2)이 다. 유사의 밀도는 보통 2,650(kg/m^3)을 이용한다.

따라서, 유사량을 측정한다는 것은 식 (2.9)에서 유사농도 C를 측정하는 것이다. 그런데, 충적하천에서 물과 유사가 흘러갈 때, 물의 유속 분포와 유사의 농도 분포는 많은 차이를 보인다. 유사농도의 연직분포는 그림 2.22와 같다. 즉, 유사의 연직농도분포는 하상 근처에 서 최대가 되고 수면방향으로 갈수록 지수함수적으로 감소한다. 반면, 유속은 하상에서 최소 이고, 수면의 약간 아래가 최대가 된다. 따라서 유사농도와 유속의 곱인 유사의 플럭스(flux)

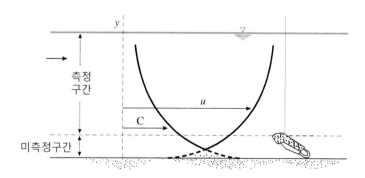

그림 2.22 하천에서 유사농도의 연직분포(우효섭 등 2015)

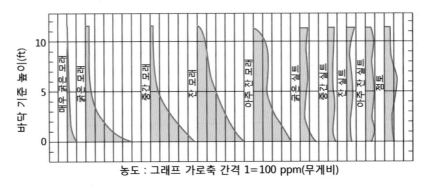

그림 2.23 유사입경별 농도의 연직분포(Guy 1970)

는 하상도 수면도 아닌 수중의 어떤 위치에서 최대가 된다. 그런데 실제 유사채취기나 유사농도측정기와 같은 장비를 이용할 경우, 그림 2.22와 같이 하상 가까이에 측정 장비가 채취 또는 측정할 수 없는 구간이 생기게 된다.

또한, 유사농도는 입경별로도 큰 차이를 보인다. 그림 2.23은 유사입자의 크기에 따른 연직농도분포를 보여준다. 즉, 굵은 모래와 같이 큰 입자들은 연직분포의 위아래가 크게 다르지만, 실트나 점토와 같은 미세입자들은 농도 분포가 거의 같다. 이러한 입자 크기별 농도분포의 차이는 유사량 측정 시 반드시 고려해야 할 사항이다.

이러한 유사농도의 연직분포 차이나 유사입경별 분포 때문에 유사량 측정이 매우 어렵고 복잡하게 된다. 즉, 유사의 입경별 연직분포 때문에 부유사 채취와 소류사 채취라는 구분이 생기게 된다.

하천에서 유사 시료를 채취하는 장비는 크게 부유사 채취기와 소류사 채취기로 구분[1]된다. 부유사 채취기는 하천에 직접 들어가서 유사 시료를 채취하는 가벼운 채취기와 교량이나 케이블을 이용하는 무거운 채취기로 나눌 수 있다. 우리나라의 경우 유속이 작고 수심이 얕을 경우 유사가 거의 없으므로, 부유사 채취기라 하면 대부분의 경우 후자를 일컫는다. 부유사 채취기는 또한 장비에서 시료를 채취하는 방식에 따라 수심적분 채취기와 점적분 채취기로 나눈다. 이러한 장비들은 대상으로 하는 하천의 수심과 유속에 따라 매우 다양한 종류로 세분된다. 유사 채취기에 대한 자세한 소개는 Davis(2005)에 제시되어 있다.

수심적분 부유사 채취기는 하천의 측선에서 일정한 속도로 아래위를 왕복하면서 부유사를 채취하는 장비이다. 이 채취기는 앞에 노즐이 있고, 이 노즐은 몸체 내 채취병에 연결되

---

1) 유사량 측정에서는 채취(sampling)와 측정(measurement)이라는 용어를 구분해 사용할 필요가 있다. 우효섭 등(2015)에 따르면, '채취'는 현장에서 적절한 방법으로 대표 시료(여기서는 부유사 시료)를 수집한다는 의미이며, '측정'은 채취를 포함하여 실험실에서 분석하는 과정을 거쳐 최종적으로 물리량(여기서는 부유사농도)을 정량적으로 산정해 내는 것을 말한다.

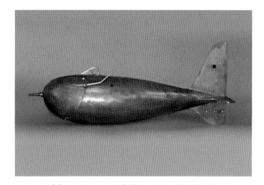

(a) D-74 수심적분 부유사 채취기   (b) P-61-A1 점적분 부유사 채취기

그림 2.24 부유사 채취기

어 있다. 장비를 물속에 담가서 시료를 채취하는 동안 병 안의 공기는 배출구를 통해 배출된다. 노즐과 채취병은 채취기의 크기에 따라 여러 가지가 있다. 그림 2.24(a)는 미국에서 개발된 D-74 채취기이다. 재료는 청동으로 무게는 28 kgf이다. 이 채취기의 시료병은 1 pint와 1 quart의 두 종류가 있고 노즐은 1/16, 11/8, 1/4 inch의 세 종류가 있다. 이 채취기의 측정 깊이는 5 m로 제시되어 있으나, 실제 운용 시는 이보다 상당히 작을 것으로 예상된다.

점적분 부유사 채취기는 전기로 작동되는 밸브가 있어 측선의 한 지점에서 일정 시간 동안 부유사를 채취할 수 있는 장비이다. 밸브를 연 상태로 운용하면 점적분 채취기와 같이 수심적분도 할 수 있다. 그림 2.24(b)는 미국에서 개발한 P-61-A1 점적분 채취기이다. 무게는 48 kgf이며, 시료병이나 노즐은 D-74와 같다.

유사량 측정방법은 측정의 목적, 대상 하천의 상황, 가용한 인력이나 장비 등에 따라 달라진다. 하천상황에 따른 유사 채취방법에 대해서는 Edwards and Glysson(1998)이 자세히 제시한 바 있다. 여기서는 그 개략적인 면만 살펴보기로 한다.

하천에 적합한 유사 채취 장비를 선정하기 위해서는 사전에 대상 하천의 유사 특성에 관한 정보가 필요하다. 즉, 실측지점의 유사이송형태, 흐름의 완급정도, 유사농도 등에 대한 개략적인 정보가 필요하다. 하천의 수심과 유속은 장비의 선정에 있어 절대적으로 중요하다. 수심(m)과 유속(m/s)의 곱이 대략 0.9 미만일 경우 도섭측정(물에 직접 걸어 들어가서 하는 측정)이 가능하다. 그러나 이 값이 0.9 이상이거나 수심이 1.2 m 이상이 되면 이 방법은 사실상 불가능하다. 또, 하천의 유속이 빠르고 수심이 깊으면, 가벼운 부유사 채취기로는 측정 자체가 불가능하거나 측정의 신뢰도가 떨어진다. 우리나라의 경우 소하천에서는 가벼운 부유사 채취기(예를 들어, D-74는 28 kgf) 이용할 수 있으나 이보다 수심이 깊고 유속이 빠른 중대하천에서는 무거운 부유사 채취기(예를 들어, P-61-A1은 47 kgf)를 이용해야 한다.

하천의 최심선 또는 하천 중앙의 한 측선에서만 시료를 채취하는 방법은 간단하다는 장점

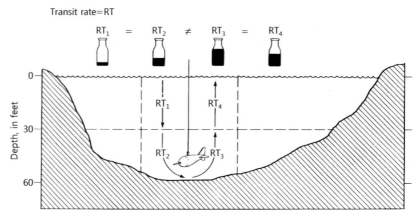

그림 2.25 등간격법에 의한 부유사 시료 채취

이 있으나, 유사농도와 같이 분포가 다양할 경우 그 대표성이 떨어진다. 유사 시료 채취에서는 하천단면에 일정 간격으로 측선을 정하고 각 측선에서 부유사를 채취하는 등간격법(EWI, Equal Width Increment method)을 보통 이용한다(그림 2.25). 이때 수심적분채취를 하면 채취기의 이동속도를 모든 측선에서 일정하게 유지하는 등이동속도법(equal transit rate method)을 택하는 것이 보통이다. 이 방법으로 부유사 시료를 채취하려면 채취기의 상승과 하강속도가 모든 측선에서 같아야 한다. 채취기의 이동속도가 같으므로 각 측선에서 채취된 시료의 부피는 그 측선에서 단위 폭당 평균 유량에 비례하게 된다. 이때 채취기의 최대 이동속도는 $0.4V_m$을 넘지 않아야 하며, 최소 이동속도는 채취병 중 어느 하나도 넘치지 않아야 한다. 여기서 V_m은 측선의 평균 유속이다.

등간격법의 장점 중 하나는 별도의 유량 측정이 필요없다는 점이다. (물론, 정확한 유속과 유량 산정을 위해서는 유사량 측정 시 유속 측정은 필수적이다.) 채취된 시료의 부피가 각 측선에서의 평균 유속에 비례하기 때문에 각 측선의 간격, 수심, 채취시간, 채취시료의 부피만 알면 유량을 산정할 수 있다.

현장에서 채취한 부유사 시료에서 우선적으로 분석할 것은 부유사농도이다. 부유사농도를 분석하는 일반적인 방법은 증발법과 여과법이다. 이 중 여과법이 저농도 시료 분석 시 분석시간이 단축된다. 따라서 부유사농도가 10 g/L 이하인 시료는 이 방법이 좋다. 그러나 고농도 시료의 경우 여과지의 구멍이 막히게 되어 이 방법을 이용하기 어렵다. 반면 증발법은 분석장비와 방법이 상대적으로 간단하며, 부유사농도가 10 g/L 이상인 시료에 적합하다. 유사농도가 낮고 시료의 양이 많은 경우 농도에 대한 보정을 해주어야 하며, 유기물이 많은 경우 이에 대한 보정도 해 주어야 하는 단점이 있다. 부유사농도를 분석하는 과정은 Guy(1969)의 자료에서 상세하게 제시하였으며, 이를 요약한 한국건설기술연구원(1990)을 참고해도

그림 2.26　하천용 유사농도 분석기 LISST-100X

좋다.

부유사 시료에서 분석할 또 하나의 중요한 정보는 부유사 입경 분포이다. 이때 문제가 되는 것이 부유사 시료의 양이 입경 분포 분석을 하기에는 매우 적다는 점이다. 부유사 입경 분포를 분석하는 방법에는 체분석, VA관, BW관(Bottom Withdrawal tube), 비중계(hydrometer) 등이 있으며, 각 방법에 따라 적합한 입경범위, 농도범위, 시료의 양 등이 다르다. 최근에는 레이저 회절현상을 이용하여 부유사 시료의 입경 분포를 분석할 수 있는 입도분석기(particle analyzer)를 많이 이용한다.

이 과정을 모두 거쳐 유사농도를 구하면, 식 (2.9) 또는 단순히 유량과 평균 유사농도의 곱으로 유사량을 산정하게 된다. 다만, 그림 2.22와 같이 미측정 구간 때문에 어떤 하천단면의 전체 유사량, 즉 총유사량을 구하기 위해서는 미측정 구간에 대한 보간이 반드시 필요하다. 이런 방법들 중 대표적인 것으로 수정 아인쉬타인 방법(Colby and Hembree 1955)이 있다.

한편, 최근에는 시료를 채취하여 실험실에서 분석하지 않고, 레이저 회절 분석 등을 이용하여 하천에서 직접 부유사농도를 실측할 수 있는 장비들이 개발되고 있다. 그림 2.26과 같은 유사농도 분석기를 이용하면 하천에서 유사농도와 입도 분포를 직접 실측할 수 있다.

■ 유사량 실측 자료

하천 계획에서 가장 문제가 많은 자료들이 유사 관련 자료이다. 먼저 유사량 자료부터 살펴보기로 하자.

유사량 자료는 하상변동 예측, 저수지 퇴사량과 유사유출량 추정, 기타 하도계획과 설계에서 필요로 하는 가장 핵심적인 자료이다. 따라서 주요 하천지점에서 유량조사와 같이 주기적으로 수행한다. 그러나 유사량 측정 작업은 유량 측정에 비해서도 매우 힘들고 시간과 노력을 많이 필요로 하는 작업이다. 따라서 하천계획에서 매우 중요한 자료임에도 불구하고 실측자료가 매우 부족하며, 워낙 측정된 자료가 부족하다 보니 하상변동분석 결과를 신뢰하기 힘들 경우가 매우 많다. 그런데 하천계획을 하는 단계에서 유사량을 측정할 수는 없다. 따라서 유사량 자료라 하면, 일단 계획을 수립하기 이전에 해당 하천에서 측정된 자료를 이용해야 한다. 우리나라의 유사량 측정은 주로 1960~1970년대에 건설부와 농업진흥공사에 의해 수행되었으며, 1980~1990년대에는 건설부의 IHP 사업의 일환으로 수행되어 왔다. 이 시기의 측정 자료는 건설부(1992) 「댐 설계를 위한 유역 단위 비유사량 조사 연구(부록)」에 정리되어 있다.

1990년대 들어서는 하천 연구자들이 연구목적으로 간헐적으로 유사량을 실측한 기록이 가끔 학계에 보고될 뿐, 실질적인 유사량 측정은 단절되어 있다. 따라서 우리나라의 유사량 실측 자료는 양과 질 양면에서 상당히 빈약하며 관련 연구도 미약하다. 그 이유는 우리나라의 하천과 유역의 특성상 유사 문제가 그리 심각하지 않다는 인식이 팽배해 있어 유사에 대한 관심이 적고, 실제로 유사량을 측정할 만한 장비도 거의 없었기 때문이다.

1990년부터 한국건설기술연구원에서 유사 관련 연구를 수행하여 유사량 측정에 대한 기본적인 틀을 제시하였으며, 이 연구 결과는 2018년 현재도 한국수자원조사기술원(2017년까지는 유량조사사업단이라는 명칭 사용)의 유사량 측정에서 이용되고 있다. 유량조사사업단에서는 2000년대 중반부터 유사량 측정을 시험적으로 실시해 오다가 2010년대 중반부터는 전국의 20여 개 지점에서 유사량을 측정하고 그 성과를 WAMIS를 통해 일부 공개하고 있다. 현재 한국수자원조사기술원에서 제공하는 유사량 측정 성과는 자료의 양과 측정지점의 수, 측정 품질 등의 면에서 본격적인 하천계획에 사용하기에는 많은 어려움이 있으나, 현재 하천계획에서 이용할 수 있는 거의 유일한 자료이다.

한편, 한국수자원공사에서 2011년부터 유역조사사업을 실시하면서 전국 대하천 주요 지점에서 유사량을 실측한 바 있다. 또한 개별 사업으로 내성천의 영주댐 건설 계획을 위해 내성천에서 유사량을 실측한 사례도 있다(한국수자원공사 2012).

수집할 자료는 대상 하천에서 실측된 유량-유사량 곡선이다. 예를 들어, 그림 2.27은 내성천 월포지점에서 실측된 유량-유사량 곡선이다. 이때 주의할 것은 이 곡선이 제시하는 유사량이 부유사량인지 총유사량인지 확인해야 한다. 실제 하천계획에서는 총유사량을 알아야 하나, 2018년 현재 한국수자원조사기술원에서 제공하는 유사량 자료는 부유사량 자료이다.

따라서 실측 부유사량을 반드시 총유사량으로 환산하여 유량-유사량 곡선을 재작성한다. 실측 부유사량에서 총유사량을 산정하는 방법은 현재까지는 수정 아인쉬타인 방법(Modified Einstein Procedure)이 거의 유일하다(Colby and Hembree 1955, 한국건설기술연구원 1990).

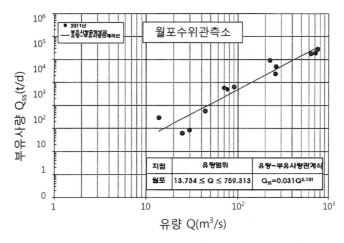

그림 2.27 유량-부유사량 곡선(한국수자원공사 2012)

이 산정 과정은 매우 복잡하므로 직접 계산하기는 어려우며, 한국건설기술연구원(1990)에서 제공하는 MODEIN이라는 프로그램을 이용하는 것이 좋다.

또 하나, 유사량 자료의 수집에서 빼놓을 수 없는 것이 부유사의 입경 분포이다. 부유사 입경 분포는 하상변동모형을 이용한 하상변동을 계산할 때 없어서는 안 될 중요한 자료이다. 과거에 실측된 건설부 IHP 사업의 자료를 적절히 사용할 수 없는 이유가 바로 이 부유사 입경 분포가 누락되어 있기 때문이다. 부유사 입경 분포는 그림 2.28과 같은 형태로 제공된다.

앞서 설명한 유량-유사량 곡선과 부유사 입경분포는 HEC-RAS와 같은 하상변동모형으로 하상변동을 산정할 때 핵심적인 자료이다.

그런데, 앞서 언급한 것처럼 우리나라의 수문자료 중에서 절대적으로 측정자료가 부족하고 또 그 품질을 신뢰하기 어려운 것이 유사량 자료이다. 지방하천의 경우는 측정자료 자체가 없는 경우도 많다. 이 경우는 적절한 방법으로 유사량 자료를 추정해야 한다. 유사량 자료를 추정하는 방법은 대부분 유사량 공식을 이용한다.

유사량 공식은 여러 가지가 있으며 그 추정 결과도 공식에 따라 크게 다르다. 따라서 문헌에서 유사량 공식을 비교 평가한 결과를 참고하여 적절한 공식을 선정한다. 참고로 최근의 문헌에 의하면 소류사량 공식으로는 Meyer-Peter-Muller 공식, 총유사량 공식으로는 Engelund-Hansen 공식, Yang 공식, Browline 공식 등이 비교적 신뢰도가 높은 것으로 나타났다. 부유사량만을 따로 산정할 필요가 있는 경우가 적기 때문에 부유사량 공식은 상대적으로 많이 쓰이지 않는다. 그런데 유사량 공식에 의한 하천 유사량 추정치는 실측치와 크게는 1/10 ~10배까지 차이가 나므로 결과를 이용할 때는 신중을 요한다(한국수자원학회 2009).

측정지점	월포지점	측정일		2011.06.04.
측정자	○○○	측정 번호/시간	(1)	11:10~11:50
분석일	2011.06.22.	분석자		○○○

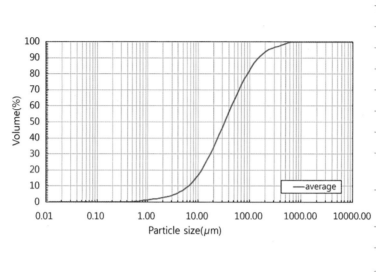

체 통과입경	입경 크기 (μm)
d10	6.41
d16	9.50
d30	17.27
d50	33.29
d60	45.25
d84	106.19
d90	146.74
Volume weighted mean	60.00
Surface weighted mean	21.10
표준편차	3.93
균등계수(C_u)	0.14
곡률계수(C_g)	1.03

그림 2.28 부유사 입경 분포(한국수자원공사 2012)

예제 2.8

Nordn과 Beverage가 1962년 5월 31일에 미국의 리오그란데강의 Otawi교 지점에서 실측한 수리 특성, 하상재료, 유사량 자료는 하폭 34.2 m, 유량 41.4 m^3/s, 평균 수심 1.03 m, 평균 유속 1.18 m/s, 경사 0.00098, 수온 15℃, 유사농도 1540 ppm, 유사량 5512 tons/day이고 하상재료의 중앙입경은 0.36 mm였다. 이 수리 특성과 하상재료를 Engelund-Hansen 공식에 대입하여 유사량을 계산하고, 실측 자료와 비교해 보시오.

[풀이]

Engelund-Hansen 공식을 적용하려면, 먼저 마찰계수를 구해야 한다.

$$f = \frac{2gdS}{V^2} = \frac{2 \times 9.8 \times 1.03 \times 0.00098}{1.18^2} = 0.0142$$

무차원소류력

$$\theta = \frac{dS}{(s-1)D_{50}} = \frac{1.03 \times 0.00098}{(2.65-1) \times (0.36 \times 10^{-3})} = 1.70$$

무차원유사량

$$\phi = \frac{0.1\theta^{5/2}}{f} = \frac{0.1 \times 1.70^{5/2}}{0.0142} = 26.49$$

총유사량

$$Q_t = \phi \gamma_s \sqrt{(s-1)g D_{50}^3} \, B$$
$$= 26.49 \times 2.65 \sqrt{(2.65-1) \times 9.8 \times (0.36 \times 10^{-3})} \times 34.2$$
$$= 0.0659 \text{ tons/sec} = 5692 \text{ tons/day}$$

이 경우는 유사량 공식으로 산정된 유사량이 측정된 유사량과 3.3% 오차 내로 추정된 보기 드문 사례이다.

2.4.3 하상재료

하상재료는 하천계획을 수립할 때 직접 측정값을 구할 수 있는 몇 안 되는 자료 중의 하나로, 하상의 조도를 산정하거나, 유사량과 하상변동을 계산하는 데 핵심적인 자료이다. 따라서 하천에 존재하는 하상재료를 채취하여 지점별 대표입경, 입도 분포, 단위 중량 등을 분석한다. 한국수자원학회(2009)에 따르면, 하상재료의 구체적인 조사방법은 다음과 같다.

① 모래 재료는 현장 시료를 채취하여 체분석으로 한다.
② 실트 이하 재료는 현장 시료를 채취하여 침강속도 분석으로 한다.
③ 자갈 이상 재료는 격자 틀의 이용 등 현장 조건에 맞는 방법을 택한다.
④ 격자틀 방법은 일정한 크기의 눈금망으로 된 사각형 틀을 이용하여 하상에 임의로 놓

고 사진을 찍어 그 격자망의 눈금에 걸리는 자갈들의 입경을 분석하는 방법이다.

⑤ 하상재료 조사는 하천 측량 시 병행하는 것이 효율적이다.

⑥ 하상재료 조사는 하천조도, 유사이송, 하상변동, 하도 설계 등에 관련되는 하상재료의 입경 분포, 비중, 침강속도, 현장토의 겉보기 단위 중량과 공극률 등을 측정한다.

⑦ 하천 유역 전체의 하상재료 상태를 전반적으로 조사하기 위해서는 항공사진 등을 이용할 수 있다.

그러나 한국수자원학회(2009)의 조사방법에는 어느 지점에서 하상토 시료를 채취할 것인지에 대한 언급이 없다. 일반적인 방법은 저수로와 좌우 고수부의 세 곳에서 채취하는 방법을 사용하는 것이 좋다. 그림 2.29는 이렇게 채취한 시료에 대한 체분석 결과를 정리한 예(한국수자원공사 2012)이다.

이와 같이 원칙적으로 하상재료를 채취하여 분석하도록 명시되어 있다. 그러나, 실제 사례에서는 이러한 자료가 적절히 조사되지 않는 경우가 매우 많다. 하상이 대부분 모래로 이루어진 하천의 경우에는 별반 문제가 없는 것으로 보인다. 그것은 하상이 모래인 경우, 하상재료의 입도 분포가 고르기 때문에 시료 채취 위치에 따른 변화가 크지 않으며, 채취해야 할 시료의 양도 많지 않기 때문이다.

그러나 자갈이 많이 섞인 하천에서는 하상재료 조사가 적절히 이루어지지 않는 경우가 많다. 이것은 자갈하천의 경우 하상재료의 입도 분포가 위치에 따라 크게 차이가 나면서 어느 곳에서 시료를 채취하는가에 따라 차이가 크게 날 수 있다. 또 다른 원인은 하상재료의 평균적인 크기가 크면, 이에 따라 채취해야 하는 시료의 양도 많아져야 하기 때문이다.

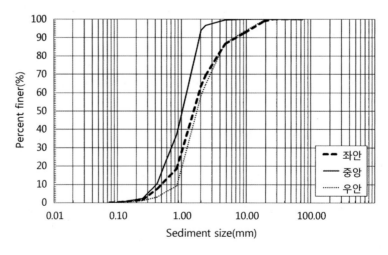

그림 2.29 하상토 입도 분포(한국수자원공사 2012)

최대 입경이 너무 큰 경우 모래 하천에서 사용하는 체분석을 사용하기 곤란하다. 자갈 하천에 체분석법을 적용할 때의 기본 원칙은 시료 한 개가 전체 시료 중량의 1%를 넘지 않아야 한다는 것이다(Church et al. 1987). 이를 수식으로 나타내면, ASTM (American Society of Testing of Materials)의 C136-71에 다음과 같이 제시되어 있다.

$$W = 0.082 B_{max}^{1.5} \tag{2.10}$$

여기서 W는 시료 중량(kgf), B_{max}는 시료의 최대 중간축 크기(mm)이다. 이 식은 한국수자원학회(2009)에서도 똑같이 제시되어 있다. 식 (2.10)에 따르면 최대 시료의 중간축이 200 mm인 하상재료로 된 자갈하천에서 체분석 시료를 채취하려면, 약 220 kgf를 채취해야 한다. 이처럼 많은 시료는 채취 자체도 힘들고, 운반과 분석도 곤란하다. 따라서 현장에서는 많은 경우 이 규정을 제대로 따르지 않는 것으로 보인다.

표 2.15는 하천기본계획상에 제시된 하상재료의 크기와 실제 현장 확인에서 나온 결과이다. 여기서 보면 자갈하천의 경우는 그 차이가 매우 큼을 알 수 있다. 이것은 자갈하천에서는 많은 경우 적절한 시료 채취방법이 지켜지지 않았음을 암시한다.

또한 하상재료의 측정도 하천횡단면의 극히 일부에 대해서만 시행되어 있다. 자갈하천의 경우 입도 분포의 변화가 매우 크다는 것을 감안하면, 현재와 같은 방식보다는 좀 더 세밀한 간격으로 하상재료를 측정해야 할 것으로 보인다.

표 2.15 하천기본계획 보고서상의 하상재료 크기와 현장 확인 결과(조우성 2014)

하천명	대종천	형산강	밀양강
하천기본계획	경상북도(1997) 대종천 하천정비기본계획	울산광역시(2002) 형산강, 연화천, 마병천 하천정비기본계획	국토해양부(2009) 낙동강수계 하천기본계획(변경)
단면번호	No.59	No.50	No.65
D_{50}	4.2 mm	약 7 mm	0.16 mm
D_m	7.9 mm	-	0.62 mm
현장 확인	50 mm 이상	50 mm 이상	70 mm 이상

2.4.4 하상변동량

어떤 하천을 대상으로 하천계획을 수립하기 위해서는, 그 하천의 하상이 어떤 변화를 겪고 있는지를 알아야 한다. 이를 위한 가장 정량적인 자료가 하상변동량이다. 하상변동량은 하도의 과거 지형과 현재의 지형을 비교·검토하여 유로나 하상의 변동을 분석하는 것이다. 하상변동량 조사 내용은 다음과 같다.

- 유로의 평면적 변동조사를 위해 과거자료와 현 하도 조사자료를 비교·검토하여 유로의 평면적 변동상태를 분석하고, 조사구간 내 유로의 평면적 실태를 파악할 수 있도록 유로곡률과 하폭 등을 수록한다. 다만, 과거 자료가 없는 경우에는 현 상태만을 정리한다.
- 유로의 종단적 하상변동 조사를 위해 기조사된 자료와 비교·검토하여 구간별 평균 하상고 및 최심 하상고 변화를 분석하여 수록한다.
- 유로의 횡단적 하상변동 조사를 위해 기시행된 측량성과와 비교·검토하여 하천 횡단적 요소의 변화(수심, 세굴 또는 퇴적단면적)를 분석한다.
- 위의 결과를 활용하여 구간별 하상변동량을 「하천설계기준·해설」(한국수자원학회 2009)에 따라 산정·검토한다.
- 골재채취, 제방축조, 구조물의 설치 등에 따라 변동되는 인공적인 하상변동을 구간별로 조사·분석하고, 특히 과다한 골재채취로 인한 문제점을 검토한다.

하상변동량 조사를 위해서는 과거의 하천단면 지형자료를 이용하면 된다. 앞의 '2.3 하천특성'에서 현재의 하천지형을 측량하였으므로, 이 자료를 정리한 뒤 과거의 하천단면과 비교하면 그 사이에 하천이 어떤 지형 변화를 겪었는지 알 수 있으며, 추후의 변화도 대개 예측할 수 있다.

과거의 하상변동 경향은 수집된 기본 자료를 바탕으로 한다. 이때 분석할 내용은 준설 전 하상실태 분석, 하도의 평면적 변동경향 분석, 종단적 하상변동 분석, 횡단적 하상변동 분석, 하상변동량 조사, 하천의 토사유출량 변동성 분석 등이다.

그림 2.30은 이런 자료를 바탕으로 분석한 종단 변화이며, 그림 2.31은 단면별 하상변동량을 보인 것이다.

하상변동 실태분석 결과는 현 하도의 변동 및 현 하도상태에서 장래 하상변동 경향을 정성적으로 검토함과 동시에 준설 구간 선정을 위한 중요한 자료로 사용된다. 즉, 하상퇴적이 계속적으로 발생하고 있는 하도에 대해서는 하상 상승에 의한 홍수 통수능 저하 문제를 경감시킬 수 있도록 준설계획을 수립해야 하며, 하상침식 혹은 세굴이 심한 하도 구간에 대해서는 준설을 지양해야 한다.

다만, 하천계획에서 하상변동량이 문제가 되는 것은 대상 하천이 충적하천일 경우뿐이다.

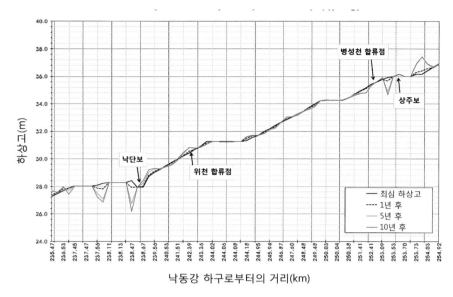

그림 2.30 최심하상고 변동량 예(K-water 연구원 2012)

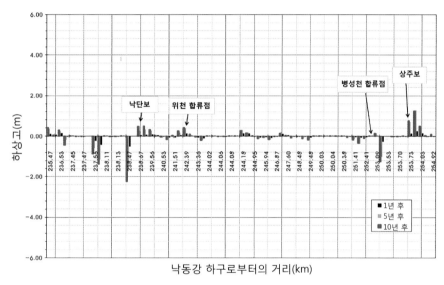

그림 2.31 최심하상고 변동량 예(K-water 연구원 2012)

예를 들어, 낙동강의 내성천에 영주댐이 건설되는 상황은 댐 건설에 따라 하류하천에 영향이 있을 것으로 충분히 예상된다. 내성천은 하상재료가 대부분 중사와 조사로 이루어진 대표적인 모래하천이기 때문이다. 따라서 이런 경우에는 몇 년간의 과거 하천지형과 현재의 하도 조사자료를 비교하여 유로의 평면적 변동상태나 하상변동량을 분석하는 것이 매우 의미가 있다. 그런데 현실적으로는 과거의 하천지형은 거의 구하기 힘들며, 설혹 구하더라도 분석하고자 하는 기간과 시간차가 매우 큰 경우가 많다. 반면, 부산시내에 있는 지방하천과 같이 하상에 암반이 돌출되어 있는 경우는 하상변동량 조사가 의미가 없다. 설혹 하상이 변동되었더라도 이것은 대부분 인위적인 변동이지 하천흐름에 의한 자연적인 변동이 아니기 때문이다.

예제 2.9

내성천의 석포교에서 1992년에 측정된 유사량 자료가 다음 표와 같다. 이 유사량 측정값을 이용하여 유량-유사량곡선을 $Q_s = \alpha Q^\beta$의 형태로 구하시오. 건설부(1992)의 댐설계를 위한 유역단위비유사량 조사, 연구, 부록에는 $Q_s = 0.00179(Q_w + 10.920)^{3.307}$ (결정계수: 9.992)이 제시되어 있다. 이 유사량 곡선과 비교해 보시오.

번호	측정 연월일	측정 시각	유량 (m³/s)	실측 유사량 (tons/day)
1	19920825	1500	28.5	350
2	19920903	1500	25.7	119
3	19920908	1305	9.8	35
4	19920909	1410	13.4	74
5	19920924	1640	19.7	110
6	19920925	0515	103.3	11,190
7	19920925	1150	62.1	2,726
8	19920925	1515	53.0	1,917
9	19920925	1810	47.2	913
10	19920926	0905	30.7	489
11	19920929	1500	11.4	61

[풀이]

주어진 유사량 곡선 $Q_s = \alpha Q^\beta$을 선형회귀하기 위해서 양변에 상용대수를 취하면 다음과 같이 된다.

$$\log_{10}Q_s = \beta \log_{10}Q + \log_{10}\alpha \tag{1}$$

이 식을 이용하여 선형회귀를 하면,

$$\log_{10}Q_s = 2.39\log_{10}Q - 0.9113 \ \text{(결정계수: 0.9588)} \tag{2}$$

의 관계를 얻는다. 이를 원래 형태로 변환하면,

$$Q_s = 0.1127Q^{2.39} \text{ (결정계수: 0.9588)} \tag{3}$$

문제에서 주어진 $Q_s = 0.00179(Q_w + 10.920)^{3.307}$을 '유사량곡선1', 본 예제에서 계산한 수식 3을 '유사량곡선2'로 표시하면 다음 그림과 같다.

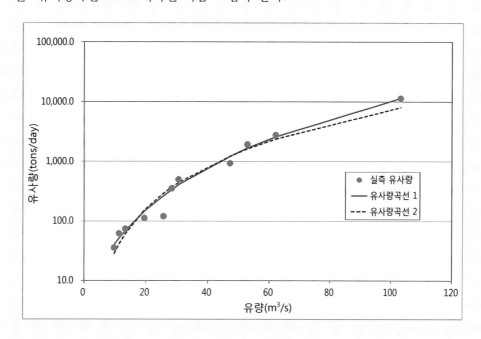

이 그림에서 보면, 단순한 선형회귀로 만든 유사량곡선 2보다, 비선형 회귀로 만든 유사량곡선 1이 고유량에서 더 적합한 것으로 보인다.

2.5 하천환경

하천환경이란 그림 1.5에서와 같이 생물서식처, 수질자정, 친수 등 하천의 자연적(환경적) 기능, 또는 그러한 요소들의 통합체를 의미한다. 따라서 하천환경조사도 수질자정, 생물서식처, 친수 등 제반 기능을 체계적으로 조사하는 것이다. 하천설계기준(한국수자원학회 2009)에는 하천환경을 '물과 주변 공간의 통합체인 하천 그 자체로서, 하천의 수량, 수질, 그리고 공간 등 3대 요소로 구성된 것'이라 다분히 포괄적으로 정의하고 있다. 여기서 수량과 수질은 하천의 수환경을, 공간은 공간환경을 의미한다.

유량조사는 이미 2.4.1에서 설명하였으므로 하천환경조사에서 먼저 고려할 것은 수질과 생태 등 수환경 조사이다. 다음 친수조사는 확대 해석하면 사회문화 기능이므로 상당 부분 '2.3.3 하천이용 조사'에 포함될 것이다.

2.5.1 수질 관련 조사[2]

수질 관련 조사에서 우선적으로 고려할 것은 환경시설물 현황이다. 환경시설물의 조사대상에는 유역의 하수처리시설, 폐수처리시설 등 환경기초시설의 위치, 제원, 방류수역, 시설용량, 처리용량, 방류수에 대한 수질·수량 및 신설계획이 있는 환경기초시설 등이 있다. 한편 하천과 관련된 저류시설, 생태수로, 인공식물섬, 여울 및 소, 수질정화시설 등도 조사대상이 될 수 있다.

기존에 환경영향평가법에 따라 수립되거나 시행된 환경영향평가 관련 자료를 조사하는 것은 하천수질조사에 상당한 도움이 될 것이다. 조사결과는 오염원조사, 수질조사, 수질오염 원인 및 취약지역 분석, 하천생태 조사 등에 참고한다.

■ 유역의 오염원 및 오염부하량 조사

유역의 물오염원 및 오염부하량은 하천수질에 직접적인 영향을 준다. 하천계획 수립을 위해 이러한 조사를 직접 하는 것은 실무적으로 어려우므로 대상 유역의 물환경 관련계획 등 자료를 활용한다.

오염원이나 부하량은 생활계, 산업계, 축산계, 토지계 등으로 구분하여 조사하는 것이 일반적이다. 오염원에서 발생된 부하(load)를 발생부하, 유역으로 배출되는 부하를 배출부하, 하천까지 유달되는 부하를 유달부하라고 하며, 이와 같이 부하를 정량적으로 표현한 것을 부하량이라 한다. 발생부하량으로 산출하는 배출부하량의 종류는 BOD, COD, TN(총질소) 및 TP(총인), SS 등이다.

■ 하천수질 조사

하천오염 상황을 파악하기 위해 수질 및 유량, 저니질(底泥質) 측정 등이 필요하다. 수질 및 저니질 측정의 조사항목, 지점, 시기 등은 '전략환경영향평가'와 연계하여 조사결과를 공유·활용할 수 있다. 수질은 일반적으로 계절별로 측정하고, 특히 갈수 시 측정이 중요하다. 또한 과거 오염물질 배출사고 등을 검토하는 것이 유용하다.

수질조사와 관련된 유량조사는 각 하천별로 주요 수질조사지점에서 수질조사와 같이 한

---

2) 이 항은 주로 국토교통부(2015) 자료를 참고하였음

다. 저니질 조사는 토양환경보전법의 「토양오염우려 기준 및 토양오염대책 기준」을 참고하여 비교, 정리한다.

위와 같이 수집된 자료를 이용하여 유역의 수질 및 오염원 현황도를 작성한다. 이를 통해 물오염 취약지역과 주요원인 등을 분석할 수 있다. 나아가 장차 개발사업으로 인한 인구증가, 하수 직접 유입, 환경기초시설 처리효율 부족 등 물오염 주요 원인을 제시할 수 있을 것이다. 마지막으로 환경기초시설 투자계획, 기타 개발·복원계획 등을 조사하고 장래수질 예측에 활용한다.

2.5.2 하천생태 조사

하천생태 조사는 하천의 생물상, 서식처, 주요 생물종(유역 대표종) 등을 파악하는 것이다. 조사 항목 및 내용, 지점, 시기 등은 '전략환경영향평가' 등 기존의 환경영향평가 자료와 연계하면 조사결과를 공유·활용할 수 있다.

일반적인 조사대상은 하도 및 수변에서 서식하는 동물(포유류, 조류, 양서파충류, 수서무척추, 어류, 곤충 등)과 식물(수생역, 추수역, 하반림구역 등)이다. 여기서 수생역(aquatic zone)은 하안이 연중 360일 이상 물에 잠기는 구역이며, 추수역(emergent zone)은 연중 185~360일 잠기는 구역이다. 하반림구역은 다시 둘로 나뉘며, 연수목구역(softwood zone)은 연중 30~185일 잠기는 구역, 경수목구역(hardwood zone)은 연중 30일 미만 잠기는 구역이다. 수생역을 제외한 각각의 구역에는 물리적 서식처 특성에 맞는 식생이 나타난다. 국내에서 갈대, 달뿌리풀 등은 대표적인 추수역 초본류이며, 버드나무류는 대표적인 연수목구역 관목·교목류 식물이다.

조사시기와 방법은 일반적인 생태계 영향평가 방법을 이용할 수 있다. 특히 하도 및 수변에서 중요한 추이대(ecotone), 자갈·모래 둔덕, 여울과 소, 얕은 물가 등 하도 특성과 연계하여 주요 생물서식처에 대한 현황을 조사하고 수변조사(RCS, River Corridor Survey) 지도 등을 활용하여 생물서식처 현황도를 작성한다. 여기서 수변조사란 하천의 환경기능을 하천 사업에 반영하기 위하여 하천의 수변공간에서 일어나는 전반적인 하천생태계의 특성(생물, 물리, 화학, 공간)을 조사, 정리, 분석, 평가하는 일련의 과정을 말한다.

필요시 하천생물, 수변환경, 서식환경, 수변식생 등 하천생태계에 대한 현황을 고려하여 하천생태지도를 작성할 수 있다. 이를 위해 「자연친화적 하천관리에 관한 통합지침(국토해양부 2009b)」이나, 「물환경정보시스템」, 「수생태계 건강성 조사 및 평가」 등 기존 자료를 참고할 수 있다.

2.5.3 하천환경 특성 분석

위와 같은 하천환경조사에서 수집된 자료는 하천환경 특성을 분석·평가하는 데 이용된다. 「하천기본계획 수립지침(국토부 2015)」에는 하천환경 특성을 분석하는 기준을 물리 특성, 생물 특성, 수질 특성 등으로 나누어 간략히 제시하고 있다. 그밖에 「하천설계기준·해설(한국수자원학회 2009)」, 「자연친화적 하천관리에 관한 통합지침(국토해양부 2009)」에도 하천환경 특성 분석을 위한 세부적인 평가기준이 제시되어 있다.

물리 특성 평가는 서식처 관점에서 하천, 하도, 여울과 소, 교란요인 등 하천의 물리적 특성을 일정한 기준에 의해 평가하는 것이다. 생물 특성 평가는 수집된 생물자료 중 특히 식생, 수서무척추동물, 어류, 조류 등 4개 분류군에 대해 일정한 기준에 의해 평가하는 것이다. 수질 특성 평가는 하천의 주요 수질인자, BOD, COD, TN(총질소) 및 TP(총인), SS를 포함한 pH, DO, TOC, 수온, 전기전도도, 클로로필-a, 대장균 등에 대해 정부의 「하천 생활환경기준」 등 일정한 기준에 의해 평가하는 것이다.

위와 같은 평가 결과는 3장에서 다루는 하천환경관리를 위한 하천의 구역 구분 등에 활용될 수 있다.

연습문제

2.1 본인의 주위에 있는 하천을 선정하여 유역의 평면적 특성(최원유로연장, 유로연장, 유역면적 등)을 국토지리정보원에서 제공하는 1/25,000 및 1/5,000 수치지도를 기반으로 AutoCAD로 산정하고, 이를 WAMIS에서 제공하는 값과 비교하시오.

2.2 연습문제 2.1의 하천 유역에 대하여 유역의 표고별 누가면적 분포 및 구성비와 유역의 평균경사 등의 유역의 입체적 특성과 지질 특성, 토양 특성, 토지이용 특성을 구하고, 해당 유역의 행정구역 및 인구현황에 대하여 조사하시오.

2.3 서울에 위치한 중앙기상대의 연도별 기온, 습도, 풍속, 증발량, 천기일수 등의 최대값, 최소값 및 평균값을 구하시오.

2.4 서울에 위치한 중앙기상대의 관측된 강우량 자료를 강우지속시간(1, 2, 3, 6, 12, 18, 24, 36, 48, 72시간)별로 연최대치 계열을 작성하시오.

2.5 어느 하천 단면에서 측정한 수심과 유속이 다음 표와 같을 때, 이 단면의 유속을 산정하시오. 이때 단면 사이의 거리는 4.0 m이다.

단면		1	2	3	4	5	6
수심(m)		0.50	0.80	1.00	1.60	1.20	0.80
유속	0.2D	–	0.40	0.80	1.20	1.00	0.60
	0.6D	0.30	–	–	–	–	–
	0.8D	–	0.30	0.60	1.30	1.20	0.60

2.6 어느 하천의 수위관측소에서 수위와 유량의 관측자료가 다음 표와 같을 때 수위-유량곡선을 최소제곱법에 의해 도출하시오.

번호	수위(m)	유량(m³/s)	번호	수위 (m)	유량(m³/s)
1	2.67	845.1	6	1.84	252.4
2	1.05	11.1	7	1.95	310.9
3	2.84	1009.4	8	2.10	400.6
4	2.45	654.1	9	1.58	138.2
5	1.16	25.8	10	2.22	480.6

2.7 예제 2.9의 측정 자료를 Ackers-White 공식과 Yang 공식에 대입하여 유사량을 계산해 보시오. 단, 여기서 $D_{35} = 0.30$ (mm)이다.

2.8 내성천 송리원교에서 측정한 유량과 유사량(건설부 1992)이 다음 표와 같다. 이 표의 자료를 이용하여 유량-유사량곡선을 $Q_s = \alpha Q^\beta$ 형태로 유도하시오. 그리고 건설부(1992)에서 제시한 $Q_s = 3.869(Q - 7.330)^{1.801}$ 과 비교하시오.

번호	측정연월일	측정시각	유량(m³/s)	실측유사량 (tons/day)
1	19920717	1745	49.7	7,572
2	19920825	1450	29.5	1,808
3	19920903	1820	25.0	465
4	19920908	1525	13.5	129
5	19920909	1600	16.1	114
6	19920924	1750	20.9	184
7	19920925	0545	121.1	14,535
8	19920925	0910	116.5	31,248
9	19920925	1700	85.5	6,875
10	19920925	1930	81.2	5,572
11	19920926	1040	43.8	1,100

2.9 관련 참고자료를 이용하여 우리나라 하천에서 흔히 관찰되는 포유류, 조류, 양서파충류, 수서무척추동물, 어류, 곤충 등을 각각 1~2종 열거하시오.

2.10 관련 자료를 이용하여 우리나라 하천에서 수생역, 추수역, 하반림(연수목구역, 경수목구역) 등에 출현하는 식생을 각각 1~2종 열거하시오.

용어설명

- **갈수량**: 1년을 통하여 355일은 이보다 저하하지 않는 유량
- **강수량**: 수문 순환 과정을 거쳐 하늘에서 형성된 빗방울이나 눈 등이 지상으로 떨어지는 모든 형태의 수분을 관측한 것으로서 지정된 기간(시간) 동안에 내린 수량을 단위 면적당의 깊이로 표시한 것
- **관측소**: 기온, 강수량, 증발량, 수위, 또는 저수량 등을 정상적으로 계속 관측하기 위한 시설물
- **분수계**: 상이한 유역이 만나는 경계선
- **비사(airborne sediment)**: 사막이나 해변의 모래와 같이 공기의 흐름에 의해 발생하는 유사
- **수변조사(RCS, River Corridor Survey)**: 하천의 환경기능을 하천사업에 반영하기 위하여 하천의 수변공간에서 일어나는 전반적인 하천생태계의 특성(생물, 물리, 화학, 공간)을 조사, 정리, 분석, 평가하는 일련의 과정
- **수변조사지도**: 수변조사에서 나온 결과를 일정한 기호와 약어를 이용하여 수변지도 상에 표시한 것
- **수위-유량(관계)곡선(rating curve)**: 한정된 횟수의 판측유량과 동일 시점의 수위의 관계를 회귀분석하여 설정된 곡선
- **유량-유사량곡선**: 하천의 어느 한 지점의 유량과 유사량 간의 관계를 표시하여 연결한 곡선
- **유로연장**: 유역 출구에서 본류를 따라 유역 분수계까지 이르는 최대거리
- **유역**: 어느 한 지점을 동일한 유출점으로 갖는 지표면의 범위
- **유역면적**: 유역분수계로 이루어지는 폐곡선 내 평면상의 면적
- **유황곡선**: 가로축에 시간(일수)을, 세로축에 하천의 어느 지점에 흐르는 일유량을 크기순으로 나열하여 연결한 곡선
- **저수량**: 1년을 통하여 275일은 이보다 저하하지 않는 유량
- **적설량**: 관측소에 설치된 일정한 면적의 공간에 지정된 기간(시간) 동안 내린 눈의 깊이로 표시한 것
- **전략환경영향평가**: 기존의 상위 행정계획 및 개발기본계획에 대한 사전환경성 검토 성격으로서, 그러한 계획을 대상으로 환경적 측면에서 계획의 적정성 및 입지의 타당성 등을 검토하는 것
- **증발량**: 지상에 대기에 노출되어 설치된 표준증발접시에서 지정된 기간(시간) 동안 증발한 물의 깊이로 표시한 것
- **추이대(ecotone)**: 두 개의 상이한 생물군계, 또는 생태계 사이의 천이구역
- **퇴사(reservoir sediment)**: 저수지에 쌓이는 유사와 같이 퇴적 측면에 주안점을 두고 다루는 유사
- **평수량**: 1년을 통하여 185일은 이보다 저하하지 않는 유량

- 하상(河狀)계수: 하천 내 어느 지점에서 동일한 연도의 최소 유량에 대한 최대 유량의 비율. 유량변 동계수라는 표현도 쓰임
- 하천유사(fluvial sediment): 유사현상을 주로 하천 내에서의 이송과정에 주안점을 두고 다루는 것이 며, 일반적으로 유사라고 하면 대부분 하천유사를 말함

▪ 참고문헌

건설교통부. 2004. 수문관측매뉴얼, 건설교통부.

건설부. 1992. 댐설계를 위한 유역단위비유사량 조사·연구. 부록.

경기도. 2003. 흑천 하천정비기본계획 보고서.

경기도. 2017. 흑천 하천정비기본계획 보고서.

경상북도. 1997. 대종천 하천정비기본계획.

국토교통부. 2013. 한국하천일람.

국토교통부. 2014. 한국의 홍수통제 40년사.

국토교통부. 2015. 하천기본계획 수립지침.

국토교통부. 2016. 수자원장기종합계획(2001-2020).

국토해양부. 2009a. 낙동강수계 하천기본계획(변경).

국토해양부. 2009b. 자연친화적 하천관리에 관한 통합지침.

김원, 이찬주, 김지성, 김용전. 2009. 국내 실측조도계수 자료집, 자연과 함께하는 하천복원기술개발연구단.

노영신. 2004. 영상해석기술을 이용한 하천유량측정기법 개발. 명지대학교 토목환경공학과 박사학위논문.

류권규, 박문형. 2007. 입자영상유속계측법, 씨아이알.

류권규, 황정근. 2017. 표면영상유속계에 의한 하천유량측정법, 첨단기술기반 하천 운영 및 관리 선진화 연구단 기술보고서(TR 2017-09).

우효섭, 김원, 지운. 2015. 하천수리학, 청문각.

울산광역시. 2002. 형산강, 연화천, 마병천 하천정비기본계획.

울산광역시. 2016. 회야강 등 4개소 하천기본계획.

유량조사사업단. 2007. 유량조사사업단 홍수기 운영지침서.

이재수. 2006. 수문학. 구미서관.

이찬주, 김원, 김치영, 김동구. 2005. ADCP를 이용한 유량측정의 원리와 적용. 한국수자원학회지. 38(4). 86-93.

전병호, 최계운, 정상만, 오경두, 박상우, 장석환, 이주헌. 2012. 수리학. 개정판. 양서각.

조선총독부. 1936. 조선기상30년보.

조우성. 2014. 영상 처리를 이용한 자갈 하상의 입도분포 분석 기법, 동의대학교 토목공학과, 석사학위논문.

한국건설기술연구원. 1989. 하천유사량 산정방법의 선정기준 개발.

한국건설기술연구원. 1990. 수정 아인쉬타인 방법의 한국하천에의 적용.

한국건설기술연구원. 1991. 하상변동예측모형의 비교분석.

한국수자원공사. 2003. 전자파 표면유속계(이동식 사용설명서).

한국수자원공사. 2012. 댐 건설에 따른 내성천 하도변화 특성연구. KIWE-WR-12.

한국수자원학회. 2009. 하천설계기준·해설.

Church, M. A., McLean, D. G., and Wolcott, J. F. 1987. River bed gravels: sampling and analysis. on Sediment Transport in Gravel-bed Rivers, Thorne, C.R., Bathurst, J. C., and Hey, R. D. (eds), John Wiley & Sons, Chichester, pp.43-78.

Colby, B. R. and C. H. Hembree. 1955. Computation of total sediment discharge Niobrara River near Cody, Nebraska, U.S. Geological Survey, Water Supply Paper, 1357.

Davis, B. E. 2005. A guide to the proper selection and use of federally approved sediment and water-quality samplers, USGS Open-File Report 2005-1087.

Edwards, T. K. and Glysson, G. D. 1998. Field methods for measurement of fluvial sediment, US Geological Survey. Techniques of Water-Resources Investigations, Book 3, Chapter C2.

Fujita, I., Hara, M., Morimoto, T., and Nakashima, T. 1998. Visualization and PIV measurement of river surface flow. Proc. of VSJ-SPIE98, Yokohama, Japan.

Gordon, R. L. 1989. Acoustic measurement of river discharge, Journal of Hydraulic Engineering, 115(7), 925-936.

Guy, H. P. 1969. Laboratory theory and methods for sediment analysis, US Geological Survey. Techniques of Water-Resources Investigations, Book 5, Chapter C1.

Guy, H. P. 1970. Fluvial sediment concept, US Geological Survey. Techniques of Water−Resources Investigations, Book 3, Chapter C1.

Muste, M., Lyn, D. A., Admiraal, D. M., Ettema, R., Nikora, V., and Garcia, M. H. 2017. Experimental hydraulics: methods, instrumentation, data processing and managements, IAHR Monograph, CRC Press.

Simpson, M. R. 2001. Discharge measurement using a broad−band acoustic Doppler current profiler, U.S. Geological Survey, Open-File Report 01-1.

藤田一郎, 綾史郎, 石川貴大. 1995. ビデオリモートセンシングによる河川表面流速の計測精度. 河道の水理と河川環境シンポジウム論文集. 2: 115-120.

藤田一郎. 2013. 河川流速·流量の画像計測における遠赤外線カメラの活用. ながれ. 32. 347-352.

山口高志. 2011. 電波流速計による洪水流速観測の失敗を含めた事例集. 水文水資源学会, 河川流量観測の新時代2.

3장 하천계획

RIVER ENGINEERING

하천계획이란 '하천과 그 유역 내에 있는 물과 하천의 지형을 관리하고 변경하여 수자원으로 이용하고, 홍수의 위험을 감소하고 아울러 하천 내와 하천변의 생태계와 환경을 관리하는 계획'들을 통틀어 말한다. 이 장에서는 여러 가지 하천계획 중에서 치수계획, 이수계획, 하도계획, 하천환경 관리계획을 다룬다.

하천계획 수립의 첫 단계는 조사와 분석 단계로서 이미 2장에서 자세히 설명하였다. 다음 하천 측량과 관련 계획의 검토가 필요하다.

두 번째는 분석 단계로서, 계획강우를 설정하고, 보통 사상형 강우-유출모형으로 계획홍수량을 산정한다. 그리고 연속형 강우-유출모형 등으로 유황 분석과 물수지 분석을 위한 장기유출 분석을 한다. 이 책에서는 계획홍수량 산정에 대해서만 다루며, 장기유출 분석은 수문학 관련 문헌을 참고하기 바란다.

세 번째는 계획 단계이다. 치수계획은 홍수방어를 위한 내용과 대책을 정하는 것이며, 이수계획은 하천 유역의 수자원 개발, 이용, 관리 및 보전을 위한 기본적인 계획과 정책 방향을 제시하는 것이다. 하도계획은 계획홍수량을 안전하게 유하시킬 수 있는 하도를 정하는 계획이다. 이를 위해서는 계획홍수량을 하도 구간별로 정한 후에 계획홍수위를 결정하게 된다. 마지막으로 하천환경관리계획은 하천생태보전 기능, 수질자정 기능, 공간 및 경관 기능을 포함한 친수기능 등 하천환경 제반기능을 보전하고 그 역기능을 최소화하도록 계획하는 것이다.

이 장에서는 3.1절에서 구조물적 및 비구물조적 홍수방어계획을 다루는 치수계획을, 3.2절에서 용수의 수요 및 공급과 물수지를 다루는 이수계획을 다룬다. 3.3절은 하천계획의 규모를 결정하기 위해 정량적 분석을 위한 수리수문량 산정을 다룬다. 3.4절은 이렇게 결정된 수리수문량을 대상으로 하천의 평면계획, 종단계획, 횡단계획을 다루는 하도계획과 유사조절을 포함하는 안정하도 계획을 설명한다. 마지막으로 3.5절에서는 하천환경 관리계획을 다룬다.

3.1 치수계획

이 절에서는 우리나라의 치수 분야의 변천사를 다루고, 기후변화와 홍수에 대하여 기술한다. 그리고 홍수방어계획의 구조물적 대책인 하천정비 및 개수, 홍수조절용 저류지 계획, 우수 유출억제 및 유수지 시설계획과 비구조물적 대책인 홍수예경보시스템과 홍수위험지도 등에 대하여 살펴본다.

3.1.1 치수 분야 변천사

우리나라의 근대적 하천조사 및 하천개수사업의 도입시기는 제1기 일제강점기(1911~1945년)이다. 이 시기에는 1925년 을축년 대홍수가 발생했다. 이에 대한 홍수대책은 상당히 부족한 상황이었고, 소규모 산림식재 등이 시행되었다. 제2기 건국 초기(1946~1960년)는 군정 및 전후 복구기이다. 이 기간에 1959년 태풍 사라가 발생했다. 이에 대한 대책으로 직할, 지방, 준용하천 개수사업이 시행되었으나 전후 복구와 빈민구제 등에 중점을 둔 임시방편의 치수사업이었다.

유역종합개발 및 다목적 수자원개발의 추진시기인 제3기 경제개발기(1961~1980년)에는 1961년 경제사회발전 5개년 계획을 수립함에 따라 치수사업은 일반하천 개수사업과 '세계식량기구(WFP) 지원금사업' 등에 의한 하천제방 축조사업이 추진되기 시작하였다. 1970년대의 치수사업은 한강, 낙동강, 금강의 직할하천 구간에 대한 하천정비기본계획수립 및 제방축조사업이었으며 1974년부터는 아시아개발은행(ADB) 차관에 의한 낙동강 유역 다목적 댐 건설 및 낙동강 연안 종합개발사업에 대한 타당성 조사가 실시되었다.

4대강유역종합개발의 지속기인 제4기 경제성숙기(1981~1997년) 중인 1980년대에는 종래의 직할, 지방, 준용 하천의 지구별 분산개수 방식이 수계별 일괄개수 방식으로 전환하여 확대 시행되었다. 그리고 일반하천개수사업, 수해상습지개선사업, WFP지원치수사업, 낙동강 연안개발 사업 등이 추진되었다. 1990년대에는 낙동강, 금강에 이어 한강, 영산강, 섬진강 등에 수계치수사업이 확대되었다. 건설부(1991)의 '수자원장기종합계획(1991~2001)'에 따라 하천개수 분야에도 개발 및 관리에 대한 기본 방향이 제시되었다. 한편, 하천정비기본계획에 하천환경관리계획을 의무적으로 포함하도록 하였다.

제5기 선진국 진입기(1998~2012)는 수자원개발에 환경보전 문제가 대두된 시기이다. 2000년대에 들어와서 치수사업은 건설교통부(2001)의 '수자원 장기종합계획(Water Vision 2020)'과 건설교통부(2006)의 '수자원 장기종합계획(2006~2020)'의 수립에 따라 종래의 선개념의 하도 위주 치수대책에서 면개념의 치수대책 수립으로 바뀌었다. 이 개념에 따라 13

대 하천 유역종합치수계획의 수립이 추진되어 왔다.

3.1.2 기후변화와 홍수

기후변화는 '일정한 지역에서 장기간에 걸쳐서 진행되고 있는 기후의 변화'라고 정의한다. 여기서 말하는 기후란 '특정 지역에서 평균적으로 나타나는 일기의 특성'을 말한다. 날씨 방송을 보면 '평년기온'이라는 말이 빠지지 않고 나온다. 세계기상기구(WMO)에서 평년기온은 30년 통계치를 말하며 바로 기후값이 된다. 그래서 올 겨울에 혹한이 올 것이라는 예보가 있다면 바로 기후를 기준으로 한 것이 된다. 다음은 네이버 지식백과에서 '기후변화–피부로 와닿기 시작한 변수(지구과학산책)'를 요약한 것이다.

세계기상기구는 기후변화에 대한 개념을 정의하고 있다. 그림 3.1과 같이 기후변화는 크게 장기경향, 변동성, 불연속 변화의 세 가지로 구분한다. 변동성은 다시 진동과 흔들림으로 나뉜다. 진동과 흔들림을 종합한 형태의 반복, 그리고 규칙적인 주기성이 있다.

먼저 기후변화는 가장 넓은 의미의 변화를 뜻한다. 하위의 모든 변화를 포함하는 가장 일반적이고 광범위한 변화이다. 장기경향은 기록이 있는 기간에서 한 방향으로 증가 또는 감소해 나가는 것과 같은 변화를 말한다. 따라서 주어진 기간의 처음 또는 끝에 유일한 극대 또는 극소가 나타난다. 예를 들어, 일정 기간에 기온이 상승을 계속한다면 그 끝에 가장 고온이 되는 극대가 나타난다. 반대로 기온이 계속 하강할 때는 그 끝에서 극소가 나타난다. 지구온난화가 대표적인 장기경향에 속한다. 두 번째로 변동성은 계속적으로 규칙적이거나 불규칙적인 기후의 비정상성을 말한다. 주어진 기간에 적어도 두 극대(또는 극소)와 한 극소

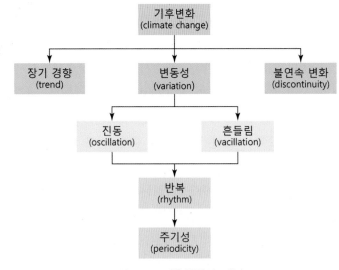

그림 3.1 기후변화의 개념

(또는 극대)를 포함한다. 변동성의 대표적인 기상현상이 엘니뇨다. 세 번째로 불연속 변화는 기록의 기간에 있어서 평균치가 돌연 다른 평균치로 변한 채 지속되는 변화를 말한다.

이들의 하위에 있는 진동은 기후변동 속에서 계속해서, 극대 또는 극소 사이를 서서히 변화하는 방향으로 진행하는 변동이다. 흔들림은 기후변동에 있어 진동보다 급격하고 복잡한 변동이다. 두 개 이상의 평균치군 사이를 교대로 이동하는 것과 같은 변동이다. 하나의 평균치에서 다음으로 옮겨가는 간격이 규칙적인 것도 있고 불규칙적인 것도 있다. 진동과 흔들림의 하위에 있는 반복은 대체로 같은 간격을 갖는 극대나 극소의 흔들림, 혹은 진동을 말한다. 또 다른 용어인 주기성은 기후 기록이 어떤 기간에 있어서 다음으로 계속되는 극대 또는 극소의 간격이 일정하다. 혹은 거의 일정한 리듬을 가지기도 한다.

앞의 정의에서 가장 중요한 것은 시간 척도이다. 시간의 길이에 따라 장기경향이 주기적 변동의 일부가 되기도 한다. 따라서 정의를 내릴 때는 반드시 기간을 명확히 해야 한다. 그리고 분류된 각 변화는 단독으로 나타나기보다 복합적으로 나타난다.

기후변화를 연구하는 경우 긴 시간의 척도에서는 작은 변동을 생략하는 경우가 많다. 예를 들면, 10년을 평균으로 해서 기간을 차차 밀어가는 이동 평균법이 있다. 이런 경우 10년 이하의 소규모 현상은 생략된다. 짧은 기간 동안의 불연속적인 변화는 잘 나타나지 않는 것이다. 그러나 매해의 기후를 평균 내지 않고 그대로 조사해 보면, 기후의 진동이나 흔들림이 나타난다. 그런데 최근 들어 이런 불연속이 심해지고 있다. 이것은 이상기후의 빈도나 강도가 커졌음을 의미한다. 그렇다면 왜 최근 들어 기후변동이 심해졌을까? 어떤 경향으로 변화하고 있는 걸까? 이 변화가 인류의 생활에 어떤 영향을 미칠까? 그 영향에 대해 어떻게 대처해야 할까? 바로 이런 의문들에 대해 해답을 찾는 것이 기후변화를 연구하는 목적이다.

예전의 기후변화는 자연적인 원인이 컸다. 그러나 산업혁명 이후에는 이런 변화가 인간에 의해 나타나고 있다고 기후학자들은 보고 있다. 도시화, 산업화, 삼림파괴 등 지구 환경의 파괴와 오염이 기후에 많은 영향을 준다는 것이다.

따라서 기후변화에 대비한 국토의 홍수대응능력 향상이 필요하다. 최근 전 세계적으로 대규모 홍수가 빈번히 발생하고 있다. 이상기후 및 이에 따른 자연재해는 대규모 인명 및 사회·경제적 피해를 가져오며 그 규모와 피해액도 지속적으로 증가하는 추세이다. 예를 들면, 태국(2011년 7월)에서는 50년만의 최악의 홍수로 방콕을 비롯하여 전 국토의 약 70%가 침수되었으며 400여 명이 사망하고 한화로 약 18조 원의 재산피해가 발생하였다. 필리핀(2013년 11월)은 슈퍼태풍 '하이옌'의 영향으로 약 7,400여 명이 사망하고 한화로 약 15조 원의 경제적 손실을 입었다. 우리나라도 기후변화로 인한 강수량의 시간과 공간적인 변화로 홍수 및 가뭄의 위험성이 증대될 것으로 예상된다.

기후변화 대응 미래 수자원전략(국토교통부 2010)에 따르면, 100년 빈도 1일 최대 강수량이 최대 20% 증가, 1일 강수량 100 mm 이상의 집중호우 발생빈도가 2.7배 이상 증가하는 등 기후변화로 인한 강수량의 양적·시간적·공간적 변화가 예상된다. 향후 100년 동안 지점별 현재의 100년 빈도 1일 최대강수량이 약 60년 빈도로 낮아지는 등 치수안전도의 저하로 홍수위험성이 상당히 높아질 것으로 전망된다. 일본의 경우도 우리와 비슷한 경향을 보이며 현재 100년 빈도의 1일 최대 강수량이 약 56년 빈도로 낮아져 홍수에 대한 취약성이 높아질 것으로 전망하고 있다.

기후변화로 인한 강우 특성 변화 및 초과홍수가 빈발하는 등 강수량은 증가하나 강수일수가 감소하는 단기 집중호우 증가로 강우형태가 변화하고 있다. 우선 1996년, 1998년, 1999년 임진강 유역에 집중호우를 시작으로, 1998년에 지리산, 상주, 보은 등에서 시간당 50 mm 이상의 돌발홍수의 발생으로 게릴라성 호우라는 강우의 특성이 한반도에 나타나기 시작하였다. 또한, 2016년에 태풍 '차바'는 울산에 위치한 대암댐 계획홍수량을 초과하는 유입량($1,620$ m^3/s)이 기록되었고, 태화강에 200년 빈도 이상의 홍수가 발생하는 등 지역적으로 좁은 지역에 강우와 피해가 집중되는 현상을 보여주고 있다.

기상청 발표(2011년)에 따르면 30 mm/hr 이상 집중호우의 빈도가 1980년대 60회에서 2000년대 이후 82회로 37%가 급증하였다. 2011년의 경우 133회로 2000년대 평균값보다 20일 가까이 많고, 2011년 7월(26~28일)에 수도권 집중호우(27일 오전에 서울 관악구 113.0 mm/hr 기록, 일 강우량은 동두천 449.5 mm/일, 문산 322.5 mm/일)가 발생했다. 이 시기에 서울의 강남역과 광화문 일대가 침수되었으며 서울 우면산 지역과 강원도 춘천에서 집중호우로 인한 대형 산사태가 발생하였다. 이 호우로 인해 사망 57명, 실종 12명의 인명피해와 주택파손, 차량침수, 정전 등 약 2,500억 원의 재산피해가 발생하였다.

표 3.1에서와 같이 2002년에는 태풍 '루사'로 인해 강릉지역은 24시간 강우량이 가능최대 강수량에 근접한 870 mm의 극한강우가 나타났다. 2003년에는 태풍 '매미'가 연이어 발생하여 2년 동안 10조 원 이상의 재산피해와 400여 명의 인명피해가 발생하였다. 2006년 태풍 '에위니아'가 발생하여 약 2조 원의 재산피해를 입혔다. 이외에도 1998년에 전국에 집중호우에는 인명피해가 300명 이상과 재산피해가 1조 2천억 원 이상이, 1999년에는 태풍 '올가' 에 의한 재산피해액도 1조 원을 넘는 등 태풍과 집중호우로 많은 인명과 재산 피해가 발생하였다. 또한 1987년 태풍 '셀마'는 전국에 영향을 미쳤고, 4대강 유역에 홍수가 발생하여 인명피해 345명이 발생하였다.

표 3.1 우리나라에 영향을 미친 주요 태풍(1987~2015) (국민안전처 2016a)

태풍명	발생기간	우심피해지역	기상상황 (일최대 강우량)	피해 내용	
				인명(명)	재산(억 원)
셀마	1987년 7월 16일	남부, 영동지방	517.6 mm(부여)	345	7,611
루사	2002년 8월 30일 ~9월 1일	전국	870.5 mm(강릉)	246	66,210
매미	2003년 9월 12일 ~13일	전국	410.0 mm(남해)	131	53,150
에위니아	2006년 7월 9일 ~29일	전국	264.5 mm(남해)	62	21,123

Box 기사 1925년 을축년 대홍수(K-water 등 2015)

(1) 기상상황

1925년 7월 7일 대만 부근에서 발달한 저기압(985 hPa)이 점차 북진해 중국 상해 부근에 상륙했고, 그 후에도 계속 동진하며 11~12일 사이에 중부지방을 지나면서 황해도 이남지방에 300~500 mm의 호우를 뿌렸다. 특히 경기도·강원도 일부 지역 및 충청남도, 경상남도 일원 및 경상북도 남부지역에서 많은 강우량을 기록했기 때문에 한강, 낙동강, 금강, 만경강, 영산강의 모든 하천이 범람하기에 이르렀다.

을축년 홍수의 특징은 그 중심지역이 한강 유역의 중앙을 중심으로 상류와 하류에 걸쳐 있었고, 총강우량이 대부분 300 mm 이상이었다. 강우 형태는 장마성 비의 성격을 띠고 있어 상류지역의 피해가 적은 반면 하류지역의 침수피해가 컸다.

홍수피해지역에 물이 다 빠지지 않았던 7월 14일에 이르러 다시 대만 부근에서 좀 더 낮은 저기압이 발생하였다. 이 저기압이 한반도를 통과하는 가운데 한강 유역 부근을 중심으로 16~18일 연속 3일간 한강과 임진강의 분수계 부근 강우량이 650 mm에 이르렀다.

(2) 피해 내용

그 당시 서울지역 한강제방은 1920년 7월의 최고수위 11.78 m(욱천 양수표)를 기준으로 예상 최고수위 12.54 m를 견딜 수 있도록 제방 높이를 13.2 m로 하여 축조되었다. 이 제방이 1924년에 거의 완공되어 연안 주민들이 안심하고 있었는데, 1925년 7월 18일 최고수위가 13.86 m를 초과해 제방의 여러 지점에서 제방붕괴 및 월류가 일어나 용산 일대를 흙탕물바다(泥海)로 만들어 을축년 대홍수의 피해가 발생하였다.

홍수의 정점은 17일 오후 8시부터 18일 정오 무렵으로, 내수 침수에 따라 서울 시내의 모든 전차는 17일 저녁부터 20일까지 운행이 중지되었다. 통신과 우편도 두절되었고, 용산전화교환분국(현 용산전화국)의 침수로 시내전화 일부와 시외전화 전부가 불통되었다. 한강물의 범람과 침수로 경기도 양평군 양서면 양수리에서 행주산성까지 한강 양안 전체 지역에 침수피해가 광범위하게 일어났다. 특히 뚝섬 일대, 동부이촌동과 용산역을 중심으로 하는 신구 용산 시가지 일대, 현 공덕동 로터리에서 남쪽의 마포·토정·동막리 및 서강 일대, 여의도 남쪽 대안, 영등포리·당산리·양평리 일대를 비롯해 행당동·왕십리 일대로 장안평의 농작물 전체가 피해를 입었다. 수해는 서울뿐만 아니라 한강 유역권에 속하는 경기·강원지역에 걸쳐 광범위하게 발생하였다.

을축년 대홍수의 특징은 연속적으로 발생한 강우로 인해 피해가 가중되었던 것이다. 제1차는 7월 11일을 전후로 한강 유역 이남지방에서 발생해 낙동강의 피해가 가장 심했고 한강, 금강, 만경강 순으로 피해를 입었다. 제2차의 호우는 7월 18일 전후에 한강 유역에서 일어났는데 한강이 범람해 사망 404명, 농작물 피해면적 45,824 ha, 토지 유실 13,068 ha, 가옥 유실·붕괴 12,307호, 가옥 침수 18,072호, 피해액 4625만 엔의 큰 재해를 기록하였다. 1925년도의 수해 총액은 당시 가격 기준 1억 322만 엔에 달했고 인명피해는 517명에 이르렀다.

3.1.3 홍수방어계획

홍수방어계획은 홍수 특성, 홍수빈도, 그리고 홍수피해 가능성과 사회 경제적 요인을 함께 고려한다. 어떤 수공구조물의 설계기준으로 채택하는 홍수를 설계홍수라 한다. 이를 바탕으로 홍수조절 및 방어계획은 하천시설이 수계 전체에 일관성 있고, 기술적, 경제적으로 조화를 이루는 것이다. 여기서 설계홍수를 정하기 위해서는 어떤 하천이나 유역에서 인위적인 유역개발이나 유량조절시스템에 의해 조절되지 않는 자연상태의 홍수인 기본홍수를 정한다. 그리고 하천, 유역개발, 홍수조절계획 등 각종 계획에 맞추어 이미 산정된 기본홍수를 합리적으로 배분하거나 조절할 수 있도록 각 계획기준점에서 책정된 홍수인 계획홍수를 정한다.

홍수방어 및 조절대책은 그림 3.2에서와 같이 구조물적 대책과 비구조물적 대책으로 나눈다. 구조물적 대책은 제방계획에 국한하지 않고 유역 전체 차원에서의 지형적 여건, 하천 특성 등을 감안한다. 여기에는 하도증대와 굴착을 포함하는 하천정비 및 하도개수 대책과 홍수조절지, 유수지, 내수처리시설을 포함하는 저수지 대책이 있다. 또한 홍수벽, 슈퍼제방, 수제를 포함하는 제방대책과 방수로, 첩수로, 신수로를 포함하는 홍수로 정비 대책과 하천공학의 범위를 넘는 다목적 댐 등 홍수조절용 댐 대책이 있다. 비구조물적 대책은 댐, 저수지 운영체계 개선, 홍수예경보, 홍수터 관리, 홍수위험지도를 포함하는 홍수보험, 내수화 시설, 유역관리 및 토지이용 조정 등이 있다.

이와 같이 홍수방어계획은 하천이 가지는 이수, 치수, 환경 등 제반 기능을 종합적으로 검토함과 동시에 계획규모를 초과하는 홍수가 발생할 수 있는 가능성을 고려한다. 결론적으로 구조물적 대책과 비구조물적 대책을 적절히 조합하여 홍수방어 목적을 달성하도록 한다.

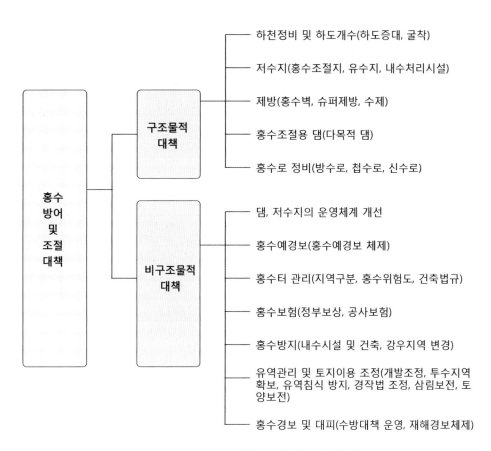

구조물적 대책
- 하천정비 및 하도개수(하도증대, 굴착)
- 저수지(홍수조절지, 유수지, 내수처리시설)
- 제방(홍수벽, 슈퍼제방, 수제)
- 홍수조절용 댐(다목적 댐)
- 홍수로 정비(방수로, 첩수로, 신수로)

홍수 방어 및 조절 대책

비구조물적 대책
- 댐, 저수지의 운영체계 개선
- 홍수예경보(홍수예경보 체제)
- 홍수터 관리(지역구분, 홍수위험도, 건축법규)
- 홍수보험(정부보상, 공사보험)
- 홍수방지(내수시설 및 건축, 강우지역 변경)
- 유역관리 및 토지이용 조정(개발조정, 투수지역 확보, 유역침식 방지, 경작법 조정, 삼림보전, 토양보전)
- 홍수경보 및 대피(수방대책 운영, 재해경보체제)

그림 3.2 홍수방어 및 조절대책의 분류(한국수자원학회 2009)

■ 하천정비 및 개수

인류의 역사 이래 치수, 이수를 위한 하천정비 및 개수사업은 생명과 재산을 보호하기 위해 계속되었다. 그러나 이수와 치수만을 고려한 일방적인 하천사업은 하천환경의 훼손이라는 새로운 문제점을 야기하였다. 다행히도 20세기 후반에 유럽의 일부 국가 등 선진국에서 하천환경사업을 시작하며 도시하천 환경을 개선하기 위해서 노력하였다. 우리나라도 서울, 대구, 광주 등 대도시에서 초기에는 하상에서 채취한 골재를 판매한 재원을 활용해 친수공간을 조성하는 '하천종합개발사업'을 시행하였다. 이러한 사업으로 하천의 친수공간 조성과 홍수배제나 이수만을 고려하는 하천관리에 머물렀다. 그러나 근자에 이르러서는 하천의 환경과 생태를 고려하는 하천정비 및 개수사업으로 전환하여 하천관리에 대한 개념의 변화가 있었다.

우리나라 하천은 국가하천과 지방하천으로 이루어져 있으며, 하천기본계획 수립률은 2014년 말 기준으로 국가하천은 99%, 지방하천은 82%이다(표 3.2). 하천법에 따르면 하천

표 3.2 하천기본계획 수립현황(국토교통부 2016b)

구분	계		수립구간			미수립구간	
	개소수	연장(km)	개소수	연장(km)	수립률(%)	개소수	연장(km)
합계	3,835	29,783.7	3,239	25,013.5	84.0	1,510	4,770.3
국가	62	2,995.1	62	2,968.9	99.1	3	26.3
지방	3,773	26,788.6	3,117	22,044.6	82.3	1,507	4,744.0

표 3.3 하천정비연장(국토교통부 2016b)

구분	요정비[1] (km)	제방정비 완료구간[2]		제방보강 필요구간[3]		제방신설 필요구간[4]	
		연장(km)	비율(%)	연장(km)	비율(%)	연장(km)	비율(%)
합계	32,748.6	16,931.3	51.7	8,177.4	25.0	7,639.9	23.3
국가	3,189.8	2,574.6	80.7	492.9	15.5	122.3	3.8
지방	29,558.8	14,356.7	48.6	7,684.5	26.0	7,517.6	25.4

1. 제방 좌·우안에 제방을 설치하였거나 설치가 필요한 연장(완전＋불완전＋미정비)
2. 하천기본계획상의 여유고와 단면을 만족하는 제방의 연장(완전정비)
3. 완성제방에 미달하여 단면의 보강이 필요한 연장(불완전 정비)
4. 향후 제방을 설치할 필요가 있는 연장(미정비)

기본계획은 5년마다 재평가를 할 수 있으며 도시개발 등의 유역 특성과 기상 특성 등의 변화에 대처하기 위하여 10년 단위의 하천기본계획을 재수립하여야 한다. 그러나 국가하천을 제외하고 많은 지방하천의 재수립률이 낮아 지방하천 유역의 기후와 토지이용 변화를 반영하지 못하고 있다. 하천정비는 제방축조나 확폭과 하도통수능력이 증대방안을 포함하여 2014년 말 기준으로 하천기본계획상의 여유고와 단면을 만족하는 완전정비의 의미인 제방정비 완료비율은 국가하천은 80%, 지방하천은 50%이다(표 3.3). 하천설계기준을 만족시키기지 못하고 완성제방에 미달하여 제방 보강 등이 필요한 불완전 정비구간의 경우 국가하천은 16%, 지방하천은 26%이다. 향후 제방설치 등이 필요한 미정비 구간은 국가하천은 4% 이내이나 지방하천은 25%이다.

하천정비 및 개수는 제방축조나 확폭, 하도통수능력의 증대방안, 방수로 건설 등을 포함한다. 여기에서는 각종 대안의 기본구상, 가능한 대안의 선정과 보완, 홍수처리규모 및 방식 결정, 최적안 결정 등이 포함된다. 이러한 계획들의 시행은 하천기본계획의 수립을 통하여 이루어진다.

　　1987년 굴포천 유역에 홍수가 발생하여 많은 인명과 재산피해를 당하였다. 이에 대한 대책으로 굴포천 유역의 홍수를 서해로 직접 방류하는 방수로 계획을 수립한 바, 이에 대하여 설명하시오.

[풀이]

　　굴포천 유역은 서울 강서구, 인천 부평, 계양구, 부천, 김포시 일원으로 유역면적은 134 km², 유역 내 인구는 150만 명이 거주하고 있다. 유역의 약 40%는 한강 홍수위(EL. 10.6 m)보다 낮은 해발 10 m 이하의 저지대이다. 굴포천은 준용하천(현재는 국가하천으로 승격)으로 매년 홍수 때마다 한강수위가 상승하면 내수배제가 되지 않아 피해를 입는 상습침수지역이다. 그래서 홍수로부터 인명과 재산을 보호하기 위한 항구적 홍수예방대책으로 굴포천 유역의 홍수량을 인천 서해로 방수로를 통하여 방류한다는 계획을 '굴포천종합치수대책(건설부 1988)'에서 수립하였다.

　　이에 따라 1992년 12월 굴포천 방수로공사(1단계 사업)를 굴포천 치수대책의 일환으로 착수하였다. 그러나 1996년 경인운하시설사업 기본계획이 고시됨에 따라 방수로 부분을 경인운하사업으로 이전하고 연결수로공사(운하와 관계없는 서해배수문 포함)만 2006년에 완료하였다. 경인운하사업에 대한 환경영향평가 협의 등으로 사업 착수가 지연되자, 건설교통부는 2001년 2월 소폭(20 m)의 임시방수로를 우선 건설해 굴포천유역의 치수대책을 추진하기로 결정하여 2001년 8월 착공해 2003년 6월에 완료하였다.

　　굴포천 임시방수로 확장사업은 2003년 9월 국무총리실의 국정현안정책조정회의에서 경제성 문제로 많은 논란이 제기된 경인운하사업을 전면 재검토하였다. 따라서 상습수해지역인 굴포천 유역의 홍수피해를 감안해 임시방수로를 저폭 20 m에서 80 m로 확장하는 사업을 우선 추진하게 되었다. 이에 따라 건설교통부는 방수로 Ⅱ단계사업을 2005년 6월에 공사에 착공해 2012년에 완료하였다.

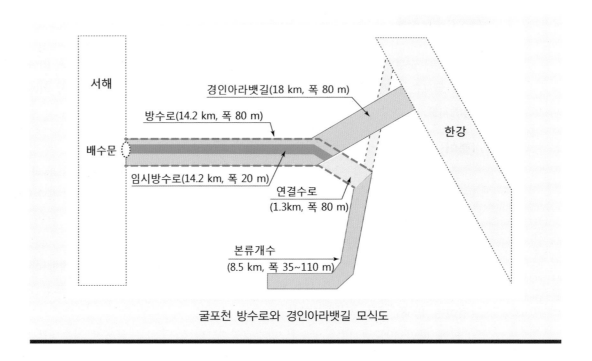

굴포천 방수로와 경인아라뱃길 모식도

■ **홍수조절용 저류지 계획**

홍수조절용 저류지는 하류하천의 홍수저감을 위하여 하천의 제외지 또는 제내지에 홍수를 저류 및 지체시켰다가 하류로 방류하는 시설을 말한다. 이의 형식은 하천의 제외지에 유수를 저류시키는 하도 내 저류지와 제내지에 유수를 저류시키는 하도 외 저류지로 구분한다. 홍수조절을 위하여 저류지를 계획하는 경우, 그 기능이나 효과를 고려하여 다목적 시설로 정하는 것이 바람직하다. 그러나 용수확보를 위한 이수 및 하천환경이 필요하지 않거나 지형 및 지질이 다목적 시설로 설치가 어려운 경우는 단지 홍수조절만을 목적으로 하는 저류지로 계획한다. 하천복원 성격이 가미된 저류지에 대해서는 '6.4.3 강변저류지'에서 자세히 다룬다.

하도 내 홍수조절 방식은 하도에서 분리되어 있지 않은 제외지인 하천노선상에 저류지를 설치한다. 모든 유출수를 저류지로 유입시킨 후, 비조절 방식으로 자연방류시켜서 첨두홍수량을 저감하고 첨두발생시간을 지체시킨다. 이의 장점은 수리계산이 단순하여 수리학적 안정성이 높고, 연속홍수에 대응할 수 있으며, 모든 규모의 홍수에 대해 저감과 토사유출 제어가 가능하다. 단점은 토지이용 측면에서 상대적으로 큰 면적이 필요하여 비경제적이며, 상류유역면적 비중이 큰 경우는 저류지 규모가 지나치게 커지고, 기존 하천의 단절에 의한 환경적 악영향이 있다. 이 방식에 의한 저류지는 유역에 대한 치수 및 그 밖의 효과가 확실하고 필요한 저수용량을 충분히 확보할 수 있는 지점에 설치한다. 이와 같은 저류지는 건설비와

그림 3.3 한탄강 홍수조절용 댐 조감도(http://blog.naver.com/bbj2438/107756596)

치수, 이수상의 효과는 물론, 자연환경의 보전, 수몰지역의 실태 등을 종합적으로 감안하여 계획한다. 이에 대한 사례로는 임진강 본류에 설치된 군남 홍수조절지와 임진강의 지류인 한탄강에 설치된 한탄강 홍수조절용 댐(그림 3.3)을 들 수 있다. 군남 홍수조절지는 댐 높이 26 m, 댐 길이 658 m, 총 저수량은 7,160만 m³이고, 한탄강 홍수조절용 댐은 댐 높이 83.5 m, 댐 길이 690 m, 총 저수량은 2억 7,000만 m³이며, 수문은 상용여수로 2문, 비상용여수로 5문, 생태통로 4문으로 구성되어 있다.

하도 외 홍수조절 방식은 하도와 분리된 제내지에 설치되고 월류제나 수문을 사용하는 등 하천노선 측면에 저류지를 설치한다. 하류하천의 통수능력을 초과하는 홍수량을 횡월류시켜서 저류지에 저류했다가 하류하천의 수위가 낮아지면 방류한다. 이의 장점은 작은 면적이 소요되어 경제적이며, 상류유역 면적의 비중이 큰 경우에도 저류지 규모를 적절하게 결정할 수 있다. 그리고 기존 하천이 그대로 유지되어 환경 측면에서 상대적으로 유리하다. 단점은 횡월류 시 급변류가 발생하여 수리해석이 어렵다. 그리고 하류하천 수위가 낮아지기 전에 방류하지 못하고 저류상태를 계속 유지하여야 한다. 그래서 연속 홍수 시 안정성이 낮고 일정 규모 이상의 홍수에 대해서만 저감이 가능하여, 저빈도 홍수에 대해 저감효과가 미흡하다. 이 같은 저류지(강변 저류지)는 하도의 홍수소통능력이 부족하여 제내지에 홍수량을 저장하는 공간을 만들어서 첨두홍수량을 저감시키는 시설이다. 홍수기 이외의 시기에 다목적 공간인 생태학습장, 체육공원 등으로 활용방안을 고려한다. 이에 대한 사례로 남한강에 위치한 여주 강변저류지와 남한강의 지류인 평창강에 위치한 영월 강변저류지(그림 3.4)가 있다.

그림 3.4 영월 강변저류지 조감도(데일리안 강원 기사 2010.06.17.)

여주 강변저류지는 저류면적이 2.2 km², 저류용량이 2,217만 m³이며, 영월 강변저류지는 저류면적이 0.77 km², 저류용량이 368만 m³이다.

Box 기사 하도 내 홍수조절지 추진과정(K-water 등 2015)

평화의 댐은 1986년 10월 북한이 금강산발전소 건설계획의 일환으로 북한강에 임남댐을 건설하면서 인위적 수공(水攻) 목적이나 자연재해로 임남댐이 붕괴될 경우에 대비하여 추진되었다. 1단계 댐은 북한의 임남댐(일명 금강산댐)의 가물막이댐에 대비해 높이 80 m, 저수용량 5.9억 m³ 규모로 올림픽 개최 이전인 1988년 5월까지 축조하는 것이다. 2단계 댐은 임남댐의 건설 진척도에 대응해 축조하는 것으로 계획하였다. 2002년 초 화천댐의 유입량이 급격히 증가해 총 340백만 m³가 유입됨에 따라 위성사진 등 자료를 면밀히 분석하였다. 그 결과 임남댐이 높이가 110 m 정도까지 건설되었고 여수로는 완공되지 않은 상태에서 이미 담수를 시작하였다. 댐제체의 훼손 부위가 여러 곳에서 나타나 만일의 사태에 대비하기 위해 2002년 5월 1단계 평화의 댐에 대한 보강공사에 착수해 같은 해 8월 완료하였다. 정부는 2002년 7월 임남댐이 최종 완공되어 붕괴되는 만일의 사태에 대비하기 위해 평화의 댐 증축(2단계) 사업 추진을 결정하여 2002년 9월 말 평화의 댐 증축(2단계) 사업에 착공하였다. 이후 2006년 6월에 댐 높이 125 m, 길이 602 m, 저수용량 2,630백만 m³ 규모로 사업비 232,900백만 원이 투입된 증축공사를 완료하였다. 이 사업은 200년 빈도 홍수 시 임남댐이 붕괴되어도 대처가 가능한 규모로 건설되었다. 그러나 최근 이상호우로 극한홍수(PMF)가 발생해 임남댐이 붕괴되면 대처가 불가능해져 평화의 댐마저 붕괴될 우려가 있어 치수능력증대사업을 실시하여 현재에 이르고 있다.

임진강 유역은 1996년, 1998년, 1999년의 연속적인 집중호우로 유역 내에 막대한 인명 및 재산피해가 발생했음에도 불구하고, 댐 등 홍수방어 구조물이 없어 수해 방재에 어려움을 겪었다. 최근의 새로운 기후형태인 국지성 집중호우가 빈번하게 나타남에 따라 제방 등 기존의 하천시설물로는 수해 방지에 한계가 있어 상류에 홍수량을 분담할 수 있는 시설의 필요성이 제기되었다. 이에 따라 임진강 유역의 근원적인 수해 방지를 위해 '임진강 홍수피해 원인 조사 및 항구대책'(건설교통부 서울지방국토관리청 2002. 3)을 수립하였다. 이의 결과는 홍수피해의 원인이 기본홍수량(100년 빈도)이 증가한 데 비해 임진강의 홍수방어능력이 부족한 데 기인한다고 보고 한탄강댐, 군남홍수조절지, 천변저류지 등을 건설해 증가된 홍수량을 조절하고 배수펌프장을 신설해 홍수피해를 경감하는 계획을 확정하였다. 정부는 2003년 3월 북한이 임진강에 황강댐을 건설 중인 것을 확인하여 임진강 본류에 군남 홍수조절지사업을 조기에 추진하기로 결정하였다. 이에 따라 2003년 7월 군남홍수조절지의 설계에 착수해 2011년 10월 홍수조절전용 댐을 준공하였다.

1999년 12월 국무회의에서 임진강 유역에 대한 근원적인 수해방지 대책의 일환으로 한탄강 다목적 댐 건설사업을 추진할 것을 의결한 후 건설교통부에서 환경경향평가 등 최종 협의를 2003년 7월 완료하고 기본 계획을 고시하려고 하였다. 그러나 지역 주민들과 환경단체가 반대 의견을 제시하면서 대립이 심화되자 지속가능발전위원회 주관하에 최종 홍수대책으로 '홍수조절용댐 및 천변저류지 건설안'이 결정되었다. 이에 따라 한탄강 다목적 댐 건설사업을 본격적으로 추진하는 과정에서, 또다시 민원이 발생해 2004년 1월부터 2007년 3월까지 과업이 중지되었다. 이후 '임진강 유역 홍수대책특별위원회'의 최종 결정에 따라 당초의 '한탄강 다목적 댐'에서 '한탄강 홍수조절 댐'으로 변경되어 건설되었다.

■ 우수유출 억제 및 유수지 시설계획

기후변화에 따른 이상기후는 일상화되고, 태풍과 집중호우의 강도가 증가하여 도심지 침수피해 규모가 대형화되고 있다. 또한, 도시화로 인해 불투수 면적이 증가하여 우수의 저류와 침투기능이 저하되고, 우수가 일시적으로 빠르게 집중되어 도심지 침수피해가 빈번하게 발생하는 등 도시는 홍수에 더욱 취약해지고 있다. 이의 주요 원인은 하수관거의 설계빈도를 초과하는 집중호우이지만, 지표에서 우수를 저류 및 침투시키는 시스템이 미흡한 것도 피해를 가중시킨 원인이다.

이와 같이 기후변화와 도시화에 효율적 대응을 위해서는 우수를 저장하거나 땅속으로 침투시키는 공간을 확보하는 것이 필요하다. 이를 위해 국민안전처(2016b)는 개발사업을 시행하는 경우 우수유출 저감대책을 수립하고, 우수유출 저감시설(표 3.4와 그림 3.5 참조)을 설치하도록 하였다. 여기서 우수유출 저감대책이란 도시화로 인해 불투수 면적이 증가로 인한 도심지의 침수피해를 저감하기 위해 우수유출 영향을 분석하여 저류시설과 침투시설대책을 마련하는 것이다. 이에는 지역외 저감시설과 공원, 학교, 공공청사 등을 활용하는 지역내 저감시설로 구분된다. 이의 궁극적인 목적은 우수의 저류 및 침투시설을 활용하여 우수유출

표 3.4 우수유출 저감시설의 종류(국민안전처 2016b)

분류		우수유출 저감시설

저류시설	지역외 저류
	(off-site)시설
		• 전용 저류시설
		  - 지하 저류시설, 건식저류지, 하수도 간선저류 등
		• 겸용 저류시설
		  - 다목적 유수지, 연못저류, 습지 등

	지역내 저류
	(on-site)시설
		• 유역 저류시설
		  - 침수형 저류시설: 단지내 저류, 주차장저류, 공원저류, 운동장저류
		  - 전용 저류시설: 쇄석공극 저류시설
		• 건축물 저류
		  - 지하 저류조, 저류탱크, 지붕저류, 옥상녹화, 식생수로
		• 기타
		  - 저류형 화단

침투시설		• 침투통, 침투트렌치, 침투측구, 투수성 포장, 투수성 보도블록

이 발생하는 지역을 중심으로 분산형 우수관리 체계를 구축하여 내수침수 위험을 저감 또는 분담하는 것이다.

우수유출 저감시설이란 우수의 직접적인 유출을 억제하기 위하여 인위적으로 우수를 지하로 스며들게 하거나 지하에 가두어 두는 시설을 말한다. 이는 저류형과 침투형으로 구분할 수 있으며, 홍수피해 방지뿐만 아니라 한정된 수자원의 활용과 자연생태 유지 등에 크게 기여할 수 있다.

침투시설이란 우수의 직접유출량을 감소시키기 위하여 지반으로 침투가 용이하게 고안된 시설을 말한다. 대부분 당해지역에서 발생한 우수유출량을 해당 지역에서 침투시킬 수 있도록 설치된다. 저류시설이란 우수가 유수지 및 하천으로 유입되기 전에 일시적으로 저류시켜 바깥 수위가 낮아진 후에 방류하여 유출량 감소를 위하여 설치하는 유입시설, 저류지, 방류시설 등을 말한다. 사용용도에 따라 침수형 및 전용 저류시설로, 장소에 따라 지역외 및 지역내 저류로 구분한다. 침수형 저류시설이란 평상시 일반적인 용도로 사용되나 폭우 시 우수가 차오르도록 고안된 시설이다. 공원, 운동장, 주차장 등 상대적으로 저지대에 배치된 공공시설물이 이에 해당할 수 있다. 전용 저류시설이란 평상시 빈 공간으로 유지되며, 강우 시 우수를 저장하기 위한 목적으로 인위적으로 설치된 시설을 말한다. 지하저류지 등이 이에 해당된다.

유수지 시설계획은 하천의 중, 하류에서 홍수의 일부를 저류하여 서서히 방류하거나 강제로 배수하여 외수위나 하류의 첨두유량을 감소시킨다. 지상에 유수지 설치가 여의치 않은 경우 지하공간에 저류시설을 설치하여 홍수 시 빗물을 저류하고 평시에 저류된 물을 활용하거나 홍수 이후에 물을 배제한다. 평상시 지하주차장 등으로 활용할 수 있으므로 홍수피해가 크게 우려되는 지역 등에서는 도입을 검토한다.

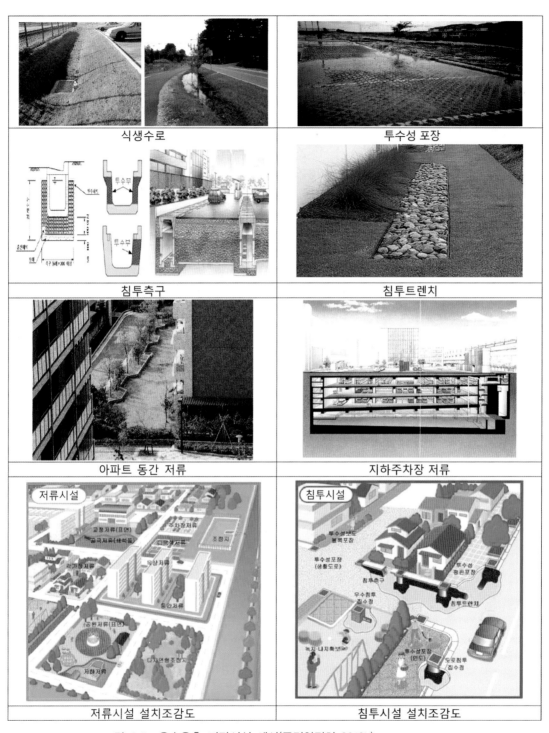

그림 3.5 우수유출 저감시설 예시(국민안전처 2016b)

■ 홍수예경보시스템

홍수예경보시스템은 비구조물적 홍수방어 대책의 하나로서 기상학적 과정, 유역과 하도에 적절한 홍수유출모형을 적용하여 유출량을 계산하고 운영하는 것이다. 이를 저수지 운영방식에 따라 상류 댐의 방류량이나 하도의 홍수위와 지류 유입량을 고려하여 하류의 예보지점에 홍수도달시간 및 수위를 예측한다. 이의 결과로 홍수통제소에서는 홍수예보와 경보를 발령한다. 즉, 홍수예측 및 신속한 홍수예보 전파를 통한 인명과 재산피해를 최소화하기 위해 기초자료의 공유와 분석, 홍수예보의 발령과 전달을 위한 통합시스템을 구축하는 것이다.

홍수예보는 댐, 저수지, 제방, 배수시설 등의 수자원 시스템과 도로, 철도, 교량 등의 사회기반시스템을 운영하는 데 있어 중요하다. 홍수통제소, 댐 관리사무소 등은 하천에서 우량과 수위 등을 자동 관측장치를 통하여 온라인으로 자료를 얻을 수 있다. 그리고 다목적 저류지나 댐군을 강우량의 단기예보와 함께 운영할 수 있다. 하천의 홍수예보는 과거에 관측된 강우량과 특성, 또한 이로 인한 홍수발생 기록을 조사하여 입력자료로 이용한다. 이러한 결과로 강우 원인이 되는 기상조건에 따라 기상상황을 분석하여 강우량의 시간 및 공간분포를 예측한다. 그리고 댐에서 저류량을 홍수발생 이전에 하류에 방류하며, 이러한 예측치로 홍수주의보 및 홍수경보를 발령한다. 홍수통제소는 홍수예보 발표상황을 즉시 유관 기관에 전파하여 주민대피 및 교통통제 등을 실시한다.

(1) 홍수예경보 시스템 현황

정부는 홍수대응체계 강화를 위해서 한강홍수통제소(1972)를 시작으로, 낙동강홍수통제소(1980), 금강홍수통제소(1990), 섬진강홍수통제소(1990), 영산강홍수통제소(1991)를 설치하여 홍수예보를 실시하고 있다(그림 3.6 참조).

2000년대 이후에는 예보지점 확대, 선행예보를 위한 강우레이더 도입, 강변시설 침수예보, 돌발홍수예보 도입 등을 추진하였다. 더 정확한 홍수예보 기준점 확보를 위해 대하천 본류 중심에서 탈피하여 지방 하천구간까지 홍수예보지점을 확대하였다. 이를 위해 강우레이더를 대형 7기(비슬산, 소백산, 모후산, 서대산, 가리산, 예봉산, 감악산), 소형 2기(삼척, 울진)를 설치하여 행정구역별 공간홍수예보를 실시하고 있다. 그리고 저지대 침수, 돌발홍수 등 홍수피해 유형 정보를 추가하여 홍수정보를 제공하고 있다.

(2) 홍수예보 선행시간

홍수예보 선행시간은 홍수예보시스템의 효율성을 높여서 인명과 재산피해를 최소화하는 데 있다. 여기서 예보는 다가올 장래의 위험성을 미리 알려야 하므로 시점의 차이가 발생한다. 그래서 홍수예보 선행시간은 예보가 발령되는 시점과 예보의 대상 시점 사이의 시간을

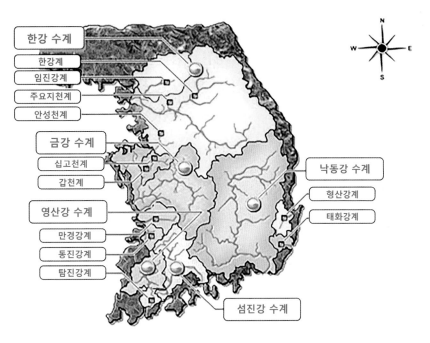

그림 3.6   수계별 홍수통제소 관리현황(www.molit.go.kr)

의미한다. 홍수예경보를 운영하는 측면에서는 '충분한 예보 선행시간을 갖지만 부정확한 홍수예보 방법'과 '정확한 예보가 가능하나 예보 선행시간이 충분치 못한 홍수예보 방법' 사이의 타협점을 찾는 것이 중요하다.

홍수예보 선행시간은 하천유역의 수문·지형 특성, 자료 송신시설, 홍수예보모형과 전산기 구성, 예보 발령방법 등에 제한을 받는다. 이는 예보에 소요되는 시간과 필요한 홍수대응시간의 합이다. 예보에 소요되는 시간은 관측기기, 자료송신, 자료처리, 홍수예보모형 운용, 예측치 판단 및 예보발령에 각각 소요되는 시간의 합이다. 예보에 소요되는 시간을 줄여야 홍수 대응시간을 늘릴 수 있다.

현재 대하천은 3시간 이상의 홍수예보 선행시간을 확보할 수 있으나 중소하천 및 도시하천은 아직 선행시간을 확보하지 못하고 있다. 효율적인 홍수 대응을 위해서는 현재보다는 추가 홍수예보 선행시간이 필요하다. 이를 확보하기 위해서는 강우레이더 및 자동유량측정장비 등 첨단장비 도입 및 활용이 중요하다. 강우레이더를 활용할 경우에는 2~3시간 정도의 강우예측이 가능하여 홍수예보 선행시간을 늘릴 수 있다.

예제 3.2

홍수예경보 운영 시 우선적으로 중요한 것이 하천 주요 구간(댐, 주요 지점 등)에 대한 유량 규모별 홍수도달시간이다. 한강의 사례를 들어 설명하시오(K-water 등 2015).

[풀이]

한강에서 중요 지점은 서울에 위치한 인도교 지점, 팔당댐, 남한강의 여주 수위표, 충주댐, 북한강의 청평댐, 의암댐, 춘천댐, 화천댐과 소양강의 소양강댐이며, 표는 인도교 지점과 팔당댐 지점까지의 도달시간을 나타내고, 그림은 주요 구간 간 유량규모(m^3/s)별 홍수도달시간(hr/min)을 나타낸다. 예를 들어 팔당댐에서 1,000 m^3/s를 방류하면 한강 인도교에 7시간 45분만에 도달하고, 10,000 m^3/s를 방류하면 4시간 55분, 20,000 m^3/s를 방류하면 3시간 40분, 30,000 m^3/s를 방류하면 3시간 10분, 35,000 m^3/s를 방류하면 3시간 후에 도달한다는 것을 의미한다.

홍 수 도 달 시 간

지점	충주	여주	화천	춘천-소양강	의암	청평	팔당
인도교	11~24	7~15	12~28	10~17	9~15	6~10	3~6
팔당	8~18	4~8	10~16	7~11	6~9	2~3	

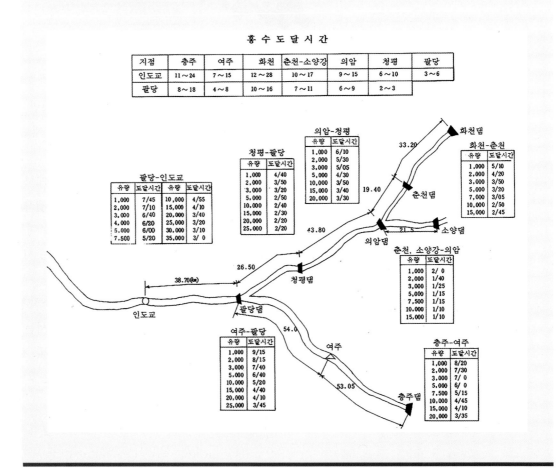

■ **홍수위험지도**

비구조물적 대책의 하나로 재난발생 또는 예상 시 피해를 최소화할 수 있도록 빈도별로 홍수범람에 따른 침수지역의 침수범위와 침수깊이 등을 예측하여 작성한 지도이다. 이는 홍수범람으로 인한 국민의 생명과 재산피해가 최소화되도록 각종 방재활동 및 계획을 지원하는 기초정보를 제공한다. 여기에서는 홍수위험지도의 법적 위상, 외수와 내수에 의한 홍수위험지도, 홍수위험지도의 활용방안에 대하여 기술한다.

(1) 홍수위험지도의 법적 위상

홍수위험지도는 수자원법과 자연재해대책법에 그 법적 위상을 갖고 있으며(표 3.5), 이는 홍수발생 전과 후의 관리를 법제화하여 추후에 발생될 수 있는 인명과 재산피해를 최소화시킬 수 있다.

표 3.5 홍수위험지도의 법적 체계

구분		수자원법	자연재해대책법
항목		• 법: 제7조 • 시행령: 제5조	• 법: 제21조 • 시행령: 제18조 및 제19조
홍수발생	전	• 홍수위험지도 작성	• 침수예상도 작성 － 홍수범람위험도 － 해안침수예상도 • 재해정보지도 작성·활용 － 피난활용형 재해정보지도 － 방재정보형 재해정보지도 － 방재교육형 재해정보지도
	후	• 침수피해 현황 및 원인 분석 － 수리·수문자료 수집·분석 － 피해내용 조사(인명 및 재산피해) － 침수상황 조사·분석(면적, 시간 등)	• 침수흔적 조사 및 지도 작성·보존 － 현장의 침수 흔적 표시·관리지도 작성(전산화)
종합		• 홍수발생 전·후의 관리(지도 작성 및 전산화)를 법제화하여 추후 발생될 수 있는 피해(인명, 재산)를 경감시키고자 함	

(2) 외수에 의한 홍수위험지도

외수에 의한 홍수위험지도 작성을 위해 그림 3.7에서와 같이 유역 특성과 홍수피해 현황 조사 등의 자료조사, 주요 하천시설물 등의 현장조사, 기존 측량성과 조사 등을 실시한다. 이러한 조사자료에 따라 유하형, 저류형, 확산형 범람 등으로 범람유형을 결정한다. 그 후에 유역조건, 홍수규모, 홍수범람에 따른 홍수 시나리오를 설정한다. 그리고 1차원, 2차원 범람

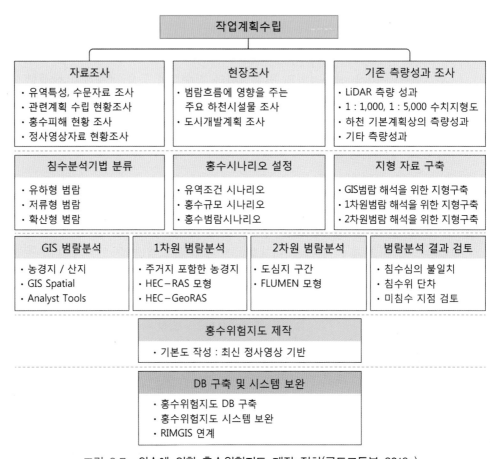

그림 3.7 외수에 의한 홍수위험지도 제작 절차(국토교통부 2016a)

해석을 위한 지형자료를 구축한다. 이를 통하여 GIS 범람분석, 1차원과 2차원 범람분석 결과를 검토하여 홍수위험지도를 작성한다.

유역조건 시나리오는 홍수범람의 대상이 되는 유역의 조건인 토지이용과 홍수방어시설의 현황 및 계획 등이다. 홍수규모 시나리오는 홍수위험지도 제작의 기준이 되는 대상 홍수규모인 50년, 80년, 100년, 200년 빈도를 적용한다. 이는 홍수범람을 월류 및 파제로 가정한 시나리오이다.

시나리오상의 파제는 현재 설치된 제방이 붕괴될 위험이 있다는 측면을 나타내는 것이 아니다. 이는 만일의 사태에 대한 홍수범람의 특성을 평가하기 위해 제방의 현재 안전도와 무관한 가상적인 파괴를 나타낸다. 현 제방의 안전도에 대한 문제는 홍수위험지도 제작시 다뤄져야 할 문제가 아니다. 이는 수리적·토질공학적·구조공학적 측면을 복합적으로 고려하는 안전도 평가를 통해 이뤄져야 할 부분으로 홍수위험지도 제작 시에는 이를 고려하지 않는다.

(3) 도시지역 내수침수위험지도

내수침수위험지도 작성을 위해 그림 3.8과 같이 내수배제시설, 침수흔적 조사 등 현장조사를 토대로 침수원인분석을 실시한다. 이를 토대로 홍수 시나리오를 구성하고 구축된 제내지 지형정보 등과 연계한다. 그리하여 내수침수에 의한 제내지의 가상 침수상황을 모의하여 그 결과를 지도 형태로 나타낸 것이 내수침수위험지도이다.

유역조건 시나리오는 내수침수가 이루어지는 공간적 기본조건인 토지이용상태 및 우수관망 현황, 장래 도시개발 및 시설개선 계획 등이다. 강우조건 시나리오는 내수침수위험지도 제작의 기준이 되는 강우빈도인 우수관거 및 배수펌프장의 계획빈도 등이다. 내수범람 시나

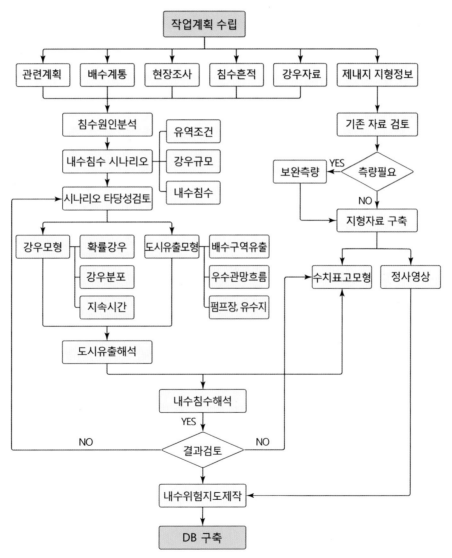

그림 3.8 내수침수위험지도 제작 절차(국토교통부 2016a)

리오는 설계빈도 이상의 홍수로 우수배제시설의 용량 초과와 펌프장 또는 배수문의 기능고
장 등의 오작동을 가정하여 작성한다.

(4) 홍수위험지도 활용 방안

홍수위험지도는 홍수에 대한 기본정보로서 홍수 사전대비, 홍수방재 기본정보 제공, 지역
방재계획 반영, 효율적 토지이용 등에 활용된다. 국가는 토지이용규제로 홍수위험 구역을 관
리하고 풍수해 보험의 관리와 지도에 기초자료로 사용한다. 지역 주민은 자신이 살고 있는
지역의 홍수위험을 사전에 인식하여 재해정보지도 등과 연계하여 홍수 발생 시 주어진 정보
에 따라 안전하게 대피할 수 있다.

우리나라는 홍수위험지도를 국민에게 공표하고 있지 않으나, 일본의 경우는 그림 3.9와
같이 침수상정구역도로 공표하고 있다. 일본의 경우는 침수심이 0.5 m 미만 구역, 침수심이
0.5 m에서 2 m 구역, 침수심이 2 m 이상 구역으로 공표한다. 우리나라의 경우에는 0.5 m
미만, 0.5~1.0 m, 2.0~5.0 m, 5.0 m 이상 구역으로 좀 더 세분화하고 있다.

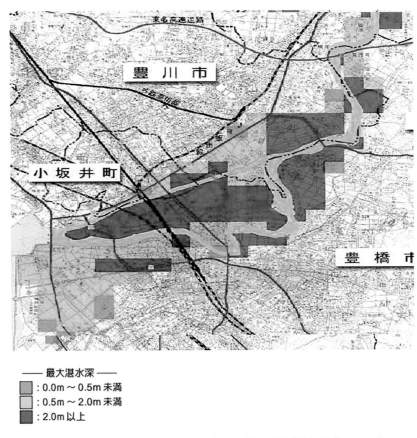

그림 3.9 일본의 침수상정구역도(국토해양부/한강홍수통제소 2015)

홍수위험지도는 크게 홍수재난 관리 목적과 기초자료 구축 목적으로 활용될 수 있다. 먼저, 홍수재난 관리 목적으로는 홍수로 인한 피난·방재와 홍수범람과정의 파악으로 구성된다. 기초자료 구축 목적으로는 홍수터 관리, 하천유역수자원관리계획, 홍수예경보시스템, 그리고 홍수조절 편익 산정 시 기초자료로 구분할 수 있다. 홍수위험지도를 활용할 수 있는 분야를 각종 법정계획 및 업무와 연관하여 정리하면, 비상대처계획 수립, 재해지도 작성, 풍수해보험관리지도 작성, 풍수해저감종합계획 수립 등이 있다. 그밖에 활용 가능한 분야는 치수경제성 분석, 사전재해 영향성 검토협의, 수해 관련 위험지구 지정 및 관리, 도시개발계획과 국가안전관리기본계획 수립, 기타 방재행정 및 민방위훈련의 교육 등이다.

■ 홍수터 관리

홍수터 관리는 비구물적 대책의 하나로서 홍수터 관리의 절차, 홍수터의 수리수문해석 방법 및 홍수보험 등을 종합적으로 개선함으로써 홍수조절 효과를 기대할 수 있다. 좁은 의미에서 홍수터 관리는 홍수량을 잘 조절하는 것이 아니라 하도나 하천부지가 충분한 홍수소통 능력을 가지면서 홍수피해를 줄일 수 있도록 홍수위험구역 지정, 홍수방어, 토지이용, 건축법규, 침수선의 결정 등이 포함된다. 넓은 의미에서는 어떤 지역에서 홍수피해를 막거나 감소시키기 위하여 예방차원에서 사용될 수 있고, 홍수터 내 자연과 문화 자산을 보호하고 유지하는 데 사용가능한 모든 분석과 대책을 통틀어 말한다.

과거 홍수자료를 수집하여 분석하고 이것에서 홍수위험 정보를 도출하는 것은 홍수터 관리에서 대단히 중요하다. 따라서 홍수방어계획 수립 시 새로운 홍수자료의 수집을 통하여 보다 많은 홍수분석과 하천과 홍수터 내에서 일어나는 토지이용 변화, 유역과 하천의 자연 및 인공 변화에 대해 조사와 분석을 하는 것이 중요하다.

3.2 이수계획

이수계획은 하천 유역에 대해 수자원의 개발, 이용, 관리 및 보전을 위한 기본적인 계획과 정책방향을 제시하는 것이다. 물이용이 타인의 권리와 공공의 이익을 침해하지 않아야 한다. 그리고 이수관리에 지장이 없는 범위 안에서 모든 국민이 그 혜택을 공유할 수 있고, 치수와 환경 측면을 고려하여 조화롭게 수립되어야 한다. 생활용수, 공업용수, 농업용수, 발전, 주운, 환경 개선 등 인위적인 필요에 의해 사용되는 하천수 사용과 하천의 정상적인 기능 유지를 위해 하천에 흘러가야 하는 하천유지유량을 만족할 수 있도록 하여야 한다. 장래 하천 유역 개발과 사회경제 발달에 따른 용수수요 예측과 공급, 그리고 수자원 이용의 극대화를 위한 개발수량의 산정을 목표로 한다.

이 절에서는 먼저 이수 분야의 변천사를 살펴보고, 다음으로 수자원 부존량의 산정, 용수 수급 현황의 파악, 용수 수요량의 산정 및 예측 그리고 물수지 분석과 이수 관련 계획에 물 수지 분석방법의 적용성에 대하여 기술한다.

3.2.1 이수 분야의 변천사

이수 분야 변천사는 표 1.3 하천정책의 변화에서 보는 바와 같이 7개 시기로 나눌 수 있다. 즉, 근대적 물 관리 도입시기, 광복과 전후 복구시기, 하천종합개발 출발시기, 하천종합개발 정착시기, 하천종합개발 고도화시기, 친수환경기반 조성시기를 거쳐서 2010년대에는 기후변화 적응형 물 관리시대를 맞이하였다.

이러한 변천 과정에 따른 정책의 성과를 살펴보면, 지속적인 수자원을 확보하기 위해 수자원계획이 수립되기 이전인 1960년대 초반까지는 농업용수 확보와 수력개발을 목적으로 하는 단일 목적의 댐 건설이 정책의 기본 방향이었다. 1965년 섬진강 다목적 댐 건설을 시작으로 소양강, 충주, 대청, 안동 등 19개 다목적 댐에서 연간 110억 m^{3}의 용수공급능력을 확보하였다. 지속적인 수자원 개발(다목적 댐 건설, 농업용저수지, 상수도시설 등)을 통해 수자원 이용량(생활·공업·농업용수)이 1965년 51억 m^{3}에서 2010년 기준으로 약 5배 이상 (2008년 262억 m^3)으로 확대되어도 안정적인 생·공용수 공급이 가능하였다. 상수도 보급률은 1960년대 중반 약 22.0%에서 1970년 32.4%, 1985년 67.0%, 2000년 87.1%, 2010년 약 90% 이상(2014년 96.1%)으로 급격히 증가하였다. 2014년 현재 광역상수도는 전체 상수도 시설용량 중 취수시설 기준으로 47.4%를 차지하고 있다.

정책상 안정적인 수자원을 확보할 필요성이 있으나, 다각적인 수자원개발 없이는 꾸준히 증가하고 있는 생활용수와 하천유지용수의 안정적인 공급에는 한계가 있다. 이의 결과로 2015년 보령댐의 저수율이 최저 18.9%(2015.11.6)에 도달하는 등 충남지역 7개 시·군에 생활용수 급수조정을 실시하였다. 물 부족에 대한 대처와 함께 하천환경 개선을 위한 하천유지용수도 필요하였다. 또한 수질보전, 하천생태 복원 등 수환경 개선을 위한 사회적 요구가 증대되고 있으며, 건천화에 대한 환경개선용수 등의 확보 필요성도 있다. 물 복지 및 물 분쟁에 대한 조정시스템 부재로 1990년대 이후 가뭄에 의해 3회 이상의 물 부족을 경험한 상습 가뭄피해 지역은 48개 시·군으로 지역적인 물 공급의 안정성과 형평성에 대한 물 복지 문제가 대두되었다. 다목적 댐과 용수전용 댐을 수원으로 하는 광역 및 지방상수도 공급지역은 장기간 강수량 부족에 의한 가뭄발생 시에도 상대적으로 안정적 물이용이 가능하다. 그러나 소규모 하천과 계곡수 등을 수원으로 하는 지방 및 마을 상수도 등의 공급지역은 3개월 이상 가뭄이 지속되면 수원고갈 등 물 이용에 취약하다. 지역 간의 수자원 불균형, 맑은 물 확보를 위한 취수원 이전 갈등, 용수확보를 위한 댐 건설, 물 문제에 대한 정치 쟁점화 등 물 분쟁이 증폭하고 갈등조정 시스템이 없다. 그래서 정부는 2018년에 수량과 수질을 통합관리하는 물관리 일원화를 실시하였다.

3.2.2 수자원 부존량

■ **연평균 강수량**

우리나라의 연평균 강수량은 1,281 mm(1973~2013년)로 세계 평균의 1.6배이고 수자원총량은 1,356억 m³/년이다. 그러나 높은 인구밀도로 인해 1인당 연강수총량은 연간 2,673 m³로 세계 평균의 약 1/6에 불과하다.

주요 국가별 강수량 및 1인당 강수량에 있어서도 우리나라는 영국과 연평균 강수량은 비슷한 수준이나 1인당 강수량은 약 56% 수준이다(표 3.6). 미국의 경우 연평균 강수량은 우리나라의 약 50% 수준이나 1인당 강수량은 약 10배 이상의 차이가 발생한다.

표 3.6 국가별 강수량 및 1인당 강수량(국토교통부 2016c)

구분	한국	일본	미국	영국	중국	캐나다	세계평균
연평균 강수량 (mm/년)	1,281	1,668	715	1,220	645	537	807
1인당 강수량 (m³/년)	2,673	4,932	22,560	4,736	4,607	155,486	16,427

주) 1인당 강수량(m³/년)=연평균 강수량×국토면적/인구수
  자료: 수자원장기종합계획(국토해양부 2011a), 전국유역조사보고서(국토교통부 2012)
  기타 외국 자료: 일본의 수자원(2009.8) 및 The World Bank 홈페이지에서 인용

강수 특성은 1900년대부터 2000년대까지 10년 평균강수량의 변화는 증가 추세(1970년대 이후 약 4%)에 있으며, 강수량의 변동범위도 점진적으로 증가하는 경향이 있다. 연평균 강수량은 최저 754 mm(1939년)에서 최고 1,861 mm(2003년)까지 약 2.5배의 변동폭을 보이고 있다. 이러한 변화 추이는 극한 가뭄과 홍수 증가의 주요한 원인으로 작용하고 있다.

최근 10년 연강수량 평균값(2004~2013년)은 1,317 mm 수준이며, 주요 유역별 평균 강수량은 한강 1,260 mm, 낙동강 1,203 mm, 금강 1,271 mm, 섬진강 1,457 mm, 영산강 1,340 mm, 동해안 1,270 mm, 서해안 1,272 mm, 남해안 1,496 mm, 제주도 1,683 mm이다. 지역별 및 유역별로 강수량의 편차 또한 심하여 남해안 강원도 영동지역은 1,400 mm 이상인 반면 경상북도, 충청도 및 경기도 내륙은 강수량이 적다. 특히 낙동강 중부지역은 1,100 mm 이하이며 대관령 주변의 산악지역은 1,400 mm 이상의 강수량 분포를 나타내어 주변과 큰

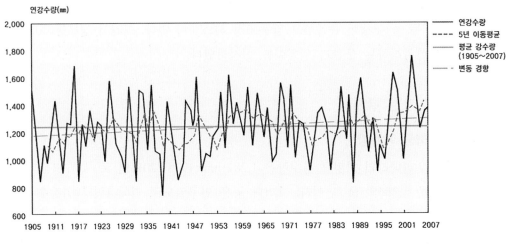

그림 3.10 우리나라 연강수량(1905~2007년)의 변화(국토교통부 2016c)

차이가 발생한다.

■ 유출 특성 및 수자원 이용 현황

연평균 강수량에 국토면적을 고려한 강수총량과 북한 지역 유입량을 포함한 수자원 총량은 연간 1,297억 m³이나, 이용 가능한 수자원량은 753억 m³이다. 이 중 74%는 홍수기에 편중되어 있다. 그래서 평상시 유출량은 193억 m³에 불과하다(표 3.7 참조). 가뭄 시에는 강수량이 줄어들어 과거 최대 가뭄 상황에서는 이용 가능한 수자원량이 평년의 45% 수준인 337억 m³로 대폭 하락되었다(표 3.8 참조). 물 이용량의 증가와 함께 가뭄 시 이용 가능한 수자원량의 부족이 물 부족의 근본적인 원인이다. 그리고 계절별로 편중된 가용 수자원 분포 특성(수요와 공급의 시간적 불균형)은 물 부족을 더욱 악화시키는 요인이다.

표 3.7 우리나라 수자원 부존량과 발생빈도 유출량(국토교통부 2016c)

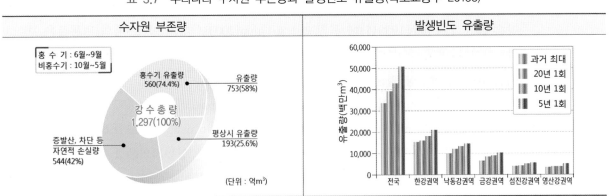

자료: 물과 미래(국토교통부 2016)

표 3.8 가뭄빈도별 이용 가능한 수자원량(국토교통부 2016c)

(단위: 백만 m³/년)

구분	전국	한강 권역	낙동강 권역	금강 권역	섬진강 권역	영산강 권역
5년 1회	50,817	20,158	13,610	9,056	4,337	3,656
10년 1회	43,170	17,376	12,069	7,510	3,747	2,469
20년 1회	39,155	15,483	11,100	7,288	2,930	2,353
과거 최대	33,676	14,400	8,733	5,577	2,808	2,158

주) 이용 가능한 수자원량에 대한 전국 현황은 제주도 및 울릉도에 대한 현황이 제외된 결과
자료: 수자원장기종합계획(국토해양부 2011a)

표 3.9 수자원 부존량(국토교통부 2016c)

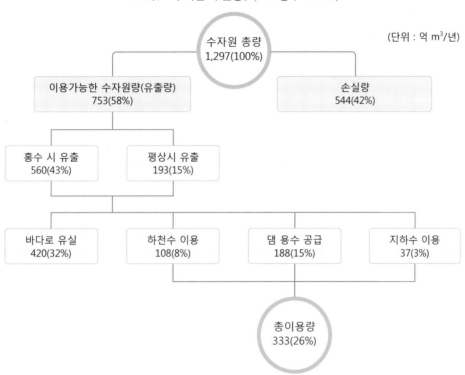

(단위 : 억 m³/년)

주) 1. 수자원총량은 연평균 강수량×국토면적이며, 북한 지역에서의 23억 m³/년이 포함된 수량임
   2. 이용가능한 수자원량은 강수량을 이용하여 산정한 유출량이며, 손실량은 수자원총량에서 이용가능한 수자원량을 뺀 값으로 증발산 등의 손실을 간접적으로 나타낸다고 할 수 있음
   3. 홍수 시 유출량은 6~9월의 유출이고, 나머지 기간이 평상시 유출량
   4. 바다로 유실은 이용가능한 수자원량에서 총이용량을 뺀 값으로 간접적으로 산정
자료: 수자원장기종합계획(국토해양부 2011a)

3.2.3 물수지 분석

물수지 분석(water budget analysis)은 한 유역의 장래 안정된 용수수급을 계획하기 위해 자연유량을 장래 용수수요와 비교함으로써 소유역별 과부족을 예측하는 것이다. 여기서 자연유량이란 하천유역이 전혀 개발되지 않고 인위적인 물 사용이 없는 상태하에서의 하천유량을 말한다. 이의 산정은 실측유량에 농업, 생활, 공업용수의 순물 소모량을 더하여 구한다. 순물 소모량 산정 시 생활용수는 여름에는 약간 증가하고 겨울에는 감소하므로 연중 수요량에 월별 변화율을 적용하고, 공업용수는 연중 균일하게 사용된다고 본다.

이수계획을 수립하기 위해서는 하천수, 지하수 및 댐 저수지 등에 의한 용수공급량과 생활용수, 공업용수, 농업용수 및 하천유지용수의 이용량을 알아야 한다. 여기서 하천유지용수는 하천수질 보전, 하천생태계 보호, 하천경관 보전, 염수침입 방지, 하구막힘 방지, 하천시설물 및 취수원 보호, 지하수위 유지 등 하천의 정상적인 기능 및 상태를 유지하기 위하여 필요한 최소한의 유량인 하천유지유량의 개념에 따라 수자원계획 차원에서 설정하는 유량을 말한다. 용도별 수자원 이용현황은 표 3.10과 같다.

표 3.10 용도별 수자원 이용현황(국토교통부 2016b)

구분	이용량(억 m³/년)	비율(%)
생활 · 공업 · 농업용수	251	100
– 생활용수	76	30
– 공업용수	23	9
– 농업용수	152	61
하천유지용수	121	
합계	372	

하천관리유량은 적절한 하천관리를 위하여 설정하며, 하천의 제반기능을 충족시킬 수 있도록 하천에 흘러야 할 유량으로 하천유지유량에 이수유량을 더하여 산정한다. 이를 산정하기 위한 계획기준점은 과거 자연상태에서 측정된 수문자료를 충분히 얻을 수 있는 지점으로서 하천유역 수문해석의 기준 역할을 담당한다. 계획기준점은 유역이 개발되지 않은 자연상태에서 장기 유량자료를 얻을 수 있는 지점이어야 한다. 하천관리유량과 하천수 사용량의 관계는 그림 3.11과 같다.

이수유량은 하천에서 실제로 취수되는 유량으로서 기득 및 허가수리권에 해당되는 유량을 말한다. 이수유량은 용도에 따라서 생활용수, 공업용수, 농업용수 및 하천유지용수로 분류된다. 용도별 수자원 이용현황은 생활용수, 공업용수, 농업용수의 총 이용량은 251억 m³/

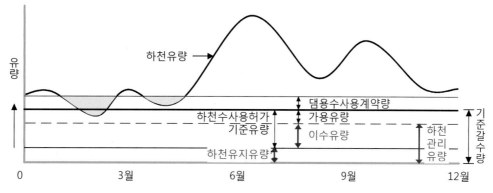

그림 3.11 하천관리유량과 하천수 사용량의 관계(국토교통부 2015)

년이며, 이 중에서 농업용수가 차지하는 비중이 61%인 152억 m^3/년이다.

■ 용수수요의 예측 및 산정

용수수요의 예측방법은 단기와 장기 수요예측방법이 있다. 단기 수요예측은 현재의 수요 증가 추세와 구체적으로 결정된 각종 용수수요와 공급계획을 바탕으로 한다. 장기 수요예측은 장래의 인구, 산업구조 및 물 사용형태 등에 대한 정책을 반영하여 산정한다. 그래서 정확도가 떨어질 수도 있으므로 단기 수요예측과 함께 이용하는 것이 좋다. 다목적 댐이나 이수용 저수지에서의 수요예측은 계획하고 건설하는 기간을 포함하여 최소한 30년 이상을 내다보고 시행한다. 일반적인 용수수요 산정방법은 다음과 같다.

- 생활용수량은 과거와 목표연도의 총인구, 1인 1일 평균 급수량을 바탕으로 산정하며, 1인 1일 평균 급수량은 수도시설의 종류와 용도에 따라 사용기간대별 부하율을 적용한다. 이 밖에도 계곡수나 지하수를 이용한 생활용수 수요량을 고려할 필요가 있다.
- 공업용수량은 공장부지 면적, 제조업 출하액 또는 종업원수와 공업용수 원 단위를 바탕으로 산정한다.
- 농업용수량은 논용수량, 밭용수량 및 축산용수량으로 구분하여 산정한다.
- 하천유지용수량은 갈수량과 항목별 필요유량 중에서 최대치를 기준으로 산정한다.

여기서 갈수량은 과거 자연상태 하천에서 갈수기에 흘렀던 유량으로서 자연과 사람이 공유할 수 있는 최소한의 유량을 말한다. 기준 갈수량, 평균 갈수량을 산정한 후 해당 하천의 규모나 특성 및 유량공급 가능성을 고려하여 결정한다.

상세한 용수수요 산정방법은 K-water(2017)의 '하천종합 건전성 평가체계 구축 연구'를 참고하기 바란다.

■ 물수지 분석방법

물수지 분석은 유역 또는 하천구간에서 물 수요와 공급의 균형분석을 통해 대상 유역의 안전한 물 공급을 위한 물 공급시설의 개발규모, 시기, 위치 등을 결정하거나 수자원의 효율적 운영을 위해 활용한다. 물수지 분석 결과, 추가적인 용수 확보가 필요한 경우는 기존 댐, 저수지 등 수원 및 저류시설의 용수공급량을 검토하여 확보 가능 여부를 판단한다. 하천유량 분담계획 후 용수수요량이 공급량을 초과하여 추가적으로 확보가 필요한 경우에는 하천유량 확보계획을 수립한다. 이는 하천유역수자원관리계획 등과 연계되어야 하며 용수 재배분(댐, 저수지 등), 하천수 사용량 조정, 수원시설(댐-보-저수지) 연계 운영, 하수처리수 재이용, 농업용 저수지 재개발, 다목적 저류지 및 기타 저류시설 설치, 물순환 및 물이동 등을 다각적으로 검토한다.

물수지 분석에서는 소유역별로 장래의 시기별 용수수요량과 하천의 자연유량을 비교하여 검토한다. 실측 유량과 유역상류에서의 농업 및 생·공용수의 순물 소모량의 합을 더하여 자연유량을 산정한다. 농업용수 순물 소모량은 농경지 이전의 초지 상태를 자연상태로 가정하여 농경지의 물 소모량에서 초지의 물 소모량을 빼서 구한다. 생·공용수의 순물 소모량은 공급수량에서 회귀수량을 빼서 얻는데, 일반적으로 회귀율은 생활·공업·기타 용수 65%, 농업용수 35%, 환경개선용수와 발전용수 100% 등이 사용된다.

우리나라에서 물수지 분석의 기본원리를 기반으로 운영되는 K-WEAPq(Korea Water Evaluation And Planning System Linked QUAL2K)는 도시지역과 농업지역, 단일 소유역이나 복잡한 하천 유역의 물 수요-공급시스템에 적용할 수 있다. 그리고 용수목적별 수요량 분석, 물 절약, 수리권(水利權)과 배분 우선순위, 지하수와 하천유량 모의, 저수지 운영, 수력발전, 오염물질 추적, 생태계 필요수량 분석과 같은 광범위한 부문의 문제들을 다룰 수 있다. 이의 첫 번째 과정은 계획의 목표연도, 대상 지역의 공간적 경계, 지역 내 수요-공급 관련 현황들과 네트워크를 구성한다. 두 번째로는 실제 용수수요량, 오염부하량, 지역의 공급수원과 물 공급시설, 하천수문 특성 및 하수처리시설 등에 대한 현황을 파악한다. 세 번째는 미래의 시나리오를 설정하는 것으로서 정책, 비용, 기술발전 또는 수요, 오염, 공급, 수문 조건에 영향을 미치는 기타 요소들을 기초로 미래를 가정하고 대안을 구성한다. 최종적으로 이 시나리오들에 의한 물 부족량, 오염부하량, 하천유지용수의 충족도 및 주요 변수들의 불확실성에 대한 민감도들에 대해 평가한다(한국건설기술연구원 2007).

그림 3.12는 K-WEAPq의 개요도이다. 강수량으로부터 얻어진 유출량과 해수 담수화 등의 기타 수원이 하천구간과 저수지에 유입량이 되고, 지표수와 지하수 연계를 통하여 유입량이 산정된다. 이 유입량은 취수되어 용수공급시설로 이동하거나 하류의 수요량을 위하여 방류되며, 용수의 회귀수량이 하천구간과 저수지에 유입된다. 용수공급시설은 생활용수, 공업용수, 농업용수를 공급한다. 지하수가 필요하면 지하수를 양수하여 사용하고, QUAL2K와 연

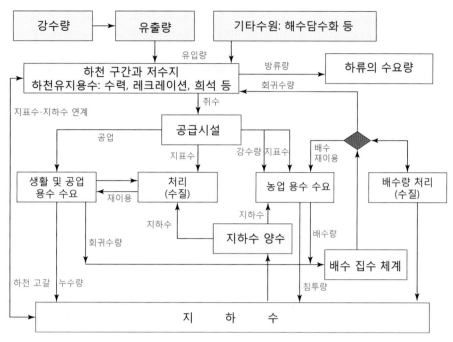

그림 3.12 K-WEAPq 개요도(K-water 2017)

계하여 수질을 같이 고려할 수 있다.

물수지 분석방법은 유역 물수지 분석, 하도 물수지 분석, 혼합 물수지 분석방법 등 크게 세 가지로 구분될 수 있다.

유역 물수지 방법은 분석을 수행하고자 하는 대상 유역을 하나의 공간단위로 고려하고 이를 기준으로 물의 유입과 유출을 고려하는 분석방법이다. 유역 전체를 하나의 공간 단위로 고려하기 때문에 물의 유입과 유출에 있어 상·하류 관계 및 유역 간 물 이동을 고려할 수 없다. 따라서 인위적인 물 사용을 고려한 수자원 관리 분야의 물수지 분석방법으로는 한계가 있으나, 유역 내 개략적인 수요-공급 분석을 위해서 이용한다.

하도 물수지 방법은 하천수 사용량 관리, 하천유량 모니터링 등 하천유량 관리업무에서 이용한다. 하천구간을 의미하는 하도를 중심으로 물의 유입과 유출을 상호 비교하게 되므로 하천으로 물이 유입되는 위치와 하천수 취수의 상·하류 관계가 중요하다. 이는 특히 용도별 물이용에 있어 공급 우선순위가 있는 경우 필수적인 사항이다.

혼합 물수지 방법은 수자원장기종합계획과 같은 수자원계획 수립 및 하천유량 관리를 위해 이용하는 방법이다. 이는 유역 물수지와 하도 물수지 분석방법의 특징을 함께 고려한다. 그림 3.13에서와 같이 상류유역인 유역 A, 지류유역인 유역 B, 분석 대상 유역인 유역 C, 하류유역인 유역 D 등 각각의 유역에 대한 물 수요와 공급 조건을 검토하는 방법은 유역 물수지 분석방법을 따른다. 단위 유역 간 물 이동분석인 유역 A에서 유역 C, 유역 B에서 유역

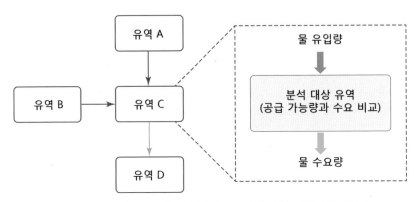

그림 3.13 혼합 물수지 분석방법의 개요(한국수자원공사 2014)

C, 유역 C에서 유역 D 간의 물 이동은 상·하류 관계를 고려하여 순차적으로 분석을 수행하는 하도 물수지 분석방법을 사용한다.

■ 물수지 분석방법의 특징

물수지 분석은 '수자원장기종합계획', '수도정비기본계획', '하천수사용허가' 등에 관련하여 시설계획의 적정성을 검토하는 데 활용된다. 수자원장기종합계획은 수자원 분야 최상위 계획으로 '수자원법'에 따라 국가 수자원의 효율적인 이용 및 관리를 위해 수립된다. '수도정비기본계획'은 수도 분야 최상위 계획으로 '수도법'에 따라 일반 수도 및 공업용수도를 적정하고 합리적으로 설치 및 관리하기 위하여 수립한다. '하천수사용허가'는 '하천법'에 따라 국가하천 및 지방하천의 하천수 사용허가 시 신청허가량의 적정성을 검토하는 데 사용한다.

위에서 언급한 관련 계획별 물수지 분석방법은 표 3.11에서와 같이 검토 대상, 수급 대상, 공급원, 용수수요 산정방법, 물 수급 전망에 따라 분석방법이 일부 상이하다.

'수자원장기종합계획'은 수자원의 공급 가능량과 수요량에 대한 과부족 평가로 장래 수자원 확보 및 현재 수자원 운영의 적절성 등을 판단한다. 그러나 유역 내 수자원 부족량을 모두 공급 가능량으로 설정하여 생공용수의 공급 특성을 고려하지 못하는 한계가 있다. '수도정비기본계획'은 상수도 공급시설 규모의 적절성을 판단하는 데 사용한다. 그러나 수자원에 대한 평가 없이 수요량에 대한 공급체계만을 고려하는 한계점이 있다. '하천수 사용허가'는 하천수 사용규모의 적절성을 판단하는 데 사용한다. 그러나 농업용수의 시기별 수요패턴을 고려하지 않기 때문에 시기별 수자원의 과부족 평가에는 한계가 있으며 미등재 시설물 사용량인 관행수리권에 대한 검토도 부족한 실정이다.

수자원의 효율적인 활용을 위해서는 '수자원법'에 따른 하천유역수자원관리계획을 통해

표 3.11 관련 계획별 물수지 분석 비교

구분		수자원장기종합계획[1]	하천수사용허가[2]	수도정비기본계획[3]
검토 대상		• 모든 수원의 사용수량 * 생·공·농업용수, 하천유지용수, 댐, 지하수, 하천수	• 국가·지방하천 하천수 사용수량 * 댐사용권에 의한 하천수 제외	• 상수도 사용수량 * 일반수도, 공업용수도
수급계획 대상		• 수자원단위지도의 중권역 117개	• 수자원단위지도의 표준유역	• 행정구역 단위 165개 지자체
공급원		• 자연유량 • 댐·농업용저수지, 대형 보 확보량 • 지하수, 대체 수원	• 하천의 기준갈수량 * 10년 빈도 갈수량	• 상수도 공급시설 • 급수체계 조정 및 대체 수원
용수수요	생활용수	• 급수지역 및 미급수지역 포함 • 장래 인구를 고려한 급수량 산정 • 정수처리 공업용수 미포함	• 하천수 허가량	• 상수도가 설치된 급수지역 대상 • 장래 인구를 고려한 급수량 산정 • 정수처리 공업용수 미포함
	공업용수	• 기존 공단, 계획 공단 수요량	• 하천수 허가량	• 기존 공단, 계획 공단 수요량
	농업용수	• 논, 밭, 축산 용수량	• 하천수 허가량 • 미등재 시설은 수리권조사 추정량	–
	기타	• 기고시(2006년) 하천유지유량	• 기고시(2006년) 하천유지유량 • 발전, 주운, 환경 개선 등 허가량	• 하천유지유량 미포함 • 기타 용수(군대/관광 등) 포함
물수급 전망		• 신뢰도 기준 평가(41년 1회) • 유역 중심 중권역 단위 물수급 전망 • 수요패턴: 생·공 연중일정, 농업용수 시기별 수요 고려 • 수자원 부존량을 공급원으로 설정하고 수요량과 과부족 평가 * 과부족＝수원-수요량＋회귀량	• 갈수기준연도(10년 빈도 갈수량) 평가 • 표준유역 중심 하도 물수급 전망 • 수요패턴: 연중일정 • 하천의 기준갈수량을 공급원으로 하여 허가량과 과부족 평가 * 과부족＝기준갈수량-(하천유지유량＋허가량 또는 추정량)＋회귀량	• 갈수기준연도(10년 빈도 갈수량) 평가 • 행정구역 중심의 물수급 전망 • 수요패턴: 연중일정 • 공급시설을 공급원으로 설정하고 수요량과 과부족 평가 * 과부족＝공급수량-수요량
평가		• 자연유량에 대한 신뢰도 확보 필요 • 유역 내 수자원 부존량을 모두 공급가능량으로 설정하여 생공용수 공급 특성 미고려	• 시기별 수요가 다른 농업용수 수요 특성 미고려 • 미등재 시설물(관행수리권) 추정량에 대한 면밀한 검토 필요	• 수원을 고려치 않고 상수도시설만 평가함에 따라 수자원에 대한 평가 시는 부적절

1) 수자원장기종합계획(2011 – 2020) (국토해양부 2011a)
2) 하천수 사용허가 업무 매뉴얼(국토해양부 2009a)
3) 2025 수도정비기본계획(광역상수도 및 공업용수도) (국토해양부 2009b)

현재 중권역별 수자원계획에서 세분화된 유역단위(표준유역 단위)의 수자원 평가 및 수요량 산정, 공급체계 평가가 동시에 이루어져야 한다. 또한 '수자원장기종합계획', '수도정비기본계획', '하천수 사용허가' 등과도 유기적으로 연계하여 유역중심의 통합관리로 전환이 필요하다.

3.3 수리수문량 산정

이 절에서는 이수, 치수, 그리고 하천환경을 위한 수자원 개발, 종합치수대책, 수공구조물 설계 등에 기본이 되는 설계강우, 강우손실과 유효우량, 설계홍수량을 결정하는 방법과 하천 관련 사업의 계획과 설계과정에서 사용하는 수문량의 규모, 그 발생빈도에 관한 통계적 처리기법에 대한 표준적인 기준 등을 설명한다. 그리고 하도계획에 따라 하천의 규모가 정해진 후 계획홍수량이 흐를 때의 홍수위인 계획홍수위 산정방법을 제시한다.

3.3.1 설계강우량

설계강우량은 설계홍수량 산정에 필요한 강우량이다. 이를 산정하기 위해서는 우선 대상 유역에 있는 우량관측소를 선정하고 강우자료를 구축한다. 구축된 강우자료가 대부분 고정 시간 자료이므로 이를 임의시간 자료로 변환한다. 이를 이용하여 빈도별 강우지속시간별 확률강우량을 산정한다. 어느 강우지속시간의 확률강우량이 없는 경우를 위하여 강우강도식을 유도한다. 또한 설계홍수량 추정을 위해서는 강우의 공간 분포를 고려한 면적강우량과 설계 강우의 시간 분포가 필요하며 이에 대하여 기술한다.

■ 우량관측소 선정과 강우자료 구축

수문량 산정을 위한 우량관측소는 설계 대상 유역과의 거리, 시우량 관측년수, 표고, 수계에 의한 유역분리 등을 종합적으로 고려하여 선정한다. 관측소는 기상청, 환경부(구 국토교통부), 홍수통제소, 한국수자원공사, 한국농어촌공사, 한국수력원자력 등이 있다. 이 자료는 WAMIS 및 각 관할기관을 통해 취득할 수 있다. 여기서 제공하고 있는 표준지점번호를 사용한다. 또한 보통의 자료 특성을 벗어난 기록치를 점검할 필요가 있으며, 이상치 대상을 확인하여 검정 및 보정한다.

강우량자료는 1시간 간격으로 기록된 자료를 대상으로 하며 지속기간 1시간부터 최장 지속기간(유역면적 등에 따라 24시간 또는 72시간)까지 각 지속기간별 연최대 강우량을 구한다. 1시간 미만의 간격으로 관측자료를 보유한 강우관측소도 있지만 지역빈도해석 적용 시여러 관측소의 자료를 함께 사용해야 하기 때문에 1시간 간격으로 기록된 자료에 대하여 연최대강우량 계열을 구축한다.

■ 고정시간-임의시간 변환

수문학적 지속기간은 고정시간이 아닌 임의시간을 의미하지만 임의시간 강우량 자료를 수집하는 것이 곤란한 경우가 많으므로 고정시간-임의시간 환산계수를 적용하여 변환한다. 「설계홍수량 산정요령(국토해양부 2012)」에서는 24시간까지의 환산계수 및 회귀식 등을 고려하여 **표 3.12**와 같은 환산계수를 적용한다.

표 3.12 고정시간-임의시간 환산계수(국토해양부 2012)

고정기간(시간)	1	2	3	4	6	9	12	18	24	48
임의기간(분)	60	120	180	240	360	540	720	1,080	1,440	2,880
환산계수	1.136	1.051	1.031	1.020	1.012	1.007	1.005	1.004	1.003	1.002

이와 같은 고정시간-임의시간 환산계수는 일반적으로 다음과 같은 회귀식을 작성하여 적용하게 된다.

$$Y = 0.1346 \cdot X^{-1.4170} + 1.0014 \tag{3.1}$$

여기서 Y는 환산계수, X는 강우지속기간(hr)이다. 한편, 강우지속기간이 48시간을 초과하는 경우에는 환산계수를 적용하지 않아도 무방하며, 측정자료 자체가 임의시간 강우량자료는 환산계수를 적용하지 않고 그대로 사용한다.

■ **확률강우량 산정**

이는 지점빈도해석과 지역빈도해석 방법을 통하여 산정할 수 있다. 강우관측소의 기록기간이 추정하려는 확률수문량의 재현기간보다 짧을 경우 지역빈도해석을 우선적으로 사용한다. 우리나라 법정하천(국가, 지방하천)의 경우 L-모멘트 계산이 불가능한 지역인 백령도와 울릉도 등을 제외하고 지역빈도해석을 적용한다.

(1) 지점빈도해석에 의한 확률강우량 산정

지점 확률강우량은 강우관측소의 지속기간별 최대강우량(10분, 1~72시간) 자료를 이용하고, 재현기간은 2년, 10년, 20년 30년, 50년, 80년, 100년, 200년, 500년 등을 기본으로 하며 필요시 추가한다. 강우빈도해석은 'FARD(Frequency Analysis of Rainfall Data) 2013'을 사용하여 산정할 수 있다.

그림 3.14와 같이 FARD 2013은 우선 강우자료를 구축한다. 이 자료에 대해 예비적 해석과 변동성과 경향성 분석을 실시한다. 다음으로 여러 확률분포형에 대해 매개변수의 추정, 검토, 불확실성을 산정하고, 도시적 해석과 적합도 검정으로 최적분포형을 결정하여 확률강우량을 산정할 수 있다.

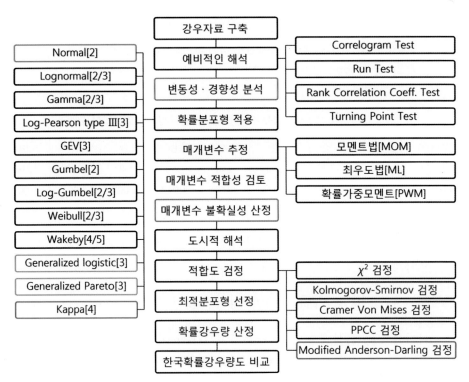

그림 3.14 FARD 2013 흐름도(허준행 2016)

이를 풀어서 설명하면 강우자료의 자료해석을 통해 기본통계 값이 산정된다. 이 값은 지속시간별 강우자료의 평균, 표준편차, 변동계수, 왜곡도계수, 첨예도계수이다. 예비적인 해석은 Anderson Correlation Test, Spearman Rank Correlation Coefficient Test, Turning Point Test 중 한 가지를 선택하여 지속기간별로 계산값과 한계값으로 무작위성 여부를 확인한다. 자료의 무작위성 등 자료해석이 완료된 후 매개변수를 추정하게 된다. 확률분포형별로 매개변수 추정 중 하나를 선택하면 해당 분포형에 대한 지속기간별 입력 자료의 최소값 및 최대값과 위치, 규모, 형상 매개변수를 구할 수 있다. 추정된 매개변수의 각 분포형에 따른 매개변수 적합성 조건 만족 여부는 Validity 열에서 확인할 수 있다. 추정된 매개변수가 적합성 조건을 만족하면, 이 자료에 대해 선택된 확률분포형을 적용하여 확률강우량을 산정한다.

도시적 해석은 자료해석이 완료된 후 확률밀도함수로부터 입력자료에 대한 경험적 확률밀도함수와 계산된 확률밀도함수의 그래프와 누가분포함수로부터 경험적 누가분포함수와 계산된 누가분포함수의 그래프로 확인할 수 있다. 적합도 검정은 자료해석이 완료된 후 확인할 수 있다. 적합도 검정기법에는 χ^2 검정, Kolmogorov-Smirnov 검정, Cramer von Mises 검정, PPCC 검정이 있다. 이 결과를 통해 검정 통계량 값, 적합도 검정 통과 여부의 기준이 되는 한계값이 표시되고, Accepted 열에 적합도 검정의 통과 여부가 표시된다. 표시된 경우 해당 분포형에 적합함을 의미하며, 유의수준은 5%로 고정되어 있다.

최적분포형과 확률강우량 산정값은 표로 나타난다. 매개변수 추정방법과 지속기간을 선택하면 확률분포형별, 재현기간별 확률강우량을 확인할 수 있다. 기준 재현기간으로 2, 3, 5, 10, 20, 30, 50, 70, 80, 100, 150, 200, 300, 500년을 사용한다. 확률강우량이 0으로 표시되는 경우는 매개변수 추정 결과에서 적합성 검토를 통과하지 못한 경우이다. 경향성 분석과 변동성 분석 등에 자세한 사항은 FARD 매뉴얼을 참고한다.

(2) 지역빈도해석에 의한 확률강우량 산정

지점빈도해석을 수행하기 위한 우량관측소는 대개 수공구조물의 설계빈도보다 짧은 기간의 자료를 보유하고 있거나, 존재하지 않는 경우가 대부분이다. 따라서 멀리 떨어진 기상청 우량관측소를 사용하는 경우가 대부분이다. 이는 사업 대상 유역의 강우 특성과 동떨어진 자료를 이용하여 확률강우량을 산정하는 문제를 야기할 수 있다.

이렇게 추정된 확률수문량은 관측자료 기간이 길어질수록 불확실성이 작아지고 신뢰도도 커진다. 지역빈도해석(regional frequency analysis)은 이러한 지점에 대한 확률수문량의 정확도를 향상시키는 목적으로 활용되는 기법이다. 또한 기록자료가 충분할 경우에도 일반적으로 지역빈도해석이 지점빈도해석보다 더 신뢰할 수 있는 것으로 알려져 있다(김경덕과 허준행 2007).

지역빈도해석에 사용하는 자료는 지점빈도해석과 마찬가지로 연최대 수문자료가 널리 사용된다. 지점빈도해석에서는 대상 지점의 수문자료만을 사용하여 확률수문량을 추정하지만, 지역빈도해석에서는 동질지역으로 구분된 지점들의 자료를 활용하여 확률수문량을 추정하는 것이 가장 큰 차이점이다. 따라서 지역빈도해석에서는 동일지역을 구분하는 절차가 대상 자료 분석 이전에 선행되어야 하며, 이 과정이 지역빈도해석을 적용하는 데 있어서 가장 중요한 과정이라 할 수 있다(허준행 2016).

관측소지점 간의 거리가 가까울 경우 지점 간 상관성이 높아질 수 있지만 모의실험을 통해 지점 간 상관성이 없을 경우와 오차를 비교해본 결과 그 영향이 크지 않은 것으로 나타나고 있다(Hosking and Wallis 1997).

정상성 지역빈도해석절차는 그림 3.15와 같다. 여기서 불일치, 이질성, 적합성 척도에 대하여 살펴보면 다음과 같다.

불일치 척도는 여러 지점들로 구성된 하나의 지역에서 그 지점들이 지역과 전체적으로 일치하는지 확인하기 위한 척도로서 각 지점자료의 L-모멘트비에 의해서 측정된다. 한 지점의 L-모멘트비(L-변동계수, L-왜곡도, L-첨예도)를 3차원 공간에서 하나의 점으로 고려하여 여러 지점으로 구성되는 하나의 지역은 이러한 점으로 군집을 이루게 될 것이다. 만약 불일치 척도가 주어진 한계값을 초과하게 되면 해당 지점은 지역 내 다른 지점들과 불일치하다고

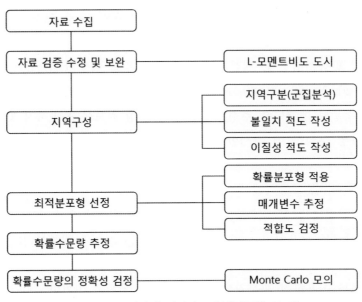

그림 3.15 정상성 지역빈도해석(허준행 2016)

한다. 그러나 이 경우에도 해당 지점자료의 특성을 면밀하게 파악하여 제외 여부를 결정한다.

이질성 척도는 다른 표현으로 동질성 척도와 반대의 의미이지만 개념은 같다고 볼 수 있다. 지역빈도해석에 동질지역이란 지형학적인 의미가 아닌 통계적 특성이 동일한 지점들의 집단을 의미한다. 동질성 척도는 통계량 H를 이용하여 동질성을 검토한다. Hosking and Wallis(1997)는 H<1인 경우 동질한 지역, 1≤H<2인 경우 이질가능 지역, H≥2인 경우 이질한 지역이라고 제시하였다. 그러나 이 기준은 상당히 보수적인 기준으로 실제로 H>2인 경우에도 재현기간이 상대적으로 크면 지역빈도해석 결과가 지점빈도해석 결과보다 좋은 것으로 알려져 있다(김경덕과 허준행 2007).

적합성 척도는 동질성을 가진 한 지역내에 있는 지점들에 가장 적합한 분포형을 선정하는 척도로 지점빈도해석의 적합도검정과 같은 개념이라고 할 수 있다. 적합성 척도 Z는 적용하고자 하는 분포형의 L-모멘트들을 이용하여 구할 수 있다. Z가 0에 가까울수록 적용한 분포형의 적합도가 높다고 할 수 있으며, 신뢰구간 90%를 고려한 적합성 인정기준은 $|Z| \leq 1.64$로 주어진다.

위에서 언급한 지역빈도해석은 자료의 정상성 가정하에 수행되는 정상성 지역빈도 해석에 적용된다. 기후변화, 토지이용 변화 등에 따라서 수문자료의 경향이나 변동이 관측되므로 비정상성 지역빈도해석이 필요하나 이 책의 범위를 넘는다. 이에 대한 자세한 내용은 수문통계학(허준행 2016)을 참고할 수 있다.

「홍수량 산정 표준지침 해설(안)」(국토교통부 2018a)에서는 지역빈도해석 기법을 적용하였다. 여기서는 전국에 설치되어 있는 강우관측소(국토교통부, 기상청, 한국수자원공사, 한국농어촌공사 관할)의 강우자료 중 5개년도 이상 관측기록이 있는 지점의 강우자료(시자료) 구축 및 검·보정을 실시하였다. 그리고 지역구분 및 최적분포형 선정, 확률수문량 추정 및 정확성 검정 등의 과정을 통해 일부 관측소(L-모멘트 계산 불가지역, 백령도, 울릉도 등)를 제외한 채택 강우관측소를 선정(615개)하였고, 지역구분(26개) 및 최적확률분포형(GEV 분포) 결과를 제시하였다(지역빈도해석의 내용과 최근 강우자료(2017년까지)를 반영한 지역빈도해석 확률강우량을 부록에 수록).

■ **강우강도식 유도**

강우강도식은 해당 지속기간에 대한 확률강우량이 없는 경우에 내삽에 의한 보간을 위하여 산정하는 것이 주목적이며, 부수적으로 이러한 과정을 통하여 지속기간별 확률강우량 추이의 이상 유무로 변화 경향을 검토할 수 있다.

중·대규모 하천은 일반적으로 시우량 자료를 이용하여 산정된 확률강우량을 토대로 강우강도식을 유도한다. 설계홍수량이 최대가 되는 강우지속기간인 임계지속기간 개념을 적용함에 있어서도 강우지속기간 간격을 시우량 자료와 동일한 1시간으로 적용한다. 실제 분석된 확률강우량을 그대로 적용할 수 있으므로 별도로 강우강도식을 유도하지 않아도 된다. 하지만 이 경우에도 임계지속기간에 해당하는 홍수량과 배수구조물 등에 필요한 짧은 강우지속기간에 대한 홍수량 산정을 위해서 강우강도식의 산정이 필요하다.

강우강도식의 형태는 Talbot형, Sherman형, Japanese형, Semi-Log형 등과 같은 2회귀상수 형태와 3회귀상수인 General형이 적용되어 왔다. 최근 「확률강우량도 개선 및 보완 연구(국토해양부 2011b)」에서 제시되고 있는 전대수 다항식형 등이 제시된 바 있다. 이와 같은 여러 공식 중 상관계수가 높게 나타나는 형을 채택하는 것이 원칙이다. 회귀상수의 개수가 많은 General형이나 전대수 다항식형의 상관계수가 상대적으로 높으므로 이들 두 가지 중에서 채택하는 것이 바람직하다. 단, 전대수 다항식을 이용하여 1시간 미만의 확률강우량을 구할 때 역전현상이 발생할 수 있어 General형을 사용한다.

전체 강우지속기간을 하나의 강우강도식으로 나타내기 곤란한 경우에는 단·장기간, 단·중·장기간으로 적절히 구분하여 강우강도식을 유도한다. 이와 같은 기간 구분 시에는 임계지속기간 부근에서 구분할 경우 불연속에 의한 문제점이 발생할 수도 있으므로 임계지속기간 근처에서 구분하는 것은 지양하여야 한다.

$$\text{Talbot형: } I(t) = \frac{a}{t + b} \tag{3.2a}$$

$$\text{Sherman형: } I(t) = \frac{a}{t^n} \tag{3.2b}$$

General형: $I(t) = \dfrac{a}{t^n + b}$ (3.2c)

Japanese형: $I(t) = \dfrac{a}{\sqrt{t} + b}$ (3.2d)

Semi-Log형: $I(t) = a + b \log(t)$ (3.2e)

전대수 다항식형: $\ln(I) = a + b\ln(t_h) + c(\ln(t_h))^2 + d(\ln(t_h))^3$ (3.2f)
$$+ e(\ln(t_h))^4 + f(\ln(t_h))^5 + g(\ln(t_h))^6$$

여기서 $I(t)$는 강우지속기간에 따른 강우강도(mm/hr), t는 강우지속기간(min), t_h는 강우지속기간(hr), a, b, c, d, e, f, g, n 등은 회귀상수이다.

■ 면적강우량 산정

면적강우량은 유역에 내린 총 강우량을 유역면적으로 나눈 등가 우량깊이를 의미한다. 일정한 강우지속기간 동안 내린 강우량은 호우 중심으로부터 멀어질수록, 즉 면적이 증가할수록 면적강우량은 감소한다. 이와 같이 강우의 공간분포 및 이동 등에 의하여 강우가 유역 전반에 걸쳐 동일한 형태로 발생하지 않으므로 유역의 면적강우량은 관측소의 지점강우량보다 작아지게 된다.

이에 따라 확률강우량은 지점과 면적 확률강우량으로 구분되며, 유역면적이 25.9 km²(10 mi²) 이상인 경우에는 면적확률강우량을 적용해야 한다. 면적확률강우량은 유역 내에 여러 관측소가 존재할 경우 티센방법 등으로 가중평균한 동시간 임의시간 면적강우량의 연최대치 계열을 작성하고 이를 빈도해석 절차로 산정하는 것이 원칙이다. 하지만 우리나라는 강우관측소의 자동우량 관측기간이 부족하고, 관측소별로 관측기간들이 다르기 때문에 충분한 동시간 임의시간 강우량자료의 수집이 곤란하다.

따라서 홍수량 산정지점을 기준으로 상류 유역에 대해 채택된 관측소별 확률강우량을 티센방법, 등우선법(제주도에 한함) 등으로 유역평균강우량을 산정한다. 여기에 면적감소계수(ARF, Areal Reduction Factor)를 곱하여 면적확률강우량을 산정한다.

면적감소계수 산정 시 적용되는 기준면적은 홍수량 산정지점을 출구로 하는 상류 유역면적(A)를 기준으로 한다. 여기서 A를 소유역($a_1, a_2, \cdots$)으로 분할하여 소유역별 홍수량을 산정할 경우에도 각 소유역에 대한 ARF의 기준면적은 전체 유역면적(A)을 적용한다. 이를 실제 유역에 적용할 경우 재현기간별 지속기간별 면적감소계수를 산정한 후, 이를 면적별 강우지속기간-면적감소계수 형태의 회귀곡선으로 유도하여 사용한다. 그러나 회귀상수가 제시되지 않은 지속기간 등은 인접 지속기간의 면적감소계수를 보간하여 산정한다.

국토해양부(2012)에서 면적감소계수는 식 (3.3)과 같다.

$$ARF(A) = 1 - M \cdot \exp\left[-(aA^b)^{-1}\right]$$
(3.3)

여기서 $ARF(A)$는 유역면적 $A(\text{km}^2)$에 따른 면적감소계수이며 M, a, b는 면적감소계수 회귀식의 회귀상수이며, 이는 부록 A.4를 참고한다.

면적강우량을 이용한 강우-유출 모형 적용을 위해서는 강우의 공간적 불균일성을 고려하여 면적강우량으로 변환한다. 여기서 '강우의 공간적 불균일성'이란 강우는 물리적으로 강우강도(크기), 지속시간, 강우중심에서 멀어질수록 감소한다는 것이다.

면적우량(P_a)은 면적감소계수(ARF)와 지점우량(P_p)을 이용하여 다음과 같이 구한다.

$$P_a = ARF \times P_p$$
(3.4)

면적감소계수 산정방법에는 두 가지가 있다. 첫 번째는 호우 중심형 방법이다. 이 방법은 강우지역의 위치가 고정되어 있지 않고 호우에 따라 변화한다. 호우가 대상 지역의 중심에 위치하여 최대 강우량이 발생하는 형태를 말하며 이산형 호우사상의 윤곽에 의해 나타낸다. 강우를 분석 대상 유역의 중심에 위치시켜 최대의 강우량이 발생하도록 하는 방법으로 가능최대강수량(PMP) 등을 산정하는 데 사용된다.

그러나 국토교통부(2018b)에서는 강우사상의 공간분포를 효과적으로 반영하기 위하여 레이더 강우자료를 활용하여 호우중심형 면적감소계수를 산정하였다. 국내에 발생하는 강우사상의 특성상 전선형 강우와 같이 강수영역이 좁고 긴 밴드 형상을 보이는 강우가 빈번하다. 따라서 면적강우량 산정 시에는 각 강우사상의 형상과 방향성을 고려한 원형 및 타원형의 영역을 설정한다. 그리고 강우중심으로부터 면적을 증가($30 \sim 2,000~\text{km}^2$)시켜 면적강우량을 생성 후 지속기간 1, 3, 6, 12, 24시간의 회귀식을 산정하여 호우중심형 면적감소계수를 제시하였다. 그러나 레이더 강우자료의 경우, 관측기간이 짧아 다양한 빈도의 강우사상을 확보하기 어렵다. 그래서 오랜 관측기간이 확보되어 있는 지상강우자료를 추가하여 레이더강우와 지상강우를 활용한 호우중심형 면적감소계수를 산정하여, 동 시간에 발생한 강우를 기반으로 한 호우중심형 면적감소계수를 제시하였다. 이 값이 과다 설계가 되지 않도록 호우중심형 면적감소계수를 적용하되 호우중심형 및 면적고정형 면적감소계수의 차이가 10% 이상 나는 경우에는 기존의 면적고정형 면적감소계수를 채택하도록 하였다.

두 번째는 면적 고정형 방법이다. 이 방법은 강우지역을 고정시키고 호우가 그 지역의 중심에서 발생하기도 하고, 그 지역에 호우의 일부분만이 영향을 미치게 되기도 한다. 서로 다른 호우사상에 의해 적출되는 최대 지점우량의 평균치이다. 이는 분석 대상 유역 내에 실제로 위치하고 있는 관측지점에서의 강우를 그대로 반영하는 것으로 유역의 면적강우량 산정에 사용한다. 면적 고정형 면적감소계수를 산정하는 절차는 다음과 같다.

－특정 유역 내에 포함된 관측 강우자료로부터 지속기간별로 호우사상을 분류한다.

− 특정 지속기간에 대해 특정 면적에 포함된 관측소의 지점강우량으로부터 연최대치 자료를 선택한 후 빈도 해석하여 특정 지속시간에 대한 재현기간별 확률강우량을 구한다.

− 티센방법 또는 등우선법을 이용하여 재현기간별 확률강우량을 평균하면 특정 지속기간에 대한 재현기간별 지점평균 우량 P_2가 된다.

− 특정 지속기간에 대해 특정 면적에 포함된 관측소의 지점강우량으로부터 티센방법 또는 등우선법을 이용하여 면적강우량을 산정한다.

− 매해마다 특정 지속기간에 대한 연최대 면적강우량을 선택한다.

− 빈도 해석을 하여 특정 지속기간에 대한 재현기간별 면적강우량 P_1을 구한다.

− P_1/P_2를 계산하면 특정 지속기간과 면적에 대한 재현기간별 면적감소계수를 얻게 된다.

− 여러 면적에 대해 위 과정을 반복하면 특정 지속기간에 대한 면적별, 재현기간별, 면적감소계수를 얻게 된다.

− 다른 지속기간에 대해 위 과정을 반복하면 지속기간별, 면적별, 재현기간별, 면적감소계수를 얻게 된다.

예제 3.3

유역면적이 1,500 km²인 한강 권역 내에 어떤 하천유역 내에 위치한 5개 강우관측소의 12시간 지속 연최대우량 자료계열에 대한 지점빈도해석 결과 다음 표와 같은 50년 빈도 강우량이 결정되었다. 이 유역의 50년 빈도 12시간 면적강우량을 면적 고정형 방법으로 산정하시오. 5개 관측소의 티센계수는 아래 표에 주어져 있다.

강우관측소	1	2	3	4	5
50년 빈도 12시간 강우량(mm)	250	286	314	223	307
티센계수	0.20	0.35	0.10	0.15	0.20

[풀이]

1) 지점평균 확률강우량을 산정하면

$$P_p = (250*0.20) + (286*0.35) + (314*0.10) + (223*0.15) + (307*0.20)$$
$$= 276 \ (\text{mm})$$

2) 국토해양부(2012)의 면적감소계수 회귀식의 회귀상수를 통해 재현기간 50년, 강우지속기간 12시간일 때 한강 유역의 회귀상수의 값은 다음과 같다.

$$M = 1.4434, \quad a = 0.1047, \quad b = 0.2000$$

식 (3.3)을 적용하면 ($A = 1,500 \text{ km}^2$)

$$ARF(A) = 1 - 1.4434 \cdot \exp\left[-\left(0.1047\,(1500)^{0.2000}\right)^{-1}\right] = 0.84$$

산정된 면적감소계수는 0.84이다.

3) 50년 빈도 12시간 면적강우량은 식 (3.4)로부터

$$P_a = 0.84 \times 276 = 232 \ (\text{mm})$$

따라서 50년 빈도 12시간 면적확률강우량은 232 mm이다.

■ 설계강우의 시간분포

특정한 재현기간과 지속기간을 갖는 확률강우량은 총 강우량이다. 그래서 유출수문곡선을 작성하기 위해서는 설계강우의 시간분포를 보여주는 설계우량주상도가 필요하다. 시간분포는 설계홍수량 수문곡선의 모양과 첨두홍수량의 크기에 많은 영향을 미치는 인자이다. 이를 결정하는 방법으로는 Mononobe 방법, 교호블럭 방법, Huff 4분위법 등이 있다.

(1) Mononobe 방법

Mononobe 방법은 일반적으로 지속시간이 T인 강우량으로부터 지속시간별 강우강도를 구하는 방법이다.

$$R_t = \frac{R_T}{T}\left(\frac{T}{t}\right)^{2/3} \times t \tag{3.5}$$

여기서 R_T는 지속시간 T (hr)인 총 우량(mm), R_t는 강우시점으로부터 t (hr)까지의 누가우량(mm)이다. 따라서 어떤 시간구간 $\Delta t = t_2 - t_1$까지 분포시킬 우량의 크기는 $R_{\Delta t} = R_{t2} - R_{t1}$ 으로 구하면 된다.

(2) 교호블럭 방법(Alternating Block Method)

교호블럭 방법은 I-D-F(Intensity-Duration-Frequency) 관계로부터 설계우량주상도를 얻는 비교적 간단한 방법으로 지속시간, $t_d (= n\Delta t)$ 동안에 각각의 Δt 시간에 발생하는 강우량을 I-D-F 관계를 이용하여 산정한 후 전진형, 중앙집중형 또는 지연형으로 재배치하는 방법

이다.

재현기간이 결정되면 I-D-F 관계로부터 지속시간, Δt, $2\Delta t$, $3\Delta t$, $\cdots$, $n\Delta t$에 해당하는 강우강도를 산정하여 여기에 지속시간(hr)을 곱해 각각의 지속시간에 대한 누가강우깊이를 계산한다. 이렇게 계산된 누가강우깊이의 차는 각 시간 간격에서 발생하는 강우깊이이다. 이 강우증분을 원하는 형태로 블럭의 순서를 조정하여 배치하면 설계우량주상도를 얻을 수 있다.

(3) Huff의 4분위법

이 방법은 강우의 지속시간을 4등분하여 각 구간의 강우량 가운데 제일 큰 값이 속해 있는 구간을 택한다. 그리고 그 구간의 명칭에 따라 몇 분위 호우라 칭하는데 강우시작에서 1/4구간에서 발생하면 1분위 호우, 2/4구간에서 발생하면 2분위 호우, 3/4구간에서 발생하면 3분위 호우, 강우의 종점에서 발생하면 4분위 호우로 분류한다. 이상과 같이 분류된 4개 유형의 호우에 대해서 시간별 누가강우량을 총 누가지속시간과 총 강우량의 백분율로 다음과 같이 표시한다.

$$PT_i = \frac{T_i}{T_O} \times 100(\%), \quad PR_i = \frac{R_i}{R_O} \times 100(\%) \tag{3.6}$$

여기서 PT_i는 임의시간에서 누가강우시간 백분율, T_i는 강우시점에서 i번째 강우의 종점시간, T_O는 총 강우지속시간, PR_i는 임의시간 T_i에서의 누가강우 백분율, R_i는 임의시간 T_i에서의 누가강우량, R_O는 총 강우량이다.

이 방법은 강우기록의 통계학적 분석을 통하여 제시된 무차원누가곡선으로 강우를 분포시킨다. 우리나라의 경우 지점빈도해석 시에는 「확률강우량도 개선 및 보완 연구(국토해양부 2011b)」에서 제시되어 있는 1~4분위별로 확률 10~90%인 9가지 형태의 무차원누가곡선을 이용해서 누가강우량의 시간분포를 결정한다.

국토교통부(2018b)에서는 지역빈도해석을 통해 집중호우 기준으로 작성된 지역구분별 1~4분위별 확률 50%의 무차원누가곡선식을 부록에 제시하였다. 부록을 참고하지 않고 직접 무차원누가곡선을 작성할 경우에는 집중호우 기준(시강우량 30 mm 이상, 일강우량 80 mm 이상, 일강우량이 연강우량의 10% 이상의 강우를 포함하는 강우사상)으로 작성된 무차원누가곡선을 사용한다. 또한 강우사상이 부족할 수 있으므로 이는 집중호우 기준을 만족하는 호우사상이 충분한지를 확인한 후 산정한다.

「확률강우량도 개선 및 보완 연구(국토해양부 2011b)」에서는 단지 강우분석만이 아니라 홍수량 산정 결과 등을 종합적으로 검토하여 3분위를 안전측으로 제시하고 있어 Huff 분위는 3분위 채택을 원칙으로 한다. 국토교통부(2018b)는 지역빈도해석 시 지역구분에 따른 백분율을 제시하였다.

한편, 분위별 확률 10~90%인 9가지 형태의 무차원누가곡선 중에서는 일반적으로 첨두강우강도가 해당 분위의 가운데에서 발생하는 50%를 주로 채택하고 있다. 이와 같은 기준으로 무차원누가곡선이 채택되면 이를 이용하여 계산시간 간격 크기로 구간별 강우량을 산정한다. 그리고 일반적으로 무차원누가곡선은 10% 간격으로 작성되어 있으므로 정확한 보간을 위하여 회귀분석을 실시한다. 회귀분석의 차수는 일률적으로 6차식 등으로 고정할 것이 아니라 5~7차 정도에서 실제 회귀가 더 잘되는 차수를 채택한다. 이는 6차식으로만 유도할 경우 간혹 지속기간의 꼬리부분에서의 역전현상으로 인한 홍수량 산정 결과의 문제점을 미연에 방지하기 위한 것이다. 무차원곡선은 원자료가 아닌 회귀식으로 나타내어 회귀의 정도를 직접 알 수 있도록 한다. 그리고 회귀식의 사용 시 마지막 구간인 시간 100%에서의 무차원강우량이 100%가 아닐 경우에 대한 보정이 필요하다.

예제 3.4

경기도 수원 강우관측소의 강우지속시간 24시간인 100년 빈도 확률강우량이 453.8 mm인 경우에 Mononobe 방법, 교호블럭(a=828.3783, b=144.8427, c=4.9127, d=0.1139 및 n=0.658) 방법, Huff 4분위법(확률 50%의 누가확률곡선)으로 강우의 시간분포를 구하시오.

[풀이]

1) Mononobe 분포형

Mononobe 공식의 n값은 수원 지역이으로 0.5977(농업진흥공사 1974)을 적용하고, $R_{24}=453.8$ mm, $T=24$ hr이므로

$t=1$ hr인 경우 누가우량은

$$R_1 = \frac{453.8}{24}\left(\frac{24}{1}\right)^{0.5977} \times 1 = 126.4 \text{ mm}$$

$t=2$ hr인 경우 누가우량은

$$R_2 = \frac{453.8}{24}\left(\frac{24}{2}\right)^{0.5977} \times 2 = 167.0 \text{ mm}$$

$t=24$ hr까지 동일한 방법으로 누가우량을 계산한 결과와 1시간 구간별 우량, 그리고 Mononobe의 전진형, 중앙집중형, 지연형에 맞추어 시간분포시킨 결과는 다음과 같다.

시간(hr)	누가우량 (mm)	시간누가우량 (mm)	Mononobe		
			전진형 분포(mm)	중앙집중형 분포(mm)	지연형 분포(mm)
0	0.0	−	−	−	−
1	126.4	126.4	126.4	7.9	7.7
2	167.0	40.6	40.6	8.4	7.9
3	196.6	29.6	29.6	8.9	8.1
4	220.7	24.1	24.1	9.5	8.4
5	241.4	20.7	20.7	10.3	8.6
6	259.8	18.4	18.4	11.2	8.9
7	276.4	16.6	16.6	12.5	9.2
8	291.7	15.3	15.3	14.1	9.5
9	305.8	14.1	14.1	16.6	9.9
10	319.1	13.3	13.3	20.7	10.3
11	331.6	12.5	12.5	29.6	10.7
12	343.4	11.8	11.8	126.4	11.2
13	354.6	11.2	11.2	40.6	11.8
14	365.3	10.7	10.7	24.1	12.5
15	375.6	10.3	10.3	18.4	13.3
16	385.5	9.9	9.9	15.3	14.1
17	395.0	9.5	9.5	13.3	15.3
18	404.2	9.2	9.2	11.8	16.6
19	413.1	8.9	8.9	10.7	18.4
20	421.7	8.6	8.6	9.9	20.7
21	430.1	8.4	8.4	9.2	24.1
22	438.2	8.1	8.1	8.6	29.6
23	446.1	7.9	7.9	8.1	40.6
24	453.8	7.7	7.7	7.7	126.4

2) 교호블럭 방법

$$I(T,\ t) = \frac{a + b\ln\left(\dfrac{T}{t^n}\right)}{c + d\ln\left(\dfrac{\sqrt{T}}{t}\right) + \sqrt{t}} \tag{3.7}$$

여기서 T는 100이고, 수원지역 강우강도식의 회귀상수는 a는 828.3783, b는 144.8427, c는 4.9127, d는 0.1139, n은 0.658값을 대입하고, t를 60분 단위로 24시간 동안 적용하면 다음 표 (2)란과 같이 강우강도를 구할 수 있다.

$$I(100,\ t) = \frac{828.3783 + 144.8427\ln\left(\dfrac{100}{t^{0.658}}\right)}{4.9127 + 0.1139\ln\left(\dfrac{\sqrt{100}}{t}\right) + \sqrt{t}}$$

(3)란의 누가강우량으로부터 각 지속시간별 강우량을 구하면 (4)란과 같고 가장 큰 강우량을 강우중심에 위치시키고 그 다음으로 큰 것을 오른쪽, 왼쪽 순으로 배열하면 (6)란과 같이 구해진다.

교호블럭법에 의한 설계우량주상도 유도

(1) 지속시간 (min)	(2) 강우강도 (mm/hr)	(3) 누가강우량 (mm)	(4) 시간별강우 (mm)	(5) 시간 (min)	(6) 설계우량 주상도(mm)
60	88.7	88.7	86.5	0~60	8.4
120	66.7	133.4	44.7	60~120	9.4
180	55.6	166.8	33.4	120~180	9.8
240	48.5	194.0	27.2	180~240	10.4
300	43.6	218.0	24.0	240~300	11.8
360	39.8	238.8	20.8	300~360	12.6
420	36.8	257.6	18.8	360~420	14.1
480	34.4	275.2	17.6	420~480	15.5
540	32.3	290.7	15.5	480~540	18.8
600	30.6	306.0	15.3	540~600	24.0
660	29.1	320.1	14.1	600~660	33.4
720	27.8	333.6	13.5	660~720	86.5
780	26.6	345.8	12.2	720~780	44.7
840	25.6	358.4	12.6	780~840	27.2
900	24.6	369.0	10.6	840~900	20.8
960	23.8	380.8	11.8	900~960	17.6
1020	23.0	391.0	10.2	960~1020	15.3
1080	22.3	401.4	10.4	1020~1080	13.5
1140	21.6	410.4	9.0	1080~1140	12.2
1200	21.0	420.0	9.6	1140~1200	10.6
1260	20.4	428.4	8.4	1200~1260	10.2
1320	19.9	437.8	9.4	1260~1320	9.6
1380	19.4	446.2	8.4	1320~1380	9.0
1440	19.0	456.0	9.8	1380~1440	8.4

3) Huff 분포

수원 지역의 1~4분위, 확률 50%에 해당하는 지속기간별 누가우량은 다음 표(2~5줄)와 같다. 누가우량(%)의 경우 「확률강우량도 개선 및 보완 연구(부록, 전국 주요 지점의 Huff 시간분포) (국토해양부 2011b)」의 초과확률별 지속기간 백분율 자료를 이용하였다. 지속기간 구간별 우량은 다음 표(6~9줄)와 같다. 설계우량주상도를 구하기 위해 1줄의 지속기간(%)에 실제지속기간 1440분을 곱하면 지속기간(min)(10줄)과 같고 구간우량(%)에 확률강우량 450.7 mm를 곱하면 실제 지속기간별 강우량(11~14줄)을 얻을 수 있다.

Huff 방법에 의한 설계우량주상도 유도

지속기간(%)		10	20	30	40	50	60	70	80	90	100
누가 우량 (%)	1분위	16.1	39.9	57.9	69.0	77.0	84.2	89.5	95.3	98.1	100.0
	2분위	4.7	14.6	31.9	53.8	74.3	84.4	90.7	95.4	98.4	100.0
	3분위	2.7	8.2	13.9	24.2	38.9	58.1	79.9	93.0	98.0	100.0
	4분위	2.8	6.2	13.0	20.6	27.2	37.7	48.8	67.7	90.1	100.0
구간 우량 (%)	1분위	16.1	23.8	18.0	11.1	8.0	7.2	5.3	5.8	2.8	1.9
	2분위	4.7	9.9	17.3	21.9	20.5	10.1	6.3	4.7	3.0	1.6
	3분위	2.7	5.5	5.7	10.3	14.7	19.2	21.8	13.1	5.0	2.0
	4분위	2.8	3.4	6.8	7.6	6.6	10.5	11.1	18.9	22.4	9.9
지속기간(min)		144	288	432	576	720	864	1008	1152	1296	1440
실제 우량 (mm)	1분위	73.1	108.0	81.7	50.4	36.3	32.7	24.1	26.3	12.7	8.6
	2분위	21.3	44.9	78.5	99.4	93.0	45.8	28.6	21.3	13.6	7.4
	3분위	12.3	25.0	25.9	46.7	66.7	87.1	98.9	59.4	22.7	9.1
	4분위	12.7	15.4	30.9	34.5	30.0	47.6	50.4	85.8	101.7	44.8

만일 설계우량주상도의 지속기간의 수를 10개로 나누지 않고 임의의 수로 나눌 경우에는 각 지점별로 주어진 무차원누가우량곡선을 도시하여 곡선으로부터 원하는 수만큼 읽어서 사용하거나, 다음과 같이 곡선의 회귀방정식을 구해 지속기간 $X(\%)$에 따른 누가우량 $Y(\%)$를 산정할 수 있다. 아래 식의 C_0~C_6은 MS Excel의 분산형 차트 내 추세선 중 6차 다항식을 적용하여 구한 계수값이다.

$$Y = C_0 + C_1X + C_2X^2 + C_3X^3 + C_4X^4 + C_5X^5 + C_6X^6$$

확률강우강도식 계수값

재현기간(년)	분위			
100	1	2	3	4
C_0	−0.051727606227	−0.008905722443	0.022357128124	−0.007424864685
C_1	0.491794081601	0.804776119519	−0.254706672313	0.531717022102
C_2	0.172893725417	−0.079586020955	0.083964895477	−0.050448052241
C_3	−0.006885053306	0.005924992287	−0.004136887256	0.003222009547
C_4	0.000115181687	−0.000131149007	0.000098316176	−0.000076807410
C_5	−0.000000898435	0.000001189084	−0.000000995796	0.000000810567
C_6	0.000000002673	−0.000000003886	0.000000003549	−0.000000003096

다음은 위의 계수값을 적용한 확률강우강도식에 의한 지속기간 60분 간격의 실제우량 및 실제우량주상도이다.

확률강우강도식에 의한 실제우량(mm) 유도

지속기간 (min)	실제우량(mm)			
	1분위	2분위	3분위	4분위
0	0.0	0.0	0.0	0.0
60	20.6	10.7	0.7	7.0
120	36.5	7.5	7.4	4.1
180	43.7	10.5	10.1	4.4
240	44.8	16.9	10.6	6.3
300	42.1	24.4	10.5	8.9
360	37.4	31.6	10.8	11.3
420	31.7	37.2	12.0	13.1
480	26.1	40.6	14.4	14.2
540	21.3	41.8	18.0	14.7
600	17.5	40.6	22.4	14.6
660	14.8	37.3	27.2	14.4
720	13.2	32.7	32.0	14.5
780	12.4	27.0	36.1	15.1
840	12.2	21.1	38.8	16.5
900	12.3	15.7	40.0	19.2
960	12.3	11.2	39.0	22.9
1020	11.8	8.0	35.7	27.6
1080	10.8	6.4	30.4	32.9
1140	9.2	6.3	23.3	37.9
1200	7.0	7.2	15.3	41.5
1260	4.7	8.2	7.8	42.3
1320	3.0	8.1	2.3	38.2
1380	2.6	2.8	1.2	26.4
1440	5.8	0.0	7.8	5.8

3.3.2 설계홍수량

설계홍수량(design flood)은 홍수의 특성과 발생빈도, 홍수발생으로 인한 잠재적인 피해규모 그리고 경제적 및 기타 요인들을 고려하여 수공구조물의 공학적 설계의 기준으로 최종 선택되는 첨두홍수량 혹은 홍수수문곡선으로 정의한다(Ponce 1994, 한국수자원학회 2009). 이는 설계하고자 하는 대상 수공구조물의 사회경제적 중요도에 따라 설계 대상 홍수량의 크기가 달리 설정되며, 통상 홍수발생의 평균 재현기간을 기준으로 그 크기가 정해진다.

이는 기본홍수량과 계획홍수량으로 구분한다. 기본홍수량은 어떤 하천이나 유역에서 인위적인 유역개발이나 유량조절시스템에 의해 조절되지 않고 자연상태에서 흐르는 홍수량으로서 홍수조절이나 유역개발의 기본이 되는 홍수량을 말한다. 반면 계획홍수량은 홍수조절이나 유역개발계획 등 각종 계획에 맞추어 이미 산정된 기본홍수량을 종합적으로 분석하여 개개 수공구조물에 홍수량을 합리적으로 분담시켰을 때 계획기준점에서 예상되는 홍수량을 의미한다(한국수자원학회 2009).

따라서 수공구조물에 의해 홍수조절이나 유역개발의 영향을 받지 않는 지점에서의 설계홍수량은 기본홍수량을 그대로 채택한다. 상류에 댐과 저수지 등 수공구조물의 영향을 받는 지점에서는 계획홍수량을 설계홍수량으로 채택한다.

■ 하천설계빈도의 적용

하천설계빈도에 따른 기본홍수량의 규모는 하천등급별 치수경제성 대상 빈도, 해당 하천의 중요도 및 연안 토지이용현황, 치수 경제성 조사에서 분석된 가장 경제성 있는 빈도, 상위 계획 및 관련 계획을 고려한 수계별 일관성 있는 빈도 등을 고려하여 표 3.13과 같이 적용한다.

표 3.13 적용 하천범위에 따른 설계빈도

적용 하천범위	설계빈도	관리자	비고(과거의 구분)
국가하천의 주요 구간	200년 빈도 이상	국토교통부장관	직할하천의 주요 구간 (주요 도시 관류)
국가하천, 지방하천의 주요 구간	100~200년 빈도	국토교통부장관	직할하천의 기타 구간 (주요 지류)
지방하천	50~200년 빈도	광역자치단체장	지방1급 및 2급하천 (준용하천), 도시하천

주) 하천설계기준·해설(한국수자원학회 2009)
하천의 구조·시설기준에 관한 규칙(국토교통부) 제5조 제1항 치수계획규모

표 3.13과 같은 하천구간별 설계빈도의 적용은 여러 문제점을 가지고 있다. 일본의 경우, 하천 치수계획 규모의 결정을 위한 하천 중요도의 결정은 하천과 그 유역의 평가에 바탕을 둔다. 즉, 홍수방어계획의 목적에 따라 하천의 크기, 대상 지역의 사회적·경제적 중요도, 추정된 피해의 양과 질, 과거 피해 이력 등의 요소를 고려하고 있다. 하천범람 위험지역이면서 홍수에 대한 보호가 필요한 대상인 제내지의 중요성을 종합적으로 고려하여 하천의 중요도가 결정되는 것이다. 이는 하천의 효율적 관리를 위하여 크게 국가하천과 지방

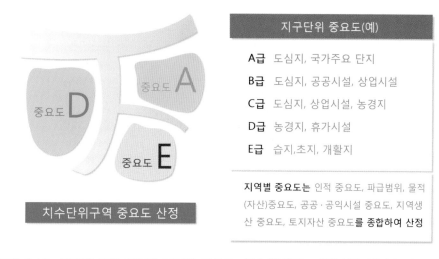

그림 3.16　지역별 피해 특성을 고려한 중요도 개념 확립(국토해양부/한강홍수통제소 2011)

하천으로 구분한 국내 현황과 비교해 볼 때, 하천의 중요도 산정방법에 대한 재검토가 필요하다.

따라서 국토해양부와 한강홍수통제소(2011)는 이에 대한 대안으로서 선택적 홍수방어를 도입하고자 하였다. 이는 보호 대상 지역의 중요도를 고려하지 않은 채 하천 등급에 따라 균등하게 방어하는 개념에서 벗어나 대상 지역의 인구, 경제성 등의 중요도를 고려하여 방어 및 보호의 수준을 차별화하는 것을 의미한다. 즉, 잠재홍수피해 가능지역의 지구단위 치수계획을 수립함으로써 중요한 지역은 지구단위로 보호수준을 상향 조정하는 것이다.

이를 위해서는 우선적으로 홍수범람으로 인해 피해가 발생할 수 있는 지역을 구분하여 치수단위구역을 설정하고, 정량적인 지구단위별 중요도 산정방법을 정립한다. 이에 대한 자세한 사항은 국토해양부와 한강홍수통제소(2011)를 참고한다.

그림 3.16과 같이 치수단위구역 중요도 산정 결과로부터 지구단위 중요도 등급을 구분한다. 지역별 중요도는 인적 및 물적 중요도, 파급범위, 공익시설, 지역생산, 토지자산 중요도 등을 종합하여 산정한다. 각 등급의 목표 하천 보호빈도를 결정함으로써 현재의 치수안전율(＝현재 보호빈도/목표 보호빈도)을 확인할 수 있다. 이는 그림 3.17에서와 같이 하천중심의 홍수방어 및 보호수준 결정에서 홍수로 인한 잠재피해지역 중심의 홍수방어 및 보호수준 결정으로의 전환을 의미하며, 이 치수안전율은 하천개수율을 대체할 새로운 국가 치수지표가 될 수 있다.

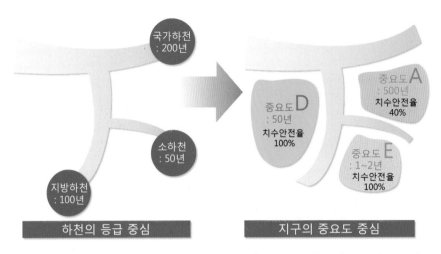

그림 3.17 국가차원의 새로운 치수지표 제시(국토해양부/한강홍수통제소 2011)

■ **설계홍수량의 결정기준**

수공구조물 설계를 위한 설계홍수량의 결정기준은 위험도 기준 방법(risk-based method)
과 극한사상 기준 방법(critical-event method)으로 구분할 수 있다(윤용남 2008).

(1) 위험도 기준 방법

위험도 기준 방법은 대상 수공구조물의 최적 설계를 위해 확률홍수량별로 구조물의 건설
비용과 잔여 잠재 홍수피해액을 합산한 총 예상비용을 산정한다. 그래서 그 값을 최소화할
수 있는 구조물의 최적규모에 해당하는 특정 재현기간의 홍수량을 설계홍수량으로 정하는
방법이다. 설계홍수량은 설계 대상 지점에 대하여 산정한 여러 빈도의 확률홍수량으로부터
설계 대상 수공구조물의 사회·경제적 중요성을 고려하여 설정한 적정 재현기간의 홍수량을
말한다. 따라서 이를 위해서는 우선적으로 확률홍수량을 산정해야 하며, 이에는 강우-유출
모형에 의한 방법과 홍수빈도분석에 의한 방법 등 두 가지로 대별할 수 있다.

(2) 극한사상 기준 방법

대규모 다목적 댐과 같은 경우 홍수로 인한 댐 파괴로 발생할 수 있는 하류의 인명과 재
산의 피해가 상상할 수 없을 정도로 막대하다. 그래서 위험도 기준 방법에 의한 설계 재현기
간을 기준으로 하지 않고 가능최대강수량(PMP)으로 인한 가능최대홍수량(PMF)을 설계홍
수량으로 채택하는 것이 극한사상 기준 방법이다. 이 방법에 의한 PMF 산정은 수문학 관련
서적을 참고하기 바란다.

■ 국내 설계홍수량 산정방법의 변천

표 3.14는 우리나라의 시대별 설계강우량과 설계홍수량의 변천과정을 보여주고 있다. 1970년대부터 국내에서 적용되어 온 설계홍수량 산정방법은 주로 단위도 개념을 바탕으로 한 강우-유출관계 모형에 의한 방법이다. 강우시간분포는 Mononobe 분포를 사용하였고, 하도추적과 면적감소계수 및 임계지속시간은 적용하지 않았다. 1980년대에는 나카야스 종합단위도법과 윤-선우 단위도법 등 합성단위도법을 적용했으며, Muskingum 하도추적방법을 도입하였다. 1990년대에는 각종 확률분포형에 따른 빈도분석과 Nash 유역추적법을 도입하였다.

2000년대에 들어와서는 설계강우의 결정에 있어서는 지점빈도분석을 위한 최적확률분포의 매개변수를 종래의 모멘트법에서 확률가중모멘트법 혹은 L-모멘트법으로 바꾸었다. 면

표 3.14   시대별 설계강우와 설계홍수량 산정방법 변천(국토해양부 2010)

연대		1970년대	1980년대	1990년대	2000년대
설계강우	우량 자료	– 일최대우량	– 일최대우량	– 일최대우량	– 일최대우량 – 시간최대우량 – 임의시간우량으로 환산
	설계강우량 산정	– 지점빈도분석(Gumbel-Chow 방법) – 매개변수-모멘트법 – 면적감소계수 및 임계지속기간 미사용	– 지점빈도분석 – 매개변수-모멘트법 – 면적감소계수 및 임계지속기간 미사용	– 지점빈도분석(각종 확률 분포) – 매개변수-모멘트법 – 면적감소계수 및 임계지속기간 미사용	– 지점빈도분석 – 매개변수 추정은 확률가중 모멘트법 – 면적감소계수 적용 – 임계지속기간 적용
	강우시간분포	– Mononobe 분포식	– Mononobe 분포식	– Mononobe 분포식	– Huff 4분위법
설계홍수	유효우량 산정	– SCS-CN 방법	– SCS-CN 방법	– SCS-CN 방법	– SCS-CN 방법(AMC-Ⅲ 고려)
	합성단위도	– 실제 유도한 단위도	– 나카야스 종합단위도법 – 단위도법	– 나카야스 종합단위도법 – 윤·선우 단위도법 – Nash 유역추적법	– Clark 유역추적법 – Snyder 합성단위도 – SCS 합성단위도 – 유역면적이 클 경우 소유역으로 분할
	하도추적	– 단일유역으로 보고 하도추적하지 않음	– Muskingum 하도추적방법 적용	– Muskingum 하도추적방법 적용	– Muskingum-Cunge 방법 – Muskingum 하도추적방법
	적용수문모형	– 단위도법 – 합리식 – 가지야마 첨두홍수량 공식	– 합성단위도법 적용	– 합성단위도법 적용	– FARD – HEC-1 – HEC-HMS

적감소계수 및 임계지속기간을 적용하였으며, 설계강우량의 시간분포는 Mononobe 분포에서 Huff 분포로 전환하였다. 유효우량 산정은 SCS-CN 방법을 그대로 쓰고 있으며, 합성단위도는 나카야스, 윤-선우 단위도법 등에서 벗어나 HEC-HMS에 내장되어 있는 합성단위도법을 사용하였다. 또한 유역면적이 단위도의 가정을 벗어날 정도로 커질 경우에는 소유역으로 분할하여 지표유출을 계산하고 하류 방향으로 하도 추적을 하여 설계홍수량을 산정하고 있다. 설계홍수량 산정요령(국토해양부 2012)에서 홍수량 산정절차를 제안하였다. 그리고 국토교통부(2018a)는 강수량 분석에서 지역빈도해석 적용, 유출곡선지수의 일부 변경, 도달시간과 저류상수 공식 등을 제안하였다.

■ 국외 설계홍수량 산정방법

(1) 미국

미국의 경우는 설계홍수량 산정을 위해 전국적으로 사용되고 있는 지침은 없다. 그러나 강우-유출관계 모형에 설계강우를 적용하여 설계홍수량을 산정하는 대표적인 방법으로는 미국 육군공병단의 수문공학센터에서 다년간 개발하고 보완해온 HEC-HMS라는 소프트웨어가 있다. 위 모형의 입력자료는 확률강우주상도이며, 합성단위도를 사용하여 확률홍수 수문곡선을 계산한다. 합성단위도로는 Clark 유역추적법, Snyder 합성단위도, SCS 단위도 등이 사용되며, 단위도의 매개변수는 미국유역에서 도출된 경험공식을 사용하고 있다.

홍수빈도분석 방법에 의한 설계홍수량 산정에 사용되는 미국의 대표적인 소프트웨어로는 지점빈도분석에 기초하여 Bobée과 Ashkar(1991)가 개발한 HFA(Hydrological Frequency Analysis)와 미국 수자원평의회(US Water Resources Council 1981)에서 개발한 Bulletin 17B가 있다. 지역빈도분석에 기초한 홍수빈도분석 소프트웨어로는 Hosking(1991)의 Fortran 프로그램이 있다.

(2) 영국

영국의 경우 표준화된 설계홍수량 산정 지침은 영국의 Institute of Hydrology(1999)가 개발한 FEH(Flood Estimation Handbook)로서 Institute of Hydrology(1975)에서 처음 발간한 FSR(Flood Studies Report)을 여러 차례 보완한 것으로서 영국에서 일반화되어 있는 절차이다. FEH는 5개의 Sub-Program으로 되어 있는 바, Volume1은 확률홍수량 산정에 관한 개관 및 권고사항, Volume2는 강우빈도분석, Volume3는 홍수빈도분석을 위한 통계적 절차, Volume4는 강우-유출관계 모형에 의한 방법(ReFH), Volume5는 유역 특성 매개변수의 산정을 위한 프로그램 등이다.

따라서 영국의 방법은 홍수량이 계측된 권역에 대해서는 홍수빈도분석 방법을 적용하여 홍수빈도 곡선을 만들어 지역화에 의해 미계측 유역에 적용할 수 있도록 한다. 그러나 홍수량 자료가 전혀 없는 지역에서는 강우빈도분석 결과와 단위도 개념의 강우-유출관계 모형을 사용하여 설계홍수량을 산정하고 있다.

(3) 호주

호주의 경우 설계홍수량 산정을 위한 가이드라인(지침)은 Institution of Engineers(1998)가 발간한 ARR(Australian Rainfall-Runoff, A Guide to Flood Estimation)로서 전체 8권으로 구성되어 있다. 제1권에서는 서론, 제2권 설계강우, 제3권 설계홍수량 산정방법의 선택, 제4장 설계 첨두홍수량의 산정방법, 제5장 설계홍수수문곡선의 계산, 제6장 대규모 및 극한홍수량의 산정방법, 제7장 수리학적 설계, 제8장 도시 홍수관리 등으로 구성되어 있다.

호주의 경우도 단위도 개념의 강우-유출 모형에 의한 방법과 홍수빈도분석 결과의 지역화에 의한 방법을 함께 사용하여 설계홍수량을 산정하고 있다. 이는 홍수량 자료 계열의 가용여부에 따라 방법의 선택이 이루어진다.

(4) 일본

일본의 경우는 설계홍수량 산정을 위해 표준화된 지침이 없으며, 많은 경우 설계 대상 하천의 기왕 최대 홍수량을 설계홍수량으로 채택하고 있다. 홍수예경보를 위해서는 전통적으로 사용해온 저류함수법을 적용하고 있다(国土交通省/関東地方 整備局 2001).

■ 강우-유출 모형에 의한 설계홍수량의 산정

이 방법은 확률강우량을 산정한 후 확률홍수량 또는 설계홍수량을 산정하는 방법으로 상대적으로 풍부한 강우자료를 활용할 수 있는 장점을 지니고 있다. 하지만 강우-유출관계가 선형성을 가진다는 가정을 전제로 하는 방법이다. 유역의 대표 단위도는 다수의 호우 사상별 강우-유출 자료로부터 유도될 수 있다. 그러나 자료의 제약 때문에 관측 자료로 단위도 유도가 곤란하므로 대부분의 경우 미계측 유역에 적용하는 합성단위도 방법을 사용하고 있다.

임계지속기간은 하천과 같은 비저류구조물은 첨두홍수량이 최대일 때, 댐과 같은 저류구조물은 저류용량이 최대가 되는 강우지속기간이다. 유역의 규모에 따라 1시간 단위 또는 10분 단위의 임계지속기간을 홍수량 산정지점에 대해 결정해서 홍수량을 계산한다.

강우-유출 모형에 의해 설계홍수량을 구하기 위해서는 우선 홍수량 산정지점을 정하고, 유효우량 산정, 유역추적 매개변수인 도달시간과 유역저류상수 산정, 홍수수문곡선계산 등의 절차에 따르며 이에 대하여 차례로 설명하고자 한다.

(1) 홍수량 산정지점 선정

홍수량 산정지점은 소유역 분할과 일정부분 관계를 가진다. 지점별로 결정된 홍수량은 지점을 포함한 상류 쪽의 홍수량 산정지점까지의 대표치로서 해당지점의 유역 특성인 강우량, 강우분포, 유로연장, 하상경사, 유역면적 등을 포함한 복합적인 유역의 반응을 대표하는 수문량이다. 이러한 홍수량을 산정지점별 입력자료로 하여 하도의 수리·수문학적 안정성을 결정하기 위한 홍수위 산정 등을 시행한다.

따라서, 홍수량 산정지점 간격을 너무 길게 결정하면 상류의 홍수위가 과다 산정될 우려가 있는 점을 감안한다. 또한, 홍수량 산정지점은 유역 상·하류의 홍수량 변화를 파악할 수 있을 정도의 구간 설정, 지류합류점 및 주요 구조물 지점 등을 고려하여 선정하여야 하므로 아래와 같은 사항을 고려한다.

① 과거 홍수량 산정지점, 주요 지류합류점, 수위표 지점, 치수계획에 필요한 지점을 중심으로 선정하며, 주요 지류와 본류합류점의 경우 지류의 영향을 검토할 수 있도록 합류 전·후 모두를 채택한다.

② 지형 및 하도 특성을 고려한다.

③ 홍수량 산정지점 선정 시 대유역은 국가하천과 지방하천의 중요 지점, 특히 지방하천은 일정 규모 이상인 하천 하구부의 홍수량을 산정하고, 피해위험성이 큰 도시 및 인구밀집지역이 포함된 지류하천의 경우 홍수방어대책수립이 용이하도록 산정지점을 좀 더 세분화한다.

④ 홍수조절지, 방수로, 강변저류지 등과 같은 홍수방어대안이 계획되어 있거나 홍수조절 효과를 판단할 수 있는 지점도 산정지점으로 선정한다.

(2) 유효우량 산정

유효우량은 총 강우량에서 손실량을 제외한 양이며, 이는 직접유출량이 된다. 실적호우 또는 설계강우로 홍수량을 산정하고자 할 경우에는 우선 시간적 분포를 나타내는 총 우량주상도로부터 손실우량을 분리하여 유효우량 주상도를 작성한다. 강우-유출 모형은 총 강우 중의 유효우량과 이로 인한 유역 출구에서의 직접유출량 간의 관계를 계산하는 모형이며 총 홍수량은 모형으로 계산된 직접유출량에 기저유량을 합하여 산정한다.

강우손실량의 계산에 의한 유효우량의 산정은 일정비법, 일정손실률법, 초기손실-일정손실률법, 침투곡선법 및 표준 강우-유출관계 곡선법 등이 있다(한국수자원학회 2009). 이와 같은 방법 중에서 표준 강우-유출관계 곡선법은 광범위한 수문관측 자료의 분석으로 유역의 유출 특성 조건에 따른 강우량과 유출량의 관계를 설정해 둠으로써 특정 강우량이 발생했을 경우의 유출량을 산정하는 방법이다. 이 방법에 속하는 가장 대표적인 방법은 1972년 미국 토양보전청(SCS, U.S Soil Conservation Service/현재는 NRCS, U.S National Resources Conservation Service)의 유효우량 산정방법이다. 이는 유역의 토양형, 식생피복형 및 처리 상태 등의 유출 특성과 선행토양함수조건 등을 고려하여 객관성이 높은 것으로 알려져 있다.

(가) 산정방법

NRCS에서는 초기손실은 지표면 유출이 시작하기 전의 모든 강우를 포함하는 것으로 가정하며, 소유역 자료에 근거하여 경험적으로 추정된 초기손실 I_a는 다음과 같다.

$$I_a = 0.2S \tag{3.8}$$

여기서 I_a는 초기손실(mm)이며 S는 최대 잠재보유수량(mm)이다. 이를 사용하여 총강우량과 직접유출의 관계를 다음과 같이 나타낸다.

$$Q = \frac{(P - 0.2S)^2}{P + 0.8S} \tag{3.9}$$

여기서 P는 누가강우량(mm)이고 Q는 직접유출(mm)이다.

최대 잠재보유수량 S는 유역의 토양 및 지표면 이용상태와 관계가 있다. 토양 및 지표면의 상태와 관계가 있는 매개변수로서 유역의 직접유출능력을 나타내는 유출곡선지수 CN(Curve Number)을 도입하고 있으며, CN은 S와 다음의 관계가 있다.

$$CN = \frac{25400}{S + 254} \quad \text{또는} \quad S = \frac{25400}{CN} - 254 \tag{3.10}$$

(나) 토양의 구분

CN값은 토양형 및 토지피복 상태, 그리고 선행토양 함수조건 등에 따라 결정된다. 유역의 토양은 그 성질에 따라 침투능이 서로 다르기 때문에 강우로 인한 유출과정에 직접적인 영향을 미치게 된다. 그러나 이러한 토양의 성질을 양적으로 표시하기는 어렵기 때문에 NRCS는 토양의 침투능, 즉 유출률에 따라 네 가지의 토양군으로 분류한다.

우리나라에서 수문학적 토양군의 분류는 '투수속도 측정에 기반한 수문학적 토양 유형의 분류방법'을 적용하고 있다. 이 분류방법은 우리나라 전역에 산재하고 있는 1,200여 개의 토양통에 토양부호를 붙이고 토양의 침투율을 고려하여 개별 토양부호별로 NRCS의 4가지 수문학적 토양군인 A, B, C, D 중의 하나로 분류하고 있다.

표 3.15 수문학적 토양형의 분류(한국농업과학기술원 2007)

토양형	토양의 성질
Type A	침투율이 매우 크며, 자갈이 있는 토양
Type B	침투율이 대체로 크고, 자갈이 섞인 사질토
Type C	침투율이 대체로 작고, 세사질 토양층
Type D	침투율이 대단히 작고, 점토질 토양층

주) 우리나라의 경우 토양형별 면적 구분에는 개략토양도 또는 정밀토양도 등이 있으나, 국립지리원에서 제작한 축척 1:25,000의 수치화된 정밀토양도를 사용함

(다) 토지피복상태

NRCS는 유역의 토지피복상태에 따라서 CN값을 광범위하게 분류하고 있다. 도시지역은 전체면적에 대한 불투수면적의 백분율(%)에 따라 유출곡선지수를 제시한다. 농경지역은 다양한 토지피복상태로 세분하여 유출곡선지수의 값을 제시한다. 만일 주어진 유역 내에 여러 가지 형태의 토지피복상태가 공존하고 있다면 다음 식을 사용하여 면적을 가중치로 갖는 평균 유출곡선지수의 값을 구한다.

$$\overline{CN} = \frac{\sum A_i \, CN_i}{\sum A_i} \tag{3.11}$$

토지피복도는 환경부에서 제작한 1:25,000 수치지도를 이용하며, 현재 개발 중인 택지개발사업 등을 반영하여 유출곡선지수를 산정한다.

미국 NRCS 기준의 토지이용상태와 피복처리상태의 조합에서 우리나라 토지이용 형태에 적합한 조건을 채택하는 기준이 모호하다. 따라서 우리나라에 적합한 유출곡선지수 산정을 위해 환경부의 수치토지피복도 및 수치토지이용도의 분류기준은 표 3.16을 사용하고, 우리나라 토지이용 분류기준에 따른 유출곡선지수 기준은 표 3.17과 같다.

표 3.16 수치토지피복도 및 수치토지이용도 분류기준 비교(국토교통부 2018a)

수치토지피복도 (23단계, 환경부)		수치토지이용도 (37단계, 국토해양부)		수치토지피복도 (23단계, 환경부)		수치토지이용도 (37단계, 국토해양부)	
중분류	코드번호	세분류	코드번호	중분류	코드번호	중분류	코드번호
주거지역	110	일반주택지	3110	활엽수림	310	활엽수림	2220
		고층주택지	3120	침엽수림	320	침엽수림	2210
공업지역	120	공업시설	3310	혼효림	330	혼효림	2230
상업지역	130	상업·업무지역	3130	자연초지	410	자연초지	2110
위락시설지역	140	유원지	2330	골프장	420	골프장	2310
교통지역	150	도로	3210	기타 초지	430	인공초지	2120
		철로 및 주변지	3220			공원묘지	2320
		공항	3230	내륙습지	510	−	−
		항만	3240	연안습지	520	갯벌	4110
공공시설지역	160	발전시설	3410			염전	4120
		처리장	3420	채광지역	610	채광지역	3520
		교육·군사시설	3430			광천지	3540
		공공용지	3440	기타 나지	620	암벽 및 석산	2340
		매립지	3530			나대지 및 인공	3140
		댐	4320			공업나지·기타	3320
논	210	경지정리답	1110			백사장	4410
		미경지정리답	1120	내륙수	710	하천	4210
밭	220	보통·특수작물	1210			호소	4310
하우스재배지	230	−	−	해양수	720	−	−
과수원	240	과수원·기타	1220				
기타 재배지	250	가축사육시설	3550				

자료: 인공위성 영상자료를 이용한 토지피복지도 구축(환경부 2005)

표 3.17 우리나라 토지이용 분류기준에 따른 유출곡선지수 기준(AMC-Ⅱ 조건)(국토교통부 2018a)

수치토지이용도		수치토지피복도		토양군				비고 (NRCS 분류기준 등)
세분류	코드번호	중분류	코드번호	A	B	C	D	
경지정리답	1110	논	210	79	79	79	79	별도 기준(논) CN-Ⅰ, CN-Ⅲ → 70, 89
미경지정리답	1120			79	79	79	79	
보통, 특수작물	1210	밭	220	63	74	82	85	조밀 경작지, 등고선 경작, 불량
과수원 기타	1220	과수원	240	70	79	84	88	이랑 경작지, 등고선 경작, 불량
자연초지	2110	자연초지	410	30	58	71	78	초지, 등고선경작, 양호
인공초지	2120	기타 초지	430	49	69	79	84	자연목초지 또는 목장, 보통

침엽수림	2210	침엽수림	320	55	72	82	85	별도 기준(산림)
활엽수림	2220	활엽수림	310	55	72	82	85	별도 기준(산림)
혼합수림	2230	혼효림	330	55	72	82	85	별도 기준(산림)
골프장	2310	골프장	420	49	69	79	84	개활지, 보통
공원묘지	2320	기타 초지	430	49	69	79	84	개활지, 보통
유원지	2330	위락시설지역	140	49	69	79	84	개활지, 보통
암벽 및 석산	2340	기타 나지	620	77	86	91	94	개발 중인 지역
일반주택지	3110	주거지역	110	77	85	90	92	주거지구, 소구획 500 m² 이하
고층주택지	3120	주거지역	110	77	85	90	92	주거지구, 소구획 500 m² 이하
상업, 업무지	3130	상업지역	130	89	92	94	95	도시지역, 상업 및 사무실지역
나대지 및 인공녹지	3140	기타 나지	620	77	86	91	94	개발 중인 지역
도로	3210	교통지역	150	83	89	92	93	도로, 포장도로(도로용지 포함)
철로 및 주변지역	3220	교통지역	150	83	89	92	93	도로, 포장도로(도로용지 포함)
공항	3230	교통지역	150	83	89	92	93	도로, 포장도로(도로용지 포함)
항만	3240	교통지역	150	83	89	92	93	도로, 포장도로(도로용지 포함)
공업시설	3310	공업지역	120	81	88	91	93	도시지구, 공업지역
공업나지, 기타	3320	기타 나지	620	77	86	91	94	개발 중인 지역
발전시설	3410	공공시설지역	160	61	75	83	87	주거지구, 소구획 500~1,000 m²
처리장	3420	공공시설지역	160	61	75	83	87	주거지구, 소구획 500~1,000 m²
교육, 군사시설	3430	공공시설지역	160	61	75	83	87	주거지구, 소구획 500~1,000 m²
공공용지	3440	공공시설지역	160	61	75	83	87	주거지구, 소구획 500~1,000 m²
양어장, 양식장	3510			100	100	100	100	별도 기준(수면)
채광지역	3520	채광지역	610	68	79	86	89	개활지, 불량
매립지	3530	공공시설지역	160	61	75	83	87	주거지구, 소구획 500~1,000 m²
광천지	3540	채광지역	610	68	79	86	89	개활지, 불량
가축사육시설	3550	기타 재배지	250	68	79	86	89	자연목초지 또는 목장, 불량
갯벌	4110	연안습지	520	100	100	100	100	별도 기준(수면)
염전	4120	연안습지	520	100	100	100	100	별도 기준(수면)
하천	4210	내륙수	710	100	100	100	100	별도 기준(수면)
호, 소	4310	내륙수	710	100	100	100	100	별도 기준(수면)
댐	4320	공공시설지역	160	61	75	83	87	주거지구, 소구획 500~1,000 m²
백사장	4410	기타 나지	620	77	86	91	94	개발 중인 지역
-	-	하우스재배지	230	76	85	89	91	도로, 포장, 개거
-	-	내륙습지	510	100	100	100	100	별도 기준(수면)
-	-	해양수	720	100	100	100	100	별도 기준(수면)

(라) 선행토양함수 조건

선행토양함수 조건은 특정 강우사상의 발생 이전에 유역토양의 수분 함유상태를 나타내는 것이다. 선행강우량이 많은 경우에는 토양이 많은 물을 포함하고 있으므로 유출률이 커지고, 선행강우량이 적은 경우에는 침투에 의한 손실이 커지게 되어 유출률이 작아진다. NRCS는 1년을 성수기와 비성수기로 구분하여 선행토양함수조건(AMC)을 다음의 세 가지로 나타내었다.

① AMC-Ⅰ: 유역의 토양이 대체로 건조한 상태에 있어서 유출률이 대단히 낮은 상태
② AMC-Ⅱ: 유출률이 보통인 상태
③ AMC-Ⅲ: 유역의 토양이 거의 포화되어 있어서 유출률이 대단히 높은 상태

NRCS는 이상과 같은 선행토양함수조건을 구분할 기준으로서 5일 선행강우량을 채택하였으며, 그 크기는 표 3.18과 같다. 결국 네 가지 영역의 지표면 상태에 대한 AMC-Ⅱ 조건의 유출곡선지수의 값을 구한 후, 선행강우량의 크기에 따라 식 (3.12a)로 AMC-Ⅰ, 식 (3.12b)로 AMC-Ⅲ 조건에 대한 유출곡선지수의 값을 구한다.

표 3.18 선행토양함수 조건의 분류(한국수자원학회 2009)

AMC condition	5일 선행강우량 P5(mm)	
	비성수기	성수기
Ⅰ	P5 < 12.70	P5 < 35.56
Ⅱ	12.70 < P5 < 27.94	35.56 < P5 < 53.34
Ⅲ	P5 > 27.94	P5 > 53.34

$$CN(Ⅰ) = \frac{4.2CN(Ⅱ)}{10 - 0.058CN(Ⅱ)} \tag{3.12a}$$

$$CN(Ⅲ) = \frac{23CN(Ⅱ)}{10 + 0.13CN(Ⅱ)} \tag{3.12b}$$

여기서 CN(Ⅰ), CN(Ⅱ), CN(Ⅲ)는 AMC-Ⅰ, Ⅱ, Ⅲ 조건하에서의 유출곡선지수이다.

(마) 유출곡선지수 산정 절차

그림 3.18은 홍수량 산정지점별로 평균 유출곡선지수를 산정하는 절차이다. CN값을 산정하기 위해서는 홍수량 산정지점의 유역도는 수치지도를 이용한다. 이에 토지피복도, 정밀토양도를 중첩한 후 수문학적 토양군 분류와 토양도 레스터 변환을 통하여 중첩에 의해 셀별 CN값을 산정하여 소유역별 평균 CN값을 구한다.

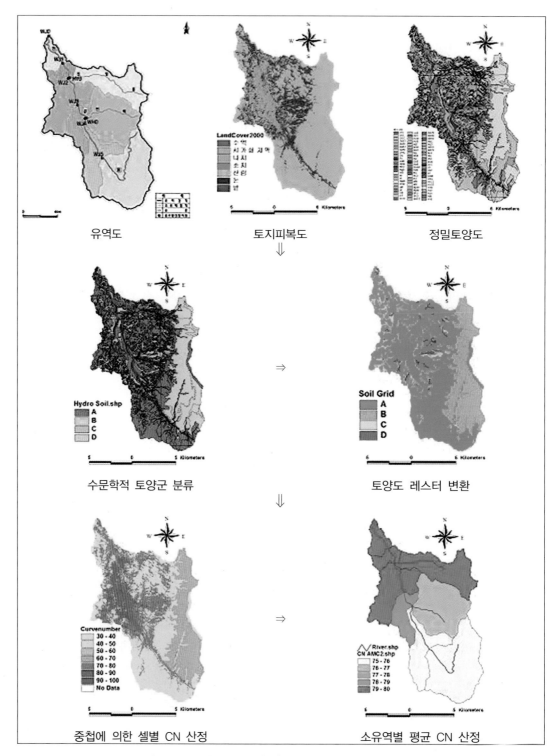

유역도   토지피복도   정밀토양도

수문학적 토양군 분류   토양도 레스터 변환

중첩에 의한 셀별 CN 산정   소유역별 평균 CN 산정

그림 3.18 유출곡선지수(CN) 산정 절차(국토해양부 2012)

(3) 도달시간과 저류상수

(가) 도달시간 산정

도달시간 혹은 집중시간은 유역의 최원점에서 하도의 시점까지 표면류 흐름(overland flow)의 유하시간과 하도시점에서 하도종점까지의 하도흐름의 유하시간의 합으로 정의된다. 표면류 흐름의 유하시간과 하도흐름의 유하시간은 산정방법을 달리 적용하는 것이 원칙이다.

유역의 최원점에서 하도시점까지 표면류 흐름의 유하시간을 무시할 수는 없다. 하지만 중규모 이상 하천유역의 경우 전체 도달시간에서 차지하는 비중이 작고, 하도시점이 지도축척에 따라 달라지는 문제점 등을 감안하여 유역의 최원점에서 하도종점까지의 유하시간을 동일한 방법을 적용하여 산정하고 있는 경우가 많다.

이에 따라 도달시간은 유역의 최원점에서 하도종점까지의 유하시간을 동일한 방법으로 산정하는 방식을 채택하는 것이 바람직하다.

도달시간 산정을 위한 구간 분할은 유역최원점에서 유역출구점까지 종단도를 그린 후 유역의 경사변화를 반영할 수 있도록 경사가 유사한 구간을 하나의 구간으로 구분하는 것으로 적절한 개소수로 분할한다. 추가적으로 홍수량 산정지점인 지류합류점 및 주요 구조물 등을 고려한다.

구간별 도달시간의 합의 계산은 전체 도달시간을 산정하는 방법과 전체 등가경사를 계산한 후 전체 구간에 대한 도달시간을 한꺼번에 산정하는 방법이 있다. 두 가지 방법 중에서 구간별 도달시간을 합하여 산정하는 방법이 물리적으로 보다 타당성을 가지는 방법이다. 이 방법의 경우 구간을 적절하게 분할하는 것이 중요하다.

자연하천유역의 도달시간 산정 공식은 Kirpich 공식, Rziha 공식, Kraven 공식(Ⅰ), Kraven 공식(Ⅱ) 등의 경험공식들이 있으며, 국토해양부(2012)에서는 연속형 Kraven 공식을 제안하였다. 그러나 국토교통부(2018a)는 양질의 신뢰성 높은 강우-유출자료를 이용하여 우리나라의 유역을 대표하는 유역의 도달시간을 추정하기 위한 식을 개발하였다.

$$T_c = 0.214LH^{-0.144} \tag{3.13}$$

여기서 T_c는 도달시간(hr), L은 유로연장(km), H는 고도차(m, 유역 최원점 표고-홍수량 산정지점 표고)이다.

이외에 주로 이용되는 공식은 다음과 같으며, T_c는 도달시간(min)이다.

- Kirpich 공식: 농경지 소유역을 대상으로 유도된 공식

$$T_c = 3.976 \frac{L^{0.77}}{S^{0.385}} \tag{3.14}$$

- Rziha 공식: 자연하천의 상류부($S \geq 1/200$)에 적용되는 공식

$$T_c = 0.833 \frac{L}{S^{0.6}} \tag{3.15}$$

- Kraven 공식(Ⅰ): 자연하천의 하류부($S < 1/200$)에 적용되는 공식

$$T_c = 0.444 \frac{L}{S^{0.515}} \tag{3.16}$$

- Kraven 공식(Ⅱ): 자연하천의 경사별 유속을 적용하는 공식

$$T_c = 16.667 \frac{L}{V} \tag{3.17}$$

($S < 1/200 : V = 2.1$ m/s, $1/200 \leqq S \leqq 1/100 : V = 3.0$ m/s, $S > 1/100 : V = 3.5$ m/s)

여기서 S는 평균 경사, V는 평균 유속(m/s)이다.

- 연속형 Kraven 공식: Kraven(Ⅱ)의 불연속성을 보완한 연속형 공식

$$\text{급경사부(S > 3/400)}: V = 4.592 - \frac{0.01194}{S}, \ V_{max} = 4.5 \text{ m/s} \tag{3.18a}$$

$$\text{완경사부(S} \leq \text{3/400)}: V = 35{,}151.515 S^2 - 79.393939 S + 1.6181818,$$

$$V_{min} = 1.6 \text{ m/s} \tag{3.18b}$$

예제 3.5

다음 그림과 같은 하천 유역에 대한 도달시간을 산정하려고 한다. 도달시간 산정을 위한 지점별 값들이 다음 표와 같이 주어질 때, 하류지점(A)에서의 도달시간을 공식별로 산정하시오.

산정지점	유역면적 (km²)	유로연장 (km)	표고 (EL.m)
A	245.42	37.41	0.1
B	215.87	36.36	0.2
C	190.72	27.30	1.3
D	120.44	21.14	2.1
E	59.39	18.62	2.5
F	44.42	13.69	10.0
최원점(G)	–	–	170.4

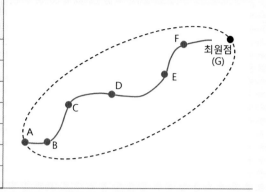

[풀이]

① Kirpich, Rziha, Kraven(Ⅰ), Kraven(Ⅱ), 연속형 Kraven 공식 산정

도달시간 산정을 위한 구간별 매개변수는 다음 표와 같다.

구분		A–B 구간	B–C 구간	C–D 구간	D–E 구간	E–F 구간	F–G 구간
유역면적(A) (km²)		29.55	25.15	70.28	61.05	14.97	44.42
유로연장(L) (km)		1.05	9.06	6.16	2.52	4.93	13.69
고도차(H) (m)		0.10	1.10	0.80	0.40	7.50	160.40
경사(S)		0.00010	0.00012	0.00013	0.00016	0.00152	0.01172
평균 유속 (m/s)	Kraven(Ⅱ)	2.10	2.10	2.10	2.10	2.10	3.50
	연속형 Kraven	1.63	1.63	1.63	1.63	1.82	3.57

구간별 도달시간 산정결과는 다음 표와 같다.

도달시간 공식	구간별 도달시간 산정(분)						합계 (분)	합계 (시간)
	A–B	B–C	C–D	D–E	E–F	F–G		
Kirpich	145.9	698.2	505.5	235.1	165.1	165.2	1915	31.9
Rziha	226.2	1687.4	1101.8	399.6	201.4	164.3	3781	63.0
Kraven(Ⅰ)	54.9	417.9	274.5	101.3	61.9	60.0	971	16.2
Kraven(Ⅱ)	8.3	71.9	48.9	20.0	39.1	65.2	253	4.2
연속형 Kraven	10.8	92.7	63.0	25.7	45.1	63.9	301	5.0

② 우리나라 유역의 도달시간 추정식 산정

$$T_c = 0.214\, L H^{-0.144} = 0.214 \times 37.41 \times 170.30^{-0.144} = 3.8 \text{ hr}$$

③ 따라서, 유역의 도달시간은 산정공식에 따라 큰 차이를 보인다.

(나) 저류상수 산정

저류상수는 시간의 차원을 가지는 유역의 유출 특성 변수로서 유출에 영향을 미치는 유로 연장, 하천 유로의 평균경사, 유역면적, 유역형상 등의 영향을 받는다. 따라서 미계측 유역의 저류상수를 결정하기 위한 경험공식들은 이들 인자의 항으로 표시된다.

이의 산정방법은 Clark 공식, Linsley 공식, Russel 공식, Sabol 공식 등이 있다. 지금까지는 주로 Russel 공식과 유역형상을 형상계수의 역수 형태로 고려하는 Sabol 공식을 주로 사용하였다. 그러나 국토교통부(2018a)는 양질의 신뢰성 높은 강우-유출자료를 이용하여 우리나라의 유역을 대표하는 유역의 저류상수를 추정하기 위한 식을 개발하였다.

$$K = \alpha \left(\frac{A}{L^2} \right)^{0.02} T_c \tag{3.19}$$

여기서 K는 저류상수(hr), α는 계수, T_c는 도달시간(hr)이다. α의 값은 일반적인 경우에는 1.45(기준값, 일반적인 하천), 산지 등 하천경사가 급하고 저류능력이 적은 경우에는 1.20, 평지 등 하천경사가 완만하고 저류능력이 큰 경우에는 1.70을 적용한다.

• Clark 공식

$$K = C \frac{L}{\sqrt{S}} \tag{3.20}$$

여기서 C는 상수(0.5~1.4)이다.

• Linsley 공식

$$K = \frac{b L \sqrt{A}}{\sqrt{S}} \tag{3.21}$$

여기서 b는 상수(0.01~0.03)이다.

• Russel 공식

$$K = \alpha T_c \tag{3.22}$$

여기서 α는 도시지역 1.1~2.1, 자연지역 1.5~2.8, 산림지역 8.0~12.0이다.

• Sabol 공식

$$K = \frac{T_c}{1.46 - 0.00867 \frac{L^2}{A}} \tag{3.23}$$

예제 3.6

예제 3.5에서 제시된 유역의 저류상수를 산정하려고 한다. 상기 제시된 유역별 인자를 참고하여, 하류지점(A)에서 저류상수를 공식별로 산정하시오(단, 공식별 상수는 평균값 또는 자연하천의 일반적 값을 적용하고, 도달시간은 우리나라의 도달시간 추정식 산정값을 적용할 것).

[풀이]

① Clark 공식

$$K = C \frac{L}{\sqrt{S}} = 0.95 \times \frac{37.41}{\sqrt{0.0046}} = 542.0 \text{ hr}$$

② Linsley 공식

$$K = \frac{b\,L\,\sqrt{A}}{\sqrt{S}} = \frac{0.02 \times 37.41 \times \sqrt{245.42}}{\sqrt{0.0046}} = 172.8 \text{ hr}$$

③ Russel 공식

$$K = \alpha\,T_c = 2.15 \times 3.82 = 8.2 \text{ hr}$$

④ Sabol 공식

$$K = \frac{T_c}{1.46 - 0.00867 \dfrac{L^2}{A}} = \frac{3.82}{1.46 - 0.00867 \times \dfrac{(37.41)^2}{245.42}} = 2.7 \text{ hr}$$

⑤ 우리나라 유역의 저류상수 추정식

$$K = \alpha \left(\frac{A}{L^2} \right)^{0.02} T_c = 1.45 \times \left(\frac{245.42}{37.41^2} \right)^{0.02} \times 3.82 = 5.8 \text{ hr}$$

위의 저류상수 계산결과에서 보듯이 Clark과 Linsley 공식의 저류상수가 다른 공식에 비하여 지나치게 크게 산정됨을 알 수 있다.

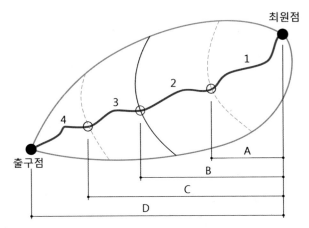

그림 3.19 신규 도달시간 및 유역저류상수 산정공식의 적용

(다) 신규 도달시간 및 유역저류상수 공식 적용

국내에서 신뢰도 높은 관측 강수량 및 유출량 자료를 기반으로 개발된 도달시간 및 저류상수 공식의 적용방법은 개발조건과 동일하게 **그림 3.19**의 A, B, C, D와 같이 각 홍수량 산정지점에서 유역최원점까지 유역 특성(유역면적, 유로연장, 고도차 등)을 이용해서 한 번에 산정한다. 저류상수 값은 유역 내 산정지점별 계수값이 하류로 내려갈수록 역전이 발생하지 않도록 채택하여야 한다.

(4) 홍수수문곡선 계산

(가) 유효우량주상도 작성

대상 유역의 설계강우를 시간분포시켜 총 우량주상도를 작성한 후 유역의 평균 유출곡선지수(CN)를 사용하여 NRCS 방법에 의해 유효우량주상도를 작성한다.

(나) 시간-면적곡선 작성

도달시간 산정결과를 토대로 직접 작성하는 방법과 유역형상에 따른 합성시간-면적곡선을 이용하는 방법이 있다. 직접 작성방법은 번거롭기는 하지만 유역 특성을 보다 정확하게 반영할 수 있는 장점이 있다. 합성시간-면적곡선 방법에서는 시간-면적곡선을 일반적인 타원형 유역형상에서 유도된 다음과 같은 식으로 표시되는 합성시간-면적곡선의 형태로 표시한다.

$$AI = 1.414T^{1.5}, \ 0.0 \leq T < 0.5 \tag{3.24a}$$

$$AI = 1.414(1-T)^{1.5}, \ 0.5 \leq T \leq 1.0 \tag{3.24b}$$

여기서 AI는 총 유역면적에 대한 누가면적비, T는 도달시간에 대한 시간비이다.

합성시간-면적곡선 방법을 적용하면 번거로운 구적 작업이 필요 없게 되는 장점과 직접 작성 방법과 합성 방법의 결과 비교에서 차이가 크지 않은 경우가 많은 점 및 도달시간 산정의 불확실성 등을 종합적으로 고려한다면 일반적인 유역형상의 경우에는 합성시간-면적 곡선 방법을 사용하는 것이 가능할 것으로 판단된다.

하지만 유역형상이 일반적인 타원형 유역형상이 아닌 경우에는 합성시간-면적곡선 방법의 사용을 지양하고 직접시간-면적곡선을 작성하여 사용한다.

(다) 직접유출수문곡선 계산

유역에 내린 유효우량의 시간적 분포를 표시하는 유효우량주상도를 이용한 홍수량 산정은 직접 유출의 전이를 고려해 주는 시간-면적곡선을 사용하면 유역 출구로 전이되는 직접 유입수문곡선을 계산할 수 있다.

(라) 기저유량 결정

기저유량은 첨두홍수량에 미치는 영향이 상대적으로 미미하므로 중요시되지 않고 있다. 그러나 유출총량에는 어느 정도 영향을 미치게 되므로 저류구조물의 설계 시에는 고려하는 것이 필요하다. 현재 기저유량 결정에는 유량관측자료가 있을 경우 연도별 풍수기(6~9월) 최대 유량이 발생하는 월의 일 최저 유량의 평균 등을 채택하고 있다.

미계측 유역인 경우 유역의 특성이 유사하다고 판단되는 인근 유역 자료를 활용하여 산정하는 방법이 있다.

(마) 홍수수문곡선의 작성

직접유출수문곡선은 해당 강우의 유효우량만에 의한 것이므로 여기에 기저유량을 더하여 홍수수문곡선을 계산한다.

(5) 저수지 및 하도 홍수추적

하도의 저류효과를 무시할 수 없어서 전체 유역을 여러 개의 소유역과 하도로 분할할 경우 개개 소유역에 대하여 Clark 유역추적법으로 계산한 홍수수문곡선은 저수지가 있을 경우는 저수지 추적, 하도로 유출될 때에는 하도추적을 하류방향으로 하게 되며, 이 과정에서 측방유입은 본류의 홍수수문곡선과 합성하게 된다.

(가) 저수지 홍수추적

저수지 홍수추적(reservoir flood routing)은 저수지로 들어오는 유입수문곡선을 저수지에서 나가는 유출수문곡선으로 전환시키는 절차이다. 수문에 의해 조절되지 않는 단순저수지의 홍수추적을 위하여 수집하여야 하는 자료는 표고별 저류량곡선 및 표고별 유출량곡선 등이다. 일반적으로 저수지 홍수추적은 Puls 방법 또는 저류지시법(storage indication method)으로 불리는 방법을 적용할 수 있다.

한편, Puls 방법처럼 수면이 수평(level pool)이라는 가정을 토대로 하는 저수지 홍수추적에서 유출수문곡선의 첨두는 반드시 유입수문곡선의 감수곡선상에 위치하게 되며 저수지 홍수추적 결과에서 이를 확인하는 것이 필요하다.

(나) 하도 홍수추적

하도 홍수추적(channel flood routing)은 하도구간으로 들어오는 유입수문곡선을 하도구간에서 나가는 유출수문곡선으로 전환시키는 절차이다. 하도 홍수추적 방법에는 Muskingum 방법과 Muskingum-Cunge 방법이 있으나 두 방법 모두 하도 홍수추적에 따른 첨두홍수량 저감이 미미하므로 일반적으로 Muskingum 방법을 주로 사용한다. 이 방법의 매개변수는 하도저류상수 K와 가중계수 x값이다.

하도저류상수 K값은 추적구간의 홍수파 통과시간을 주로 사용하며, 자연하천의 홍수파 통과시간은 하도 유하시간의 2/3를 적용한다. 하도 유하시간으로 대상 하도구간의 도달시간을 이용할 수 있다. 또한, 하도구간 시점과 종점의 특성을 이용해서 대상 하도구간의 도달시간을 결정할 수 있다. 홍수의 저류효과 정도를 결정하는 무차원가중계수 x값은 0~0.5의 범위를 가지며, x값은 민감도가 낮으므로 중간값인 0.2를 채택하면 무난하다.

한편, 홍수추적 구간이 길어서 K값이 상대적으로 커서 $2Kx < \Delta t$ 조건을 만족시키기 어려운 경우 전체 추적구간을 소구간으로 나누어야 한다. 이때 각 소구간의 홍수파의 통과시간을 홍수추적의 시간간격과 같은 것으로 가정하기 위하여 다음과 같이 추적구간 수를 결정하여야 하며, 저류효과는 추적구간 수가 많아질수록 적어진다.

$$NSTPS = K / \Delta t \tag{3.25}$$

여기서 NSTPS는 추적구간의 수이며 버림 조건으로 계산된 정수로 최소 1 이상, K는 하도저류상수, t는 계산시간 간격이다.

Muskingum 방법은 가장 간단한 하도 홍수추적 방법이나 배수 영향을 고려할 수 없고, 홍수터를 모의할 수 없는 등의 단점이 있다.

▣ 유역의 규모에 따른 홍수량 산정

표 3.19에서와 같이 유역규모에 따른 유출 특성을 살펴보면, 유역의 유역면적이 25 km²
이하인 소규모 유역, 25 km²에서 250 km²인 중규모 유역, 250 km² 이상인 대규모 유역으로
나눌 수 있다. 유역면적이 약 250 km² 이하인 경우는 하도저류효과를 무시할 수 있기 때문
에 대상 하천의 모든 홍수량 산정지점에 대하여 하도추적 방법을 제외하여 설계홍수량을 산
정한다. 따라서 소유역의 분할이 필요 없고 홍수량 산정지점의 상류유역을 1개의 단일유역
으로 취급하여 홍수량을 산정한다.

표 3.19 유역규모에 따른 유출 특성(국토해양부 2012)

구분	소규모 유역	중규모 유역	대규모 유역
설계강우 지속기간 동안 강우강도	일정	변화	변화
강우의 공간분포	균일	균일	변화
유출형태	표면류 흐름이 지배적	표면류 흐름과 하도흐름으로 구성	하도흐름이 지배적
하도저류효과	무시	무시	고려
유역면적	25 km² 이하	25~250 km²	250 km² 이상
홍수량 산정방법	하도추적 제외 방법		하도추적 포함 방법

유역면적이 250 km² 이상인 대규모 유역에서의 유출계산은 전체 유역을 적절한 개수의
소유역과 하도구간으로 분할하여 소유역에 단위유량도를 적용한다. 저수지가 있을 경우는
저수지추적, 하도로 유출될 때에는 하도추적을 하류방향으로 하게 되며, 이 과정에서 측방
유입은 본류의 홍수수문곡선과 합성하게 된다. 보다 자세한 대유역의 홍수수문곡선 계산은
관련 자료(국토해양부 2012)를 참고 바란다.

▣ HEC-HMS를 이용한 설계홍수량 산정

HEC-HMS를 이용한 홍수수문곡선을 계산하기 위한 과정은 그림 3.20의 수문분석 흐름도
와 같다. 강우-유출 모형을 사용하기 위해서는 우선 지형분석을 실시한다. 이는 수치지도를
사용하여 DEM, 하천망, 티센망을 구축하고 유역의 토양 및 토지이용 등 수문학적 유역 특
성 분석을 실시한다. 다음에 강우분석은 지속시간별 연최대치 강우량 자료를 FARD 등으로
확률강우량을 산정한다. 그리고 우리나라 하천계획에서 많이 사용하는 강우-유출 모형인
HEC-HMS(Hydrologic Model System)로 첨두홍수량과 홍수수문곡선을 계산한다. 유량분석
은 연최대치 홍수량 자료로 빈도분석하여 확률홍수량을 구하며, 실측 수문곡선으로 강우-유

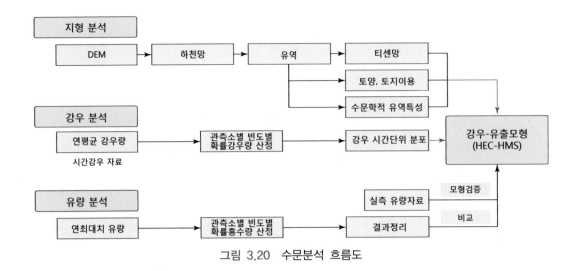

그림 3.20 수문분석 흐름도

출 모형의 검정과 검증 과정을 포함한다.

그림 3.21에서 보는 바와 같이 HEC-HMS 모형은 유역 모형, 강우 모형, 저수지추적 및 하도추적 모형과 계산과정으로 구성된다. 자료 보유시스템인 HEC-DSS(Date Storage System) 파일로 하천분석 모형인 HEC-RAS(River Analysis System)와 연동될 수 있다. 유역 모형은 소유역의 유출 모형으로는 Clark과 SCS 단위유량도가 있고, 강우손실량은 유출곡선지수법 등이 있다. 그리고 도달시간과 저류상수를 변환할 수 있다. 강우 모형은 증발산과 융설량 고

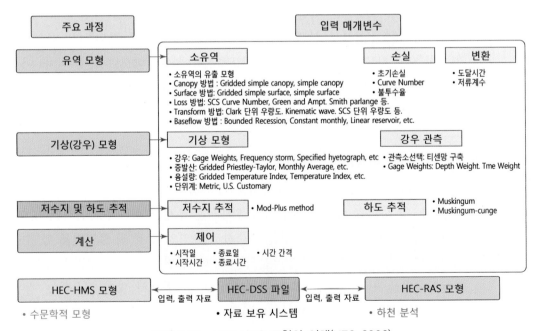

그림 3.21 HEC-HMS 모형의 이해(HEC 2006)

려가 가능하고 티센망을 구축한다. 저수지추적은 Mod-Plus 방법, 하도추적은 Muskingum과 Muskingum-Cunge 방법을 적용할 수 있다. 계산과정은 시작일 종료일, 시간간격, 시작시간, 종료시간 등을 제어할 수 있다.

■ 홍수빈도분석에 의한 설계홍수량 산정

홍수빈도분석 방법은 홍수량 자료 계열을 직접 빈도해석하여 확률홍수량 및 설계홍수량을 산정하는 방법으로 이론적으로 최상의 방법이다. 하지만, 실측 홍수량 자료가 부족하면 관측 홍수위를 수위-유량관계곡선에 의해 홍수량을 산정한다. 그 과정에서 수위-유량관계곡선의 신뢰도가 낮아서 홍수량 자료의 신뢰도가 낮다. 또한 댐 건설 전·후 홍수량 자료가 갖는 불연속성으로 빈도해석에 어려운 문제가 있다.

홍수량 자료가 충분히 계측된 유역에 대하여 연최대 홍수량 자료 계열을 작성하여 홍수빈도분석에 의해 확률홍수량을 산정한다. 홍수량이 미계측된 유역에 이 방법을 적용하기 위해서는 홍수량 계측 유역에 대한 홍수빈도분석 결과와 계측지점 유역의 지형 특성 인자 간의 상관관계를 사용하여 확률홍수량을 결정한다. 이의 대표적 기법은 지표홍수법(index flood method)이며 다음과 같은 가정이 필요하다. 각 지점의 자료는 동일한 확률분포형을 따른다. 각 지점의 자료는 독립적이다. 지점들의 확률분포는 규모만 다르고 동일한 확률분포형을 따른다. 지역성장곡선(regional growth curve)의 수학적 형태는 정확하다.

이와 같이 지표홍수법은 각 지점의 연최대 홍수자료를 나눠서 자료들을 표준화시키는 방법으로 지역빈도해석을 수행한다. 이 방법은 하나의 지역으로 구분된 지점들은 모두 동일한 모분포를 따르는 것으로 가정한다. 따라서 대상 지점의 확률수문량은 지역 내 포함된 지점들에게 공통으로 적용되는 지역성장곡선에 지표홍수(평균)를 곱해줌으로써 산정할 수 있다 (허준행 2016).

또한 이 방법은 하천 유역 내 여러 수위관측소 지점의 연최대 홍수량 자료계열의 점빈도해석결과를 지역화하는 것이다. 이는 지역 전반에 걸친 수문학적 특성을 요약해 주는 방법이다. 또한 홍수량 자료를 도식적으로 처리하여 얻은 결과를 도표화하여 사용하고 있다. 하지만 회귀분석, 상관관계분석 등의 통계학적 기법을 사용하면 더 양호한 결과를 얻을 수 있다. 이 방법에 의해 지역빈도해석을 작성하는 절차는 다음과 같다(윤용남 2008).

① 유역 특성이 비슷한 지역 내의 각 유량관측점에 대한 홍수량빈도곡선을 극치 확률지상에 작성한다.
② 각 관측점의 홍수량빈도곡선으로부터 택한 재현기간별(혹은 초과생기확률법) 홍수량의 평균 연홍수량(mean annual flood)에 대한 비율을 계산한다. 여기서 평균 연홍수량

은 각 관측점의 재현기간 $T=2.33$에 해당하는 홍수량으로 정의된다.

③ 지역 내 전 관측점에 대하여 계산된 비율을 재현기간별로 같이 작성한 후 각 재현기간에 대한 중앙값(median)을 결정한다.

④ ③에서 구한 중앙값을 해당 재현기간에 대하여 평균 연홍수량에 대한 유량비(중앙값)과 재현기간 간의 지역홍수빈도 곡선으로 얻을 수 있다.

그리고 국토해양부(2008b)는 '유역종합치수계획 및 하천기본계획 수립지침'에서 유량 환산이 가능한 지점인 한강 17개 지점, 낙동강 18개 지점, 금강 8개 지점, 섬진-영산강 13개 지점 등 모두 56개 지점에 지역빈도분석을 수행하여 100년 빈도 홍수량을 유역면적의 함수로서 표 3.20과 같이 제시하였다. 이 값은 홍수량 산정 시 참고값으로 적용되기도 한다.

표 3.20 5대강 유역의 지역빈도해석 결과

유역명	홍수량(100년 빈도: m^3/s)	결정계수(R^2)	적용면적(km^2)
한강	$Q = 34.732A^{0.7074}$	0.9430	$100 \leq A \leq 20,000$
낙동강	$Q = 45.809A^{0.6004}$	0.9496	$100 \leq A \leq 20,000$
금강	$Q = 63.094A^{0.5883}$	0.8876	$100 \leq A \leq 10,000$
섬진-영산강	$Q = 43.26A^{0.6414}$	0.5575	$100 \leq A \leq 4,000$

3.3.3 계획홍수위

계획홍수위는 계획홍수량을 안전하게 유하시킬 수 있는 수위이며 과거에 발생한 최고수위, 빈도별 계산홍수위, 기고시 계획홍수위, 하도 특성 등을 종합적으로 고려한다.

이는 제방 등의 수공구조물 계획 시에 기준이 되는 수위이다. 이를 결정하기 위해서는 지류배수, 내배수, 하천횡단구조물 및 만곡부 영향과 계획홍수량을 유하시킬 수 있는 하도의 종단형 및 횡단형을 고려한다. 이는 설계홍수량, 하도의 종단형, 횡단형과 관련하여 정해지나, 제내지 지반고를 넘는 높이로 설정하는 것은 가능한 한 피해야 한다. 또한 계획홍수위를 높게 설정할수록 내수배제, 지류처리 등에 어려운 문제가 발생할 수가 있다. 따라서 가능하면 하폭을 증가시켜 계획홍수위를 낮게 하되, 과거에 발생한 홍수의 최고수위보다 낮게 하는 것이 바람직하다.

여기서는 우선 기점홍수위 결정 방법, 홍수위 산정 시 매개변수인 조도계수 산정과 교량, 낙차공, 보 등에 의한 국부적 수위상승에 대하여 언급하고, 계획홍수위 산정에 대하여 기술한다.

▨ 기점홍수위 결정

기점홍수위는 하천의 홍수위 계산을 위한 계산시점의 홍수위를 말하며, 하구의 계획홍수위 또는 배수 영향이 있는 지류에서는 기본적으로 본류의 계획홍수위를 사용한다. 하천에서의 기점홍수위를 결정하는 방법에는 여러 가지가 있으나 조위의 영향 유·무에 대별되며, 이에 따른 기점홍수위를 결정하는 방법은 다음과 같다.

(1) 조위의 영향을 받은 구간에서의 기점홍수위 결정

하구조위와 홍수량은 서로 독립된 사상으로 생각하며, 계획홍수량과 만나는 조위는 계획홍수량과 관계없이 안전한 값을 선정한다.

구체적으로, 태풍에 의한 폭풍해일 또는 지진해일의 내습이 예상되지 않는 지역에서는 약최고 고조위 또는 대조평균 만조위를 사용한다. 태풍에 의한 고조 및 파랑 또는 지진해일의 내습이 예상되는 경우에는 약최고 고조위＋최대 조위편차(또는 고조 조위편차)를 쓸 수 있다. 하구조위 기록과 유량 기록이 충분한 경우 연최대 조위에서 개수 규모에 상당하는 확률 조위를 채택할 수 있다.

(2) 조위의 영향을 받지 않은 구간에서의 기점홍수위 결정

조위의 영향을 받지 않는 일반 하천구간에서 기점홍수위를 결정하는 방법으로는 하구 계획홍수위를 사용하고 배수 효과가 있는 지류에서는 기본적으로 본류의 계획홍수위를 사용한다. 본류 배수 영향을 받는 지류에서의 기점홍수위 산정 시 본류의 설계홍수량과 지류의 설계홍수량의 관계(발생시간, 홍수량)는 다음과 같다.

① 본류의 계획홍수량에 비해 지류의 계획홍수량이 아주 작을 경우에는 기점수위를 설정

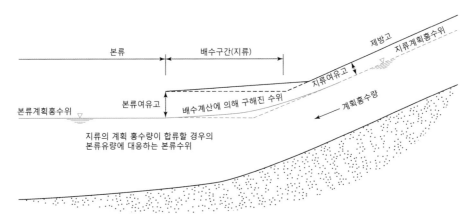

그림 3.22 본류에 비해 지류계획홍수량이 작은 경우(한국수자원학회 2009)

하는 것이 아니라 지류의 계획홍수량에 대해 등류 계산을 하여 구한 수위와 본류계획 홍수위가 만나는 수위를 역으로 기점수위로 정한다.

② 본류와 지류의 첨두홍수량 발생시간의 관계에서 다음 3가지 경우로 구분하여 기점수 위를 정한다.

• 본류와 지류가 모두 계획홍수량인 경우는 극히 드문 경우이나 유출해석 결과 본류와 지류의 첨두유량이 동시에 만날 경우에는 본류계획홍수위를 기점수위로 하여 배수계 산을 하도록 한다.

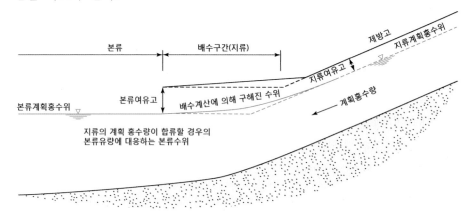

그림 3.23 본류는 계획홍수량, 지류는 계획홍수량 미만인 경우(한국수자원학회 2009)

• 본류는 계획홍수량이며 지류는 계획홍수량이 아닌 경우는 본류가 계획홍수위에 도달 했을 때 본류의 첨두유량에 대응하는 유량이 지류에 유하하는 경우에는 본류 계획홍 수위를 기점수위로 하여 배수계산을 수행한다. 단, 본류와 지류의 유역도달시간 특성 이 극단적으로 차이가 나서 서로 상관이 없는 경우에는 합류점의 본류수위에 대해서 수평으로 이은 수위를 기점으로 한다.

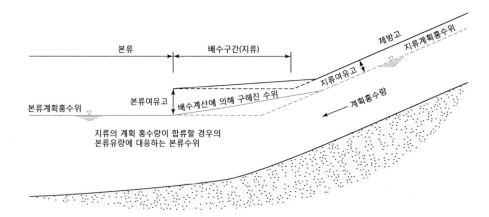

그림 3.24 본류는 계획홍수량이 아니고 지류가 계획홍수량인 경우(한국수자원학회 2009)

• 지류는 계획홍수량이며 본류는 계획홍수량이 아닌 경우: 지류로부터 계획홍수량이 합류할 때, 본류유량에 대응하는 본류수위를 기점홍수위로 하여 배수계산을 수행한다. 단, 본류의 계획홍수량에 비해 지류의 계획홍수량이 아주 작을 경우에 상기 ①항을 준용한다.

③ 수공구조물에 의해 한계수심이 발생한 경우는 한계수심 또는 계획홍수위를 기점홍수위로 한다.

④ 하도가 급확대, 단락, 만곡 또는 보·교각에 의해 수위 변화가 일어나는 곳은 손실수두를 더하여 계산한 수위를 기점홍수위로 한다.

■ 조도계수의 산정

조도계수는 수로를 흐르는 물에 대한 마찰저항을 나타내는 수리학적 계수로서, 일반적으로 매닝의 조도계수를 의미한다. 이는 보통 n으로 표시한다. 그러나 하천개수공사가 완료된 복단면 하도의 경우에는 합성 조도계수, 즉 저수로와 홍수터를 합성한 조도계수인 N으로 표시하여 사용하기도 한다.

조도계수에 영향을 주는 요소는 수로의 표면조도, 수로 내의 식생, 수로법선, 침전 및 장애물, 수로의 크기와 형상, 수위 및 유량, 계절적 변화 등 영향인자가 다양하다. 따라서 조도계수는 동일 하천, 동일 구간은 물론 경년적으로 변화하기 때문에 정확한 값을 추정하기 어렵다.

(1) 국내 조도계수 산정의 문제점

국내 조도계수 산정의 문제점은 일관되지 않고 다소 임의적인 조도계수를 산정한다는 것이다. 그리고 홍수위 계산 위주로 정하며, 저수위에는 활용이 제약된다. 또한 10 km 이상의 긴 하도 구간에 동일한 조도계수 적용하기도 하고, 조도계수 적용을 위한 참조구간(기준)이 부재한 실정이다.

표 3.21에서 보는 바와 같이 조도계수 실측 결과를 살펴보면, 유량규모와 하상재료 등에 따라서 그 값의 변화가 매우 큼을 알 수 있다. 그러나 실무에서는 이에 대한 고려가 이루어지지 않는 실정이다.

표 3.21 조도계수 실측 결과(한국건설기술연구원 2011)

대상 하천		유량 (m³/s)	동수반경 (m)	평균유속 (m/s)	하상재료 (d_{50}, mm)	수면경사	조도계수
하천명	지점						
섬진강	곡성	6~2,894	0.40~5.38	0.14~3.89	266.7	0.00067~0.00147	0.0355~0.4895
탄천	복정	35~400	0.73~2.23	0.74~2.74	22.8	0.00046~0.00065	0.0135~0.0289
평창강	방림	3~525	0.22~1.83	0.22~3.50	126.6	0.00450~0.00489	0.0307~0.0894
내성천	평은	22~78	0.32~0.61	0.78~1.51	2.8	0.00216~0.00225	0.0230~0.0337
금강	현도 1	8~1,000	1.23~3.50	0.02~1.69	67.7	0.00016~0.00031	0.0155~0.2379
금강	현도 2	8~1,000	0.07~2.58	0.05~1.90	133.8	0.00055~0.00154	0.0328~0.2928
금강	이원	23~1,436	0.31~3.65	0.16~1.96	35.6	0.00025~0.00054	0.0265~0.0452
홍천강	서면	22~2,761	0.17~3.66	0.46~3.28	79.0	0.00063~0.00149	0.0375~0.2169
달천	피산	63~1,237	0.88~4.64	0.33~2.48	137.7	0.00040~0.00220	0.0488~0.1286

(2) 적절한 수위자료가 없는 경우 조도계수 산정

이 경우는 하도형상 및 하상재료에 따라 산정된 도표에 의한 추정방법을 사용하며, 표 3.22와 같이 하천 및 수로의 상황별 조도계수표에 의한 방법을 참고할 수 있다.

표 3.22 하천 및 수로의 조도계수(한국수자원학회 2009)

	하천 및 수로의 상황	n의 범위
인공수로 개수하천	콘크리트 인공수로	0.014~0.020
	나선형(spiral) 반관(半管)수로	0.021~0.030
	양안에 돌붙임이 적은 수로(泥土床)	0.025(평균치)
	암반을 굴착하여 방치한 하상	0.035~0.050
	다듬은 암반 하상	0.025~0.040
	점토성 하상, 세굴이 일어나지 않을 정도의 유속	0.016~0.022
	사질 Loam, 점토질 Loam	0.020(평균치)
	Drag Line 굴착준설, 잡초 적음	0.025~0.033
자연하천	평야의 소하천(잡초 없음)	0.025~0.033
	평야의 소하천(잡초와 관목(灌木)있음)	0.030~0.040
	평야의 소하천(잡초 많음, 잔자갈 하상)	0.040~0.055
	산지하천(호박돌)	0.030~0.050
	산지하천(큰호박돌)	0.040 이상
	큰하천(점토, 사질하상, 사행(蛇行)이 적음)	0.018~0.035
	큰하천(자갈 하상)	0.025~0.040

(3) 적절한 수위자료가 있는 경우 조도계수 산정

이 경우는 홍수흔적수위 이용방법과 수위관측소의 수위-유량 자료를 이용한 추정방법 등이 있다. 우선, 등류계산에 의한 조도계수 역산 방법은 흔적수위의 자료수가 적은 경우나 하도의 종횡단 변화가 작은 장소에서는 흐름이 정상등류라고 가정하여 등류계산식에 의해 조도계수를 역산한다.

$$n = \frac{R^{2/3}\sqrt{\Delta H/\Delta X}}{V}$$ (3.26)

여기서, n은 조도계수, R은 동수반경, ΔH는 상·하류 2개 지점의 수위차, ΔX는 구간거리, V는 구간 평균 유속(m/s)이다.

부등류 계산으로 조도계수 역산 방법으로는 첫째, 에너지 경사를 이용하는 방법으로 유량의 변동은 미미하나 상·하류의 단면형에 적지 않은 수위차가 있는 경우에는 수면경사를 에너지경사로 치환하여 조도계수를 역산한다.

$$n^2 = \frac{2\left[\left(H_2 + \dfrac{V_2^2}{2g}\right) - \left(H_1 + \dfrac{V_1^2}{2g}\right)\right]}{\left(\dfrac{V_1^2}{R_1^{4/3}} + \dfrac{V_2^2}{R_2^{4/3}}\right)\Delta X}$$ (3.27)

여기서, H는 수위이며, 아래 첨자 1은 하류단면, 2는 상류단면이다.

이 공식은 상·하류지점의 조도계수가 크게 변하지 않을 뿐만 아니라 하상은 거의 수평에 이르도록 경사가 작아야 하며, 단면의 변화가 급팽창이나 축소가 있는 경우에는 적용할 수 없는 단점이 있다.

표준축차계산법을 이용하는 방법은 하천의 하류부터 상류까지 일관하여 조도계수를 산정할 경우에 적용된다. 즉, 조도계수가 일정하다고 판단되는 비교적 긴 구간의 하도의 경우 표준축차계산법으로 계산된 수위와 흔적수위의 차이의 분산이 최소가 되도록 하여 이 구간의 조도계수를 역산한다.

(4) 하구에서의 조도계수 산정

하구범위를 일단 부등류 계산 출발지점에서 상류 측으로 하구처리공이나 하구사주의 영향을 받아 하도가 급축소, 급확대, 또는 만곡되어 종횡단 및 평면형상이 본류 하류와 구분할 필요가 있는 구간으로 정한다. 여기서 하구의 하도 조도계수는 홍수 시 관측기록으로부터 매닝의 평균 유속공식에 의해 역산한 값, 하구까지 연속되는 본류 하류의 조도계수, 하구의 평면형상, 또는 비슷한 다른 하천에서 이용한 조도계수값 등을 참고로 하여 결정하고 가능하면 수리모형실험으로 검정하는 것이 바람직하다.

하구하도의 제반 손실수두 가운데 특히 중요한 것은 하구에 형성되는 사주에 의한 유수저항을 어떻게 계획에 반영시키느냐는 것이다. 또한 사주가 씻겨나가기 전 단계의 흐름을 파악하는 것이 대단히 어려우므로 충분한 현지조사를 하고 수리모형실험에 의해 검정하는 것이 바람직하다.

(5) 조도계수 산정 방향

조도계수는 수위 산정에 매우 큰 영향을 미친다. 그러나 이를 산정하는 데는 주관적 판단과 임의성이 크다. 따라서 조도계수 산정을 위해서는 하천 특성에 대한 면밀한 접근이 필요하며, 하도 구간별로 분리하여 산정하고, 유량(수위) 규모별로 분리하여 정하는 것이 필요하다.

(6) 미국의 조도계수 산정방법

미국의 NRCS는 개수로의 조도계수 산정방법은 수로 재질의 구분, 흐름 저항에 영향을 주는 요소 등을 하나씩 고려하여 최종적으로 대상 수로의 조도계수를 구하는 방법을 제시하였다. 관계식은 식 (3.28)과 같다.

$$n = (n_0 + n_1 + n_2 + n_3 + n_4) m_0 \tag{3.28}$$

표 3.23 조도계수의 기본값(n_0)

하상재료	조도계수의 기본값(n_0)
흙(모래, 실트 등) 수로	0.020
암석 수로	0.025
가는 자갈(직경 8 mm 이하) 수로	0.024
굵은 자갈(직경 16 mm 이상) 수로	0.028

표 3.24 n값에 대한 식생의 영향(n_1)

식생과 흐름 조건(비교)	n값에 영향	n값 수정범위(n_1)
• 유연한 잔디나 잡풀 밀집(버뮤다, 블루 그래스 등), 수심은 식생 높이의 2~3배 • 갯버들이나 미루나무의 어린 가지. 수심은 식생높이의 3~4배	낮음	0.005~0.010
• 잔디 풀, 수심은 식생 높이의 1~2배 • 잎이 적당히 있는 줄기 있는 풀, 잡초, 묘목. 수심은 식생 높이의 2~3배 • 적당히 밀집된 관목(1~2년생 갯버들 등), 휴면기, 수로변에만 서식하고 바닥에는 없음, 수리 반경은 0.6 m 이상	중간	0.010~0.025
• 8~10년생 갯버들이나 미루나무, 휴면기, 관목과 잡풀과 같이 서식, 잎은 없음, 수리 반경은 0.6 m 이상 • 성장기, 관목 갯버들이 잡풀과 같이 수로변에 서식, 잎이 무성하나 바닥에는 없음, 수리 반경 0.6 m 이상	높음	0.025~0.050
• 잔디 풀, 수심은 식생 높이의 반 이상 • 성장기, 일년생 관목 갯버들, 수로변에 잡풀과 같이 서식하며 잎이 무성, 수로 바닥에는 부들이 서식, 수리 반경은 3~4.6 m까지 • 성장기, 잡풀과 관목과 같이 서식하는 나무, 잎이 무성함, 수리 반경은 3~4.6 m까지	매우 높음	0.050~0.100

여기서 n_0, n_1, n_2, n_3, n_4, m_0은 수로조건에 따른 조도계수값이다.

표 3.25 n값에 대한 수로 단면 불규칙성의 영향(n_2)

단면의 크기와 형태의 특성	n값 수정범위(n_2)
• 크기와 형태의 변화가 점차적으로 발생	0.000
• 크고 작은 단면이 가끔 교대로 발생, 또는 단면 형태의 변화가 가끔 흐름을 수로의 좌우로 이동시킴	0.005
• 크고 작은 단면이 자주 교대로 발생, 또는 단면 형태의 변화가 자주 흐름을 수로의 좌우로 이동시킴	0.010~0.015

표 3.26 n값에 대한 수로 표면 불규칙성의 영향(n_3)

불규칙 정도	표면(비교)	n값 수정범위(n_3)
부드러움	• 같은 재료를 가지고 가장 부드럽게 만든 상태	0.000
약간	• 정비(준설)가 잘된 수로, 측벽은 약간 세굴된 상태	0.005
보통	• 정비가 되어 있지 않은 수로, 측벽은 많이 세굴되어 불규칙한 상태	0.010
심함	• 측벽은 아주 세굴되어 매우 불규칙한 상태, 하상은 암반이 노출되어 매우 거친 상태	0.020

표 3.27 장애물의 n값에 대한 영향(n_4)

장애물의 상대적 효과	n값 수정범위(n_4)
미미	0.000
약간	0.010~0.015
상당	0.020~0.030
심함	0.040~0.060

표 3.28 수로선형 불규칙성의 n값에 대한 영향(m_0)

곡선수로 길이/직선수로 길이	만곡의 정도	수정범위(m_0)
1.0~1.2	작음	1.00
1.2~1.5	상당	1.15
>1.5	심함	1.30

■ **국부적 수위상승 계산**

국부적 수위상승은 평균 유속공식을 사용할 수 없는 흐름의 상당수가 2차원 혹은 3차원적인 유황을 가지고 있어서 계산하기 어렵다. 따라서 수위·유황 예측이 필요한 경우는 수리실험이나 보다 고차원의 수리계산 등 상세한 검토를 행하는 것이 바람직하다.

교각에 의한 수위상승을 추정하기 위해서는 D'Aubuisson 공식, Yarnell 공식이나 국내·외적으로 개발된 실험공식을 사용한다. 하천을 횡단하는 교량에 있어서 흐름은 1) 수위가 교량의 상판에 미치지 못하는 낮은 흐름과 2) 수위가 상판을 넘는 높은 흐름으로 각각 구분한다. 전자의 경우 수위는 교량의 교각에 의해서만 영향을 받으나, 후자의 경우 상판 하단의 흐름은 압력흐름이 되고 상판 위의 흐름은 보월류흐름이 된다.

보, 낙차공 등의 하천을 횡단하는 구조물에 대한 수위계산과 교각에 대한 수위상승 등은 HEC-RAS 이용자 지침서나 하천수리학 등을 참고하기 바란다.

■ 계획홍수위 산정

계획홍수위는 계획하도 구간과 그 상류와 하류의 흐름이 상류인지 사류인지를 판별한 후에, 그 하천 흐름이 등류, 부등류, 부정류 흐름에 적합한 방법으로 계산한다. 부등류 계산에 있어서 도수, 분류, 합류점, 교각, 낙차공, 보 등에 의한 국부적인 수위상승이 예상되는 경우에는 각각의 경우에 알맞은 국부공식을 이용하여 계산한다. 또한 하도형상이 복잡하여 흐름의 거동을 1차원으로는 알 수 없는 경우에 필요에 따라서 2차원 부등류 및 부정류 계산 또는 수리모형실험을 실시한다. 그러나 하천을 대상으로 하는 홍수위 계산은 홍수 시 하도 내에서 일반적으로 시간에 따라 비교적 완만하게 변하므로, 실제 흐름이 부정류라도 계산을 할 때는 부등류 계산법을 많이 사용한다.

░ Box 기사   홍수위 계산 시 유의사항

- 보 및 낙차공 등 하천 횡단구조물로 인하여 지배단면이 발생할 수 있는 지점은 한계수심을 계산하여 구조물 하단지점의 계산홍수위가 그 구조물의 한계수위보다 낮을 경우에는 그 구조물의 각 빈도별 한계수심을 표준수위로 하여 배수위 계산을 수행하고, 하단부 계산홍수위가 그 구조물의 한계수심보다 높을 경우에는 그대로 배수위 계산을 진행한다.
- 대규모나 중규모 하천 본류로 유입되는 지류의 수위변화 상황을 파악하여 배수 영향으로 본류홍수위가 상승하거나 지류에 영향을 미치는 경우에는 배수 영향 정도와 구간 등에 대해 검토한다.
- 본류하천으로 유입되는 내수로 인하여 본류수위가 크게 상승할 경우는 제내지의 지반고, 배수 상황, 그리고 내수처리 방식 등을 고려하여 산정한다.
- 하도에서 흐름이 없는 부분 혹은 흐름이 있어도 유량소통에 영향을 주지 않는 사수역은 제거하며, 가능한 요철 수면형이 발생하지 않도록 유의한다.
- 개수 후 빈도별 홍수위는 개수 전과 동일하게 산정하되 개수계획지구 등은 상·하류를 감안한 종·횡단형을 고려하여 배수위 계산을 한다.
- 만곡 정도가 심하거나 굴곡이 커서 사수역이 발생하여 수위상승이 우려되는 경우에는 이 점을

고려하여 다음과 같은 방법을 따른다. $\Delta h = 1.5BV^2/gR_c$, 여기서 Δh는 편수위, B는 하폭, V는 단면 평균유속, g는 중력가속도, R_c는 하도 중앙의 곡률반경이다. 부등류 계산에 의한 수위는 평균 수위이므로 만곡부 외측에서는 $\Delta h/2$만큼 상승한다고 가정한다.

계획홍수위는 계획홍수량을 토대로 산정된 결과를 기준으로 하되, 본류의 배수 영향, 하천 횡단구조물의 영향, 하상변동에 의한 수위상승 및 만곡부의 수위상승 등을 고려하여 각 측점별로 산정한다. 그 다음 각각의 계산홍수위를 종단면도상에 출력한다. 그 후에 다소의 굴곡부분에 대해서는 선형 보간하여 홍수위 종단도를 평활화하여 측점별로 계획홍수위를 결정한다.

홍수위 산정은 미 육군공병단에 의해 개발된 표준축차계산법 등에 의한 HEC-RAS 모형을 이용할 수 있다. HEC-RAS 모형을 이용한 부등류와 부정류 홍수위 계산에 대한 보다 상세한 내용은 7.2절 수치모형에서 다룰 것이다.

3.4 하도계획

하도계획은 '계획홍수량을 안전하게 유하시킬 수 있는 하도를 계획하는 것'을 말한다. 원래의 하도계획은 홍수소통을 원활히 할 목적으로 시행하는 계획, 즉 제방법선계획을 지칭했다고 볼 수 있다. 여기서 제방법선계획이란 단순제방계획만을 의미하는 것이 아니라 하도의 유하 능력 확보를 위한 하도단면의 변경도 포함한다. 그런데, 최근에는 여기에 '하천환경적으로 건전한 생태계를 유지하는 저수로를 계획하는 것'이 추가되었다. 이제부터는 하도계획이란 '평상시에는 하천생태계를 건전하게 유지하고, 홍수 시에는 계획홍수량을 안전하게 유하시키는 하도를 계획하는 것'이다.

이때 대상이 되는 하도는 대부분 유수가 이송해 온 유사로 이루어진 충적하천이며, 물이 흐름에 따라 이들 유사도 끊임없이 이동하며 시간과 공간에 따라 변동한다. 따라서 하천을 개수하고자 할 때는 하도의 변동 특성을 무시할 수 없으며, 어떻게 하면 자연의 힘에 거역하지 않으면서 가장 변화가 적은 안정된 하도를 설계하고 유지할 수 있는지가 중요한 문제이다.

하도계획은 고려해야 할 사항이 매우 많으므로, 그 하나만으로도 상당한 분량의 지침서가 나올 정도이다. 대표적인 것으로는 일본의 国土技術研究センター(2002)에서 발간한 '하도계획 검토의 지침'을 생각해 볼 수 있다. 이 지침서는 하도계획에 대해서만 200여 쪽에 이르는 분량으로 세부적인 내용까지 다루고 있다. 여기서 제시한 하도계획은 상당 부분 한국수자원학회(2009)의 「하천설계기준·해설」에 도입되어 있다. 그러나, 여기서 제시한 하도계획은 지나치게 상세하며, 우리나라에 도입되는 과정에 국내 사정에 맞게 일부 변경된 것들이 있으므로, 여기서 이 지침의 내용 전체를 소개하거나 국내 하천에 적용하기는 어렵다. 또, 이와는 별도로 일본의 国土技術研究センター(1999)에서는 중소하천의 하천계획을 위해 '중소하천계획의 지침(안)'을 제시하였다. 여기서는 대하천이 아닌 중소하천을 대상으로 한 하천계획 전반을 다루고 있다. 다만, 이들은 치수에 대해서만 관심을 가진 전형적인 제방법선계획이라 볼 수 있다.

한편, 우리나라의 하도계획은 한국수자원학회(2009)의 「하천설계기준·해설」의 제18장에서 하도계획 전체를 다루고 있다. 그 외에 정종호와 윤용남(2003)의 「수자원설계실무」나 전세진(2011)의 「하천계획 설계」에서도 다루고 있으나, 이들 두 문헌의 하도계획은 하천설계기준의 하도계획과 같은 맥락으로 이루어져 있다.

한편, 千田(1991)의 「자연적 하천계획」에서는 위의 国土技術研究センター의 하도계획과 약간 다르게, 자연형 하천만들기를 위한 정량적인 하도계획법을 제시하고 있다. 즉, 여울과 웅덩이, 어류의 산란상을 고려한 저수로 수심 등 많은 부분을 저수로 계획에 할당하고 있다.

이 절에서는 한국수자원학회(2009)의 하도계획을 중심으로 하되, 저수로 계획부분은 千田(1991)의 제안을 같이 고려하여 제시한다. 그런데 하도계획은 그 세부과정을 살펴보면, 평면계획, 종단계획, 횡단계획의 순으로 이루어지며, 이와는 별도로 신설하천계획, 지류합류계획, 하구처리계획 등도 하도계획에 포함된다. 다만, 이 책에서는 하도계획의 기본이 되는 전자에 대해서만 소개하며, 후자에 대해서는 다루지 않는다. 관심 있는 독자들은 한국수자원학회(2009)의 「하천설계기준·해설」이나 기타 문헌들을 참조하기 바란다.

3.4.1 하도계획의 목표와 수립 과정

하도계획을 수립하는 기본적인 목표는 하도의 유하능력 확보, 제방 안전성 확보, 하도의 안정, 환경과의 조화의 네 가지이다. 이 목적을 개략적으로 살펴보고, 이들을 달성하기 위해 하도계획에서 채택하는 방법을 간략히 소개하면 다음과 같다.

(1) 유하능력 확보

하도계획의 핵심 목적이 설계홍수량을 계획홍수위 이하로 안전하게 하류로 유하시키는 것이라는 점을 상기하면, 현재의 하도 상태가 어느 정도의 홍수소통능력이 있는지 검토하는 것은 가장 기본이다. 이 과정은 앞서 나온 '3.3.3 계획홍수위'에서 설명하는 과정을 현황 단면에 대해 적용하는 것이다. 이 과정을 통하여, 하천의 전체적인 홍수대응능력을 살펴볼 수 있다. 현황 하도의 유하능력은 계획홍수위로 평가한다. 만일 하천 전체 또는 특정 지점에서 유하능력이 부족할 경우, 적절한 하천단면적을 확보할 수 있도록 하도계획이 진행되어야 한다.

(2) 제방의 안전성 확보

하도가 유하능력을 충분히 확보하고 있더라도, 개개 제방의 안전성이 확보되지 않는다면 결코 홍수에 안전할 수 없다. 하도계획에서는 제방의 안전성을 확보하기 위해 하안방호선이란 개념을 도입한다. 이에 대해서는 평면계획에서 자세히 다룰 것이다.

(3) 하도의 안정

하도계획에서는 계획된 하도가 안정된 상태를 유지하도록 해야 한다. 안정된 하도형태란, 계획하는 하도가 큰 하상변동을 동반하지 않고, 유하능력을 확보하기 위한 유지관리가 용이하게 되는 하도를 의미한다. 단, 하도형태의 안정성을 생각하는 경우, 하도를 유수가 유하하는 단면만으로 보는 것은 아니며, 토사 등의 물질이 순환하는 경로로서도 파악하여 적정한 물질순환이 이루어지도록 수계 전체를 시야에 넣은 검토를 수행할 필요가 있다. 또 안정성에 대해서는 일정한 허용범위 안에서 판단하는 것이며, 그 확인이 필요하게 된다.

하도안정 검토 시 기초적인 자료로서 평균 연최대유량 유하 시 마찰속도의 종단 변화에 대해서 검토하고 이 마찰속도를 참고로 해서 저수로 높이와 폭을 설정한다. 하도상태를 크게 변화시키는 경우에는 하상변동 계산을 실시하여 하도계획에 반영시키는 것이 바람직하다.

(4) 환경과의 조화

기존의 하도계획은 가능한 한 빠르게 홍수를 하류로 방류하는 치수중심으로 획일적으로 계획하였다. 이것은 치수안전도가 매우 낮아서, 하천으로부터의 범람 억제를 최우선하던 시대적 상황에 따른 불가피한 선택이었다. 그러나 최근 하천계획에 도입된 하천환경 개념에 따라, 하도계획에도 인간을 포함한 동식물의 생식환경, 살기 좋은 풍경을 형성하는 경관, 문화, 전통, 역사적 환경 등 다양한 개념이 도입되었다. 즉, 현대 사회는 환경과의 조화를 도모하는 시대이다. 이에 따라 하도계획도 자연에 전혀 손을 대지 않는 형태의 자연보전을 지향하는 것이 아니라, 인간과 자연이 조화롭게 공존하면서 다음 세대로 계승하기 위해 자연을 보전하고 복원하며, 하천다운 경관 등을 보존해 나갈 수 있도록 계획한다.

바람직한 하천모습을 형성하기 위해서는, 현재와 같은 표준단면에 의한 획일적인 하도계획을 피하고, 하안이나 하상의 침식, 세굴, 퇴적이라고 하는 자연의 변동을 일정 범위에서 허용해야 할 필요도 있다. 하도계획을 수립할 때에는 '하천환경관리기본계획'이나 '하천수변조사' 등의 결과, 2장에서 설명한 하천환경 조사결과를 충분히 검토하여 생물이나 경관에 관한 전문가의 의견을 반영시키는 것이 바람직하다.

■ 하도계획 수립의 과정

하도계획을 수립하는 구체적인 과정은 그림 3.25와 같이 나타낼 수 있다.

또, 이러한 세부적인 하도계획의 수립 절차를 하나씩 구체적으로 살펴보면 다음과 같다.

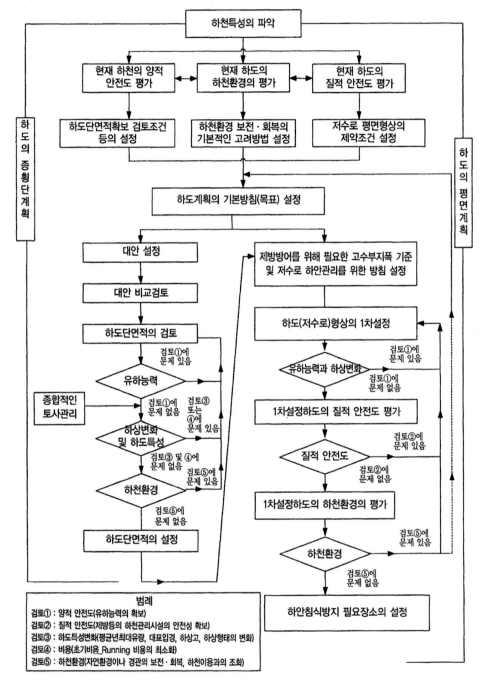

그림 3.25 하도계획 수립 흐름도(한국수자원학회 2009)

(1) 하천 특성의 파악

하천 고유의 특성은 현재 하도 특성(개수역사, 하도변천, 유황과 수리 특성, 하상변동과 재해 특성, 자연환경, 주변 상황 등), 현재 유하능력(계획홍수위 이하의 유적에서의 유하능력, 저수로의 유하능력, 조도 등의 계산조건), 하천환경 특성(하천공간이용계획, 보전해야 할 하천환경, 하천환경정보도 등)의 관점에서 파악한다.

(2) 현재 하천의 양적 안전도 평가

대상이 되는 하천의 안전도를 양적인 관점에서 파악한다. 즉, 계획홍수량에 대해 유하능력이 부족한 장소와 그 요인을 파악하는 것이다. 먼저 유하능력이 부족한 지점을 다 파악하고, 저수로 하도단면 증가가 불가능한 구간을 명확하게 한다. 유하능력이 부족한 원인으로는 저수로 또는 고수부지의 하도단면적이 부족하거나 조도가 과다한 경우를 생각할 수 있다.

(3) 현재 하도의 하천환경의 평가

현재 하도의 자연환경이 양호한 구간과 악화되어 있는 구간을 구별하고 악화되어 있는 경우에는 그 원인을 명확하게 파악한다.

(4) 현재 하도의 질적 안전도 평가(제방 등 하천관리시설의 안전상의 과제 파악)

수리 특성이나 기존 재해 특성을 감안하여 침식과 세굴에 대한 제방의 안정성을 확보하는 동시에 낙차공 등의 횡단구조물 주변의 안정성을 파악한다.

(5) 하도단면 확보 검토조건 등의 설정

하도단면 확보의 검토조건(기점수위, 조도계수, 사수역 등)과 하도단면 확보에 있어서 교량 등의 하천구조물이나 하도단면 유지를 감안하여 높이방향(굴착 하한고와 그 경사)과 횡방향(저수로 폭)의 제약조건을 설정한다.

(6) 하천환경 보전과 회복의 기본방향 설정

현재 하도 중시, 여울과 소가 조기에 형성될 저수로 환경과 특정 장소의 보전과 회복 등으로 하도계획을 하는 동시에 기본적인 고려방법(목표)을 구간마다 설정한다.

(7) 저수로 평면형상의 제약조건 설정

중요도가 높은 교량의 교각, 하천설계기준상 문제가 없는 보 등 고려해야 할 하천구조물의 위치나 고수부지의 이용 상황을 파악하고 제약조건으로 설정한다.

(8) 하도계획의 기본방향(목표) 설정

하도단면 확보와 하도의 평면형상 제약조건, 하천환경의 기본방향과 함께 하도계획의 기본방향(목표)을 설정하고, 그 목표에 의거하여 하도단면 확보와 하도 평면형을 여러 안으로 작성한다. 하도단면 확보는 하천환경의 기본방향에 근거하여 저수로 하상의 안정을 염두에 두고, 하도단면 확보대책(하상 굴착, 저수로 확폭, 고수부지의 굴착, 수목군의 일부 대체를 포함)과 그것에 의한 하천환경의 영향에 대해서 정리한다. 또한, 하도의 평면형상에 대해서는 주변의 토지이용과 지형 등을 고려하고 하도단면 확보 방법과 조정을 도모하면서, 횡단형상의 선택(단단면, 복단면, 복복단면), 확폭의 방식, 낙차공 등의 횡단구조물 주변의 평면형상, 수충부나 세굴부에 대한 제방방어의 방향을 설정한다.

(9) 대안 설정

하도나 하천환경 특성을 감안해서 모든 하천을 여러 구간으로 분할하고 하도단면 확보의 기본방향에 의거하여 구간마다 대안을 작성한다.

(10) 대안 비교 검토

하도구간마다 대안을 하천 평면도에 도시하고 하천환경에 미치는 영향을 파악하는 동시에 하도굴착 후 하상안정, 제방방어 등의 관점에서 구간마다 최적안을 선정한다.

(11) 하도단면 확보의 검토

구간별 하도단면 확보의 최적안에 대해 모든 하천을 통해 유하능력, 하상변화, 하안 특성, 하천환경을 검토하고 하도의 확보단면을 수정한다.

(12) 제방방어를 위해 필요한 고수부지 폭의 기준 및 저수로 하안관리를 위한 방향 설정

제방방어선과 저수로 하안관리선에 대해 다음과 같이 방향을 설정한다.

- 과거의 하안 피해사례를 근거로 홍수로 생길 수 있는 하안침식 폭(필요한 고수부지 폭의 기준)을 구하고 하도구간마다 제방방어선을 설정한다.
- 하도유지관리상, 저수로 평면형상의 변화를 억제할 필요가 있는지를 판단하고, 필요한 경우에는 유하능력상의 필요 하도단면을 감안하고 유지관리, 하천환경을 고려하여 저수로 하안관리선의 설정방향을 정한다.

(13) 하도(저수로)형상의 1차 설정

저수로 평면형상 설정의 기본방향 및 필요한 고수부지 폭의 기준을 고려하여 하도(저수로)형상을 1차로 설정하는 동시에 제방방어선과 저수로 하안관리선을 정한다.

(14) 1차 설정 하도의 질적 안전도 평가

1차 설정 하도를 대상으로 질적 안전도의 종횡단 및 평면적인 분포에 유의하고 다음과 같은 사항을 평가한다.

- 하안침식량(한 번의 홍수 시 발생하는 하안침식량)
- 제방 앞비탈, 비탈 끝의 침식과 세굴에 대한 안전도
- 고수부지의 표면침식에 대한 안전도

(15) 1차 설정 하도의 하천환경의 평가

1차 설정 하도를 대상으로 생물의 생육환경보전에 유의하여 평가한다.

(16) 하안침식 방지 필요장소의 설정

제방방어선과 저수로 하안관리선을 근거로 하안침식 방지가 필요한 장소를 설정한다. 또, '제방방어를 위해서 필요한 고수부지 폭', '홍수 시 하안침식 발생장소', '저수로와 제방의 질적 안전도의 평가결과'에서 하안침식 방지 필요장소의 중요도를 구분한다. 유지관리비를 포함한 총 사업비에 대해서 검토하고, 비용 측면에서 문제가 있는 경우에는 하도(저수로)형상의 1차 설정 결과를 수정한다.

■ 하도계획의 내용

그러나 실제 하도계획을 할 때는 위의 절차를 번호순으로 따라가는 것은 아니며, 때로는 건너뛰거나 병렬로 처리해야 하는 경우도 많이 있다. 이 과정은 기본적으로 복단면을 가진 대하천에서 계획홍수량에 대한 하도계획이라 볼 수 있으며, 단단면으로 이루어진 중소하천에 대한 하도계획은 아니다. 또한, 최근 큰 관심을 모으고 있는 하천환경 개선에 대한 사항은 고려되어 있지 않다. 하천환경을 하도계획에 고려하려면, 평저수 시 물이 흐르는 저수로 부분에 대한 계획을 포함해야 한다.

따라서 이런 관점에서 하도계획의 수순을 다시 정리하면, 다음과 같이 4개의 단계로 구분할 수 있다.

(1) 하도 조사

하도계획 수립 시 필요한 기본 자료는 하천 수공구조물, 홍수재해 특성, 하도단면형, 하상고와 세굴 및 퇴적량 경년변화, 사행 특성, 하상재료 등이다. 이렇게 수집된 자료를 토대로

하도 조도계수, 현 하도의 통수능, 현 하도의 유사 특성, 지류 유입실태 등을 검토하여 하도계획을 위한 현 하도의 기본적인 특성을 분석한다. 이러한 자료들의 수집 및 조사방법은 앞의 2장에서 자세히 설명한 바 있다.

(2) 설계강우량, 계획홍수량, 계획홍수위의 설정

하도계획은 홍수조절계획 목적에 충분히 부합하도록 우선 하도개수가 필요한 사유 및 개수구간을 조사한다. 그리고 하도에서 홍수소통능력이 부족한지, 취수보나 교량 등에 의해 협착부를 형성하고 있는지, 하도법선이 불량한지, 또는 과거 주요 재해의 원인은 무엇인지 등을 조사 분석해서 하도개수 방향을 결정한다. 계획홍수량은 설계빈도나 하천경제조사 결과에 따라 결정하되, 사회경제적 특성 및 홍수 특성에 대해 추가적으로 검토하여 결정한다. 또, 계획홍수위를 결정하는 과정에서 기점홍수위의 산정과 조도계수 선정과정도 매우 유념해야 할 부분 중 하나이다. 이러한 사항에 대해서는 '3.3 수리수문량 산정'에서 자세히 설명하였다.

(3) 저수로 계획

저수로 계획은 평저수 시의 유량에 대한 저수로법선과 단면을 계획하는 것을 말한다. 저수로는 평저수 시에도 물이 흐르며, 이는 하천생태계에 유지에 필수적인 것이다. 현재까지 저수로 계획은 하도계획에서 자세히 다루지 않았으며, 제방법선을 결정한 뒤 그 안에서 적당히 설정해 온 것이 사실이다. 그러나 하천환경을 고려한다면, 저수로 계획은 나름의 근거를 가지고 매우 세심하게 계획되어야 한다. 따라서 이 책에서는 저수로 계획을 먼저 입안하고, 그 다음에 계획홍수량에 대한 제방법선계획을 다룰 것이다.

저수로 계획은 나중에 설명할 단면지배유량이나 하도형성유량 등 하천환경적 유량을 기준으로 계획하나, 제방법선계획은 계획홍수량을 기준으로 계획한다는 차이가 있다.

다만, 저수로 계획은 한국수자원학회(2009)의 「하천설계기준·해설」에 직접 포함되어 있는 내용은 아니므로, 이 책에서 제시하는 내용은 어디까지나 참고이며, 실제 이를 활용할지 여부는 전적으로 독자의 판단에 맡긴다.

(4) 제방법선계획

계획홍수량을 안전하게 소통할 수 있는 하폭, 저수로 등에 대한 하도평면형을 결정하고, 제방법선과 저수로법선을 결정한다. 아울러, 지류합류점의 형상과 처리 그리고 계획하도가 처리할 수 있는 홍수소통능력이 부족할 경우에 방수로나 첩수로와 같은 신설하천을 건설하는 방안을 결정한다.

종단형은 계획홍수량을 안전하게 소통할 수 있고 유수에 대해 안정된 하도가 유지될 수 있도록 하상변동을 예측하여 결정한다. 그리고 하천환경관리 측면을 고려하여 단순히 홍수를 소통하는 단면보다는 생태계 보호, 어류의 서식처 제공, 하천경관을 유지하기 위해 하상 자체에 여울과 웅덩이를 설치하는 자연스러운 하도 종단형을 계획할 수 있다.

횡단형은 계획홍수량의 소통능력, 하도상황, 하천부지 이용계획, 하천환경관리계획에서의 하천공간계획과 유지관리 등을 고려한다.

3.4.2 유하능력 검토

하도계획이란 계획홍수량을 계획홍수위 이하에서 안전하게 유하시킬 통수능력을 확보하기 위한 계획이다. 따라서 먼저 하도의 유하능력이 적절한가를 검토한다. 이를 검토하는 방법은 현 하도가 앞서 3.4절에서 결정된 설계홍수량을 계획홍수위 이하에서 소통시킬 수 있는가에 있다.

■ 수위 계산

하도계획에서 유하능력을 검토할 때는 하도에 계획홍수량을 유하시켰을 때, 수위가 제방고에 여유고를 제외한 높이를 넘는가를 기준으로 한다.

하도계획에서 수위는 그림 3.26에 보인 요소로 구성되며, 하천 전체 또는 여러 단면의 수위에 대한 정상적인 영향을 계획홍수위의 변수로 고려할 필요가 있다. 따라서, 유하능력의 검토에서 수위를 산출할 때는 계획홍수위에 들어가는 요소는 모두 고려할 필요가 있다. 풍랑, 물결, 도수 등이 국소적 및 일시적인 수위에 미치는 영향은 제방여유고에 포함되는 것이라고 생각한다.

유하능력을 검토할 때 수위 산출에서 고려해야 할 요소의 추정방법은 다음과 같다(国土技術研究センター 2002).

(1) 하상재료, 하상파, 고수부의 식생피복 상황

하상재료 및 하상에 형성되어 있는 소규모 하상형태의 하상파에 대해서는 저수로 조도계수를 이용하여 고려한다. 또, 소규모 하상형태는 유량규모에 따라서 변화하기 때문에 유량규모의 변화에 의한 하상형태의 변화를 고려해서 설정한다. 고수부의 식생피복 상황에 대해서는 홍수 시의 식생도복 상황을 고려하여 고수부상의 수심과 식생의 높이 등에서 고수부 조도계수 혹은 사수역으로서 평가한다.

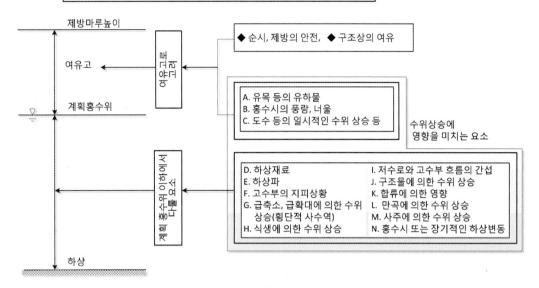

그림 3.26 수위의 구성요소(国土技術研究センター 2002)

(2) 급축소와 급확대 및 식생에 의한 수위 상승량

급축소와 급확대에 의한 수위 상승량은 사수역으로 설정하여 평가한다. 또 하도 내에 무성한 수목에 대해서는 그 밀생도를 고려한 후 사수역으로서 평가한다. 단, 수목의 밀생도가 거친 경우가 하천단면적에 대해서 수목군의 면적비율이 많아 사수역으로서 다루는 것이 적절하지 않은 경우에는 고수부 조도계수로 평가하는 경우도 있다.

(3) 저수로와 고수부 등에서의 흐름의 간섭

저수로와 고수부의 경계와 수목경계 등처럼 횡단적인 유속차이가 큰 지점에서는 단면분할을 하여 유속차를 구하고 그 유속차에 의해서 생기는 마찰저항을 준2차원 해석법으로 평가한다.

(4) 합류에 의한 영향($\triangle h_{01}$)

지류합류에 의한 영향은 합류지점의 본류 및 지류의 하폭과 각도 등의 제원을 주고, 수리계산에서 합류에 의한 에너지 손실로 평가한다.

(5) 구조물에 의한 수위 상승($\triangle h_{02}$)

보와 교량 등의 구조물에 의한 수위 상승은 구조물 설치 또는 계획지점의 단면을 삽입해서 구조물의 제원 등을 이용하여 수리계산한다.

(6) 만곡 및 사주에 의한 수위 상승($\triangle h_{03}$ 및 $\triangle h_{04}$)

만곡에 의한 수위상승량은 만곡부의 평면형상에서 구해진 곡률반경과 하폭, 유속에서 구한 수위상승량을, 사주에 의한 수위상승량은 직선부에서의 과거 홍수의 좌우안 흔적수위차에서 구한 수위상승량을 각각 수리계산에 의해서 구한 수위로 별도 추가하여 평가한다.

(7) 홍수 시 또는 장기적인 하상변동

홍수 시 또는 장기적인 하상변동이 심한 지점에서는 1차원 하상변동 계산에 의해서 그 변화를 추정하여 평가한다.

위와 같은 상황을 모두 고려하여 1차원 또는 2차원 모형으로 홍수위를 계산하여 현 하도가 계획홍수량을 안전하게 유하시키는 데 부족함이 없는지 검토한다. 홍수위 계산을 하는데, 国土技術研究センター(2002)에서는 준2차원 부등류 모형을 이용한다. 이 모형에 대해서 많이 알려진 바는 없으나, 경계혼합계수 개념을 이용하여 수목군에 의한 홍수위 상승이나 유속분포 등을 모두 계산할 수 있는 것으로 소개하였다. 그러나 우리나라의 현실에서는 7장에서 설명하듯이 대부분 1차원은 HEC-RAS, 2차원은 RMA-2와 같이 외국에서 만들어진 모형을 이용하므로, 위와 같은 요소를 모두 고려한 홍수위 계산은 현실적으로 어려운 상황이다. 또한, 2차원 이상의 모형에 적용할 자료도 현재 상당히 부족한 것이 현실이다.

유하능력 검토에서 계획홍수량을 유하시킬 수 없는 경우에는 계획홍수량을 유하시키기 위한 대책을 실시하게 되는데, 유하능력이 부족한 요인에 따라서 그 대책 방법이 바뀐다. 계획 홍수위 이하에서 계획홍수량을 유하시키기 위한 하천단면적이 부족한 원인은 다음과 같다(国土技術研究センター 2002).

- 하도 내에 수목이 무성하고, 그에 따른 수위 상승이 크게 생긴다.
- 하도 내에 수목이 없어도, 원래 일련의 구간에서 하천단면적이 작다.
- 국소적으로 협착부로 되어 있으며, 그에 따른 수위 상승이 생긴다.
- 지류의 합류, 하도부의 구조물과 만곡에 의한 수위 상승이 크다.

위의 유하능력 부족의 원인이, 하도 내의 어디에 있는가에 대해서는 하도 내 수목이 없었던 경우와 지류 합류, 구조물 등에 의한 수위상승량을 고려하지 않은 경우의 부등류 계산

결과를 조사하여 파악할 수 있다. 유하능력 부족이 생기는 구간별로, 그 원인을 분명히 할 필요가 있다.

유하능력이 부족할 경우는 우선 저수로 또는 고수부지의 유하능력을 향상시키는 방법을 강구한다. 유하능력을 확보하기 위해 현재 하도형상을 크게 변경할 필요가 발생한 경우에는 하도의 안정성이나 장래 발생이 예상되는 유지관리 정도에 대해서 검토하고, 어느 정도의 하도 개량을 할 것인지를 종합적인 관점에서 평가하여야 한다.

저수로의 유하능력 향상은 저수로 폭을 확폭하거나 저수로의 수심을 깊게 하는 방법이 있다. 현 하도가 안정되어 있는 경우에는 저수로 폭을 확대하더라도 하안 등에 토사가 퇴적해서 소요되는 하천단면적을 유지하는 것이 곤란해질 수도 있으므로 가급적 저수로 수심을 깊게 해서 유하능력을 향상시키는 방법에 대해 검토한다. 이 경우에는 저수로 하안방어 방법과 하상굴착에 의한 어류 등의 수생생물 서식환경에 미치는 영향에 대해 검토하고 큰 영향이 예상되는 경우에는 하상 굴착은 피해야 한다. 하상굴착을 할 때는 정규단면과 같은 직선적인 형상으로 굴착을 하지 말고 생물의 서식환경을 고려하여 시행한다.

고수부지 유하능력 확보는 고수부지의 수목을 벌채해서 조도계수를 저하시키거나 고수부지의 일부를 잘라서 중수부로 하는 방법이다. 수목 벌채로 조도계수를 저하시키는 방법은 고수부지가 넓어지고 수목이 광대하게 번성하고 있는 경우에는 유효하다. 하지만, 하천이 갖고 있는 환경을 잃어버림과 함께 고수부지의 조도관리를 엄격하게 실시하지 않으면 소요되는 유하능력이 안정적으로 확보될 수 없으므로 조도관리의 현실성을 고려한다. 그래서 고수부지를 잘라서 유하능력을 확보하는 방법은 비교적 문제가 적다고 생각할 수 있다.

■ 하천단면적 확보

앞서 하도의 유하능력에 대해 검토한 결과, 하천단면적이 부족한 경우는 유하능력을 확보할 수 있도록 하천단면적을 늘려야 한다. 하도 내 하천단면적을 확보하는 방법으로는 유하능력이 부족한 원인에 따라 다양한 대책을 생각할 수 있다. 이러한 대책 중에 대표적인 것으로는 하상굴착과 저수로 확폭 외에 고수부의 굴삭, 수목군의 벌채 등이 있다. 따라서, 그 대책과 맞물려서 하천단면적 부족의 원인을 구별해 보면, 다음과 같이 네 가지로 나눌 수 있다.

① 하도 내의 수목이 무성한 데 따른 하천단면적 부족
② 저수로 내의 하상고가 높은 데 따른 하천단면적 부족
③ 저수로폭이 좁은 데 따른 하천단면적 부족
④ 고수부가 높은 데 따른 하천단면적 부족

하천단면적 확보를 위한 저수로 굴착은 하천 저수로 평면형상과 밀접한 관계가 있으므로, 하천환경상의 제약조건 그리고 저수로 평면형상에 대한 기본방향을 충분히 고려할 필요가 있다. 또한 현재의 하천환경이 어떠한 조건에서 성립하고 있는지 ① 유속, ② 고수부의 침수 빈도, ③ 상하류의 연속성 등을 파악한 후, 이 조건들이 바뀌는 데 따른 자연환경에 대한 영향을 검토해야 한다.

일반적으로, 유하능력 부족의 원인은 명확해도 하천단면적 확보의 기본방향을 명확하게 하는 것은 용이하지 않다. 하도구간 각각에서 저수로의 특성, 고수부의 이용 상황 및 수목군의 번성 상황이 달라지는 하도에 대해서는 저수로와 고수부지 굴착 규모와 수목군(사수역)의 벌채 규모의 최적 조합이 필요하다. 이때, 유하능력의 감도분석이 유용한 수단이 되며, 하천단면적 확보의 기본방향 설정에 있어서는 감도 분석을 하는 것이 바람직하다.

예를 들면, ① 현황 하도, ② 저수로 굴착 하도(현황 하안을 보전하고 아래를 굴착), ③ 저수로 확폭 하도를 설정하고(그림 3.27 참조) 이것에 수목군이 있음과 없음으로 하는 합계 여섯 가지 경우의 유하능력을 산출하고, 각 경우에서의 유하능력의 증가분을 파악한다. 그리고 수리량과 하도 형상의 변화도 충분히 파악하고 이것들을 고려해서 하천단면적 확보의 기본방향을 설정한다.

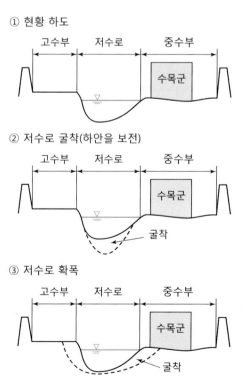

그림 3.27 하천단면적 확보의 예(国土技術研究センター 2002)

유하능력을 증대시키기 위해서는, 하천단면적 부족을 해소하기 위한 대책의 우선순위를 정하고, 그것에 의한 영향에 유의하면서 하천단면적 확보의 기본방향을 설정할 필요가 있다. 하천단면적 확보의 우선순위는 하천 특성과 하천환경에 따라 하천별로 다르며, 각각의 특성에 따라서 하천단면적 확보의 우선순위를 정한다.

또, 하천단면적 확보의 방법과 정비 후의 영향은 표 3.29와 같으며, 하천단면적 확보에 의해서 양적 안전도를 확보하면 질적 안전도, 비용, 하천환경에 영향을 주는 일이 있다는 것을 고려할 필요가 있다. 하천단면적 확보를 함에 있어서 고수부와 하상의 굴착, 수목 벌채에 의한 사수역의 변화 등에 의해서 부분적으로 사류 상태에 가까운 흐름이 생기는 하도를 만들면, 그 부근에서 하상 저하가 생기고 하상의 안정성을 확보할 수 없는 경우가 있기 때문에 부분적으로 고유속이 되지 않도록 하천단면적 확보를 할 필요가 있다.

표 3.29 하천단면적 확보 방법과 정비 후의 영향

하적단면적 확보 대책	정비 후의 영향
저수로 내의 하상굴착	• 저수로 내에 흐름이 집중하고, 하안침식을 야기하는 외력이 크게 되므로, 저수로의 하안고가 현황보다 높아서 하안은 침식받기 쉽다. • 부분적으로 하상굴착을 한 경우에는 저수로의 종단형상이 변화하기 때문에 저수로의 하상의 안정성이 손상될 우려가 있다. • 저수로의 하상고가 현황보다 낮게 되므로, 감조구간에서는 간조 시의 고수부에서 떨어지는 흐름이 되는 하상 또는 비탈어깨가 침식 받기 쉽다.
저수로의 확폭	• 저수로 내의 수리적 상황이 변화하고, 하상고 변화와 저수로 환경에 유의한 영향을 주는 경우가 있다.
고수부 수목의 벌채	• 식생 무성에 따라 단기간에 증대하기 쉽기 때문에 하천정비 후에도 유하능력을 유지하는 목적에서 장래 조도관리를 할 필요가 있다.
고수부의 굴착	• 고수부의 하천환경에 유의한 영향을 주는 경우가 있다. • 장래적으로 수목 벌채 등의 조도관리를 할 필요가 있다.

또한, 과거의 측량 결과에서 저수로 내의 평균 하상고가 안정되어 있지 못한 하도와 하천의 정비(댐 및 방수로 건설 등)에 의한 유량의 변화에 의해서 저수로 평균 하상고의 안정성이 변화할 것이 예상되는 하도에서는 유사계 토사관리와 적절히 조화된 1차원 하상 변동 계산에 의해서 장래 하상고의 예측을 하고, 그것에 따른 유하능력의 변화를 고려하는 것으로 한다.

또, 하구부는 하상 변동이 큰 구간이므로, 홍수 시의 하상 변동 상황도 고려하여 필요한 하천단면적을 검토한다. 특히 하구부에 존재하는 사주는 기수역의 환경을 유지하는 데 있어서 중요한 요소를 담당하고 있는 일이 많고, 하도 내로 파랑의 진입을 방지하는 효과도 있다. 따라서, 하구부에서 하구사주의 영향에 의해 유하능력이 부족한 구간에서는 과거 홍수의 흔적 수위와 사주의 변형 상황 등을 감안해서 유하능력을 검토하고, 필요에 따라서 하구사주의 홍수 세척(flood flushing)을 고려해서 하구부의 유하능력을 검토하는 것이 바람직하다.

3.4.3 저수로계획

하도계획은 평면계획, 종단계획, 횡단계획이 있으나, 실제 계획에서는 이 셋을 순서적으로 하는 것이 아니라 서로 엇물리고 순서가 바뀔 수도 있다. 또, 대하천과 같은 경우는 저수로와 고수부로 나누어 별도의 계획이 필요한 경우도 있다. 그러나 대하천이나 중소하천에 상관없이 저수로에 대한 계획을 먼저 수립하고, 대하천의 경우에는 제방법선계획을 추가하면 될 것이므로, 여기서는 먼저 저수로계획부터 다루어 보기로 하자.

저수로계획에 대해서는 국내 설계기준(한국수자원학회 2009)에서는 소개하고 있지 않다. 여기서는 하안방어선에 입각한 제방법선계획 위주로 되어 있다. 이것은 国土技術研究センター(2002)의 '하도계획지침'에서 처음 제시된 개념이다. 즉, 앞서 하도계획의 두 번째 목표인 '제방의 안전성 확보'를 위해, 앞서 설명한 일본 자료에서 소개된 것이 하안방어선의 개념이다. 이 개념은 국내의 설계기준에도 도입되어 있으나, 당초 제시된 개념에서 많은 부분이 생략되었으며, 우리나라의 실정에 맞지 않는 부분도 있어 그 적용에는 어려움이 있다. 실제로 그 개념만 소개되어 있고 구체적인 계산이나 적용 과정을 제시하고 있지 않다.

저수로를 구체적으로 계산에 의해 계획하는 방법은 千田(1991)의 '자연형 하천계획'에 제시되어 있다. 다만, 여기서 제시하는 방법도 하도계획 전체로 보면 누락된 부분이 있어 하천 실무에 적용하는 데는 한계가 있다.

하도계획은 고수계획에서 시작하는 것이 본래 원칙적인 방법이지만, 하천환경을 중시하는 입장에서 千田(1991)처럼 저수로계획을 먼저 정하고, 그 후에 저수로계획에 어울리는 고수계획을 세우는 것이 좋다. 여기서 고수계획도 앞서 설명한 제방법선계획이다. 하천정비사업이 이미 끝난 하천에서는 그 개수 이전의 모습에 유의하면서 저수로를 계획하는 것이 될 것이다. 그래서 이 책에서는 이 두 방법을 모두 요약하여 핵심되는 내용만을 소개하기로 한다.

■ 하안방어선

평면계획을 할 때는 하안방어선을 설정하여 제방의 보호와 저수로의 안정화를 도모한다. 하안방어선이란 제방 및 저수로 안전성을 확보하기 위하여 호안 등을 설치할 필요가 생기는 선을 의미한다. 저수로법선과 하안관리선의 비교는 표 3.30과 같다.

표 3.30 저수로법선과 하안관리선의 비교(정종호와 윤용남 2003)

구분	저수로법선	하안관리선
목적	• 계획으로서의 형상목표가 되는 것으로 적극적으로 계획형상이 되도록 하도개수 실시	• 제방 및 저수로의 안정성 확보를 위한 관리척도로서 설치하는 것으로 형상적인 목표가 아님
설정장소	• 일반적으로 설계유량을 소통시키기 위한 하도형상의 계획저수로 어깨	• 고수부지의 폭이나 이용상황 등에 의해 등급이 다르며, 설정장소와 의미가 크게 상이
호안설치	• 시설배치의 설치장소를 나타냄	• 하도형상 관리가 목적이므로, 호안설치 장소와 반드시 결부되는 것은 아님 • 호안설치 등 조치가 필요한 경우에 있어서 중요도를 나타냄
제방침식·세굴대책	• 필요한 고수부지 폭을 만족시킴으로써 제방의 안정성을 확보	• 호안 등 하안방어의 중요도를 고려하여 제방의 안정성 확보
인허가	• 고수부지 점용, 교량 등의 구조물 설치에 있어서의 기준	• 관리의 척도가 되나 필요에 따라 별도로 검토

제방법선계획 시에 제방방어선은 홍수 시 고수부지 하안침식에 의해 발생하는 제방파괴를 방지하는 데 필요한 선으로 홍수에 의한 침식·세굴에 대한 제방의 안전성을 확보하기 위하여 필요한 고수부지의 폭을 확보하는 것이다. 그래서 원칙적으로 하천제방구간 전체에 설정하여야 한다. 한편, 고수부지 폭의 확보가 환경문제 등으로 불가능한 경우에는 제방방어 강도를 높이는 방법 등으로 대응한다.

하안관리선은 하도 내에 있어서 치수, 이수, 환경 등의 기능을 확보하기 위한 저수호안 설치 등의 조치가 필요한 구간을 나타내는 선이다. 이는 고수부지 이용이나 하안침식에 대한 제방보호 관점에서 저수로하안을 안정시키는 것으로, 홍수 시 침식이 예상되는 하안의 폭(고수부지 폭)을 설정하는 것이다. 이 폭은 하천의 당해구간 홍수의 유하 특성에 따라 다르며 과거의 제방 홍수피해 이력이나 홍수유하 특성이 유사한 구간에 있어서 과거의 실적 등을 참고할 수 있다.

생태계 보전이나 수충부 고정을 위한 하안방호선을 일률적으로 확보하기가 곤란한 경우에는 저수호안과 고수호안을 높게 설치한다.

하안방어선이란 제방과 저수로의 안전성을 확보하기 위해서 필요한 조치(하안침식방지공, 즉 호안)를 강구할 필요가 있는 선을 말한다. 이는 종래의 계획 저수로법선과 같은 '계획'으로서의 적극적인 의미를 가지는 것이 아니다. 그러나 하도의 변화에 의해 이 선이 침식되는 경우 또는 침식될 가능성이 발생한 경우에 방어를 위한 조치가 필요하게 된다는 소극적인 의미를 갖는 것이다. 즉, '계획'이 아니라 '관리'의 척도가 되는 것이다.

그림 3.28과 같이 하안방어선의 목적은 제방 방어와 저수로 안정화로 구분된다. 제방방어의 관점에서 그어지는 선(제방방어선)은 한 번의 홍수로 인해 하안이 침식될 가능성이 있는

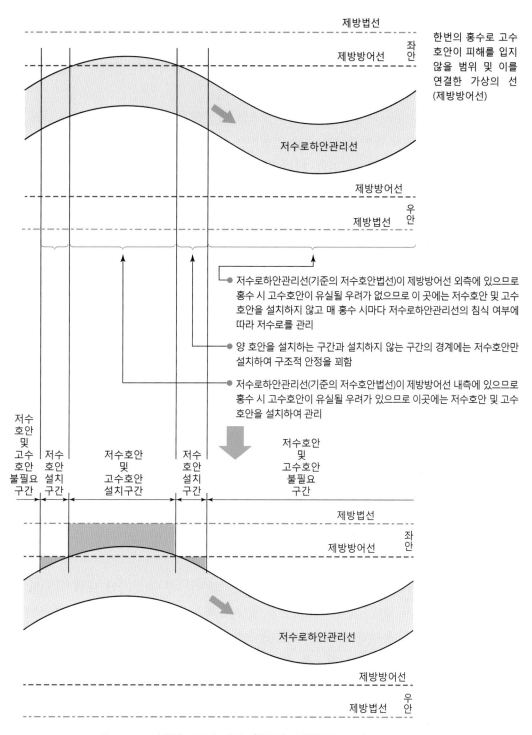

제방법선

한번의 홍수로 고수
호안이 피해를 입지
않을 범위 및 이를
연결한 가상의 선
(제방방어선)

제방방어선 좌안

저수로하안관리선

제방방어선

제방법선 우안

저수로하안관리선(기준의 저수호안법선)이 제방방어선 외측에 있으므로
홍수 시 고수호안이 유실될 우려가 없으므로 이 곳에는 저수호안 및 고수
호안을 설치하지 않고 매 홍수 시마다 저수로하안관리선의 침식 여부에
따라 저수로를 관리

양 호안을 설치하는 구간과 설치하지 않는 구간의 경계에는 저수호안만
설치하여 구조적 안정을 꾀함

저수로하안관리선(기준의 저수호안법선)이 제방방어선 내측에 있으므로
홍수 시 고수호안이 유실될 우려가 있으므로 이곳에는 저수호안 및 고수
호안을 설치하여 관리

저수호안 및 고수호안 불필요 구간 | 저수호안 설치 구간 | 저수호안 및 고수호안 설치구간 | 저수호안 설치 구간 | 저수호안 및 고수호안 불필요 구간

제방법선

제방방어선 좌안

저수로하안관리선

제방방어선

제방법선 우안

그림 3.28 하안방어선의 개념도(한국수자원학회 2009)

고수부지 폭을 기본적으로 설정하는 것이다. 그리고 저수로 안정의 관점에서 그어지는 선(저수로하안관리선)은 저수로 형상을 안정적으로 유지 가능하게 하는 저수로 평면형, 고수부지의 이용현황, 그 외의 여러 가지 상황을 포함하여 설정하게 되는 선이다. 이들 선을 설정할 때에 유의해야 할 점은 다음과 같다.

제방방어선(제방의 방어: 원칙적으로 하천제방구간 전체에 설정)은 **그림 3.28**과 같이 홍수시 고수부지 하안침식에 의해 발생하는 제방의 파괴를 방지하기에 필요한 선이며 주로 치수를 목적으로 하는 선이다. 따라서 홍수에 의한 침식과 세굴에 대한 제방의 안전성을 확보하기 위해 필요한 고수부지의 폭을 확보하는 것이다. 이러한 고수부지 폭의 확보가 환경문제 등으로 불가능한 경우에는 제방방어 강도를 높인다. 저수로 하안관리선(저수로 안정화: 필요에 따라 설정)은 하도 내에 있어서 치수, 이수, 환경 등의 기능을 확보하기 위한 조치(저수호안)를 취할 필요가 있는 구간을 나타낸다. 즉, 고수부지 이용이나 하안침식에 대한 제방보호의 관점에서 저수로하안을 안정시키는 것을 목적으로 설정하는 것이다.

■ 저수로 설계의 기준유량

하천 저수로의 단면에는 그 하도를 형성한 유량이 있을 수 있다. 이를 지배유량(dominant discharge)이라 한다. 이는 유로 또는 하상의 형성에 강한 영향을 미친다고 생각되는 유량이지만, 약간 좁은 의미로 저수로의 하폭이나 평면형상(중규모 하상형태)을 규정하는 유량으로서 하도형성유량이라고 한다. 저수로 단면을 결정하는 데 있어서, 그 유량을 대상으로 한 단면의 저수로로 하면 좋을 것이다. 山本(1983)는 일본 전국의 직할하천에 대해서 하도형성유량으로 평균 연최대유량을 취하면, 실험결과와 잘 일치한다고 하였다. 동시에 평균 연최대유량은 거의 저수로 만배유량에 가깝다. 평균 연최대유량은 확률 2~3년에 한 번에 가깝다. 확률지에 도시하였을 때의 50% 유량은, 2년에 1회 정도의 확률이지만, 이보다 약간 큰 값이 된다.

구체적으로 저수로계획의 기준유량을 얼마로 할 것인가에 대해서는 명확한 기준이 제시되어 있지 않다. 그러나 최소한도 평수기 또는 풍수기 중 하나에 대응하는 단면을 확보하는 데 중점을 두어야 한다고 보면, 풍수량이나 평수량을 이용하는 것도 한 방법이다. 이때, 풍수기 유량은 저수로 하도를 유지하고, 평수기 유량은 하천환경을 보전하는 데 적합하다. 이렇게 저수로계획의 기준유량을 정하고, 그 하도 안에서 하천생태 및 수리적 조건을 만족하도록 계획하는 것이다.

관측자료가 매우 부족한 경우에는 비유량에서 유추하는 방법도 있다. 일반적으로 중소하천은 관측소가 적기 때문에 그 유황이 불분명한 경우가 많다. 하천유황은 첨두유량과 달리 유역면적의 크고 작음과 관계가 적기 때문에, 지질, 토질, 임상, 토지이용, 경사 등의 조건이 가까운 근방 유사 하천의 비유량을 이용해도 좋다. 하천의 유황은 풍수, 평수, 저수, 갈수의 각 유량으로 나타낼 수 있다. 표 3.31은 일본의 비유량의 개략값이다.

千田(1991)는 일본에서 저수로에 대한 설계 시 이 자료를 이용하도록 제안하였다.

표 3.31 하천유황의 개략값(千田 1991)

	연간일수	발생빈도	비유량(유역면적 1.0 km²당)
풍수량	95일	26%	$0.04{\sim}0.06$ m³/s, 평균 0.050 m³/s
평수량	185일	51%	$0.03{\sim}0.05$ m³/s, 평균 0.040 m³/s
저수량	275일	75%	$0.02{\sim}0.03$ m³/s, 평균 0.025 m³/s
갈수량	355일	97%	$0.01{\sim}0.02$ m³/s, 평균 0.017 m³/s

■ 저수로 유심선의 계획

저수로계획에서 가장 먼저 할 일은 현재의 유심선을 구하는 것이다. 여기서 유심선이란 유속이 가장 빠른 곳을 연결한 선이다. 자연하도 그대로의 하천이라면, 그 유심선은 극단적인 굴곡이나 곡선의 반전을 보일 것이다. 또, 일단 개수된 하천에서도, 넓은 하도 안을 사행하는 저수로를 볼 수 있지만, 평여울만의 직선하도인 경우도 있을 것이다.

계획유심선은 당연히 이들을 유지하기 쉬운 것으로 개량하는 것이다. 이 경우 어떻게 하든지 평면상의 극단적인 굴곡은 형태를 바꾸게 된다. 계획유심선의 위치가 현황에서 어느 정도 변화되는 것은 어쩔 수 없지만, 그 길이는 가능한 크게 변화시키지 않도록 유심을 결정한다. 하천의 굴곡도 현황 하도에 준한다. 또, 곡선부와는 곡선반경이 하폭의 10배 이하, 그 중심각이 20° 정도 이상의 것으로 하고, 그 이외는 직선부로 보아도 좋다.

급류하천은 전술한 것처럼 곡천이나 선상지에 많고, 따라서 현재의 유로는 하천의 현재시점의 모습이며, 비교적 가까운 과거에 수없이 하도의 변천을 거쳐왔을 것이다. 현 하도는 완류하천에 비해 그 범위는 한정되어 있지만, 변화하여 갈 가능성을 갖고 있다. 중소하천의 개수계획에 있어 하도의 고정에 대해서는 지나치게 현 하도 위치에 의존할 필요가 없다. 인근의 토지이용을 고려하여, 저수로 선형을 결정한다. 일반적으로 급류하천의 하상재료는 자갈과 호박돌이며, 하천의 위치를 이동시켜도 일부 토사의 혼입은 있지만, 거의 동질의 하상을 확보할 수 있다. 따라서 종래의 하도계획에서 홍수방어만에 중점을 둔 직선하도를 만들 수 있었다.

저수로는 홍수 때 가장 큰 저항을 받으며, 하상재료가 이동하는 것이 통례이므로, 종단방향으로 장소별로 저항이 다르며, 어떤 구간에서는 세굴을, 어떤 구간에서는 퇴적을 발생시키는 계획은 바람직하다고 말할 수 없다. 이 때문에, 저수로 폭과 수심을 변화시키지 않고, 일정 폭으로 계획하는 경우가 많았다.

그러나 저수로 폭 및 수심이 달라도, 상류역에서의 유사량이 많지 않은 하천이라면, 어느 정도 하도를 안정시킬 수 있을 것이다. 하도를 가능한 한 자연의 상태로 가깝게 하기 위해서는 계획상, 유지관리상 매우 곤란한 경우가 많지만, 종래처럼 표준단면으로 상하류를 획일화시키는 방법은 바람직하지 않다. 하천을 둘러싼 자연환경을 최대한으로 보전하기 위해서는 종래와는 반대로 세굴과 퇴적이 교호로 나타나는 계획을 적극직으로 채용하노록 하는 것이다.

계획유심선의 결정에서, 가장 유의해야 할 것은 저수로의 수심, 곡률반경, 곡선의 중심각, 곡선 간의 거리이다.

저수로는 적어도 풍수기의 유량을 안전하게 유하시키는 단면이 바람직하다. 이와 같은 단면을 확보할 수 있는가는 계획의 성패를 나누는 중요한 문제이다. 하안고가 낮고, 곧 월류하고 마는 저수로에서는 저수로 유심을 결정해도 의미가 없다. 또, 한편으로는 저수기의 최저 수심은 대상으로 되는 하천의 생물에 의해 결정된다. 이런 점은 나중의 횡단계획에서 상술하고자 한다.

여울과 웅덩이를 유지하고자 하는 하도계획에서는 나중에 서술하는 저수로 종단계획에 따라서 계획한다.

■ 저수로법선

앞서 언급한 계획유심선 결정에서 중요 요소인 곡률반경, 곡선의 중심각, 곡선 간의 거리는 저수로의 평면, 즉 법선에 관한 내용이다. 따라서 이들에 대해 먼저 검토한다.

저수로법선은 하천의 지배유량을 유하시킬 수 있는 단면으로 하며, 현재 하천의 유심선의 경년변화 양상을 참고하여 사행형상으로 결정한다. 그리고 저수로 평면계획에서는 저수로 선형만 결정하며, 실제로 저수로의 폭과 깊이는 횡단계획에서 최종적으로 결정한다. 여기서 말하는 지배유량은 '하천의 저수로 단면을 형성한 유량'이라고 생각할 수 있다. 이에 대해서 千田(1991)는 풍수량 또는 평수량을 지배유량이라고 보았다. 저수로 하도의 관점에서는 풍수량을, 하천환경 보전의 입장에서는 평수량을 사용하고자 하였다. 반면, 일반적으로 2~3년에 한번 발생하는 홍수량(거의 저수로만 채워지는 유량)을 지배유량으로 본다.

저수법선을 결정할 때 고려 사항은 ① 제방의 안전을 위한 간격 확보, ② 평저수 시 원활한 유수 소통, ③ 저수 하안의 안정의 세 가지 측면이다.

이런 면에서 하천범람구역이 넓은 대하천은 농경지, 하천환경관리 등과 같은 하천부지 이용계획에 따라 저수로법선이 달라질 수 있으나, 최대한 자연상태의 유심선을 따라 결정하거나 수리모형실험 등을 통해 하상변화를 예측하여 결정한다. 중·소하천에서 치수상 문제가 없는 한 저수호안을 설치하지 않고 저수로를 정비할 때는 최대한 현 하천의 유심선을 따라 저수로법선을 결정한다. 저수호안이 설치될 정도의 규모를 갖는 하천에서는 하천환경관리 측면에서 고려한 하천부지 이용방향에 따라 유심선을 중심으로 저수로법선을 결정한다.

또, 저수로법선을 결정할 때는 제방과 저수로 사이에 적절한 간격(고수부지폭)을 두어 제방을 보호하고자 할 수도 있다(国土技術研究センター 2002). 이렇게 설정할 때는 과거의 하안 피해 사례를 근거로 하안침식 폭(제방보호에 필요한 고수부지폭의 기준)을 하도구간별로 설정한다. 단, 해당 하천의 하안침식 실태 혹은 수충부 등은 경험적 판단에 의한다. 그리고 지금까지 경험한 홍수규모와 계획홍수량과의 차이에도 유의해서 유속과 마찰 속도 등의 수리량이 증대할 가능성을 고려할 필요가 있다.

또 다른 고려 사항은 홍수 시 저수로 하안이 피해를 입은 기록이 있을 경우, 이런 지점에 대해서는 침식 안정성을 검토하고 가급적 직선화하거나 호안을 설치하여 보호하여야 한다.

저수로법선의 구체적인 계획에 대해 千田(1991)은 다음과 같은 방법을 제시하였다.

저수로는 생물의 서식을 위해 여울과 웅덩이가 반드시 필요하다. 그런데, 만일 저수로에 여울과 웅덩이를 만들고자 해도, 과도한 세굴을 일으키는 계획은 장래의 공작물의 유지상 문제가 된다. 과도한 세굴은 어느 정도 허용하고, 그 대책은 별도로 생각할 수밖에 없다. 그래서 이런 점을 고려하면 허용할 수 있는 저수로 곡선반경과 중심각은 다음 식과 같다.

$$3 < \frac{R_m}{B_m} < 10 \tag{3.29}$$

$$30° < \theta_m < 60° \tag{3.30}$$

여기서 R_m은 저수로 반경, B_m은 저수로 폭, θ_m은 저수로 중심각이다.

만일, 지나치게 R_m/B_m가 크고, θ_m가 작게 되면, 곡선으로서의 의미는 없게 되며, 세굴 개소를 특정하기가 어렵게 된다. 이런 면에서, 저수로 계획으로서는 곡선부와 직선부를 명확하게 구별한다. 자의적인 곡선을 배제하여 수리적으로도 알기 쉽고, 단위 하상형상을 확보하고, 시공과 유지 등을 하기 쉽게 하기 위해, R_m/B_m을 10 이하, θ_m를 30° 이상으로 한 것이다.

또한 곡선부의 거리 L_s는 식 (3.31)과 같다.

$$L_s \geq 6B_m \tag{3.31}$$

상류 측 곡선부의 중심각의 대소에 관계없이, 일반적으로 곡선 간의 거리가 하폭의 6배 이상이 되면, 하류 곡선부에의 수리적 영향은 적게 되는 것으로 알려져 있다. 또, 그 거리가 작은 경우는 나중에 서술하는 제방법선계획과 부합되지 않는다. 당초의 저수로계획을 변경해야만 하는 결과가 되므로, 직선부분(직선에 가까운 부분도 포함하여)을 가능한 한 길게 한다. 어쩔 수 없는 경우는 S자형 만곡부의 하류 측에 대해서 충분한 배려가 필요하다.

■ **저수로 종단계획**

급류하천에서는 평여울, 급여울, 웅덩이의 단위 하상형태별로 하상경사가 일정하게 되며, 또 몇 개의 단위를 연결하는 평균 하상경사가 있다. 여기서 결정하는 종단계획에서 전자의 단위 하상형태별 경사를 '단위 하상경사', 후자의 하도구간 전체의 경사를 '평균 하상경사'라고 한다. 저수로 종단계획은 주로 여울의 최심부의 경사에 주목하여 계획하며, 웅덩이나 정체역의 깊은 곳은 무시하기도 한다. 이 두 가지 경사를 그림 3.29와 같이, 각각 단위 하상경사와 저수평균 하상경사로 부르기로 한다.

급류하천의 경사는 균일경사로 연속되는 것은 아니고, 계단상으로 되는 것이 보통이다. 즉, 대하천도 포함하여 대부분의 하천의 저수로를 살펴보면, 어떤 구간에 대해서 수면경사가 균일하게 되고, 다음의 구간이 또 다른 균일한 경사로 되는, 여러 구간으로 확연하게 나

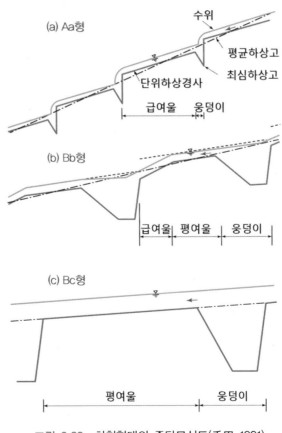

그림 3.29 하천형태의 종단모식도(千田 1991)

뉘는 경사가 나타난다. 그러나 급류하천에서는 이것과는 달리 단구간에서 계단상으로 되는 경우도 있다.

현황 하천종단도에서, 일정한 저수하상경사 구간의 단위 하상의 경사를 구하고, 그것을 계획단위하상경사로 한다. 千田(1991)에 따르면, 통상의 하도계획에서 경사 완화를 위해 낙차공을 설치하는 경우, 그 계획하상경사는 현황 하도의 2/3 정도로 하도록 서술하였지만, 이 단위 하상경사도 저수하상경사의 2/3 이하로 하는 편이 좋다고 한다.

종단계획에서 단위 하상경사를 결정하는 것은 웅덩이의 위치를 대략 결정하는 것뿐이다. 웅덩이는 그 부근에서의 세굴을 허용해야만 하므로, 호안 등의 설계에 있어서 세굴심 및 위치를 검토해야 한다.

여울과 웅덩이는 계획에 따라서 하도에 설치해도, 공사 완성 후 그 길이, 깊이, 수면 폭 등이 반드시 그대로 유지되는 것은 아니다. 공사 시에 일단 계획에 맞추어 저수로를 만들기는 하지만, 그 후는 자연에 맡기고 바라볼 수밖에 없다. 따라서 계획은 그 대략을 정하는 데 머문다고 생각해도 좋을 것이다.

■ **저수로 횡단계획**

저수로 횡단계획의 기본은 저수로 수심을 결정하는 것이다. 횡단면 계획은 현황 하도 또는 개수 이전의 하도 상태에 가깝도록 하는 동시에, 전술한 단위 하상경사별로 여울과 웅덩이가 반복되도록 하는 것이다.

이때, 여울과 웅덩이 간격에 대해서는 현황 하상종단을 존중하는 것이 좋지만, 어쩔 수 없이 변경을 할 경우는 千田(1991)가 제시한 다음과 같은 방법을 이용하는 것이 좋다.

예를 들어, 저수하상경사 1/100의 하천은 그 분모의 2/3인 70 m의 사이에는 한 조의 하상형태(여울과 웅덩이)가 나타날 수 있도록 계획한다. 또, 이 70 m 정도의 구간에서 낙차가 30 cm 정도로 들어오도록 한다.

또, 저수로 폭 및 수심이 변화해도, 구간별 단면 내의 유하량은 거의 일정하게 되도록 계획해야만 한다. 고수부나 계단에 물이 올라오는 경우나 종단별로 장소별로 다른 것은 피하도록 한다.

안정유로의 하폭과 유량의 관계식은 Lacey의 식이 있다(土木学会 1988).

$$B = \beta Q^{1/2}, \quad \beta = 3.5 \sim 7.0 \text{ 평균 } 5.0 \tag{3.32}$$

안정유로란 측방침식의 유로에서 확폭, 세굴 및 퇴적이 생기지 않는 것을 말하며, 통상은 하안에서 하상중앙을 향해서 순차, 정적평형상태에 달한다. 여기서 Q는 $10^{-6} \sim 10^{4}$ m^3/s, B는 $10^{-3} \sim 10^{3}$ m의 범위를 보이며, $10^{3} \sim 10^{4}$ m^3/s 규모의 유량에 대해서는 불명확하다. 위 식은

100 m^3/s 미만의 유량에 대해서만 적용할 수 있다.

저수로 폭과 수심을 결정하는 다른 방법으로 해당 하천의 생물상을 고려하여 적당한 폭과 수심을 결정하는 방법이 있다. 하천에서 고려해야 할 담수어류에 있어 가장 중요한 수심과 유속은 산란기의 것이다. 어류가 번식할 수 없는 하천에서는 보통 인공부화에 의한 양식과 방류에 의존하는 외에 그 생존을 계속시킬 수 없기 때문이다. 北川 등(1989)도 산란장소의 수면 폭 설정 이외는 유량의 설정은 그다지 중요하지 않다고 말하였다. 표 3.32에 산란상의 조건을 수록하였다(北川 등 1989).

표 3.32 산란하상의 조건(北川 등 1989)

	산천어	은어	황어	피라미
수심	얕은 여울 0.12~0.45 m	얕은 여울 0.30~0.60 m 깊은 여울 1.00~2.00 m	0.20~0.70 m	0.05~0.20 m
유속	0.45~0.55 m/s	0.60~1.20 m/s	0.30~0.70 m/s	0.30 m/s 이하
하상입경	사력하상	사력하상	20~40 mm	사력하상
장소	얕은 여울	하상경사가 급히 완만하게 되는 지점. 합류점과 만곡부 하천구조물 주변	특히 급여울과 웅덩이 사이	평여울 웅덩이에서 여울 사이의 정제수역
산란시기	홋카이도 6~7월 도호쿠, 호쿠리쿠 9~10월 규슈 10~11월	북방 8월 하순 중부 10월 하순 남방 12월 중순	도쿄, 간사이 3월 중순~5월 하순 북일본 5~7월	5월 하순~8월 하순

산란시기에 따라서 하천의 유량은 다르지만, 어느 어종이든 갈수기에는 산란하지 않는 듯 하다. 평수량을 기준으로 하여 어종에 따라 표 3.32와 같은 수심과 유속을 확보할 수 있는가 를 확인한다. 또 산란은 대부분 여울에서 행해지는 동시에, 섭이(먹이채취) 장소이기도 하다 는 점에서, 여울에 대한 계획이 중요하다. 한편, 웅덩이는 생활공간의 일부이며, 먹이채취, 휴식, 수면, 피난 등의 장소이다.

수심은 적어도 20 cm, 어쩔 수 없는 경우에도 15 cm를 확보한다. 조도계수, 경사, 유량, 수심 모두가 이미 주어진 경우에, 저수로부지 폭은 아래 식과 같다.

$$B = \frac{nQ}{I^{1/2} h^{5/3}} \tag{3.33}$$

$$b = \frac{n}{I^{1/2} h^{5/3}} \tag{3.34}$$

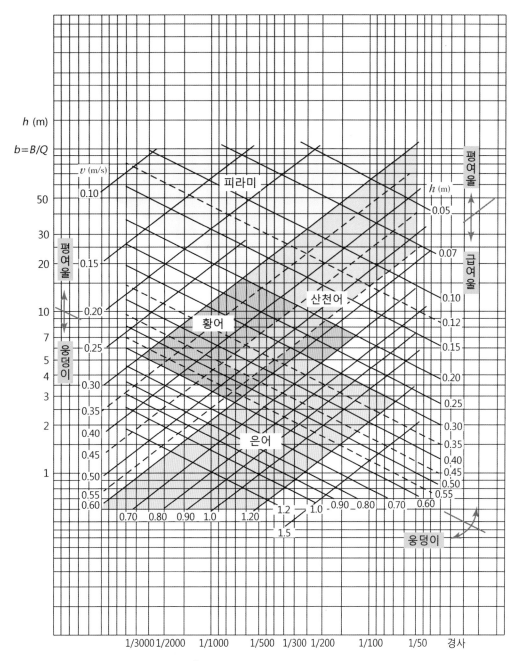

그림 3.30 담수어의 산란상에서 본 유량 1 m^3/s당 필요 하폭, 수심 및 유속. $n = 0.045$(北川 등 1989)

여기서 $b = B/Q$은 단위 유량당 소요 하폭이다. $bhv = 1.0$ (m^3/s)로 할 때

$$b = \frac{1}{vh} \tag{3.35}$$

으로 된다. 여기서 v는 저수의 평균 유속이고, h는 저수의 평균 수심이다.

식 (3.32), (3.33) 및 (3.34)를 정리한 것이 **그림 3.30**이다. 조도계수는 중소 급경사 하천의 저수로 조도계수로 0.040~0.050, 평균 0.045로 하였으며, 이 값에서 단위 하상경사별로 단위 하폭, 수심, 유속을 구하였다. **표 3.32**의 산란상의 조건을 수심과 유속에 따라 음영으로 나타내었다. 피라미, 황어, 산천어 및 은어가 산란상에서도 확실하게 생활공간을 나누어 살고 있음을 읽어낼 수 있다. 또, 단위 하상경사 1/70 이상의 급류는 도시한 4종의 어류의 산란상으로서는 적당하지 않은 것으로 생각한다.

그림 3.30에서는 유속 0.7 m/s 이하를 평여울, 수심 0.6 m 이상을 웅덩이로 보면, 급여울은 단위 하상경사 1/500 이상에서는 발생하지 않는다. 이 그림을 이용하여 수심, 유속, 단위 하폭을 동시에 결정할 수 있다.

예제 3.7

유역면적 $A = 80$ (km^2), 평수비유량 $q_2 = 0.04$ $(\text{m}^3/\text{s/km}^2)$, 단위 하천경사 1/300인 하천에 산천어를 대상으로 저수로계획을 하려고 한다. 적절한 저수로 폭과 이때의 수심을 구하시오.

[풀이]

주어진 자료를 이용하면, 평수량 $Q_2 = 0.040 \times 80 = 3.2$ (m^3/s)

대상 어류가 산천어이므로 **표 3.32**에서 유속은 0.45~0.55 (m/s), 필요한 수심은 0.12~0.45 (m)이다. 이 조건에서 **그림 3.30**에서 가로축의 하상경사 $I = 1/300$의 선을 따라 읽는다.

$$V = 0.45 \ (\text{m/s}) \ \rightarrow \ h = 0.21 \ (\text{m}), \ b = 10.5 \ (\text{m})$$
$$V = 0.55 \ (\text{m/s}) \ \rightarrow \ h = 0.28 \ (\text{m}), \ b = 6.5 \ (\text{m})$$

따라서 하폭 $b = 6.5 \sim 10.5$ (m)이고, 계획저수로폭 $B = bQ_2 = (6.5 \sim 10.5) \times 3.2 = (20.8 \sim 33.6)$ (m)이다.

따라서 21~34 (m)의 범위 내에서 평수량에 대응하는 단면을 계획한다.
$B = 30$ (m), $n = 0.045$로 잡으면,

$$h_2 = 0.22 \ (\text{m}), \ V_2 = 0.47 \ (\text{m/s}), \ Q_2 = 3.1 \ (\text{m}^3/\text{s})$$

이 단면에서 저수기 수심을 구하면,

$$저수량 \ Q_3 = 0.025 \times 80 = 2.0 \ (\text{m}^3/\text{s})$$

$$\frac{Q_3}{Q_2} = \left(\frac{h_3}{h_2}\right)^{5/3}$$

$$h_3 = h_2\left(\frac{Q_3}{Q_2}\right)^{0.6} = 0.22\left(\frac{2.0}{3.1}\right)^{0.6} = 0.17 > 0.15 \ \text{m} \ (최저수심)$$

따라서, 저수기에도 조건을 만족한다.

■ 저수로 폭의 결정

횡단면의 형태가 결정되면, 그 다음은 저수로 폭을 결정해야 한다. 저수로 폭을 결정하는 구체적인 방법은 다음과 같다.

- 현재의 저수로 폭을 고려해서 하도 개수에 의한 마찰속도 u_* (평균 연최대유량을 대상) 의 변화가 적게 저수로 폭을 설정한다. 단, 현재 두드러지게 하상저하가 진행되고 있는 곳에서는 현 u_*를 비교의 대상으로 하지 않는다. (이때, 평균 연최대유량을 사용하는 것은 山本(1983)이 제안한 데 따른 것이다.)
- 저수로 폭은 현 저수로 폭과 모래자갈 퇴적의 변동 상황 등 유지 가능한 저수로 폭의 최대치를 설정해서 이 폭을 넘지 않는 범위에서 설정한다.

일본의 사례를 살펴보면, 과거 시행된 하천정화사업 및 자연형하천 조성사업에서는 경관 하천 설계기법인 하폭과 수면 폭의 비를 이용한 이미지 설계법을 도입하여 적용한 경우도 있다. 수면 폭 W와 하폭(하상 폭) B와의 비는 **그림 3.31**과 같이 0.3~0.4 정도를 많이 적용하고 있다.

저수로 폭이나 고수부지 혹은 홍수터 높이 등 저수로 형상은 유지용수의 확보, 최저수심의 확보, 수로유지 등 하천의 주된 이용목적 등에 따라 다양한 형상을 가질 수 있으므로 평수량, 풍수량, 갈수량, 평균 유량 등 하도 기능에 맞는 적절한 유량을 소통시킬 수 있는 폭과 높이를 기준으로 하며, 일반적으로 현재의 하도 상태를 중심으로 정한다.

횡단계획에서 저수로 법면은 1:1 또는 1:2의 완만한 경사가 아니라 1:0.3 이상 직립까지의 법면 경사쪽이 좋다. 호안구조는 4장에서 언급하지만, 저수로 확보 외에 횡단계획에 있어서 유의사항은 다음과 같다.

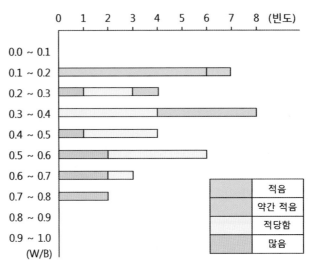

그림 3.31 W/B의 빈도분석(전세진 2011)

① 친수성의 향상,

② 단조로운 경관이 되지 않도록 배려,

③ 고수시의 정온역의 필요성 등이다.

또한 최근에는 하천 홍수터 이용에 대한 요구가 커지고 하천환경이 하천의 중요한 기능으로 대두되고 있는 점을 감안한다. 하천환경을 고려한 저수로나 고수부지 계획에 대해서는 '3.5 하천환경관리계획'이나 '6장 하천복원'을 참조하기 바란다.

3.4.4 제방법선계획

제방법선계획은 계획홍수량을 안전하게 소통시킬 수 있으며, 유수에 대해 안정된 하도가 유지될 수 있도록 하는 것이다. 따라서 하상변동을 예측하여 하도 종단형, 계획하상경사, 그리고 계획하상고를 결정하여 제방법선계획을 한다.

하도 종단형은 하상유지가 필요한 구간, 이수와 치수, 하천환경, 경제성 등을 종합적으로 판단하여 결정한다. 즉, 종단계획은 이전부터 수행해 온 안정하도 설계와 관련이 있다. 만일, 하상이 안정하지 못한 경우, 하상이 하강경향이 있는 경우, 급류하천 등에서 유속이 커서 하상세굴이 심각한 경우, 또는 불가피하게 첩수로에 의해 상하류보다 경사가 커지는 경우 등은 현재의 하상을 중시하여 치수상 명확히 유리하다고 판단된다면 호안이나 밑다짐공을 정비하는 것보다는 낙차공 또는 대공을 설치한다.

▓ 고수부지 조성

고수부지가 넓은 경우에는 유수소통 능력과 고수부지의 이용 측면을 고려할 때 고수부지 높이를 다르게 조성하는 것이 바람직하다. 고수부지는 지표면의 배수처리를 위해 유심부 쪽으로 1~3% 정도의 횡단경사를 두어야 한다.

고수부지의 높이는 이용률을 높이기 위해 가급적 높게 조성하는 것이 좋으나 기존에 정비된 도시 중소하천의 경우는 홍수규모에 비해 하폭이 협소하고 제내지 지반고가 낮아 고수부지 높이가 0.5~1.0년 빈도 정도로 낮게 설치된 경우가 대부분이다.

▓ 하상변화의 검토

종단계획에서는 대상 하천의 장래 하상변화를 검토해야 한다. 하상변화를 이해하기 위해서는 먼저 마찰속도에 대해 이해해야 한다. 마찰속도 u_*는 벽면의 전단응력(유체에서 보았을 때는 소류력)을 물의 밀도로 나눈 값이며, 다음과 같이 산정한다.

$$u_* \equiv \sqrt{\frac{\tau}{\rho}} = \sqrt{gRS} \tag{3.36}$$

여기서 τ는 하상의 소류력, ρ는 물의 밀도, R은 수리반경, S는 하상경사이다.

하상변화를 검토하는 방법으로는 먼저 다음과 같은 간략한 방법을 생각할 수 있다.

① 평균 연최대유량일 때 저수로의 현재와 계획상태의 마찰속도 u_*을 종단적으로 비교해서 양쪽이 크게 다른 위치·구간(현 $u_* \pm 15\%$를 기준)을 추출하고 그 이유를 파악한다.

현재 두드러지게 하상저하가 진행되고 있는 곳에서 현재 u_*을 비교 대상으로 하기는 어렵지만 하상변화의 동향을 검토하기 위한 참고자료로서 u_*를 정리하고, 계획 u_*이 현재 u_*와 같은 정도인 경우에는 하상저하대책을 마련한다.

② 양쪽이 크게 다른 곳에서는 다음과 같은 것이 발생할 가능성이 있다.

ⓐ 계획 u_* < 현재 $u_* \times 0.85$ 정도

－조기에 저수로 폭이 축소된다.

－저수로 폭을 유지할 수 있어도 평균 하상고가 상승한다.

ⓑ 계획 u_* > 현재 $u_* \times 1.15$

－국소적으로 u_*가 현재보다 크게 되면 하상저하가 발생한다.

－전체적으로 u_*가 현재보다 크게 되면 토사이동이 활발해진다.

하상종단형의 변화나 하상저하가 염려되는 경우에는 유지관리(굴착, 준설, 하상저하대책 등)를 전제로 하거나 현재 u_* 정도가 되도록 하도형상을 수정한다.

그러나 위의 방법으로는 구간별 변화나 시기별 변화와 같은 상세한 정보를 얻기 힘들다. 따라서 하천유사이송과 하상변화를 보다 정확하게 계산하는 방법을 하상변동계산이라 하며, 이와 같은 계산을 할 수 있는 1차원 하상변동 예측모형으로는 HEC-RAS 모형과 MIKE-11 모형 등을 들 수 있다. 이 모형들은 하천구조물의 설치 등으로 하천에서 인위적인 변화가 충분히 예상되는 경우 하도의 장단거리 및 장단기 시간에 따른 하천 대응을 분석하는 것이다. 즉, 현재의 하천 측량 결과와 과거의 하천 측량 결과를 비교하여 하상변화 및 하천의 평면변화를 상세히 분석하고, 안정하도를 설계하기 위해 적절한 하상변동 예측모형을 이용하여 장래의 하상변동을 예측함으로써 장래 하천변화에 대응할 수 있다. 이 중 대표적인 모형인 HEC-RAS에 대해서 7장에서 비교적 자세하게 설명한다.

■ 하상경사의 결정

하상경사는 구간 분할, 지류의 합류, 횡단구조물 유하능력 부족의 정도 등을 고려하여 구간마다 설정한다. 이처럼 하상경사를 설정할 때, 유하능력에 따라 두 가지를 생각할 수 있다. 먼저, 유하능력이 조금 부족한 구간은 간단히 현 하상경사를 기본으로 한다. 그러나 유하능력이 크게 부족하고, 거의 전 구간에서 하상굴착을 필요로 하는 구간에 대해서는, 현재 하상경사를 중시하고 부득이한 곳은 하상의 안정성과 구간 상하류 하상경사의 종단형이나 연속성을 고려해서 설정한다. 그리고 현 계획홍수위를 주어진 조건으로 하는 경우에는 계획 홍수위 경사도 하나의 기준이 될 수 있다.

현 저수로 평균 하상의 종단형상은 비교적 규모가 큰 홍수를 통해서 주로 낙차공(보)이 갖는 하상고 변화 및 유송토사의 억제기능에 따라서 형성되고 있다. 대체적으로 볼 때 기존 하천의 평균 하상은 거의 안정되어 있다. 유하능력의 관점에서 볼 때 보 상류 하상고가 높아 계획 시 효과를 얻을 수 없는 경우도 있으며, 기존 보를 모두 철거할 경우에는 유하능력이 부족한 하류부는 다량의 토사퇴적이 발생해 상대적인 치수안전도 저하를 초래할 수 있다. 보 하류부에서 치수안전도의 상대적인 저하를 방지하기 위해서는 낙차공(보)이 갖는 유송토사의 억제기능을 가능한 한 확보할 필요가 있다. 낙차공(보)을 존치시키는 경우 현 하도 상태를 유지하기 쉽고 전체 하천의 안정하상과 하천환경의 보전도 기대할 수 있다.

■ 종단계획의 유의점

종단계획은 안정하도의 설계라 볼 수 있다. 이런 면에서 종단계획의 안정하도 설계에서는 다음 사항에 유의해야 한다.

곡선수로에 들어가는 유수의 유입각(흐름선과 곡선에 대한 탄젠트)은 일반적으로 최대 15°로 제한하고, 극한 상황에서는 25°까지를 검토한다. 유입각이 25° 이상 되면 유지관리 문제가 증대되며, 45°에 근접하면 흐름이 튀게 되고 몇몇 하류 사행에 불안정한 현상이 발생하게 된다. 현재까지 최적 하도폭을 결정할 수 있는 관계식은 거의 없다. 최적 하도폭을 결정하려면 개발하고자 하는 하천에서 안정단면이나 유사한 하천을 관찰하고, 그 판단과 경험을 고려해 결정한다.

안정하상의 설계와 하상안정화를 위한 하상변동조사사업은 평형하상이론에 따라 대상 하천의 종단과 횡단 및 지형 측량, 안정하상 설계를 위한 지배유량의 결정, 하상의 종단과 횡단 및 평면변화의 조사·분석과 일정 기간 동안의 하상변동량과 유사량 추정, 평형하상경사(고)의 추정, 그리고 하천구조물 안정성 검토 등에 따라 수행한다.

자연하천은 인위적인 변화를 주지 않거나 변화를 준 시간이 상당히 지나 다시 평형상태에 도달한 경우 일단은 평형하천으로 간주된다. 평형하천에 대해서는 앞서 '1.1.4 하천의 기능과 관리'에서도 설명하였다. 따라서 자연스럽게 형성된 평형하천과 기존의 평형하상 예측 공식의 결과를 비교하여 하천의 안정성을 판단하고 그 대책을 수립한다는 것은 위험한 일이다. 따라서 인위적이든 자연적이든 하상변동의 개연성이 충분히 있는 하천에 한해서 하도의 안정성을 검토하여야 한다. 또, 지금까지 하천개수와 개발사업이 치수 위주로 수행되어 왔음을 감안할 때 근본적으로 이수 및 치수와 더불어 하천의 안정과 형태변화에 대한 대책이 필요하다.

■ 제방선형 결정

제방의 평면선형을 설정할 때는, 현행 제방선을 중시하는 것을 기본으로 한다. 다만, 방재상 또는 환경 보전 등의 관점에서 법선을 수정할 때는 하상의 안정성이나 자연환경 및 하천변에 계획되어 있는 사업 등을 고려하여 결정한다. 제방선을 변경할 때에는 다음의 점에 유의한다.

- 자연환경에 배려: 제방 선형을 결정할 때는 자연환경을 특히 배려한다. 그때, 하도 내의 자연환경만 배려하는 것은 아니며, 하천변의 환경에도 배려한다. 예를 들어, 하천변에 수림대 등 양호한 자연환경이 남아 있는 경우에는, 가능한 범위에서 수림대의 벌채를 피하는 법선을 설정한다. 또, 현 하도 내에 물이 솟아나는 지점이나 특징적인 식물의 군생지 등이 있는 경우에는 자연환경의 보전의 관점에서 가능한 한 법선의 변경을 하지 않는다.
- 하천변에 계획되어 있는 사업과의 관련성: 확폭이나 첩수로를 계획하는 경우에는 하천변 지자체 등이 계획하고 있는 사업과의 관련성을 파악하고, 계획구역이 중복되지 않도

록, 또는 중복되는 경우에는 복합적인 이용이 가능한지 검토한다.

- 하도 특성을 크게 변경하지 않는다: 하천에는 홍수류나 토사의 변동을 제어하는 기능이 있다. 예를 들어, 수충부로 되어 있는 산기슭이나 암반이 노출되어 있는 구간을 개수하면, 해당 구간뿐 아니라 그 상하류를 포함한 그 하천 전체의 수리 특성에 영향을 미치는 경우가 있다. 그래서 이와 같은 구간은 고정점으로 생각하고, 그러한 특징을 살려서 평면형을 결정한다.

즉, 현재의 제방이나 하도를 중심으로 선형을 선정하는 것이 가장 기본이다. 다만, 홍수소통능력을 고려하여 필요하면 별도의 방수로나 첩수로 등 신설하천 선형과 비교 검토하여 최적으로 유지관리할 수 있는 제방선형을 선정한다. 또한, 제방법선은 가능한 흐름에 대해 원활한 형상이 되게 정하며, 다음과 같은 사항을 종합적으로 검토한다.

- 현 하도가 충분한 하폭을 갖고 있는 구간일지라도 사수역에 의한 유수효과를 고려한다면 사수역을 포함하는 하폭을 확보하여야 한다.
- 홍수 때 유수 방향과 수충(水衝) 위치를 검토하여 흐름에 대한 저항을 최소화하면서 유하할 수 있게 정한다.

저수로 유심과의 관계에서 고수부 제방법선을 결정하는 방법은 다음과 같다(千田 1991). 저수로의 법선, 경사, 횡단 등의 계획이 끝나면, 이제부터 고수계획의 마지막 마무리인 제방법선의 계획이다. 저수로법선은 여울과 웅덩이에 중점을 두고 계획하였기 때문에, 곡선의 개소도 많고 그 곡률반경도 작다. 이 때문에, 고수법선을 저수법선과 동조시키는 것은 하폭과 곡률반경의 관계에서 보아도 대부분 무리이다.

만일, 저수계획에서 R/B를 3~10, θ를 $30°$~$60°$, 제방법선은 저수로 하폭의 약 3배 정도로 하고, 제방법선과 저수로법선을 동조시켰다고 하면, 제방법선의 R/B는 저수로의 1/3로 작게 되기 때문에, R/B은 1~3 정도가 된다. 역시 고수계획에서는 R/B를 작게 해도 7 이상, 가능하면 10 이상, θ는 $60°$ 이하로 하도록 계획하고자 한다. 따라서, 제방과 저수로법선은 전혀 다른 것이 되며, 제방법선은 저수로선을 포락하는 형태가 된다. 이 점은 보통의 하천에서는 어디에서라도 볼 수 있는 것이지만, 저수 시와 고수 시의 유심이 어긋난다는 것을 의미하며, 이동상인 하천을 대상으로 하여 그 안정을 생각할 때, 매우 곤란한 문제를 야기한다.

예를 들어, 그림 3.32와 같은 하도계획에서, 곡선부 A지점에 계속하여 S자형 만곡부인 B지점의 저수로는 그 세굴 위치가 B곡선의 하류 측으로 넘어가던 것이, 고수 시는 그 유심이 우안 측으로 이동함에 따라서, B지점 저수로가 메워져서 반대로 우안 측 제방끝이 세굴을

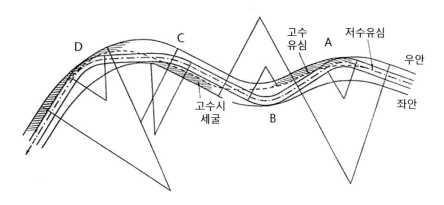

그림 3.32 저수유심과 고수유심(千田 1991)

받는 형태가 된다(그림 3.32의 빗금 부분). 그리고 C지점의 저수로 우안 측은 과세굴이 될 것이다. 저수로의 법선을 고수 시의 유심선에 가능한 한 가깝게 하는 것도 필요하다.

일반적으로 저수로와 고수로 유심의 위상이 어긋날 때는, 유량에 따라서 퇴적과 세굴이 같은 장소에서 일어나지 않고 반대가 되는 경우도 있다. 저수로와 고수로의 유심을 동일 또는 평행하게 하는 것은, 단위 하상형태의 유지상에 무리가 있지만, 큰 리듬으로는 동조시키는 계획으로 하고, 의도적으로 과세굴을 방지하는 경우는 별도로 해서, 어떤 일이 있어도 반대의 곡선이 되는 것은 절대 피해야만 한다.

앞서 유하능력 검토의 결과 하도의 유하능력이 매우 부족하여, 새로 하폭을 결정해야 할 경우는 다음과 같은 사항을 고려해야 한다.

• 계획하폭 결정에 있어서 기존 하도 범위를 우선적으로 고려하도록 한다.

• 따라서 기존 하폭이 부족하면 넓히며, 기존 하폭이 충분한 경우라도 일부러 좁히지는 말아야 한다.

• 계획홍수량 크기에 따른 계획하폭의 표준적인 기준은 표 3.33과 같다. 또, 국내에서 사용되고 있는 하폭공식은 식 (3.37)~(3.40)과 같으며, 이들은 단지 하폭계획규모를 판단하기 위한 기초적인 참고치로 사용할 수 있다. 즉, 여기서 말하는 계획하폭은 최소한의 하폭을 의미하며, 제방의 좌우안 선형을 일정하게 유지하지 않는다.

• 하도 및 유역 상황에 맞는 적정 규모에 대해서는 기타 공식들을 사용하여 검토하는 것도 바람직하며, 이상에서 구해진 하폭과 현지 하천의 현황을 살피면서 계획하폭을 정한다.

표 3.33 계획홍수량 규모에 따른 계획하폭 참고값(한국수자원학회 2009)

계획홍수량(m³/s)	하폭(m)
300	40~60
500	60~80
800	80~110
1,000	90~120
2,000	160~220
5,000	350~450
5,000 이상	계획홍수량을 안전하게 소통시키고 안정하도를 유지할 수 있도록 결정하되, 기존 경험공식을 참고하여 결정

그런데, 이제까지 설명한 계획하폭은 모두 어떤 범위로 주어졌다. 이에 반해, 한국수자원학회(2009)의 하천설계기준에서는 보다 정량적인 값을 주어 하폭을 결정할 수 있도록 하고 있다. 이들 식을 간략히 살펴보면 다음과 같다.

• 일반적으로 대하천에 적용하는 공식(건설부 1971)

$$B = \alpha Q^{0.73} \tag{3.37}$$

여기서 B는 초기계획하폭(m), Q는 계획홍수량(m³/s), α는 하상경사에 따른 계수로 하상경사 1/1,000에는 1.09, 1/2,000에는 1.18, 1/3,000에는 1.27, 1/4,000에는 1.36, 1/5,000에는 1.45를 적용한다.

• 중소하천 공식(건설부 1971)

$$B = 1.698 \frac{A^{0.318}}{S^{0.5}} : \text{남부지방(영남, 호남)} \tag{3.38a}$$

$$B = 1.303 \frac{A^{0.318}}{S^{0.5}} : \text{중부지방(경기, 강원, 충청)} \tag{3.38b}$$

여기서 B는 초기계획하폭(m), A는 유역면적(km²), S는 하상경사이다.

• 한강 유역 중소하천에는 다음 공식을 검토할 수 있다.

$$B = 0.619\left(\frac{Q}{\sqrt{S}}\right)^{0.528} + 3.14 \qquad\qquad (3.39)$$

여기서 B는 초기계획하폭(m), Q는 계획홍수량(m^3/s), S는 하상경사를 각각 나타낸다.

- 소하천 공식(건설부 1990)
    - 유역면적과 초기계획하폭(유역면적 10 km^2 이하)

$$B = 8.794\,A^{0.5603} \qquad\qquad (3.40a)$$

    - 계획홍수량과 초기계획하폭(계획홍수량 300 m^3/s 이하)

$$B = 1.235\,Q^{0.6376} \qquad\qquad (3.40b)$$

여기서 B는 초기계획하폭(m), A는 유역면적(km^2), Q는 계획홍수량(m^3/s)이다.

▨ 횡단계획

평면계획과 종단계획이 완료되면, 지점별로 횡단면형상과 저수로 폭을 결정해야 한다. 이것을 횡단계획이라 한다. 횡단계획에서는 자연적인 하천 횡단이 기준이 된다.

먼저, 계획횡단형 결정 시의 기본방향은 다음과 같다.

계획횡단형은 가능한 한 하천 본래의 자연적인 모양이 나타날 수 있도록 한다. 고수부지의 활용, 제방의 안정성, 하천용수 확보 등 부득이 필요한 경우를 제외하고는 복단면 또는 복복단면으로 하지 않도록 한다. 또, 하안의 모양 및 식생은 자연하천에 가깝게 이루어져야 한다. 이때, 생태적으로 가장 유리한 횡단면형은 웅덩이꼴이다. 또, 확보 가능한 한 하안의 기울기는 완만하게 취한다. 저수로 횡단면형은 현재 상황을 중시하며, 인위적인 변화를 가하는 경우에도 물길 등 자연적인 형상을 확보할 수 있도록 한다.

하상경사와 저수로 폭을 토대로 다음과 같이 단면형상을 설정한다(전세진 2011).

- 설정한 하상경사와 저수로 폭을 토대로 저수로 평균 하상고를 설정해서 하천단면적의 확보를 도모한다. 단, 저수로 평균 하상고 설정은 기설 구조물 등에 의한 제약과 하상고 설정에 의한 영향을 고려한다.
- 저수로 이외 부분은 필요시 굴착을 한다. 고수부지 절단을 행할 경우에는 고수부지 높이를 평균 연최대유량에 상응하는 수위 이상으로 한다(일부를 잘라서 중수부로 하는 방법 제외).

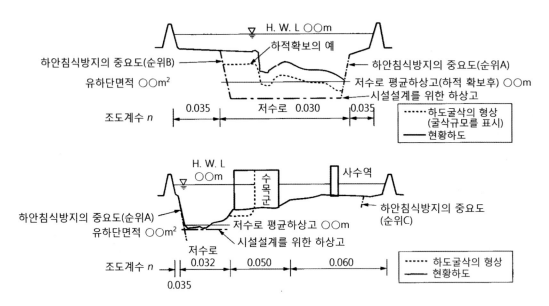

그림 3.33 계획횡단형의 개념도(国土技術研究センター 2002)

그리고 현 횡단형상을 기본으로 계획제방단면과 비탈경사를 고려하여 단면형상을 설정한다. 계획횡단면의 기본적인 형태는 **그림 3.33**과 같다(国土技術研究センター 2002).

개수하천, 급류하천 및 평지하천과 같이 넓은 하도 내에 몇 개의 유로가 생성되어, 이 유로가 홍수량에 따라 변동할 경우는 저수로와 고수부지 또는 홍수터를 명확히 구분하여 설정하는 것이 하도의 유지관리나 하천부지 이용 측면에서 곤란한 경우가 있다. 계획홍수량이 작은 하천에서 하도단면은 단순히 홍수소통만을 고려하는 것보다는 안정된 하상이 유지될 수 있도록 하는 것이 무엇보다 중요하며, 하천환경을 보전하고 유지하는 입장에서 호안이나 하상유지공 등과 같은 하천시설물에 의해 하상이나 단연형상이 변화될 수 있다는 점을 고려할 필요가 있다.

3.4.5 하도의 안정 검토

현재 하도계획을 수립하는 하도는 장기적으로도 안정된 상태를 유지해야 한다. 실제적으로 이렇게 안정되었는지 예측하는 방법은 ① 장기하상변동모형을 이용하여 추후 10년 정도의 하상변화를 추정하는 방법, ② 이동상 모형을 이용하는 방법, ③ 소류력과 마찰속도를 이용하여 개략적으로 추정하는 방법을 생각할 수 있다.

실제적인 면에서 가장 적절하게 추정하는 방법은 이동상 모형을 이용하는 방법이나, 여기에는 많은 비용과 인력이 소요되며, 정량적인 분석을 하기에는 여전히 어려움이 있다.

따라서 현재 하도의 안정에 가장 널리 이용하는 방법은 7장에서 소개한 HEC-RAS와 같은 장기하상변동모형을 이용한 하상변동 예측이다. 장기하상변동을 잘 이용하면, 하도의 지점별로 장래의 하상 안정성을 효율적으로 검토할 수 있다. 다만, 이 모형은 모형의 보정이 어려워 이용자에 따라 그 결과가 많은 차이를 보일 수 있으므로, 모형의 특성을 충분히 이해하고 적용해야 한다.

　　반면, 하천기본계획을 수립하고자 하는 유역에 하상변동을 예측하기에 충분한 자료가 없는 경우가 대부분이고, 과거에 준설이나 골재채취(모래, 자갈 등)와 같이 인위적인 하상 변동이 있는 경우는 하상변동 예측을 어렵게 한다. 하상변동은 인위적인 요인과 자연적인 요인에 의하여 발생하며 인위적인 요인으로는 하천으로 유입하는 상류유역의 토지이용 변화, 하폭의 변화, 하상의 준설 및 골재채취, 댐과 저수지의 건설, 유역변경 등이 있으며, 자연적인 요인으로는 하도의 분기, 만곡, 기록적인 홍수와 산사태 등이 있다.

　　하도의 평형상태는 마찰속도와 대표입경의 관계와 무차원소류력과 대표입경의 관계로 판단할 수 있다. 그러나 우리나라는 아직까지 전국의 평형상태에 이른 하천구간의 수리량(마찰속도, 무차원소류력, 대표입경) 자료가 정리되어 있지 않아 이의 적용이 곤란하다. 이 문제를 극복하는 대안으로 자연친화적 하천정비기법개발보고서(국토해양부 2003)에서는 일본과 우리나라의 하천 특성에 따른 적용성 문제는 크지 않을 것으로 가정하여 전술한 수리량 관계를 토대로 하도의 안정성을 정성적으로 판단할 수 있도록 제안하였다. 이 방법은 그림 3.34 및 그림 3.35와 같이 수리량(무차원소류력 τ_{*R}, 대표입경 $d_R = D_{50}$, 마찰속도 u_*)의 관계를 일본의 하천자료와 비교 도시하여 판단하는 것이다. 예를 들어, 마찰속도와 대표입경관계에서 하상은 평형상태에 도달하려는 경향을 갖게 되므로 한 구간의 마찰속도가 평형곡선 위쪽에 위치하면 마찰속도가 감소하려는 경향을 갖고, 만일 평형곡선 아래쪽에 위치하면 마찰속도가 증가하려는 경향을 갖게 된다. 마찰속도의 감소는 저수로 수심이 감소함을 의미하므로 저수로 폭이 고정되어 있다면 하상은 상승하게 될 것이다. 반면 마찰속도의 증가는 하상 저하가 발생할 수 있다는 것을 정성적으로 예측할 수 있다. 이와 같이 하도의 수리량 관계를 토대로 정성적 평가를 수행한 것은 일본의 평형하천에 대해 분석한 자료를 우리나라의 하천에 적용한 것이므로 검토한 구간의 전반적인 특성을 검토하는 정도로 이용해야 함을 인식하여야 한다.

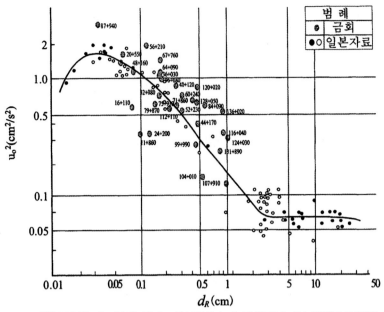

그림 3.34 무차원소류력-대표입경 관계 예(섬진강수계 하천정비기본계획(국토해양부 2003))

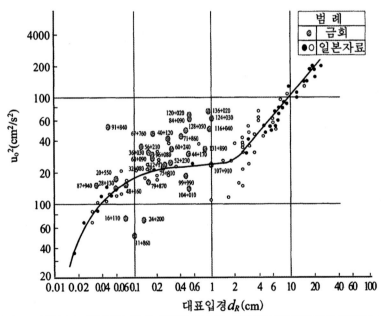

그림 3.35 마찰속도-대표입경 관계 예(섬진강수계 하천정비기본계획(국토해양부 2003))

3.5 하천환경관리계획

하천환경관리는 기존의 치수, 이수 관리와 별도로, 또는 병행하여 하천의 환경적 기능을 증진하고 그 역기능을 억제하기 위한 조직적인 제반활동이라 할 수 있다. 여기서 친수기능은 하천의 경관은 물론 사회, 문화, 역사적 기능 등을 망라한다.

따라서 하천환경관리계획은 앞서 설명한 치수계획이나 이수계획과 별도로, 또는 병행하여 하천환경관리에 관한 계획을 수립하는 것이다. 이는 전통적인 치수, 이수 중심의 하천관리계획 차원을 벗어나서 하천의 환경적 기능을 중심으로 하는 하천관리를 지향한다는 것이다.

3.5.1 하천환경관리

국내에서 하천환경 또는 하천환경관리라는 용어는 1980년대 말 하천관리자들 사이에서 하천의 환경적 기능의 중요성과 보전, 복원에 대한 사회적 요구(needs)가 대두되면서 처음 등장하였다. 그 후 1990년대부터 정부 주도로 하천환경관리를 체계적으로 하기 위한 기초적 연구(건설부/건설연 1991~1995)와 하천환경개선사업에 필요한 자연형 하천공법 개발 연구사업(환경부/건설연 1995~2001) 등이 시작되었다. 이러한 일련의 연구사업의 성과를 바탕으로 1990년대 말부터 하천 관련 정부부처와 지자체 등이 나름대로 하천환경관리에 관한 다양한 계획을 수립하고 하천환경개선사업을 추진하였다.

하천의 환경적 기능을 증진하고 그 역기능을 억제하기 위해서 그 제반활동은 다음과 같은 몇 가지 원칙에 바탕을 두어야 할 것이다(국토해양부 2009c).

첫째, 하천의 이수, 치수 관리와 조화이다. 하천은 이수, 치수, 환경 등 세 가지 기본적 기능을 가지며, 이 세 기능은 어느 하나 소홀히 할 수 없기 때문에 일체적, 종합적 관리가 되어야 할 것이다. 어느 한 기능의 관리를 강조하기 위해 다른 기능의 관리가 위축되면 결과적으로 5장에서 설명하는 통합적 물관리가 실현되지 못하게 된다.

둘째, 수환경과 연계된 공간환경관리이다. 여기서 수환경관리는 보통 하천 수량·수질과 생태계 관리를 의미한다. 반면에 공간환경관리는 보통 하천수면과 사주, 홍수터, 주변경관 등 수변공간관리를 의미한다. 하천생태계 관리를 위해서는 생물서식처 관리가 기본이며, 수변공간[1] 그 자체는 (육상)서식처이므로 수환경관리는 반드시 공간환경관리와 연계되어야 할 것이다.

---

1) 여기서 '수변공간'은 1장에 나오는 '수변(river corridor)'과 구분됨. 전자는 하천의 수체에 대비하여 하천의 토지공간을 의미하며, 후자는 경관생태학적 용어로서 수체와 토지공간 일체를 의미함

셋째, 하천의 자연성 보전 및 복원관리이다. 하천은 이·치수관리의 대상이기 이전에 자연 그 자체이다. 또한 하천을 포함한 자연환경의 보전 및 복원에 대한 사회적 요구와 공감대가 지속적으로 늘어나고 있다. 따라서 이수 및 치수기능을 유지하면서 하천의 자연성을 보전하고 필요시 복원하는 관리가 중요하다.

다음은 하천의 문화, 역사 등 친수성과 연계된 수변공간관리이다. 하천공간이 문화적, 전통적으로 친수공간으로 이용되어 온 경우, 또한 친수공간 조성에 대한 지역사회의 요구가 큰 경우, 하천의 자연성을 훼손하지 않는 범위 내에서 수변공간관리는 친수기능을 직극 고려할 수 있을 것이다.

마지막으로 지역사회의 요구가 충분히 고려된 하천환경관리가 이루어져야 할 것이다.

3.5.2 하천식생관리

하천식생은 하안 및 사주, 홍수터에 있는 식생을 말한다. 이는 하천환경요소 중 서식처 및 친수 측면에서 중요한 요소이다. 하천식생은 자연적으로 이입, 활착, 천이 등을 반복한다. 그러나 근래 들어 인간의 간섭으로 하천식생영역이 확대되어 다양한 긍·부정적 효과를 자아내고 있다.

하천식생, 특히 하안(물가)에 자라는 식생(그림 3.36)은 하천환경을 포함하여 하천관리 측면에서 다음과 같은 긍정적 효과가 있다.

 – 하안식생은 물 아래로 잎과 가지를 떨어뜨려 수생생태계의 영양공급원 역할을 함
 – 하안식생은 물에 그늘을 제공하여 하천수온을 유지하게 함
 – 하안식생은 물속의 질소, 인 등 영양물질을 흡착하여 수질정화에 기여
 – 하안식생의 뿌리는 흙을 움켜잡아 흐름침식에 저항하여 하안안정에 기여
 – 하천식생은 하천의 심미적 기능 향상에 기여

반면에 하천식생은 흐름에 추가적인 저항으로 작용하고, 특히 제방에 있는 경우 뿌리를 통해 파이핑(관공현상)을 야기할 수 있는 문제가 있다. 나아가 홍수 시 뽑힌 식생은 하류의 협착부나 하천구조물 등에 걸려 2차 피해를 유발할 수 있다.

그러나 국내에서 그림 3.36과 같은 하안식생은 일부 자연상태의 하천을 제외하고는 치수 목적의 하천관리 차원에서 대부분 제거되었다. 따라서 이보다도 더 현실적으로 중요한 문제는 과거 실트, 모래, 자갈 등으로 덮였던 사주나 홍수터가 근래 들어 식생으로 덮이는 현상이다. 이를 여기서는 사주식생이라 하며, 이는 국내 하천식생의 대부분을 차지한다.

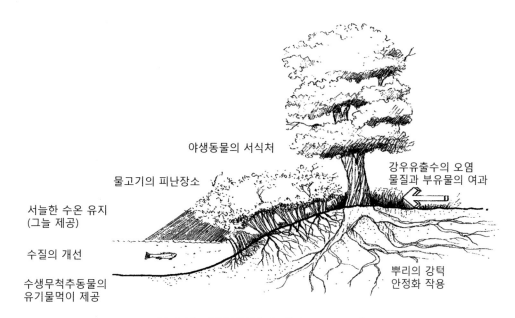

야생동물의 서식처

물고기의 피난장소

강우유출수의 오염
물질과 부유물의 여과

서늘한 수온 유지
(그늘 제공)

수질의 개선

수생무척추동물의
유기물먹이 제공

뿌리의 강턱
안정화 작용

그림 3.36 하안식생의 순기능(USDA 1998)

몬순기후의 영향을 받는 한반도는 여름에 비가 많이 오고 그 밖의 계절에는 상대적으로 적게 와서 하천의 유량변화가 다른 지역의 하천에 비해 매우 크다(이진원 등 1993). 이에 따라 한반도 하천에서는 평상시 물에 잠기지 않지만 홍수 시 강한 유사이송과 하상교란이 발생하여 식생 이입과 활착이 불가능한 사주의 범위가 상대적으로 넓게 나타난다. 이를 '화이트리버'라 부른다(우효섭 2008). 반면에 서안해양성기후의 영향을 받는 유럽의 하천은 유량 변동계수가 작고, 그에 따라 사주발달이 적어서 하안에서부터 바로 식생이 활착하는 '그린리버'가 된다. 화이트리버에서는 갈대, 달뿌리풀, 갯버들, 왕버들, 버드나무 등 한반도 하천에 보편적으로 나타나는 식생의 씨앗이 3~6월에 바람에 날려 사주에 떨어져 발아하여 유식물로 자라다가 5~6월 작은 홍수에 쉽게 쓸려 내려가거나 사주에 파묻혀 고사하게 된다. 일부 살아남은 식생은 7~8월 본격적인 홍수로 살아남지 못하게 된다.

하천 내 식생활착 현상은 생태적으로 서식처의 다양성을 증가시켜 지역적으로 일부 종다양성에 기여할 수 있으나, 사주하천에 서식하는 특정 동식물은 감소하거나 사라지게 된다. 경관적으로도 물과 모래와 갈대가 어우러진 우리나라 전통하천의 모습인 '화이트리버'가 식생으로 가득 찬 '그린리버'로 바뀌게 된다. 실제 조절하천이든(박봉진 등 2008), 비조절하천이든(이찬주와 김동구 2017) 대부분의 크고 작은 하천이 그린리버로 바뀌고 있다.

그림 3.37 비조절하천의 식생이입(홍천강, 좌: 1988년, 우: 2015년)

■ 식생확대의 원인 유형화

위와 같은 하천확대 현상의 원인별 유형은 다음과 같이 구분할 수 있다(우효섭과 박문형 2016).

- 유형 1: 유량과 유사량 흐름의 변화

유형 1-1N: 상류 댐에 의한 봄철 홍수억제로 하류 홍수터에 신선한 토사 및 습윤 공급이 중단되어 홍수터에 식생 발아 및 생장 억제(미국 중서부, 태평양 연안 북서부 등 사례)

유형 1-1P: 강우양상 변화로 인한 비조절하천에서 봄-초여름 '작은 홍수' 저감으로 발아된 유식물 활착기회 향상(가설)

유형 1-2: 몬순기후 지역에서 상류 댐에 의한 흐름조절로 여름철 '본격적' 홍수가 저감되어 하류 사주에 식생활착 기회 대폭 향상

- 유형 2: 하도의 인위적 교란(골재채취, 하천정비, 보건설, 경작지의 하천편입 등)으로 하천 내 식생이입 촉진
- 유형 3: (중소)하천에 영양염류 유입증가로 하천식생 생장 촉진(가설)

위의 유형들 중에서 유형 1-1P와 유형 3은 아직 가설 단계로서 앞으로 연구를 통하여 확인되어야 할 것이다.

■ 식생대책

위 유형들 중에서 우리나라에 가장 흔히 나타나는 것들은 유형 1-2와 유형 2이다. 특히 유형 1-2는 황강댐(Choi et al. 2005), 안동댐(우효섭 등 2010) 등 대부분의 댐 하류에서 나타나고 있다. 그러나 하천 내 식생활착현상은 댐이 없는, 이른바 비조절하천에서도 급속히 나타나고 있다(이찬주와 김동구 2017).

이와 같은 하천식생활착 현상의 가속화는 앞서 설명하였듯이 하천관리 차원에서 다양한 긍·부정적 영향을 주고 있다. 치수 측면에서 부정적 영향은 이미 안동·임하댐 하류하천 내 수목림으로 인해 과거 홍수위 상승 문제를 가져왔으며, 이 밖에 하천사주의 육역화 현상, 자연사주의 소멸로 인한 하천경관 가치의 변화 등의 문제를 주고 있다.

따라서 하천의 사주나 홍수터 상 식생관리와 나아가 하천환경관리의 계획, 설계를 위해서는 식생의 이입, 활착, 천이, 퇴행 및 순환이라는 생태과정을 이해하고 예측하는 것이 중요하다. 이러한 생태과정은 지배적인 물리, 화학, 생태 조건을 고려하여 모형화할 수 있으며, 이를 보통 홍수터식생모형(DFVM)이라고 하고 CaSiMiR 모형(Benjankar et al. 2011) 등이 문헌에 알려져 있다. 이 모형은 국내에서 낙동강 안동/임하댐 하류구간에 적용되었다(Egger et al. 2012). 또한 Woo et al.(2014)은 같은 구간에서 소류력과 토양습윤 인자를 가지고 하회마을 앞 사주상 식생활착현상을 모의하였다.

하천식생 억제를 위한 실질적인 대책은 아직 물리적 제거 이외에는 가용하지 않다. 상류 댐에서 유량을 증가하는 이른바 '인공홍수'를 이용하는 식생 제거는 대부분의 경우 비현실적이다.

3.5.3 하천환경관리계획

어느 하천의 체계적인 환경관리를 위해서는 그 하천의 유사한 기존계획 안에 환경관리계획이 반영되어 있는 경우 그 계획에 준해 추진할 수 있을 것이다. 그러나 하천환경관리의 시행에 필요한 내용이 충분하지 않은 경우나, 새로운 하천환경사업을 위해 별도의 관리계획이 필요한 경우 새로운 하천환경관리계획이 필요할 것이다.

하천환경관리계획을 수립하는 경우 다음과 같은 자연하천의 특성을 충분히 인식하여야 할 것이다(국토해양부 2009c).
- 하천의 역동성: 시간에 따른 유황과 하천형태의 변화, 그에 따른 서식처 특성 변화
- 하천의 연속성: 생물적, 비생물적(물, 유사, 무기물 등) 하천의 종적·횡적 연결성
- 하천의 다양성: 하천의 물리적, 화학적, 생물적 다양성
- 하천의 개성: 하천의 자연적, 사회적 고유성

하천환경관리계획을 수립하기 위해서는 조사 및 평가가 필수이다. 하천환경조사에 대해서는 2장에서 이미 설명되었다.

■ 구역 구분

하천환경관리계획은 대부분의 경우 서로 특성이 상이한 하천구간을 대상으로 관리계획을 수립하기 때문에 대상 하천을 하천환경 관점에서 구간 특성이 유사한 몇 개의 지구로 나누어 검토할 수 있다.

현 하천법에서는 자연환경, 사회문화역사, 경관 등이 뛰어나 특별히 보전, 복원이 필요한 하천구간이나 하천공간의 이용도가 높은 친수구간 등에 대해서는 법률에 의해 보전, 복원, 친수지구 등으로 특별히 지정하여 관리할 수 있다. 이는 계획 대상 공간의 특성에 맞춤으로써 관리효율을 높이는 일종의 맞춤형 관리방식이다.

보전지구는 하천의 서식처 기능이 비교적 잘 유지되고 있는 구간에 대해서, 복원지구는 하천의 환경기능이 훼손되었지만 인위적 지원을 통해 회복이 가능한 구간에 대해서, 친수지구는 공공의 이익을 위해 하천의 고유 기능이 크게 변형되지 않는 범위 내에서 각각 지정할 수 있을 것이다.

구체적으로 하천법시행령에서는 다음에 조건을 만족하는 구간에 대해 보전지구를 지정할 수 있게 되어 있다.

- 하천의 자연생태계 유지를 위하여 보전가치가 큰 하천구역
- 수량이 풍부하고 수질이 양호하여 용수공급, 주민의 건강에 미치는 영향이 큰 하천구역
- 특이한 경관·지형 또는 지질을 가진 하천구역
- 다양한 하천생태계를 대표할 수 있거나 표본이 될 수 있는 하천구역
- 중요하고 고유한 역사적·문화적 가치가 있는 하천구역

한편 복원지구는 인간의 간섭이나 자연재해 등으로 훼손 또는 파괴되어 자연·역사·문화적 가치의 복원이 필요한 구역을 대상으로 지정할 수 있게 되어 있다.

친수지구는 친수활동을 목적으로 하천점용허가를 받아 상거래행위를 하는 곳이나, 전통적으로 친수활동이 활발하게 이루지고 있는 구역을 대상으로 제한적인 범위 내에서 지정할 수 있게 되어 있다.

위와 같이 세 개의 구역 구분 이상으로 세밀한 구역 구분이 필요한 경우 보전지구는 다시 특별, 일반, 완충 보전지구로, 친수지구는 친수거점 및 근린친수 지구로 세분화하여 모두 6개의 지구로 구분할 수 있게 되어 있다(국토해양부 2009c).

■ 수환경관리계획

하천환경을 다시 수환경과 공간환경으로 구분하면 결국 하천환경관리계획은 수환경관리계획과 공간환경관리계획으로 나눌 수 있다.

수환경관리계획은 하천환경 관점에서 수량과 수질을 관리하는 계획이다. 하천환경 관점에서 수량관리는 곧 하천유지유량이 된다. 하천유지유량은 법률적인 용어이며, 완전히 같지는 않지만 하천공학에서는 보통 환경유량이라 하며 이 책에서는 5장에서 별도로 다룬다. 하천유지유량은 하천 내(instream), 하천상(onstream), 하천 외(offstream) 용수 등 각종 용수에 서식처 보전, 수질정화 등 환경개선용수 등을 고려하여 하천의 정상적인 기능 및 상태를 유지하기 위해 필요한 최소한의 유량으로 정의된다(한국수자원학회 2009). 5장에서 다루는 환경유량은 여기서 서식처 보전유량에 해당한다.

하천수질 개선은 일종의 하천대책으로서 유역의 오염물질 관리와 같은 유역대책과 구별된다. 하천대책은 기본적으로 자연의 수질자정능력을 극대화하는 것이다. 구체적인 대책으로서 자연재료를 이용하는 하천공법의 적용 확대, 하천 내 습지, 자갈접촉산화시설, 토양침투, 산화지 등의 조성을 고려할 수 있다. 이러한 대책들은 특히 하천복원사업 추진 시 병행하는 것이 효율적이다.

수환경관리계획의 또 다른 중요 대상인 하천생태계관리계획, 또는 협의로 서식처관리계획은 하천환경평가 결과를 토대로 하천의 물리적 구조, 수생생물서식처, 식생 등을 관리하는 계획이다. 하천의 물리적 구조가 인위적으로 변형되었거나 훼손된 경우 하도, 홍수터, 구하도, 복개하도 등을 대상으로 부분적, 전체적 복원계획을 수립하는 것이 필요할 것이다. 이를 위해서 '6.4 부분적 하천복원'의 기술과 사례가 참고가 될 것이다. 수생생물의 서식처가 훼손되어 복원이 필요한 경우 '6.3 하천복원기술'을 참고하여 적절한 복원계획을 수립할 수 있을 것이다. 복원차원이 아닌 적극적인 생태공간의 조성이 필요한 경우 다양한 형태와 기능의 비오톱, 샛강 및 하중도, 어도, 여울과 소, 수제, 돌무더기, 거석 및 돌보, 물웅덩이, 횃대 등 중소규모 서식처 조성계획을 수립할 수 있을 것이다. 하천식생 도입 및 관리 계획은 하천의 자정능력 개선, 육상서식처 복원·조성, 경관 등을 고려하여 계획되어야 할 것이다.

■ 공간환경관리계획

하천공간환경관리의 대상은 하천수면 자체와 사주, 홍수터 등이다. 이러한 공간을 관리하는 계획은 하천구역의 특성에 맞게 수립되어야 할 것이다.

대상 하천구간이 보전지구로 지정된 경우 외부 교란요소가 들어오지 못하도록 관리하는 것이 기본이다. 특히 특별보전지구로 지정된 경우 치수 목적의 불가피한 하천공사 외에는 인위적인 정비를 하지 못하는 관리계획이 필요하다. 다만 대상 하천이 역사·문화 또는 심미적 가치가 높은 주요 경관자원이 있는 경우 하천경관 개선에 초점을 맞추는 계획을 고려할 수 있을 것이다.

대상 하천이 친수지구로 지정된 경우 치수관리에 해가 되지 않는 범위 내에서 지역사회의 수요를 반영하여 다양한 친수활동계획을 수립할 수 있을 것이다. 여기서 친수활동은 단순한 체육활동은 지양하고 하천의 자연성을 즐길 수 있는 방향으로 계획하여야 할 것이다.

대상 하천이 복원지구로 지정된 경우 '6장 하천복원'을 참고하여 복원계획을 수립할 수 있을 것이다.

연습문제

3.1 하천법에 의한 하천의 3대 기능을 하천계획과 연계하여 설명하시오.

3.2 하천구역, 하천 예정지 및 홍수관리구역에 대하여 설명하시오.

3.3 영산강에 위치한 담양 홍수조절지는 하도 내와 하도 외 저류지가 함께 설치되어 있다. 이에 대하여 설명하시오.

3.4 우리나라 홍수예경보 시스템에 적용된 홍수유출모형에 대하여 설명하시오.

3.5 유황곡선은 어떻게 작성하며, 풍수량, 평수량, 저수량, 갈수량은 무엇인지 간단히 설명하시오.

3.6 물수지 분석에서 자연유량 산정방법에 대하여 설명하시오.

3.7 예제 3.6에서 구한 Mononobe 방법의 중앙집중형 강우분포, 교호블럭 방법, Huff 3분위법으로 구간 시간분포를 이용하여 평균 CN값이 각각 70, 75, 80일 때, AMC-I, AMC-II, AMC-III 조건에 따른 유효우량주상도를 작성하시오.

3.8 어느 관측소의 일최대 강우량의 30년치 시계열 값이 다음과 같을 때 재현기간이 50년, 80년, 100년, 200년, 500년인 24시간 최대 확률강우량을 구하시오.

(단위: mm)

270.8,	160.8,	218.7,	330.2,	257.3,	187.4,
224.8,	378.0,	140.7,	217.0,	359.8,	245.2,
268.3,	290.6,	170.8,	370.6,	263.5,	160.0,
297.8,	150.4,	367.7,	399.1,	172.5,	240.7,
310.6,	248.2,	342.6,	178.1,	230.2,	326.5

3.9 수문학적 홍수추적법인 유역추적, 하도추적, 저수지추적에 대해 설명하시오.

3.10 하천에서 흐름의 상태가 상류 흐름 또는 사류 흐름인 경우에 부등류 수위 계산 방법에 대하여 설명하시오.

3.11 2000년대 이후 건설된 국내 중규모 댐을 대상으로 댐 건설 전과 건설 후 10년 이상된 하류하천의 항공사진 등을 이용하여 하천 내 식생이입 정도를 구간별로 비교 검토하고, 그 결과를 토의하시오.

3.12 아래 그림의 좌측과 같이 자갈/호박돌 사주를 걷어내는 골재채취를 하면 우측 사진과 같이 사주에 식생이 가득 차게 되는 현상을 정성적으로 설명하시오(만경강 사례: 좌측 그림에서 좌우가 바뀐 것을 고려할 것).

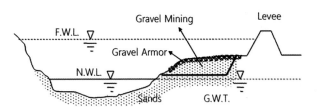

용어설명

- **가능최대강수량(PMP, Probable Maximum Precipitation)**: 어떤 지속기간에서 어느 특정 위치에 주어진 호우면적에 대해 연중 지정된 기간에 물리적으로 발생할 수 있는 이론상의 최대 추정 강수량
- **가능최대홍수량(PMF, Probable Maximum Flood)**: 가능최대강수량으로부터 발생되는 홍수량
- **갈수**: 자연현상에 의하여 물의 수요와 공급의 관계가 균형을 상실한 현상
- **고수부(지)**: 하천 내의 저수로 및 호안부를 제외한 나머지 부분의 총칭
- **그린리버**: 원래 '하얗던' 하천 사주와 홍수터가 식생으로 뒤덮여서 푸르게 된 하천경관을 상징적으로 부르는 말
- **단위유량도(Unit Hydrograph)**: 특정 단위 시간 동안 균일한 강도로 유역 전반에 걸쳐 균등하게 내리는 단위 유효우량(1 cm)으로 인하여 유역 출구에 발생하는 직접 유출량의 시간적 변화를 나타내는 곡선
- **방수로**: 현 하도의 하폭을 확대할 수 없거나 개수구간을 단축할 목적으로 하천 유로에서 분기하여 신설하천을 건설하고 직접 바다나 다른 하천 또는 원래의 하천으로 유입시키는 수로
- **범람원**: 무제부 또는 유제부 구간에서 홍수범람으로 인해 발생하는 제내외지 내 침수구역(홍수터)
- **수자원 부존량**: 수자원 총량에 유출률을 곱하여 얻은 수량
- **수자원 총량**: 유역에서의 평균 강수량에 유역면적을 곱하여 얻은 수량
- **순물소모량**: 생활, 공업, 농업 등의 이수에 의한 물소모량에서 자연식생 상태하의 물소모량을 뺀 값
- **신설하천**: 홍수소통단면을 증대하거나 홍수량을 전환하여 소통시키기 위한 방안으로 건설되는 새로운 하천으로, 주로 첩수로와 방수로(또는 분수로)로 구분
- **이입(recruitment)**: 바람이나 물을 따라 외부에서 식물의 씨앗이 하천에 들어와 사주와 홍수터에 발아하여 자라는 현상
- **저수로**: 평상시 물이 흐르는 하도(보통 주수로의 강턱 사이 공간)
- **제방방어선**: 제방방어의 관점에서 그어지는 선, 한 번의 홍수로 인해 침식될 가능성이 있는 고수부지 폭을 제방 앞비탈 끝에서부터 이은 선으로 고수호안 쪽으로 더 이상의 저수로 침식을 허용하지 않도록 하는 선
- **천이(succession)**: 하천식생이 환경변화에 따라 어느 군락(초본류)에서 다른 군락(목본류)으로 점차적으로 바뀌는 현상
- **첩수로**: 현저하게 사행되었거나 굴곡된 하도를 절개하여 짧게 연결한 수로
- **퇴행(retrogression)**: 자연적, 인위적인 환경교란 등으로 천이현상이 반대로 진행되는 것
- **평형하상(안정하상)**: 평형하천에서의 하상상태를 말하며 임의의 하도구간 내에서 유사의 유입과 유출

이 평형을 이루어 하상세굴이나 퇴적의 경년변화가 거의 없는 하상

• 하구: 하천수가 바다나 호수 또는 다른 하천으로 흘러 들어가는 어귀

• 하도: 평상시 혹은 홍수 시 유수가 유하하는 공간이면서 수생생물이 서식하는 공간

• 하상: 하도의 바닥. 보통 충적토로 구성됨

• 하안: 하도 내 수면이 비탈면과 접하는 곳(물가)

• 하안방어선: 제방의 안전성과 저수로의 안정성을 확보하기 위해서, 어떠한 구조적 대책(저수로호안, 하안침식방지공)을 강구할 필요가 있는 하도계획상의 선

• 하안식생: 특히 하안(물가)에 자라는 식생

• 하천식생: 하안이나 사주/홍수터에 자라는 식생

• (하천)유지유량: 하천에서 각종 이수목적의 용수에 서식처 보전, 수질정화 등 환경개선용수 등을 고려하여 하천의 정상적인 기능 및 상태를 유지하기 위해 필요한 최소한의 유량(학술용어가 아닌 실무용어)

• 하천환경: 생물서식처, 수질자정, 친수 등 하천의 자연적(환경적) 기능 요소, 또는 그러한 요소들의 통합체(광의로는 수량, 수질 등 수환경과 공간환경을 통합적으로 지칭함)

• 화이트리버: 하천 사주와 홍수터가 '하얀' 유사로 덮인 하천경관을 상징적으로 부르는 말(한반도에서 원래의 하천경관)

• 활착(establishment): 식생이 발아와 유식물기를 거쳐 새로운 환경에 정착하는 현상

참고문헌

건설부. 1988. 굴포천종합치수대책.

건설교통부. 2000. 한국확률강우량도 작성.

건설교통부 서울지방국토관리청. 2002. 임진강 홍수피해 원인조사 및 항구대책 수립.

건설부/건설연(한국건설기술연구원). 1991~1995. 하천환경관리기법 개발 연구·조사.

국민안전처. 2016a. 2015 재해연보.

국민안전처. 2016b. 개발사업 시행자 등의 우수유출저감대책 세부 수립기준.

국토교통부. 2010. 기후변화 대응 미래 수자원 전략.

국토교통부. 2014. 한국의 홍수통제 40년사.

국토교통부. 2015. 하천기본계획 수립지침.

국토교통부. 2016a. 홍수위험지도 기본계획 보완.

국토교통부. 2016b. 수자원장기종합계획(2001-2020)-제3차 수정계획.

국토교통부. 2016c. 국가지방하천 종합정비계획.

국토교통부. 2018a. 홍수량 산정방법 표준화 지침(안).

국토교통부. 2018b. 첨단기술 기반 하천운영 및 관리 선진화 연구단.

국토교통부. 한강홍수통제소. 2015. 금강권역 홍수위험지도 제작.

국토해양부. 2008a. 홍수위험지도 제작에 관한 지침.

국토해양부. 2008b. 유역종합치수계획 및 하천기본계획 수립지침.

국토해양부. 2009a. 하천사용허가 업무 매뉴얼.

국토해양부. 2009b. 2025 수도정비기본계획(광역상수도 및 공업용수도).

국토해양부. 2009c. 자연친화적 하천관리에 관한 통합지침.

국토해양부. 2010. 설계홍수량 산정 선진화 기획 연구 보고서.

국토해양부. 2011a. 수자원장기종합계획(2011-2020).

국토해양부. 2011b. 확률강우량도 개선 및 보완 연구.

국토해양부. 2012. 설계홍수량 산정 요령.

국토해양부, 한강홍수통제소. 2011. 지역별 피해 특성을 고려한 홍수 안전도 평가 연구-선택적 홍수방어 방법론 개발 및 시범 적용.

김경덕, 허준행. 2007. 모의실험을 통한 지수홍수법의 수행능력 해석 연구. 대한토목학회 논문집, 대한토목학회. 27(1B): 9-20.

농업진흥공사. 1974. 한국하천의 수계별 유황에 관한 수문학적 연구.

대전지방국토관리청. 2011. 달천 국가하천기본계획.

박봉진, 장창래, 이삼희, 정관수. 2008. 댐 하류하천의 사주와 식생 면적 변화에 관한 연구. 한국수자원학회논문집, 41(12): 1163-1172.

소방방재청. 2010. 우수유출저감시설의 종류 구조 설치 및 유지관리 기준.

안재현, 이신재. 2017. 국내유역에 적용 가능한 집중시간과 저류상수 산정식 개발. 물과 미래, 50(1): 26-31.

우효섭. 2008. 화이트리버? 그린리버? 한국수자원학회지, 41(12): 38-47.

우효섭, 김원, 지운. 2015. 하천수리학. 청문각.

우효섭, 박문형. 2016. 하천식생 이입현상의 원인 별 유형화 및 연구 방향. Ecology and Resilient Infrastructure, 3(3): 207-211.

우효섭, 박문형, 조강현, 조형진, 정상준. 2010. 댐 하류 충적하천에서 식생 이입 및 천이-낙동강 안동/임하 댐 하류하천을 중심으로. 한국수자원학회 논문집, 43(5).

울산광역시. 2016. 회야강 등 4개소 하천기본계획 변경 보고서.

윤용남. 2008. 기초수문학. 청문각.

이진원, 김형섭, 우효섭. 1993. 댐건설로 인한 5대수계 본류의 유황변화 분석. 대한토목학회논문집, 13(3): 79-91.

이찬주, 김동구. 2017. 영주댐 운영 전 내성천에서 하도 형태의 단기 변화. Ecology and Resilient Infrastructure, 4(1): 12-23.

전세진. 2011. 하천계획·설계. 이엔지북.

정종호, 윤용남. 2003. 수자원설계실무, 구미서관.

한국건설기술연구원. 2007. K-WEAPq 사용자 안내서.

한국건설기술연구원. 2011. 국내 실측 조도계수 자료집.

한국농업과학기술원. 2007. 투수속도 측정에 기반한 수문학적 토양 유형의 분류.

한국수자원공사. 2014. 경부 대구권 맑은 물 공급 종합계획.

한국수자원학회. 2009. 하천설계기준·해설.

허준행. 2016. 수문통계학. 구미서관.

환경부/건설연(한국건설기술연구원). 1995-2001. 국내여건에 맞는 자연형 하천공법의 개발.

K-water, 한국대댐회, 한국수자원학회. 2015. 한국수자원 100년의 발자취와 교훈.

K-water. 2017. 하천종합 건전성 평가체계 구축 연구.

Benjankar, R. et al. 2011. Dynamic floodplain vegetation model development for the Kootani River, USA. J. of Environmental Management, 92: 3058-3070.

Blazejewski and Pilarczyk. 1995. River training techniques-fundamentals, design and applications. A. A. Balkema, Rotterdam, Brookfield.

Bobee, B. and Askhar, F. 1991. The Gamma family and derived distributions applied in hydrology. Water Resources Publications, Littleton, Co, USA.

Choi, S. U., Yoon, B. M., and Woo, H. 2005. Effects of dam-induced flow regime change on downstream river morphology and vegetation cover in the Hwang River, Korea. River Research and Applications, John Wiley & Sons, 21: 315-325.

Egger, G. et al. 2012. Dynamic vegetation model as a tool for ecological impacts assessment of dam operation. J. of Hydro-environment Research, 6: 151-161.

Gregory, K. J. 1977. River channel changes. John Wiley and Sons.

Hosking, J. R. M. 1991. Fortran routines for use with the method of L-moments. Version 2, Research Report, IBM Research Division, T. J. Watson Center, New York, USA.

Hosking, J. and Wallis. J. R. 1997. Regional frequency analysis: an approach based on L-moments. Cambridge University Press. N. Y., USA.

Institute of Hydrology. 1975. Flood studies report. United Kingdom.

Institute of Hydrology. 1999. Flood estimation handbook. United Kingdom.

Institution of Engineers. 1998. Australian rainfall-runoff-a guide to flood estimation. Australia.

Richads, K. 1982. Rivers-form and process in alluvial channels. Methuen, London and New York.

Ponce, V. M. 1994. Engineering hydrology-principles and practices. Prentice Hall, Eaglewood Cliffs, New Jersey, USA.

HEC (U.S. Army Corps of Engineers Hydrologic Engineering Center). 2006. Hydrologic modeling system HEC-HMS User's Manual, USA.

HEC (U.S. Army Corps of Engineers Hydrologic Engineering Center). 2007. River analysis system HEC-RAS User's Manual, USA.

USDA (U.S. Department of Agriculture). 1998. The practical stream bioengineerng guide. Natural Resources Conservation Service. Plant Material Center, Aberdeen, USA.

Woo, H. et al. 2014. Vegetation recruitment on the white sandbars on the Nakdong River at the historical village of Hahoe, Korea. Water and Environment Journal, 28: 577-591.

国土交通省 関東地方 整備局. 2001. 河川砂防技術基準.

国土技術研究センター. 1999. 中小河川計畫の手引き(案).

国土技術研究センター. 2002. 河道計畫檢討の手引き.

北川明, 鈴木研司, 神庭治司. 1989. 生態系保全からみた維持流量算定の基本的考え方. 土木技術資料.

山本晃一. 1983. 積地河川の川輻. 土木技術資料.

千田稔. 1991. 自然的河川計畫. 理工図書.

土木学会. 1988. 水川公式集(昭和60年版).

4장 하천시설물

RIVER ENGINEERING

하천시설물이란 앞서 1장에서와 같이 다양한 하천기능 중 이수 및 치수기능, 즉 공학적 기능을 위하여 3장 하천계획의 결과에 따라 인간이 하천에 인위적으로 설치하는 시설물이다. 하천의 기능에 따라 하천시설물을 구분하면, 치수시설에는 제방, 호안, 수제, 하상유지시설을 들 수 있다. 하상유지시설은 하상침식을 억제하여 하천의 안정성을 유지한다는 점에서 치수시설로 분류한다. 이수시설에는 보를 들 수 있다. 두 시설물 모두 하천에서 물의 이용과 관계되므로 하천에서 이수기능을 돕는다고 할 수 있다. 마지막으로 하천의 자연적 기능 특히 생물서식처와 관련하여 중요한 시설이 어도이다. 따라서 이 장에서는 4.1절 제방, 4.2절 호안, 4.3절 수제, 4.4절 하상유지시설, 4.5절 보, 4.6절 어도로 나누어, 각각의 시설에 대해 시설물의 정의 및 종류, 설계개념, 안정성 및 유지관리에 관한 사항들을 살펴본다.

4.1 제방

　제방(堤坊, levee/dike)은 하천, 호소, 바닷물이 범람하여 도시, 마을, 농경지 등으로 들어오는 것을 방지하여 인명과 재산을 보호하기 위해 흙이나 기타 재료를 이용하여 통상 물가를 따라 쌓은 인공구조물이다. 제방의 역사는 인류의 역사와 같이 한만큼 오래된 대표적인 토목시설물 중 하나이다. 제방의 중요성은 서울의 강남 신도시나 강북의 마포, 용산 등 도시지역의 존재가 가능한 것이 전적으로 한강변을 따라 만들어진 제방의 덕분이라고 보면 쉽게 이해할 수 있을 것이다. 이중환이 택리지(擇里志)에서 '큰 물가는 살 만한 곳이 못 된다'고 강조한 것도 과거 대규모 제방건설이 가능하지 않았던 때에 물가는 홍수위험의 문제가 상존했기 때문이다.

　제방의 재료는 콘크리트 홍수벽 등 특수한 경우를 제외하고 모두 흙이다. 우리나라에서 2000년대 이전에는 대부분 하천 주변의 충적토 등 현지 재료를 사용하여 80% 정도 다짐으로 축제하였다. 그 후 2002년 하천설계기준 강화로 85% 다짐으로 변경되었고, 2005년에는 제체는 90%, 구조물 주변은 95%로 강화되었다. 일반적으로 다짐도 10% 차이는 투수계수 1 cm/s 정도의 차이를 가져온다. 또한 기성제방의 경우 다양한 재료로 지속적으로 보강되었기 때문에, 그 구성재료는 제체의 위치에 따라 서로 다르다.

■ 역사[1]

　제방은 동아시아 한자문화권에서 홍수를 막기 위해 흙이나 나무, 돌 등으로 쌓은 둑을 의미한다. 이에 반해 제언(堤堰)은 저수지와 같이 물을 가두기 위해 쌓은 둑을 의미하며, 우리말로 '방죽'이라 한다. 여기서 제(堤)나 언(堰)은 모두 둑이라는 뜻이다. 따라서 제방은 주로 치수적 의미이며, 제언은 이수적 의미이다. 담양의 관방제나 함양의 상림은 전자에, 제천의 의림지나 김제의 벽골지 등은 후자에 해당한다.

　미국식 영어인 levee는 'to raise'라는 뜻의 불어(levée)에서 온 것으로서, 1718년 뉴올리언즈시(당시는 프랑스령)가 만들어진 후 미국에 퍼진 용어이다. 반면, dike 또는 dyke는 영어의 'to dig'에 해당하는 dijk라는 네덜란드어에서 온 용어이다. 땅을 길게 파면 도랑(trench)이 생기고 파낸 흙은 도랑을 따라 쌓이므로 둑(bank)이 생기게 된다. 네덜란드나 북부 독일에서는 특히 바다에서 밀어닥치는 폭풍해일로부터 해안을 보호하기 위해 제방을 쌓았다.

　세계에서 가장 오래된 제방은 지금의 인도와 파키스탄 지역의 인더스 문명 지역에서 발굴되었다. 로마시대 이후 유럽의 제방 역사는 사실상 네덜란드의 역사와 궤를 같이 한다. 서기

---

1) 이 부분은 주로 우효섭(2017)의 논문을 참고하였음

800~1250년 사이 네덜란드의 인구는 10배가 증가하여 그에 따라 대대적으로 바닷가 저지대를 개간하고 둑을 쌓기 시작하였다(Dike History 2017). 14세기가 되면서 해수면이 상승하여 지표면과 같아지면서 네덜란드 대부분의 지역에서 대규모 제방축조가 시작되었다. 특히, 20세기 들어 1953년에 최악의 제방붕괴 사고로 1,800명 이상의 인명손실이 난 후 기존 제방의 보강 및 확충 사업이 강화되었다. 그에 따라 1500년경 2,600 km에 달했던 네덜란드의 해안길이는 1850년경에 2,100 km, 1950년경에 1,600 km, 금세기 초에 880 km로 점차 축소되었다.

미국에서는 18세기부터 시작된 미시시피강의 제방축조사업과 19세기부터 시작된 캘리포니아 새크라멘토강 제방축조사업이 대표적이다. 미국에서 제방사업은 미 공병단을 중심으로 지금도 계속되고 있다(USACE 2017). 미 공병단은 미국 전체 제방연장 약 230,000 km의 10%를 관리하고 있으며, 특히 미시시피강 중하류 등 대부분의 대하천 제방과 해안제방을 담당한다.

동아시아에서 치수사업은 하(夏) 왕조의 우(禹)부터 시작하였다. 우는 그 전까지 실패한 제방축조 대신에 물길을 새로 만드는 정책으로 전환하여 치수에 성공하였다. 그 당시 화북지방에서 평평한 대지를 흐르는 하천의 범람을 하천을 따라 제방을 축조하여 막는다는 것 자체가 대부분 현실적으로 불가능했을 것이므로 주거지를 중심으로 원형으로 제방을 쌓아 최소한의 토지만 방어하는 전략을 택하였을 것이다. 이것이 곧 중국 치수사에서 나오는 윤중제(輪中堤)로서, 여기서 제내지(堤內地)는 윤중제 안쪽, 즉 주거지를, 제외지(堤外地)는 윤중제 바깥쪽, 즉 홍수 시 범람지를 지칭하며, 우리나라와 같이 보통 하천을 따라 제방을 쌓는 경우(그림 1.1 참조)와 방향감각이 서로 반대가 되었다.

일본의 경우 메이지유신 이후인 19세기 후반부터 네덜란드의 수리기술자들을 초청하여 새롭게 중앙정부의 책무가 된 하천개수사업을 시작하였다. 그러나 유럽의 하천에 비해 하상경사와 비유량이 비교가 안 될 정도로 크고, 특히 토사유출량이 매우 큰 일본의 하천을 대상으로 네덜란드식 치수사업, 즉 하상을 파서 수위를 낮추는 준설 위주의 하천개수사업은 실패하였다. 그 후 영국과 프랑스식 제방축조 위주의 치수사업으로 방향전환을 하게 된다(山崎 2000).

우리나라 제방축조의 역사는 멀리 삼국시대까지 거슬러 올라간다. 고려시대 정지상의 시 '송인(送人)'에서 '비 그친 긴 둑에 풀빛이 새롭다'라는 구절에서 대동강 제방이 서경적으로 등장한다. 기록이 남아 있는 조선시대 담양의 관방제림이나 함양의 상림은 흙제방은 세굴에 취약하다는 약점을 보완하기 위해 제방에 교목을 식재하였다. 근대적 방법에 의한 제방축조는 일제강점기인 1920년대 하천개수사업계획(서울시 1985)에 의거하여 한강을 포함하여 전국적으로 추진되었다. 이러한 하천개수사업의 전통은 하천정비사업이라는 이름으로 거의 100년이 지난 지금도 시행되고 있다.

■ 현황

2014년 12월 기준으로 하천제방 총 연장은 16,932 km이며, 국가하천의 경우 2,575 km, 지방하천의 경우 14,357 km이다(국토교통부 2016a). 앞으로 제방신설이 필요한 구간연장은 총 7,640 km이며 국가하천의 경우 122 km, 지방하천의 경우 7,518 km로서, 전체적으로 77%, 국가하천의 경우 96%, 지방하천의 경우 75% 정도가 제방축조가 완료된 셈이다. 그러나 국가하천과 지방하천 모두에서 제방보강이 필요한 구간 총 8,178 km가 별도로 있다. 따라서 이른바 제방 신설이나 보강이 필요한 하천구간은 전체적으로 48% 수준으로서, 국내에서 제방 신규건설이나 보강사업이 지속적으로 요구될 것이다. 하천법에 의해 관리되는 국가하천과 지방하천 이외에 소하천정비법에 의해 관리되는 소하천도 별도로 35,201 km가 있다.

그림 4.1은 전형적인 중소하천의 제방 모습을 보여준다.

그림 4.1 　전형적인 중소하천 제방(경남 사천시) (워터저널 2015. 5. 28)

■ 기술 수준

제방기술은 전통적인 토목기술 중 하나이다. 고금동서를 막론하고 제방은 기본적으로 흙을 이용하여 축조되었다. 제방은 저절로 무너지지 않고, 새지 않고, 기슭이 침식되지 않고, 물이 제방 위로 넘지 않아야 한다. 이를 위해 제체 안정성, 투수안전성, 사면 및 정부의 내침식성을 확보하는 설계 및 시공기술이 기본이다. 따라서 제방의 물리적 및 수치적 모형화 기술과 토양생물공법을 포함한 새로운 제방보호소재의 개발, 그리고 제방 상태를 상시 모니터링하는 센서 개발 등이 중요하다. 제방기술은 기본적으로 지반기술이며, 계획단계에서 수리기술이, 모니터링 단계에서 첨단 센서기술이 필요하다.

제방 관련 실험으로는 독일의 해안연구센터(FZK)의 Large Wave Flume(GWK),[2] 미국 콜로라도 주립대의 ERC[3] 등에서 실규모 해안제방실험을 선도적으로 수행하고 있다. 네덜란드의 실규모 제방실험 및 조기경보용 센서개발 연합체인 IJKdijk[4]에서는 해안제방과 하천제방 실험을 수행하고 있다. 하천제방 월류에 초점을 맞춘 실규모 제방실험은 일본 홋카이도의 치요다 실험수로(島田 등 2011)이다. 치요다 실험수로는 보가 설치된 하천의 직하류부에 실험제방을 설치한 것으로서 실제 유량조건은 일반하천과 같다. 마지막으로 미국 미시시피주 빅스버그에 있는 미 공병단 기술연구개발센터(ERDC)[5]에는 제방파괴에 대한 응급복구 기술개발을 위한 실규모 시험장이 있다.

제방에 대한 전문학술대회로 2014년 스페인 마드리드에서 처음 열린 '댐월류 및 사고누수로 인한 댐안전' 컨퍼런스에 이어서, 2018년 영국에서 열린 '월류로부터 보호' 컨퍼런스[6]에서 댐과 제방 문제가 같이 다루어진다.

4.1.1 형식과 종류

■ 구조

제방의 횡단면도를 기준으로 주요 구조는 다음 그림 4.2와 같다. 여기서 저수호안은 인위적으로 조성한 복단면 하도의 경우이며, 자연하도의 경우 강턱(bank)에 해당한다. 이 그림에서 제방고와 계획홍수위 차이는 여유고라 하여 제방의 설계, 시공, 유지관리 등에서 올 수 있는 여러 가지 불확실성을 감안한 추가적인 높이이다. 제방고가 충분하지 않은 경우 계획

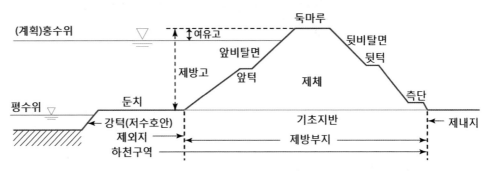

그림 4.2　제방의 횡단면도와 각 구성 성분(한국수자원학회 2009)

2) https://www.fzk.uni-hannover.de/projekteimgwk.html?&L=1
3) http://www.hydraulicslab.engr.colostate.edu/performance.shtml
4) http://www.floodcontrolijkdijk.nl/nl/
5) http://www.erdc.usace.army.mil/Media/Fact-Sheets/Fact-Sheet-Article-View/Article/476705/full-scale-levee-breach-and-hydraulic-test-facility/
6) http://www.protections2018.org/Protections2018/homepage

홍수위를 맞추기 위해 제방 둑마루 하천 쪽으로 콘크리트 홍수벽을 설치할 수 있다.

■ 종류

제방은 그 평면적 위치와 기능에 따라 **그림 4.3**과 같이 다양한 종류가 있다.

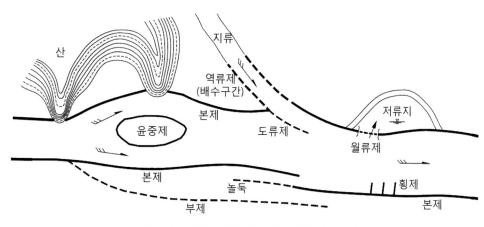

그림 4.3 제방의 종류(한국수자원학회 2009)

- 본제(main levee): 하천이나 호소, 해안을 따라 축제된 일반적인 제방
- 부제(secondary levee): 본제 뒤에 설치하여 본제가 파괴되었을 때 2차적인 홍수방어 역할을 하는 제방
- 놀둑(open levee): 단기간 침수에 큰 영향을 받지 않는 지역을 흐르는 급류하천에서 첨두홍수량 저감을 목적으로 제방 하류단부터 그 다음 제방 상류단이 뒤로 어긋나게 배치한 제방
- 윤중제(ring levee): 특정한 지역을 홍수로부터 보호하기 위해 그 주위를 둘러쌓은 제방(이 경우 제내지와 제외지의 위치 구분이 분명함)
- 도류제(guide levee): 하천합류점, 분류점, 하구 등에서 흐름의 방향을 조절하기 위해, 또는 파랑의 영향으로 하구부에 퇴적이 발생하는 것을 억제하기 위해 설치한 제방(이 중 분류점에 설치한 제방을 분류제라 함)
- 월류제(overflow levee): 강변저류지에서와 같이 하천수위가 일정 높이 이상이 되면 제방 측면으로 물이 넘치도록 제방의 일부를 낮춘 제방(월류부는 침식방지를 위해 보강됨)
- 역류제(back levee): 본류의 배수 영향이 지류에 미치는 경우 그 영향을 미치는 곳까지 본류 제방을 지류로 연장하여 설치한 제방

4.1.2 설계

제방설계의 일반적인 순서는 설계 기본방향의 설정, 기본단면의 설정, 세부요소의 설정 등과 월류, 침식, 침투, 활동 등에 대한 안정성 검토이다. 이 책에서는 하천공학 측면에서 제방설계의 원론적인 사항을 설명한다.

■ 설계기준과 문헌

제방이 하천계획에서 가장 중요한 구조물이므로, 이의 설계에 대한 기준은 일찍부터 확실하게 수립되어 있으며, 한국수자원학회(2009) 「하천설계기준·해설」의 제23장에 제시되어 있다. 다만, 우리나라의 설계기준은 우리의 독자적인 기준이라기보다는 일본의 제방설계기준을 국내 실정에 맞게 수정하여 도입한 것이라 볼 수 있다. 이 설계기준은 어디까지나 기준만을 제시한 것이며, 세부적인 설계방법은 「하천공사설계 실무요령」(국토해양부 2009)에 제시되어 있다. 한국수자원학회(2009)의 「하천설계기준·해설」에 미처 실리지 못한 세부적인 사항은 전세진(2011)의 「하천계획·설계」의 제4장에 상세하게 소개되어 있다.

일본에서는 国土交通省(2014)의 「하천사방기술기준」 외에도 과거 建設省(2000)의 「하천제방설계지침」, 国土技術研究センター(2002)의 「하천제방의 구조검토 지침」 등 세부적인 설계지침이 다수 있다. 또한 일본에서는 「도설 하천제방」(中島 2003), 「신 하천제방학-하천제방시스템의 정비와 관리의 실제」(吉川 2011), 「하천제방의 기술사」(山本 2017)와 같이 제방만을 다루는 기술서적들이 다수 출판되어 있다.

미국의 경우 공병단에서 「제방의 설계 및 시공」(USACE 2000)이라는 기술매뉴얼이 있으며, 이 자료집의 부록에는 쏘일시멘트를 이용한 제방보호기술이 소개되어 있다. 또한 미 공병단에서는 「흙 및 사력 댐을 위한 설계 및 시공시 고려사항」(USACE 2004)이라는 기술자료집을 발간하여 제방에도 준용할 수 있게 하였다.

국제적으로 미국, 영국, 프랑스 등이 2013년 공동으로 제작한 「The International Levee Handbook」이 있다(Ciria 2013).

■ 기본 방향

제방은 하천홍수로부터 인접한 지역의 인명과 재산을 보호하는 것이 1차 목적이므로 홍수방어 및 지체 기능을 우선으로 한다. 이를 위해 계획홍수량과 홍수위 대비 제방의 안정성(월류, 침식, 침투, 활동, 지진 등)이 보장되도록 설계되어야 한다. 특히 지진 발생과 피해가 현실화된 우리나라에서 제방과 같은 사회기반시설의 내진설계는 새로운 화두로 등장하고 있다.

제방설계에는 위와 같은 기본기능 이외에 교통로 기능, 경관 및 친수 기능 등을 추가적으로 고려한다.

「하천설계기준·해설」(한국수자원학회 2009)에는 제방단면 설계의 기본적인 과정을 다음 그림 4.4와 같이 제시하였다. 이 그림에서 맨 위에 있는 항목들은 앞서 제방설계를 위한 조사에서 설명한 것들이다. 다음 제방의 표준단면 설계를 위해서는 제방고, 둑마루 폭, 비탈경사, 비탈면보호공 등 4개 항목을 정량적으로 결정하여야 한다. 중요한 것은 이러한 제원들이 월류, 침식, 침투(제체 및 지반 누수), 활동 등에 대해 안정한지를 검토하는 것이다. 어느 한 요인에 대해서 안정하지 못하면 단면을 재검토하게 된다.

제방의 기본형태를 결정하기 위해서는 법선, 하폭, 종단, 제방고 및 여유고, 횡단(둑마루 폭, 비탈경사 등), 기타 시설 등을 설정한다.

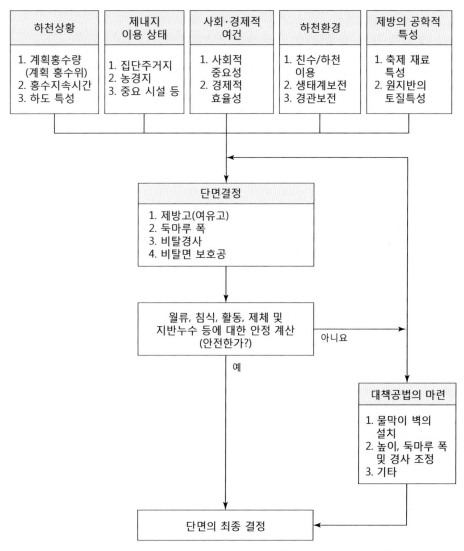

그림 4.4 하천제방의 기본적인 설계순서(한국수자원학회 2009)

■ 법선설정

제방법선은 제방의 앞비탈면 머리를 종방향으로 연결한 선이다. 신설제방의 경우 이 선은 '하천기본계획'에 따른다. 제방법선계획은 앞서 3.4.4에서 설명하였다. 기성제방 보강의 경우 용지 취득이 어렵거나 제외지가 충분히 넓은 경우를 제외하면 제내지 측으로 보강하는 것이 바람직하다.

■ 하폭설정

제방설계 시 하폭은 하천기본계획을 따른다. 현장여건상 하천기본계획의 하폭을 유지하기 어려운 경우 기본계획의 변경절차를 밟아야 하나, 계획하폭의 10% 이하로 변경하거나 중요 지점의 홍수량을 10% 이내로 키우는 경우 현행 하천법(시행령 10조 3항)은 하천관리자와 협의에 의해 변경할 수 있게 되어 있다.

■ 종단설정

제방종단고는 지점별 계획제방고를 직선으로 연결하여 설정한다. 다만 각 구간별 여유고 변화에 관계없이 상류 측 제방고를 하류 측보다는 항상 높게 설정한다. 지류합류점 제방종 단은 합류점에서 배수 영향이 끝나는 지류지점까지 계획제방고를 직선으로 연결하여 설정한 다. 이때도 지류부 상류의 제방고가 합류점 하류부 제방고보다 높도록 설정한다.

■ 제방고

제방고는 계획홍수위에 여유고를 더한 높이 이상으로 한다. 여유고는 계획홍수량을 안전하게 소통하는 데 있어 여러 가지 불확실성을 감안하는 일종의 추가높이이다. 여유고는 표 4.1과 같이 하천설계기준(한국수자원학회 2009)과 소하천설계기준(소방방재청/국립방재연구원 2012)에 따른다.

표 4.1 계획홍수량에 따른 여유고

계획홍수량(m³/s)	여유고(m)	
	하천설계기준	소하천설계기준
< 200	0.6 이상	0.6 이상
200~500	0.8 이상	0.8 이상
500~2,000	1.0 이상	–
2,000~5,000	1.2 이상	–
5,000~10,000	1.5 이상	–
10,000 이상	2.0 이상	–

■ 횡단설정

제방횡단면을 설계하기 위해서는 그림 4.2와 같이 둑마루의 폭, 하천 측 및 토지 측 비탈면 경사, 앞뒤턱 폭, 측단 폭 등을 설정한다.

둑마루 폭은 평상시 하천순시, 홍수 시 방재활동 등을 위한 관리용 통로, 산책로 등의 기능을 달성할 수 있도록 설정한다. 하천설계기준(한국수자원학회 2009)과 소하천설계기준(소방방재청/국립방재연구원 2012)에서 둑마루 폭은 다음 표 4.2와 같다. 둑마루 폭은 하천설계기준에는 최소 4 m 이상으로, 소하천설계기준에는 2.5 m 이상으로 나와 있다. 둑마루에 방재 및 관리용 차량통행을 위해서는 일정 거리마다 교행이 가능하도록 공간을 확보하는 것이 바람직하다. 둑마루는 유지관리를 위해 잡석이나 쇄석 등으로 포장할 수 있다. 둑마루에 자동차 전용도로를 설치하는 것은 제방 유지관리를 위해 가급적 피해야 한다.

표 4.2 계획홍수량에 따른 둑마루 폭

하천설계기준		소하천설계기준	
계획홍수량(m^3/s)	둑마루 폭(m)	계획홍수량(m^3/s)	둑마루 폭(m)
<200	4.0 이상	<100	2.5 이상
200~5,000	5.0 이상	100~200	3.0 이상
5,000~10,000	6.0 이상	200~500	4.0 이상
10,000 이상	7.0 이상		

2000년대 이전에는 제방의 비탈경사를 보통 1:2로 설계하고 경사면 중간에 턱을 설치하였으나, 2002년에 개정된 하천설계기준부터 제방의 안정성을 강화하고 턱을 통한 빗물의 침투 등을 방지하기 위해 1:3 이상 완경사 비탈면을 권장한다.

앞비탈기슭과 뒷비탈기슭에는 차량통행 등으로 인한 기슭의 손상이나 제체 내로 침투한 유수 및 빗물의 배수가 원활하도록 돌붙임이나 돌망태 등으로 보호공을 설치한다. 특히 뒷비탈기슭에는 제방 및 인접한 제내지의 배수로 기능을 위해 측구를 설치할 수 있다.

위와 같은 횡단시설의 폭을 모두 합하면 제방의 폭이 산정된다. 즉, 그림 4.2에서 다음과 같은 관계를 갖는다.

제방 폭＝앞비탈기슭 폭＋앞턱 폭(있는 경우)＋둑마루 폭
＋뒷비탈기슭 폭＋뒷턱 폭(있는 경우)＋측단

■ 제방녹화

제방은 하천의 일부이고, 하천은 인공하천이나 도시하천을 제외하고 기본적으로 자연물이다. 따라서 하천제방은 가급적 자연형 구조물이 되는 것이 바람직하며, 이를 위해 기본적으로 중요한 것은 제방사면의 녹화이다.

제방녹화는 다음과 같은 효과를 기대할 수 있다.[7]
- 다양한 동식물의 서식처 제공을 통해 생물종의 다양성 유지 및 향상
- 수질자정에 기여
- 친수기능 향상(특히 완경사 제방)
- 홍수 시 유속 및 토사유출 저감

국내에서 제방은 계획홍수위 선까지 단단한 재료로 호안을 만들며 제방녹화는 그 다음 사항이다. 호안제방의 처리는 크게 ① 추가처리 없이 그대로 마무리 하는 경우, ② 복토 후 종자 산포나 지하경/줄기를 식재하여 인위적으로 녹화하는 경우, ③ 제방공사 시 매토를 이용하여 녹화하는 경우 등으로 나뉜다.

종자 산포는 원하는 식물종자를 섞은 토양을 기계를 이용하여 제방사면에 산포하는 것이다. 지하경이나 줄기 식재는 갈대, 달뿌리풀 등 벼과식물을 제방사면에 식재하는 것이다.

표토공법(그림 4.5, 4.6)은 제방공사 전 자연상태의 하천토지의 표토를 미리 거두어 두었다가 호안공사가 끝난 후 복토하는 것이다. 표토공법은 치수적으로 매토종자와 지하경의 조기발아 및 비옥한 토양에 의한 식물의 조기 활착으로 비탈면 안전성을 확보하고, 호안재와 식물체의 일체화를 통한 안전성을 증대한다. 또한 생태적으로 표토는 하천의 고유식생 복원에 효율적이고, 다양한 매토종자가 포함되어 생물다양성 측면에 기여한다. 다년생 식물의 지하경에서 생장한 개체는 일년생 식물에 대해 우위에 있으며, 마지막으로 자연스러운 경관을 형성한다. 표토공법은 일반적으로 모래질 토양에서는 활용에 제한이 있으며, 시공시기는 이른 봄(3~4월) 식물이 발아하기 전이 유리하다.

---

7) 이하 "신설제방 사면처리(호안)에 대한 실무"(한승완, ㈜ 삼안) 슬라이드 자료에서 인용함

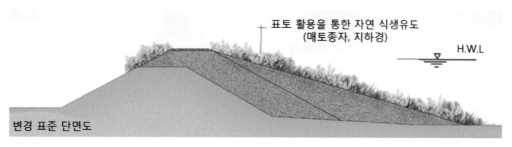

그림 4.5   표토공법에 의한 제방사면 녹화

그림 4.6   표토공법에 의해 녹화된 제방사면(황구지천 2005. 7)

4.1.3 안정성 검토

제방의 기본적 기능은 하천홍수로부터 인명과 재산을 보호하는 것이므로, 제체의 안정성 문제는 하천공학의 가장 핵심적인 관심 대상이다. 제방의 안정성을 담보하기 위해서는 다음과 같은 현상이 발생하는 것을 방지하거나 억제하여야 한다.

- 홍수 시 제방월류
- 흐름에 의한 제방침식
- 제체 및 지반의 투수로 인한 관공현상(파이핑)
- 하천수위가 급강하하거나 빗물침투로 제체함수비 상승으로 인한 비탈면 붕괴(활동)
- 연약지반 축제의 경우 침하와 제체 파괴 등

다음은 제방손상의 주요 요인으로 월류, 침식, 관공현상, 활동(사면붕괴), 침하, 지진 등에 대해 기술적인 사항들을 중심으로 간단히 설명한다.

■ 월류

계획홍수량을 초과하는 홍수가 발생하거나 제체가 내려앉아 월류가 발생하는 경우 흙제 방은 대부분 견디지 못하고 무너지게 된다. 따라서 제방월류로 인한 피해가 매우 크다고 판단되는 구간에 대해 제내지 쪽 제방을 특별히 보강하며, 이를 난파제(難破提)라 한다. 난파제의 기본구조는 둑마루, 비탈면, 비탈기슭 각각에 대한 보호공이다. 이러한 보호공들의 설계는 관련 외력 검토부터 시작한다. 난파제 설계방법에 대해서는 「하천제방관련 선진기술개발 최종보고서」(건설연 2004)에 소개되어 있다.

미국과 유럽 등에서는 제방월류에 대한 안정성을 검토하기 위해 위와 같은 이론적 검토와 더불어 실규모 실험을 통해 확인하고 있다. 앞서 '제방의 기술수준'에서 소개한 대로 특히 미국 공병단 ERDC, 네덜란드 IJKdijk, 일본 치요다 실험소(Ito 등 2001)에서는 하천수의 월류현상을 실규모로 재현하여 파괴양상과 대응방안 등을 연구하고 있다. 특히 해안제방의 경우, 독일 FZK, 네덜란드 IJKdijk, 미국 콜로라도주립대 ERC(Thornton 2014) 등에서는 실규모 실험시설을 이용하여 파의 월류로 인해 제방후면(제내지 사면)에 발생하는 빠른 유속과 강한 충격에 대해 호안블록, 잔디, 기타 다양한 제방보호시설의 안정성을 실증적으로 확인하고 있다.

■ 침식

흐름에 의한 제방 사면(비탈)과 기슭의 침식은 궁극적으로 사면의 붕괴와 제체의 파괴로 이어질 수 있다. 과거 콘크리트나 돌과 같은 단단한 호안재료가 없었을 때 흙제방의 침식문제는 전통적으로 동서양 모두 이른바 '토양생물공학' 방법을 이용하였다. 즉, 흙제방 사면에 살아있는 갯버들을 꺾꽂이하거나 제방에 수목을 식재하여 흐름으로부터 제방을 보호하였다.

20세기 들어 콘크리트가 보편화되면서 제방 사면과 기슭의 침식문제에 대처하기 위해 콘크리트 호안이 보급되었다. 그러나 이러한 토목공법은 하천의 인공화와 그에 따른 환경기능의 저하 등의 문제로 1990년대 들어 점차 이른바 '자연형 호안공법'으로 대체되고 있다. 이에 대해서는 '4.2 호안'에서 구체적으로 설명한다.

■ 침투

대부분의 제방은 물이 투과할 수 있는 흙으로 만들어지기 때문에 하천홍수위가 상승하여 제방 안팎으로 수두차가 발생하게 되면, 그림 4.7과 같이 하천 측으로부터 토지 측으로 제체 내부에 침윤선(seepage line)이 생긴다. 이 침윤선을 따라 흐름이 발생하면서 흐름 주변 흙입자가 이탈하여 흐름에 연행되어 바깥으로 빠져나가게 되어 제내지 지표면에서부터 관모양의 구멍이 확대되면서 궁극적으로 제방이 붕괴되는 현상을 관공현상이라 한다. 1990년 9월 한강 대홍수 시 경기도 일산제의 붕괴는 대표적인 관공현상에 의한 제방파괴 사례이다.

제방침투에 의한 누수현상은 크게 제체로부터 누수와 지반으로부터 누수로 나눌 수 있다. 제체누수를 일으키는 요인으로는 ① 제방단면이 너무 작은 경우, ② 제방 구성재료가 사질토 중심이고 차수벽이 따로 없는 경우, ③ 제체를 충분히 다지지 않은 경우, ④ 두더지나 나무뿌리 등으로 제체 내에 구멍이 생긴 경우, ⑤ 제체 내 구조물과 접합부에 빈 공간이 있는 경우 등이다. 여기서 특히 다섯 번째 요인은 2002년 낙동강 홍수 시 발생한 광암제, 가현제, 백산제 붕괴의 원인으로 지목되어 왔다(건설연 2003). 이 세 제방 모두 제방 아래에 묻은 콘크리트 배수구와 제체 사이에 간격이 발생하여 관공현상으로 제방이 터진 경우이다.

지반누수의 요인으로는 ① 지반이 모래나 자갈층인 경우, ② 제방 양비탈 기슭이나 둔치에서 표토가 유실되었거나 골재채취 등으로 아래 투수층이 노출된 경우, ③ 제내지의 지반 침하로 수두차가 커진 경우 등이다.

하천수 침투에 의한 제방 안정성은 일반적으로 홍수위나 지속시간 등과 같은 외력조건, 제방재료 및 지반의 토질조건, 그리고 과거 제방파괴이력 등을 과학적으로 검토하여 판단한

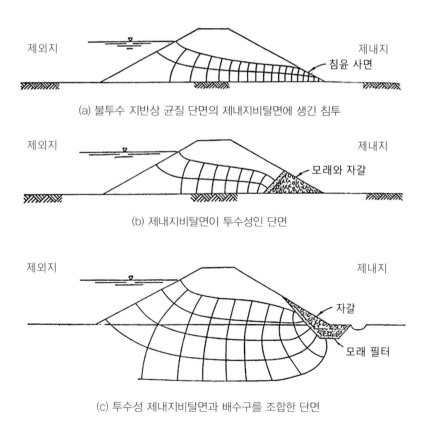

(a) 불투수 지반상 균질 단면의 제내지비탈면에 생긴 침투

(b) 제내지비탈면이 투수성인 단면

(c) 투수성 제내지비탈면과 배수구를 조합한 단면

그림 4.7 비탈기슭이 투수성인 단면(USACE 2000)

다. 이러한 외력조건과 토질조건 간 관계를 토질공학적으로 분석하는 방법으로 전통적인 1차원 침윤선 방정식을 이용하는 방법과 2차원 수치해석을 통한 침윤선 분석방법 등이 있다. 이와 같은 방법들에 대해서는 「하천설계·계획」(전세진 2011)을 참고할 수 있다.

전통적으로 하천관리자들은 제방에 식재를 금지했다. 그 이유는 제방의 식재는 우선 흐름이 수목줄기 주변에 세굴을 발생시켜 제방침식을 가속화할 수 있고, 나아가 제체 내 나무뿌리가 커지고 퍼져서 홍수 시 침윤선과 맞닿게 되면 관공현상이 가속화될 수 있다는 염려 때문이다. 따라서 제방식재는 이와 같은 침식 및 침투 문제를 면밀히 검토하여 결정하여야 한다.

「하천설계기준·해설」(한국수자원학회 2009) 제방편에는 침투에 대한 보강공법으로서 제체와 기초지반으로 나누어 제시하고 있다. 전자의 경우 제체 침투거리를 늘리는 단면확대공법, 강우나 하천수의 제체 내 침투를 방지하기 위한 앞비탈면 피복공법, 뒷비탈기슭에 투수성 재료를 이용하여 배수구(toe drain)를 설치하여 배수를 좋게 하는 배수구공법 등이 있으며, 후자의 경우 제체 내 차수벽을 설치하여 침투 자체를 억제하는 차수공법, 제외지 쪽 고수부지 표층을 불투수층 재료로 피복하여 침투거리를 연장하여 침투압을 저감하는 피복공법 등이 있다. 각각의 공법의 개념도는 그림 4.8과 같다.

앞서 설명한 그림 4.7과 같이 배수관이나 통관 등 제체 내 구조물과 흙 사이의 빈 공간으로 계속 침투되면 관공현상에 의해 제방이 파괴될 수 있다. 그림 4.9는 이러한 부등침하로 인한 구조물과 제체 사이 공동이 확대되는 과정을 보여준다. 이러한 관공현상을 방지하기 위해서는 구조물의 부등침하를 최대한 억제하여야 한다. 그러나 시간이 가면서 구조물 부등침하로 인한 구조물과 흙재료 간 틈을 완전히 억제하는 것은 현실적으로 불가능하기 때문에, 경우에 따라서는 구조물 기초말뚝 공법 사용을 피하고 충분한 다짐한 후 구조물을 앉히는 공법을 고려할 필요가 있다.

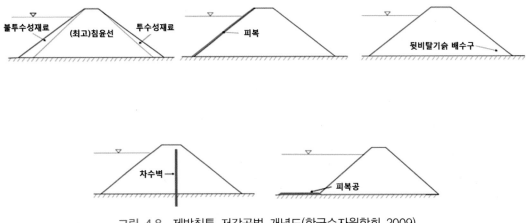

그림 4.8 제방침투 저감공법 개념도(한국수자원학회 2009)

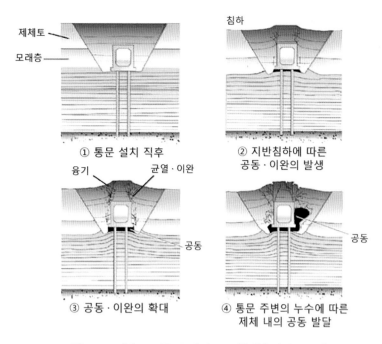

제체토

모래층

① 통문 설치 직후

침하

② 지반침하에 따른
공동·이완의 발생

융기   균열·이완

공동

③ 공동·이완의 확대

공동

④ 통문 주변의 누수에 따른
제체 내의 공동 발달

그림 4.9   배수구조물 주변의 공동현상(윤광석 2004)

■ **활동**

제체의 일부, 또는 전부가 내외부 전단력에 의해 미끄러져 파괴되는 현상이 활동이다. 활동은 외부하중의 증가, 제체 전단강도의 약화, 침투수, 지반침하, 측방유동 등에 의해 발생한다.

제체 활동은 원호형태의 활동면 파괴와 주로 연약기초지반에서 발생하는, 긴 수평면과 사면의 대각선 파괴가 복합적으로 나타나는 파괴로 구분한다. 이러한 활동안정성 검토를 위해서 다양한 해석방법이 가능하다. 이 같은 다양한 해석방법에 대해서는 미 공병단(USACE 2003)의 「사면안정」 지침서나 국내 자료(전세진 2011) 등을 참고할 수 있다. 사면안정 해석은 보통 컴퓨터를 이용하므로 편리하나, 실무자로서 중요한 것은 시료의 적정한 전단강도, 단위 중량, 기하적 형태, 그리고 가능한 활동면 등을 결정하는 것이다.

위와 같은 안정성 해석에 필요한 재하조건으로(USACE 2000), ① 건설 직후 조건(제체 내 수분이 그대로 남아 있는 경우), ② 급속한 수위 저하(홍수 직후 배수가 급속히 진행되는 경우), ③ 홍수위 지속적 유지(홍수가 상당시간 지속되어 제체 내 정상침투가 장시간 진행하는 경우), ④ 지진 등이다. 위와 같은 각 조건에 따라 결정되는 하중은 제체의 자중, 정수압, 간극수압, 교통(상재)하중 등이 있다.

각 해석방법에 따라 산정된 결과는 여러 가지 불확실성 때문에 다음 **표 4.3**과 같은 최소

안전율을 고려한다.

표 4.3 제체상태에 따른 안전율(한국수자원학회 2009)

제체 상태	간극수압	안전율
인장균열 비고려 시	고려하지 않는 경우 고려하는 경우	2.0 이상 1.4 이상
인장균열 고려 시	고려하지 않는 경우 고려하는 경우	1.8 이상 1.3 이상

■ 침하

제방침하는 지반 자체의 침하와 성토재의 침하로 구분할 수 있다. 어느 침하이든 제방침하는 제체의 여유고의 감소는 물론 제체의 안정성에 영향을 준다. 제방침하의 이론적 해석은 미 공병단의 「침하해석」(USACE 1990) 지침서를 참고할 수 있다.

지반침하는 연약지반에서 많이 발생한다. 하천공사에서 연약지반은 주로 점토질 입자가 많이 포함된 경우이다. 연약지반에서는 제방축조 시 성토재가 침하하여 횡방향으로 활동이 발생할 수 있다. 또한 과도한 침하가 발생하게 되면 부등침하로 전단변형과 측방향 유동이 발생할 수 있다. 표 4.4는 하천공사에서 연약지반을 판단하는 기준이다.

표 4.4 하천공사에서 연약지반의 판단기준(한국수자원학회 2009)

구분	점성토 및 유기질토		사질토 지반
층 두께	10 m 미만	10 m 이상	–
N치	4 이하	6 이하	10 이하
일축압축강도 $q_n(\text{N/cm}^2)$	6 이하	10 이하	–
콘지수 $q_c(\text{N/cm}^2)$	80 이하	120 이하	400 이하

연약지반에서 제방을 축조하는 경우 치환, 배수, 다짐, 고결 등 일반적인 토목공사 연약지반 대책을 고려할 수 있다. 그러나 샌드매트나 치환공법 등은 오히려 치환된 토층을 통해 누수가 발생할 수 있으므로 특별히 주의할 필요가 있다.

■ **지진**

지진은 제방을 변형시킨다. 대표적인 변형은 지반침하, 제방 및 하천 방향으로 균열 발생, 제방사면의 활동(붕괴) 등이다. 이러한 변형은 지반이 연약할수록 더 커진다. 특히 모래지반의 경우 액상화 현상이 나타나 제방손상이 확대된다. 이에 반해 점토질 지반에서는 액상화 현상이 거의 나타나지 않는다.

제방은 기본적으로 홍수 시 하천수가 넘치지 않도록 설치된다. 또한 여러 가지 불확실 요소를 고려하여 여유고를 설정한다. 따라서 지진발생 시 제방이 전혀 침하되지 않도록 설계하는 것은 일반적으로 합리적이지 못하다. 일본에서는 2007년부터 제체를 포함한 「하천시설물의 성능기반 지진설계기준」을 개발하여 새로운 시설물부터 적용하고 있다(Sugita and Tamura 2008). 제체에 대해서는 '수준 2'의 제방내진성능을 기준으로 설계한다. 여기서 수준 2는 어느 정도의 제체침하가 있더라도 내진설계에서 정의한 하천수위에 대해 제방이 그 기능을 다하는 것을 의미한다.

국내에서 제방은 아직 내진설계 대상의 사회기반시설에 포함되어 있지 않다. 그러나 2016년 경주지진에 이어 2017년 포항지역에서 규모 5.4의 지진이 발생한 점을 고려하면 제방과 같은 중요한 사회안전 시설물에 대해 내진설계를 고려할 필요가 있을 것이다.

4.2 호안

홍수 시에는 유수와 함께 다량의 부유사와 소류사가 유하하고, 하상은 침식 또는 퇴적에 의해 변화한다. 일반적으로 홍수 시에 빠른 유속에 의하여 침식이 발생하고 홍수 말기에는 퇴적이 발생하게 되면 제방의 안정성에 큰 영향을 미치게 되며, 이러한 경우 제방의 보호를 위하여 호안을 설치하게 된다. 호안은 제방 또는 하안을 유수에 의한 파괴와 침식으로부터 직접 보호하기 위해 제방 앞비탈에 설치하는 구조물이다. 이런 면에서 호안의 주 기능은 ① 제방의 보호, ② 홍수터의 보호, ③ 저수로의 유지의 세 가지이다.

4.2.1 형식과 종류

호안은 그 구조가 제방이나 하안을 보호할 수 있는 것이라면 어떤 것이든 가능하기 때문에 그 형식과 종류가 매우 다양하다. 이 절에서는 주로 기존의 콘크리트나 자갈과 같은 인공재료를 이용한 형식과 목재, 식생, 호안 블록 등을 이용한 자연형 호안으로 나누어 설명한다. 다만, 이 두 종류가 확연하게 다른 것은 아니므로, 이 둘을 적절히 섞어서 설명할 것이다.

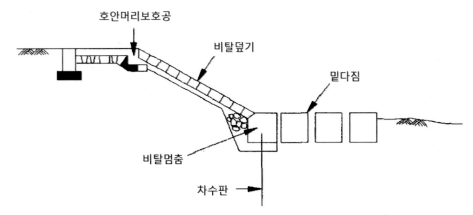

그림 4.10 호안의 구조(한국수자원학회 2009)

■ 호안의 구조

호안의 구조는 그림 4.10과 같이 비탈덮기와 비탈덮기 상부를 보호하는 호안머리보호공, 비탈덮기를 받쳐주는 비탈멈춤, 비탈멈춤 주변의 하상을 보호하기 위한 밑다짐과 차수판으로 구성된다.

비탈덮기의 종류는 식생공, 돌채움 비탈방틀공, 콘크리트 붙임공, 콘크리트 블록공, 아스팔트 붙임공, 파일공, 어소 콘크리트 블록공, 아스팔트 붙임공, 파일공, 돌붙임공, 돌쌓기공, 사석공, 돌망태공, 섬유대호안, 지오셀호안, 자연형호안 등이 있다. 비탈덮기의 높이는 일반적으로 계획홍수위까지로 하나, 특수한 경우에는 제방의 둑마루까지 연장한다. 급류하천에서는 유수에 의한 비탈덮기의 파괴가 많이 발생하므로 이에 유의해야 한다.

비탈멈춤은 비탈덮기를 지지하는 구조로서 비탈덮기의 종류, 하천의 경사, 수충부, 하상침식 등을 고려하여 설계한다. 비탈멈춤의 깊이는 계획하상 및 홍수로 인한 침식을 고려하여 결정한다. 지반 조건이 양호할 때는 직접기초로 하고 연약지반에서는 말뚝기초나 강널말뚝을 사용한다. 비탈멈춤의 예를 그림 4.11에 보인다.

밑다짐은 소류력을 견딜 수 있는 중량이어야 하고 하상변화에 대처할 수 있도록 굴요성이 있어야 한다. 밑다짐의 종류에는 콘크리트 블록공, 사석공, 침상공(침상은 틀을 의미), 돌망태공 등이 있다.

홍수 시 유수에 의한 저수호안의 침식을 방지하기 위하여 호안머리공 및 호안머리보호공을 설치한다(그림 4.12 참조).

한편, 자연형 호안은 치수와 더불어 환경적 측면까지 고려하여 설계한 호안이다. 이는 주용도에 따라 친수/하천이용 호안, 생태계 보전 호안, 그리고 경관 보전 호안, 식생용 호안으

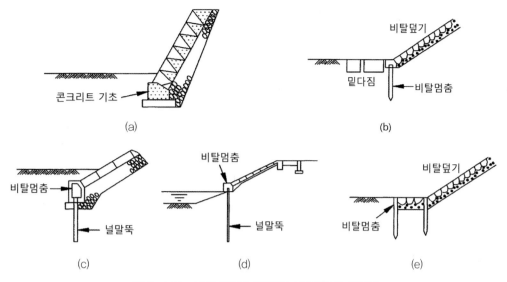

그림 4.11 비탈멈춤의 예(한국수자원학회 2009)

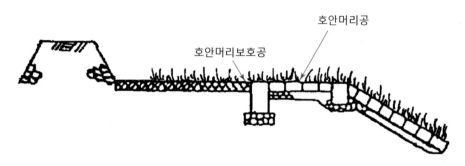

그림 4.12 호안머리공(한국수자원학회 2009)

로 구분될 수 있다.

친수/하천 이용 호안은 물가에 쉽게 접근할 수 있는 형태와 고수부지 등의 하천공간을 편리하게 이용할 수 있도록 설계된 호안이다. 관람석 호안, 저수계단 호안, 완경사 호안 등이 이에 해당한다. 생태계 보전 호안은 수중생물의 서식처를 고려하여 설계된 호안이며, 어류 보전 호안, 곤충 보전 호안 등이 있다. 경관 보전용 호안은 주변 환경과의 조화와 경관의 아름다움을 유지할 수 있도록 고려된 호안이다. 녹화 호안, 조경 호안, 옹벽·축대 호안이 이에 해당한다. 식생용 호안은 호안블록의 홈에 식생토 및 식생을 포함함으로써 법면의 토양과 자연스럽게 연결되어 일체화하도록 하는 호안공법을 총칭한다. 그림 4.13은 한강 수변의 호안을 콘크리트 호안에서 자연형 호안으로 정비한 모습이다.

자연형 호안공법에는 여러 가지가 있으며, 상세한 사항은 '6.3.2 하천복원 설계 및 공법'에 소개되어 있다.

그림 4.13 한강 수변 자연형 호안공법 적용 결과

■ 호안의 종류

호안은 설치 위치에 따라 저수호안, 고수호안, 제방호안으로 분류한다(그림 4.14 참조).

- 고수호안: 하천이 복단면(고수부지 폭 b가 고수부지 수심 H의 3배 이상)일 경우 고수부지 위의 앞비탈을 보호하기 위해 설치하는 호안을 말한다.
- 저수호안: 저수로에 발생하는 난류를 방지하고 고수부지의 세굴을 방지하기 위해 저수로의 하안에 설치하는 호안을 말한다.
- 제방호안: 단단면하도인 경우, 혹은 복단면하도이지만 고수부지 폭이 좁아($b/H \leq 3$), 제방과 저수로 하안을 일체로 해서 보호해야 하는 경우에 설치하는 것으로 고수호안과 저수호안이 일체화된 것을 말한다.

또한, 호안을 이루는 재료의 특성에 따라 다음과 같이 분류(그림 4.15)한다.

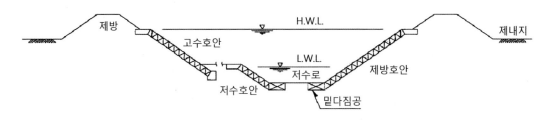

그림 4.14 설치 위치에 따른 호안의 분류(한국수자원학회 2009)

(a) 식생계호안   (b) 연결블록계호안   (c) 목재계호안

(d) 바구니계호안   (e) 석재계호안   (f) 블록계호안

(g) 복합형 호안

그림 4.15 호안의 종류(전세진 2011)

- 식생호안: 스스로 보호하는 식생의 자생력을 이용하는 것으로 떼심기와 식재표면에 매트, 펠트 등으로 보강하는 공법이 여기에 해당한다.
- 연결블록호안: 콘크리트블록을 철근이나 철사 등으로 연결한 형태로 경관적 특성이나 생태학적 측면에서는 양호하지 않으나 내구성이 커서 큰 유속에 저항력이 크다.
- 목재호안: 자연석과 사석 등 석재 및 식생과 조합하여 하안을 보호하는 공법으로 나무 상자틀에 돌을 채우는 방법과 나무말뚝, 나무널울타리공 등이 있다.
- 바구니호안: 철망에 돌을 채우거나 돌무더기를 철망으로 고정하는 방법 등으로 만들어진 호안으로 돌망태와 식생망태 등이 있다.
- 석재호안: 석재를 사용하는 공법으로 큰 유속 및 유수력에 저항이 크고 재료 취득이 용이하기 때문에 오래 전부터 많이 사용해온 공법으로 돌쌓기공, 돌붙임공, 사석공과 최근 크기가 작은 석재를 서로 연결하거나 앵커를 이용하여 유수력에 대항 저항력을 높인 연결자연석 호안, 앵커석 호안 등이 있다.
- 블록호안: 콘크리트를 재료로 하여 여러 가지 형태로 블록을 제작하여 만들어진 호안
- 복합형 호안: 다양한 환경을 창출하기 위하여 두 가지 이상의 공법을 조합하여 적용한 호안

4.2.2 설계

■ 설계기준

호안의 설계기준은 한국수자원학회(2009)의 '제24장 호안'에 제시되어 있다. 이의 핵심적인 내용은 호안의 구조와 형태에 대한 기준들이다. 앞서 제방에 대한 설계기준에서 언급하였듯이, 우리나라에는 아직 설계구조령이나 설계요령과 같이 호안을 실제 계산하고 설계하는 데 대한 상세 기준이 수립되어 있지 않다. 이에 반해 일본에서는 호안의 역학설계법이라는 개념이 일찍부터 도입되어 세세한 호안의 설계 요령이 제시되었다. 国土技術研究センター(1999)의 「호안의 역학설계법」과 国土技術研究センター(2007)의 「개정 호안의 역학설계법」이 이러한 역학설계법을 총정리한 것이다. 이 역학설계법에 의한 호안설계가 필요하다는 점은 국내의 여러 연구(예를 들어, 이지원 등 2011)에서 지적한 바 있다. 이 역학설계법이 국내 설계기준에는 포함되어 있지 않으나, 전세진(2011)의 제5장 호안에서는 역학설계법의 많은 내용을 소개하고 있다. 다만, 국내 하천 상황에 맞게 적절히 내용을 수정하거나 보완하는 부분은 아직 부족한 면이 있다.

■ 설계개념

이론적 계산으로만 호안을 직접 설계하는 것은 현재의 국내 기술수준으로는 어려우며 이론의 한계를 감안하여 경험과 이론의 양면을 고찰하여 설계하여야 한다(한국수자원학회 2009)라고 제시하고 있는 바 너무 이론적인 면에 치우쳐 설계를 수행하는 것은 아직까지 한계가 있음을 유의하여야 한다.

호안을 설계할 경우에는 침식방지기능과 자연환경보전 및 복원, 친수성 기능 확보 등 중요 요소를 고려하여야 한다. 이와 같은 호안의 기능 발휘를 위하여 안정성과 시공성 확보가 가능한지를 우선 판단하고 환경성, 경제성, 유지관리 등 기타 요인을 고려하여야 한다.

하천제방공사에서 1970년대 이전 호안공법은 대부분 돌붙임과 평떼 등을 사용하였으며, 1970년대에 들어와서는 시공성과 경제성, 재료 구득 등이 쉬운 돌붙임, 타원형 돌망태와 몰탈블록이 주로 이용되었다.

2000년대에 들어와 친환경성이 요구되면서 친환경적이며 경제적이고, 수리적 안전성 등이 우수한 매트리스형 돌망태가 많이 사용되었다. 그러나 최근 돌망태용 석재가 고갈되고, 석재원 개발로 또 다른 환경문제가 야기되면서 일부에서는 식생매트호안과 친환경적으로 개량한 콘크리트블록이 환경블록, 식생블록, 생태블록, 경관블록 등 다양한 이름으로 많이 도입되고 있다.

호안의 설치 위치를 결정할 때는 다음 사항을 고려한다.
- 급류하천 혹은 준급류하천에서는 전 구간에 대해서 호안을 설치하고, 완류하천에서는 일반적으로 수충부(유수가 충돌하는 부분)에 설치한다.
- 비탈경사도가 1:2 이상이 되는 하천에는 전면적으로 시공한다.
- 교량, 보, 낙차공 등의 하천시설물 상하류에 호안을 설치하여 시설물을 보호한다.

호안의 설계를 위해서는 다음 사항을 고려한다.
- 호안은 적정한 비용으로 목적을 달성하기 위하여 비탈덮기, 비탈멈춤, 기초, 밑다짐의 4가지 구성요소 중 일부 또는 전부를 조합하여 설치한다.
- 호안 설계 시 사용 재료의 조도, 굴요성, 내마모성, 내구성 등을 고려해서 호안의 형태와 시공방법을 결정한다.
- 호안의 경사가 급한 경우 수면의 하강속도가 빠를 때, 수압 또는 토압에 의한 붕괴위험이 크므로 유의해야 한다.
- 호안이 교량 혹은 암거 등과 연결될 때 구조물의 되메우기 구간이 느슨하여 붕괴로 이어지는 경우가 빈번하므로 유의한다.

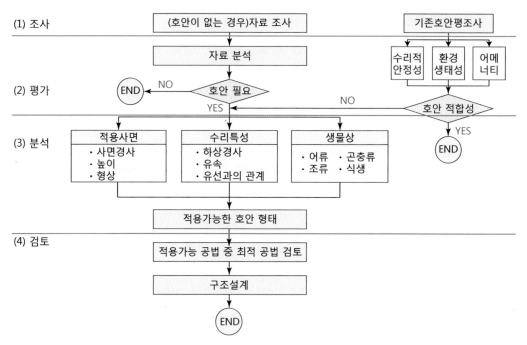

그림 4.16 호안설계의 절차(김철 2011)

호안의 설계절차는 조사, 평가, 분석, 그리고 검토의 4단계로 구성된다. 그림 4.16은 김철 (2011)이 제시한 호안설계의 절차이다.

① 먼저 호안이 설치되어 있지 않은 경우, 자료 분석을 통하여 호안 설치의 필요 여부를 결정한다.
② 일반적으로 제내지의 토지이용이 산지이거나 나지이면 수리적으로 문제가 있더라도 가급적 호안을 설치하지 않는다.
③ 호안이 필요하다고 결정된 경우, 적용사면, 수리 특성, 그리고 생물상을 분석하여 적용 가능한 호안의 형태를 선정한다.
④ 마지막으로 선정된 호안의 최적 공법을 검토하고 구조설계를 실시한다. 기존에 호안이 설치되어 있는 경우, 수리적 안정성, 환경 생태성, 그리고 친수성을 고려하여 호안의 적합성을 평가하고 부적합한 경우 앞의 분석 절차에 들어간다.

적절한 호안공법을 선정하기 위해 다음과 같이 설계유속에 의한 방법(표 4.5)과 설계소류력을 이용한 방법(표 4.6, 4.7)이 있다.

표 4.5 호안공법 설계유속 관계표(비탈경사 1:1.0) (행정자치부 2000)

공법	설계유속(m/s)	적용 조건 등
등나무 격자	적용가능 범위: ~4	• 호안높이 5 m 이내에 적용 • 간벌재가 있는 경우 이를 활용
나무말뚝 울타리	적용가능 범위: ~4	• 호안높이 5 m 이내에 적용 • 호박돌이 적은 하천에 적용 • 간벌재가 있는 경우 이를 활용
식생망태	적용가능 범위: ~5	• 호안높이 5 m 이내에 적용 • 연결부 대책을 확실하게 수행
바구니매트(다단) 바구니틀(다단)	적용가능 범위: ~6	• 호안높이 5 m 이내에 적용 • 강한 산성 또는 염분 농도가 높은 장소, 사람머리 크기의 호박돌이 있는 구간에는 적용하지 않음
연결블록+사석환경형 연결블록+사석	적용가능 범위: ~5	• 호안높이 5 m 이내에 적용 • 비탈방향 활동방지 조치를 확실하게 수행 • 연결부 대책(상하류단, 제방비탈기슭, 호안머리부)을 확실하게 수행
보강토공법	적용가능 범위: ~6	• 호안높이 5 m 이내에 적용 • 평수위 이하에 사용하는 경우 토사흡출 대책이 필요
연결자연석 (메쌓기)	적용가능 범위: ~7	• 호안높이 5 m 이내에 적용 • 지보공 확보, 어긋남 대책을 확실하게 수행하여 유속, 토압에 대해 안전성을 확보함
식생콘크리트옹벽	적용가능 범위: ~7	• 호안높이 5 m 이내에 적용 • 뒷버팀 길이를 충분히 확보할 수 있으며, 유속은 고려하지 않아도 적용할 수 있음
자연석(찰쌓기)	기본적으로 사용하지 않음: ~4, 적용가능 범위: 4~7	• 호안높이 5 m 이내에 적용 • 해당 하천에 자연석이 있는 경우 이를 활용 • 찰붙임은 깊은 줄눈으로 하는 등 다공질 수제가 확보될 수 있도록 시공
환경보전형블록	적용가능 범위: ~6	• 호안높이 5 m 이내에 적용 • 공법개발 도중에 있어 경제성 검토가 필요
콘크리트블록쌓기	기본적으로 사용하지 않음: ~6	• 다른 호안공법을 사용할 수 없는 경우 호안높이 5 m 이내에 적용 • 수제부분에 모듬돌 등을 병용함

주) 범례 ▇▇▇ 적용가능 범위
░░░ 기본적으로 사용하지 않음(다른 호안공법으로 시공할 수 없는 경우에 사용)
1) 표의 적용범위는 시공실적 등으로부터 구한 지표임. 따라서, 시설의 제방피해현황 등에 따라 그 제방의 피해원인에 대한 대책을 강구하여 표의 범위 외에도 가설공법 적용이 가능한 경우가 있음
2) 표에 관계없이 설계유속에 적용할 수 있는 합리적인 공법은 적극적으로 채용하는 것이 좋음

표 4.6 호안의 종류별 허용소류력(국토교통부 2016b)

구분	호안공		
	재료별	제품 종류	허용소류력(N/m^2)
고수호안	식생	줄떼	20
		종자살포(seed spray)	20
		식생매트	80
	석재	돌붙임	230~800
		돌쌓기	600
	블록형	환경식생블록	500
	망태형	타원형 돌망태	200
		친환경 매트리스	400
		매트리스형 돌망태	200~300
저수호안	식생	식생롤+갈대매트	70
		침수방틀+윗가지덮기	60~200
	석재	스톤매트리스	800
		스톤네트	800
		돌쌓기	600

표 4.7 식생호안의 허용소류력(환경부/한국건설기술연구원 1999)

호안의 종류	시공 직후(N/m^2)	시공 후 1년(N/m^2)	시공 후 2년(N/m^2)	시공 후 10년(N/m^2)
초본류(목초류)	10	30	30	30
버드나무가지덮기	51	153	306	306
돌붓기 및 버드나무삽목	77	102	306	357

■ **평균 유속의 계산**

홍수량에 의해 홍수위로 정의되는 하천단면의 평균 유속(V_m)을 계산하기 위해 다음과 같은 매닝 공식을 사용할 수 있다.

$$V_m = \frac{1}{n} R_h^{2/3} S_0^{1/2} \tag{4.1}$$

여기서 n = 조도계수, R_h = 동수반경(m), 그리고 S_0 = 하상경사이다. 제방 및 저수호안 설계 시에는 저수로의 평균 유속을, 고수호안의 설계에는 고수부 앞비탈기슭의 평균 유속을 이용한다. 고수부지가 넓은 복단면 하천에서는 저수로와 고수부를 구분하여 수리계산을 하고 저수로와 고수부의 평균 유속을 각각 구분하여 구한다. 엄밀히 위의 공식은 등류조건에서 적용이 가능하며, 수심에 비해 폭이 넓은 광폭하도(하폭/수심＝10~15 이상)에서는 동수반경을 수심(H)으로 대체할 수 있다(즉, $R_h = H$).

■ 소류력의 계산

유수에 의해 하상에 작용하는 전단응력이 소류력이다. 즉, 유수에 의해 하상에 흐름방향으로 비로 쓸 듯이 전단력이 작용하는데, 소류력이 하상토의 저항력보다 크면 모래나 자갈이 이동하게 된다. 따라서 소류력은 유사이송과 이에 따른 하상변동에 가장 중요한 인자이다. 설계유속과 마찬가지로 등류로 가정하면 소류력은 $\tau_b = wR_hS_0$ 이다(여기서 w ＝물의 단위 중량, 9800 N/m³). 따라서 위의 매닝 공식을 이용하여 하상경사 항을 소거하면 다음과 같은 식을 얻을 수 있다.

$$\tau_b = \frac{wn^2V_m^2}{R_h^{1/3}} \tag{4.2}$$

예제 4.1

다음과 같은 복단면의 수로에서 홍수량 568 m³/s가 발생하였을 때의 수위는 다음과 같다. 조도계수 $n = 0.03$이고 하상경사 $S_o = 0.005$인 경우 저수호안과 고수호안에 적용할 수 있는 호안공법을 결정하시오.

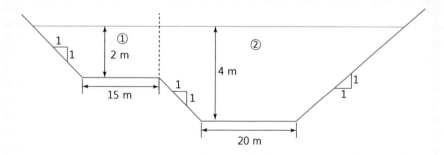

[풀이]

그림에서와 같이 단면을 나누어 저수호안과 고수호안의 유속 및 하상전단응력을 계산한다.

i) 단면 ①: 고수호안

$$A_1 = 2 \times 15 + 2 \times 2 \times \frac{1}{2} = 32 \ (\text{m}^2)$$

$$P_1 = 15 + \sqrt{2^2 + 2^2} = 17.83 \quad (\text{m})$$

$$R_{h1} = \frac{A_1}{P_1} = \frac{32}{17.83} = 1.79 \quad (\text{m})$$

$$Q_1 = \frac{1}{0.03} \times 32 \times 1.79^{2/3} \times 0.005^{1/2} = 111.2 \quad (\text{m}^3/\text{s})$$

$$V_1 = \frac{Q_1}{A_1} = \frac{111.2}{32} = 3.47 \quad (\text{m/s}) \quad (\text{고수호인에서의 유속})$$

$$\tau_{b1} = \frac{wn^2 V_1^2}{R_{h1}^{1/3}} = \frac{9800 \times 0.03^2 \times 3.47^2}{1.79^{1/3}} = 87.5 \quad (\text{N/m}^2) \quad (\text{고수호안에서의 소류력})$$

설계유속 기준에 의한 고수호안은 표 4.5에 제시된 모든 공법을 적용할 수 있으며, 설계 소류력 기준에 의한 고수호안은 식생호안을 제외한 모든 공법을 적용할 수 있다.

ii) 단면 ②

$$A_2 = 20 \times 4 + (4 + 2) \times 2 \times 0.5 + 4 \times 4 \times 0.5 = 90 \quad (\text{m}^2)$$

$$P_2 = 20 + \sqrt{2^2 + 2^2} + \sqrt{4^2 + 4^2} = 28.48 \quad (\text{m})$$

$$R_{h2} = \frac{A_2}{P_2} = \frac{90}{28.48} = 3.16 \quad (\text{m})$$

$$Q_2 = \frac{1}{0.03} \times 90 \times 3.16^{2/3} \times 0.005^{1/2} = 456.8 \quad (\text{m}^3/\text{s})$$

$$(Q_1 + Q_2 = 111.2 + 456.8 = 568 \quad \text{m}^3/\text{s로 주어진 홍수량과 동일})$$

$$V_2 = \frac{Q_2}{A_2} = \frac{456.8}{90} = 5.07 \quad (\text{m/s}) \quad (\text{저수호안에서의 유속})$$

$$\tau_{b2} = \frac{9800 \times 0.03^2 \times 5.07^2}{3.16^{1/3}} = 154.5 \quad (\text{N/m}^2) \quad (\text{저수호안에서의 소류력})$$

설계유속 기준에 의한 저수호안은 바구니 매트, 보강토 공법, 연결자연석, 식생콘크리트 옹벽, 자연석, 환경보전형 블록이 적용가능하며, 설계 소류력 기준에 의한 저수호안은 석재 를 이용한 전 공법을 적용할 수 있다.

4.3 수제

수제(dyke, spurdyke, groyne)는 그림 4.17과 같이 흐름방향과 유속을 제어하여 하안 또는 제방을 유수의 침식으로부터 보호하기 위해 호안 또는 하안 전면부에 설치하는 시설물을 의미한다.

따라서 수제 설치의 목적은 하안의 침식 방지, 호안 파손 방지, 저수로 법선의 이동 방지, 유로 고정, 생태공간 확보, 경관 개선, 주운을 위한 수심확보 등이다. 수제의 기능으로는 다음의 네 가지를 들 수 있다.

- 유로제어 기능: 저수로 폭이 넓은 구간과 좁은 구간이 반복되는 구간이나 흐름상태가 흐트러져 있는 저수로를 수제에 의해 원활한 형상으로 고정하는 것이다.
- 하상세굴방지 기능: 하안과 하상에 역효과를 발생시키지 않고 하도의 유하능력을 충분하게 확보하게 한다.
- 토사퇴적 기능: 수제를 설치함으로써 유속을 감소시키고 이로 인하여 유사이송능력이 감소된다. 결과적으로 흐름을 제방에서 멀리하고 토사의 퇴적을 유발하여 제방을 세굴로부터 보호한다.
- 수위상승 기능: 물 이용 목적으로 유량 일부를 전환하거나 취수를 위하여 충분한 수심이 확보되도록 유수의 유하 폭을 좁혀서 저수시에도 수심을 확보할 수 있다.

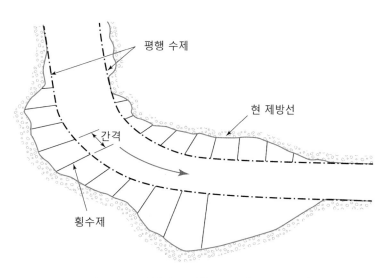

그림 4.17 하천의 수제(한국수자원학회 2009)

하천설계기준(한국수자원학회 2009)에 따르면 수제는 '흐름방향과 유속을 제어하여 하안 또는 제방을 유수에 의한 침식작용으로부터 보호하기 위해 호안 또는 하안 전면부에 설치하는 구조물'로 정의된다. 일본에서는 우리나라와 같이 한자로 水制로 표기하며 정의도 거의 동일하다. 영어권 국가에서도 수제를 '주운환경의 향상, 홍수제어의 개선 및 제방보호를 목적으로 설치되는 하천 개수 구조물'(Copeland 1984)로 정의하는데 수제 자체의 의미는 일반적으로 어디나 동일하다. 다만, 영어권의 경우 흐름에 횡단방향으로 설치된 돌출 구조물의 체계를 dikes로, 흐름에 거의 평행하게 설치된 연속 구조물을 retards로 구분하여 정의한다. 참고로, dikes는 때로는 groyne(또는 groins), jetties, deflectors, spurs, wing dams 등으로도 부르며, 돌출 거리가 짧은 경우에는 hard points라고도 한다. Retards 또한 longitudinal dikes, parallel dikes, jetties, guide banks, 그리고 training walls라고도 부른다 (Biedenharn 등 1997).

▲ Hard–Points(Boyer river, 미국)

▲ Training Wall(Moselle river, 독일)

4.3.1 형식과 종류

수제는 흐름을 제어하는 구조물이므로, 그 제어방식에 따라 여러 가지 형식과 종류가 있다. 앞서 호안의 경우와 마찬가지로 다양한 재료와 공법, 형식 등이 있으며, 따라서 분류 방법에 따라 여러 가지로 나눌 수 있다.

■ 투과 수제와 불투과 수제

수제는 흐름이 수제를 통과할 수 있는 구조인가에 따라 투과 수제, 불투과 수제, 그리고 혼용수제로 분류할 수 있다.

- 투과 수제: 흐름의 일부가 수제를 투과할 수 있어 투과 과정에서 유속이 감소되고 유사의 퇴적을 유도하여 하안이나 호안을 보호할 수 있다. 흐름에 대한 저항이 불투과 수제

보다 작고 안정성이 뛰어나며, 수목이나 콘크리트 블록을 이용하여 만들 수 있다.

- 불투과 수제: 불투과 수제는 흐름을 투과시키지 않고 흐름의 방향을 변화시켜 제방에 발생하는 수충을 줄일 수 있다. 불투과 수제는 유수에 대한 저항이 커서 파손되기 쉬운 점에 유의해야 한다.
- 혼용 수제: 투과 수제와 불투과 수제를 혼용하여 각각의 효과를 극대화할 수 있다.

■ 횡수제와 평행수제

또한 수제는 배치와 흐름의 관계에 따라 나눌 수도 있다. 즉, 수제는 흐름과 관련하여 어떻게 배치되는가에 따라 횡수제, 평행수제, 그리고 혼합형 수제로 분류할 수 있다.

- 횡수제: 하안에서 하천의 중심부로 설치하는 수제이며 상하류로 향하는 방향에 따라 상향(상류방향) 수제, 직각 수제, 그리고 하향(하류방향) 수제로 나눌 수 있다. 횡수제의 설치에 따른 세굴 및 유사의 퇴적 형상은 그림 4.18과 같다.

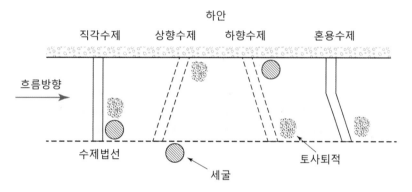

그림 4.18 횡수제의 설치에 따른 세굴 및 유사의 퇴적(한국수자원학회 2009)

- 평행수제: 유수와 평행하게 설치하며 유수의 분산을 막아 유로를 고정시킬 수 있다.
- 혼합형 수제: 일명 T자형 수제라고 하며 횡수제와 평행수제를 조합한 것이다. 그림 4.19 는 곡선 유로에 혼합형 수제를 설치한 예이다.

이들 수제의 장단점은 표 4.8과 같다.

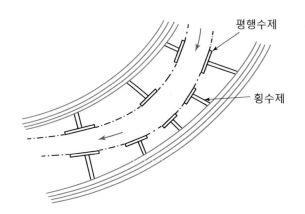

평행수제

횡수제

그림 4.19 혼합형 수제(한국수자원학회 2009)

표 4.8 방향별 수제의 장단점(한국수자원학회 2009)

구분	상향수제	직각수제	하향수제
장점	• 수제의 하류 측 하안부에 토사의 퇴적 상태가 양호하다. • 유수를 전방으로 밀어내는 힘이 크므로 제방 및 호안 보호에 효과적이다.	• 길이가 가장 짧고 공사비가 저렴하다. • 완류하천의 감조부 등에서 효과적이다.	• 수제 앞부분에서의 흐름에 의한 수충력이 비교적 약하다. • 완류부에서 용수 취수구의 유지와 선착장의 수심유지에 비교적 효과적이다.
단점	• 수제 앞부분에서 수류에 대해 저항하게 되므로 세굴에 의해 수제 자체가 손상될 위험이 크다.	• 하향수제에 비해서 수제 하류의 세굴에 대한 영향이 적지만 상향수제에 비해서는 위험이 크다.	• 월류에 의해 소용돌이가 발생하기 쉽다. • 하류에 세굴이 발생하기 쉬우므로 제방에 위험이 크다.

■ 공법별 수제

한편, 수제를 제작하는 공법별로 분류할 수도 있다. 이 경우는 수제의 주재료에 따라 분류하는 것이다. 대표적인 공법별로 분류하면 다음과 같다.

① 말뚝 수제[8]: 투과수제의 대표적인 공법으로서 나무말뚝이나 철근 콘크리트 말뚝을 사용하며 완류하천에 많이 설치된다. 각각의 말뚝은 가급적 균등하게 유수 저항을 받도록 배열하고, 세굴에 대하여 충분히 견딜 수 있어야 한다(그림 4.20(a) 참조)

② 침상 수제: 침상 수제에는 섶침상 수제, 목공침상, 콘크리트 방틀, 개량목공, 말뚝상치수제 등이 있다. 침상 수제는 불투과 수제로 설치되는 경우가 많기 때문에 비교적 굴요성이 부족하고 채움돌이 유실될 우려가 있으므로 주의해야 한다.

8) 한국수자원학회(2009)에는 '말뚝박기 수제'라 되어 있으나, '말뚝 수제'라 불러도 의미상 문제가 없으므로 바꾸어 적음

- 섶침상 수제: 대소하천의 구별 없이 횡수제, 평행수제로서 주로 중류부의 완만한 곳이나 완류하천에서 많이 사용된다(그림 4.20(b) 참조).
- 말뚝침상 수제(Krippen 수제)[9]: 섶침상 위에 말뚝을 박고 침상 위에 조약돌을 놓은 것으로서 말뚝의 열수, 열간격, 말뚝지름, 말뚝길이, 채움돌의 높이, 돌망태와 섶침상의 층수 등은 설치장소의 하천상태를 고려하여 결정한다(그림 4.20(c) 참조).
- 목공침상 수제: 급류하천에서 섶침상은 가벼워 유실되기 쉬우므로 목공침상이 사용된다(그림 4.20(d) 참조).
- 콘크리트 방틀상 수제: 목공침상의 채움돌들을 콘크리트 블록으로 대체하거나 또는 물 밖으로 노출되는 부분의 방틀재나 전체 방틀재를 철근 콘크리트로 대체한 것이다(그림 4.20(e) 참조).

③ 뼈대·틀류 수제: 투과 수제로서 하천 중류로부터 상류에 걸쳐 자주 사용되며 하상이 말뚝박기가 곤란한 자갈이나 조약돌 등으로 되어 있을 경우와 급류부에 주로 사용된다. 뼈대·틀류 수제는 다른 수제와 비교해서 일반적으로 연속체를 이루지 않고 단독으로 설치하므로 유수저항에 대해 고려할 필요가 있다. 최근에는 내구성과 강도가 큰 철근 콘크리트 테트라포트를 사용하기도 한다(그림 4.20(f) 참조).

④ 콘크리트블록 수제: 콘크리트블록을 사용한 수제로서 형태, 치수, 투과도 등을 자유로이 변경시킬 수 있는 장점을 갖고 있지만, 블록 주변의 세굴이 커서 전도나 유실의 위험을 내포하고 있다. 사용되는 블록의 형태는 그림 4.20(g)와 같이 Y자블록, 십자블록, 테트라포트 등이 있다.

4.3.2 설계

수제를 설계하는 과정은 수제 설치 위치 결정, 설치 방향, 높이와 폭, 길이와 간격을 차례로 정하면 된다. 여기에서는 먼저, 국내외의 수제 설계기준과 기술서를 간략히 소개하고, 그 다음에는 수제의 설치 위치와 방향, 수제의 길이 등 실제적인 설계 내용에 대해 간략히 살펴볼 것이다.

---

9) 한국수자원학회(2009)에서 사용하는 명칭은 '말뚝박기 수제'로 앞의 ①과 명칭이 중복된다. 그래서 이것은 '말뚝침상 수제'라 하여 구분함

(a) 말뚝 수제

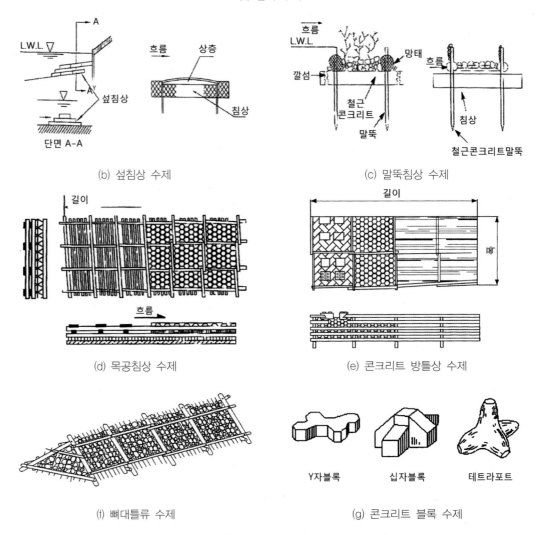

(b) 섶침상 수제

(c) 말뚝침상 수제

(d) 목공침상 수제

(e) 콘크리트 방틀상 수제

(f) 뼈대틀류 수제

(g) 콘크리트 블록 수제

그림 4.20 공법별 수제(한국수자원학회 2009)

▥ 설계기준

　　우리나라에는 수제가 상대적으로 적은 편이다. 따라서 그동안 수제에 대한 상세한 설계 기준도 부족한 상황이었다. 2000년대 초반까지 수제에 관련된 설계기준은 한국수자원학회 (2009)의 '제25장 수제'가 거의 유일하였다. 반면, 일본의 경우 우리나라보다 하천이 급하고 산지에 위치한 경우가 많아, 에도 시대에도 치수대책의 일환으로 수제를 다양하게 사용하였다. 이에 따라 실제적인 설계기준이나 요령에 대해서도 체계적으로 수립되어 있는 것으로 보인다. 대표적으로 山本(1996)의「일본의 수제」는 일본의 전통적인 수제 설계와 역사 등을 상세하게 기술하였다. 2000년대 중반 이후 한국건설기술연구원에서 수제에 대한 연구를 지속적으로 수행하여,「수제(水制)설계 가이드라인」(한국건설기술연구원 2012)을 제시하였다. 이 지침서는 국내외의 많은 수제를 대상으로 조사 분석하고, 국내 상황을 고려하여 제시한 것으로, 추후 우리나라의 수제 설계에서 반드시 참고해야 할 것으로 보인다.

　　한국건설기술연구원(2012)의「수제(水制)설계 가이드라인」은 수제 설계를 표 4.9와 같이 간략히 요약하였다. 이때 불투과 수제의 설계요소는 수제의 길이, 설치각도, 간격, 높이, 비탈부 경사이며, 투과수제의 경우 투과율, 수제길이 그리고 수제의 간격으로 구성된다. 경사수제의 경우 수제의 길이와 경사각도가 주요 요소이며, 변형 수제의 경우 수제의 길이, 간격, 팔길이비로 구성된다.

▥ 설치 위치

　　수제를 설계하기 전에 먼저, 치수대책을 수제로 할 것인가 여부를 결정하여야 한다. 이것은 수제를 설치하기에 적합한 위치를 먼저 파악해야 한다는 의미이다. 수제의 위치는 하도 조건, 하천의 유황 및 기타 하천시설물과의 관계를 고려하여 치수, 이수, 하천환경 등의 목적에 맞도록 결정한다. 저수로가 좁은 하천 또는 하폭이 좁은 하천에서는 수제를 설치하지 않아도 좋다.

　　수제는 일반적으로 다음과 같은 위치에 설치한다.

① 유속이 강해서 하상유지시설만으로 하상의 유지가 곤란하거나 세굴이 심한 장소 또는 수제를 설치함으로써 하상유지시설을 간소화할 수 있거나 설치하지 않아도 되는 장소
② 급류하천이나 대하천에서 수심이 깊은 수충부
③ 국부적인 수충부에서 흐름의 방향을 유심방향으로 변환시키려는 장소
④ 흐름을 반류시키려는 장소
⑤ 흐름의 방향을 일정하게 고정시키려는 장소
⑥ 저수로를 고정시키려는 장소

표 4.9 수제의 주요 설계인자(한국건설기술연구원 2012)

주요 설계인자		요소별 설계안
불투과 수제	수제길이	• KICT(2006) 　수로 폭의 20% 이내(불투과 수제) • FHWA(1984) 　수로폭의 10~20%(불투과 수제) • Nwachukwu and Rajartnam(1980) 　$l = B/12 \sim B/5$(B: 수로 폭) • Alvarez(1989) 　$d \leq l \leq 0.25B$(d: 수심) • Salikov(1987) 　$b/B \geq 0.8$(수로 폭의 $15 \leq 20\%$ 이내, b: 수제길이를 제외한 수로의 폭)
	수제의 설치각도	• KICT(2010) 　상향수제: 흐름 억제로 인해 퇴적에 유리, 국부세굴에 불리함 　하향수제: 흐름 제어를 통해 국부세굴에 유리 • Nikitin(1995) 　상향수제: 제방 및 호안보호, 새로운 하안법선 형성에 적합 　하향수제: 수제끝단부 세굴에 유리, 하안침식에 불리함, 흐름이 완만한 지점에서의 취수구 　　　　　 유지 및 선착장 수심 유지에 이용
	수제의 설치간격	• KICT(2005) 　$L/l = 2 \sim 4$(직선수로) • Fencwick(1969) 　$L/l = 2 \sim 2.5$(대하천의 흐름수축 적용) 　$L/l = 3$(경사제방의 보호) • Richardson and Simons(1974) 　$L/l = 1.5 \sim 2$(흐름 지연) 　$L/l = 3 \sim 6$(흐름지연 및 흐름방향 제어) 　$L/l = 4 \sim 6$(직선수로)
	수제의 높이	• FHWA(1984) 　제방고보다 설계홍수위가 낮을 경우: 설계홍수위보다 낮게 설계 　제방고보다 설계홍수위가 높을 경우: 제방높이로 설계
	수제비탈부 경사	• Nikitin(1995) 　비탈면 경사: 1:1(수제 상류단), 1:3(수제 하류단) 　수제 끝단부 경사: 1:3~1:8
투과 수제	투과율	• KICT(2011) 　$P < 40\%$(P: 수제표면적의 백분율) • FHWA(1985) 　$P < 50\%$(부유물로 인한 투과율 감소 감안) 　$P < 35\%$(흐름제어 또는 급한 만곡부 설치 시)
	수제길이	• KICT(2011) 　수제길이: 수로 폭의 20% 이내 • FHWA(1985) 　수제길이: 수로 폭의 20~25%
	수제간격	• KICT(2006) 　$L/l = 4$(투과율(P)$< 40\%$일 경우) 　$L/l = 2$(투과율(P)$\geq 40\%$일 경우)
경사 수제	수제길이	• KICT(2006) 　수로 폭의 20% 이내(불투과) 　수로 폭의 25% 이내(투과)
	경사각도	20° 이내(직선수로일 경우)
변형 수제	수제길이	• KICT(2011) 　굴절 수제 길이: $L'/B < 0.2$(L': 투영 길이), 직선수로일 경우 　L형 수제 길이: 수로 폭의 20% 이내(직각수제와 동일)
	수제간격	• KICT(2011) 　굴절 수제 간격: $L'/I = 2 \sim 4$배(I: 수제 본체 길이) 　L형 수제 간격: $L/I = 2 \sim 4$배(직각수제와 동일)
	팔길이비	• KICT(2011) 　굴절 수제 팔길이비: $AL/I < 0.6$(AL: 팔길이), 직선수로일 경우 　L형 수제 팔길이비: $AL/I < 0.6$, 직선수로일 경우

⑦ 수제를 설치해도 치수와 이수에 지장이 없는 장소 중에서 하천의 환경을 개선하려는 장소

■ 방향

수제구간에서 토사의 침전, 유향의 변환, 세굴의 방지 등은 수제의 방향에 영향을 받으므로 설치 목적과 하상 상황에 따라 수제의 방향을 결정한다.

먼저, 투과수제는 실제 설치지역에 가설로 설치하여 현장수리실험 등의 실제적 방법을 통하여 설치방법(규모, 배치형식 등)을 결정하는 것이 바람직하다. 한편, 방향 설정에 대해서는 앞의 수제의 종류에서 자세히 언급하였다.

■ 높이

수제의 높이는 설치 목적과 기능 및 유수에 대한 저항, 하상의 변화, 하상고 등을 고려하여 결정하며, 유지관리가 용이한 높이로 해야 한다. 수제의 높이는 아래와 같이 결정한다.

① 평행 수제는 일반적으로 저수로 법선형을 고정하거나 수정하는 저수로 공사에 많이 사용되므로 높이는 평균 저수위보다 0.5 m 정도 높게 설치하는 것이 가장 효과적이고 평균 저수위로 하면 유지관리의 측면에서 유리하다.
② 횡수제의 높이는 홍수 시에도 월류시키지 않는 불투과 수제의 경우에는 높게 하지만 보통의 경우 하안 접속부에서 평균 저수위보다 0.6~1.0 m 정도 높게 하고 흐름의 중심으로 1/10~1/100 정도의 경사를 가지도록 하는 것이 적당하다.
③ 투과 수제의 경우에는 토사의 퇴적을 촉진할 수 있는 구조로 설치한다.
④ 급류하천에서는 큰돌이 유하하면서 수제를 손상시킬 위험이 있으므로 수제를 아주 낮은 구조로 하든지 그렇지 않으면 큰돌이 넘어갈 수 없는 높이로 하는 것이 좋다.
⑤ 완류하천에서는 평균 저수위보다 0.5 m 정도 높여서 설치하며 보통 저수위와 같게 한다.

■ 폭

수제의 폭은 공법, 종류, 하천상태 등을 고려하여야 하며, 다음과 같이 결정한다.

① 수제의 폭은 일반적으로 대하천에서는 7~9 m 정도가 좋다.
② 수심과 수제높이의 비가 0.1~0.4의 범위가 적당하고, 대부분 0.2~0.3의 범위에 있다.

■ 길이

수제의 길이는 아래와 같이 결정한다.

① 불투과성 수제

비월류 수제길이를 구하는 계산식은 다음과 같다.

$$l = h_{max} \sqrt{(1+m^2)} \quad \text{또는} \quad \ell \geq 8h_p \quad \text{(단위: m)} \tag{4.3}$$

여기서 l은 수제길이(m), h_{max}은 최대 수심(m), h_p는 수제둘레의 평균 수심(m), 그리고 m은 수리실험에 의한 상수이다.

② 투과성 수제

하폭에 대한 첫 번째 수제길이 계산식은 다음과 같다.

$$l_1 = \left(\frac{1}{15} \sim \frac{1}{30} \right) B \quad \text{(단위: m)} \tag{4.4}$$

여기서 B는 하폭(m)을 나타낸다.

i번째 수제길이 계산식은 다음과 같다.

$$l_i = l_{i-1}(1+CP) \quad \text{(단위: m)} \tag{4.5}$$

여기서 l_i는 i번째 수제길이(m), l_{i-1}은 상류 측 바로 위에 위치한 수제길이, C는 계수, P는 수제가 하천횡단면에 차지하는 면적비이다.

수제가 하천횡단면을 차지하는 면적비 P는 다음과 같이 계산한다.

$$P = 1 - \left(\frac{V_1}{V} \right) \tag{4.6}$$

여기서 P는 수제가 하천횡단면을 차지하는 면적비, V_1은 수제의 개수와는 상관없이 수제를 통과한 다음의 평균유속(m/s), V는 수제 설치 전의 평균유속(m/s)이다.

또, 계수 C는 다음과 같이 수제 최하류부의 유속에 따라 달라진다.

$$C = \frac{V_b}{V(1-P)} \tag{4.7}$$

여기서 V_b는 수제 최하류부 설치구간의 평균유속(m/s), V는 수제 설치 전의 평균유속(m/s),

C는 계수, P는 수제가 하천횡단면에 차지하는 면적비이다.

수제의 길이에서 고려해야 할 점은 수제길이가 지나치게 길면 하안 및 상하류에 나쁜 영향을 가져오는 경우가 많고 수제 자체의 유지관리에도 문제가 된다는 점이다. 반면, 수제길이가 너무 짧으면 수제의 기능을 충분히 발휘할 수 없으므로 길이에 대해서는 현장시험 또는 모형실험을 통하여 충분한 검토가 필요하다.

■ 간격

수제의 간격은 아래와 같이 결정한다.

① 불투과성 수제

수제의 간격은 일반적으로 Winkel식을 사용하여 다음과 같이 결정한다.

$$L_{max} = \cot\left(\alpha\,\frac{B-b}{2}\right) = 9.36\,\frac{B-b}{2} \fallingdotseq 10l \quad (\text{단위: m}) \tag{4.8}$$

여기서 L_{max}는 최대 수제간격(m), α는 수류가 수제의 앞부분에서 다음 수제의 하단부 쪽으로 편위되는 각도(보통 평균값 $6°6'$), B는 하폭(m), b는 저수로 폭(m), 그리고 l은 수제길이(m)를 각각 나타낸다(그림 4.21 참조).

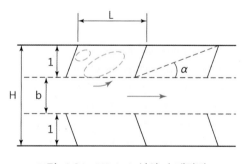

그림 4.21 Winkel 식의 수제간격

실제로 하류 측의 수제와 하안 만곡의 영향 등을 고려하여 다음의 값을 취한다.

$$L = (1.25 \sim 4.5)\,\frac{B-b}{2} = (1.25 \sim 4.5)\,l \tag{4.9}$$

여기서 L은 수제간격(m)이고, B, b, l은 식 (4.8)에 나타낸 것과 같다. 또한 Tominaga에 의

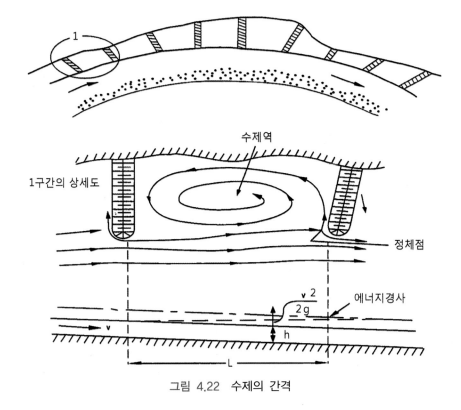

그림 4.22 수제의 간격

해 제안된 완류하천에서의 직선부, 요안부(凹岸部), 철안부(凸岸部)에 따른 경험식을 이용하기도 한다.

- 직선부 $L = (1.7 \sim 2.3)l$ (단위: m)
- 요안부 $L = (1.4 \sim 1.8)l$ (단위: m)
- 철안부 $L = (2.8 \sim 3.6)l$ (단위: m)

② 투과성 수제

수제수리모형실험에 따른 수제간격 L(m)은 다음 식에 따른다.

$$L = CklP\cos\delta = Ckl\left\{1 - \left(\frac{V_1}{V}\right)\right\}\cos\delta \tag{4.10}$$

여기서 C는 계수, k는 수제형태와 하상저항에 따른 계수(하상이 단단한 경우 $k = 10$이고, 하상이 모래인 경우 $k = 4$), l은 수제길이(m), P는 수제가 하천횡단면에 차지하는 면적비, δ는 수류와 하천이 이루는 각도, V_1은 수제 하류부의 평균 유속(m/s), V는 수제 설치 전의 평균 유속(m/s)이다.

4.3.3 자연형 수제

　기존의 경우 수제는 하안침식 방지 및 흐름 제어의 목적에 초점이 맞추어져 있었으며, 콘크리트 블록과 같은 인공적 구조물이 사용되곤 하였다. 근래 자연형 하천복원의 중요성이 대두됨에 따라 다양한 친환경적인 공법이 제시되고 있으며, 수생태계의 서식처 확보까지 고려된 시공이 수행되고 있다.

　서울시 양재천의 경우 자연형 하천복원 공법을 적용하여 수생물의 서식처를 크게 확보하고자 하였다. 특히 하도 내에서 거석을 활용하여 다양한 서식공간을 형성해 주었다. 또한 다양한 하천생물의 서식환경을 만족시키기 위하여 V자형 여울, 외톨이 거석, 징검다리 여울, 거석 수제 등을 이용하여 유속이 느린 곳과 빠른 곳이 공존되게 하였다. 특히 징검다리 거석 공법과 V자 여울공법은 하천의 유속을 증가시키고 공기와의 접촉을 증가시켜 하천의 자정 기능을 증대시키는 효과가 있다(하천복원연구회 2006).

(a) V자형 여울	(b) 외톨이거석
(c) 징검다리형 여울	(d) 거석 수제

그림 4.23　양재천 자연형 수제 설치 사례(하천복원연구회 2006)

4.4 하상유지시설

하상유지시설[10]은 하상경사를 완화시켜 하상을 유지하고 하천의 종단 및 횡단 형상을 유지하기 위한 시설이다.

하상유지시설의 종류는 다음과 같다(그림 4.24).

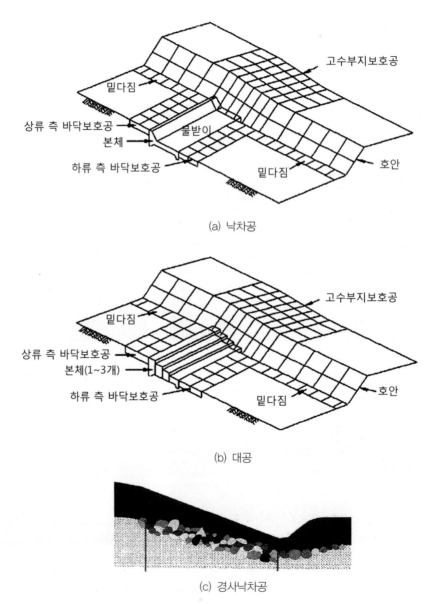

(a) 낙차공

(b) 대공

(c) 경사낙차공

그림 4.24 하상유지시설(한국수자원학회 2009)

---

10) 때때로 하상유지공이라는 용어도 사용함

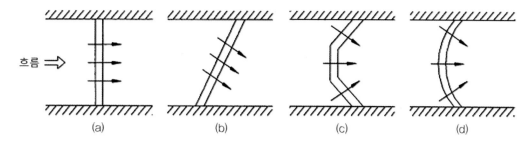

그림 4.25 하상유지시설의 평면형상(한국수자원학회 2009)

- 낙차공: 하상경사를 완화하기 위하여 0.5 m 이상의 낙차를 둔 시설
- 대공(띠공): 하상 저하가 심한 경우에 하상이 계획하상고 이하가 되지 않도록 띠 형태의 시설을 설치함. 낙차가 없거나 0.5 m 미만으로 매우 작은 경우 설치
- 경사낙차공: 하천의 일정한 구간에 돌과 목재로 급경사 구간을 두어 하상경사를 완화시키는 시설

하상유지시설의 평면형상은 하천흐름의 직각방향(그림 4.25)으로 설치하는 것을 원칙으로 하되 하천 특성에 따라 다양한 형상으로 계획할 수 있다. 하상유지시설의 횡단형상은 수평으로 하는 것을 원칙으로 한다. 본체 둑마루 폭(길이)은 콘크리트 구조나 석조일 경우에 최소한 1 m로 한다.

하류 측 비탈면 경사는 1:0.5보다 완만하게 한다. 물의 낙하 등에 의한 소음을 방지하기 위하여 1:1보다 완만하게 할 수도 있으나, 낙차가 크면 하상세굴의 위험이 있으므로 주의해야 한다. 상류 측 비탈면 경사는 1:0.5~1:1로 한다.

4.4.1 설계

하상유지시설(낙차공, 대공)의 설계에서는 먼저 마루높이를 결정하고, 다음에 낙차, 마루형상을 차례로 결정한다. 이 항에서는 먼저 하상유지시설의 설계기준이나 기술서를 간략히 소개한다. 그 다음에 하상유지시설의 설치간격, 마루높이 등 실제적인 설계를 간략히 설명한다.

■ 설계기준

하상유지시설에 대한 설계기준은 한국수자원학회(2009)의 '제26장 하상유지시설'에 제시되어 있다. 다른 시설에 대한 설계기준과 마찬가지로 여기서도 상세한 구조 설계를 위한 구

조령이나 설계요령이 제시되어 있지 않다. 일본의 경우 国土技術研究センター(1998)에서 「하상유지공의 구조설계지침」으로 자세한 설계기준이 제시되어 있다. 이 내용은 류권규 (2011)의 「하상유지공 설계 가이드라인」에 자세히 소개되어 있다.

하상유지시설의 설계는 기본적으로 보의 설계와 비슷한 면이 많이 있다. 다만, 보가 수위를 상승시키는 데 반하여, 하상유지시설은 수위 상승이 크지 않으며, 수문과 같은 부속시설이 적다는 점도 차이가 있다. 이러한 차이만 제외하면, 보의 설계기준을 하상유지시설에 적용해도 큰 무리는 없다.

■ 설계 개념

하상유지시설은 상하류 낙차를 일으켜 유수의 종방향 연속성을 저하한다. 즉, 하상경사의 완화로 하류 방향으로 유사이송량이 감소하고 상류 방향으로는 어류의 이동이 방해받는다. 따라서 하상유지시설은 하상의 안정이 절대적으로 필요한 경우에 한해 설치하는 것을 기본으로 한다.

하상유지시설이 불가피한 경우에도 경사낙차공을 활용하거나 어도 등을 설치하여 유수의 종방향 연속성 유지를 위하여 노력한다.

■ 기본방향

하상유지시설은 장래에 발생할 하상 변동을 예측하여 안정하도가 유지될 수 있도록 설치하여야 한다. 국부세굴이나 하도 침식에 의해 하천시설물의 안전이 위협받을 때에 하상유지시설 등을 활용하여 대책을 마련해야 한다. 낙차공의 낙차는 1 m 이내로 하는 것을 원칙으로 하되, 필요한 경우에는 낙차 1 m 이내의 다단낙차공으로 계획한다.

하상유지시설을 연속으로 설치하는 경우에 설치간격(l)은 다음과 같다.

$$l = \frac{h}{S - S_0} \tag{4.11}$$

여기서 h는 하상유지시설의 높이, S는 현재의 하상경사, 그리고 S_0는 계획하는 하상경사를 나타낸다.

■ 마루높이

낙차공 마루높이와 낙차의 설정에서는 설치 후의 상하류의 하안 및 구조물이 안전하도록 할 필요가 있다.

이를 위해서는, 설치 후의 장래적인 하상변동량을 파악하고, 계획하상고를 유지할 수 있

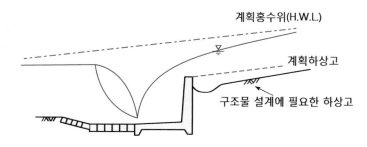

그림 4.26 홍수 시의 낙차공 상류 하상의 개념도(国土技術研究センター 1998)

는지 여부를 확인할 필요가 있다(그림 4.26). 하상변동량 예측의 결과, 계획하상고를 유지할 수 없다고 판단되는 경우에는

- 낙차공의 위치와 낙차고 변경
- 하천 내 구조물의 기초고 변경

등의 대책이 필요하게 되며, 하도 계획의 수정이 필요하게 된다.

하상변동량 예측을 수행할 때에는, 비교적 변동량이 작은 평수 시와 중소 홍수를 중심으로 한 경년적인 예측에 더해, 단기적으로 변동량이 큰 홍수 시의 상황도 파악해 둘 필요가 있다.

■ 낙차

일반적으로 낙차가 작은 낙차공보다 큰 낙차공 쪽이 낙차공 하류에서 확실한 도수에 의한 감세를 기대할 수 있다. 비용 면에서도 저낙차의 낙차공을 다수 설치하는 것보다 고낙차의 낙차공을 소수 설치하는 쪽이 유리하다.

그러나 물고기 소상을 위한 어도를 만들기 어렵게 되거나 세굴의 위험이 증대하는 등의 문제도 생긴다. 따라서 낙차고는 낙차공 상하류 하상의 하상차가 2 m 정도 이내로 하는 것이 바람직하다.

첩수로가 있는 구간에서는 낙차공을 군으로 하여 설치하는 경우가 있다. 이와 같은 경우, 낙차공군의 종단 배치간격은 유수를 확실하게 감세시킬 수 있도록 설정해야 한다. 배치간격이 좁은 경우, 낙차공 상하류의 수면형이 연속되고 말며, 흐름의 감세 효과를 얻을 수 없게 된다. 따라서 도수에 의한 확실한 감세를 기대하기 위해서는, 상하류 낙차공의 말단이 하류 측 낙차공의 저하 배수구간에 들어가지 않도록 거리를 둘 필요가 있다(그림 4.27 참조).

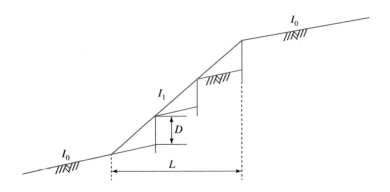

그림 4.27 첩수로의 낙차공 설치(国土技術研究センター 1998)

또, 하류 측 낙차공의 저하 배수구간의 길이는, 최대로 대략 단락부에서 한계수심의 5배 정도로 하는 것이 바람직하다. 배치 계획에 있어서는 이 점을 고려하여 충분한 길이를 확보하든가, 부등류 계산에 의해 확인해 가는 것이 중요하다. 또, 마루 형상 등의 영향으로 낙차공 상류가 3차원적인 수리 현상이 되는 경우는, 수리 실험을 수행하고 그 영향을 확인하는 것이 바람직하다.

■ **낙차공 마루 형상의 설정**

낙차공 마루 형상은 하상을 평균적으로 유지하기 위해 수평으로 하는 것이 일반적이다.

종래의 소매붙임형의 낙차공은 하안부 가까이에 소매를 붙여 하안부의 침식을 방지하는 것을 목적으로 한 것이다. 이 형상은 사방 하천에서 일반적으로 이용하는 것이며, 낙차공의 소매 부분을 돌출시켜, 수제와 같이 유로를 계류의 유심 부근에 고정하는 것을 목적으로 한 것이다.

사방 하천과 달리 비교적 하상경사가 완만한 하천구간에 낙차공을 설치하는 경우는 이와 같은 소매부를 설치하면, 흐름을 좁게 하여 낙차공 상하류의 하상변동을 크게 하거나, 큰 국소 세굴을 일으킬 우려가 있다. 이 때문에 낙차공 마루를 수평으로 하고, 낙차공 주변에서의 흐름을 횡단 방향으로 평활화하는 것이 바람직하다.

단, 평수 시의 물길의 안정을 꾀하거나, 상하류의 유수의 연속성을 확보하기 위해서는 하도의 형상에 따라서 마루 형상을 적절히 만들어야 한다. 예를 들어, 낙차공 마루높이의 일부는 어도 설치를 위해 홍수 시에 문제가 생기지 않는 범위에서 홈을 설치해도 좋다.

비교적 큰 폭의 홈을 설치하는 경우(그림 4.28)에는 홍수 시에 홈부에 유수가 집중할 가능성이 있다. 유수의 집중은 낙차공 상하류의 하상에 세굴을 일으킬 위험이 있다. 따라서 이와 같은 경우 수리모형실험 등에 의해 홈이 하상 저하나 세굴에 미치는 영향과 대책을 충분히

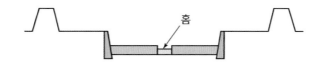

그림 4.28   마루의 홈의 개념도(国土技術研究センター 1998)

검토하는 것이 좋다.

4.4.2 하상변동과 구조물 안정성

하상유지시설은 그 설치목적이 하상변동을 방지하기 위한 것이므로, 이 시설의 목적 달성여부를 예측 또는 입증하기 위해 하상변동 예측이 필수적이다. 또한, 구조물 자체가 안정적이어야 한다는 것은 말할 나위도 없다. 이 항에서는 이 두 가지 사항에 대해 간략히 살펴본다.

■ 하상변동 계산

하상변동 상황을 파악하기 위한 수치 계산은 1차원 계산에 의한 방법과 2차원 또는 3차원 계산에 의한 방법이 있다. 이 중 1차원 하상변동 계산은 비교적 간이적이며 일반적으로 이용되고 있는 방법이다. 단, 1차원 하상변동 계산은 횡단적으로 평균화된 하상고를 산정하기 때문에, 구조물 기초의 안정성을 판단하는 경우에는 최심 하상과 평균 하상의 차에 대해 유의할 필요가 있다.

수리모형실험은 횡단적인 하상변동이나 세굴현상을 파악할 수 있다. 특히 3차원적인 수리현상이 낙차공의 제원을 결정하는 데 중요하게 되는 경우나, 낙차공의 상류에 고속도로나 철도교 등 중요도가 높은 구조물이 있는 경우에는 수치 계산과 함께 수리모형실험에 의해 하상변동 예측을 수행하는 것이 바람직하다.

■ 구조물 안정성

낙차공을 설치한 경우, 낙차공 상하류부에서 와류나 홈의 교란, 유황의 급변, 유속의 변화 등이 생기며, 하안침식 및 하상세굴이 발생한다. 그림 4.29는 낙차공을 설치한 경우의 상하류의 흐름의 모습을 종단, 평면적으로 보이고 있다.

- 낙차공 상류부: 낙차공 상류부에서는 월류 시에 저하 배수가 발생한다. 저하 배수에 의한 유속 및 소류력의 증대는, 상류 측의 넓은 범위에 하상 저하가 생긴다. 또, 낙차공 직상류에서는 본체와의 사이에서 재차 국소적인 세굴을 일으킨다.
- 낙차공 하류부: 낙차공 하류부에서는 낙하한 흐름이 하상에 충돌하고, 도수가 발생한다.

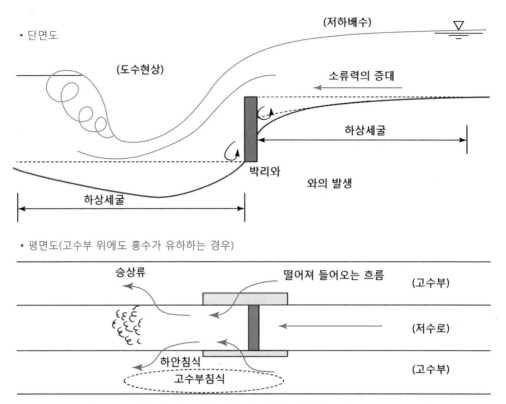

그림 4.29 낙차가 있는 경우의 수리 현상(国土技術研究センター 1998)

이것에 의해 낙차고 하류에서는 도수 구간도 포함하여 현저한 세굴이 생긴다.

• 낙차공 단부: 복단면 하도의 낙차공에서는 고수부 위로 홍수가 유하하는 경우, 고수부에서 낙차부(저수로)로 낙입류(떨어져 들어오는 흐름)가 발생한다. 또, 이것에 의해 하류 구간에서는 반대로 고수부로 승상류가 발생한다. 이때 낙차공 주변에서는 하안 및 고수부의 침식이 생기기 쉽다.

• 상하류의 수위차에 따른 침투류: 낙차공 상하류의 수위차에 의해 양압력의 발생이나 본체 및 물받이 이면에 관공현상이 생긴다. 본체 및 물받이는 이들 현상에 대해서 안전한 구조로 해야만 한다.

4.4.3 자연형 하상유지시설

자연형 하상유지시설은 자연재료를 이용한 하상유지시설이며, 그 종류로는 그림 4.30에 보인 것처럼 돌붙기와 부직포깔기, 하안기초공인 섶단과 돌쌓기 또는 돌망태 등이 있다.

공법 및 재료의 선택은 하천의 특성, 즉 하천의 종류, 하도의 사행성, 또는 기대효과 등에 따라 다르다. 일반적으로 산지형 하천, 평지하천의 상류 등에서 공법 선택은 시공 후 빠른

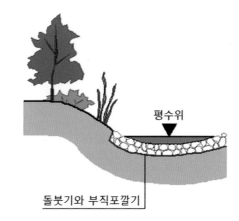

(a) 돌붓기와 부직포깔기

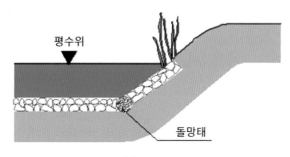

(b) 돌망태

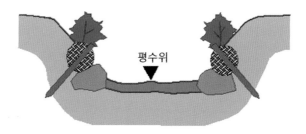

(c) 섶단과 돌쌓기

그림 4.30 자연형 하상유지시설(류권규 2011)

효과가 있는 무생명 재료의 비율이 높은 강력한 공법을 결정하여야 하지만, 산지하천의 하류나 평지하천의 중·하류에는 생명재료의 비율이 높은 공법을 선택한다.

자연형 하상보호시설은 다음 사항을 유의하여 설계한다.

• 최대 한계소류력 및 한계유속치를 초과하지 않도록 한다.
• 만곡된 하도의 바깥 하안에는 심한 침식이 발생하지 않게, 안쪽 하안은 심한 퇴적이 발생하지 않게 설계해야 한다.
• 하천의 횡단은 지형적 조건에 맞게 설계되어야 하고, 적용 재료의 종류는 그 지역의 여

그림 4.31   자연형 하상유지시설(안양 학의천)

건에 맞는 것으로 선택해야 한다.

- 경관적인 요소는 지역적 특성과 조화될 수 있게 하며, 다양한 동·식물의 서식처가 이루어질 수 있게 한다.
- 경제적인 측면을 고려한 유지관리가 이루어질 수 있어야 한다.

기존의 낙차공은 콘크리트 구조물로 주로 이루어져 있어서 수생물의 서식에 불리하다. 또한 하상의 부등침하 및 구조물 바닥에서 발행하는 침투류로 인하여 구조물의 바닥과 하상의 공극이 발생되어 구조물의 안정성에 영향을 끼칠 수 있다. 자연형 하상유지시설은 이와 같은 단점을 보완하고 수생물의 서식에 악영향을 끼치지 않도록 친환경적인 석재 및 목재를 주재료로 이용하여 낙차공을 조성한 시설이다. 그림 4.31은 학의천에서 자연형 하상유지시설이 적용된 사례를 보여준다.

4.5   보

보는 각종 용수의 취수, 주운 등을 위하여 수위를 높이고 조수의 역류를 방지하기 위하여 하천의 횡방향으로 설치하는 시설물이다. 보의 일반적인 기능은 수위 상승이며 유량조절은 아니다.

한국수자원학회(2009)에 따르면 보의 높이를 15 m 미만으로 규정하고 있다. 국내에서 기존 하천에 설치된 보의 높이는 일반적으로 2 m 이내이다. 댐의 경우 높이 15 m 이상을 대댐으로 정의하므로 4대강사업으로 건설된 16개의 보 중 10개의 보는 규모 면에서 대댐에 해당된다.

⁞ Box 기사　　하천횡단구조물의 구별

　　하천을 횡단하는 구조물은 댐, 보, 하상유지시설, 하구둑 등 다양하다. 이들은 때때로 구조와 모양이 유사하여 구별하기 어려운 경우가 많다. 먼저 보와 낙차공은 상류 하상과 구조물 마루의 관계에서 구별한다. 보는 수위상승을 위한 구조물이므로, 상류에 일정 정도 수심을 유지한다. 반면, 낙차공은 상류하상의 침식을 방지하기 위한 것이므로 상류하상과 거의 같은 높이를 유지한다고 보면 거의 틀림없다. 한편, 보를 소형댐(small dam)이라고 불리기도 하므로, 댐과 보를 구별하기는 쉽지 않다. 우선 댐과 보는 다음과 같은 조건에 따라 구별할 수 있다.

① 크기에 따라 분류하는 방법이며, 기초지반에서 고정보 마루까지의 높이가 일정 이하이면 보라고 할 수 있다. 보통 높이가 2~4 m 이하인 경우 저류기능을 가진 댐으로 보기는 어렵다.

② 저류기능에 따라 분류하는 방법이며, 유수 저류에 의한 유량조절을 목적으로 하지 않는 경우는 보이고, 저류 기능이 있으면 댐이다.

③ 구조상 양끝부분을 제방이나 하안에 고정시키는 경우는 보이고, 제방이나 하안이 아닌 하천 양안에 직접 고정하는 경우는 댐이다.

그러나 이외에도 다른 구별법을 생각할 수 있다. 아무리 모양이 비슷해 보여도, 둘 사이의 근본적인 차이는 월류에 대한 개념이다. 보는 기본적으로 월류 구조물이므로, 어떤 형식이든 구조물의 월류가 가능하다. 반면, 댐은 절대적으로 월류를 허용하지 않는 구조물이다.

　　그동안 하천에 설치된 보는 그 종류가 매우 다양하고, 설치와 관리를 담당하는 기관들이 서로 달라 구체적인 현황이 제대로 파악되지 않았다. 보는 전국적으로 약 18,000여 개가 설치되어 있는 것으로 알려져 있었으나, 농림수산식품부/한국농어촌공사(2010)에 따르면 34,012개이다.

4.5.1 형식과 종류

　　그림 4.32는 일반적인 수문이 없는 고정보의 단면이다. 본체를 중심으로 물받이와 바닥보호공이 설치되어 있다. 상류 측 시설은 와류에 의한 침식을, 하류 측은 수세에 의한 침식을 방지하고자 함이다. 차수공은 지하로 흐름이 발달하여 파이핑 현상이 발생하는 것을 방지하고자 시공한다.

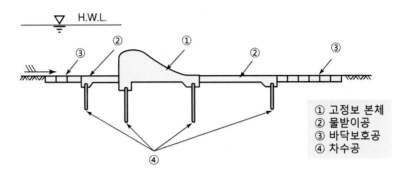

그림 4.32 고정보의 구조(한국수자원학회 2009)

① 고정보 본체
② 물받이공
③ 바닥보호공
④ 차수공

■ 보의 형식

보의 구조에 따른 형식은 전체 하폭을 고정보로 하기도 하며 전체 하폭을 모두 가동보로 할 수도 있다. 그리고 일부 구간은 고정보로 하고 나머지 구간은 가동보로 하는 복합형식으로 할 수 있다.

전체 하폭을 고정보로 했을 때 홍수 시 상류에 수위상승을 유발할 경우 일부 구간을 가동보로 하여 수위 상승 효과를 완화시킬 수 있다. 일반적으로 중규모 이상의 하천에서는 원칙적으로 가동보 및 복합형보를 설치한다.

보의 기초에 따른 형식은 고정형과 부상형이 있다. 고정형은 기초 암반이 하상에서 깊지 않은 곳에 위치하여 기초를 암반 위에 직접 설치하는 경우이다. 그러나 암반이 너무 깊은 곳에 위치할 때 기초를 하상에 설치하며 이를 부상형이라고 한다.

■ 보의 종류

보를 설치 목적에 따라 분류하면 다음과 같다.
• 취수보: 하천의 수위를 상승시켜 취수를 원활하게 한다.
• 분류보: 홍수조절을 목적으로 분류점에서 일부 유량을 나누어 하류 수위를 조절한다.
• 방조보: 하구 또는 감조구간에 설치하여 조수의 역류를 방지하기 위하여 설치하며 하구둑이 방조보에 해당한다.
• 유량조절보: 저류량이 있는 대형 보의 경우에는 홍수 시 하천의 유량을 조절한다.

한편, 보를 구조 및 기능에 따라 분류하면 다음과 같다.
• 고정보: 수문이 설치되지 않아 수위조절이 불가하며 일반적인 구조는 그림 4.32와 같다.
• 가동보: 수문에 의해 수위 조절이 가능한 보로 배수구와 배사구가 있다.

4.5.2 설계

이 절에서는 국내외의 보의 설계기준을 먼저 소개하고, 고정보에 대한 구체적인 설계를 소개한다. 그 다음 가동보에 대한 것도 간략히 소개한다.

■ 설계기준

보의 설계기준은 한국수자원학회(2009)의 '제28장 보'에서 제시하였다. 여기서 제시하는 설계기준은 대상으로 하는 보의 크기를 적시하지 않고 있다. 일반적으로 보면, 하천 설계기준이 대상으로 하는 보는 중소하천의 보라고 이해하면 된다.

일본의 경우 国土交通省(2014)의 「하천사방기술기준」에 보의 설계기준을 제시하고 있다. 한편으로, 그보다 훨씬 일찍이 山內(1990)가 「보의 설계」라는 기술서를 발행한 바 있다. 여기서 다루는 보는 우리나라의 하구둑 정도의 대형 보를 일컫는다.

■ 고정보의 단면 결정

고정보의 단면으로 상류 측은 연직 혹은 이에 가까운 기울기로 하고 하류 측은 완만한 기울기로 하여 사다리꼴 형상이 되게 하는 것이 일반적이며 단면은 역학적인 안정조건을 만족해야 한다. 그러나 자갈이 많이 유하하는 하천의 경우 상류 측 경사를 완만하게 하고 하류 측을 급하게 하여 하류 측으로 자갈이 흘러갈 수 있도록 한다. 고정보의 안전을 검토하기 위하여 보 상하류의 수위차에 의한 침투수의 침투길이와 외력에 의한 본체의 전도, 활동, 침하 등을 고려해야 한다.

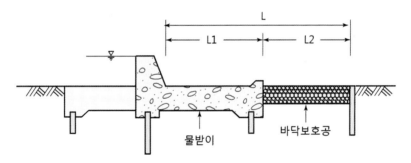

그림 4.33 고정보의 물받이와 하상보호공(한국수자원학회 2009)

■ 물받이

물받이는 보 상하류의 침식을 방지하기 위하여 설치하며 일반적으로 철근콘크리트 구조로 한다. 특히, 보의 직하류는 월류에 의한 빠른 흐름에 노출되어 심한 침식작용을 받게 되므로 보를 보호하기 위한 물받이의 역할이 중요하다. 물받이는 보통 철근콘크리트 구조로 하지만 사석을 이용한 여울형상, 돌붙임형상 등을 고려할 수 있다.

우리나라에서는 고정보의 물받이 길이를 구하기 위하여 블라이 공식과 국립건설시험소 공식이 실무에서 오랫동안 사용되어 왔다. 그러나 물받이에서 도수를 발생시켜야 한다는 점에 기인해서 물받이의 길이를 구할 수도 있다.

(1) 블라이 공식

블라이 공식에 의하면 물받이의 길이는 다음과 같다.

$$L_1 = 0.6C\sqrt{H_a} \tag{4.12}$$

여기서 H_a = 하류 측 물받이 상단에서 보마루까지 높이(m), C = 블라이 계수이고 다음 표 4.10을 이용한다. 블라이 공식은 관공현상에 의한 시설물의 파괴를 방지하기 위하여 개발된 공식으로, 한국과 일본에서 오랜 기간 동안 하천시설물의 설계에 사용되어 왔다. 블라이 공식은 인도에서 높이 4 m 이하의 농업용 취수보 17개의 자료를 회귀분석하여 제시된 경험공식이다. 아래 표 4.10에 의하면 블라이 계수는 하상토 입자의 크기에 반비례하여 모래의 경우 12~15이며 자갈은 6 정도이므로 모래 하상의 경우 물받이의 길이가 자갈 하상에 비해 2배 이상이 된다.

표 4.10 블라이 계수(한국수자원학회 2009)

하상토의 크기	블라이 계수
극미립사 또는 이토(0.005~0.1 mm)	18
가는 모래(0.1~0.25 mm)	15
굵은 모래(0.5~1.0 mm)	12
모래와 자갈의 혼합	9
자갈, 호박돌	4~6

(2) 국립건설시험소 공식

국립건설시험소(1991) 공식에 따르면 물받이의 길이는 다음과 같다.

$$L_1 = 4.05H_a^{0.316}q^{0.514}D_{50}^{-0.325} \tag{4.13}$$

여기서 q는 단위 폭당 유량(m³/s), D_{50}는 하상토의 중앙입경(mm)이다. 위의 공식에 따르면 하상토의 중앙입경이 증가하면 물받이의 길이는 감소하는 것으로 되어 있다.

하류 측 물받이의 두께(T)는 양압력에 의한 안전을 고려하여 다음의 국립건설시험소 공식으로 구할 수 있다.

$$T = \frac{4(\Delta h - h_f)}{3(s-1)} \tag{4.14}$$

여기서 Δh는 상하류의 수위차, h_f는 손실수두, 그리고 s는 물받이 재료의 비중이다.

(3) Rand 공식

랜드공식은 낙차가 있는 지형에서 낙수의 영향을 받는 거리를 실험으로 얻은 관계식이다. 즉,

$$L_1 = 4.3 \left(\frac{h_c}{H_a} \right)^{0.81} H_a \tag{4.15}$$

여기서 h_c = 월류부 한계수심이다. 위의 식도 보의 물받이 길이를 산정하기 위한 식으로 사용할 수 있다.

(4) 도수길이를 고려한 방법

보의 정부를 월류한 흐름은 사면을 따라 흐르며, 이때 위치에너지가 운동에너지로 변환되면서 수류는 가속을 하게 된다. 물받이에 도달한 수류는 하류부의 영향으로 사류에서 상류로 천이하면서 도수가 발생하게 된다. 도수의 발생을 고려한 물받이의 길이(L_1)는 낙하효과 유효구간 거리에 따라 다음과 같이 쓸 수 있다.

$$L_1 = L_{1A} + L_{1B} \tag{4.16}$$

여기서 L_{1A} = 보 월류 후 낙하효과 종료 시까지의 거리(낙하거리), L_{1B} = 낙하거리 이후 사류구간과 도수길이의 합이다. 위의 식에서 물받이의 길이(L_1)는 그림 4.34에서처럼 보의 마루

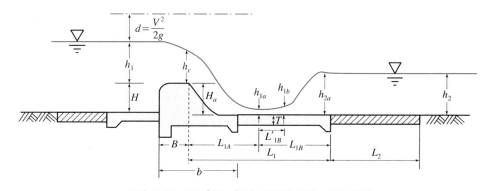

그림 4.34 보 월류 후의 거리에 따른 흐름 양상

부 이후 경사면에서부터 시작된다는 점에 유의한다.

(가) 보 월류 후 낙하효과 종료 지점까지 거리(L_{1A})

보를 월류한 흐름이 경사면을 따라 흐르고 물받이의 수평한 부분에 도달하여 낙하효과가 종료되는 지점까지의 거리는 Rand(1955) 공식을 사용하여 구할 수 있다. 배사구의 경우에는 H_a를 수문마루까지의 높이로 사용할 수 있다.

(나) 낙하거리 이후 사류구간의 길이(L_{1B})

물받이 길이에서 L_{1B}를 구하는 방법은 다음과 같다. 먼저, 보를 월류한 수류의 낙하 후 수심(h_{1a})은 다음과 같은 에너지방정식으로부터 구한다.

$$\frac{V_c^2}{2g} + h_c + H_a = \frac{V_{1a}^2}{2g} + h_{1a} \tag{4.17}$$

여기서 V_c와 h_c는 각각 보 정부에서의 한계유속과 한계수심을 나타내며, V_{1a}와 h_{1a}는 각각 낙하 후 사류 시작점에서의 유속과 수심이다. 또한, 도수 시작 수심(h_{1b})은 바닥보호공 하류부의 수심 및 유속을 이용하여 다음 식으로부터 구할 수 있다.

$$\frac{h_{1b}}{h_2} = \frac{1}{2}\left(\sqrt{1 + 8Fr_2^2} - 1\right) \tag{4.18}$$

여기서 $Fr_2 = V_2/\sqrt{gh_2}$이고 V_2와 h_2는 각각 바닥보호공 하류에서의 유속과 수심으로 등류를 가정하여 계산할 수 있다.

일반적으로 물받이가 수평한 경우 부등류에 의해 H_3 수면형이 형성되며($h_{1a} < h_{1b}$), 월류 낙하 후 수심(h_{1a})과 도수 시작 수심(h_{1b})을 비교하여 식 (4.19)에서 물받이 L_{1B}의 길이를 구한다.

$$L_{1B} = L'_{1B} + (4.5 \sim 6)h_2, \quad (h_{1a} < h_{1b}) \tag{4.19a}$$

$$L_{1B} = (4.5 \sim 6)h_2, \quad (h_{1a} = h_{1b}) \tag{4.19b}$$

$$L_{1B} = 0, \quad (h_{1a} > h_{1b}) \tag{4.19c}$$

식 (4.19a)는 정상적으로 도수가 발생하는 경우($h_{1a} < h_{1b}$)로서 수심이 h_{1a}에서 h_{1b}까지 증가하는 데 필요한 길이가 L'_{1B}이다. 이는 부등류 방정식을 해석하여 구할 수 있는데, 직접축차계산법을 이용하면 편리하다. 식 (4.19b)는 보를 월류한 흐름이 낙하효과가 종료되는 시점에서 바로 도수가 발생하는 경우($h_{1a} = h_{1b}$)이다. 도수의 길이가 하류 수심의 4.5에서 6배이다. 마지막으로 식 (4.19c)는 수중에서 도수가 발생($h_{1a} > h_{1b}$)하는 잠수도수 혹은 수중도수에 해당된다.

■ 바닥보호공

바닥보호공은 보를 월류한 흐름의 수세를 약화시켜 하상의 세굴을 방지하고 보의 본체 및 물받이를 보호하기 위하여 설치한다. 바닥보호공은 가능하면 조도가 다른 두 종류 이상의 재료를 사용하여 유속을 서서히 감소시켜 흐름을 원활하게 하는 것이 좋다. 상류 측의 바닥 보호공은 보의 직상류에서 발생하는 국부세굴에 대처하고 본체와 하안부 옹벽을 보호하기 위하여 설치하는 것으로 길이는 계획홍수량 유하 시 수심 이상을 확보해야 한다.

바닥보호공 저면의 하상토 흡출에 의한 파손을 방지하기 위하여 필요한 조치를 취하여야 한다. 특히, 물받이 접합부 등 흐름의 변화가 크거나 사류 구간에서는 흡출의 우려가 크므로 블록 아래 기초바닥을 만들거나 접합부에 격벽을 설치하는 등 충분한 보강을 하여야 한다. 바닥보호공 하부에 필터매트를 설치하는 경우 찢어짐에 의한 기능상실, 블록과 지반 사이의 활동 등의 피해가 발생할 수 있음에 유의해야 한다.

⁞ Box 기사   4대강사업 보 하류 세굴 문제

보 하류의 경우 하상의 세굴을 방지하고 보의 본체를 보호하기 위하여 물받이를 설치한다. 물받이의 설계가 적절히 되지 않은 경우, 보 하류의 세굴 문제가 발생되며, 이에 따라 보 자체의 안전까지 위협을 받게 된다. 다음 사례는 4대강사업 중 낙동강에 시공된 함안보 하류에서의 세굴에 대한 내용이다.

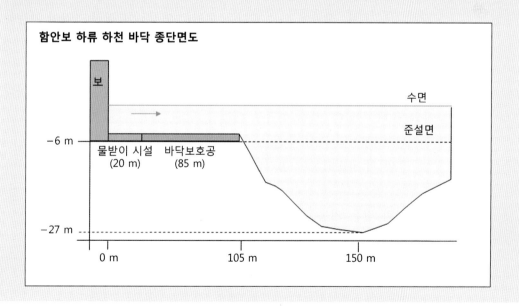

4.5 보 · 323

4대강사업으로 건설된 낙동강 창녕·함안보 하류 하상에 최대 깊이 21 m의 세굴공이 형성된 것으로 드러났다. 이 세굴공은 계속 크기가 증가하여 그대로 방치되는 경우 보의 안전과 홍수 시 하천의 안정을 위협할 수 있을 것으로 지적되었다.

이러한 상황은 GPS 음향측심기를 이용하여 확인되었다. 보 하류의 하상고가 −6 m를 유지해야 하는데, 하류 약 150 m 지점에서 −27 m까지 세굴이 발생한 것이다. 이것은 보의 규모에 따라 홍수에 대한 감세공, 물받이, 하상보호공이 적절히 설계/시공되지 않았기 때문으로 파악된다(감사원 2013).

하상의 세굴 현상이 더 진행되는 것을 막기 위해 보 보호시설이 끝나는 부분부터 가장 깊게 파인 부분까지 이어지는 세굴공의 비탈면에 길이 70 m, 너비 200 m의 토목섬유를 깔고 그 속에 시멘트를 투입해 강바닥에 고정시켰다.

블라이 공식은 오랜 기간 바닥보호공의 길이(L_2)를 구하는 데 사용되었던 경험공식으로 다음과 같다.

$$L_2 = 0.66C_f \sqrt{H_a q} - L_1 \tag{4.20}$$

여기서는 C_f는 안전율로서 가동보는 1.5를, 고정보는 1.0을 사용한다.

■ 가동보

가동보에는 다음과 같은 다양한 종류가 있다.

• 강제 전도식 보: 상판에 수문 하단을 힌지로 연결하여 회전 조작이 가능하게 한 보이다. 취수가 필요하지 않은 시기에 보의 높이를 하상과 일치시켜 보가 없는 것과 같은 효과를 만들 수 있다. 일반적으로 유압실린더를 이용하여 보의 높이를 조절한다.

• 자동 수문식 보: 상하류의 수위차에 의하여 자동으로 수문이 전도되거나 열리게 하는 구조를 하고 있다. 특히 하단부 배출식 자동수문은 유사 배출, 수질 개선, 생태 보전에 기여한다. 무동력 자동 수문은 홍수 시 개방이 원활하지 않은 사례가 있어 주의해야 하며, 홍수 시 유송잡물이 집적되어 통수가 원활하지 못한 점은 개선되어야 할 사항이다.

• 고무보: 합성고무에 공기 또는 물을 주입하여 타원형의 단면을 만들어 상판에 고정시켜 가동보와 같은 기능을 한다.

다만, 위의 설명은 중소하천의 가동보에 대한 것이다.

고정보에 대한 물받이 길이를 다음과 같은 방법을 이용하여 구하시오.

(1) 블라이 공식

(2) 국립건설시험소 공식

(3) 도수를 고려한 방법(랜드공식 사용)

보	H_a(m)	Q(m^3/s)	D_{50}(mm)	S_0	B(m)	n
A보	1.5	855	10.73	0.0008	75	0.03
B보	10.7	16,600	0.81	0.00033	549.3	0.03

여기서 H_a는 보 마루에서 하류 물받이까지 수직거리(m), Q는 설계홍수량(m^3/s), D_{50}은 하상토 중앙입경(mm), B는 보의 길이(m), S_0는 보 하류의 하상경사, n은 매닝의 조도계수이다. 보가 설치된 하천은 직사각형 광폭수로로 가정하며, 중력가속도(g)는 9.8(m/s^2)을 사용한다.

[풀이]

(1) 먼저 A보에 대하여 블라이 공식과 국립건설시험소 공식을 이용하여 물받이 길이를 구한다. 블라이 공식을 적용하면,

$$L_1 = 0.6C\sqrt{H_a} = 0.6 \times 9 \times 1.5^{0.5} = 6.61 \text{ m}$$

(2) 다음으로 국립건설시험소 공식을 적용하면 다음과 같다.

$$L_1 = 4.05H_a^{0.316}q^{0.514}D_{50}^{-0.325} = 4.05 \times 1.5^{0.316} \times (855/75)^{0.514} \times (10.73)^{-0.325}$$
$$= 7.44 \text{ m}$$

(3) 도수 발생을 고려한 방법

(i) 먼저 유량을 저유량에서 조금씩 증가시켜 가면서 수중도수가 발생하기 전의 (단위 폭당)유량 q를 구한다. A보의 경우 $q = 1.27$ m^2/s/m이다. 그리고 등류수심과 한계수심과 같은 기본 수리량을 구한다.

매닝 공식을 이용하여 등류수심과 유속을 구할 수 있다.

$$h_2 = \left(\frac{nq}{S_0^{1/2}}\right)^{3/5} = 1.19 \text{ m}$$

$$V_2 = 1.06 \text{ m/s}$$

또한, 한계수심과 한계유속은 다음과 같다.

$$h_c = \sqrt[3]{q^2/g} = 0.547 \text{ m}$$

$$V_c = q/h_c = 2.32 \text{ m/s}$$

랜드공식을 이용하여 낙하효과 종료 지점까지의 거리를 구하면 다음과 같다.

$$L_{1A} = 4.3 H_a \left(\frac{h_c}{H_a} \right)^{0.81} = 2.85 \text{ m}$$

(ii) 낙하효과 이후의 수심(h_{1a})과 유속(V_{1a})은 에너지방정식을 사용하여 계산할 수 있다. 즉,

$$\frac{V_c^2}{2g} + h_c + H_a = \frac{V_{1a}^2}{2g} + h_{1a}$$

여기서 $V_{1a} = q/h_{1a}$ 이므로 다음의 3차 방정식을 해석하여 h_{1a}를 구할 수 있다.

$$h_{1a}^3 - \left(\frac{V_c^2}{2g} + h_c + H_a \right) h_{1a}^2 + \frac{q^2}{2g} = 0$$

위의 3차 방정식의 해는 다음과 같다.

$$h_{1a} = 0.196 \text{ m}$$

$$V_{1a} = 6.45 \text{ m/s}$$

(iii) 보를 월류한 유수의 도수 발생 여부를 검토하기 위하여 보 하류 등류수심의 공액수심(h_{1b})을 계산한다. 즉,

$$h_{1b} = \frac{h_2}{2} \left(\sqrt{1 + 8Fr_2^2} - 1 \right)$$

여기서 Fr_2는 등류수심일 때 프루드수($Fr_2 = V_2/\sqrt{gh_2}$)다. 위의 식을 이용하여 도수 전 공액수심을 구하면

$$h_{1b} = 0.197 \text{ m}$$

$h_{1a} \leq h_{1b}$ 이므로 낙하효과 종료 후에 수면형은 M3 곡선이 만들어지며 도수가 발생한다.

(iv) 도수가 발생하는 경우 낙하효과 이후 도수가 발생할 때까지의 사류구간 길이 (L'_{1B})를 산정해야 하며 이는 직접축차계산법을 이용해 계산할 수 있다.

$$L'_{1B} = \frac{h_{1b} - h_{1a}}{S_0 - \overline{S_f}}$$

여기서

$$\overline{S_f} = \frac{S_{f1a} + S_{f1b}}{2} \ , \ S_f = \frac{n^2 V^2}{h^{4/3}}$$

A보의 경우 L'_{1B}은 다음과 같다.

$$L'_{1B} = 0.003 \ \text{m}$$

위의 결과로부터 낙하효과 종료 후 바로 도수가 발생하는 것을 알 수 있다. 도수길이는 일반적으로 (4.5~6) h_2이므로 최소값을 사용하면, 도수에 의한 흐름안정구간은 다음과 같이 계산할 수 있다.

$$L_{1B} = L'_{1B} + 4.5 h_2 = 0.003 \ + \ 4.5 \ \text{x} \ 1.19 = 5.36 \ \text{m}$$

따라서 도수를 고려한 물받이 길이는 다음과 같다.

$$L_1 = L_{1A} + L_{1B} = 2.85 \ + \ 5.36 = 8.21 \ \text{m}$$

B보에 대해서도 동일하게 계산할 수 있으며, 결과를 아래 표에 정리하였다.

보 이름	블라이 공식	국립건설시험소 공식	도수고려
A보	6.6 m	7.4 m	8.2 m
B보	17.7 m	52.9 m	39.5 m

높이가 1.5 m인 A보의 경우 도수를 고려하는 방법에 의한 물받이 길이가 가장 긴 것으로 나타났으나, 세 가지 방법에 의한 결과가 크게 차이나지 않음을 알 수 있다. 그러나 B보(높이 10.7 m)의 경우 도수를 고려하는 방법은 블라이 공식에 비하여 물받이 길이가 2배 이상 크며 국립건설시험소 공식은 도수를 고려하는 방법보다 30% 이상 크게 나와 국립건설시험소 공식의 적용성에 문제가 있는 것으로 보인다.

4.6 어도

하천에 보와 같은 수리구조물이 설치되어 어류의 이동을 차단하는 경우 필요한 시설이 어도이다. 어도는 하천을 가로막는 수리구조물에 의하여 이동이 차단 또는 억제된 어류를 포함한 동물의 소상을 목적으로 만들어진 수로 또는 장치(한국수자원학회 2009)로 규정하고 있다. 최근 수생태복원에 대한 관심이 높아지면서 여러 하천에 수많은 어도를 설치하고 있다. 하천은 자연의 관점에서 보면 여러 생물이 살아가는 서식지이고, 어도는 그 서식지를 연결하는 통로로서 서식지의 영역을 결정하는 중요한 요소이다.

그동안 하천에 설치된 수리구조물은 너무나 다양하고 설치 및 관리를 담당하는 기관이 서로 달라서 구체적인 현황도 파악되지 않고 있었다. 이 중에서 보는 그동안 전국적으로 약 18,000여 개가 설치되어 있는 것으로 알려져 있었으나, 2010년 전국의 국가하천과 지방하천에 설치된 보를 전수 조사하고 어도의 설치 여부를 확인한 결과 보는 34,012개이며, 그중에서 어도는 14.9%가 설치된 것으로 나타났다(표 4.11). 이러한 조사 결과는 어도DB로 작성하여 국가어도정보시스템(NFIS, National Fishway Information System, http://rawris.ekr.or.kr)을 구축하고 관련 자료를 제공하고 있다(농림수산식품부/한국농어촌공사 2010).

표 4.11 전국의 보 및 어도 현황(김재옥과 장규상 2011)

권역	하천(개)	보(개)	어도(개)	어도 설치율(%)
한강권역	877	6,995	1,302	18.6
낙동강권역	1,170	12,350	1,605	11.3
금강권역	723	7,156	807	11.3
섬진강권역	421	5,052	875	17.3
영산강권역	337	2,459	492	20.0
총계	3,528	34,012	5,081	14.9

이 자료는 보와 어도의 조성 실태에 대하여 다각적인 측면의 정보를 제공하고 있다. 보는 급격하게 수량이 늘고 있으며, 어도는 상대적으로 여전히 조성이 미미한 실정이라는 것을 잘 보여주고 있으며, 지역적인 차이도 크다는 점을 보여준다(표 4.12). 이러한 지역적인 어도 설치율의 차이는 회유어종의 유무와 수산 및 관광자원화에 따른 경제적 이익을 감안한 결과로 보여진다. 어도형식의 분류 현황은 다음의 표 4.12와 같다.

표 4.12   하천권역별 어도형식 분류(%)(김재옥과 장규상 2011)

권역	비준수	아이스하버식	도벽식	계단식	버티컬슬롯식
한강권역	57	10	20	13	0
낙동강권역	49	2	36	12	1
금강권역	16	6	30	46	2
섬진강권역	39	13	29	17	2
영산강권역	23	17	30	28	2
총계	42	8	29	20	1

설치된 어도의 42%가 하천설계기준에서 제시하고 있는 표준형식을 따르지 않으며, 이러한 어도의 대부분이 최근 10~20년 사이에 신설되고 있다. 이것은 최근 하천에서의 생태복원을 표방한 사업이 활발하게 진행되며 하천정비나 재해복구사업 등에서도 보와 어도가 최우선으로 적용되기 때문이다. 이것은 어도가 반드시 필요하기도 하지만 이러한 시설을 통하여 그만큼 예산이 확대되는 효과가 있기 때문이라 생각한다. 그러나 여전히 하천설계기준에 제시된 형식과 규격, 기준을 지키지 않고 있는 것이 많아 어도를 설치하지 않는 것보다 못한 결과가 되고 있다. 이러한 현실은 하천의 수리 특성과 그에 따른 어류의 이동생태에 대한 연구의 필요성과 함께 국내 하천에 적합한 어도의 개발과 평가가 국가적인 차원에서 요구된다는 점을 제시하고 있다.

4.6.1 물고기의 거동

어도를 설계하기 위해서는 그 목표가 되는 물고기에 대한 이해가 매우 중요하다. 먼저, 그림 4.35는 국내에서 어도를 이용하는 대표적인 어종들이다. 미국이나 캐나다의 경우 연어나 송어와 같은 대형어종이 어도에 대한 대표 어종이고, 일본은 연어나 은어, 황어 등이 대표적이다. 이들에 비해 우리나라의 대표 어종은 이보다 체장이 상당히 작은 어종들이므로, 어도의 설계도 이에 따라 달라져야 한다.

하천에서 소상하는 수생동물은 물고기뿐만 아니라 참게, 다슬기, 수서곤충을 포함하므로 이를 고려하여 어도를 설계한다. 물고기는 수온이 약 10°C 이상에서 소상하는 특성을 보이며, 동절기를 제외한 3월에서 11월까지 수생동물이 어도를 이용할 수 있어야 한다.

경모치	끄리	강준치
참몰개	피라미	빙어
은어	누치	줄납자루

그림 4.35 국내 어도 이용 대표어종(국립생물자원관 웹페이지)

■ 향류성(向流性)

물고기는 일반적으로 흐름 방향을 거슬러 이동하려는 특성이 있다. 이는 몸체의 양측에 있는 수압을 감지할 수 있는 측선 때문이다. 즉, 물고기가 흐름 방향을 향해 이동해야만 양 측선에 동일수압이 작용하므로 이동이 가능하다. 만약 흐름 방향으로 향하지 않으면 측선에는 동일수압이 작용하지 않고 따라서 흐름에 밀리게 된다.

■ 주흐름으로의 이동

일반적으로 물고기는 주흐름이 있으면 이를 이탈하지 않고 주흐름 가장자리의 유속이 느린 부분을 이용하여 이동한다. 여기서 주흐름이란 흐름의 유속이 제일 빠른 부분을 뜻한다. 만약 어도가 있어도 어도 이외의 수공구조물로부터 방류흐름이 있을 경우 방류흐름의 유속이 어도를 통한 유속보다 크면 수공구조물의 방류흐름이 주흐름을 이루게 되며, 따라서 물고기는 방류흐름 쪽으로 모이고, 어도에는 물고기가 모이지 않는다는 사실이 이를 입증한다.

■ 물고기의 유영속도

일반적인 물고기의 순항속도는 2~4 BL/s이고 돌진속도는 10 BL/s이다(여기서 BL은 어류의 체장). 그림 4.36은 물고기의 구조를 나타낸다. 어도를 설계할 때 발생하는 유속은 물고기의 돌진속도 이내여야 한다. 물고기는 일반적으로 유영을 하며 장애물을 만나는 경우에만 도약을 한다. 따라서 어도 내부에서는 물고기가 도약 없이 소상할 수 있도록 낙차를 두어야 한다. 그러나 계단식 어도는 도약을 전제로 한 시설이므로 웅덩이의 길이나 깊이를 정할 때 물고기의 도약에 필요한 단면이 제공되어야 한다. 물고기가 유영하면서 꼬리 운동의 폭은 BL의 1/2을 넘지 못한다. 어도 내부의 시설물은 적당한 곡면을 이루어야 한다.

■ **물고기의 유영 특성에 관한 3가지 원리**

中村(1995)에 의하면 수공구조물의 설치장소, 형식, 세부 구조를 설계하기 위한 판단기준으로서 다음과 같은 물고기 유영 특성의 세 가지 원리를 제시하였다.

제1원리는 어류는 흐름방향으로 향하려는 특성이 있다는 것이다. 이른바 '향류성'이다. 이 때문에 이동 중인 물고기는 체장에 해당되는 영역 밖의 흐름을 인식하지 못한다. 다만, 이 흐름의 인식영역은 엄밀히 말하면 정확치 않다. 제1원리에 의하면 구조물 입구에 순환류가 생길 경우 물고기는 순환류에 거슬러 계속 순환하므로 바람직하지 않으며, 특히 기존의 계단식 어도와 같은 경우 웅덩이 내부에 순환류가 발생할 경우가 있으므로 이를 방지하기 위한 대책이 필요하다.

제2원리는 '물고기는 습격, 도피 또는 급류에서의 이동과 같은 비상시를 제외하고는 보통근을 쓰지 않는다'는 것이다. 물고기는 보통근과 혈합근의 두 종류의 근육을 가지고 있다. 혈합근은 물고기 이동 시 피로를 느끼지 않는 근육으로서 순항속도로 이동할 때 사용한다. 한편, 보통근은 돌진속도로 이동할 경우 사용하는 근육이며, 이 근육을 쓸수록 피로를 느끼게 된다. 물고기는 가능하면 순항속도로 이동하려고 한다. 따라서 어도구조물 설계 시 순항속도를 고려하여야 하며, 돌진속도로 이동할 경우에는 구조물 내부에 휴식처를 설치함으로써 이동 중에 쌓인 피로를 줄이는 대책이 요구된다. 반면 구조물 내부의 흐름이 순항속도만

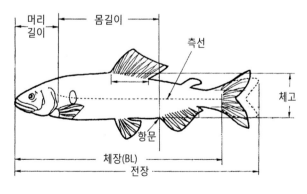

그림 4.36 어류의 신체 구조

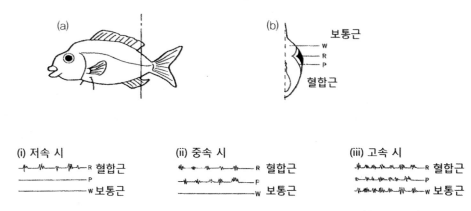

그림 4.37 유속에 따른 물고기의 혈합근과 보통근의 사용 모습(中村 1995)

유지되도록 설계하는 것도 바람직하지 않다. 구조물 내부에서 물고기의 체류시간이 길어지기 때문이다. 따라서 흐름은 돌진속도를 발휘할 수 있도록 하되, 충분한 휴식처를 설치하는 것이 가장 바람직하다. 그림 4.37은 흐름의 유속에 따른 물고기의 혈합근과 보통근의 사용 모습을 보여주고 있다.

제3원리는 '물고기는 이동할 때 꼬리의 진동 폭이 체장의 1/2을 넘지 않는다'는 것이다.

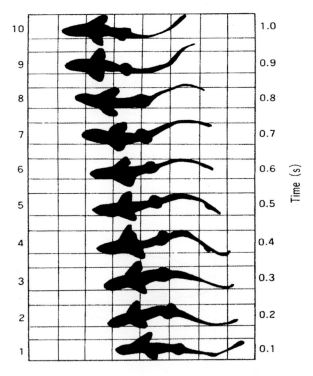

그림 4.38 물고기의 이동 모습(中村 1995)

제3원리에 의하면 물고기의 이동경로의 폭은 체장의 1/2 이상이면 충분하다. 그림 4.38은 물고기 이동 모습을 나타내고 있으며 이동 폭이 체장의 1/2을 넘지 않는다는 사실도 보여 준다.

4.6.2 형식과 종류

■ 어도형식의 분류

어도는 크게 웅덩이식, 수로식, 그리고 조작식 어도로 구분할 수 있다.

웅덩이식 어도는 계단식으로 연결된 각 웅덩이가 격벽으로 분리되어 있다. 격벽을 월류하는 형태에 따라 전면월류형과 부분월류형으로 구분한다. 전면월류형에는 계단식 어도가 있으며, 부분월류형으로는 아이스하버식과 버티컬슬롯식 어도가 있다.

수로식의 어도에서 물은 낙차가 없이 연속적으로 도류벽과 측벽 사이의 공간으로 흐르게 된다. 도류벽과 측벽 사이 공간에 의해 유속이 제한되어 물고기의 소상이 가능하게 한다. 수로형식 어도는 도벽식, 인공하도식, 그리고 데닐식 등이 있다.

상하류의 낙차가 크거나 방조제와 같이 외조위가 높은 경우에는 웅덩이식이나 수로식의 어도를 설치하기 어렵다. 이때 기계장치를 이용하여 어류의 소상을 돕는 형식을 조작식 어도라고 한다. 조작식 어도는 갑문식, 승강식, 트럭식 등이 있다.

■ 어도형식에 따른 특성

아래 표 4.13에 형식에 따른 어도의 종류 및 특성을 정리하였다.

표 4.13 어도의 형식 및 종류에 따른 특성(한국수자원학회 2009)

형식	종류	주요 특성
웅덩이식	• 계단식(계단형, 홈형, 잠공형, 홈+잠공형) • 버티컬슬롯식 • 아이스하버식	웅덩이가 계단식으로 연속되어 있음
수로식	• 도벽식 • 인공하도식 • 데닐식	낙차가 없이 연속된 유로형상
조작식	• 갑문식 • 승강식(lift type) • 트럭식	인위적 조작으로 시설 작동
기타형식	• 암거식 • 혼합식(병용식) • 복합식(hybrid)	

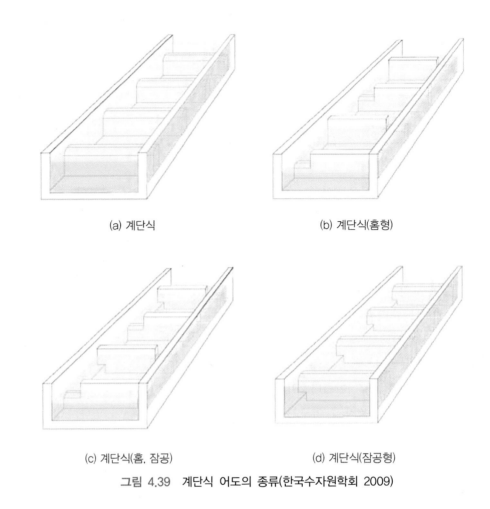

(a) 계단식   (b) 계단식(홈형)

(c) 계단식(홈, 잠공)   (d) 계단식(잠공형)

그림 4.39   계단식 어도의 종류(한국수자원학회 2009)

　계단식 어도(그림 4.39)는 우리나라와 일본에서 가장 많이 설치되는 어도이다. 대부분의 경우 연어, 은어, 송어 등 소하성 어류를 대상으로 하는데, 이들은 담수어종에 비하여 유영력과 도약력이 뛰어난 게 특징이다. 낙차가 커서 유속이 빠르며 물고기의 휴식공간이 없다. 또한, 어도 내 유황이 고르지 못하며, 홈을 지그재그로 설치하면 순환류가 발생하여 물고기가 어도 내에 머무르는 일이 발생하기도 한다. 1/20의 경사를 유지할 경우 계단식 어도는 낙차 1 m 정도에서 경제성과 효율성을 제공한다.

　버티컬슬롯식 어도(그림 4.40)는 도벽식과 유사하나 격벽의 일부분이 상류를 향하고 있어 물의 흐름을 제한하고 반대편에 작은 격벽을 설치하여 유속을 줄이도록 되어 있다. 버티컬슬롯식 어도는 격벽 사이에 물이 저류되어 물고기가 쉴 수 있는 공간을 제공하기도 하지만, 지속적인 흐름이 발생하여 유속이 빨라 전문가의 수리 검토가 필요하다. 이 형태의 어도는 구조가 복잡하여 현장에서 정밀시공이 어려우며 경사가 큰 경우 도벽식과 동일하게 어류의

그림 4.40 버티컬슬롯식 어도
(한국수자원학회 2009)

그림 4.41 아이스하버식 어도
(한국수자원학회 2009)

종류를 제한하게 된다. 이 어도는 두 격벽 사이로 물이 흘러들어 수위가 증가하고 어도 내의 유속이 매우 빨라질 수 있다. 어도에 공급할 수 있는 유량이 풍부한 경우 적합하여 외국에서는 대규모 저수지에 적용되고 있다.

아이스하버식 어도(그림 4.41)는 격벽 전체로 물이 넘지 않는 비월류부를 갖는 것이 특징이다. 격벽에서 월류부가 양쪽으로 있고 가운데 비월류부가 위치한다. 월류부에서 어도 내의 유황은 고르고 비월류부 아래에서는 소상 중인 물고기에게 휴식공간을 제공한다. 이 형식의 어도는 계단식이나 도벽식 어도에 비하여 구조가 복잡하여 시공이 어렵고 공사비가 비싸다. 그러나 유량이나 낙차에 민감하지 않아 섬진강과 탄천과 같은 국내 하천에서 좋은 이용효율을 보이는 것으로 평가되고 있다.

도벽식 어도(그림 4.42)는 경사진 평면 수로에 흐름을 유도하는 도류벽을 설치하여 유로의 길이를 연장시켜 유속을 줄이는 방식의 어도형식이다. 구조가 간단하여 과거에는 많이 시공되었던 형식이며, 현재에도 계단식 어도 다음으로 많이 시공되고 있다. 이 형식의 어도

그림 4.42 도벽식 어도(한국수자원학회 2009)

는 경사가 급할 경우 유속이 매우 빠르며, 어도 내 유속이 고르지 않고 수심유지가 어려운 단점이 있다. 시공이 간단하여 유영력과 도약력이 좋은 은어 및 황어 등을 위해 시공되어 왔다. 낙차가 1 m 이내이거나 상류 지역의 좁은 하천에 적합하다.

■ 자연형 어도

현재 국내에 설치된 어도의 90% 이상이 콘크리트 재료의 인공어도로 되어 있다. 최근 자연의 재료를 이용하여 소하천의 형태로 이도를 설치하는 자연형 어도의 설치가 증가되고 있다(황성원과 김진호 2017). 자연형 어도는 크게 두 형태로 분류될 수 있는데, 하나는 보를 우회하여 이동을 하도록 하는 우회수로형 어도이고, 또 하나는 보 등의 시설물 자체에서 경사로를 조성하여 만드는 경사로형 어도이다. 경사로형 어도는 하폭 전체에 걸쳐 설치하는 형태와, 일부 폭에만 조성하는 부분 경사로형 어도로 나뉜다.

국내 하천설계기준에서는 우회수로형 어도만을 자연형 어도로 여기며 '인공하도식 어도'로 표현하고 있다. 인공하도식 어도(그림 4.43)는 기울기를 그 지역 하천의 기울기와 비슷하게 하여 모든 어종이 이용 가능하게 해야 한다. 따라서 어도의 길이가 지나치게 길어지고 공사비도 많이 소요되는 단점이 있다.

그림 4.43 달성보의 인공하도식 어도

■ 어도 종류에 따른 장단점

어도의 종류에 따른 장단점을 기술하면 다음 **표 4.14**와 같다.

표 4.14 어도형식별 장단점(한국수자원학회 2009)

형식	장점	단점
계단식	• 구조가 간단하다. • 시공이 간편하다. • 시공비가 저렴하다. • 유지관리가 용이하다.	• 어도 내의 유황이 고르지 못하다. • 웅덩이 내에 순환류가 발생할 수 있다. • 도약력과 유영력이 좋은 물고기만 이용하기 쉽다.
아이스 하버식	• 어도 내의 유황이 고르다. • 소상 중인 물고기가 쉴 휴식공간을 따로 만들 필요가 없다.	• 계단식보다는 구조가 복잡하여 현장 시공이 어렵다.
인공 하도식	• 모든 어종이 이용할 수 있다.	• 설치할 장소가 마땅치 않다. • 길이가 길어져서 공사비가 많이 든다.
도벽식	• 구조가 간편하여 시공이 쉽다.	• 유속이 빨라 적당한 수심을 확보하기 어렵다. • 어도 내 수심을 20 cm 이상으로 할 경우, 수리시설물에서 배출되는 유량이 많아 용수손실이 크다. • 어도 내의 유속이 고르지 못하다.
버티컬 슬롯식	• 좁은 장소에 설치가 가능하다.	• 구조가 복잡하고, 공사비가 많이 든다. • 어도 내 수심을 20 cm 이상으로 할 경우, 수리시설물에서 배출되는 유량이 많아 용수손실이 크다. • 다양한 물고기가 이용하기 어렵다. • 경사를 1/25 이상으로 완만하게 하지 않을 경우, 빠른 유속으로 어류 이동이 제한된다.

4.6.3 설계

어도는 그 형식과 종류가 매우 다양하므로, 그 설계기준이나 방향, 설계에 대한 소개를 한다고 해도 너무 광범위한 내용이 된다. 따라서 이 절에서는 핵심적인 내용만 제시하고자 한다. 상세한 내용이 필요하다면 본문 중에서 소개하는 관련 기준이나 기술서를 참고하기 바란다.

■ 설계기준

우리나라에서 어도에 관한 연구를 가장 활발히 진행한 기관은 한국농어촌공사이다. 농어촌공사가 관리하는 농업용 보가 우리나라 하천에 설치된 보의 상당부분을 차지하기 때문에 자연스럽게 이 부분에 관심이 모아진 까닭이다.

해양수산부(2005)는 국내 어도의 현황을 조사하고 어도시설 설치 및 관리규정을 제정한

바 있다. 이 어도 설치기준은 한국수자원학회(2009)의 「하천설계기준·해설」에 상당부분 반영되었다. 이때 어류 이동 특성과 국내 어도의 형식에 따른 이용효율을 바탕으로 4가지 모형의 표준형식 어도가 제안되었다. 또한 이전에 보 편에 일부 조항으로 수록되어 있던 어도부분을 독립 편성하여 제29장 어도편으로 작성하였다. 물론 어도형식의 선정기준 등에 대해서는 여전히 논의가 진행 중으로 현재의 하천설계기준(한국수자원학회 2009)에서는 이러한 내용이 일부 수정되었다.

그러나 이외에는 2018년 현재까지도 국내에서 어도의 구체적인 설계에 대한 지침이나 기술서가 거의 없다. 이에 반해 일본에서는 国土技術研究センター(1982)의 「어도의 설계」, 広瀬와 中村(1995)의 「어도의 설계」 등 여러 가지 기술서가 발간되었다. 비교적 최근에도 安田(2011)은 「기술자를 위한 어도 가이드라인」에서 다양한 어도와 설계를 소개하였다.

▣ 기본 방향

어도가 가져야 할 기본적인 요건은 다음과 같다.

- 어도의 지형적 조건: 소상 어류가 어도 입구 이외의 지역에 모여들지 않아야 하며, 어도에 진입한 소상 어류는 신속하고 안전하게 어도를 통해 소상할 수 있어야 한다.
- 어도의 기울기: 어도의 기울기는 어도 내의 유속과 직접 관련되어 어류의 소상 가능 여부를 결정짓는 중요한 인자이다. 일반적으로 어도의 기울기는 1/20보다 완만하게 한다. 특히, 버티컬슬롯식 어도의 경우 유속이 빠른 점을 감안하여 1/25보다 완만한 기울기로 한다. 어도의 입구가 하류 수위보다 높은 위치에 조성되면 입구부에 낙차가 발생할 수 있는데 이를 방지하기 위하여 어도의 기울기를 완만하게 하여 어도 입구의 위치를 조정할 수 있다.
- 어도의 폭: 어도의 폭은 유로의 규모, 유량, 어도의 형식, 어도 내부의 유량 및 수심을 고려하여 결정한다. 어도의 기본형에서 폭을 늘리기보다는 기본형 어도를 여러 개 설치하는 것이 좋다. 양안에 퇴적이 많지 않다면 물고기 이동을 조사하여 많은 쪽에 설치하고, 유량이 많은 경우 양안에 설치한다.
- 어도의 입구부와 출구부: 어도의 입구부는 어느 어도형식이든지 2개 격벽 이상이 하류의 수위보다 아래에 위치하도록 길이를 충분히 주어야 한다. 어도의 출구부는 어도형식에 따라 별도로 조성하여 출구부에 낙차가 발생하지 않고 유속이 빨라지지 않도록 유의한다.
- 잠공의 설치: 도벽식과 버티컬슬롯식 어도를 제외한 표준모형 어도의 격벽에는 잠공을 설치하는 것으로 한다.
- 어도형식의 설정: 표준모형의 어도로 계단식, 아이스하버식, 버티컬슬롯식, 도벽식 어도

를 제시하며, 기타 형식이나 또는 표준모형에서 변형된 어도는 추후에 물고기의 어도 이용효율을 조사하는 시험과정을 거쳐 표준모형에 포함하는 것으로 한다.

■ 표준형식의 어도 설계

한국수자원학회(2009)의 「하천설계기준·해설」은 '제29장 어도'에서 표준형식의 어도인 네 가지 어도의 설계를 제시한다. 여기서 제시하는 어도의 표준형식은 계단식, 아이스하버식, 버티컬슬롯식, 도벽식 어도이며, 그 설계를 각각 표준도면을 이용하도록 하였다.

예를 들어, 계단식 어도의 평면도(폭 2 m 기준)는 그림 4.44와 같으며 격벽의 상단을 수평으로 하는 경우와 경사를 주는 경우, 그리고 격벽 상단에 홈을 판 형태가 있다. 격벽에 경사나 홈을 판 것은 작은 수위의 변화에 대하여 안정적인 흐름을 유지하고 물고기가 적당한 유속의 흐름을 따라 소상하도록 하기 위한 구조이다. 한편, 잠공은 격벽의 하단에 작은 배출구를 조성하여 웅덩이 내부에 모래 등의 이물질이 퇴적되는 것을 방지하고 바닥으로 유영하는 물고기의 이동을 원활하게 하기 위하여 조성한 것으로 일종의 보조 유로라고 볼 수 있다.

아이스하버식 어도의 표준단면[11]은 계단식 어도와 마찬가지로 격벽간격 경간은 2 m이며, 기준형의 어도 폭은 3 m이다. 계단식 어도처럼 격벽의 아래 부분에는 잠공을 두었다.

버티컬슬롯식 어도의 표준모형은 폭 2 m이며, 하천의 유량 등에 따라 폭을 변동하여 적용할 수 있다. 격벽 간의 간격은 2.5 m이고 어도 내부에서 유속이 빨라지는 것을 방지하기 위하여 기울기를 1/25로 제시하였다. 격벽 간의 틈으로 흘러가는 수심은 20 cm를 주었으며, 일반적인 버티컬슬롯식 어도보다 낮게 설계하도록 하였다. 이것은 국내 하천에 서식하는 어종은 큰 것이 별로 없어서 깊은 수심을 요구하지 않으며, 또한 수심을 깊게 할 경우 보에서 어도를 통하여 유출되는 유량이 지나치게 많아 수리시설물 관리자가 어도 입구를 막는 경우가 발생하기 때문이다.

도벽식 어도의 표준모형은 폭 1 m로 제시하며, 하천의 유량 등에 따라 1~3 m까지 적용할 수 있다. 격벽 간의 간격은 2.5 m이다. 도벽식 어도는 낙차가 1 m 이내인 경우에 한하여 적용하는 것이 바람직하다. 도벽식 어도의 흐름이 발생하는 곳의 수심은 버티컬슬롯식 어도와 마찬가지로 20 cm로 조성한다.

아울러, 어도 설치 시 오류를 범하기 쉬운 출구부에 대하여는 각각의 형식에 대하여 그림 4.45의 표준도면을 참고하도록 하였다.

---

11) 지면 사정상 아이스하버식, 버티컬슬롯식, 도벽식 어도의 표준단면은 제시하지 않음

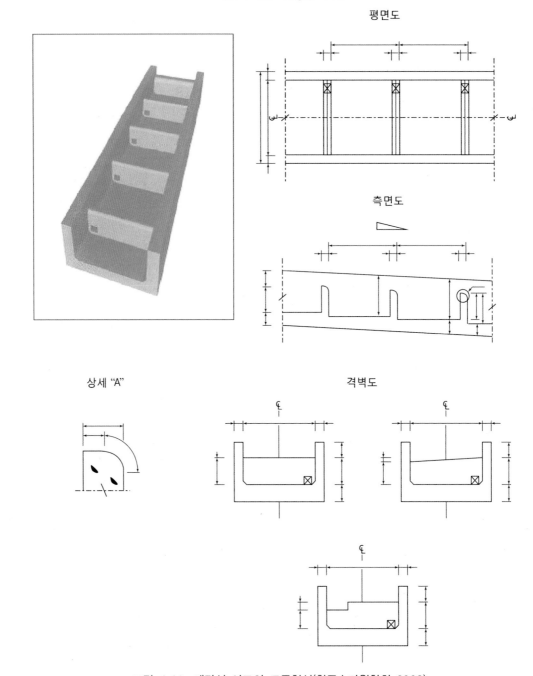

계단식 어도 기본도(B=2 m)

평면도

측면도

상세 "A"

격벽도

그림 4.44 계단식 어도의 표준형식(한국수자원학회 2009)

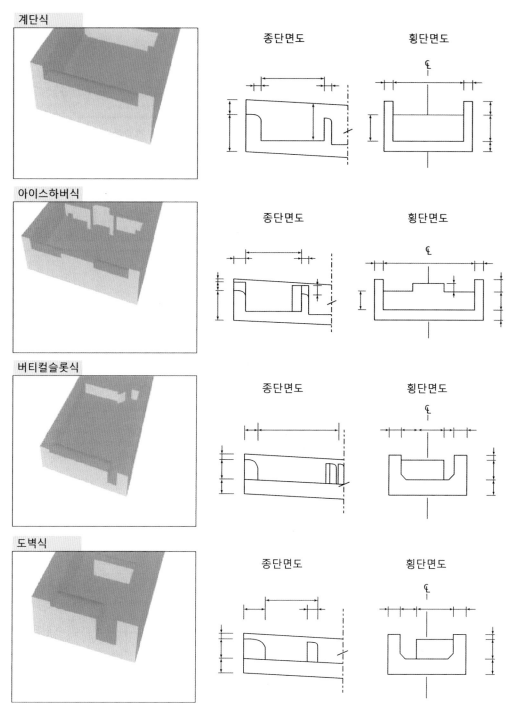

계단식

종단면도 　횡단면도

아이스하버식

종단면도 　횡단면도

버티컬슬롯식

종단면도 　횡단면도

도벽식

종단면도 　횡단면도

그림 4.45　어도형식별 출구부의 표준모형(한국수자원학회 2009)

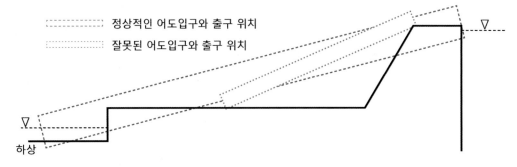

그림 4.46 보와 어도의 배치(황길순 등 2012)

어도의 입구는 어도의 하단으로 물고기가 진입하는 입구이다. 이곳은 하천의 유황에 따라 퇴적 또는 침식이 반복되는 곳이다. 어도의 입구에 침식 또는 퇴사의 퇴적이 발생하면 물고기가 어도 입구를 찾지 못하게 되어 어도를 이용할 수 없게 된다. 따라서 어도의 입구부와 출구부의 위치에 대해서는 상당한 주의가 필요하다. 그림 4.46은 어도와 보의 상대적인 위치 관계에서 어떤 것이 적절한가를 보여준다.

하천에서의 침식과 퇴적은 하천의 구간에 따라 기본적으로 다르게 나타나지만 유역의 토지이용이나 하천관리 과정에서 변동하기도 하기 때문에 어도를 설치한 이후에 나타나는 침식이나 퇴적에 따라 유로를 확보하거나 또는 사전에 낙차가 발생하는 것을 방지하도록 어도를 설치하여야 한다. 물론 사전에 어도의 위치를 선정하는 데 세심한 주의가 필요한 것이 사실이지만 유역의 상황이 변화하면서 나타나는 이러한 변동은 국내에 설치된 대부분의 어도에서 발생하고 있기 때문에 설치 이후의 사후관리가 필수적이다. 어도의 기울기를 1/20 이하로 충분히 주었다면 어도의 입구부분 격벽을 2개 정도 수리구조물 하류의 수면 아래까지 연장하여 조성할 필요가 있다.

일반적으로 어도를 조성할 때는 하류의 수면까지만 어도를 조성하고 있는 것이 현실이지만 실제로 조성 이후에 하류의 침식이 발생하면서 어도 입구부에서 낙차가 발생하는 경우가 많다. 따라서 어도의 길이는 하류 수면의 아래로 격벽이 약 2개 정도 더 내려가도록 조성하는 것이 필수적이다. 이렇게 되면 퇴적이나 침식이 발생해도 어느 정도 유로가 확보되거나 또는 낙차가 발생하는 것을 방지하여 물고기의 어도 진입을 가능하게 할 수 있다.

■ 자연형 어도의 설계

자연형 어도에는 그 형태와 종류에 제한이 없다. 따라서 이를 정리하여 간략히 소개하기도 어렵다. 따라서 여기서는 그 한 예로 김진홍(2006)이 제안한 자연형 어도의 설계를 간단히 소개한다.

자연형 어도는 기존 보에 $S = 1/10 \sim 1/20$의 완경사 수로를 조성하고 수로 내부를 일정 간격으로 적당한 크기의 돌을 설치하여 도움닫기에 적절한 수심 유지와 함께 어류의 휴식 및 조류로부터의 보호(피난처) 역할을 함으로써 어류의 도약 이동을 도모하도록 한다.

어도 내부의 돌설치를 위한 전제조건으로서 다음 사항을 고려한다.
- 어류의 효율적인 이동 및 어류의 피난처를 고려한다.
- 어류의 선호유속과 선호수심을 고려한다.
- 어류의 도움닫기 수심을 유지해야 한다.
- 다양한 어종의 이동에 적합하도록 한다.

위의 사항을 고려한 돌설치 형태의 주요 내용은 다음과 같다.
- 납작돌은 전 구간 배치하되(돌 간의 공극; 약 20%), 어류 손상이 일어나지 않도록 눕혀 배치한다.
- 납작돌 높이의 1/2이 몰탈에 의해 고정되도록 한다.
- 납작돌 및 호박돌 설치 후 주변을 사포로 매끄럽게 정리한다.
- 돌배치에 사용되는 콘크리트와 몰탈은 유속이 큰 경우에도 대응되도록 강도가 큰 값을 사용한다.
- 최심부는 호박돌 설치를 지양하여 수심을 확보함으로써 어류의 피난처가 되도록 한다.
- 최심부의 이동 형태는 어류의 이동을 고려하여 S자형을 가지도록 한다.
- 도움닫기 수심을 유지하기 위해 호박돌을 일정한 간격으로 설치한다.
- 설치 간격은 3.0 m를 표준으로 하되 어도의 길이를 고려하여 하류부에서는 약간 짧게 (2.0 m, 2.5 m 등) 설치하는 것도 바람직하다.
- 어류 피난처를 고려하여 호박돌 밑의 공극을 유지한다.
- 호박돌의 높이와 크기는 다양한 것을 사용하되, 최대 70 cm 정도의 큰 호박돌을 사용하고 20 cm 정도가 근입되도록 한다.
- 돌설치 방향은 어도 흐름에 직각이 되도록 한다.

다만, 이 제안에서는 구체적인 설계를 위한 돌의 크기나 간격 등에 대한 계산방법들이 제시되어 있지 않다. 미국 농무성(USDA)에서 제안한 어도 지침서에는 돌붙임 어도의 설계 제원이 자세하게 소개되어 있다. 그림 4.47은 이러한 돌붙임 어도의 일반적인 형태를 보인 예이다(USDA 2007).

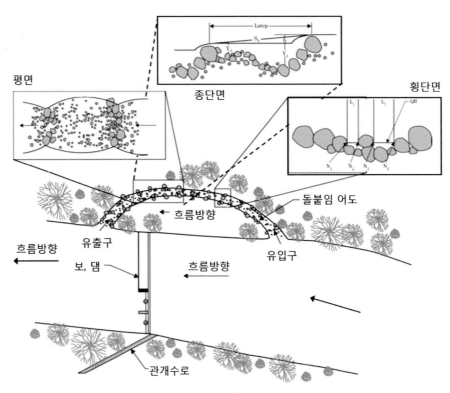

평면   종단면   횡단면

돌붙임 어도

흐름방향

유출구   흐름방향

보, 댐   흐름방향

유입구

관개수로

그림 4.47 돌붙임 자연형 어도(USDA 2007)

한편, 그림 4.48은 섬진강 수계의 경천에 설치된 돌붙임 어도의 실제 모습이다.

어도의 출구부에는 수위변동이나 홍수 시, 또는 어도 보수를 위해 유량조절부를 설치하는 것이 바람직하다. 유량조절부의 설치 목적은 다음과 같다.

- 어도에 흐르는 유량을 조절하여 수위변동에 따르는 유입유량을 일정하게 하여 어류 이동을 효율적으로 하기 위함
- 홍수 시 물막이판을 설치하여 흐름을 차단함으로써 토사, 이물질의 어도 유입을 방지함
- 어보 보수 시 또는 어도 내 퇴적 토사를 제거하기 위함

유량조절부에는 손잡이가 설치하여 물막이판을 설치하고 제거하도록 하는 것이 바람직하다. 즉, 평상시는 물막이판을 열고 홍수 시 닫을 수 있도록 한다. 그림 4.48(b)는 어도 출구부에 설치된 유량조절부 모습이다.

(a) 어도 내부의 돌설치 모습 예   (b) 어도 유량조절부 모습

그림 4.48 내부에 돌을 설치한 어도(김진홍 2006)

■ 어도의 효율성

어도를 설치하였을 경우, 그 어도가 효율적으로 기능하는지 살펴보는 것은 매우 중요하다. 황길순 등(2012)은 국내 어도의 문제점을 다음과 같이 지적하고 개선방안을 제시하였다.

일반인뿐만 아니라 일부에서는 어도를 제한적인 발상만으로 설치하는 경우가 많다. 토목 기술자는 수리적인 관점에서, 어류학자는 물고기의 생리생태적 측면에서 접근하고, 경제학자는 경제성 어종의 이동을 위한 어도의 형식을 제안하는 식이다. 그러나 이렇게 고안된 어도나 또는 기존 어도의 변형은 많은 경우에서 어류의 이동에 긍정적이지 않다. 그림 4.49는 마치 놀이터의 미끄럼틀이나 사람이 올라다니는 계단처럼 생겨서 어류 이동에는 어려움이 많을 것으로 예상되는 어도이다.

그리고 대신 이론적으로는 근사해 보이는 어도도 실제 하천에 설치하고 어류의 이동을 평가하게 되면 이동성 이전에 구조적인 안전성이나 토사나 유목에 대한 피해, 설치비용에 따른 한계 등의 문제가 발생한다.

국내의 어도 이용 어종은 국외의 어종에 비하여 체장이 작고 유영력도 떨어진다. 또한 과거에는 연어나 은어, 송어와 같은 경제성 어종을 위한 어도가 대부분이고 현재 미국과 일본에서 조성하는 어도도 이와 같다. 이러한 어종은 대체로 크기도 크고 유영능력이 뛰어나 어도의 규격에 제약이 많지 않다. 그리고 일정한 수준의 범위에서는 오히려 낙차와 흐름이 적은 것보다는 조금 있는 것이 이러한 어종을 어도로 유인하고 이동하게 하는 효과가 있다. 따라서 이러한 어종을 대상으로 제시된 국외의 어도보다는 국내의 소형 어류나 치어가 이용 가능한 어도형식을 개발 보급하는 것이 필요하다.

그림 4.49   기능적으로 부적합한 어도 사례(황길순 등 2012)

　한편, 돌로 조성된 어도는 길이가 길어지면 휴식이 어렵고, 얕고 빠르게 흐르는 특성에 따라 물고기가 유영이 아니라 도약을 해야 하는 문제가 있다. 도약을 하는 데는 에너지 소모가 많기 때문에 물고기는 특수한 상황이 아니면 도약을 거의 하지 않는다. 따라서 돌로 어도를 만들 경우(그림 4.50)는 적당한 간격으로 휴식을 취할 수 있도록 배치하여야 한다.

(a) 휴식공간이 있는 어도   (b) 휴식공간이 없는 어도

그림 4.50   돌로 만든 어도(황길순 등 2012)

연습문제

4.1 우리나라 도류제 사례를 1~2곳 조사하고 그 효과를 정성적으로 검토하시오.

4.2 2002년 낙동강 홍수 시 붕괴된 광암제의 붕괴원인을 관련 자료를 이용하여 검토하시오.

4.3 호안 설계 절차 중 호안공법 선정방법에는 설계유속에 의한 방법과 설계소류력을 이용한 방법이 있다. 이 두 방법에 대하여 각각 기술하시오.

4.4 제방고 5 m, 마루폭 4 m, 사면경사 1:2인 좌우대칭 사다리꼴 흙제방에서 하천 수위가 마루 1 m 아래까지 올라온 경우 침투선을 적절한 컴퓨터 모형을 이용하여 도시하시오. 흙의 투수계수는 제체와 기초부 모두 실트－진흙 정도로 보고 가정하시오.

4.5 1990년대 중후반 임진강 유역에 대홍수가 연속적으로 발생하여 파주시 문산읍 등이 큰 홍수피해를 입었다. 그 이후 임진강 본류와 주요 지류에 대대적인 보축공사를 시행하였다. 이렇게 하천홍수를 제방만으로 조절하는 일방향적 구조물 대책의 한계를 경제적, 환경적 관점에서 검토하시오.

4.6 블라이 공식과 국립건설시험소 공식을 이용하여 보하류 물받이 길이를 구하려고 한다. 하상토 입경에 따른 물받이 길이의 민감도를 구하시오. 하상토는 모래에서 자갈까지 분포하는 것으로 가정한다.

4.7 예제 4.2에 제시된 유량보다 적은 경우 물받이 길이의 증감을 판단하시오.

4.8 예제 4.2의 A보와 B보에 대하여 수중도수가 발생하기 직전의 단위폭당 유량이 각각 1.27과 11.29 $m^3/s/m$임을 보이시오.

4.9 예제 4.2의 B보에 대하여 블라이 공식, 국립건설시험소 공식, 그리고 도수발생을 고려한 방법을 이용하여 물받이의 길이를 구하시오. 단, 도수발생을 이용한 방법에서 보를 월류한 낙하효과 종료 지점까지의 거리는 랜드공식을 사용한다.

4.10 어도 내부 설계의 유의사항을 어류의 거동 특성과 관련지어 설명하시오.

❖ 용어설명

- **간극수압**: 토양이나 암석의 공극을 채우고 있는 간극수(공극수)에 작용하는 압력으로 공극수압이라고도 함
- **격벽**: 웅덩이식 어도에서 웅덩이를 나누는 벽체로 물이 넘는 월류벽과 물이 넘지 않는 비월류벽으로 구분
- **관공현상**: 제방 내 침윤선을 따라 지하수 흐름이 발생하면 흐름 주변 흙입자가 이탈하여 흐름에 연행되어 바깥으로 빠져나가면서 제내지 지표면에 용출 구멍이 확대되고 궁극적으로 제방이 붕괴되는 현상(파이핑)
- **도류벽**: 흐름을 원만하게 하기 위하여 일부분을 막히지 않은 형태로 설치한 격벽. 도벽이라고도 함
- **돌진속도**: 어류가 순간적으로 낼 수 있는 유영속도
- **밑다짐(공)**: 비탈멈춤 앞쪽 하상에 설치하여 하상세굴을 방지하고 기초와 비탈덮기를 보호하기 위하여 설치하는 것
- **배수구**: 제방 뒷비탈기슭에 투수성 재료로 만든 도랑(제방에서 침투하여 나온 배수를 좋게 함)
- **비탈덮기**: 유수와 유목 등에 대해 제방 또는 호안의 비탈면을 보호하기 위하여 설치하는 것
- **비탈멈춤**: 비탈덮기의 움직임을 막고 토사유출을 방지하기 위해 시공하는 것
- **소상(遡上)**: 어류가 하천을 거슬러 상류 방향으로 올라가는 것
- **수충부**: 단면의 축소부 또는 만곡부의 바깥 제방과 같이 흐름에 의해 충격을 받는 지역
- **순항속도**: 어류가 장시간 지속적으로 낼 수 있는 유영속도
- **잠공(orifice)**: 어도의 격벽 하단에 뚫어놓은 구멍
- **제내지**: 제방을 기준으로 하천 외측의 농경지나 주거지
- **제방법선**: 제방의 앞비탈면 머리를 종방향으로 연결한 선
- **제방월류**: 제방의 마루를 넘어 제내지로 흐르는 것(통상 제내지 측에 비탈면 침식피해가 발생함)
- **제방침식**: 유수의 침식작용으로 제방 비탈면이나 마루, 기타 비탈멈춤공 등의 토사가 이탈하는 것
- **(제방)활동**: 제체의 일부, 또는 전부가 내외부 전단력에 의해 미끄러져 파괴되는 현상
- **제언**: 저수지와 같이 물을 가두기 위해 쌓은 둑(우리말로 '방죽'이라 함)
- **제외지**: 제방을 기준으로 하천 측 토지

- **측벽**: 어도의 양측면 벽
- **침윤선**: 중력에 의해 수두가 큰 쪽에서 낮은 쪽으로 제체 내를 흐르는 자유수면을 가진 지하수 흐름선
- **호안**: 제방 또는 하안을 유수에 의한 파괴와 침식으로부터 직접 보호하기 위해 제방 앞비탈에 설치하는 구조물
- **홈**(notch)[12]: 계단식 어도에서 격벽의 상단 일부를 낮게 파놓은 것
- **회유**(回遊): 어류가 계절에 따라 정기적으로 또는 산란 생육 등을 위해 일시적으로 이동하는 것

---

12) 한국수자원학회(2009)의 「하천설계기준·해설」에는 '노치'로 되어 있으나, 이 책에서는 순수 우리말인 '홈'으로 씀

참고문헌

감사원. 2013. 감사결과 처분요구서-4대강 살리기사업 주요시설물 품질 및 수질관리실태.

건설연(한국건설기술연구원). 2002. 낙동강 홍수피해 원인과 대책.

건설연(한국건설기술연구원). 2004. 하천제방 관련 선진기술 개발 최종보고서.

국토해양부. 2009. 하천공사설계 실무요령.

국토교통부. 2014. 한국하천일람.

국토교통부. 2016a. 수자원장기종합계획(2001 – 2020) 제3차 수정계획.

국토교통부. 2016b. 하천공사설계실무 요령. 722.

김재옥, 장규상. 2011. 전국의 어도실태 전수조사 및 국가어도정보시스템(NFIS) 구축, 물과 미래. 44(7): 50-55.

김진홍. 2006. 어도설계실무, 제12회 수공학워크샵 자료.

김철. 2011. 호안설계 가이드라인, 이코리버21연구단 기술보고서.

농림수산식품부/한국농어촌공사. 2010. 전국 어도실태 조사 및 DB구축 연구.

류권규. 2011. 하상유지공 설계 가이드라인, KICTEP 건설기술혁신사업 기술보고서.

서울특별시사편찬위원회. 1985. 한강사: 498-504.

소방방재청/국립방재연구원. 2012. 소하천설계기준.

우효섭. 2017. 제방 역사 및 관련 최근기술. 대한토목학회 학술발표회 전문연구세션, 10월, 부산시.

윤광석. 2004. 하천제방 붕괴유형 분석 및 설계방안. 한국수자원학회지, 37(5): 50-60.

이원환. 2010. 최신 하천공학(개정증보판). 문운당: 597.

이지원, 최채복, 박상길. 2011. 산지하천 호안의 합리적 설계를 위한 제언-역학설계법을 적용한 기존호안 평가. 물과 미래, 44(11): 19-23.

전세진. 2011. 하천계획 · 설계. 이엔지북: 213-221.

하천복원연구회. 2006. 하천복원사례집. 청문각.

한국건설기술연구원. 2012. 수제(水制)설계 가이드라인.

한국수자원학회. 2003. 백산제 수해원인합동조사단.

한국수자원학회. 2009. 하천설계기준 · 해설.

한국환경정책평가연구원. 2011. 사회영향평가 지표 개발 및 운영 가이드라인 마련 연구. KEI 연구보고서, 2011-13: 5

해양수산부. 2005. 하천어도설계관련 법령 및 자료.

행정자치부. 2000. 자연형 하천공법 재해특성분석에 관한 연구.

환경부/한국건설기술연구원. 1999. 국내여건에 맞는 자연형 하천공법개발, 제2권.

황길순, 황종서, 김동섭. 2012. 어도형식과 어류의 이동 특성. 물과미래, 50(12): 20-28.

황성원, 김진오. 2017. 국내 자연형 어도 설계 기준 마련을 위한 고찰-자연형 어도 표준 모형안의 문제점과 개선방안을 중심으로. 환경영향평가, 26(3): 181-194.

K-water 연구원. 2012. 하도안정화를 위한 유사관리 계획 수립 연구.

CIRIA. 2013. The International Levee Handbook. Griffin Court, 15 Long Lane, London, EC1A 9PN, UK.

Ito, Y., Kobayashi, M., and Watanabe, Y. 2002. Conception of Chiyoda Experimental Channel, Ice in the Environment: Proceedings of the 16th IAHR International Symposium on Ice, Dunedin, New Zealand. December,

Sugita, H. and Tamura, K. 2008. Development of seismic design criteria for river facilities against large earthquakes. The 14th World Conference on Earthquake Engineering, Oct. 12-17, Beijing, China.

Thornton, C., Hughes, S., Scholl, S., and Youngblood, N, 2014. Estimating grass slope resiliency during wave overtopping: results from full-scale overtopping simulator. Proceedings of 34th Conference on Coastal Engineering, Seoul, Korea.

USACE (U.S. Army Corps of Engineers). 1990. Settlement analysis. EM1110-1-1904

USACE (U.S. Army Corps of Engineers). 2000. Design and construction of levees. EM 1110-2-1913: 5-9.

USACE (U.S. Army Corps of Engineers). 2003. Slope stability. Engineer manual. EM 1110-2-1902: 205.

USACE (U.S. Army Corps of Engineers). 2004. General design and construction considerations for earth and rock-fill dams. EM1110-2-2300.

USDA (U.S. Department of Agriculture). 2007. Fish passage and screening design. National engineering handbook. Technical supplement 14N.

広瀬利雄, 中村中六. 1995. 魚道の設計. 山海堂.

建設省. 2000. 河川堤防設計指針.

国土交通省. 2014. 河川砂防施設基準.

国土技術研究センター. 1982. 魚道の設計.

国土技術研究センター. 1998. 床止めの構造設計手引き.

国土技術研究センター. 1999. 護岸の力学設計法. 山海堂.

国土技術研究センター. 2002. 河川堤防の構造檢討の手引き.

国土技術研究センター. 2007. 改訂 護岸の力学設計法. 山海堂.

吉川勝秀. 2011. 新河川提防学−河川堤防システムの整備と管理の実際. 技報堂出版.

島田友典, 横山洋, 平井康幸, 三宅洋. 2011. 千代田実験水路における氾濫域を含む越水破堤実験. 土木学会論文集B1(水工学). 67(4): I_841-I_846.

山崎有恒. 2000. 일본 근대화의 재검토-명치유신기의 치수와 정치. 일본역사연구, 11: 116-126. (한글 번역본)

山本晃一. 1996. 日本の水制, 山海堂.

山本晃一. 2017. 河川堤防の技術史. 技報堂.

安田陽一. 2011. 技術者のための魚道ガイドライン. コロナ社.

中島秀雄. 2003. 図説河川堤防. 技報堂出版.

中村俊六. 1995. 魚道のはなし. 東京.

국립생물자원관. https://species.nibr.go.kr/index.do 2018. 8. 접속.

Dike History. http://dutchdikes.net/history/ 2017. 7. 접속.

USACE (U.S. Army Corps of Engineers). Levee safety program. http://www.usace.army.mil/Missions/Civil-Works/Levee-Safety-Program/ 2017. 7. 접속.

5장 유역관리 및 환경유량

RIVER ENGINEERING

5장은 유역관리, 환경유량, 도시하천관리 등을 다룬다. 유역관리의 목적이 기본적으로 물 자체는 물론 물에 의해 이동하는 유사와 영양염류, 나아가 생물 등을 유역차원에서 관리하는 것이다. 여기서 하천, 또는 수변은 유역의 수용부(sink) 역할을 하므로 유역관리의 결과는 수생생태계 구조와 기능 보전을 위한 환경유량에 직접적인 영향을 준다. 도시하천관리는 불투수층의 확대로 물순환이 왜곡된 도시유역의 하천을 다룬다는 점에서 '특별한' 유역의 하천관리라 할 수 있다.

5.1절 유역관리에서는 물순환의 기본단위인 유역 관점에서 물과 토지, 기타 비생물적 요소와 생물적 요소를 적절히 관리하는 기본원칙과 방법 등을 다룬다. 5.2절 환경유량에서는 하천의 자연적 기능 중 서식처 기능을 보전하기 위한 다양한 물리적, 화학적 조건 중에서 특히 수심, 유속, 하상재료(기층)의 적정한 기준을 최적으로 만족하는 유량조건을 다룬다. 마지막으로 5.3절 도시하천관리에서는 도시유역의 기본적인 수문 특성을 다루고, 그다음 도시하천과 일반하천의 차이를, 마지막으로 도시하천의 환경과 수방대책 등을 다룬다.

5.1 유역관리

유역관리는 물순환 관점에서 하천유역 내의 생태적, 경제적, 문화적, 그리고 사회적 조건의 균형을 도모하는 포괄적이고 통합적인 자원관리 절차이다. 이 절차를 통하여 토양과 하천을 포함한 유역 내의 자원에 끼치는 부정적 영향을 완화하면서 사용자들에게 적절한 재화와 서비스를 제공하는 것이다(Wang et al. 2016).

유역관리에는 유역 내 토지소유자, 토지이용기관, 유출전문가, 환경전문가, 물이용 조사자 등이 중요한 역할을 한다. 이수, 치수, 환경 측면에서 유역을 관리하는 기관들은 급수, 수질, 배수, 우수유출, 수자원, 용수권 등에 대해 전반적인 유역계획을 수립, 관리한다.

여기서 통합유역관리(IRBM, Integrated River Basin Management)라는 개념을 주시할 필요가 있다. 통합유역관리란 유역이라는 지리적인 범위 내에서 지속가능한 발전이라는 가치관을 바탕으로 물과 토지 및 관련된 자원 전체를 상호 협력적으로 관리하여 비용 효과성과 사회적 복지의 최대화를 추구하는 관리방식이다(이승호 등 2008). Moreau(1996)는 통합유역관리는 첫째, 계획을 수립함에 있어서 소유역이나 대유역 등 공간적 단위를 기초로 한 수문학적 단위를 대상으로 하고, 둘째, 포괄적으로 계획하며 모든 잠재적 물 배분을 고려하고, 셋째, 물과 관련된 토지 및 생태자원을 통합적으로 계획하고, 넷째, 관리계획이 경제적 능률 그리고 환경적 품질과 관련된 사회적 목표에 입각하여 평가되어야 한다고 강조하였다.

1990년대 들어 세계적으로 유역관리는 위의 통합유역관리와 개념상 비슷하지만 물 자체에 보다 초점을 맞춘 '통합수자원관리'라는 개념의 관리시스템으로 대체되고 있다. 이 관리시스템은 한번에 끝나는 접근방식이 아니라 장기간에 걸쳐 반복적인 실천을 통해 유역의 물, 토지, 자연자원을 통합적으로 관리하는 하나의 과정이라 할 수 있다.

5.1.1 통합수자원관리

통합수자원관리(IWRM, Integrated Water Resources Management), 또는 통합물관리는 유역 내 생태계의 지속가능성을 저하하지 않으면서 경제사회 복지를 극대화하기 위해 한 유역의 물, 토지 및 관련 자원을 공정한 방법으로 조직적으로 개발하고 관리하도록 하는 과정이라 할 수 있다(GWP-TAC 2000). 이 개념은 1992년 리우환경회의에서 공식적으로 채택된 것으로서, 수자원관리를 개선하는 데 있어서 우선적으로 중요한 물관리 실무의 행태를 개선하고자 시작한 것이다. 즉, 그때까지 이수, 치수, 수질, 생태계 등 물의 어느 한 부문에만 초점을 맞춘 관리와 하행식 관리체제 등의 문제에 대한 대안으로서 '혜성'처럼 떠오른 것이다. 이는 수자원관리에 있어 지금까지의 관행을 따르지 않고 정확한 정보에 입각하여 서로 다른 관리목표 사이의 균형을 이루어 나가는 것이다(Jonch-Clausen and Fugl 2001).

통합수자원관리는 유역 내 유한한 수자원을 각자 달리 이용하여도 결과는 서로 연결되어 있다는 점에서 출발한다. 예를 들면, 높은 관개용수 수요와 농업지역에서 나오는 오염된 배수는 결국 생활·산업용수 공급을 저하하게 하며, 처리되지 않은 도시·산업배수는 하천을 오염시켜 결국 하천생태계를 위협하게 된다. 또한 환경용수 확보를 목적으로 하천에 서식하는 물고기와 기타 생물을 위해 더 많은 물을 남겨놓으면, 결국 다른 하천수 이용에 제한을 주게 된다. 이와 같이 다양한 물 수요와 공급, 오염에 의한 물이용의 제한과 생태계 문제 등 서로 밀접하게 영향을 주고받는 수자원관리를 경험적, 제도적 방법으로 최대공약수를 도출하는 것이 통합수자원관리라 할 수 있다.

통합수자원관리는 1930년대 미국을 중심으로 시작된 이른바 다목적 댐 관리와 성격이 유사하다. 다목적 댐 관리는 주로 수량이나 수위 측면에서 서로 대립적인 다수의 수자원 목표를 가장 효율적으로 만족하는 조건을 찾는 것이다. 구체적으로 용수공급, 홍수조절, 발전, 위락, 환경유량 방류 등 서로 다른 목표 중에서 최대한의 편익을 창출하기 위해 저수량과 저수위를 시간적으로 조절하는 것이다. 반면에 통합수자원관리는 한 하천유역에서 긍정적으로 나타나는 수자원편익을 최대화하고 부정적으로 나타나는 물 이용 제한과 수질악화, 생태계 기능저하 같은 문제를 최소화하는 방향으로 하천을 관리하는 것이다. 따라서 전자는 비교적 계량화가 가능한 반면에, 후자는 최적실무관리(BMP, Best Management Practice) 같은 경험적 요소와 이해당사자 간 협치(governance)에 크게 의존하고 있다.

통합수자원관리는 전체적인 틀에서 같이 움직이는 다음과 같은 세 개의 원칙에 기초한다.
- 사회적 공평성: 인간복지를 보장하기 위해 모든 계층의 사람들에게 적절한 양과 질의 물을 공평하게 보장하는 것
- 경제적 효율성: 가용한 재정과 수자원 안에서 가장 많은 사용자들에게 가장 많은 혜택을 주는 것
- 생태적 지속성: 물 이용자로서 수생서식처(의 중요성)를 인식하고, 그들의 자연적 기능을 유지하도록 적절한 환경용수[1]를 할당하는 것

5.1.2 통합수자원관리의 수단

통합수자원관리의 이념을 실현하기 위해서는 몇 가지 실행상 원칙들이 있다. 첫째, 이수, 치수, 환경 등 부문별 수자원 계획 및 관리를 지양하고 통합적 계획 및 관리를 추구하는 것이다. 이는 단순히 이수, 치수, 환경 등의 계획을 하나로 묶은 '종합계획'이 아니라, 각 부문

---

1) 환경용수는 5.2절에 나오는 환경유량을 부피 단위로 환산한 양임

은 물론, 부문 내 세부항목 간 상호의존적인 면을 모두 다양하게 고려하고, 허용된 재원과 자원 내에서 앞서 언급한 사회적 공평성, 경제적 효율성, 생태적 지속성을 극대화하도록 하는 계획과 관리를 의미한다. 이런 면에서 국내에서 2018년 중반 시행된 물관리 일원화 조치는 통합수자원관리를 위한 첫발이라 할 수 있다.

다음, 이른바 '탑다운' 방식의 관리가 아니라 다양한 이해당사자들의 참여가 보장되는 관리시스템이 되어야 한다. 나아가 공급보다는 수요 중심의 관리, 물 수급의 통제보다는 협의에 의한 조정 관리, 전문가 중심의 계획과 관리보다는 개방적이고 투명하게 다양한 이해당사자들이 참여하는 방식이 되어야 한다.

UNESCO(2009)에서는 위와 같은 통합수자원관리를 실현하기 위한 구체적인 수단, 또는 도구를 크게 1) 여건지원, 2) 제도, 3) 관리 수단 등으로 나누었다(그림 5.1). 이 그림에서와 같이 가장 기본적인 수단은 세 기둥의 중앙에 있는 '여건지원'으로서, 지속가능한 수자원의 개발과 관리를 위한 적절한 정책, 전략, 법령을 정비하는 것이다. 다음 이러한 정책, 전략 및 법령이 실제 작동할 수 있도록 관련 제도와 조직을 갖추는 것이다. 여기에는 중앙정부와 지방정부 간 역할분담, 유역과 유역 간 연계, 공공과 민간 간 협조 등이 포함된다. 마지막으로 이렇게 만들어진 제도와 조직이 잘 작동할 수 있도록 관리수단을 확립하는 것이다. 여기에는 수자원의 평가, 정보, 할당 등에 대한 적절한 지표 등이 있어야 할 것이다.

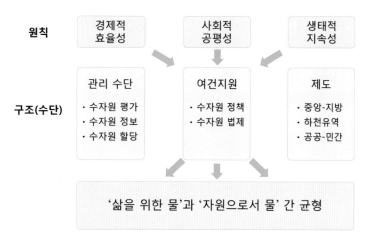

그림 5.1 통합수자원관리의 세 원칙(기둥)과 실행 수단(UNESCO 2009)

5.1.3 통합수자원관리 사례

여기서는 통합수자원관리가 비교적 성공한 외국 사례를 몇 가지 소개한다(UNESCO 2009).

■ 미국 뉴욕시와 주변 유역관리자 간 협력

뉴욕시는 상수원 수질이 점차 악화됨에 따라 60억 달러 규모의 정수장을 새로 짓거나 아니면 수원이 있는 Croton, Catskill/Delaware 유역의 수질 개선과 보호를 위해 다양한 대책을 세워야 했다. 이 유역들의 총 면적은 5,000 km^{2}로서 900만 뉴욕 시민들의 귀중한 수원 역할을 하고 있다. 이에 따라 유역의 수원도 보호하고 지역사회의 경제활동도 보장하는 두 가지 목표를 세웠다.

위 목표를 달성하기 위해 우선적으로 뉴욕시, 뉴욕주, 미 환경청(USEPA), 유역 내 지자체, 마을, 환경/공공의 이해단체 간에 협력체계(파트너십)가 만들어졌다. 그 다음 유역 내 농업, 도시 및 전원의 소유역, 호우배제시설, 환경, 그리고 19개의 저수지와 3개의 조절호수의 수질 간 균형을 이루도록 다양한 프로그램이 개발되었다. 소유역 내 농업 프로그램으로서 토지구입, 소유역 규제, 환경 및 경제 협력 프로그램 가동, 상수처리장 개선, 저수지 수질 보호대책 등이 시행되었다.

이를 통해 유역 내 350개 이상의 농가에서 최적관리실무를 채택하여 농업오염부하를 줄였으며, 280 km^{2}의 농지가 매입되었으며, 효과적인 소유역 규제가 행하여졌고, 2,000개의 불량 정화조들이 고쳐졌으며, 기존 상수처리장에 3차 처리시설이 도입되었다.

그 결과 물속 대장균, 총인, 그밖에 몇 중요 수질지표가 50% 이상 개선되었다. 이로서 물은 안전하게 도시로 공급되었으며, 유역에 거주하는 사람들은 더 좋은 환경의 질을 즐길 수 있게 되었으며, 뉴욕시는 44억 달러의 예산을 절감할 수 있게 되었다.

■ 중국 랴오강 유역관리

중국 랴오닝성은 인구가 4천만 명으로서 근래 들어 급속히 개발되었으며, 그 결과 심각한 물 부족과 오염 문제가 대두되었다. 1980년대까지만 해도 생활, 산업, 농업용수 효율은 형편 없이 낮았다. 전체 하천의 70%에서 물고기가 살지 못하게 되었고 60%에서 생태계 기능이 정지되었다. 시민들은 물 보전에 대한 의식도 없었으며 도시에서 방류된 하수는 처리되지 않은 채 하천으로 방류되고 심지어 지하로 침투되었다. 유역의 상류지역에서는 삼림이 지속적으로 훼손되었다.

이러한 문제를 해결하기 위해 우선 랴오닝 '맑은물사업소(Cleaner Water Project Office)', 랴오강유역협력단, 그리고 EU-랴오닝 수자원계획사업소가 발족되었으며, 함께 IWRM 계획사업을 시작하였다. 이 사업에 따라 먼저 수자원평가가 진행되었고, 물확보 및 이용에 대한 혁신정책이 수립되었으며, 물값이 조정되었고, 모니터링 망이 구축되었으며, IWRM 기본틀 내에서 능력배양이 촉진되었다. 더불어 맑은물사업을 통해 저생산성-고오염 하수처리 시설은 폐기되었으며 오염 방지 및 통제를 위한 새로운 계획이 수립되었다. 더불어 랴오강 유역

개발계획이 수립되었고, 삼림복원 프로그램이 추진되었다.

그 결과 오염부하량이 60% 감소되었으며, 그에 따라 수질이 상당히 개선되었다. 또한 상하류 간 이해충돌이 감소하였으며, 삼림벌채 관행이 중지되었다. 유역 내 음용수의 수질안전이 보장되었고, 상당 길이의 하천에서 생태계가 복원되었다. 마지막으로 지하수 오염이 감소되었으며, 수요관리와 오염위험에 대한 사회적 공감대가 형성되었다.

5.2 환경유량

환경유량(environmental flow)은 담수유역 및 하구지역의 생태계는 물론 그 생태계에 의해 영향을 받는 사람들의 삶을 지속하기 위하여 필요한 수량과 수질 조건을 만족하는 하천유량을 의미한다(Brisbane Declaration 2007). 우효섭 등(2015)은 인간활동에 의한 하천생물서식처의 악화문제를 완화하기 위해 하천유량을 조절하는 것을 좁은 의미에서 환경유량 또는 생태적 유지유량(instream flow)으로 정의하였다.

이 절에서는 환경유량의 개념부터 시작하여, 환경유량을 산정하는 기술적 방법에 대해 수문학적, 수리학적, 서식처 모의방법, 전체적 분석방법 등으로 나누어 검토한다. 다음으로 이러한 방법론에 대해 종합적 토의에 이어서, 몇 가지 방법을 국내 하천에 적용한 사례를 소개한다.

5.2.1 환경유량의 개념

환경유량 개념은 20세기 후반에 등장하였다. 그 당시 미국을 비롯한 많은 선진국들은 대하천에 댐을 지어 발전 또는 관개수원으로 활용하였다. 이에 따라 댐 하류에서 유량이 크게 감소하게 되었으며, 그 결과 연어 및 송어를 비롯한 많은 어류의 개체수가 감소하게 되었다. 미국의 어류 생태학자들은 최소 유량(minimum flow)의 개념을 도입하여 어류 생태서식처를 위하여 최소한으로 유지해 주어야 하는 유량을 지정하였다. 이것이 환경유량 산정의 시초이다(Acreman and Michael 2004, Gopal 2013).

1970년대 이후 환경유량의 산정은 연어 및 송어의 서식처뿐만 아니라 다양한 기준을 포함하게 되었다. Gopal(2013)은 환경유량 산정에서 고려되는 사항을 다음 6가지로 제시하였다. 1) 다양한 유기물 및 군집의 고려, 2) 하천 수문의 구체적인 분석(연간 평균 유량부터 수년 간의 유량 변화), 3) 하천의 지형(하천 형태, 하상재료, 소규모 서식처, 대규모 서식처), 4) 서식처의 다양성(주수로 및 하안부지와 홍수터, 그리고 전체 하천영역까지), 5) 사회경제적

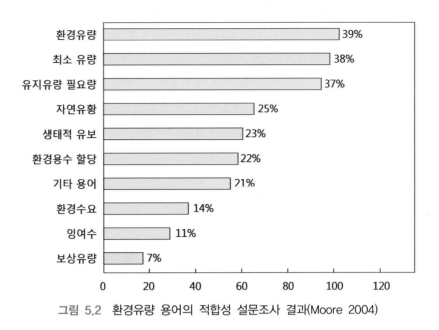

그림 5.2 환경유량 용어의 적합성 설문조사 결과(Moore 2004)

측면, 6) 생태계 서비스기능 등이다.

외국에서 환경유량을 지칭하는 용어는 다양하다. Moore(2004)는 환경유량에 대한 용어의 적합성을 파악하기 위하여 관련 연구자들을 대상으로 설문조사를 하였다. 각 설문자에게 9개의 환경유량을 지칭하는 용어를 제시하고 적합하다고 여겨지는 경우 하나 이상의 선택이 가능하도록 하였고, 그 결과는 그림 5.2와 같다. 설문결과 환경유량, 최소 유량, 유지유량 필요량 순으로 적합하다고 응답하였다.

국내의 경우 건설교통부는 2000년에 생활, 공업, 농업, 환경 개선, 발전, 주운 등의 하천수 사용을 고려하여 하천의 정상적인 기능과 상태를 유지하기 위한 최소한의 유량을 '하천유지유량'으로 포괄적으로 지정하였다. 반면 환경부는 2017년에 수생태계 건강성 유지를 위하여 필요한 최소한의 유량을 '환경생태유량'으로 정의하여 하천의 생태적인 측면을 강조하고 있다. 따라서 국제적으로, 또한 학술적으로 통용되는 환경유량의 개념은 국내에서 유지유량보다는 환경생태유량에 가깝다.

환경유량 산정방법은 크게 수문학적인 방법, 수리학적인 방법, 서식처 분석방법, 전체적 분석방법 등으로 구분할 수 있다(Tharme 2003, Caissie et al. 2007). Tharme는 200여 개가 넘는 환경유량 산정방법을 그 특성에 따라 분류하였으며, 국가 및 지역에 따라 사용하고 있는 방법의 현황을 분석하였다. 지역별 사용되고 있는 환경유량 산정방법의 추세는 그림 5.3과 같다. 수문학적인 방법의 경우 유럽 및 중동에서 사용이 가장 빈번하였으며, 북아메리카가 그 다음으로 많았다. 북아메리카의 경우 다른 지역에 비하여 수리학적인 방법과 서식처

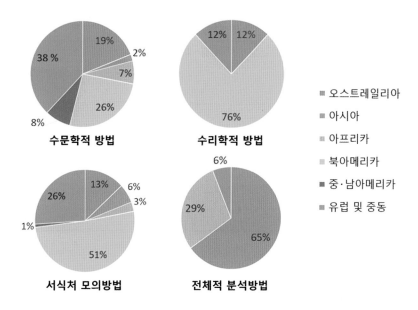

수문학적 방법

수리학적 방법

서식처 모의방법

전체적 분석방법

■ 오스트레일리아
■ 아시아
■ 아프리카
■ 북아메리카
■ 중·남아메리카
■ 유럽 및 중동

그림 5.3 세계의 지역별 환경유량 산정방법 사용현황(Tharme 2003)

모의를 이용한 방법을 많이 사용하고 있음을 확인할 수 있다. 전체적 분석방법은 오스트레일리아에서 많이 사용하고 있는 방법임을 확인할 수 있다.

여기서는 환경유량 산정방법을 크게 수문학적인 방법, 수리학적인 방법, 서식처 모의방법, 전체적 분석방법으로 분류하여, 각 방법에서의 대표적인 방법들을 소개한다.

5.2.2 수문학적 방법

■ Tennant 방법

Tennant 방법(1976)은 환경유량 산정방법으로 널리 알려진 방법 중 하나이다. Tennant는 몬태나, 네브래스카, 와이오밍주의 11개의 하천단면에 대하여 분석한 결과 유량이 없을 때부터 연평균 유량의 10%에 도달할 때까지 하천의 하폭, 유속, 수심이 크게 증가하였으며 10% 이상의 경우 완만하게 증가함을 확인하였다. 이에 따라 Tennant는 연간평균 유량의 10%에 해당하는 유량을 수생태계 만족을 위한 임계유량으로 보았다. 또한 연평균 유량을 기준으로 유량에 따른 추천 등급을 구분하였으며, 이는 표 5.1과 같다.

표 5.1 연평균 유량을 기준으로 한 유량별 등급표(Tennant 1976)

평가	10월~다음해 3월	4월~9월
플러싱 또는 최대	200%	200%
적정 범위	60~100%	60~100%
탁월	40%	60%
매우 우수	30%	50%
우수	20%	40%
보통 또는 악화	10%	30%
불량 또는 최소	10%	10%
심각한 악화	0~10%	0~10%

■ 7Q10 방법

7Q10 방법은 10년 빈도로 7일 연속 최저로 지속하는 유량을 의미한다. 10년 기간에 7일 동안 연속되는 최저 유량의 평균값을 매년 산정하고 이를 확률분포함수를 이용하여 10년 빈도의 유량으로 계산한다. 1970년대 초 미국에서는 물오염을 규제하기 위하여 하천수질표준안을 수립하였으며, 7Q10 유량을 환경유량으로 지정하였다(Singh and Stall 1974). 이와 같은 종류의 방법 중 하나인 7Q2 방법은 마찬가지로 2년 빈도의 7일 연속 최저로 유지하는 유량을 의미하며, 특히 캐나다 퀘벡에서 많이 적용되었다(Belzile et al. 1997).

그러나 미국의 어류 및 야생국은 7Q10 방법이 폐수의 희석과 관련된 수질 보전에 초점이 맞추어져 수립된 방법이며, 이를 하천 수생태계를 만족할 수 있는 최소 유량으로 사용하는 것은 적절하지 않다고 주장하였다(US Fish and Wildlife Service 1981). Caissie and EL-Jabi(1995) 역시 7Q10의 유량을 사용하는 것은 생태적 영향에 좋지 않으며 과소산정치라고 경고하였다.

■ 유황곡선 방법

유황곡선은 하천계획에 있어 하천의 연간 흐름 양상을 보여주는 중요한 정보 중 하나이다. Q_{95}와 Q_{90}은 가장 많이 사용되는 유량이며 각각 연중 95%와 90%의 기간은 적어도 유지하는 유량을 의미한다. Q_{90}은 자연에서 극한상황인 경우보다 수문학적으로 안정적이며 평균적인 유량이므로 이 때문에 수생생물에게 유익할 것이라는 가정이 있다(NGPRP 1974). 그러나 Q_{95}와 Q_{90}은 하천 수생태계의 건강성을 충족시켜 줄 수 있는 환경유량으로 선정하는 것은 적절하지 않다는 보고가 있으며, Caissie et al.(2007)은 Q_{90} 역시 7Q10과 7Q2와 마찬가지로 수생태계에 부정적 영향을 가져올 정도로 환경유량을 과소산정한다고 지적하였다.

유황곡선을 이용한 방법 중 하나인 Q_{50}방법은 뉴잉글랜드 지방에서 수립된 방법으로 월간 유량 이력에서 중앙에 위치하는 유량을 의미하며, 이 유량은 하천의 수생생물이 서식하기에 충분한 유량조건이라는 가정을 두고 있다(US Fish and Wildlife Service 1981).

5.2.3 수리학적 방법

■ 윤변법

이 방법은 하천단면의 윤변을 이용한 방법으로서, 윤변길이는 유량과 하천단면의 형상에 크게 좌우된다. 하천윤변은 유량과 선형적인 관계에 있지 않으며, 특히 유량이 증가하여 수면이 홍수터에 도달할 경우 유량에 따른 윤변길이의 증가는 완만해진다. 이를 변곡점이라 한다(그림 5.4). 1970년대 미국 몬태나주의 어류야생공원국은 변곡점에 도달하는 유량을 최소 유량으로 지정하였다(Leath and Nelson 1986). 변곡점은 하천단면 형상에 따라 크게 변하기 때문에 적절한 단면을 선택하는 것이 중요하다. 단면은 하천의 서식처를 대표할 수 있어야 하며 유량의 선정은 몇 개의 단면을 선정한 후 평균하고, 보통 15여 개의 단면이 선정된다(Stewardson and Howes 2002).

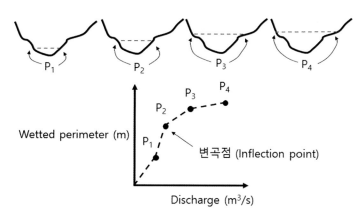

그림 5.4 유량에 따른 윤변의 길이(McCarthy 2003)

이외에 Bartschi(1976)는 서식처가 유지되는 비율을 윤변을 이용하여 평가하였으며, 연평균 유량 시 윤변길이가 20% 감소할 때 유량을 허용가능한 수준의 서식처 감소가 발생하는 상황으로 보고 이를 환경유량으로 정하였다.

■ 여울 분석(riffle analysis)

여울 분석은 윤변법에서 수정된 형태이며, 물고기가 회유할 경우 통로가 되는 여울에서 서식처 조건에 초점이 맞추어진 방법이다. 미국 캘리포니아주에서는 여울에서 연어와 송어의 통로를 확보해 주기 위하여 이 방법을 이용하여 최소 유량을 산정하였다. 이 방법에서는 각각의 어류가 여울에서 통과할 수 있는 최소 수심을 지정하였으며, 그 결과는 표 5.2와 같다. 여울에서 수심은 하천의 단면을 따라 측정되었으며, 유량에 따라 전체 폭 중 최소 수심 이상을 만족하는 폭의 비를 산정하여 환경유량을 산정하였다.

표 5.2 물고기가 여울에서 회유할 수 있는 최소 수심 조건(California Department of Fish and Game 2012)

종명	최소 수심(m)
무지개송어(성어기)	0.21
은연어(성어기)	0.21
왕연어(성어기)	0.27
송어(성어기, 1~2＋의 유년기 포함)	0.21
연어(치어기, 유년기)	0.09

5.2.4 서식처 모의방법

■ 유지유량증분법(IFIM, Instream Flow Incremental Methodology)

전술한 바와 같이 미국에서 1970년대 환경유량은 최소 유량의 개념에서 수립되어 하천에 일정량 이상의 유량이 유지되어야 한다는 관념이 지배적이었다. 그러나 최소 유량의 개념으로 산정된 유량은 수생태계를 보전하기 위해 필요한 유량에 비해 과소하다는 비판이 있었으며, 이에 따라 생태적인 측면으로 정량적인 평가기준의 수립이 요구되었다.

이와 같은 상황에서 1980년대 미국 어류 및 야생국은 유지유량증분법을 개발하여 어류의 생애주기별 서식처 조건을 모의하고 최적의 환경유량을 제안할 수 있는 방법을 개발하였다. 유지유량증분법의 부프로그램 중의 하나인 물리서식처모의시스템(PHABSIM, Physical Habitat Simulation System)은 어류에 대한 물리서식처 분석을 할 수 있는 프로그램으로서, 이는 전 세계적으로 물리서식처 분석 모의 방법론의 효시이다.

유지유량증분법은 유량을 조금씩 증가하면서 물리서식처 조건을 유량의 함수로 나타내는 방법이다(Trihey and Stalnaker 1985). 이 방법은 4단계의 과정으로 이루어져 있으며, 각각 문제 식별 및 진단 과정, 연구 계획, 연구 이행, 대안 분석 및 결론 단계로 이루어져 있다. 그림 5.5는 유지유량증분법의 흐름도를 보여준다.

유지유량증분법은 목표로 하는 어종에 대하여 대규모 서식처(macrohabitat)와 소규모 서식처(microhabitat)를 고려하며, 대규모 서식처에서는 수온과 수질의 적합도를 모의하고 소규모 서식처에서는 물리적 서석처의 적합성을 모의한다. 여기서 대규모 서식처는 하천구간

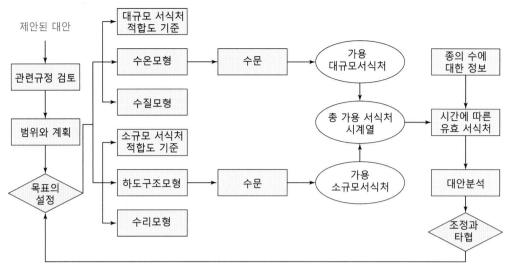

그림 5.5 유지유량증분법의 흐름도(Bovee et al. 1998)

(reach) 규모로서, 통상 하폭의 10~15배의 정도이다. 소규모 서식처는 수심, 유속, 기층, 피난처[2] 등 서식처의 물리조건이 전체적으로 균일한 곳을 의미한다(우효섭 등 2015).

물리서식처모의시스템은 유지유량증분법에서 수리해석모형 및 소규모 서식처 분석을 위한 중요한 부프로그램에 해당한다.

(1) 물리서식처모의시스템(PHABSIM)

PHABSIM에서 적용하고 있는 기본적인 물리서식처 모의과정에서 물리서식처는 하도의 조건(하도의 크기, 형상, 경사, 하상재료 등)과 유량에 따라 결정되는 수심 및 유속, 전단응력 등의 서식처로 정의된다(Maddock 1999). 물리서식처 모의는 크게 수리해석 및 서식처 분석으로 나눌 수 있으며, 서식처 분석은 서식처적합도지수(HSI, Habitat Suitability Index) 모형을 이용한다. 서식처적합도수는 각 생물종의 생애단계별로 물리서식처의 물리량과 적합도와의 관계를 0(가장 나쁨)에서 1(가장 좋음) 사이의 값으로 나타낸 것이다.

그림 5.6과 같이 물리서식처 분석은 1차원 수리해석 후 두 단면 사이의 소구간에서 물리조건이 유사한 격자(cell)로 다시 잘게 나누어 각 셀에서 수심, 유속, 기층 등의 서식처 적합도를 평가한다. 복합 서식처적합도지수(CSI, Composit Suitability Index)는 각 셀에서 매겨진 각 물리적 인자의 서식처적합도지수를 조합하여 하나의 값으로 제시한 것으로서, 계산방법은 곱셈법, 기하평균법, 최소치법, 가중치법이 있으며 각각 다음의 식과 같다.

---

2) 피난처(refuge)는 물속 통나무, 거석 밑, 강턱 들어간 곳, 물속 그늘 등 물고기가 피난하거나 쉬기 좋은 서식처를 의미하며, 커버(cover)라 하기도 함

$$CSI_i = f(v)_i \times f(d)_i \times f(s)_i \tag{5.1}$$

$$CSI_i = \left[f(v)_i \times f(d)_i \times f(s)_i \right]^{1/3} \tag{5.2}$$

$$CSI_i = Min \left[f(v)_i \times f(d)_i \times f(s)_i \right] \tag{5.3}$$

$$CSI_i = f(v)_i^a \times f(d)_i^b \times f(v)_i^c, \quad a+b+c=1 \tag{5.4}$$

여기서 CSI_i는 i번째 셀의 복합 서식처적합도 값이며, $f(v)_i$, $f(d)_i$, $f(s)_i$는 각각 유속, 수심, 기층에 대한 서식처적합도이다. 위와 같은 방법으로 계산된 복합 서식처적합도는 해당 격자에서 면적을 곱한 후 합하면 가중가용면적(WUA, Weighted Usable Area)이 된다. 이는 대상 어종이 대상 구간에서 가질 수 있는 서식처의 가용성을 정량적으로 표현한 값이다. WUA 계산식은 다음과 같다

$$WUA = \sum_{i=1}^{k} CSI_i \times A_i \tag{5.5}$$

여기서 k는 모의 대상의 전체 격자 수이며, A_i는 i번째 격자에서 면적이다. 그림 5.6(c)는 유

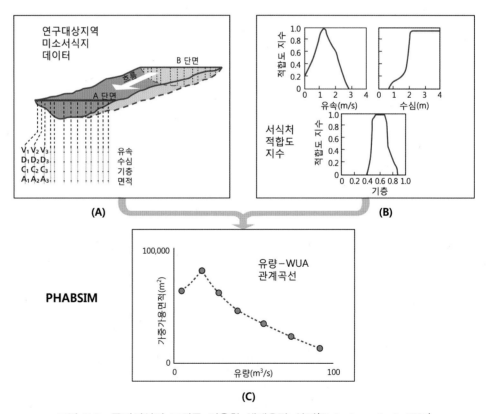

그림 5.6 물리서식처 모의를 이용한 생태유량 산정(Stalnaker et al. 1995)

량과 가중가용면적과의 관계를 나타낸 것으로서, 가중가용면적이 최대가 되는 유량이 환경유량이 된다.

위의 내용은 물리서식처 모의방법의 기본적인 방법이다. 그동안 복합 서식처적합도지수의 산정은 전문가의 의견이 개입되어 수립된 서식처적합도지수곡선과 같은 지식기반모형(Knowledge-based model)이 주로 사용되었으나, 현재 현장모니터링을 통한 어류 자료가 충분히 구축됨에 따라 ANFIS(Adaptive neuro-fuzzy inference system), GAM(Generalized additive model)과 같은 다양한 자료기반모형(Data-driven model)이 이용되고 있다.

5.2.5 전체적 분석방법

■ 빌딩블록방법(BBM, Building Block Methodology)

빌딩블록방법은 전체적 분석 방법의 시초가 되는 방법 중 하나이며, 남아프리카공화국에서 개발되었다(Tharme and King 1998). 이 방법의 기본적인 전제는 하천에서 서식하는 생물종은 유황의 기본적인 요소들(building blocks)에 의존한다는 것이다.

즉, 하천유황 중 저수량은 하천에 서식하는 종의 최소 서식처 보장 및 외래종으로부터 보호하는 기능이 있으며, 평수량은 하천유사를 구분하고 어류의 회유와 산란을 자극하며, 홍수량은 하도의 형상 형성 및 홍수터에 서식하는 종의 이동에 도움을 준다고 평가한다. 이렇듯 다양한 유량 단위가 어우러져야 하천의 수생태계 보전이 이루어질 수 있다는 전제이다. 그림 5.7은 빌딩블록방법을 이용하여 연간 환경유량을 산정한 예이다. 이 방법에서는 다양한 분야의 전문가들이 팀을 이루어 해결하는 것을 추천한다.

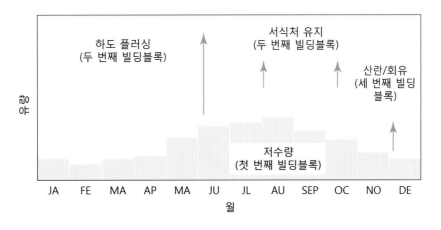

그림 5.7 빌딩블록방법을 이용한 연간환경유량 산정(Acreman and Dunbar 2004)

■ **전문가 패널평가 방법(EPAM, Expert Panel Assessment Method)**

오스트레일리아에서는 전체적 분석방법을 많이 활용하고 있으며, 그중 하나인 전문가 패널평가 방법은 특히 댐에 의해 영향을 받는 하천에서 적용할 수 있는 방법이다. 댐에서 다양한 유량별로 시험방류를 실시하고, 현장에서 얻어진 정보를 이용한다. 여기서는 다양한 생태 전문가 패널의 분석을 토대로 환경유량이 결정된다. 이 방법의 특징은 신속하고 경제적이지만, 전문가의 의견에 강하게 의존한다는 것이다. 이 방법은 전문가들의 평가가 주관적일 수 있으며 명쾌한 가이드라인이 제시되지 않는 한계점이 있기 때문에 다양하게 수정, 보완되어 사용되고 있다. 과학적 패널평가 방법은 전문가 패널평가 방법의 보완된 방법 중 하나이다 (Thoms et al. 1996, Cottingham et al. 2002).

5.2.6 비교 및 검토

기존의 최소 유량으로 산정된 환경유량은 유량이 풍부한 하천에서 서식처를 어느 정도 보장한다는 생각이 지배적이었다. 최소 유량 개념은 수문학적인 방법과 수리학적인 방법에서 많이 적용되었으며, 허용수준 이하의 서식처 감소를 방지하기 위하여 일정 정도 유량을 보장해줌으로써 서식처를 보전하는 개념이다. 그러나 그림 5.8을 보면 알 수 있듯이 서식처 모의방법에서는 유량이 풍부한 하천에서도 서식처를 보장해 주지 않으며, 그렇기 때문에 어류의 최적 서식조건을 만족해 주는 유량조건을 찾아낼 필요가 있다.

수문학적 방법은 흐름자료가 구축된다면 비교적 쉽게 접근할 수 있는 방법이다. 하지만 서식처를 보전하기에 너무 적은 유량을 산정한다는 문제가 있다. 수리학적 분석방법은 하천의 침수면적과 서식처가 서로 관련이 있다는 전제가 있지만, 수심 및 유속 인자를 충분히

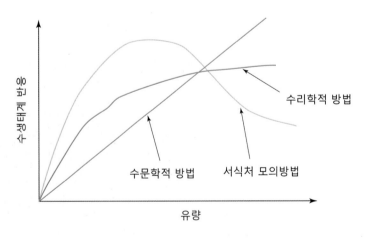

그림 5.8 각 방법별 유량과 수생태계반응 평가 개념(Jowett 1997)

고려하지 못하는 단점이 있다. 서식처 모의방법은 흐름평가 방법 중에서 가장 유연한 접근법이지만, 적용과 해석이 어렵다는 단점이 있다. 이에 따라 서식처 모의방법의 결과는 어떠한 방법이 적용되고 어떤 종을 염두에 두었는지가 중요한 고려사항이다(Jowett 1997). 이외에 다양한 관점이 복합된 전체적 분석방법이 제안되고 있지만 아직 명확한 가이드라인이 제시되지 않고 있다.

국내의 경우 평수량과 비교하여 여름철에 매우 큰 유량이 발생하는 수문 특성이 있다. 따라서 유럽과 북미의 유황을 토대로 제시된 수문학적인 방법을 사용하는 것은 적절하지 않을 수 있다. 현재 우리나라는 어류를 중심으로 한 서식처 모의방법이 이용되고 있으며, 저서무척추동물종 등의 다양한 생물종을 고려한 분석까지 확장되고 있다.

■ **적용 사례**

앞서 소개된 방법들 중 수문학적 방법과 서식처 분석방법을 이용하여 내성천에서 환경유량을 산정하였다(Kim 2018). 그림 5.9는 환경유량 산정 대상 지역을 나타내며, 내성천의 영주댐 하류 20 km 구간이 고려되었다. 수문학적 방법의 경우 수문자료를 이용하여 환경유량을 계산한다. 대상 구간에 위치한 월포 수위관측소에서 측정된 10년 동안의 유량자료를 이용하여 유황곡선을 수립하였다(그림 5.10). 또한 이 유량자료를 이용하여 연평균 유량을 계산한 결과 19.1 m^3/s로 산정되었다. Tennant 방법의 경우 환경유량은 연평균 유량의 비율에 따라 그 등급이 제시되었다. 수생태계를 보전하기 위한 최소 유량은 연간 유량의 10%로 제시하였으며, 그 값은 1.91 m^3/s이다. 또한 Q_{95}방법은 유황곡선을 이용한 방법으로서 연중

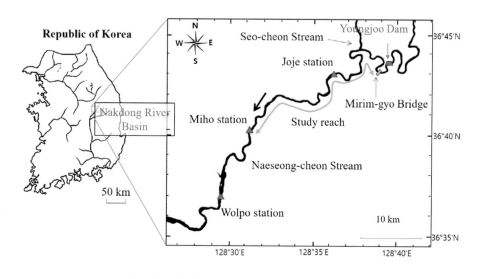

그림 5.9 환경유량 산정 대상 지역(경북 내성천)

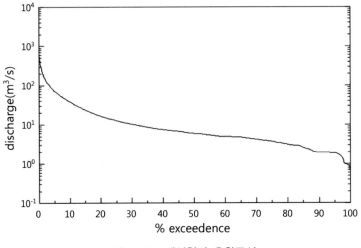

그림 5.10 내성천의 유황곡선

95% 이상의 기간에 대하여 흐르는 유량이다. 이 유량을 계산하면 1.8 m³/s이다.

　서식처 분석방법의 경우 물리서식처 분석방법을 고려하였다. 이는 대상 어종을 선정하여 각 유량에 따른 가중가용면적을 계산하여 환경유량을 산정하는 방법이다. 여기서 대상 어종은 피라미, 참갈겨니, 모래무지, 긴몰개, 그리고 흰수마자의 다섯 가지 어종을 고려하였다. 그림 5.11은 물리서식처 분석을 실시하여 얻은 유량-가중가용면적 관계 곡선이다. 물리서식처 분석을 통하여 얻은 위 다섯 어종에 대한 최적유량의 범위는 8.6~17.1 m³/s이다. 이 결

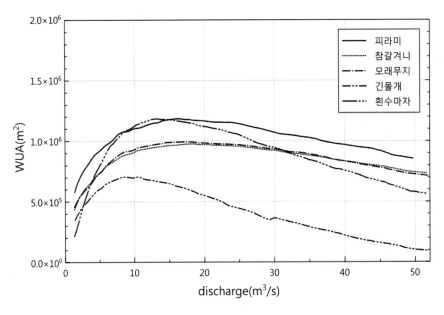

그림 5.11 유량-가중가용면적 관계 곡선

과를 보면 알 수 있듯이 수문학적 방법과 수리학적 방법은 서식처 모의방법에 비하여 환경유량을 과소산정하는 경향을 확인할 수 있다.

5.3 도시하천관리

자연상태 지역에 도시화가 진행되면 각종 건물이 들어서고 도로망이 구축되면서 지역의 불투수층 비율이 급격히 증가하고 비점오염물질 유출이 늘어난다. 이에 따라 늘어난 유출량을 효율적으로 처리하기 위해 하천과 배수관거가 정비되어야 하고, 나아가 비점오염물질 관리를 위한 노력이 필요해진다.

이 절에서는 도시하천의 수문 특성과 도시하천의 환경 변화, 나아가 도시수방대책에 대해 간략히 알아본다.

5.3.1 도시하천의 특성

그림 5.12는 도시화의 진전에 따른 수문순환 요소별 점유율의 변화를 보여준다. 이 개념도에서 보는 바와 같이 도시화의 진전은 필연적으로 건물(지붕), 도로, 주차장, 보도, 진입로 등 유역 내 불투수층을 확대하게 된다. 이러한 불투수층 비율의 증가는 깊은 지표하 침투는 물론 얕은 지표하 침투율 모두를 저하시키며, 그에 따라 지표면 유출률을 증가시킨다. 도시하천이 비가 안 오면 유량이 거의 없거나 건천화되고, 반면에 호우 시에는 홍수가 빈번하게 되는 이유이다. 그림 5.13은 도시화 전후의 수문곡선을 비교한 것이다. 이 그림에서와 같이 같은 호우 조건에서 도시화 전에는 대부분의 호우가 숲에 의해 차단되거나 지하로 침투되고 일부만 지표면으로 유출되어 인근 하천으로 들어가게 되므로 수문곡선이 상대적으로 넓게 퍼지는 형태가 된다. 반면에 도시화가 되면 숲에 의한 차단효과는 물론 지표하 침투가 줄어들어 지표면 유출이 증가되고, 그에 따른 하천유량의 급속한 증가를 가져와서 수문곡선은 첨두유량이 커지고 발생시간은 줄어들며, 기저유출량도 줄어들게 된다. 실제 영국에서 한 소유역을 대상으로 연구한 바에 의하면 도시화의 진전으로 불투수층이 11%에서 44%로 증가하고 우수관거가 확충됨에 따라 홍수지속시간은 50%가 줄고, 첨두유량은 무려 400% 이상 증가한 것으로 나타났다(Miller et al. 2014).

구체적으로, 도시하천을 자연하천과 구별하게 하는 주요 요인인 수문학적인 변화는 다음과 같다(이원환 2012).

- 강우량 및 강우강도 증가: 공기 중 부유분진의 양이 크게 증가하여 많은 응결핵을 형성

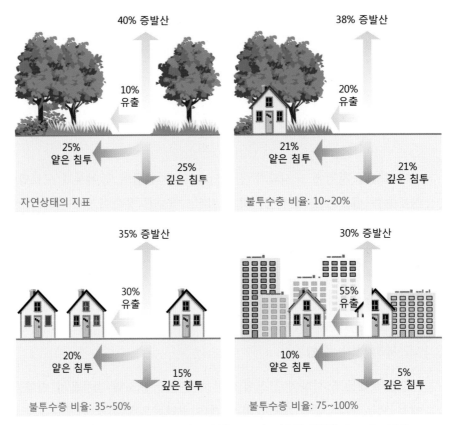

그림 5.12 도시화에 따른 수문순환 요소별 점유율 변화(FISRWG 1998)

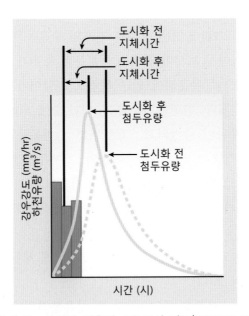

그림 5.13 도시화 전후의 수문곡선 비교(FISRWG 1998)

하므로 강우량이 늘어나고 강우강도도 증가한다.

- 유출계수의 증가: 도시화의 진행에 따라 지표면이 피복되어 불투수층이 증가하기 때문에 유출계수가 증가한다.
- 첨두유출량의 증가: 유출량 증가에 따라 첨두유출량이 도시화 이전보다 2~3배 증가하고, 유역이 포장되어 도달시간이 크게 단축된다.
- 산성비의 발생: 대기 중 SO_x나 NO_x 성분의 부유분진으로 인하여 강우 시 산성비가 발생할 수 있다.

5.3.2 도시하천환경

도시하천환경은 도시에 위치한 하천의 환경적 특성을 의미한다. 하천의 환경적 기능이 생물서식처, 수질자정, 친수 등이므로 도시하천환경은 결국 도시하천의 생물서식처, 수질자정, 친수 기능을 의미한다.

자연 및 농경 지역이 도시화되면 서식처의 훼손과 파편화, 나아가 하천생물서식처의 고립현상이 나타난다. 여기서 하천생물서식처의 고립은 특히 수생서식처보다는 수변서식처에 두드러지게 나타난다. 이에 따라 원래 수변서식처에 서식하는 동식물은 주변 서식처로부터 고립되어 대부분 사라진다. 수생서식처의 경우 상대적으로 덜 고립될 수 있으나, 이 또한 도시화에 따른 수문현상의 변화와 수질변화 등으로 악화된다.

수질자정 기능은 그 하천의 자정능력 이하로 들어오는 오염물질에 대한 자정기능이므로 도시화의 진전으로 점오염물질은 물론 비점오염물질 유입은 필연적으로 하천의 자정능력을 초과하게 된다. 여기에 앞서 설명한 대로 도시화에 따른 하천유량의 감소는 하천수질 악화의 또 다른 요인이 된다.

하천의 친수기능은 통상 서식처 기능과 수질자정 기능이 온전한 상태에서 보장된다. 따라서 도시화의 진전으로 서식처 기능과 수질자정 기능이 훼손되면 그에 따라 친수기능도 악화될 수밖에 없다.

다음에는 도시화에 따른 하천환경에 미치는 대표적인 영향과 그에 따른 기술적 대책 방향을 간단히 소개한다.

■ 건천화

도시화의 진전은 필연적으로 불투수층의 확대를 가져와 호우 시 직접유출 비율이 증가하고 지하침투 비율이 감소하여 하천의 기저유량이 감소한다. 이에 따라 강우가 그치면 도시하천은 바로 유량이 줄어든다. 유량은 하천환경의 가장 중요한 구성요소 중 하나이므로 도시하천의 건천화는 수생서식처는 물론 수질 악화 등 하천환경에 심대한 영향을 준다.

도시하천 건천화 대책은 다음에 설명하는 도시하천 홍수대책과 병행하여 녹지공원의 확대, 우수침투의 촉진 등 이른바 '그린인프라' 시설을 확대하는 것이다. 여기서 그린인프라는 1980년 중반에 미국에서 처음 시작한 개념으로서, 인간활동으로 인해 왜곡된 도시역의 물순환과정을 복원하는 데 초점을 맞추어서 도시 비점오염물질 유입 저감, 홍수저감, 지하수 충진, 도시어메너티 향상 등을 꾀하는 하나의 인프라(사회기반시설)이다.

■ 홍수유출량 증가

도시역은 지표면의 불투수화로 인하여 호우 시 유출량이 증가한다. 이러한 첨두홍수량을 수용하기 위하여 일반적으로 우수관거의 확충, 우수저류지 조성 확대 등 구조물적 대책을 수립한다. 이를 위해 운동장과 체육관 등에 일시 저류시설을 설치하고, 여건에 따라 지하 대심도 저류지 또는 도로 및 저류지 기능을 병행할 수 있다. 예를 들면, '스마트 터널'은 말레이시아의 쿠알라룸푸르 도심에 있는 시설로서, 일정 규모 이상의 호우 시에 차량을 통제하고 유출수를 저류하는 역할을 한다. 그러나 유출수에 의해 과다한 유사가 퇴적되어 차량 운행을 다시 개통하는 데 많은 비용과 시간이 소모되는 단점이 있다.

> **⁝ Box 기사**   그린인프라[3]
>
> 그린인프라(Green Infra)는 물, 토지, 식생을 대상으로 하는(또는 이용하는) 새로운 개념의 일종의 사회기반시설로서, 전통적인 콘크리트를 이용한 그레이인프라(Grey Infra)에 대응하는 말이다. 이 개념은 특히 기후변화로 인한 도시환경문제의 심화·확대와 맞물려 미국을 비롯한 유럽에서 활발히 연구, 적용되고 있다. 그린인프라는 호우 관리, 기후 적응, 열섬현상, 종 다양성, 대기질, 수질, 토양질 등 전통적인 환경질은 물론 경관, 어메너티, 위락 등의 기회를 제공하여 인간의 삶의 질 향상에 기여할 수 있다. 또한 도시환경에 중요한 역할을 하는 도시생태계의 기본틀을 제공하는 역할을 한다.
>
> 그린인프라 개념은 1980년대 중반 미국에서 도시지역의 호우로 인한 홍수, 토양침식, 지하수 대수층 충진 등 수량적인 문제에서 시작하여, 1987년 개정된 '맑은물법(Clean Water Act)'에 도시화로 인한 비점오염물질의 공공수역 유입증대 문제를 해결하기 위하여 오염물질의 발생원(begin-of-pipe)에서부터 처리하는 방안으로서 처음 대두되었다.
>
> 미국에서 그린인프라는 좁은 의미로 도시지역의 호우로 인한 오염물질의 공공수역 직접 유입에 따른 수질문제 해결을 위한 방안으로서 식생, 토양, 저류지 등을 이용한 발생원에서 비점오염물질을 처리하는 것을 기본으로 하고 있다. 동시에 빗물저류를 통한 홍수량 저감, 빗물 이용, 지하침투 촉진을 통한 지하수 함양 같은 수량적 관리를 꾀하고 있다. 더불어 위와 같은 다양한 접근방법이 가져다주는 도시 비오톱 조성, 기존 생태축과의 연계를 통한 도시생태계 복원과 시민들의 어메너티 향상을 기대하고 있다.

---

3) 응용생태공학회 뉴스레터 제17호. 2016. 9. 3.

그린인프라는 도시화로 인한 왜곡된 물순환 과정의 복원을 통하여 도시역의 수질·수량 보전과 도시생물권의 복원을 꾀하는 것으로서, 우수관거, 하수처리시설 등 전통적인 그레이인프라에 대응한다. 미국 EPA 자료에 의하면 그린인프라의 예로서 빗물 모으기, 빗물 정원, 투수포장, 주차장 녹화, 옥상 녹화, 식생도랑, 식생거리 등 우리에게 잘 알려진 방법은 물론 아직 생소한 방법도 있다.

(1) 수계의 변화

도시화가 진전되면 통상 일부 하천은 매립되고 인공배수로가 추가되므로 수계의 밀도는 증가하게 된다. 따라서 불투수층의 분포만큼이나 수계망 변화와 우수 배수구 등이 도시수문현상에 영향을 준다. 또한, 효율적인 토지 이용 및 우수 배제를 위하여 기존의 사행하도는 직강화되기도 하는데, 이는 홍수 시 하천유속을 증가시켜 홍수피해를 유발할 수 있다.

이에 대한 일반적인 대책은 도시하천을 복원하여 하천의 저류능력을 높이거나, 구하도나 폐천을 복원하여 도시하천의 배수능력을 향상하는 것이다.

(2) 지하수의 고갈과 오염

도시화는 강우 시 유출량의 대부분이 하천으로 흘러가서 지하수 함양량이 감소하게 된다. 또한 도시지역의 무분별한 지하수 이용은 지하수 고갈은 물론 지하수 수질에 부정적인 영향을 줄 수 있다. 이 문제에 대한 일반적 대책으로는 녹지시설의 확대와 더불어 그린인프라의 확충 등이 있다.

(3) 물오염

도시하천은 통상 평상시 흐르는 유량으로는 충분한 자정작용을 기대할 수 없고, 또한 강우 시 비점오염물질의 초기 세정현상(first flush)으로 인하여 일시에 오염부하량이 하천으로 유입하게 되어 수질 문제가 발생한다.

이에 대한 대책은 기존의 합류식 관거(오수와 우수가 하나의 관으로 흐르는 관거)를 분류식 관거로 교체하는 것이다. 또한, 초기세정에 대한 대책으로 도시에 산재해 있는 비점오염물질이 호우 시 하천으로 유입하지 않도록 오염물질 규제와 더불어 수변완충대 설치, 그린인프라 확충 등을 꾀하는 것이다.

타 하천에서 도수, 잉여지하수 활용, 처리수의 재활용 등의 방법으로 환경유량을 확보하는 것도 대책이 될 수 있다.

5.3.3 도시수방대책

배수불량 등으로 도시역이 침수되거나 과도한 유출로 도시하천이 범람하는 경우 도시의 특성상 비도시지역의 홍수피해와 달리 인명과 재산피해가 기하급수적으로 늘어날 수 있다.

내수침수는 배수용량을 초과하는 호우에 의해 도시지역이 물에 잠기는 것이며, 외수범람은 도시하천이 범람하거나 제방이 붕괴되어 하천수(외수)가 도시로 유입하여 도시지역이 침수되는 것이다. 우리나라 도시는 일반적으로 외수범람보다 내수침수에 의한 피해가 더 크다.

한 예로서, 2001년 7월 15일 30년 빈도를 상회하는 국시성 호우로 인해 서울 강남의 고속터미널역 3호선 및 7호선 역사의 침수피해가 발생하였다(서울특별시 2002). 주로 인근 대규모 아파트 단지 지역에서 넘친 우수가 상대적으로 저지대인 고속터미널로 흘러들어 지하철 승강장이 2~3 m 잠길 정도의 침수가 발생하였다. 이로 인하여 이틀 동안 지하철 운행이 중단되기도 하였다. 지하철 역사 및 지하상가는 침수로 인해 직접적인 피해를 입었으며, 지하철 운행 중단에 따른 출퇴근 시민의 불편 등 2차 피해도 상당하였다.

도시수방대책은 기술적으로 장기대책과 단기대책으로 나눌 수 있다. 장기대책으로는 도시에 일시 저류시설이나 침투시설을 건설하여 하천유입량을 줄이는 것으로서, 즉각적인 효과를 기대하기는 어려우나 장기간에 계획되어 시행되면 하천의 부하량을 줄일 수 있다. 단기대책으로는 유수지, 펌프장, 대심도 저류지 등을 건설하는 것으로 바로 첨두유량을 줄이는 효과가 있지만 비용과 부지 확보가 어렵다. 또한 그린인프라를 확충하는 것도 도시하천의 건천화 문제나 오염문제 해결에 도움이 될 만큼 효과적이지 않으나 도시수방대책의 일환으로 볼 수 있다.

한편 저영향개발(LID, Low Impact Development)은 강우유출 발생지에서 침투, 저류를 촉진하여 토지개발행위 등이 물순환에 미치는 영향을 최소화하기 위한 토지이용 계획 및 개발기법을 말한다. 앞서 설명한 그린인프라가 한 도시나 유역 전체에 대해 물과 오염물질 저감을 위한 '그린' 대책에 토지보전 대책을 합한 것이라면, LID는 이 중 특히 도시나 단지 개발계획 시 고려하기 위한 '그린' 대책으로서, 자연배수시스템을 흉내 낸 것이다. 따라서 LID는 그린인프라의 하위 개념이다.

LID 기법을 이용하면 도시계획 단계에서부터 도시수방 및 건전한 물순환체계를 확립할 수 있으며 도시재생사업을 통하여 노후화된 구도심의 배수체계를 개선할 수 있다. 구체적으로, 투수 지표면 면적을 늘려서 호우의 침투를 촉진하고 홍수저류 및 유출수 정화기능을 강화하고, 친환경적인 배수환경을 조성하여 건강한 물순환체계를 계획하는 것이다.

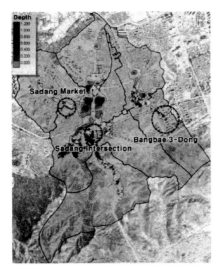
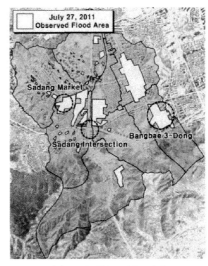

(a) 도시 침수 모의 결과   (b) 도시 침수 관측 결과

그림 5.14   SWMM에 의한 도시 침수 모의 결과와 관측 결과의 비교(안정환 등 2014)

도시수방대책 수립을 위해 컴퓨터 모의를 활용할 수도 있다. 그림 5.14는 SWMM(Storm Water Management Model)을 이용하여 2011년 7월 27일 강우에 의해 서울 사당역 4거리 침수 상황을 모의한 것이다. SWMM(Gironás et al. 2009)은 1차원 하수관로 흐름과 2차원의 지표면 흐름을 동시에 모의할 수 있는 컴퓨터 모형이다. 이와 같이 돌발호우 발생 시 도심의 침수범위를 사전에 모의하여 재해에 대비하거나 피해를 줄이는 대책을 수립할 수 있다. 예를 들어서, 호우 시 침수 가능 지역에서 주요 시설물을 이전할 수 있고 우수펌프장 및 대심도 유수지 같은 홍수저감시설을 도입하여 침수범위를 줄이거나 없앨 수도 있다.

연습문제

5.1   통합수자원관리는 세 가지 원칙에 기초를 두고 있다. 각각의 원칙과 주요 수단을 설명하시오.

5.2   UNESCO(2009) 자료를 이용하여 이 책에 소개된 사례 이외에 통합수자원관리 사례 하나를 소개하시오.

5.3   유지유량증분법(IFIM)에 대해서 설명하시오.

5.4   PHABSIM에 대해서 설명하시오.

5.5   복합서식처적합도지수(CSI)와 가중가용면적(WUA)에 대해서 설명하시오.

5.6   그림 5.6을 이용하여 유속 60 cm/s, 수심 50 cm, 기층이 0.45인 경우 곱셈법과 기하평균법으로 복합서식처적합도지수를 각각 계산하시오.

5.7   우리나라 하천실무에서 채택하고 있는 유지유량의 정의 및 관련 제도를 간단히 설명하시오(하천법 참조).

5.8   도시하천이 자연하천과 다른 수문 특성을 기술하시오.

5.9   다음의 도시화로 인한 하천환경의 변화 문제에 대하여 기술적인 대책을 간단히 기술하시오.

        (1) 건천화
        (2) 지하수의 고갈과 오염
        (3) 홍수 시 유출량 증가
        (4) 비점오염물질 유입 증가로 인한 물오염

5.10   그린인프라 개념과 비슷하지만 조금 더 광의의 의미가 있는 '블루-그린인프라' 개념을 관련 자료를 확인하여 간단히 기술하시오(참고문헌: Zahra Ghofrani et al. 2017. A Comprehensive Review of Blue-Green Infrastructure Concepts, Int'l J. of Environment and Sustainability, 6(1): 15-36).

용어설명

- **가중가용면적**: 물리서식처 분석에서 특정 유량 조건에 대하여 대상 구간의 물리적 서식처의 조건을 정량적으로 환산한 값으로 각 격자에서 복합서식처 적합도 지수와 격자의 면적의 곱을 합하여 계산함

- **건천화**: 도시 불투수층의 확대로 빗물이 땅속으로 스며들지 못해 지하수 충진이 적어져서 하천이 마르는 현상

- **그레이인프라**: 콘크리트 등 토목재료를 이용하는 전통적인 인프라(사회기반시설)로서, 그린인프라 용어에 대비하여 쓰임

- **그린인프라(협의)**: 도시 비점오염물질 관리, 지하수 충진, 도시어메너티 향상, 홍수 저감 등 다양한 목적으로 식생, 토양, 저류지 등을 이용하여 발생원에서 비점오염물질과 빗물을 처리하는 인프라

- **내수침수**: 배수용량을 초과하는 호우에 의해 도시지역이 물에 잠기는 것

- **물리서식처 모의**: 대상 종에 대하여 수리해석을 통해 도출된 수심, 유속, 기층과 같은 물리적 서식처 인자들의 조건을 서식처 모형을 이용하여 적합도를 평가하는 방법

- **복합 서식처적합도지수**: 물리서식처 모의에서 서식처 적합도를 평가하기 위하여 각 격자에서 수심, 유속, 기층의 적합도를 결합하여 하나의 값으로 나타낸 지수

- **불투수층**: 도시화로 인해 자연상태의 지표면이 콘크리트, 아스팔트 등으로 덮여진 층으로서, 빗물이 땅속으로 스며들지 못하게 됨

- **산성비**: 빗물이 대기 중의 이산화탄소나 황산화물(SO_x), 질소산화물(NO_x) 등과 결합하여 PH 5.6 이하의 강산성을 띠는 현상으로 건축물을 부식시키거나 생태계에 악영향을 줌

- **서식처적합도지수**: 물리서식처 모의에서 사용되는 서식처 모형 중 하나로 물리서식처의 물리량과 적합도와의 관계를 0에서 1 사이의 값으로 나타낸 것

- **외수범람**: 도시하천이 범람하거나 제방이 붕괴되어 하천수(외수)가 도시로 유입하는 것

- **유지유량증분법**: 유량에 따른 어류의 생애주기별 서식처를 모의하고 최적의 유량조건을 제시하며, 이에 따른 대안을 비교 검토하여 합의를 도출하는 절차로 이루어진 환경유량 산정방법

- **윤변법**: 환경유량을 산정하는 방법 중 하나로, 유량과 하천단면의 윤변의 길이와의 관계를 도출하여 환경유량을 산정하는 방법

- **저영향개발**: 강우유출 발생지부터 침투, 저류를 촉진하여 개발행위가 물순환에 미치는 영향을 최소화하기 위한 토지이용 계획 및 개발 기법(그린인프라의 하위 개념)

- **통합수자원관리(통합물관리)**: 유역 내 생태계의 지속가능성을 저하하지 않으면서 경제사회 복지를 극대화하기 위하여 유역의 물, 토지 및 관련 자원을 공평한 방법으로 조직적으로 개발하고 관리하는 과정

- **통합유역관리**: 유역 내에서 물과 토지 및 관련된 자원 전체를 상호 협력적으로 관리하여 비용 효과성과 사회적 복지의 최대화를 추구하는 관리방식
- **환경생태유량**: 수생태계 건강성 유지를 위하여 필요한 최소한의 유량(학술용어가 아닌 실무용어)
- **환경유량**: 담수유역 및 하구지역의 생태계와 이 생태계에 영향을 받는 사람들의 삶을 지속하기 위하여 필요한 수량과 수질 조건을 만족하는 하천유량(국제통용 용어)

참고문헌

국토부(국토해양부)/건설연(한국건설기술연구원). 2011. 하천복원통합매뉴얼.

서울특별시. 2002. 2001 수해백서 보고서. 한국수자원학회.

안정환, 조원철, 정재희. 2014. 분지형 도시유역에서의 노면류를 고려한 침수모의. 대한토목학회논문집, 34(3): 841-847.

우효섭, 김원, 지운. 2015. 하천수리학. 청문각: 687.

이승호, 박성제, 김현정. 2008. 외국의 유역통합관리 제도에 관한 소고. 환경법연구, 제30권 1호.

이원환. 2012. 수문학. 문운당: 609.

Acreman, M. C. and Dunbar, M. J. 2004. Defining environmental river flow requirements? A review. Hydrology and Earth System Sciences Discussions, 8(5): 861-876.

Bartschi, D. K. 1976. A habitat-discharge method of determining instream flows for aquatic habitat. In Proceedings of Symposium and Speciality Conference on Instream Flow Needs Ⅱ Bethesda: American Fisheries Society, Maryland: 285-294.

Belzile, L., Bérubé, P., Hoang, V. D., and Leclerc, M. 1997. Méthode écohydrologique de détermination des débits réservés pour la protection des habitats du poisson dans les rivières du Québec.

Bovee, K. D., Lamb, B. L., Bartholow, J. M., Stalnaker, C. B., and Taylor, J. 1998. Stream habitat analysis using the instream flow incremental methodology, No. USGS/BRD/ITR—1998-0004. Geological Survey, Reston VA Biological Resources Div., USA.

Brisbane Declaration. 2007. The Brisbane Declaration: environmental flows are essential for freshwater ecosystem health and human well-being. 10th International River Symposium, Brisbane. Australia.

Caissie, D. and El-Jabi, N. 1995. Comparison and regionalization of hydrologically based instream flow techniques in Atlantic Canada. Canadian Journal of Civil Engineering, 22: 235-246.

Caissie, D., El-Jabi, N., and Hébert, C. 2007. Comparison of hydrologically based instream flow methods using a resampling technique. Canadian Journal of Civil Engineering, 34(1): 66-74.

California Department of Fish and Game. 2012. Critical riffle analysis for fish passage in California. California Department of Fish and Game Instream Flow Program Standard Operating Procedure DFG-IFP-001: 24.

Cottingham P., Thoms M. C., and Quinn G. P. 2002. Scientific panels and their use in environmental flow assessment in Australia. Australian Journal of Water Resources, 5: 103-111.

FISRWG (Federal Interagency Stream Restoration Working Group). 1998. Stream corridor restoration-principles, processes and practices. Department of Commerce, Washington D.C., USA.

Gironás, J., Roesner, L. A., Rossman, L. A., Davis, J. 2009. A new applications manual for the Storm Water Management Model (SWMM). Environmental Modelling & Software, 25(6): 813-814.

Gopal, B. 2013. Methodologies for the assessment of environmental flows. Environmental flows: An introduction for water resources managers, New Delhi: National Institute of Ecology: 129-182.

GWP-TAC. 2000. Integrated water resources management. Global Water Partnership Technical Advisory Committee, TAC Background Paper No. 4, Stockholm, Sweden.

Jonch-Clausen, T. and Fugl, J. 2001. Firming up the conceptual basis of integrated water resources management. International Journal of Water Resources Development, 17(4): 501-510.

Jowett, I. G. 1997. Instream flow methods: a comparison of approaches. Regulated Rivers: Research & Management, 13(2): 115-127.

Kim, S. K. 2018. Development and application of habitat suitability curves for macroinvertebrates, Phd Thesis, Yonsei University, Seoul, Korea.

Leathe, S. A. and Nelson, F. A. 1986. A literature evaluation of Montana's wetted perimeter inflection point method for deriving instream flow recommendations. Montana Department of Fish, Wildlife and Parks, USA.

Maddock, I. 1999. The importance of physical habitat assessment for evaluating river health. Freshwater biology, 41(2): 373-391.

McCarthy, J. H. 2003. Wetted perimeter assessment. Shoal Harbour River, Shoal Harbour, Clarenville: 211-215.

Miller, J. D., Kim, H., Kjeldsen, T. R., Packman, J., Grebby, S., and Dearden, R. 2014. Assessing the impact of urbanization on storm runoff in a peri-urban catchment using historical change in impervious cover. J. of Hydrology, 515(16): 59-70.

Moore, M. 2004. Perceptions and interpretations of "environmental flows" and implications for future water resource management: A survey study: 73.

Moreau, D. H. 1996. Integrated water management at military bases: from principles to practice. Paper prepared for workshop on Total Water Environment Management for Military Installations, U.S. Army Environmental Policy Institute, Atlanta, Georgia, USA.

NGPRP. 1974. Northern Great Plains resources program. Instream Needs Subgroup Report, Work Group C. Water.

Singh, K. P. and Stall, J. B. 1974. Hydrology of 7-day 10-yr low flows. Journal of the Hydraulics Division, HY12: 1753-1771.

Stalnaker, C., Lamb, B. L., Henriksen, J., Bovee, K., and Bartholow, J. 1995. The instream flow incremental methodology: a primer for IFIM. National Biological Service, Fort Collins, Midcontent Ecological Science Center, USA.

Stewardson, M. and Howes, E. 2002. The number of channel cross-sections required for representing longitudinal hydraulic variability of stream reaches. In Water Challenge: Balancing the Risks: Hydrology and Water Resources Symposium 2002 (p.143). Institution of Engineers, Australia.

Tennant, D. L. 1976. Instream flow regimens for fish, wildlife, recreation and related environmental resources. Fisheries, 1(4): 6-10.

Tharme, R. E. 2003. A global perspective on environmental flow assessment: emerging trends in the development and application of environmental flow methodologies for rivers. River research and applications, 19(5-6): 397-441.

Tharme, R. E., and King, J. M. 1998. Development of the building block methodology for instream flow assessments, and supporting research on the effects of different magnitude flows on riverine ecosystems. Water Research Commission.

Thoms, M. C., Sheldon, F., Roberts, J., Harris, J., and Hillman, T. J. 1996. Scientific panel assessment of environmental flows for the Barwon-Darling River. Sydney, Australia, New South Wales Department of Land and Water Conservation: 16.

Trihey, E. W. and Stalnaker, C. B. 1985. Evolution and application of instream flow methodologies to small hydropower developments: an overview of the issues. In Proceedings of the Symposium on Small Hydropower and Fisheries: 176.

UNESCO. 2009. Integrated water resources management in action. Dialogue Paper. The United Nations World Water Development Report 3, Water in a Changing World, Paris, France.

U.S. Fish and Wildlife Service. 1981. Interim regional policy for New England stream flow recommendations. Memorandum from H.N. Larsen, Director, Region 5 of U.S. Fish and Wildlife Service, Newton Corner, Mass., USA.

Wang, G., Mang, S., Cai, H., Liu, S., Zhang, Z., Wang, L., and Innes, J. L. 2016. Integrated watershed management: evolution, development and emerging trends. Journal of Forestry Research, 27(5): 967-994.

6_장 하천복원

RIVER ENGINEERING

6장은 하천복원사업에 필요한 기술에 관한 것이다. 사실 전통적인 하천공학이 하천의 공학적 기능 위주의 사업을 위한 기술이라면, 하천복원기술은 공학적 기능 위주의 하천사업이 준 폐해를 복원하기 위한 기술이다. 전통적 하천사업은 통상 단일목적이며, 기술 위주이고, 주로 공사에 초점을 맞추며, 구간 단위이고, '수리적' 시간대(흐름과 유사이송의 변화에 의해 새로운 수리현상이 나타나는 시간대–시, 일 단위)에 관심이 있으며, 모니터링은 사업 외로 취급하고, 시공간적 책임성이 좁으며, 유지관리는 하천사업과 분리되어 있다. 하천복원사업은 이에 반하여 다목적·다학제적이며, 사업관리가 연속적이며, '지형적'(수리적 시간대에 일어나는 변화에 의해 지형이 바뀔만한 시간대–연 단위) 시간대이며, 모니터링도 사업 내에 포함되며, 유지관리 자체도 사업의 연속이라는 점에서 전통적 하천공사와 차이가 있다.

이 장은 하천복원의 정의 및 연혁, 하천교란, 하천복원기술, 부분적 하천복원 등 모두 4개의 절로 구성된다. 6.1절에서는 하천복원의 정의와 의의, 하천복원의 국내외 연혁 등을 소개한다. 6.2절에서는 하천의 환경적 기능을 교란하는 자연적, 인위적 활동에 대해 설명한다. 6.3절은 이 장의 핵심 절로서 하천복원사업의 계획, 설계, 시공, 관련 공법, 모니터링, 적응관리 등을 순서대로 소개하고, 국내외 사례를 소개한다. 마지막으로 6.4절에서는 일반적 하천복원사업에서 조금 비켜져 있지만 하천과 유역의 환경기능의 복원을 위해 유익한 대안으로서 수변완충대, 하천공간 확대, 강변저류지, 복개하천의 복원, 보 철거 등의 관련 기술을 설명한다.

이 장은 하천복원통합매뉴얼(국토부/건설연 2011) 자료를 주로 참고하였으며, 더불어 하천수리학(우효섭 등 2015), 생태공학(우효섭 등 2017), Modern Water Resources Engineering(Wang과 Yang 편집 2014)의 제4장 River Restoration 등의 자료도 참고하였다.

6.1 하천복원의 정의 및 연혁

■ 하천복원의 정의

하천복원(river restoration)이란 치수나 기타 여러 목적의 하천사업 또는 불량한 유역관리에 의해 훼손된 하천의 환경적 기능, 즉 서식처, 수질자정, 친수 기능을 되살리기 위해 하천의 물리적 구조와 생태적 기능을 원 자연상태에 가깝게 되돌리는 것이다.

하천복원은 하천에 교란을 주는 활동이나 하천생태계의 탄력 또는 복원력에 의해 자연적인 회복을 막는 활동을 억제하는 것부터 시작한다. 여기서 하천에 지속적으로 작용하는 교란활동을 제거하거나 저감하는 활동을 '교정(remediation)'이라 한다. 하천복원의 대상은 기본적으로 하도를 포함한 강턱, 홍수터, 제방 등 수변(river corridor)[1]이다.

미국의 수변복원가이드(FISRWG 1998)는 하천복원 관련 용어들을 다음과 같이 정의한다.

- 하천복원(restoration): 훼손된 하천을 원래 교란 전 그 하천이 가지고 있던 생태적 기능과 구조에 가능하면 최대한 가깝게 되돌리는 것
- 하천회복(rehabilitation): 훼손된 하천에서 생태계가 자연적으로 되살아나도록 물리적(형태, 수문)으로 안정된 환경을 만들어 주는 것(하천회복은 하천복원과 달리 원 생태계의 구조와 기능으로 똑같게 되돌리는 노력이 반드시 필요하지는 않음)
- 하천간척(reclamation)[2]은 인간을 위해 자연자원을 이용하는 과정으로서, 원 하천생태계의 생물적, 물리적 능력을 변경하는 것

그림 6.1은 이와 같은 하천복원, 회복, 간척 등의 의미를 생태계 기능과 구조의 두 축에서 개념적으로 보여 준다. 이 그림에서 비교란상태의 원 생태계에 얼마나 가깝게 되돌리는가에 따라 하천회복은 하천복원 선상에 있거나 조금 떨어져 표시될 수 있을 것이다. 반면에 간척이나 하천공원 조성 등은 원 생태계로부터 상당히 멀리 떨어져 표시될 것이다.[3]

---

1) 직역하면 '하천회랑'이지만 여기서는 '수변'으로 번역함. 수변은 하도, 홍수터, 인공/자연 제방 등 하천의 구성요소를 경관생태적으로 묶어서 표현한 용어로서, 국내의 경우 사실상 하천 자체임('물가'라는 한자 직역과는 구분 필요)

2) Reclamation은 수변을 농경지나 기타 용도로 바꾸는 것을 의미하여 하천복원 성격과는 달리 들리나, 여기서는 주로 홍수터에 하천공원 등을 조성하는 것을 의미함

3) 이 그림의 원조 성격인 Rutherfurd et al.(2000)의 그림에는 현 '간척/공원화' 위치에 '교정(remediation)'을 배치했으나, 교정 후에는 원 생태계 구조와 기능에 가깝게 돌아갈 수도 있으므로 지금 그림이 각각의 용어 정의에 더 충실하여 보임

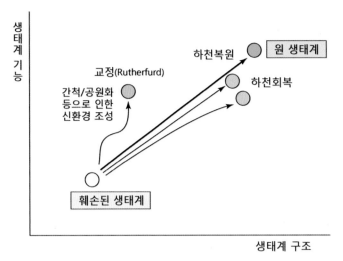

그림 6.1   하천생태계의 구조와 기능 축에서 본 하천복원, 회복, 간척

문제는 하천복원의 초점을 항상 원 생태계의 구조와 기능으로 되돌리는 것에 맞추는 것이 바람직한지, 나아가 그런 것이 정말 가능한지에 대한 의문이다. 실제 Dufour and Peigay(2009)는 '왜 과거 비교란 상태, 즉 자연상태로 되돌려야 하나', '인간활동에 의해 변형된 하천이 꼭 반자연적인가', '비교란 상태로 되돌리기 위한 참조(reference)는 무엇이며, 실제 가용한가' 등 생태계 보전/복원 위주의 하천복원 정의에 근본적인 의문을 제기하였다. 대안으로서 그들은 하천이 주는 사회적, 경제적 가치를 유지하며 동시에 생태적 가치를 되살릴 수 있는 생태시스템을 만들어 주는 것이 현실적으로 바람직하다고 하였다. 이를 위해 하천복원사업은 '참조에 기초한(reference-based)' 전략보다는 '목표에 기초한(objective-based)' 전략이 필요하다고 강조하였다.

국내의 경우 사실상 2,000년 전 선조들이 하천변 홍수터를 개간하여 벼농사를 짓기 시작한 후부터, 20세기에 들어와서는 특히 1960년대 이후 도시화, 산업화, 경지정리, 하천정비 등으로 과거 하천의 상당 부분은 사실상 영구히 변형되었다. 이 점에서 하천복원에 대한 Dufour와 Peigay의 접근방식이 우리에게 보다 현실적이며 타당해 보인다. 즉, 하천복원사업은 무조건 하천의 원 생태계 복원에 초점을 맞추기보다는 앞서 1장에서 설명하였듯이 하천이 주는 심미, 위락, 역사문화성 같은 사회문화적 서비스, 홍수조절, 수질자정 같은 조절서비스, 동식물자원 같은 공급서비스 등 다양한 서비스 기능을 되살리는 것을 목표로 삼는 것이 합리적일 것이다(우효섭과 김한태 2010).

■ 하천복원의 의의

　다음 하천복원의 의의, 즉 하천복원이 장, 단기적으로 인간사회와 자연 모두에게 줄 수 있는 혜택에 대해 알아보자. 여기서 하천복원은 하천을 대상으로 하는 협의의 하천복원뿐만 아니라 포괄적 의미로서 수변완충대, 하천공간 확대, 강변저류지, 복개하천 복원, 보/댐 철거 등을 포함한다.

　수변완충대(RBS, Riparian Buffer Strip)는 하천 주변에서 유입하는 비점오염물질을 차단, 저감하기 위해 조성하는 일련의 식생 띠이다. 하천공간 확대는 네덜란드의 'Room-for-the-River' 개념으로서, 주로 제방을 뒤로 물리거나, 홍수터/하도를 파거나, 구하도를 연결하여 하천의 통수능을 확대하고 종 다양성을 꾀하는 것이다. 강변저류지는 과거 홍수터였던 하천변 토지나 저습지, 구하도 등을 이용하여 홍수류를 일시적으로 가두어 하류에 첨두홍수량을 줄이거나 첨두홍수 발생시간을 늦추는 것이다. 복개하천의 복원은 특히 도시지역에서 복개로 인해 하천의 물리적 구조가 이미 반영구적으로 변형되었기 때문에 복원 결과도 원 하천과는 물리적, 생태적으로 다르게 나타날 수밖에 없다는 점에서 일반 하천복원과 구분할 필요가 있다. 마지막으로 보/댐 철거는 더 이상 그러한 시설물의 용도가 필요 없게 되거나, 다른 대안이 있는 경우 흐름과 생태통로의 복원을 위해 시설물 운용을 중지하거나(decommission), 시설물 자체를 철거(removal)하는 것이다.

　위와 같은 다양한 하천복원 유형과 그에 따른 기대효과를 정리하면 그림 6.2와 같다.

　그림 6.2에서 홍수조절의 예를 들면 일반 하천복원이 치수기능이 저해되지 않는 범위에서 환경기능을 복원하는 것이라면, 하천공간의 확대나 강변저류지는 특히 홍수조절기능을 확대

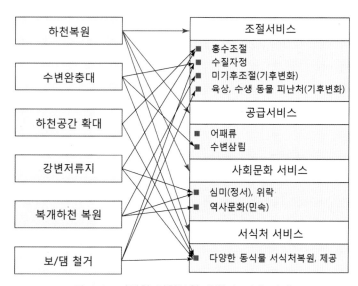

그림 6.2 다양한 하천복원 유형과 기대 서비스

하면서 하천의 원 환경기능을 복원하는 것으로서 일종의 사회기반시설 성격이 있다. 이는 앞서 5장에서 설명하였듯이, 콘크리트 등으로 만들어진 전통적인 그레이인프라에 대비하는 그린인프라이다.

■ **하천복원의 연혁**

세계적으로 19세기 초 산업혁명 이후 도시화와 산업화의 진전으로 하천의 환경적 기능이 점차 악화되었다. 특히 하천을 단순히 자원으로 간주하고 이수기능을 확대하거나, 홍수로부터 도시와 농경지를 보호하기 위해 치수기능을 인위적으로 확대하는 과정에서 하천의 환경 기능은 점차 악화되었다.

환경의 보전과 복원 차원이 아니더라도 이수와 치수 목적의 하천사업에서 하천을 자연에 가깝게 꾸미려고 처음 노력한 곳은 유럽의 독일어권 국가들이다. 독일, 스위스 등에서는 1970년대부터 이른바 근자연형 하천공법(Naturnaher Wasserbau)이라 하여 콘크리트나 금속 등 토목재료 대신에 갯버들, 풀 등 살아 있는 생물재료와 거석, 통나무 등 자연재료를 이용하여 자연하천과 비슷한 형태로 하천을 꾸미기 시작하였다. 이러한 공법은 치수나 이수사업 등 새로운 하천사업에는 물론, 인공화된 하천의 복원, 회복사업에 이용되었다. 이러한 근자연형 하천공법의 개념은 1980년대 일본으로 도입되어 '다자연형(多自然型) 하천공법'이라는 이름으로 불려졌다. 사실 독일어권의 근자연형 하천공법 개념은 동아시아에도 전통적으로 있는 일종의 생태기술로서, 그림 6.3과 같은 흙제방의 침식보호를 위한 버드나무 꺾꽂이 공법이나 담양 관방제와 같은 제방마루의 식재공법(우효섭 2017) 등이 이에 속한다.

미국에서는 1972년 'Clean Water Act' 이후 하천의 화학적, 물리적, 생물적 과정의 통합적 복원과 정비사업을 시작하였으며, 이는 넓은 의미에서 하천복원사업의 시작으로 볼 수 있다. 여기서 하천복원사업의 2대 목표는 수질적으로 '수영할 수 있는' 하천으로, 생태적으로 '물고기가 사는' 하천으로 되살리는 것이다. 1990년대 말 미국의 연방정부 관련 기관들이 모여

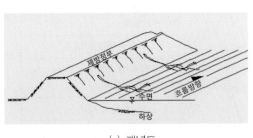

(a) 개념도

(b) 1990년대 실제 저수호안에 적용한 사례

그림 6.3 살아 있는 나무를 이용한 제방보호공법-동아시아(환경부/건설연 1995~2001)

서 만든 '수변복원-원칙, 과정, 실무'라는 제목의 가이드(FISRWG 1998)는 구체적이고, 기술적인 세부사항이 미흡하다는 일부 지적(Shields, Jr. 1999)에도 불구하고 지금까지 이 분야에서 가장 돋보이는 자료이다.

국내의 경우 1960~70년대 들어 급속한 산업화와 도시화로 하천수 오염이 심화되고, 치수목적만을 위한 인공적, 획일적인 하천개수가 보편화되었다. 그 결과 하천이 원래 가지고 있던 생물서식처 기능과 자정, 친수기능 등 하천환경 기능이 점차 상실되었고, 하천형태도 변형되었다. 1980년대 아시안 게임과 올림픽 게임 개최를 전후하여 하천관리자들은 물론 일반시민들에게도 하천환경 개선의 필요성에 대한 공감대가 형성되기 시작되었다. 특히 도시하천을 복개하여 하천을 소멸시키고 다른 용도로 쓰는 이전까지의 하천관리 관행에 대한 반성과 함께 훼손된 하천을 원 모습으로 되돌리는 하천복원에 대한 필요성이 대두되었다. 이에 따라 1990년대 들어 독일과 일본의 '자연형 하천' 기술을 소화·개량하기 위한 하천복원 연구가 국가 차원에서 처음 시작되었으며(환경부/건설연 1995~2001), 일부 도시하천 구간에 대해 시범사업이 진행되었다.

국내 하천사업의 변천과정을 각각의 상징적인 사진으로 표시하면 그림 6.4와 같다. 1960~70년대 산업화와 도시화가 진전되기 전에는 대부분 그림 6.4(a)와 같이 '자연하천'이었으나, 그 후 그림 6.4(b)와 같이 치수 위주의 '방재하천'으로 변형되었으며, 이 추세는 지금도 일부 계속되고 있다. 도시하천의 경우 1970년대부터 하천의 일부를 점용하여 타용도로 전용되거

그림 6.4 국내 하천사업의 변천과정(우효섭 등 2001)

나, 복개되었으며, 여기서는 이를 '점용하천'(그림 6.4(c))이라 한다. 1980년대 중반 이후 대도시 하천을 중심으로 훼손된 하천의 친수기능을 되살리기 위해 홍수터에 공원을 조성하는 이른바 공원하천 사업이 시작되었다(그림 6.4(d)). 나아가 1990년대 중반부터는 하천의 생태기능 회복을 목표로 그림 6.4(e)와 같은 자연형 하천사업이 시작되었으며, 이러한 사업은 주관부처별, 지자체별로 이름을 조금 달리하여 지속적으로 확대되었다. 이 그림에 국한하면 하천회복 개념을 포함한 하천복원이란 (하천회복을 포함하여) 결국 방재하천이나 점용하천, 나아가 공원하천을 자연형 하천 형태로 되돌리는 것이다.

6.2 하천교란

하천복원을 위해서는 먼저 무엇이 어떻게 현재의 훼손상태를 야기했는지를 확인하는 것이 필요하다. 문제의 원인을 파악하기 위해서는 하천 또는 유역에 가해지는 물리적, 화학적, 생물적 교란 자체와 그로 인한 영향과 과정을 이해하는 것이 중요하다.

하천에 가해지는 교란은 기본적으로 자연적인 것과 인위적인 것으로 나눌 수 있다. 나아가 시간 규모를 구분하여 검토할 필요가 있다. 지질시간대에 나타나는 하천지형 변화는 사실상 우리의 관심 대상이 되기 어렵다. 그보다는 백년 이하의 '짧은' 시간대에 나타나는 하천형태 변화가 현실적으로 더 중요하다. 이러한 비교적 짧은 시간대에서 나타나는 변화는 기록적인 홍수, 가뭄, 산불, 지진, 화산, 곤충과 질병, 극단적인 기온 등 자연적 요인을 제외하면 사실상 인위적 요인이다. 더욱이 하천생태계는 일반적으로 매우 큰 외부환경 변화도 생태계 탄력에 의해 감내하기 때문에 외부자극이 끝나면 대부분 원 상태에 가깝게 회복된다. 즉, 하천생태계는 그 자체로서 회복력이 있다.

하천이나 수변에 가해지는 교란은 물리적으로 흐름과 유사의 연속 개념과 그림 1.14와 같은 하천연속체 개념에서와 같이 수변의 구조와 기능에 순차적인 영향을 준다. 구체적으로 유역의 토지나 수변 이용이 변하면 그 효과는 하천의 지형과 수문현상에 직접 영향을 주며, 서식처 기능과 유사이송 및 저류에 영향을 주며, 궁극적으로 하천생물의 개체수, 구성 및 분포에 영향을 준다.

하천생태계에 주는 교란은 자연적이든 인위적이든 강도, 빈도, 그리고 교란의 범위 등 세 개 요소로 구성된다. 예를 들면, 홍수에 대한 하천의 대응은 그 강도에 따라 변화 없음부터 시작하여 변화로부터 즉시회복, 지연회복, 회복불가 등 다양하게 나타난다.

6.2.1 자연적 교란

자연적인 교란의 요인 중에서 홍수와 가뭄은 우리나라 하천에서 흔히 발생하는 요인이다. 홍수에 의한 하천교란은 그림 6.5에 개념적으로 잘 묘사되어 있다. 여기서 홍수에 의한 하천교란은 주로 하폭의 확대, 하도의 직선화, 하도의 급경사화 등 하천형태의 변화로 나타난다. 그림 6.5에서 좌측 상단과 같이 '펄스'와 같은 홍수가 발생하게 되면 하천은 우측 그림에서와 같이 홍수의 크기에 따라 상태 1에서 4까지 다양하게 반응하게 된다. 즉, 상태 1과 같이 홍수교란의 충격이 상대적으로 크지 않은 경우 하천형태의 변화는 사실상 없으며, 조금 큰 충격이 가해지는 경우 상태 2와 같이 짧은 기간에 반응하다 다시 원 상태로 돌아온다. 그러나 조금 더 큰 충격이 가해지는 경우 상태 3과 같이 하천형태는 상당기간 변형되었다 서서히 되돌아오게 된다. 그러나 상태 4와 같이 매우 큰 충격이 가해지면 하천은 영구히 변형되고 원 형태로 되돌아오지 못한다.

홍수라는 외부충격이 그림 6.5의 좌측 하단과 같이 연속적으로 가해지는 경우 그에 따른 하천반응은 상태 5와 같이 매 충격에 반응하면서 원 형태로 되돌아오지 못하고 새로운 형태로 진행된다. 지금까지 설명은 어디까지나 정성적인 것으로서, 원 상태로 되돌아오는 경우와

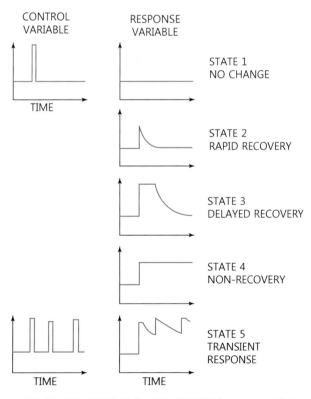

그림 6.5 홍수와 같은 외부충격에 대한 하천반응(Knighton 1998; 그림 6.9)

못 돌아오는 경우는 홍수규모와 하천형태 변화의 탄력성에 의해 결정된다.

위와 같은 하천형태 변화는 하천을 터전으로 하는 각종 동식물의 서식처 물리 특성을 변형을 의미한다. 따라서 상태 3까지는, 즉 가뭄이나 홍수로 인한 하천 영향이 심각할 정도로 지속되지 않는 한, 하천생태계는 스스로 되살아나 복원된다. 또한 상태 4나 5가 되더라도 새로운 물리환경에 적응하여 재생산된다. 이와 같이 자연적인 교란은 그 자체가 생태계를 재생산하고 복원하는 매체가 된다. 특히 몇몇 수변식물은 홍수와 가뭄이 교대로 나타나는 환경에서 적응할 수 있도록 그 생장주기를 맞추어 왔다. 자연상태의 홍수는 수변생태계 다양성을 유지하는 데 필수적인 현상이다(환경부/건설연 2002).

6.2.2 인위적 교란

인간활동에 의한 교란은 댐건설이나 하천정비와 같이 하천에 가해지는 직접적인 교란과 주변 토지 이용에 의한 간접적인 교란 등 크게 둘로 나눌 수 있다. 전자는 하천에 가해지는 일종의 '점교란원'이며, 후자는 '비점교란원'이다. 여기에 외래종의 도입에 의해 수변생태계 교란이 추가된다.

규모가 매우 작은 낙차공이나 보부터 규모가 매우 큰 댐에 이르기까지 하천을 가로막는 구조물은 하천에 가장 큰 직접적인 영향을 미친다. 댐에 의한 하천의 물리, 화학적 변화는 크게 하천의 연속성(흐름, 유사, 기타 물질 등) 차단, 상류 수몰, 하류 유량 변화, 상하류 하상재료(기층) 변화, 수질 변화, 그리고 하천의 식생유입 가속화 현상 등으로 나누어 생각할 수 있다. 이에 따른 생태적 변화는 주로 서식처의 물리, 화학적 변화에 의한 것이다.

이수와 치수를 위한 하천정비는 하천의 여울과 소를 없애고 유속을 증가시켜 수생서식처의 다양성을 감소시킨다. 또한 홍수터, 우각호, 자연습지, 크고 작은 바윗돌/통나무 등 다양한 서식처를 소멸시켜 종의 다양성에 타격을 줄 수 있다. 사실 국내에서 하천생태계 구조와 기능을 교란하고 종 다양성에 가장 광범위하게 영향을 주는 인위적 활동은 치수 위주의 하천정비사업일 것이다.

하천이나 수변에서 골재채취는 하상을 교란시켜 혼합대를 포함한 수생서식처에 직접적인 영향을 주며, 장기적으로 하천형태를 변화시킬 수 있다. 특히 하도에서의 골재채취는 미국이나 일본에서는 금지되고 있으나 국내에서는 아직 허용되고 있다.

토지이용 활동에 의한 교란은 농업, 축산, 임산, 광산, 위락, 도시화 등을 생각할 수 있다. 이 중 가장 광범위한 활동은 농업으로, 이는 수변식생을 제거하고 농경지의 침식을 가속화하며, 침식된 토사는 하류에 퇴적되어 하천서식처의 물리적 형태를 변화시킨다. 경작을 위한 지하수 양수나 관개배수 활동은 토양수분과 지하수위에 영향을 주어 유역의 유출 특성을 변화시킨다. 농업활동으로 인한 비료, 농약 등 각종 오염물은 물과 유사에 실려 수중은 물론 수변의 화학, 생물적 성질에 직접적인 영향을 준다. 또한 가축의 사료나 분뇨에서 나오는 오염물은 비점오염원의 형태로 하천에 영향을 준다. 이러한 영향은 하천토양의 생화학 특성 변화와 수질악화로 나타난다.

임산활동의 영향은 수목의 제거, 목재의 운반, 식목준비를 위한 정지작업 등으로 나눌 수 있다. 이 중 가장 광범위한 영향은 수목의 제거로 인한 하류 영양물질 공급원의 감소와 하천 유황의 변화, 그리고 야생동물의 서식처교란 등이다.

광산활동, 특히 노천광산 활동은 하천에 광범위한 영향을 준다. 국내에서는 드물지만 노천광산은 토지의 식생을 제거하고, 토양을 교란시키며, 유역의 수문 특성을 변화시킨다. 특히 노천광에서 나오는 광산버력이나 유사는 하류하천에 쌓여 하천에 직접적인 영향을 준다. 이러한 물리적인 영향보다 더 심각한 것은 광산에서 나오는 오염물의 유입이다. 산성광산배수(AMD, Acid Mine Drainage)는 수은 등 중금속으로 하천수를 직접 오염시켜 수생동식물은 물론 수변식생을 죽일 수 있다. AMD는 하천바닥에 철 성분을 침전시켜 하상을 '코팅'함으로써 기층에 서식하는 동물의 서식처와 물고기 산란처에 부정적 영향을 준다. 낙동강 안동댐 상류하천의 물 오염으로 인한 물고기, 물새 폐사 문제는 상류유역의 폐광산과 제련소 등에서 나오는 카드뮴, 비소 등 중금속 때문으로 알려졌다(중앙일보 2017.7.17).

도시화에 따른 수변에 미치는 영향은 크게 수문 특성의 변화, 하천형태의 변화, 유사와 오염, 서식처와 수생생태계 변화 등으로 나눌 수 있다. 하천을 낀 지역의 도시화는 물론 하천 상류지역의 도시화도 수변에 직접적인 영향을 준다. 하천 상류지역이 도시화되면 불투수층이 커져서 첨두유출량이 증가하나 기저유출량은 감소하는 것은 잘 알려진 사실이다. 이러한 첨두유출량의 증가는 특히 하류하천의 하상을 저하시키거나 강턱을 침식시킨다. 그러나 이러한 수문과 하천 특성의 변화보다는 하천 자체가 도시화되어 하천이 인공화되는 경우가 더 심각한 문제를 일으킨다. 국내에서 상당수의 도시하천은 사실상 배수로 역할밖에 하지 못하고 있으며, 하천생태계는 제한적이다. 도시하천의 수질은 점오염물질 유출이 조절되어도 호우 시 도시지역에서 나오는 각종 비점오염물질로 인해 불량할 수밖에 없다. 수변생태서식처는 수질저하, 직강화, 인공화, 여울과 소 제거, 통나무 등 수중피난처 제거, 기층의 오염, 평상시 얕은 수심과 홍수 시 깊고 빠른 유속, 교량, 낙차공, 보, 하수관거 등의 하도 횡단구조물, 수변식생의 빈약 등으로 불량해진다. 이러한 곳에 서식하는 생물종은 단순해지고, 불량한 서식환경에 경쟁하는 일부 외래종이 번식할 뿐이다.

하천복원통합매뉴얼(국토부/건설연 2011)의 '2.3 하천교란'에는 댐, 골재채취, 하천정비, 도시화, 유역의 농경활동, 산림 및 하천 벌목 등에 의한 교란 영향을 국내 사례 등을 소개하면서 구체적으로 설명하고 있다.

6.3 하천복원기술

6.3.1 하천복원 절차

하천복원사업은 성격상 많은 전문성과 단계를 거치고, 특히 지역 주민들의 관심과 참여가 중요하다. 미국의 수변복원가이드(FISRWG 1998)에는 이러한 하천복원 절차와 관련 지식, 그리고 실제 설계와 시공 관련 기술들이 구체적으로 제시되어 있다. 국내의 경우 하천복원 통합매뉴얼(국토부/건설연 2011)의 '제4장 복원계획 수립' 편에 복원사업의 접근방안, 모델의 선정, 마스터플랜의 수립, 사회·경제성 평가 등이 구체적으로 설명되어 있다.

■ 하천복원의 접근방안

하천복원에 접근하는 기본적인 방법은 다음과 같다(FISRWG 1998).

- 비간섭과 비교란적인 회복(A): 수변이 급속히 회복되어 적극적인 복원활동이 불필요하고 나아가 오히려 해가 될 수 있는 상태
- 회복지원을 위한 부분간섭(B): 수변이 회복하려고 하고 있으나 그 정도가 느리고 불확실하여, 자연적으로 일어나는 회복을 지원하는 활동이 필요한 상태
- 회복을 관리하기 위한 적극적인 간섭(C): 원하는 하천기능의 자연적 회복이 불가능하여 적극적인 복원활동이 필요한 상태

A 범주에 해당하는 대표적인 사례는 하천에서 골재채취로 인하여 비교적 적은 규모로 변형된 하천이다. 이는 대부분 다음 홍수로 원 상태에 가깝게 돌아가게 된다. B 범주 사례는 골재채취의 범위나 규모가 커서 자연의 복원력만으로 원 상태로 돌아가기 어렵거나, 상류에서 탁수가 내려와 자갈하상에 점토층으로 덮이는 경우이다. 특히 상류에 댐이 있어 홍수가 조절되는 경우 이 같은 점토층을 제거하기 위한 인위적인 활동이 필요할 것이다. C 범주 사례는 1) 치수 위주의 하천정비사업으로 하천형태, 하상재료, 유황 등이 획일화되어 하천의 생태기능이 크게 훼손되었거나, 2) 상류 댐의 건설로 하류하천의 형태, 하상재료, 유황 등이 크게 변형되었거나, 3) 수질악화로 수생서식처가 크게 훼손된 경우 등이다. 더불어 도시하천의 경우 친수환경의 개선 차원에서도 복원사업을 구상할 수 있을 것이다.

위와 같은 범주구분은 하천평가를 통해 개별적으로 검토할 수도 있으나, 기존 하천법에 명기된 하천의 구역 구분 제도를 이용할 수 있다.

'3.5.3 하천환경관리계획'에서 설명하였듯이 하천법에는 국가 및 지방하천 등 법정하천을 대상으로 하천기본계획 수립 시 구역의 특성을 고려하여 보전구역, 복원구역, 친수구역 등

을 지정하게 되어 있다(국토부/건설연 2011; IV-1~2). 이를 통해 복원 대상 하천의 법적인 구역 특성을 검토할 수 있다. 여기서 복원지구는 보전지구 중 자연, 역사, 문화적 가치가 훼손된 경우에 한해 지정하게 된다. 친수지구는 도시 주변 등 친수활동이 활발한 구역을 대상으로 제한적으로 지정하게 된다.

■ 복원모형

일반적인 하천사업이든 복원사업이든 하천사업은 생태성, 친수성, 치수성 등 3대 요소를 만족하여야 한다. 여기서 생태성은 '자연성'으로서 종의 다양성과 생태계 구조와 기능의 자기지속성을, 친수성은 인간 관점에서 사회문화성을, 치수성은 기술적으로 홍수조절과 안전 기능의 증진을 의미한다. 그러나 이러한 요소들은 많은 경우 서로 상충되므로 모두 만족하기 어렵다.

이러한 하천사업의 세 가지 요소인 생태성, 친수성, 치수성 간의 상관관계를 도식적으로 표시하면 그림 6.6과 같다. 생태성과 치수성의 역 상관관계는 일반적으로 치수 위주의 하천사업이 자연성을 해치는 것에서 잘 알 수 있다. 친수성과 치수성의 역 상관관계 역시 치수 위주의 하천정비사업이 주는 심미성과 쾌적성 등의 저하에서 유추할 수 있다. 다만 생태성과 친수성은 일정 한도까지 상관성을 보이나, 어느 한도가 넘으면 역 상관관계가 되는 것은 생태성이 100% 보장된 자연하천은 친수성이 오히려 떨어질 수 있다는 점에서 알 수 있다.

따라서 어느 하천복원사업이 위 세 가지 요소를 모두 만족하는 것은 사실상 불가능하므로 복원모형 또한 위 요소 중에서 한두 요소에 초점을 둔 목표지향적 모형이 현실적이다. Woo

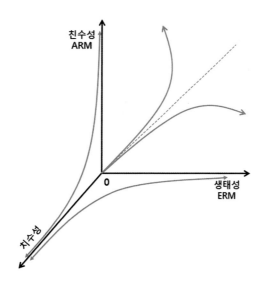

그림 6.6 하천복원의 목표(생태성, 친수성)와 치수성 관계(우효섭과 김한태 2010)

와 Kim(2006)은 이를 위해 친수성 복원에 초점을 맞춘 어메너티 복원모형(ARM, Amenity Restoration Model)과 생태성 복원에 초점을 맞춘 생태복원모형(ERM, Ecosystem Restoration Model)의 그 중간 성격으로 준 생태복원모형(semi-ERM)을 제안하였다.

ARM은 주변이 어느 정도 개발된 도시하천에 적합한 모형으로서, 그 특성상 과거 상태에 기초한 복원보다는 친수성이라는 가시적인 목표에 기초한 복원모형이다. 이 모형에서 복원의 거울이 되는 참조하천(reference river)은 반드시 필요하지 않으며, 개별 하천의 자연적, 사회적 특성을 고려하여 친수성이나 역사문화성 등 구체적인 복원목표를 설정할 수 있을 것이다. 이 모형의 성과는 보통 그림 6.4에서 '공원하천' 유형으로 나타난다.

ERM은 주변이 비교적 덜 개발된 농촌, 산지 등 비도시 하천에 적합한 모형으로서, 이 모형에서 참조하천은 복원계획의 수립에 큰 도움을 줄 것이다. 구체적인 복원 목표로서 그 하천에 서식하였던 상징적인 생물종의 복귀 등을 고려할 수 있을 것이다. 이 모형의 성과는 보통 '생태하천'[4]으로 나타난다.

semi-ERM은 생태성을 지향한다는 점에서 ERM과 같으나 복원 후 관리 없이는 생태계 구조와 기능의 자기지속성이 어려운 경우이다. 이 모형은 주변이 개발된 도시하천에서 친수성이 아닌 자연성 목표에 기초하는 경우 적용할 수 있는 모형이다. 이 모형의 성과는 보통 그림 6.4에서 '자연형 하천'으로 나타난다. 이 같은 세 모형의 특성을 비교하면 표 6.1과 같다. 그러나 이와 같은 구분은 각 모형에 내재된 특성을 강조한 것으로서, 실제 각 모형은 서로 단절 없이 연속적인 스펙트럼 상에 있게 된다.

표 6.1 하천복원모형의 비교

구분	ARM	ERM	semi-ERM
복원 목표	하천의 심미, 위락, 쾌적 등 역사문화성	하천의 생태서식처복원	제한된 하천공간에서 생태서식처복원
지향점	공원하천	생태하천	자연형 하천
적합 하천	주변이 개발된 도시하천	주변이 덜 개발된 비도시하천	주변이 개발된 도시하천에서 제한적으로 적용
구체적 복원 목표	개별 하천 여건에 맞추어 복원목표 설정	과거 자생하였던 동식물 서식처 복원(참조하천 개념 유효)	새로운 서식처 조성 (참조하천 개념 유효)
공간 관계 (일반적)	홍수조절공간 > 생태공간, 역사문화공간	생태공간 > 홍수조절공간, 역사문화공간	생태공간 = 홍수조절공간
지속가능성	시민의 안전, 시설물 보호 등	생태적 자기지속성	지속적 관리를 통해서만 생태지속성 유지 가능

---

4) 국내에서 하천의 생태성을 우선적으로 고려하여 복원된 하천 유형을 지칭하지만, 영어로 번역된 'ecological stream'은 국제적으로 통용되는 용어는 아님

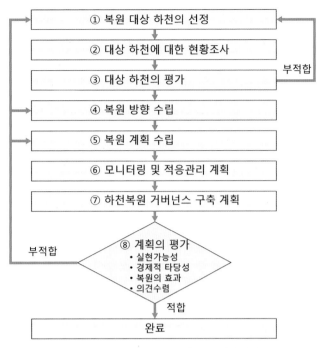

그림 6.7 하천복원 종합계획 수립 절차(국토부/건설연 2011, pp.Ⅳ-12)

■ **하천복원 종합계획의 수립**

어느 하천에 대해 복원사업을 계획하고 실행하는 것은 일반적인 하천사업의 절차와 크게 다르지 않다. 복원사업의 종합계획(마스터플랜)에는 1) 대상 하천의 선정, 2) 하천현황 조사 및 평가, 3) 복원방향의 선정, 4) 복원계획의 수립, 5) 모니터링 및 적응관리 등이 순차적으로 포함된다. 이를 도식적으로 표시하면 그림 6.7과 같다(국토부/건설연 2011, pp.Ⅳ-12).

복원계획에는 복원모델의 선정, 복원설계 방향의 설정, 복원공법의 선정 등이 포함된다. 복원모형은 앞서 설명한 세 가지 모형을 이론적 모형으로 하고 사례적 모형을 고려하여 설정할 수 있을 것이다. 복원설계 방향은 복원모형의 설정에 따라 물리적 구조의 복원, 유량복원, 수질복원, 생물서식처복원, 식생복원, 어메니티복원, 역사문화적 환경복원 등으로 나누어 검토할 수 있을 것이다. 모니터링은 사업성과를 정량적, 정성적으로 평가하기 위해 어느 하천사업에서든 필수적인 절차이다. 적응관리는 생물이 관련된 하천복원사업에서 나타나는 불가피한 불확실성에 대응하기 위한 것으로서, 복원사업으로 인한 예상치 못한 결과나 부작용, 당초 목표의 미달성, 주위 여건의 급격한 변화에 따른 새로운 현상의 발생 등에 현실적으로 대응하는 관리방식이다.

이 책이 본격적인 하천복원사업을 위한 매뉴얼이 아닌 점을 감안하여 다음부터는 하천복원 설계를 위한 수리적 기술에 초점을 둔다. 하천복원사업의 구체적인 추진절차에 대해서는 하천복원통합매뉴얼(국토부/건설연 2011) '제4장 복원계획의 수립'을 참고할 수 있다.

6.3.2 하천복원 설계 및 공법

대상 하천의 복원 종합계획이나 단일계획이 수립되었으면 그 다음은 구체적으로 복원 설계를 하는 것이다. 복원의 대상이나 목표가 비교적 지엽적이고 단순한 경우에 설계 자체도 비교적 쉽게 진행될 수 있으나, 복합적이고 광범위한 경우 다양한 이해당사자들의 협치(거버넌스)를 통해 물리적 요소는 물론 화학적, 생태적 요소들을 고려한 통합적인 접근이 요구된다.

여기서는 하천복원의 설계 대상을 하천의 횡방향을 따라서 1) 하도설계, 2) 하도 내 서식처 설계, 3) 강턱복원, 4) 홍수터복원 등으로 구분한다.

■ 하도설계

하도복원은 대상 하천의 유황이나 유사 이송 양상이 바뀌어 하도가 불안정한 경우(지속적인 퇴적, 침식, 사행가속 등), 또는 치수 등 단일목적으로 하도를 인위적으로 직강화하고 콘크리트 등으로 고정(저수호안 등)시킨 경우 하도의 재자연화를 위해 필요하다. 그러나 전자의 경우 하도를 훼손하는 원인을 제거하는 것이 우선일 것이며, 하도를 복원하는 것은 그 다음일 것이다. 후자의 경우 인위적인 시설물을 제거하고 하도를 원 상태로 되돌려야 할 것이다. 그러나 충적하천은 물과 유사 흐름의 역동성과 새롭게 형성된 하도 경계조건과의 상호작용으로 매우 복잡하고 예측하기 어렵다. 따라서 복원 시나리오별 중장기 하도 변화와 하도안정성을 과학적으로 평가하는 것이 중요하다.

구체적으로 하도의 복원설계는 상류 유량과 유사량이 주어진 상태에서 하도의 안정성을 담보하는 새로운 하도의 폭, 깊이, 종단경사 등을 결정하는 것이다. 이를 하천공학에서는 평형하도의 결정이라 한다. 여기서 하도의 평면형은 기본적으로 사행을 고려한다. 이 책에서는 중소규모 하천의 설계유량 조건에서 유사이송이 없는 고정상 하도와 유사이송이 있는 이동상 하도 각각 두 경우에 대해 미 토목학회 자료(ASCE 2007)에 근거하여 소개한다. 전자에는 임계상태 방법을, 후자에는 활성하도 방법을 각각 적용한다.

여기서 제시하는 복원하천 하도설계는 원래 그림 1.1과 같은 자연상태 중소하천에서 강턱(bank)까지의 하도를 대상으로 한다. 따라서 이 방법을 인위적 저수로가 있는 하천의 저수로 복원설계에 적용 시에는 앞서 '3.4.3 저수로계획'에 제시된 방법과 비교하여 신중하게 접근하여야 할 것이다.

(1) 임계상태법

이 방법은 자갈 등 굵은 입자로 구성된 하도에 적용된다. 이 방법에서 특히 중요한 것은 하상자료의 대표입경을 정하는 것이다. 이 책에서는 하도단면과 종단경사가 일정한 하도에 적용할 수 있는 소류력법을 소개한다. 소류력법의 적용 순서는 다음과 같다.

- 설계유량과 설계 하상재료등급의 결정
- (경험적) 수리기하공식을 이용한 예비 평균 하폭의 결정
- 설계 하상재료 등급을 이용한 한계하상전단응력의 결정
- 하상재료 크기, 추정사행도, 강턱식생, 수심 등을 이용한 흐름저항계수의 결정
- 연속식과 등류식을 이용하여 설계유량을 통과하기 위한 수심과 하상경사의 결정
- 사행도: 하곡경사를 하상경사로 나누어 결정(하도길이: 사행도×하곡길이)

표 6.2 소류력법에 의한 예비 하도설계 사례(ASCE 2007)

변수	관계	근거	값
하곡경사		측량이나 지형도	0.007
하곡길이(km)		측량이나 지형도	1.5
D_{50} 하상재료(mm)		시료와 체분석	45
D_{84} 하상재료(mm)		시료와 체분석	60
설계유량(m^3/s)	$Q_{1.5yr}$	홍수-빈도 곡선	6.7
하도폭 B(m)	$2.73Q_{1.5yr}$	Hey-Thorne 관계식(1986)	7.1
쉴즈상수 θ	적절한 값이나 관계식 이용[1]	Buffington-Montgomery(1997) 관계	0.042
수심×경사 RS(m)[2]	$1.65D_s\theta$		0.0031
단면에서 수심 변화	R/H_{max}	참조하천(구간)을 고려하여 가정	0.75
하도형상계수 a	$11.1[R/H_{max}]^{-0.314}$	Hey(1979)	12.15
Darcy-Weisbach 저항계수 f [3]	$\dfrac{8}{\left[5.75\log\left(\dfrac{aR}{3.5D_{84}}\right)\right]^2}$	Hey(1979)	0.10
수리반경 R(m)[4]	$\sqrt{\dfrac{fQ^2}{8gP^2(RS)}}$	연속식과 등류식을 연립하여 구함	0.6
하상경사 S	RS/R		0.005
사행도	하곡 경사/하상 경사		1.3
하도길이(km)	사행도×하곡길이		2.0

1) Buffington-Montgomery(1997) 관계식은 장갑화된 표면 하상토와 지표하 하상토 자료 전체에 대한 등급곡선(gradation curve)을 요구함
2) 평균 수심과 경심(수리반경)은 같다고 봄
3) R 시행 값 가정
4) 윤변 P=하폭 B 가정. 이 공식에 의한 R 값과 f 값 산정을 위한 R 시행값 비교. 반복계산

이 방법을 이용한 소하천에서 예비 하도설계는 표 6.2와 같다. 이 표에서 처음 4개의 변수들(하곡 경사, 하곡 길이, D_{50}, D_{84})은 각각 야외 측량이나 지형도, 체분석 등으로 구할 수 있다. 여기서 하곡경사와 하곡길이는 하도와 홍수터를 형성하는 '하천계곡(river valley)'의 종단경사와 거리를 의미한다.[5]

설계유량은 1.5년 재현기간에 해당하는 유량($Q_{1.5yr}$)을 택한다. 하폭 B는 Hey와 Thorne (1986) 공식에서 구한다. 쉴즈상수 θ는 쉴즈 도표의 무차원소류력이며, 부유사, 부유사-소류사, 소류사에 대해 각각 10.0, 1.0, 0.04이다. 경심과 하상 경사의 곱 RS는 다음과 같은 식에서 구한다.

$$\frac{RS}{D_s} = \tau_c = \frac{\theta(\gamma_s - \gamma_w)}{\gamma_w} \tag{6.1}$$

위 식에서 γ_w, γ_s는 각각 물과 유사의 단위 중량이며, τ_c, D_s는 각각 무차원한계소류력과 하상토 입경이다. 하도형상계수 a는 자갈하천의 마찰식 관련 Hey의 자료(Hey 1979)에서 구하며, 마찰계수 f도 같은 자료에서 수리반경(경심) R을 가지고 시행착오법으로 구한다.

이 방법을 적용하기 위해서는 우선 연속식과 평균 유속식을 연립하여 풀어서 R을 구하고 이를 다시 마찰식에 대입하여 f를 구해 당초 값과 비교하여 시행착오법으로 최종 R값을 결정한다. 다음 하상경사는 RS/R로부터 구하고, 하도의 사행도는 하곡경사를 하상경사로 나누어 구한다. 하도길이는 사행도에 하곡길이를 곱하여 결정된다.

(2) 활성하상법

이 방법은 설계유량 하에서 모래와 같이 쉽게 이동하는 하상재료로 구성된 하도를 대상으로 한다. 이 방법은 전술한 임계상태법에 비해 유입유사량이나 하도기하 형태에 더 민감하기 때문에 더 세심한 주의를 요한다. 이 방법에서는 대상 하도 전체의 흐름과 유사이송을 알아야 하기 때문에 HEC-RAS 3.1과 같은 하도흐름계산 모형이 필요하다.

활성하상법의 적용순서는 다음과 같다.
- 설계유량: 유효유량으로 결정
- 하천단면의 결정: 사다리꼴 단면 가정
- 하폭의 결정: 1) 대상 하천과 여건이 유사한 자연상태 하천의 하폭을 참조하거나, 2) 수리기하 경험공식에서 구하거나, 3) 해석적 방법을 이용하여 결정
- 수심과 하상경사: 대상 하천에 적합한 유사량식과 마찰식을 연립하여 결정
- 사행도: 하곡경사를 하상경사로 나누어 결정(하도길이: 사행도×하곡길이)

---

5) 하천계곡의 형태가 분명하지 않은 경우 종단 경사와 거리는 각각 하도의 직선상 경사와 거리로 볼 수 있음

표 6.3은 활성하상법을 이용한 예비 하도설계 사례이다. 처음 4개의 변수는 현장 실측이나 지형도, 체분석 등으로 구할 수 있다. 설계유량은 그 하천에서 유사량을 가장 많이 이송하게 하게 하는 유효유량을 이용한다. 이 방법에서 유사량 산정은 Brownlie(1981) 공식을 이용한다. 하도 측면 경사는 1V:1.5H를 가정한다. 이 사례에서 하도상단 폭은 대상 하천과 여건이 비슷한 하천자료를 이용하여 경험적으로 구한 $B = 3.6Q^{0.5}$ 식을 이용한다. 수심과 하상경사는 유사량식과 등류공식을 이용하여 구한다. 등류식에는 Brownlie의 마찰식을 이용한다. 다음으로 사행도는 하곡경사를 하상경사로 나누어 구한다. 하도길이는 사행도에 하곡길이를 곱해 구한다.

표 6.3 활성하도법에 의한 예비 하도설계 사례(ASCE 2007)

변수	관계식	근거	값
하곡경사		측량과 지형도	0.001
하곡길이(km)		측량과 지형도	10
중앙입경 D_{50}(mm)		시료와 체분석	0.6
D_{84}(mm)		시료와 체분석	1.0
설계유량(m^3/s)		유효유량 분석	68
설계유량에서 유사량(kg/s)	유사량식과 같은 유역의 상류구간에서 얻어진 하도기하 경험식	Brownlie(1981)	25
하도 측면 경사		가정	1V:1.5H
측면의 매닝계수 n		추정	0.05
상단 폭 B(m)	$3.6Q^{0.5}$	같은 유역의 안정한 하도에서 얻어진 경험식	30
수심(m)과 하상경사	유사량식과 등류식의 연립식에서	Brownlie(1983)의 하상마찰식	2.4(수심) 0.00061(경사)
	측면의 n값 추정치를 이용한 복합조도공식	Chow(1959)의 복합조도단면에서 등유속법	
사행도	하곡 경사/하상경사		1.6
하도 길이(km)	사행도×하곡길이		1.6

위에서 소개한 미국 토목학회 방법은 유사이송, 마찰계수 산정, 안정하도 결정 등에 경험적 방법에 의존하고 있고, 또한 예제에서 볼 수 있듯이 유량 규모가 적은 중소하천을 대상으로 하기 때문에 국내 하천의 하도복원 설계에 적용하는 데 상당한 주의를 요한다. 특히 이 방법을 국내 하천에 흔한 복단면 하도의 저수로복원 설계에 적용하기 위해서는 다른 방법은 물론 현장여건과 비교·검토하는 것이 필요하다.

■ 하도 내 서식처 설계

대상 하천의 하도가 복원되면 하천의 역동성에 의해 여울과 소, 샛강, 상류에서 떠내려 온 크고 작은 통나무와 뿌리 등 다양한 하도 내 서식처가 자연적으로 형성되는 것을 기대할 수 있다. 그러나 하도 내 서식처의 자연적 재생을 기다리는 것은 시간을 요하고 또 상당 경우 기대에 못 미치게 된다. 이때 필요한 것이 최소한의 인간지원활동으로서 '자연형하천공법' 적용이 요구된다. 이 공법의 핵심 원리는 형태의 자연형과 재료의 자연형이다.

서식처구조물을 이용한 하천복원 설계 시 기본 원칙은 다음과 같다(FISRWG 1998).

- 각 서식처 구조물의 용도와 위치선정은 구조물 자체의 설계, 시공만큼 중요하다.
- 세굴과 퇴적은 다양한 서식처를 형성하는 기본과정이다. 따라서 과도한 하도고정은 바람직하지 않다.
- 자연재료와 살아 있는 재료를 적극 활용한다.
- 주기적인 유지관리를 염두에 둔다.

하도 내 서식처 설계는 기본적으로 평면 배치, 구조물 형태 선정, 구조물 크기 결정, 수리효과 검토, 유사이송에 미치는 영향 검토, 재료 선정과 구조물 설계 등의 순서로 진행한다(Shields, Jr. 1983).

하도 내 서식처 구조물의 기본형태는 크게 1) 둔덕이나 위어, 2) 수제, 3) 임의 거석, 4) 통나무그루터기(lunkers) 등이며 그 외에 인공여울, 어도, 하도 밖 웅덩이, 얕은 만 등도 이용된다.

이러한 구조물이 흐름과 유사이송, 특히 홍수위 상승에 미치는 영향은 정성적은 물론 가능하면 2, 3차원 흐름모형을 이용하여 정밀히 검토하는 것이 바람직하다. 동시에 이러한 구조물 주위의 세굴과 퇴적에 의해 그 효과가 감소하는 것에 대한 사전 검토도 필요하다.

■ 강턱복원

자연하천에서 평상시 물이 흐르는 하도의 양안 둔덕인 강턱(복단면 하천인 경우 저수로 사면)은 흐름에 의해 세굴되고 퇴적되는 유연한 경계면이다. 다만 하천복원사업에서 강턱은 자연재료를 이용하여 일시적 또는 영구히 고정할 필요가 있다. 일시적으로 고정하는 경우는 하안과 강턱 위에 심은 식생이 활착할 때까지 일종의 '붕대효과'로서 흐름의 침식에 저항할 수 있도록 조치를 취하는 것이다. 영구적으로 고정하는 경우는 토지이용이나 친수를 위해 복원된 하도의 경계면 자체를 자연재료로 고정하는 경우이다. 이 경우 이용되는 자연형 하천공법은 대부분 이른바 '토양생물기술'에서 차용한 것이다. 강턱안정을 위해 이용되는 자연형 공법들은 크게 1) 바위와 돌을 이용한 장갑, 2) 식생과 결합된 장갑, 3) 식생만 이용한 공법 등 세 형태로 나눌 수 있다. 각각의 공법의 구체적인 예는 다음과 같다.

- 바위/돌 공법: 사석공, 비탈멈춤 보호공, 거목호안 등
- 식생＋돌 공법: 코코넛 섬유 두루마기, 식생 돌망태, 돌 사이 식재. 통나무/뿌리＋거석 호안, 식생 지오그리드 등
- 식생공법: 식생 꺾꽂이, 식생다발, 식생 매트리스 등

위와 같은 제 공법들은 대상 하천구간에서 설계유량 시 침식 여부나 특히 수충부에서 세굴가능성 등을 고려하여 선정한다.

■ 홍수터복원

자연홍수터는 자연하천 생태서식처의 귀중한 한 부분이며, 홍수 시 범람되어 주하도와 직접 연결된다. 미국의 경우 홍수 시 제방의 월류를 허용하거나, 제방을 뒤로 물리거나, 주하도를 홍수터 샛강, 습지 등과 재연결함으로써 하도는 물론 홍수터의 복원을 꾀하기도 한다. 그러나 국내의 경우 자연홍수터는 대부분 소멸되었으며, 과거 홍수터 일부가 하도와 제방, 또는 산기슭 사이에 좁고 길게 남아 있을 뿐이다. 따라서 국내에서 홍수터 자체를 복원하는 것은 대부분의 경우 사실상 불가능하다. 다만 과거 홍수터였던 곳에 남아있는 구하도, 습지 등은 구하도복원, 강변저류지 조성을 통한 습지복원 등의 방법으로 부분적으로 가능하다. 다만 제방 후퇴나 철거 등은 경제적, 문화적 이유 등으로 쉽게 실현되기 어렵다.

특히 과거 홍수터 상 샛강이었으나 하천정비사업 등으로 제내지 쪽으로 단절된 구하도를 복원하고 주하도와 다시 연결하는 이른바 구하도 복원사업은 2010년대 들어 일부 추진되고 있다. 또한 주로 치수목적으로 과거 홍수터 저습지나 만곡부 안쪽 점사주였던 곳을 대상으로 저류지를 조성하는 경우 부수적으로 홍수터복원 효과를 기대할 수 있다. 여기서는 구하도복원 사례를 박스 기사로 간단히 소개하며, 강변저류지는 6.4절에서 별도로 다룬다.

마지막으로, 하도와 홍수터의 연결부로서 하도를 따라 길게 형성된 물가 숲의 띠(forest belt)를 복원하거나 조성하는 것은 수변의 다양한 생태적 기능 중에서 특히 차단 및 여과 효과를 기대하는 것이다. 이를 수변완충대라 하며, 근래 들어 수질보호 목적으로 그 중요성이 커지고 있다. 이에 대해서도 6.4절에서 별도로 다룬다.

이 사업은 국토교통부 국가연구개발사업 중 하나인 '이코리버21'연구단의 하도복원 시범사업 성격으로 계획, 설계되어 2014~2015년에 시공되었다. 이 사업의 주요 목표는 1) 하천의 홍수소통기능 확대, 2) 구하도 및 서식처복원, 3) 지역 주민들에게 휴식 및 위락 공간 제공 등이었다. 복원사업 전 구하도 면적 154,000 m² 농경지로 이용되었다. 이 사업을 위해 약 18,000 m²의 사유지가 매입되었으며, 1970~80년대 축조된 제방은 철거되어 구하도 복원구역 뒤로 재배치되었다. 복원된 구하도 구간에 지역 주민들의 생태관찰 및 휴식을 위해 보도가 설치되었다. 이 사업을 통해 홍수위는 0.06~0.28 m 정도, 설계홍수량에 대한 유속은 최대 0.67 m/s 정도 줄어들 것으로 예측되었다.

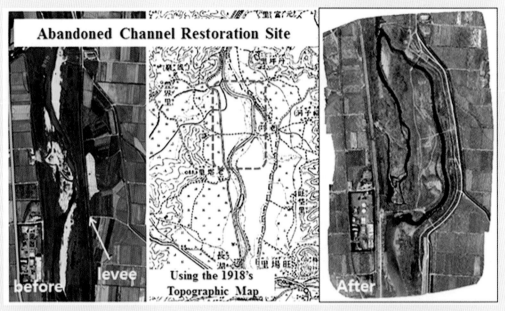

▲ 청미천 구하도복원사업: 좌로부터 복원사업 전 항공사진, 1918년 지형도, 복원사업 후 항공사진

■ 하천복원공법

하천복원사업 설계에 고려되는 다양한 공법들은 대부분 독일어권의 근자연형 하천공법에 그 기원을 두고 있다. 자연형 하천공법들의 유형, 특징, 적용성 등에 대해서는 미국 FISRWG (1998) 자료의 부록에 잘 나와 있으며, 국내의 경우 국토부/건설연 자료(2011)에 실제 적용한 사례를 포함한 다양한 공법자료가 수록되어 있다. 그림 6.8은 그중 한 예로서 사석, 갯버들, 통나무, 토목섬유 등을 이용하여 강턱 경사면에 꺾꽂이하거나, 살아 있는 윗가지로 넓게 덮거나, 다발로 물가에 흐름방향으로 묻거나, 강턱 아래 끝에 쌓아 놓는 것이다. 갯버들은 특히 활착률이 높고 쉽게 얻을 수 있기 때문에 생물재료로 적합하다. 여기서 이용되는 토목

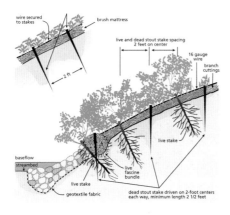

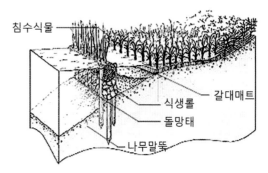

침수식물

식생롤

갈대매트

돌망태

나무말뚝

(a) 갯버들 윗가지를 이용한 호안
(FISRWG 1998. p.8-65~67)

(b) 식생 롤과 갈대매트를 이용한 호안
(국토부/건설연 2011. p.Ⅵ-33)

그림 6.8　토양생물기술을 이용한 자연형 호안공법 예

섬유는 야자 섬유와 같이 질기되 시간이 가면 자연적으로 썩는 재료가 바람직하다.

국내에서 1990년대 말부터 시작된 자연하천공법을 적용한 하천환경 개선, 복원사업은 지금까지 많은 시행착오가 있어 왔다. 그중 가장 흔하게 나타나는 문제점이 과다하고, 비싼 재료를 이용하여 하천을 다시 고착화하는 것이다. 저수호안이나 고수호안, 또는 그 사이 둔치를 거석, 통나무 등을 이용하여 이동상 하천을 다시 고정상 하천으로 만드는 것이다. 그림 6.9(a)는 채석장 돌을 가지고 호안을 한 사례로서, 오히려 기존 콘크리트 호안보다 경제성이나 환경성에서 나을 것이 없다. 특히 거석, 콘크리트 등에 일부 식생을 섞어 이른바 '자연형 호안'이라는 이름으로 하천을 다시 고착화하는 것을 흔히 볼 수 있다. 또 다른 오류는 그림 6.9(b)와 같이 흐르는 물에 쉽게 하상이 변하는 모래하천에 거석을 이용하여 하천을 꾸미는 것이다. 모래하천은 모래하천답게 복원하는 것이 바람직할 것이다.

(a) 채석장 거석호안

(b) 모래하천의 거석군

그림 6.9　자연형하천공법의 잘못된 적용사례

(a) 하중도(홍수 전)　　　　　　　　(b) 하중도(홍수 후)

그림 6.10　하천의 역동성을 고려하지 않은 인위적 하중도 조성(사진 김혜주 제공)

하천형태의 자연형을 지향하는 자연형하천공법 적용 시 흔히 범하는 또 다른 오류는 하천형태를 흐름의 역동성에 거스르게 하중도나 사행 등을 인위적으로 꾸미는 것이다. 그림 6.10은 그중 한 사례로서, 이러한 '비자연적' 하천형태(그림 6.10(a))는 바로 하천의 역동성(큰 홍수 등)에 의해 새로운 형태(그림 6.10(b))로 자기조정하게 된다. 이러한 시행착오를 막으려면 복원하도 설계 시 수리모형실험을 하거나 최소한 수치모형실험으로 하도의 동적거동을 확인하는 것이 필요하다.

마지막으로, 자연형하천공법 적용 이전에 하천복원, 또는 이와 유사한 하천사업에서 대부분 공통적으로 나타나는 문제는 하천복원은 '하천을 공원화한다'라는 잘못된 인식이다. 이 책에서도 하천복원모형으로서 공원하천 성격에 가까운 ARM을 제시하였지만 이는 어디까지나 생태시스템 복원모형에 대비되는 모형으로서 의미가 있는 것이며, '하천복원은 ARM이다'라는 것이 아니다. 그럼에도 불구하고 지금까지 국내, 특히 도시하천의 복원사업을 보면 대부분 지역 주민들의 위락활동을 위한 공간을 조성하는 데 치우쳐 있다. 이 점에서 이 책에서 제시된 ARM, ERM, semi-ERM은 하나하나가 단절된 것이 아니라 연속적으로 이어진 하천복원의 넓은 스펙트럼의 일부라는 점을 되새길 필요가 있다.

6.3.3 시공, 모니터링 및 적응관리

■ 시공

하천복원사업 시공을 위해서는 현장 준비 및 정리, 시공, 검사 및 유지관리 등에 대한 기술적 사항 등을 고려한다.

현장준비를 위해서 사업구간 확인, 접근로 및 공사사무소 준비, 공사로 인한 환경영향, 즉 교란행위의 최소화 대책, 필요장비 확보 등이 요구된다.

현장정리를 위해서 공사장 표시, 원하지 않는 식생의 제거, 현장 배수처리, 존치할 기존 식생의 보호 및 관리 등이 요구된다.

다음 단계는 토공, 유수분기, 식생재료의 이식 등이다. 식생재료의 이식은 하천복원 시공에서 중요한 단계이다. 대상 종과 지역에 맞추어 이식하는 시기를 결정한다. 식생재료의 수송과 보관 또한 씨뿌리기, 꺾꽂이, 뿌리이식 등 이식방법에 맞춘다. 그리고 경쟁종의 처리, 살충제나 비료의 살포, 멀칭, 물주기, 울타리 등을 고려한다.

마지막 단계는 공사기간 중 주기적 검사와 공사 후 최종 검사이다. 검사 단계에서 이상이 발견되면 이를 조치하는 유지관리가 요구된다.

국토부/건설연이 개발한 하천복원매뉴얼(2011, VI-75~78)에는 '복원공사 시 주의사항'이라 하여 복원공사의 기본원칙, 공사계획, 공사구조물 설치, 주변 영향 최소화 방안 등을 소개하고 있다.

■ 모니터링

하천복원사업의 모니터링은 그 목적에 따라 통상 시공 모니터링, 효과 모니터링 및 타당성 모니터링 등으로 구분한다. 시공 모니터링은 일종의 감리로서 시공이 당초 계획과 설계대로 진행되고 있는지를 확인하는 것이며, 효과 모니터링은 시공이 당초 사업의 기대효과와 목표를 달성했는지를 확인하는 것이다. 따라서 효과 모니터링은 당초 사업목표의 달성 여부를 평가할 지표들을 미리 선정할 필요가 있다. 타당성 모니터링은 당초 설계에 반영된 여러 가정이나 가설이 정말 맞는지를 확인하는 것이다. 이러한 모니터링은 특히 사업이 당초 계획대로 진행되었음에도 불구하고 그 결과가 당초 계획한 것과 달라지는 경우 그 원인을 확인하기 위해 필요하다. 전술한 매뉴얼(국토부/건설연 2011, VII-1~37)에는 복원사업의 효과 모니터링 방법을 물리적, 화학적, 생물적으로 나누어 구체적으로 소개하고 있다.

■ 적응관리

적응관리(adaptive management)는 사업의 제 모니터링 결과 문제가 발생한 경우 언제 변화를 주어야 사업이 성공할 것인지를 확인하여 중간 수정이나 단기 수정을 하는 유연한 관리방법이다. 이러한 특별한 관리방법이 필요한 이유는 하천복원사업이 기본적으로 생태계의 서식처를 복원하는 것이므로 사업계획과 설계 단계에서 다수의 가정과 가설을 기반으로 진행되기 때문에 사업성과가 당초 목표대로 간다는 보장이 어렵기 때문이다.

구체적으로, 하천복원사업은 성격상 자연을 관리하고 복원하는 사업이므로 사업의 설계와 시공을 위한 전통적인 계획 절차를 가지고는 예상치 않은 결과가 나올 가능성이 클 수밖에 없다. 따라서 이러한 하천복원사업에서는 예상치 않은 문제에 대한 유연한 대응이 필요하게 된다. 즉, 이수와 치수 목적의 전통적 하천사업은 비교적 예측이 가능한 물리적, 화학적 변수를 가지고 계획, 설계하는 반면에 하천복원사업은 생물, 생태라는 추가적 변수를 고려하여야 하므로 물리적, 화학적 지식에 기초한 계획 및 설계에 비해 불확실성이 높을 수밖에 없다. 이러한 특성 때문에 이른바 '하면서 배운다(learning by doing)'라는 접근방식을 채택하는 경우가 많아지게 되어 적응관리의 필요성이 높다. 즉, 복원사업의 계획과 설계 과정에서 도움이 되는 정보는 과학적인 조사와 모니터링을 통해 얻어지며, 이렇게 얻어진 지식과 정보를 복원사업의 설계와 시공에 반복적이고 적극적으로 적용함으로써 사업의 불확실성을 줄이고 사업의 설계와 운영을 지속적으로 정제할 수 있다.

적응관리는 복원 중 또는 이후에 실시될 수 있으며, 결과에 따라 복원목표 및 복원과정의 변화를 가져올 수 있다. 적응관리는 모니터링 자료를 기초로 하며 필요시 부가적인 자료 및 외부 전문가의 의견을 참고할 수 있다. 이러한 결과를 토대로 사업 목적 및 예산 측면에서 타당한 선까지 합리적인 방안을 도출하고 이를 적용한다. 적응관리 내용은 특정 사업에서 얻어진 교훈을 동일 사업의 개량 혹은 다른 사업에 적용할 수 있다.

❖ Box 기사 ARM 복원 사례-울산 태화강(생태공학포럼 2011)

한반도 동남쪽에 위치한 우리나라의 대표적인 공업도시인 울산시를 가로질러 흐르는 태화강은 유역면적이 644 km^2, 길이가 47.5 km로서, 이 중 11.3 km가 국가하천 구간, 36.3 km가 지방하천 구간이다. 과거 태화강은 수질이 맑고 깨끗해 버들치와 각시붕어를 비롯하여 1급수에만 서식한다는 은어, 연어와 같은 회귀성 어족의 산란처 역할을 했으며, 십리대숲을 비롯해 주변 환경과 어우러져 울산시민에게 좋은 휴식공간이었다. 하지만 1962년 울산이 특정 공업지구로 지정되면서 산업시설이 들어오고 개발에 치중하는 사이에 태화강은 주민들은 물론 물고기로부터도 외면을 받기 시작했다.

구체적으로 1960~70년대에 도시화와 산업화가 진행되면서 가정으로부터는 생활오수가 무분별하게 들어왔으며, 강 상류를 중심으로 입주한 영세공장들로부터 산업폐수가 태화강으로 들어왔다. 결국 1975년 8월에는 태화강에서 기형물고기가 잡히기 시작했으며, 1984년 4월에 태화강을 중심으로 담수어의 분포 및 중금속 함량 조사결과 아연, 구리, 납, 카드뮴 등 중금속이 붕어, 잉어 등의 몸속에 축적되고 있는 것으로 나타났다.

태화강 문제를 해결하기 위해 울산시가 먼저 시작한 것은 오염물질의 하천유입 저감이었다. 1990년대 중반부터 2005년까지 12개 단위사업에 2,500억 원 가까이 투자하였으며 오염주범으로 꼽힌 생활하수를 차단하기 위해 가정오수관 4만 7천여 개를 설치해 하수처리장으로 연결했다. 또한 언양에는 공장과 축산폐수를 고도처리하는 폐수처리장을 설치했다. 나아가 강바닥의 오염된 토사를 걷어내면서 태화강의 수질은 개선되기 시작하였다.

이후 태화강에 대한 지속적인 투자를 위해 태화강 마스터플랜을 추진하여 태화강 발원지에서부터 하구까지 2005년부터 2014년까지 총 50개의 사업을 수행하고 추진하였다.

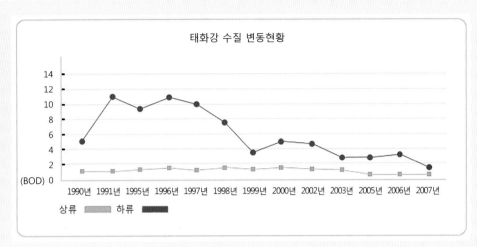

태화강 수질 변동현황

▲ 태화강 수질변동(BOD) (1990~2007)

이를 추진하기 위해 언양과 방어진 두 곳의 하수처리장 건설, 224 km의 하수관로 매설 및 정비, 89만 톤의 퇴적오니 준설, 일 4만 m^3 유지수량 확보, 62만 m^2 부지매입 및 십리대숲 복원, 24.3 km의 산책로와 자전거 도로 설치, 하천전망대 건립 등 다양한 사업들이 진행되었다. 이러한 사업들은 수질 개선을 전제로 하는 ARM 성격의 경관 및 위락공간 조성사업이다.

태화강 하천복원사업의 특징 중 하나는 시민들의 자발적인 참여이다. 예를 들면, 2004년 한 해 동안 지자체, 회사, NGO 등에서 6,000여 명의 시민들이 자발적으로 하천청소를 하였다. 또한 152개 회사가 27개의 하천에 대해 97개 하천구간을 각각 담당하여 '일사일천' 하천정화운동을 벌렸다.

▲ 생태공원 1단계(대숲)

▲ 태화강 전국수영대회의 참가자들

이러한 하천수질의 회복은 2000년대 중반부터 수생생태계의 개선으로 나타나, 연어와 은어가 태화강에 돌아오고, 수달이 서식하고 있는 것으로 조사되었다. 또한 태화강 하류지역에는 오리류 및 갈매기류 등 모두 31종 43,000여 마리의 겨울철새가 관찰되었으며, 특히 떼까마귀의 경우에는 하루 최대 35,000여 마리까지 관찰되었다.

하천수가 맑아지면서 울산시는 2005년부터 매년 6~8월 사이에 태화강 전국수영대회를 개최하였고, 이는 되면서 공해도시로 알려져 왔던 울산에 대한 인식을 생태도시로 바꾸는 전환점이 되었다. '태화들'로 불리는 둔치 53만 m²가 대규모 강변생태공원으로 탈바꿈하면서 강변을 따라 4 km 가까이 늘어선 대나무숲이 십리대밭 생태공원으로 바뀌었고, 생태체험장과 대숲산책로, 쉼터가 생겼다.

울산시 태화강복원사업의 특징은 수질 개선이 하천복원의 선결조건이라는 점을 인식하여 수질개선사업부터 시작하여 성공한 다음, 수변환경개선사업을 추진하였다는 점이다. 지금까지 이 책은 하천복원의 두 가지 대목표인 하천의 친수성과 생태성을 복원하는 데 초점을 맞추었지만, 이 사례는 그러한 목표들을 달성하기 위해서는 하천수질의 개선과 하천수량의 확보가 선결되어야 한다는 점을 시사한다. 이 점은 특히 국내 도시하천에서 수질, 수량 문제를 먼저 해결하기 전에 '물그릇' 복원만으로 하천의 자연적 기능을 복원하는 것은 불가능하다는 것을 보여준다.

6.4 부분적 하천복원

지금까지는 하도, 강턱, 홍수터 등을 묶어 하나의 하천 시스템으로 보고 그 시스템의 복원에 대해 설명하였지만, 이 절에서는 하천의 개별적 구성요소의 복원에 초점을 맞추어 설명한다. 이 절의 제목에서 '부분적'이라고 명명한 것은 하천시스템 전체가 아닌 어느 한 부분이나 특정 공간에 초점을 맞춘 것으로서, 전체 복원사업에 보완적 기여를 한다는 의미를 강조하기 위한 것이다.

6.4.1 수변완충대(RBS)[6]

■ 정의 및 범위

수변완충대는 형태적으로 하천에 인접한 띠 모양의 수림대로서 수역과 육역의 천이지대를 말한다. 수변완충대는 앞서 설명한 그림 1.17과 같이 에너지, 물질 등의 전달/차단/여과와 수용/공급, 그리고 생태서식처로서 역할을 한다. 특히 하천에서 수변완충대는 유역 전체의 약 5% 정도의 적은 비중을 차지하지만 육상서식처와 본질적으로 다른 다양한 야생종이 서식하며, 경관복원과 관리의 관점에서 주요한 분야로 간주되고 있다(Knopf et al. 1988).

수변완충대의 폭은 지역에 따라 유역 특성, 계절, 수위, 토양, 식생분포 등 환경조건이 다르므로 정량적으로 명확한 경계를 짓기는 어렵다(Fischer and Fischenich 2000). 그러나 인위적으로 조성 또는 복원할 경우 미국 등에서는 일반적으로 약 15~100 m 정도 규모로 설

---

6) 이 부분은 주로 생태공학-원리와 응용(우효섭 등 2017) 6.2절을 인용하였음

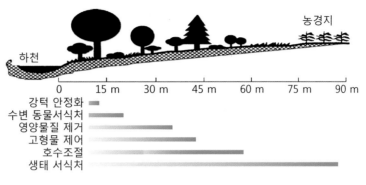

그림 6.11 수변완충대의 기능별 폭(CRJC 2000)

정하고 있다(그림 6.11). 참고로 환경부에서 고시하고 있는 '수변구역'은 오염원의 입지나 오염행위 제한 또는 관리를 위한 하나의 법정구역으로서 그 설정 취지는 좀 다르다. 그러나 수변구역의 범위는 보통 여기서 이야기하는 수변완충대의 기능적 범위를 포함한다.

■ **수변완충대의 기능**

수변완충대는 기본적으로 그림 1.17과 같은 수변의 생태기능에서 하도가 지니는 기능을 제외한 기능이 있다. 구체적으로는 다음과 같다.

- 유사나 오염물질의 여과 및 차단: 수변완충대의 식생과 토양은 강우유출 시 유입되는 유사 또는 부유물을 여과하거나 차단하여 하천으로 유입하는 오염물질을 줄인다.
- 비점오염물의 유입저감: 식물의 뿌리와 토양은 유역에서 지표면 아래로 하천에 유입하는 질소, 인, 유기화합물 등 비점오염물질을 화학적, 생물적 작용을 통해 저감, 제거한다.
- 토양침식 방지: 강우 시 지표면 흐름은 나대지 토양의 침식을 유발하나, 수변완충대의 식생은 흐름에너지를 감소시켜 토양의 침식과 유실을 방지한다.
- 강턱 안정화: 식생 중 관목은 땅속 깊숙이 뿌리를 내려 토양입자를 결속하는 역할을 하므로 홍수 시 유수에너지에 의한 강턱의 붕괴나 유실을 방지한다.
- 수변생물서식처 제공: 수변완충대의 다양한 식물과 토양은 미생물, 곤충, 양서류, 파충류, 포유류, 조류, 어류 등 많은 생물들의 피난 및 산란, 서식처를 제공한다.
- 수변그늘 제공으로 수온 유지: 소규모 하천은 직사광선에 의한 수온의 변화가 크나 수변완충대 식생이 만드는 그늘은 수체 및 수변의 온도 상승을 저감한다.
- 친수·교육 공간의 제공: 수변완충대는 지역 주민들에게 여가활동 공간을 제공하며, 생태공원, 자연학습장 등 교육공간으로 활용될 수 있다.

- 심미적 효과: 수변완충대는 인위적 구조물이나 시설이 거의 없고, 식생으로만 조성되므로 자연친화적 공간으로 양호한 경관을 제공한다.

■ 수변완충대의 설계 및 조성

수변완충대는 완만한 경사와 고른 지표면 상에 초본과 관목 등 식물이 식재된 형태이며, 집수구역(주로 농경지 및 일부 도로)에서 강우유출수 중 부유물질과 질소, 인 등을 식물의 표면과 토양침투, 미생물 작용, 뿌리흡수를 통해 감소시키는 구조를 기본으로 한다(그림 6.12). 사면경사는 5%를 넘지 않는 2~5% 정도가 적당하며, 경사가 급할수록 토양침식 가능성이 높아지며 오염저감 효과는 감소한다.

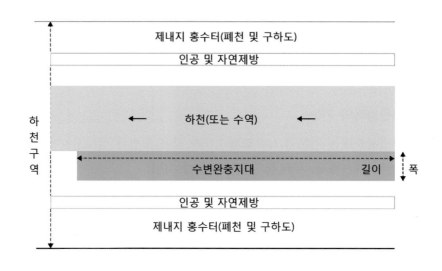

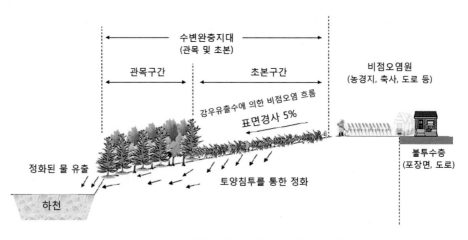

그림 6.12 수변완충대의 기본 구조 및 형태(건설연 2006)

수변완충대의 식생구조는 지표면의 식생종별 구성에 따라 초본형태, 관목형태, 혼합형태로 구분한다. 초본(잔디류)은 유역에서 유입되는 비점오염물질의 저감에 효과적이며, 관목의 경우는 생물서식처로서 기능과 뿌리의 영양물질 흡수에 효과적이다. 따라서 일반적으로 초본과 관목을 혼합 식재한 형태가 이상적이다. 수변완충대의 식생종별 기능적 특징은 표 6.4와 같다.

표 6.4 식생종별 기능의 우수성(USDA 1997)

기능	풀(잔디)	관목	교목
강턱침식 안정	낮음	높음	높음
유사 여과(sediment filtering)	높음	낮음	낮음
영양염류, 살충제, 세균 여과 －유사입자에 흡착된 것 －물에 녹아 있는 것	높음 중간	낮음 낮음	낮음 중간
수생 서식지	낮음	중간	높음
야생동물 서식지	—		
초지/프레리 야생동물 삼림 야생동물	높음 낮음	중간 중간	낮음 높음
경제성 있는 산출물	중간	낮음	중간
경관 다양상	낮음	중간	높음
홍수방어	낮음	중간	높음

■ **식생구성 및 규모**

수변완충대의 규모는 길이와 폭으로 산정한다. 일반적으로 길이는 하천이나 수역을 연한 선형의 연장이며, 폭은 수역으로부터 육역방향으로 거리를 의미한다.

수변완충대는 길이방향으로 가급적 단절 없이 연속적으로 조성할수록 좋으며, 이 경우 수질개선 효과보다는 생태적 기능이 향상된다. 길이방향으로는 생태통로 기능으로서 역할이 크기 때문에 이의 활성화를 위해 인근의 대규모 녹지와 연결 부위를 두 곳 이상 두도록 한다(Fischer and Fischenich 2000).

수변완충대의 규모는 일반적으로 폭으로 나타내며 그 기능별, 역할별로 다양한 규모가 제시되고 있다. 또한 폭이 넓을수록 기능이 더욱 향상된다. 고정된 완충 폭은 관리에는 용이하나 생태적 기능에서 꼭 바람직하지 않다. 일반적으로 수질정화 측면에서는 최소 4~60 m 범위의 폭이 요구되며, 생태적 측면에서는 최소 30~1,000 m 범위의 폭을 필요로 한다(Fischer and Fischenich 2000). 그러나 우리나라 여건상 현실적으로 100 m 이상 되는 폭을 기대하기는 어려울 것이다.

■ 수변완충대의 유지 및 관리

수변완충대의 가장 큰 장점은 비점오염물질 저감 차원에서 타 시설에 비해 자연친화적이며 유지관리비가 상대적으로 적다는 점이다. 그러나 식생은 환경적인 측면뿐만 아니라 치수 측면에서도 영향을 주며 계절적 영향이 크므로 주기적인 관리가 중요하다.

수변완충대 초기 조성 시 통상 우점종을 선택하게 되나 외래종의 잠식이나 피압 등에 의해 활착이 지연되거나 고사할 수 있으므로 주기적인 관리와 모니터링을 통해 외래 특이종을 제거할 필요가 있다. 나무는 통상 홍수흐름을 저해하므로 주기적인 가지치기나 고사한 나무의 제거가 필요하다.

수변완충대 조성 시 식재한 식물은 주변 환경과 기존 토양 속 매토종자에 의해 다소의 군집 변화 가능성이 상존한다. 따라서 오염저감 효과를 저해하지 않는 범위 내에서 경관생태적인 측면의 관리가 필요하다.

■ 국내 수변완충대 적용의 한계

국내에서 수변완충대 적용은 토지가 비교적 넓고 그에 따라 수변공간이 비교적 여유가 있는 외국에 비해 상대적으로 어렵다. 우선 국내 하천에는 대부분 제방이 축조되어 있기 때문에 수변완충대를 설치하려면 제외지에 하여야 한다. 그러나 이 경우 비점오염물질 유입억제라는 당초 수변완충대의 일차 취지를 기대하기 어렵다. 또한 제외지에는 홍수관리 목적으로 통상 교목을 심지 못하기 때문에 수변완충대 설치가 더욱 제한적이다. 제방이 없는 이른바 무제부 수변에는 적용할 수 있으나, 그러한 곳은 대부분 구릉으로 되어 있어 수변완충대 설치 의미가 적다. 환경부의 수변구역 사업은 여기서 설명한 비점오염물질 유입억제보다는 하천수나 호소수 보호를 위한 수변에서 행위제한이 일차적인 목적이다. 다만 서식처 및 경관 창출이라는 이차적인 효과는 기대할 수 있을 것이다.

6.4.2 하천공간 확대-네덜란드 사례

■ 배경

하천공간 확대, 영어로 이른바 'Room-for-the-River'는 네덜란드의 하천관리 정책 중 하나로서 하도와 홍수터를 굴착하여 하천의 통수공간을 확대하는 것으로서 2000년대에 처음 도입되었다. 전통적으로 네덜란드의 하천관리 목표는 수운과 홍수소통 양축이며, 이를 위해 제방축조, 사행수로 직강화, 운하개설 등을 지속적으로 추진하여 왔다. 특히 1993, 1995년 라인강 대홍수 이후 제방을 높이지 않고 통수능을 확대하는 방안으로서 2007년부터 '하천에 공간을'이라는 기치의 하천공간 확대정책이 시작되었다. 이러한 정책은 상당 부분 지난 수

세기 동안 이루어진 수운 및 홍수소통을 위한 다양한 하천정비 대책을 포기, 축소하는 것으로서 또 다른 형태의 하천복원이다.

■ 라인강 하류 사례

그림 6.13은 라인강 하류에 대해 이 같은 하천정책을 도식적으로 보여준다. 이 그림에서 #7의 여름제방 철거는 하도-홍수터 연결을, #8의 2차 하도 굴착은 부하도 복원을, #9의 홍수터 저하는 퇴적된 홍수터를 굴착하고 작은 홍수에도 침수할 수 있는 원 자연상태의 홍수터로 만들어 버드나무나 포프라가 이식하는 것을 기대한다. 또한 #10의 부분적인 홍수터 수목활착을, #13의 제방 재배치는 제방후퇴를 의미한다.

van Vuren et al.(2015)은 하천공간확대(Room-for-the-River) 정책의 실천에 따른 대규모 하천준설은 흐름과 유사이송에 큰 영향을 주어 유지관리 차원의 또 다른 하도준설이 요구되는 문제점을 지적했다. 그들은 라인강 하류의 홍수소통 및 하천복원 목적을 위한 하도 및 홍수터 준설은 결과적으로 수제 등 수운목적의 하천시설물의 안정성은 물론 수운용 수심유지 등에 부정적 영향을 주는 것을 확인하였다. 그들은 대안으로서 하천공간확대 정책은 시작부터 기존 수운용 수제 및 수심 유지관리와 통합하여 검토되는 것이 바람직하다고 강조하였다.

위와 같은 하천정책은 사실상 국내에서 2000년대 말 이른바 '4대강살리기' 사업에 일부 준용되었다. 그러나 van Vuren et al.이 강조하였듯이 이러한 정책의 실천을 위해서 기본적으로 선행되어야 할 것은 인위적인 하도 및 홍수터 굴착과 하천형태 변화에 따른 흐름 및 유사이송의 변화와, 그에 따른 충적하천의 동적 변화를 예측하고 대처하는 것이다. 이러한 변화를 충분히 예측하지 못하고 본류하도를 굴착하여 수위를 낮춘 결과 준설하도의 유지관

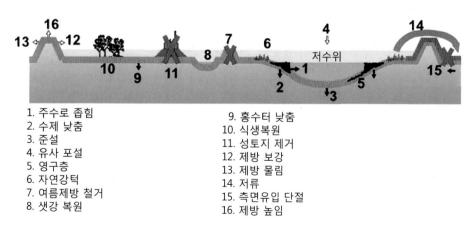

1. 주수로 좁힘
2. 수제 낮춤
3. 준설
4. 유사 포설
5. 영구층
6. 자연강턱
7. 여름제방 철거
8. 샛강 복원
9. 홍수터 낮춤
10. 식생복원
11. 성토지 제거
12. 제방 보강
13. 제방 물림
14. 저류
15. 측면유입 단절
16. 제방 높임

그림 6.13 네덜란드의 하천공간확대정책(Room-for-the River) 모식도(Silva et al. 2001)

리 문제는 물론 지류 유입부에서 두부침식(headcut) 현상이 발생하여 지천 상류로 전파되어 주변 하천관리에 문제가 발생했다(지운 등 2015). 따라서 하천공간확대를 위해 하도를 준설하는 경우 하천의 역동성을 고려하여 대상 하도는 물론 본류, 지류, 하천구조물 등을 종합적·과학적으로 검토하는 것이 필요하다.

6.4.3 강변저류지[7]

강변저류지는 일반적으로 과거에 홍수터의 일부였던 강변 습지나 농토에 조성되는 홍수조절지로서, 평상시에 육상 및 수생 생물서식처, 수질정화, 친수공간 등의 기능을 기대할 수 있다.

■ 기능

강변저류지는 홍수 시 하천수위가 일정 수위 이상이 되면 하천수를 강변저류지로 월류시켜 홍수조절기능을 하고, 평시에는 습지, 농경지, 위락공간 등 친수공간으로 이용하는 시설이다. 또한 강변저류지 그 자체가 생물서식처가 된다. 국내 최대의 강변저류지는 남한강 변 여주 저류지로서 유효저류량 1,620만 m^3, 첨두홍수량 저감량 400 m^3/s, 첨두홍수위 저감고 0.17 m, 월류제 길이 508 m이다. 한편 강원도 영월에 있는 영월저류지(그림 3.4)는 홍수조절용량이 230만 m^3, 첨두홍수저감량이 130 m^3/s로서 1구간, 2구간 두 개로 나누어져 있다. 두 구간 모두 월류부에 높이 2 m 규모의 전도식 수문이 하나씩 설치되어 있다. 첨두홍수위 저감효과는 최대 0.4 m이다.

■ 설계 절차

강변저류지는 크게 계획 수립, 기본설계, 실시 설계 등 3단계로 구분한다. 계획 수립 단계에서는 홍수조절효과 분석을 통해 저류지 위치를 선정하고, 기본설계 단계에서는 설계홍수문곡선을 결정하고 첨두홍수량 저감효과를 산정하고, 저수용량, 월류부, 평시유입부, 방류부 등 저류지 시설물을 개략적으로 설계한다. 실시 설계 단계에서는 시설물의 물리모형실험을 통해 월류부의 형상과 제원, 유량계수 등을 산정하고, 최종적으로 경제성 분석을 한다. 동시에 기본설계 단계에서 제시된 침수빈도를 고려하여 저류지 내 공간계획 및 수질관리계획 등을 수립한다. 위와 같은 강변저류지 설계 절차는 통합매뉴얼(국토부/건설연 2011) 그림 5.4.1에 나와 있다.

---

7) 이 항은 주로 국토부/건설연의 하천복원통합매뉴얼(2011, pp. V-67~82)을 참고하였음

■ **홍수조절효과 분석**

　강변저류지의 홍수조절효과를 컴퓨터 모형으로 분석하기 위해 크게 1) HEC-RAS 등을 이용한 1차원 하도모형과 저류지 수심-저류량 관계식 적용 방법, 2) UNET[8] 등 수리적 홍수추적모형을 이용한 유역 네트워크 최적화 모형, 3) 1차원 하도부정류 모형, 월류 모형, 2차원 저류지 유동모형의 연계방법 등을 고려할 수 있다. 첫 번째 방법은 강변저류지의 개략적인 위치 선정이나 능력 검토에 적합하다. 그러나 강변저류지나 월류제의 상세 설계를 위해서는 세 번째 방법이나 물리모형실험이 바람직하다. 두 번째 방법은 유역의 다양한 홍수조절시설이 있는 경우 이를 네트워크화하여 강변저류지의 적절한 위치와 규모를 검토하는 데 유용하다.

■ **저류지 시설물 설계**

　강변저류지의 설계는 기본형상, 유입부 및 월류부, 유출부 등을 대상으로 한다. 기본형상은 제내지 토지/공간 이용과 저류지 운영 특성에 따라 결정된다. 유입부와 월류부는 일반적으로 그림 6.14와 같은 표준단면형과 관련 시설이 있다. 관련 시설로는 하천 측 비탈면, 월류부, 저류지 측 비탈면, 감세공, 부언제, 배기관, 배수관, 차수판, 십자블럭 등이 있다. 월류부는 일정 수위가 되면 자연적으로 하천수가 넘어가는 단순월류제와 유지용수 등의 확보를 위해 수문이나 가동보를 설치하는 월류제가 있다.

　저류지 유출부는 보통 수문과 통문을 이용한다. 방류방식도 수문이나 오리피스를 통한 자연배수방식을 이용한다. 수문을 이용하는 경우 하천설계기준(한국수자원학회 2009) 제30장 수문편을 참고하고, 오리피스를 이용하는 경우 통합매뉴얼(국토부/건설연 2011) 강변저류지

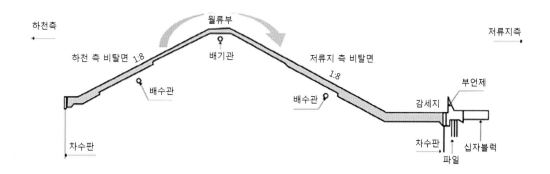

그림 6.14　강변저류지 월류부의 표준횡단도(국토부/건설연 2011, 그림 5.4.5)

---

8) 미 공병단에서 개발한 1차원 하도망 부정류 모형

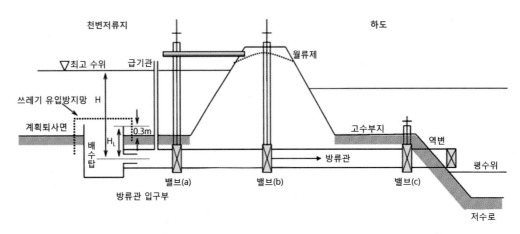

그림 6.15 관로형 유출부 표준단면도(국토부/건설연 2011, 그림 5.4.8)

설계편을 참고할 수 있다. 그림 6.15는 오리피스를 이용하는 유출부 표준단면도이다.

■ 저류지 공간계획

저류지는 도시의 유수지와 성격이 비슷하여 홍수 시 하천의 홍수조절을 위해 운용하는 시기를 제외하면 1년 중 상당 기간을 거의 빈 상태로 두어야 하기 때문에 토지이용의 효율을 높이기 위해서 저류지 공간계획이 필요하다. 즉, 저류지의 다목적 이용계획이 요구된다. 또한 저류지계획 대상 토지의 특성상 하나의 대형 저류지보다는 다수의 중소형 저류지를 계획하는 경우가 생기므로, 저류지 공간계획도 다수의 저류지를 통합적으로 고려하는 것이 필요하다.

비홍수기 저류지는 생물서식처와 친수공간 등으로 이용할 수 있다. 생물서식처 보전 및 조성을 위해서는 먼저 침수기간을 기준으로 검토하는 것이 바람직할 것이다. 앞서 '2.5.2 하천생태 조사'에서 설명한 수생역은 호소역으로 고려하고, 추수역은 습지로 고려할 수 있을 것이다. 그 외 연수목구역이나 경수목구역 등은 육지형으로 고려하여 그러한 침수조건에 맞는 식생을 보전하거나 조성할 수 있다.

저류지 수질관리를 위해 기본적으로 저류지로 들어오는 유입수는 홍수 시 하천수 이외에는 허용하지 말아야 한다. 저류지 수질은 COD 기준 4 mg/L 이하인 3등급을 유지하도록 한다.

친수시설은 연중 30일 미만으로 침수되는 경수목구역을 중심으로 고려할 수 있다. 저류지에 고려할 수 있는 친수시설로는 운동시설 등 활동형, 휴식이나 산책 등을 위한 휴게형, 습지데크 등 학습형 등이다. 다만 저류지의 특성상 안전관리를 위해 이 같은 친수시설에는 홍보, 순찰, 대피경보 등을 고려한다.

6.4.4 복개하천[9]

복개하천은 하천을 콘크리트 등 토목재료로 덮어 지상공간을 도로, 주차장, 기타 시설물로 활용하고 지하하천은 영구히 암거화한 것으로서, 과거 1990년대까지 국내 도시하천에서 전국적으로 시행된 도시하천관리 관행 중 하나였다. 그러나 1990년대 들어 하천이 주는 환경기능의 중요성이 대두됨에 따라 더 이상의 도시하천 복개는 없어지기 시작하였으며, 지금은 2003년 서울시 청계천복원사업을 필두로 오히려 복개된 하천을 복원하는 추세이다.

구체적으로, 하천복개 구조물은 하천법에 의한 하천을 복개하여 도로, 주차장 등의 타용도로 사용하는 일체의 구조물(기초, 기둥, 상판, 벽체 등)을 말한다. 1999년 하천법 개정으로 복개를 제한하고 있으며, 하천환경 개선을 위해 하천기본계획으로 정해지지 않은 하천의 복개 행위는 더 이상 할 수 없게 되었다.

하천복개가 주는 공통적인 문제점은 하천의 환경기능 중 서식처와 친수기능은 사실상 소멸되고 수질자정 기능도 최악으로 추락하며, 하천은 단지 하수와 폐수 및 홍수배제 통로로만 기능한다는 것이다.

■ 복개하천 복원 사례

국내에서 복개하천을 상당 규모로 복원한 최초의 사례는 내륙이 아닌 제주도 제주시 산지천이다. 산지천은 1960년대 후반 복개되었으나 2002년 복원사업으로 되살아난 하천이다. 그러나 대규모 복개하천 복원사업의 시작은 서울시 청계천복원사업(2003~2005년)이다. 이 사업은 교통 문제, 상인 이주, 문화재 문제 등 부정적 여론이 많았음에도 불구하고 사업 후에 70%에 가까운 시민들의 지지를 받아 성공적인 사업으로 평가되고 있다. 다음은 경기도 수원시 수원천 복개하천 복원사업이다. 이 사업은 당초 재해예방 차원에서 2009년부터 2011년까지 추진된 사업이다. 이 사업 역시 주변 상인들의 반대여론을 무마하고 성공한 사업으로 꼽힌다.

그림 6.16은 복개하천 복원사업 전후의 비교 개념도이다.

그림 6.16 복개하천과 복원하천의 비교(좌: 복원 전, 우: 복원 후. 친수공간 창출, 생물서식처 복원, 하천수질 개선 등 도모)(국토부/건설연 2011, 그림 5.5.2)

---

9) 이 항은 주로 국토부/건설연의 하천복원통합매뉴얼(2011, pp. V-83~87)을 참고하였음

■ 복원계획 및 설계

복개하천의 복원계획의 일반적 절차는 그림 6.17과 같이 첫째, 현장조사 및 자료수집, 둘째, 복원타당성 조사 및 우선순위 평가, 셋째, 주민 참여를 통한 복원방향 설정 및 기본설계 구상 등이다. 여기서 통상 실제 복원사업 시 부딪치는 중요한 문제는 지역 주민들의 반대이다. 이를 위해 복개하천 복원계획에서 우선적으로 고려할 것은 지역 주민들을 상대로 복원사업의 타당성 및 방향, 고려할 기능 및 시설, 기존 시설의 철거 및 변경, 구간별로 할 것인지 또는 전체를 동시에 할 것인지 등에 대한 의견을 구하는 것이다(국토부/건설연 2011, 표 5.5.3).

마지막으로, 복개하천의 복원 설계 시 고려할 사항들은 다음과 같다.
- 하천의 치수 안정성을 확보하기 위해 필요한 조치(하천구조물 설치 등)
- 훼손된 하천생태계를 복원하기 위해 그 하천에 적합한 복원모형과 자연형 공법(하상, 저수로, 호안 등) 선정
- 자연재해(홍수, 가뭄 등)와 돌발적인 훼손에 복원이 쉽고 유지관리가 용이한 시설물 및 공법 도입
- 지역환경을 고려한 목표수질과 복원목표종 선정
- 주변의 환경과 유지비용을 고려한 유지유량 확보 방안 마련
- 복개 전 하천모습과 현재의 전경 및 문화, 역사 등을 종합적으로 고려한 수변공간 조성

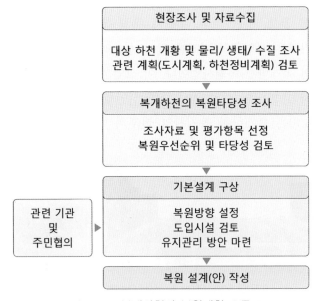

그림 6.17 복개하천의 복원계획 흐름도

6.4.5 보 철거[10]

보는 하천에서 수위를 높일 목적으로 하천을 가로질러 축조된 인공구조물로서 국내 중소하천에 흔한 하천시설물이다. 문제는 이러한 하천시설물의 상당수가 관리가 제대로 되지 않으면 하천 상하류 생태통로의 차단, 보로 형성된 상류 소(沼)의 수질악화, 식생이입 및 활착으로 인한 하류하도의 육역화 등 하천환경에 매우 부정적인 영향을 준다는 것이다. 특히 주변 농경지가 주거지 등으로 바뀌어 보를 이용한 농업용수 공급 용도가 없어졌거나, 기능면에서 보가 노후화되어 수위 상승 및 용수공급 역할을 제대로 하지 못하는 경우가 많다. 이러한 경우 추가로 비용을 들여 경관성이나 생태연결성을 강조하는 이른바 '자연형 보'를 만드는 것보다 물리적으로 철거하여 하천의 연속성을 회복하고 수질 개선도 꾀하는 것이 대부분의 경우 실효성이 더 높다. 심지어 미국, 유럽 등지에서는 보나 댐의 용도나 기능이 유효한 경우에도 그러한 시설물로 인해 회유성 물고기의 이동통로 차단 문제가 있게 되면 시설물의 철거를 고려하는 단계까지 가 있다. 이러한 점에서 용도 폐기된 보나 소형 댐의 철거는 또 다른 하천복원이다.

여기서는 국내 최초로 시험적으로 보를 철거한 다음 전후 변화를 모니터링한 곡릉천의 곡릉2보 철거 사례를 소개한다(건설연 2008). 곡릉2보는 경기도 고양시 곡릉천 중상류에 위치하며, 과거 주변 농경지의 농업용수 공급을 위해 1970년대에 높이 1.5 m, 길이 75 m, 폭 8.8 m로 설치되었다(그림 6.18 참조). 그 후 인근 토지가 비닐하우스로 바뀜에 따라 더 이상 보를 통해 농업용수 공급이 필요 없게 되었지만 그대로 하천에 방치되어 하천 상하류 단절과 상류 소의 수질 악화 문제를 야기하였다. 이 시범사업으로 곡릉2보는 2006년 4월 완전

(a) 철거 전   (b) 철거 직후

그림 6.18 **곡릉천 보 철거 시범사업 전후 사진**

---

10) 이 항은 주로 우효섭 등(2015, pp.663-665)에서 인용하였음

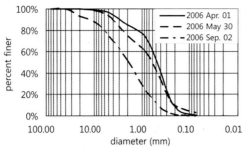

그림 6.19 보 철거 전후 하상재료 입경 변화

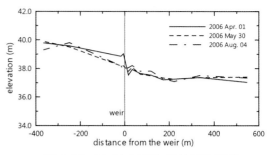

그림 6.20 보 철거 전후 하상종단 변화

철거되고 철거 전후의 물리적, 생태적 모니터링이 시작되었다.

보 철거 전후의 변화를 모니터링하기 위해 철거 전에 보 상하류의 종단 및 횡단 하상고, 하상재료, 수질, 식생, 무척추동물과 물고기 등 수생생물 등을 조사하였다(최성욱 등 2009). 그림 6.19는 보 철거 전후 보에서 197 m 상류단면의 하상재료 입경분포 비교이다. 이 그림에서 보 철거 후 같은 해 7월 홍수로 상류단면의 하상재료가 하류로 쓸려 내려갔고 하상재료가 조립화되어 보 철거 전 평균 입경이 0.5 mm 수준에서 보 철거 후 2.0 mm 수준으로 변하였다. 하상의 조립화 현상은 보 상류에서 공통적으로 나타났다.

그림 6.20은 보 철거 전후 하상종단 변화를 보여주는 것으로서, 보가 철거됨에 따라 상류 하상은 침식되어 낮아지고 하류 하상은 400 m 하류부터 일부 퇴적되었다. 보 철거 전후 하상고 최대 변화는 약 1 m 정도로 나타났다. 그에 따른 종단 하상경사는 보 철거 전 상류부에서 0.00125, 하류부에서 0.0031 수준이었으나 철거 후 그 해 8월에 전체적인 하상경사는 0.00325가 되었다. 이 결과는 그 구간에서 원래 하천경사 0.0031에 근접한 것으로서, 보 철거 후 하상이 급속히 평형을 찾아가는 것으로 나타났다. 이 같은 현상은 대상 하천구간에 HEC-RAS 프로그램을 이용하여 추정된 무차원 하상소류력의 종단변화에서도 확인할 수 있다. 보 철거 전에는 상류부 소류력이 전체적으로 하상변동의 임계값인 0.06 이하이고, 하류부는 그 이상이었다. 철거 후에는 상류부는 소류력이 급격히 증가하고 하류부는 큰 변화가 없었다.

수질 모니터링 결과 보 철거로 인해 상류 소가 없어지고 하상에 축적된 오염물이 씻겨 내려감에 따라 BOD, SS, TN, TP 등 주요 수질 항목이 전체적으로 개선된 것으로 나타났다. 보 철거 후 새로이 드러난 하상에는 일년생 교란지 식생이 나타났으나, 점차 시간이 가면서 다년생 식생으로 천이가 되었다. 철거 전후 상하류 대형 무척추동물의 종 다양성을 비교하면 호소형 생태계인 상류에서는 13개 종이, 유수형 생태계인 하류에서는 36개 종이 출현하여 상류보다 하류가 종의 수가 더 풍부한 것을 알 수 있다. 보 철거 후에는 상류에서 21개 종이, 하류에서 38개 종이 출현하여 상류 생태계가 점차적으로 하류와 같이 다양해지는 것

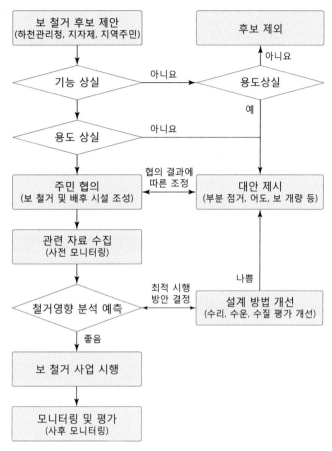

그림 6.21   보 철거 가이드라인(건설연 2008)

을 확인할 수 있다. 어류의 경우에도 보 철거 전보다 후에 종의 다양성이 조금 더 크게 나타났으며, 특히 과거 상류에서는 보이지 않고 하류에 서식하던 메기와 게가 상류에 출현하여 생태통로가 다시 연결되었음을 확인할 수 있다. 그러나 이 같은 수질, 생태 모니터링 결과는 모니터링 기간이 짧았고(1년 이내), 모니터링 구간이 상하류로 개방되었기 때문에 보 철거에 따른 생태적 영향평가 자료로서 가치는 제한적이다(안홍규 등 2008).

건설연(2008)에서는 용도가 다했거나 기능이 없어진 보의 철거에 대한 기술적 가이드라인을 개발하였다. 이 가이드라인에 따르면 일반적인 보 철거 사업계획은 그림 6.21과 같은 단계를 거쳐서 수립된다. 이 가이드라인에서 강조하는 것은 철거 대상 보(또는 소형 댐)는 그 용도나 기능이 상실된 것에 한정한다는 점이다.

연습문제

6.1 수생서식처로서 여울과 소의 중요성에 대해 관련 자료를 참고하여 검토하시오.

6.2 산성광산배수(AMD) 문제에 대해 국내 최근 사례를 조사하여 검토하시오.

6.3 서울시 청계천복원사업을 그림 6.6과 표 6.1에 근거하여 어느 복원모형에 포함되는지, 왜 그렇게 판단하는지 검토하시오.

6.4 국내 하천에 ERM을 적용하는데 비교적 공통적인 한계점을 검토하시오(물리적, 경관생태적, 사회경제적 관점 등).

6.5 생명의 강 살리기(생태공학포럼 2011) 책에 소개된 미국 플로리다주 키시미강 복원 사례를 보고 어느 복원모형에 속하는지, 왜 그렇게 판단하는지 검토하시오.

6.6 표 6.2의 소류력법 예제에서 설계유량을 15.0 m^3/s로 가정하고, 주로 소류사 이송이 있는 경우 예비 하도설계를 하시오.

6.7 표 6.3의 활성하도법 예제에서 설계유량을 125 m^3/s로 가정하고 예비 하도설계를 하시오.

6.8 국내에서 법으로 정해진 '수변구역'과 국제적으로 통용되는 수변완충대(riparian buffer strip)의 차이를 목적, 규모, 배치, 한계 등으로 나누어 비교 검토하시오.

6.9 네덜란드의 Room-for-the-River 개념을 대하천에 적용하는 경우 생길 수 있는 문제점들을 검토하시오(van Vuren et al. 2015 자료 참고).

6.10 국내 보 철거 사례 중 철거 전후 자료가 비교적 잘 정리된 보(예, 안홍규 등 2008)를 대상으로 하천관리상 보 철거의 긍정적, 부정적 영향을 검토하시오.

❖ 용어설명

- **강변저류지**: 과거 홍수터였던 하천변 토지나 저습지, 구하도 등을 이용하여 홍수류를 일시 저류하여 하류에 첨두홍수량을 줄이거나 첨두홍수 발생시간을 늦추는 것

- **공원하천**: 하천의 친수기능 만을 고려하여 정비된 하천을 특징적으로 부르는 말

- **교정**: 하천에 지속적으로 작용하는 교란활동을 제거하거나 저감하는 것

- **근자연형 하천공법(Naturnaher Wasserbau)**: 콘크리트나 금속 등 토목재료 대신에 갯버들, 풀 등 살아 있는 생물재료와 거석, 통나무 등 자연재료를 이용하여 자연하천과 비슷한 형태로 하천을 꾸미는 독일어권 기술

- **다자연형 하천공법**: 독일어권의 근자연형 하천공법을 일본에서 소화·개량한 공법

- **두부침식**: 하천의 침식 기준면이 낮아져서 하류로부터 상류로 올라가면서 하상이 순차적으로 침식되는 현상

- **방재하천**: 하천의 치수기능 증진만을 고려하여 정비된 하천을 특징적으로 부르는 말

- **산성광산배수(AMD)**: 폐광산에서 나오는 지하수가 중금속 등으로 오염된 배수

- **생태하천**: 생태적으로 건강한 하천, 또는 하천의 생태기능이 복원된 하천을 특징적으로 부르는 말(국제 공용어는 아님)

- **자연하천**: 자연상태의 하천을 다른 상태의 하천과 비교하기 위해 특징적으로 부르는 말

- **자연형 하천**: 하천의 생태기능이 부분적으로 회복된 하천을 특징적으로 부르는 말

- **자연형 하천공법**: 독일어권의 근자연형 하천공법과 일본의 다자연형 하천공법과 같이 자연형 재료를 이용하여 하천을 자연스럽게 꾸미는 공법(재료와 형태의 자연형)

- **적응관리**: 생물이 관련된 하천복원사업에서 나타나는 불가피한 불확실성에 대응하기 위한 관리기법으로서, 복원사업으로 인한 예상치 못한 결과나 부작용, 당초 목표의 미달성, 주위 여건의 급격한 변화에 따른 새로운 현상의 발생 등에 현실적으로 대응하는 관리 방식

- **점용하천**: 도시하천의 일부 또는 전부가 타 용도로 전용되었거나 복개된 하천을 특징적으로 부르는 말

- **참조하천**: 하천복원 계획, 설계에서 과거 상태를 유추할 수 있는, '거울'이 될 수 있는 물리적, 생태적으로 특성이 유사한 하천

- **토목섬유**: 토목공사에 흙 또는 타 재료와 함께 사용되는 합성재료나 천연재료로 만들어진, 야자 섬유나 지오텍스타일과 같은 제품

- **토양생물기술(공법)(soil bioengineering)**: 살아 있는 식물과 토양을 이용하여 불안정한 지면이나 사면의 처리 등에 이용되는 기술

- 하천간척(reclamation): 인간을 위해 자연자원을 이용하는 과정으로서, 원 하천생태계의 생물적, 물리적 능력을 변경하는 것

- 하천공간확대(Room-for-the-River): 네덜란드의 하천관리 개념 중 하나로서, 제방을 뒤로 물리거나, 홍수터/하도를 파거나, 구하도를 연결하여 하천의 통수능을 확대하고 종 다양성을 꾀하는 것

- 하천교란: 물리적, 화학적, 생물적 외부 요인이 하천과 유역에 작용하여 하천의 생태적 기능이 부분적, 또는 전체적으로 훼손되는 현상

- 하천복원(restoration): 훼손된 하천을 원래 교란 전 그 하천이 가지고 있던 생태적 기능과 구조에 가능하면 최대한 가깝게 되돌리는 것

- 하천회복(rehabilitation): 훼손된 하천에서 생태계가 자연적으로 되살아나도록 물리적으로 안정된 (새로운) 환경을 만들어 주는 것

- ARM(어메너티 복원모형): 친수성 복원을 우선적으로 고려하는 복원모형으로서, 통상 공원하천 유형으로 나타남

- ERM(생태복원모형): 생태성 복원을 우선적으로 고려하는 복원모형으로서, 통상 생태하천 유형으로 나타남

- semi-ERM(준생태복원모형): 생태성 복원을 지향한다는 점에서 ERM과 같으나 복원 후 지속적인 관리 없이는 생태계의 자기지속성이 어려운 복원모형으로서, 통상 자연형 하천 유형으로 나타남

❖ 참고문헌

건설연(한국건설기술연구원). 2006. 수변완충지대 효율적 조성 및 오염부하 저감효과분석. 환경부 한강물환경연구소 지원.

건설연(한국건설기술연구원). 2008. 기능/용도를 상실한 보 철거 가이드라인(시안). 보철거연구팀. 3월.

국토부(국토해양부)/건설연(한국건설기술연구원). 2011. 하천복원통합매뉴얼.

생태공학포럼. 2011. 생명의 강 살리기. 청문각: 247-257.

안홍규, 우효섭, 이동섭, 김규호. 2008. 기능을 상실한 보 철거를 통한 하천 생태통로복원. 한국환경복원녹화기술학회지, 11(2): 40-54.

안홍규, 우효섭, 이동섭, 김영주. 2008. 기능을 상실한 보 철거를 통한 하천생태통로 복원. 한국수자원학회 학술발표회 초록집, 5월.

우효섭. 2017. 그린인프라와 하천공학-자연형 하천기술의 재조명. 대한토목학회 학술발표회. 부산. 10월.

우효섭, 김원, 지운. 2015. 하천수리학. 청문각.

우효섭, 김한태. 2010. 하천복원의 목표-자연성에 초점을? 인간 서비스에 초점을? 대한토목학회 정기학술대회 논문집, 10월: 217-221.

우효섭 등. 2017. 생태공학-원리와 응용. 청문각.

우효섭, 유대영, 박정환. 2001. 국내하천사업의 진화와 전망. 대한토목학회 정기학술대회 논문집, 11월: 1141-1144.

지운, 장은경, 강진욱. 2015. 비점착성 하상에서의 두부침식 메커니즘 분석에 관한실험 연구. 한국산학기술학회 논문지, 16(2): 1500-1506.

최성욱, 이혜은, 윤병만, 우효섭. 2009. 공릉2보 철거에 따른 하천형태학적 변화. 한국수자원학회 논문집, 42(5): 425-432.

한국수자원학회. 2009. 하천설계기준.

환경부/건설연(한국건설기술연구원). 1995~2001. 국내여건에 맞는 자연형 하천공법의 개발, 제 1~6차년도 연차보고서.

환경부/건설연(한국건설기술연구원). 2002. 하천복원 가이드라인. G-7 국내여건에 맞는 자연형 하천공법 개발 연구.

ASCE. 2007. Manuals and Reports on Engineering Practice, Sedimentation Engineering-Process, Measurements, Modeling, and Practice, edited by M. H. Garcia: 486-491.

Brownlie, W. R. 1981. Prediction of flow depth and sediment discharge in open channel. Rep. No. KH-R-43A. W. M. Kech Laboratory of Hydraulics and Water Resources, California Institute of

Technology, Pasadena Calif.

Brownlie, W. R. 1983. Flow depth in sand bed channels. J. of Hydraulic Engineering, ASCE 111(4): 625-643.

Buffington, J. M. and Montgomery, J. R. 1997. A systematic analysis of eight decades of incipient motion studies, with special reference to gravel-bedded rivers. Water Resources Research, 33(8): 1993-2029.

CRJC (Connecticut River Joint Commission). 2000. http://www.crjc.org/buffers/Introduction.pdf.

Dufour, S. and Peigay, H. 2009. From the myth of a lost paradise to targeted river restoration: forget natural references and focus on human benefits, River Research and Applications, 25: 568-581.

Federal Interagency Stream Restoration Working Group (FISRWG). 1998. Stream Corridor Restoration- Principles, Processes, and Practices. USDC, National Technical Information Service. Springfield, VA., Oct.

Fischer, R. A. and Fischenich, J. C. 2000. Design recommendations for riparian corridors and vegetated buffer strips. ERDC TN-EMRRP-SR-24. U.S. Army Engineer Research and Development Center, Vicksburg, USA.

Hey, R. D. 1979. Flow resistance in gravel-bed rivers. J. of the Hydraulic Engineering Division, ASCE, 105(HY4): 365-379.

Hey, R. D. and Thorne, C. R. 1986. Stable channels with mobile gravel beds. J of Hydraulic Engineering, ASCE, 112(8): 671-689.

Knighton, D. 1998. Fluvial forms and processes-a new perspective, Arnold, p.299.

Knopf, F. L., Johnson, R. R., Rich, T., Samson, F. B., and Szaro, R. C. 1988. Conservation of riparian ecosystems in the United States. The Wilson Bulletin 100: 272-284.

Rutherfurd, I. D., Jerie, K., and Marsh, N. 2000. A Rehabilitation Manual for Australian Streams, Vol. 1 and 2, published by Cooperative Research Center for Catchment Hydrology and Land and Water Resources and Development Corporation.

Shields, F. D., Jr. 1983. Design of habitat structures in open channels. J. of Water Resources Planning and Management, ASCE, 109(4): 331-344.

Shields, F. D., Jr. 1999. Stream corridor restoration: principles, processes, and practice (New Federal Interagency Guidance Document), Forum Article, J. of Hydraulic Engineering, ASCE, May: 440-442.

Silva, W., Klijn, F., and Dijkman, J. 2001. Room for the Rhine branches in the Netherlands, what the research has taught us. WL Delft Hydraulics, Directorate-General for Public Works and Water Management, IRMA.

Sparks, R. 1995. Need for ecosystem management of large rivers and their floodplains, Bioscience, 45(3): 168-182.

USDA. 1997. Agroforestry Notes. AF Note-4. Forest Service/NRCS, USA.

Vannote, R. L, Minshall, G. W, Cummins, K. W, Sedell, J. R., and Cushing, C. E. 1980. The River Continuum Concept, Canadian J. of Fisheries and Aquatic Sciences, 37(1): 130-137.

van Vuren, S., Paarlberg, A., and Havinga, H. 2015. The aftermath of "Room for the River" and restoration works: Coping with excessive maintenance dredging. J. of Hydro-environment Research, 9: 172-186.

Wang, L. K. and Yang, C. T. edited. 2014. Modern water resources engineering, L. K. Wang and C. T. Yang, Handbook of environmental engineering, 15. Ch. 4 "River Restoration" authored by Woo, H. Humana Press, Springer. N. Y.

Woo, H. and Kim, H. J. 2006. An urban stream restoration model focused on amenity: case of the Cheonggye-cheon, Korea, 7th ICHE, Philadelphia, September.

중앙일보/뉴시스. http://news.joins.com/article/11107865. 2017. 12. 접속.

7장 하천모형

RIVER ENGINEERING

7.1 수리모형

7.2 수치모형

이 장에서는 하천공학적 관점에서 실험수리학의 분야인 하천수리모형을 살펴볼 것이다. 실제 하천계획을 할 때는 계산만으로 해결하지 못하는 상황들이 많이 발생한다. 이 때문에 수리모형실험을 통하여 대상이 되는 하천의 상황을 재현하고 관련된 많은 문제들을 해결하고자 하는 경우가 많다. 그러나 수리모형실험에는 많은 시간과 노력, 비용이 소요된다. 따라서 대부분의 경우는 수치모형을 이용하여 대상 하천을 모의하고 그 결과를 계획에 활용한다.

이 둘은 상호보완적인 것이므로, 이 장에서는 먼저 7.1절에서 수리모형에 대해 하천공학적 관점에서 간략히 살펴보고, 다음에 7.2절에서 하천계획에 많이 이용되는 수치모형을 이용한 수리수문량의 계산에 대해 개략적으로 살펴볼 것이다.

7.1 수리모형

7.1.1 상사법칙

모형실험에 의하여 수리현상을 파악하고자 할 때는 일반적으로 원형과 크기가 다른 모형을 만들어 사용하게 된다. 원형과 모형의 크기가 다르기 때문에 모형에 대한 실험 결과를 원형에 적용하기 위해서는 모형과 원형 사이에 특별한 관계가 만족되어야 한다. 이 관계를 상사라 하며, 기본적으로 다음과 같은 세 가지 상사성을 만족해야 한다.

- 기하학적 상사(geometric similarity)
- 운동학적 상사(kinematic similarity)
- 동역학적 상사(dynamic similarity)

■ 기하학적 상사

원형과 모형 사이의 모든 대응하는 크기(길이)의 비가 같을 때, 즉 닮은꼴일 때 이 원형과 모형은 "기하학적으로 상사를 이룬다"고 한다. 둘 사이의 크기 관계를 나타내기 위해, 원형의 물리량에는 아래첨자 p, 모형의 물리량에는 아래첨자 m, 모형과 원형의 비율은 아래첨자 r을 각각 붙이기로 한다. 기하학적 상사에 있어서는 서로 대응하는 모든 길이의 비가 같아야 하므로 길이 비율(축척) L_r은 다음과 같이 나타낼 수 있다(그림 7.1).

$$L_r \equiv \frac{L_m}{L_p} \tag{7.1}$$

여기서 L_p는 원형의 길이, L_m은 모형의 길이이다.

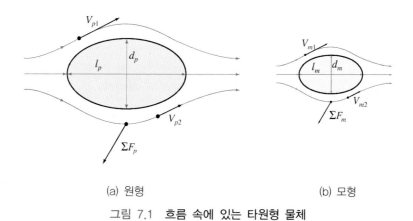

(a) 원형   (b) 모형

그림 7.1 **흐름 속에 있는 타원형 물체**

■ 운동학적 상사

원형과 모형의 운동의 각 대응점에서 운동의 모양, 또는 경로가 기하학적으로 상사를 만족시키고 그 운동에 내포된 여러 대응하는 입자들의 속도비가 같을 때 운동학적으로 상사가 성립한다고 말할 수 있다. 즉, 운동학적 상사를 하려면 반드시 기하학적 상사는 만족해야 한다. 운동학적 상사는 속도비를 이용하여 다음과 같이 나타낼 수 있다.

$$V_r \equiv \frac{V_m}{V_p} = \frac{L_m/T_m}{L_p/T_p} = \frac{L_r}{T_r} \tag{7.2}$$

여기서 $T_r(= T_m/T_p)$는 모형과 원형의 시간비이다.

■ 동역학적 상사

모형과 원형의 각 대응점에 작용하는 힘의 비(F_r)가 같으면 모형과 원형 사이에 동역학적 상사성이 성립한다. 이때 유체요소에 작용하는 힘은 다음과 같이 여러 종류가 있다.

- 압력(pressure force): F_p
- 중력(gravity force): F_g
- 점성력(viscous force): F_v
- 탄성력(elastic force): F_e
- 표면장력(surface tension): F_s
- 관성력(inertia force): F_i

Newton의 제2법칙에 의하면 모든 힘들의 합력은 관성력($F_i = ma$)과 같다.

$$(F_i)_r = \frac{(F_i)_m}{(F_i)_p} = \frac{(F_p + F_g + F_v + F_e + F_s)_m}{(F_p + F_g + F_v + F_e + F_s)_p} \tag{7.3}$$

그런데, 힘은 벡터량이므로 원형에 작용하는 힘의 다각형이 모형에 작용하는 힘의 다각형과 상사가 되어야 동역학적 상사가 성립하는 것이다. 즉, 각 힘을 개별적으로 정의하여 다음과 같은 관계가 성립해야만 한다.

$$\frac{(F_i)_m}{(F_i)_p} = \frac{(F_p)_m}{(F_p)_p} = \frac{(F_g)_m}{(F_g)_p} = \frac{(F_v)_m}{(F_v)_p} = \frac{(F_e)_m}{(F_e)_p} = \frac{(F_s)_m}{(F_s)_p} \tag{7.4}$$

이 관계를 만족하면 원형과 모형 사이에는 완전한 상사가 이루어진다.

■ 특별상사법칙

앞서 동역학적 상사를 만족하면, 원형과 모형 사이에 완전한 상사가 이루어진다고 하였다. 동역학적 상사성이 성립하려면, 이때 유체에 작용하는 모든 힘들 사이에 상사가 되어야 하는데, 이것은 이론적으로는 가능하지만 실제는 불가능한 일이다. 즉, 동역학적 상사를 완전히 만족하려면, 실험에 사용하는 유체나 실험을 하는 주위 환경(예를 들어, 중력가속도)도 모두 원형과 모형 사이에 상사성을 가져야 하지만, 이것은 불가능하다. 원형과 모형 사이에 중력에 대한 상사를 만족한다고 해도, 원형과 모형에서 이용하는 유체가 같은 물이라면 점성력에 대한 상사를 동시에 만족할 수 없게 된다. 그래서 실용적으로는 영향이 가장 큰 힘만 고려하여 상사성을 논하고 영향력이 작은 힘들은 생략한다. 이것을 특별상사법칙이라 한다. 특별상사법칙은 흐름의 지배력과 관성력의 비가 일정하다는 조건을 갖는다. 이때 고려하는 흐름의 지배력에 따라 여러 가지가 있으나 주로 사용되는 것은 다음과 같은 네 가지 상사법칙이다.

- 점성력: 레이놀즈 상사(Reynolds similarity)
- 중력: 프루드 상사(Froude similarity)
- 탄성력: 코시 상사(Cauchy similarity)
- 표면장력: 웨버 상사(Weber similarity)

이 때문에 점성력이 중요한 관수로 실험에서는 대부분 레이놀즈 상사를 이용하고, 중력이 중요한 개수로 실험에서는 프루드 상사를 이용한다. 다음에는 하천수리학에서 가장 중요한 프루드 상사에 대해서만 간략히 설명하겠다.

■ 프루드 상사

원형과 모형에서 중력이 흐름을 지배하고, 점성력이나 표면장력 등은 영향이 작은 경우에 적용할 수 있는 상사법칙이다. 예를 들어, 수심이 큰 개수로 흐름, 댐의 여수로 흐름, 수문이나 오리피스를 통과하는 흐름, 해안의 파랑 등은 중력의 영향이 가장 크다. 중력의 영향만을 생각하고, 다른 힘들을 무시하면 동역학적 상사는 다음 조건이 성립해야 한다.

$$(F_i)_r = (F_g)_r \tag{7.5}$$

즉, 원형과 모형에서 관성력비는 중력비와 같아야 한다. 먼저 중력비는 다음과 같다.

$$(F_g)_r = \frac{W_m}{W_p} = \frac{\rho_m g_m L_m^3}{\rho_p g_p L_p^3} = \rho_r g_r L_r^3 \tag{7.6}$$

이때 원형과 모형이 모두 같은 유체(물)를 이용한다면, $\rho_r = 1$이다. 또한, 원형과 모형이 모두 지구 위에 존재한다면, 이들에 작용하는 중력가속도의 비(g_r)는 같아야 한다. 즉, $g_r = 1$이다. 따라서 중력비는 다음과 같다.

$$(F_g)_r = L_r^3 \tag{7.7}$$

즉, 기하학적 상사만 만족하면, 중력비는 저절로 만족하게 된다.

한편, 앞서 언급한 것처럼, 원형과 모형이 모두 지구 위에 존재한다면, $g_r = 1$이어야 하므로,

$$g_r = \frac{L_r}{T_r^2} = 1 \tag{7.8}$$

여기서 시간비는 다음과 같이 된다.

$$T_r = L_r^{1/2} \tag{7.9}$$

따라서 관성력비는 다음과 같다.

$$(F_i)_r = m_r a_r = \rho_r L_r^4 T_r^{-2} = L_r^3 \tag{7.10}$$

한편, 앞서 식 (7.2)에서 제시한 속도비는 다음과 같이 된다.

$$V_r = \frac{L_r}{T_r} = L_r^{1/2} \tag{7.11}$$

또, 여기서 유량비를 구할 수 있다.

$$Q_r = \frac{L_r^3}{T_r} = L_r^{5/2} \tag{7.12}$$

한편, 식 (7.9)를 다시 정리하면 다음과 같이 된다.

$$V_r = \frac{V_m}{V_p} = \frac{\sqrt{L_m}}{\sqrt{L_p}} = \frac{\sqrt{g_r L_m}}{\sqrt{g_r L_p}} \tag{7.13}$$

$$\frac{V_m}{\sqrt{g_r L_m}} = \frac{V_p}{\sqrt{g_r L_p}} \tag{7.14}$$

$$(Fr)_m = (Fr)_p \tag{7.15}$$

식 (7.15)는 프루드 상사에서 원형의 프루드수와 모형의 프루드수가 같아야 함을 의미한다.

예제 7.1

어떤 하천에 첩수로를 건설하기 위해 모형실험을 계획 중이다. 모형축척은 1/20이라 할 때 다음 물음에 답하시오.

(1) 원형에서 수로의 유출량이 $Q_p = 400$ m³/s라면, 모형 수로의 유량은 얼마인가?

(2) 모형의 어느 지점에서 측정한 유속이 2 m/s였다면, 원형의 대응점의 유속은 얼마가 되겠는가?

(3) 원형에서 수문을 여닫는 데 20분이 걸린다면, 모형실험에서는 수문을 여닫는 시간을 얼마로 해야 하는가?

[풀이]

(1) $Q_r = \dfrac{Q_m}{Q_p} = L_r^{5/2}$이므로, $Q_m = Q_p L_r^{5/2} = 400 \times \left(\dfrac{1}{50}\right)^{5/2} = 0.224$ (m³/s)

(2) $V_r = \dfrac{V_m}{V_p} = L_r^{1/2}$에서 $V_p = \dfrac{V_m}{L_r^{1/2}} = \dfrac{2}{(1/50)^{1/2}} = 8.94$ (m/s)

(3) $T_r = \dfrac{T_m}{T_p} = L_r^{1/2}$에서 $T_m = T_p L_r^{1/2} = (20 \times 60) \times \left(\dfrac{1}{50}\right)^{1/2} = 403$ (s)

7.1.2 고정상 하천모형

고정상 모형은 모형의 수로바닥을 콘크리트, 목재, 플라스틱, 유리, 강판 등으로 만들어 수로바닥이 고정된 모형을 말한다. 이것은 하상이 안정되어 있어 유사이동 또는 하상변동에 의한 영향의 중요성이 크지 않은 하천흐름의 연구를 위한 실험에 많이 이용된다. 또한 이동상 모형실험에 앞서 유황분석을 위하여 실시하기도 한다.

고정상 모형에서는 수류의 운동만이 발생되므로 다음 사항들을 고정상 실험을 통하여 취득할 수 있다(송재우 2012).

- 계획단면에서의 각종 유량의 소통능력 검토
- 수위, 유속 및 유향의 측정
- 유황 관찰 및 촬영
- 수충부 발견 및 대책 수립

- 사수역의 파악과 대책
- 기본계획안에 대한 일반 실험
- 이동상 실험을 위한 유황 분석

■ 모형의 조도

고정상 모형실험에서 가장 중요한 관심사는 유속분포와 수위(또는 에너지 경사)이다. 따라서 하상조도의 영향은 매우 중요하며 실험 시 모형의 보정 과정에서 모형의 하상조도를 원형과 상사를 이루게 하는 것이 가장 중요하다.

그런데, 흐름이 층류인 경우 손실수두는 조도에 관계없이 레이놀즈수만의 함수였으나, 난류의 경우는 손실수두가 레이놀즈수와 상대조도의 함수이다. 자연하천의 흐름은 난류가 일반적이므로 모형실험 시 조도에 대한 상사성을 만족시켜야 한다.

하천의 흐름은 대개 레이놀즈수가 상당히 크고 조도의 영향이 크므로 매닝의 평균 유속공식이 사용되며, 조도의 상사에 매닝식의 조도계수 n을 사용한다.

개수로의 지배력인 중력을 고려하여 프루드의 상사법칙을 적용하기 때문에 원형과 모형에서 매닝의 평균 유속공식이 적용된다는 가정하에 조도를 조정한다. 이때 중요한 전제조건은 모형에서도 흐름이 난류상태가 유지되어야 한다는 것이다.

매닝식의 유속비는 다음과 같다.

$$V_r = \frac{V_m}{V_p} = \frac{1}{n_r}\left(R_h\right)_r^{2/3}\left(S_r\right)^{1/2} \tag{7.16}$$

원형과 모형의 기하학적 및 운동학적 상사성이 성립된다면 에너지 경사선도 같아야 하므로 $S_r = 1$, 즉 $S_p = S_m$이 되고 식 (7.16)은 다음과 같다.

$$V_r = \frac{1}{n_r}\left(L_r\right)^{2/3} \tag{7.17}$$

그런데 프루드 상사에서 $V_r = \left(L_r\right)^{1/2}$이므로, 조도계수비는 다음과 같다.

$$n_r = \frac{\left(L_r\right)^{2/3}}{V_r} = \left(L_r\right)^{1/6} \tag{7.18}$$

그러나 모형에서 식 (7.18)의 조도계수비를 만들기는 매우 어려운 일이며, 때로는 이렇게 조도를 맞출 수 없는 경우도 있다. 따라서 실제 실험에서는 원형과 모형의 수위선(또는 에너지선)이 같게 될 때까지 모형의 조도를 조절하여 해결한다.

▨ 모형의 축척

모형은 크기가 작을수록 경제적이며, 실제 운용상 노력과 경비가 적게 든다. 그러나 너무 축척을 작게 하면 다음과 같은 여러 가지 이유로 실제 흐름 상태를 재현할 수 없다.

- 원형이 난류인데 모형의 크기를 너무 작게 하면 흐름의 규모가 작아져 층류 흐름이 발생할 수 있다. 난류와 층류는 손실수두의 인자가 다르므로 흐름 간에 상사가 성립되지 않는다.
- 축척을 너무 작게 하면 모형 조도의 재현이 불가능한 경우도 있다. 예를 들면, 콘크리트로 만든 수로의 조도계수는 $n_p = 0.015$ 정도인데 축척을 $L_r = 1/100$으로 하면, 모형의 조도계수는 $n_m = 0.007$이다. 유리 표면의 조도가 $n = 0.01$ 정도이므로 실제로는 이와 같은 조도를 구현할 수 없다.
- 아울러 실제 모형에서 수리량을 측정할 때, 모형의 규모가 너무 작으면 적절한 측정이 어려운 경우도 있다. 그래서 개략적으로 관심이 있는 측정 지점의 수심은 6 cm 이상이 되도록 한다.
- 또한, 여수로의 흐름과 같이 수면이 곡면인 경우 모형의 축척이 너무 작으면, 표면장력이 다른 힘보다 크게 되어 원형과 상사가 되지 않는다.

실용적으로 채택하고 있는 모형축척의 크기는 대형 수공구조물은 1/100~1/50, 중소형 수공구조물은 1/40~1/20 정도로 한다. 그리고 모형을 설치하는 실험장에서 허용하는 한 최대 축척으로 하는 것이 바람직하다.

▨ 왜곡모형

수리학적 상사에서 첫째 조건은 기하학적 상사이므로, 일반적으로 수평축척과 연직축척은 동일해야 한다. 그러나 원형의 면적이 매우 넓은 하천이나 해역의 경우에는 연직방향의 길이(즉, 수심)가 상대적으로 매우 작게 된다. 이런 원형을 수평과 연직방향이 같은 동일 축척으로 만들면, 수심이 너무 작아서 모형의 흐름이 층류가 될 수 있다. 또 표면장력이 흐름을 주로 지배하게 되거나, 측정 자체가 어렵게 되는 경우도 있다. 이런 경우 지배적인 힘이 달라져서 원형과의 동역학적 상사를 만족하지 못하게 된다.

이와 같은 경우는 연직축척을 수평축척보다 크게 할 수 있다. 이렇게 하여 적절한 수심을 확보하고 표면장력에 대한 불합리성을 제거할 수 있다. 그러나 이 경우 흐름은 수평면 흐름이 위주가 되어야 하며, 연직면의 흐름 변화가 작아야 한다. 수로 곡선부에서는 연직방향의 유속분포가 크게 변하며 이차류가 발생하기 때문에 왜곡모형을 이용하기 어렵다.

이제, 수평방향 길이를 X, 연직방향 길이를 Y라고 하면, 수평축척 X_r과 연직축척 Y_r은 다음과 같다.

$$X_r = \frac{X_m}{X_p}, \quad Y_r = \frac{Y_m}{Y_p} \tag{7.19}$$

이때 연직축척과 수평축척의 비율을 모형의 왜곡도라고 한다. 또, 면적비는 다음과 같다.

$$A_r = X_r Y_r \tag{7.20}$$

개수로 흐름에는 프루드 상사법칙이 적용되며, 이 경우 속도비는 다음과 같다.

$$V_r = \sqrt{Y_r} \tag{7.21}$$

단, 이때 유속은 쉐지 공식을 따른다고 가정하였을 경우이다. 따라서 유량비는 다음과 같다.

$$Q_r = A_r V_r = X_r Y_r^{3/2} \tag{7.22}$$

한편, 조도계수를 다룰 때 에너지 경사는 연직길이와 수평길이의 비이므로,

$$S_r = \frac{Y_r}{X_r} \tag{7.23}$$

원형과 모형에서 매닝의 평균 유속공식을 적용하면

$$V_r = \frac{V_m}{V_p} = \frac{\left(\frac{1}{n}R_h^{2/3}S^{1/2}\right)_m}{\left(\frac{1}{n}R_h^{2/3}S^{1/2}\right)_p} = \frac{(R_h)_r^{1/2}Y_r^{1/2}}{n_r X_r^{1/2}} \tag{7.24}$$

여기서 $V_r = \sqrt{Y_r}$ 이므로, 위 식에서 조도계수비는 다음과 같다.

$$n_r = \frac{(R_h)_r^{2/3}}{X_r^{1/2}} \tag{7.25}$$

수심에 비해 수로 폭이 매우 넓은 수로(일반적인 하천은 이 가정을 만족한다)는 $R_h \simeq Y$이므로, 이 경우 조도는 다음과 같이 된다.

$$n_r = \frac{Y_r^{2/3}}{X_r^{1/2}} \tag{7.26}$$

모형에서 하상조도를 조정하는 방법은 모래나 자갈을 하상에 설치하거나 플라스틱이나 금속 조각을 하상에 부착하여 필요한 조도를 얻는 것이다. 인공조도를 하상에 설치한 후 물을 흘리면서 손실수두를 측정하여 원하는 조도 및 흐름이 모형에서 재현될 때까지 시산법으로 조도의 크기와 배열을 조정한다.

왜곡모형에서는 왜곡도가 너무 크지 않도록 해야 한다. 왜곡도가 지나치게 크면, 하천 사행부의 흐름과 같은 곡류부의 유속 및 압력 분포가 원형과 심각하게 다르게 될 우려가 있다. 일반적으로 채택되는 왜곡모형의 축척은 다음과 같다.

- 대형 수공구조물: $X_r = \dfrac{1}{1000} \sim \dfrac{1}{200}$, $Y_r = \dfrac{1}{100} \sim \dfrac{1}{40}$

- 중소형 수공구조물: $X_r = \dfrac{1}{200} \sim \dfrac{1}{100}$, $Y_r = \dfrac{1}{50} \sim \dfrac{1}{20}$

예제 7.2

어떤 직사각형 단면 수로가 폭 200 m, 수심 4 m, 조도계수 0.030일 때, 수평축척 1/100, 연직축척 1/40의 왜곡모형으로 수리모형실험을 하려고 한다. 원형과 모형의 동수반경의 비를 구하시오.

[풀이]

주어진 자료를 정리하면, $B_p = 200$ (m), $y_p = 4$ (m), $n_p = 0.030$, $X_r = \dfrac{x_m}{x_p} = 1/100$, $Y_r = \dfrac{y_m}{y_p} = 1/40$이다. 동수반경은 유수단면적을 윤변으로 나눈 것이므로 다음과 같다.

$$R_r = \frac{R_m}{R_p} = \frac{\dfrac{B_m y_m}{B_m + 2y_m}}{\dfrac{B_p y_p}{B_p + 2y_p}} = \frac{X_r B_p Y_r y_p}{X_r B_p + 2Y_r y_p} \times \frac{B_p + 2y_p}{B_p y_p} = \frac{X_r Y_r}{X_r B_p + 2Y_r y_p} \times (B_p + 2y_p)$$

$$= \frac{\dfrac{1}{100} \times \dfrac{1}{40}}{\dfrac{1}{100} \times 200 + 2 \times \dfrac{1}{40} \times 4} \times (200 + 2 \times 4) = 0.0236$$

7.1.3 이동상 하천모형

하천계획에서 유사이동에 따른 하상변동이 매우 중요한 문제가 되는 경우가 있다. 즉, 하천개수계획이나 하천개발계획 또는 댐과 같은 수공구조물을 하천에 설치하려고 할 때 건설공사에 앞서 기본계획의 수리학적 타당성을 검토하고자 하는 경우이다. 그 가운데서도 특히 하상변동이나 하안의 세굴 및 침식 또는 퇴적상황을 주로 파악하여 실시설계자료를 제시하기 위한 실험이 반드시 필요하다. 이런 경우는 모형의 수로바닥을 모래나 자갈, 석탄분과 같은 이동이 가능한 재료로 만들고 수리모형실험을 하게 된다. 이처럼 수로바닥을 이동성 재료로 만든 모형을 이동상 수리모형 또는 간단히 이동상 모형이라 한다.

이동상 하천의 문제를 모형실험에 의해 해결하고자 하는 경우는 대체로 다음의 두 가지 상황이다. 하나는 유사이동의 상사성을 만족하는 실험이고, 다른 하나는 하상변동의 상사성을 만족하는 실험이다. 전자는 보통 유사량 공식의 개발이나 유사이동의 기본적 원리에 대한 실험이라 볼 수 있다. 반면, 후자는 실제 하천에서 발생하는 이동상 하천 문제를 해결하고자 하는 경우이다. 이 절에서는 후자에 대해서만 다루기로 한다. 이동상 모형실험에 대한 보다 상세한 사항은 山本(1989) 또는 이것을 번역한 김규한(1999)의 문헌을 살펴보기 바란다.

이동상 하천에서 하상토사의 이동과 부유상황은 불규칙적이고 복잡하며 이것을 모형에 재현시키는 일은 매우 어렵다. 또한, 이동상의 수류에 대해서는 엄밀한 수리학적 상사성을 성립시키기는 어렵다. 그래서 실용적으로는 이동상 하천의 여러 가지 문제를 모형실험에 의해서 해결하지 않으면 안 된다.

이동상 하상에 대한 모형실험에서는 유사량, 하상변동 등의 상사성에 부합되는 모형을 제작하기 위해 각종 수리량을 임의로 선택해서는 안 되고 일정한 관계식에 의하여 결정해야 한다. 이 경우 실험장소와 모형사의 선택에 제한을 받게 된다. 수심을 일정하게 유지하는 방법, 조도계수를 조정하는 방법, 난류상태를 유지하는 방법까지 모두 고심하여 결정해야 한다. 실제 실험은 많은 경험과 현장 조정의 합리성에 대한 기술자의 식견과 판단이 요구된다.

■ 모형사

이동상 모형실험에서는 고정상 모형실험에서와는 달리 하상입자가 유수에 의해 이동된다. 이러한 이동상 모형실험에서 요구되는 사항은 모형에서의 하상입자가 원형에서의 하상입자와 거의 같은 경향을 취하면서 이동해야 한다는 것이며, 결국 원형에서 관측된 하상형태와 모형에서의 하상형태가 대략적으로 동일해야 된다는 것을 의미한다. 이를 위해서는 모형과 원형 사이의 흐름 조건을 만족시켜야 될 뿐만 아니라 모형사의 선정도 매우 중요하다.

이동상 수리모형실험에서 사용되는 모형사는 크게 자연사와 인공사로 나뉘며, 이러한 모형사의 종류와 물리적 특성은 **표 7.1**과 같다. 또한 **그림 7.2**에는 대표적인 모형사를 제시하였다.

표 7.1 대표적 모형사의 물리 특성(송재우 2012)

모형사		비중	크기(mm)
자연사	자연모래(natural sand)	2.65	0.1~1.0
	석탄분(coal powder)	1.40~1.50	다양함
인공사	플라스틱 가루(plastic powder)	1.05	1.0~1.5
	규조토(diatomaceous earth)	2.05~2.15	0.1
	베이클라이트 가루(bakelite powder)	1.40~1.50	다양함
	안트라사이트(antracite)	1.49	0.2~0.6

(a) 자연모래   (b) 석탄분

(c) 규조토   (d) 안트라사이트

그림 7.2 모형사의 종류(송재우 2012)

모형사의 선택에서 또 하나 고려해야 할 점은 모형사의 크기이다. 하천의 근간을 이루는 재료인 모래와 자갈 같은 조립질 입자에 가장 큰 영향을 미치는 지배력은 중력이다. 반면, 미세 실트(fine silt) 또는 점토와 같은 세립질 토사는 입자 상호 간의 전자기력에 상당히 민감하다. 입자 상호 간의 전자기력은 미세한 실트나 점토의 이동을 지배하며, 따라서 개별적인 입자보다는 오히려 덩어리 형태로 이동한다. 따라서 모형사의 입자의 크기가 매우 작으면, 실제 하상을 구성하는 모래와 자갈과 같은 거동을 하지 않는다. 결국 원형에 대한 기하학적 상사성이 제대로 되었다 할지라도 모형에서의 하상입자의 거동, 즉 동역학적 상사는 성립하지 않게 된다.

또 하나 모형사를 선정하는 데 있어 또 다른 주의할 점은 모형사의 입자 크기가 원형과 다를 경우 같은 흐름 조건에서 다른 하상파가 형성될 수 있다는 점이다. 예를 들어, 원형에서는 사구가 형성되는데, 모형에서는 사련이 형성된다면 이 경우 흐름의 상사가 제대로 이루어졌다고 볼 수 없다.

모형사는 실험 대상인 실제 하천의 하상을 구성하고 있는 입자의 입경이 비교적 클 경우에는 자연사 중에서 비중과 입경이 작은 것을 선정하여 이용할 수 있다. 그러나 실제 하천의 하상이 작은 입경의 입자로 구성되어 있을 경우에는 유사량의 상사성을 고려하여 보다 작은 비중과 입경을 가진 인공사를 채택해야 한다.

모형사 선정 절차는 다음과 같다(송재우 2012).

① 고려된 실제 하천구역 내에서 입도분포별로 3~4개소를 선정하여 하상재료 채취
② 실제 하천에서 채취한 자연사와 획득 가능한 2~3개 종류의 인공사를 수집
③ 수집된 모형사들에 대한 토성값을 파악하기 위한 토질실험 실시(입도분포, 비중 측정, 간극률, 침강속도, 수중 내부 마찰각 등)
④ 토성값 비교분석
⑤ 모형사 선정

■ 이동상 흐름의 상사법칙

이동상일 경우의 흐름과 토사입자의 운동은 하상에 생기는 하상파에 크게 영향을 받고 역으로 하상파는 흐름과 토사의 운동에 따라서 형성되기 때문에 하상파 흐름 토사의 운동은 상호작용을 일으키게 된다. 이 상호 작용은 다음과 같은 물리량에 대해 규정된다(山本 1989).

- 수로의 특성: 수로폭 B, 경사 I
- 흐름의 특성: 수심 H
- 유체의 특성: 물의 밀도 ρ_w, 물의 동점성계수 ν

- 하상재료의 특성: 입경 D, 밀도 ρ_s
- 장의 특성: 중력가속도 g

따라서 이동상 흐름의 상태량 λ는 다음과 같다.

$$\lambda = f(B, I, H, \rho_w, \nu, D, \rho_s, g) \tag{7.27}$$

여기서 B는 하폭, I는 경사이다.

기본 차원량으로 ρ_w, g, D를 사용하고 $u_* = \sqrt{gHI}$의 관계를 이용하면 흐름장의 상태유량 λ의 무차원량 π_λ는 차원해석으로부터 다음과 같이 표시할 수 있다.

$$\pi_\lambda = f\left(\sqrt{gD}, \ \frac{D}{\nu}, \ \frac{u_*^2}{sgD}, \ \frac{H}{D}, \ \frac{B}{D}, \ s \right) \tag{7.28}$$

여기서 $s = (\rho_s - \rho_w)/\rho_w$이다.

각 항에 무차원량을 곱하거나 또는 나누면 식 (7.28)은 무차원량의 형태로 표현할 수 있다. 즉, λ로 유사량 q_s 혹은 유속계수 φ(평균유속 V_m을 u_*로 나눈 값)을 취하면 다음과 같다.

$$\frac{q_s}{u_* D} = \varphi = f\left(Re_*, \ \tau_*, \ \frac{H}{D}, \ \frac{B}{H}, \ s \right) \tag{7.29}$$

여기서 $Re_* = u_* D/\nu$(입자 레이놀즈수), $\tau_* = u_*^2/sgD$(무차원소류력)이다.

만약, 하상재료로서 일반적인 하천에서 볼 수 있는 모래와 자갈, 즉 인공적으로 만들어지지 않은 모래 혹은 극단적으로 편평하지 않은 모래를 저질재료로 하고 수로의 측벽이 매끄러운 면이고, 폭-수심비 B/H가 3 이상이고 또한 사주가 발생할 만큼 크지 않다면 식 (7.29)에서 s와 B/H를 무시할 수 있다. 왜냐하면 s는 거의 1.6~1.7 정도로 일정하고 또 측벽의 영향도 수로측벽이 유사량에 미치는 영향에 대한 실험적 연구로부터 B/H가 3 이상이면 측벽의 영향은 거의 고려하지 않아도 좋다는 것이 알려져 있기 때문이다(Williams 1970). 따라서 이 경우 식 (7.29)는 다음과 같이 된다.

$$\frac{q_s}{u_* D} = \varphi = f\left(Re_*, \ \tau_*, \ \frac{H}{D} \right) \tag{7.30}$$

단, 하상의 3차원적 형태(사주 등) 및 그것이 유사량과 흐름의 저항에 미치는 영향을 알기 위해서는 B/H를 무시할 수 없다.

또한 식 (7.30)의 세 가지 물리량 중에서 $\varphi = q_s/u_*D$에 영향을 미치는 효과로 보면 τ_*와 B/H가 우선적이고 Re_*는 그것을 다소 변형시키는 부차적인 양이다.

이상을 요약하면 이동상 흐름의 무차원상태량 π_λ를 규정하는 것은 Re_*, τ_*, H/D, B/H, s의 다섯 가지 무차원량이다.

■ 이동상 모형의 상사성

인공적으로 조도를 부여할 수 없는 이농상 모형실험에서는 흐름의 상사법칙을 만족시키기 위해서 하상형태의 상사가 이루어져야 한다. 즉, 평균류 상사의 경우, 전단저항을 결정하는 하상형태가 어떠한 함수로 이루어져 있는가를 알지 못한다면 이동상의 상사법칙을 검토할 수 없다. 일반적으로 하상형태를 포함한 흐름은 식 (7.29)의 무차원량에 지배된다. 이동상의 흐름인 식 (7.29)의 각 항 중 하상저항에 크게 관계하는 소규모 하상형태에 지배적인 요소는 입자 레이놀즈수 $Re_* = u_*D/v$, 무차원소류력 $\tau_* = u_*^2/(\rho_s/\rho_w - 1)\,gD$, 수심입경비 H/D, 수중비중 $s = \rho_s/\rho_w - 1$이므로, u_*D/v가 클 경우에는 입자 레이놀즈수를 제외하고 나머지 항들을 무시할 수 있다. 따라서 하상재료가 큰 선상지 하천에서는 하상재료의 입경을 모형의 기하학적 축척과 같이 축척하고 그 모형의 재료가 0.6 mm 이상이라면 원형하도와 모형하도에서는 같은 하상의 형태가 발생하므로 프루드 상사관계를 적용할 수 있다. 그러나 원형하천에서 Re_*의 값이 충분히 크고 무시할 수 있어도, 일반적인 모형하도에서는 Re_*의 값이 작아져 가끔 이 항이 현상을 지배할 때도 있다. 구체적으로는, Re_*의 값이 작으면 원형하천에서 발생하지 않는 하상파인 사련이 발생하여 원형하도와 다른 하상형태, 즉 원형하도와 다른 하상저항을 일으키게 된다. 이같은 영역은 모형에 있어서 입경 D가 작고 마찰속도 u_*가 작을수록 발생하기 쉽다.

그런데 모형에 있어서 하도의 표면형상과 중규모 하상파에 의해 결정되는 3차원 유황을 파악하는 것을 목적으로 할 경우, 이동상 모형에서는 중규모 하상형태의 상사도 필요하게 된다. 이 경우 위에서 언급한 소규모 하상형태에 관련된 무차원량의 하폭과 수심의 비 B/H를 부가시킬 필요가 있고 왜곡이 없는 모형이 필요하게 된다.

이동상 모형에 있어서 또 한 가지 큰 문제점은 유사량 및 유사형태의 상사이다. 유사량을 나타내는 함수의 무차원 표시도 식 (7.29)와 마찬가지로 Re_*를 무시할 수 있다면 유사량은 τ_*와 H/d를 원형하도와 모형하도에서 같게 하면, 유사량과 유사형태에 따라 하상변동형태도 흐름과 같은 축척으로 상사시킬 수 있게 된다. 하도모형에서 Re_*를 무시할 수 없을 경우에는 원형하도에서는 발생하지 않는 사련이 하도모형에서 생길 수 있다. 따라서 하상저항과 마찬가지로 유사량의 상사도 얻을 수 없게 된다. 또한 부유사 형태의 유사량이 많을 경우에는, 마찰속도와 모래 입자의 침강속도 비가 현상을 결정하는 중요한 요소가 된다. 따라서 모형의 모래 입자의 입경이 0.2 mm 이상이면 문제가 없다. 그러나 그 이하인 경우 혹은 비중이 가벼운 모형하상재료의 경우는 침강속도의 축척이 프루드 상사법칙에 의한 속도의 축척과 다르기 때문에 유사형태의 상사성을 얻을 수 없고, 또한 일반적으로 유사량도 상사되지 않는다. 실제로 이동상 모형실험에서 위에서 언급한 바와 같은 무차원량 모두를 모형과 원형에서 일치시키지 않더라도 하상형태와 유사형태의 상사조건은, 지배적인 무차원량이 동일형태 영역의 범위 내에 있기만 하면 비교적 만족시키기 쉽다..

유사량이 상사되지 않는 경우에는 프루드 상사법칙에 의한 시간축척과는 별도로 모형과 원형에서 하상변동량이 상사되도록 시간축척을 결정하여 하도의 변동사항을 조사할 수가 있다. 단면평균의 하상변동량 식은 다음과 같다.

$$B\frac{\partial Z}{\partial t} + \frac{1}{(1-\lambda)}\frac{\partial(Bq_s)}{\partial x} = 0 \tag{7.31}$$

여기서 Z는 하상고, $Q_s(=Bq_s)$는 전단면의 유사량이다. 대표적인 평면길이를 x_0, 연직길이를 h_0, 시간을 T_0, 대표유사량을 q_{s0}라고 하면, 식 (7.31)은 다음과 같이 표시된다.

$$\frac{\partial Z'}{\partial t'} + \frac{T_0}{(1-\lambda)}\frac{q_{s0}}{x_0 h_0}\frac{\partial(B'q_s')}{\partial x'} = 0 \tag{7.32}$$

여기서 $Z' = \frac{Z}{h_0}$, $t' = \frac{t}{T_0}$, $B' = \frac{B}{x_0}$, $q_s' = \frac{q_s}{q_{s0}}$, $x' = \frac{x}{x_0}$이다. 모형과 원형에서 하상변동량의 상사가 성립하기 위해서는 식 (7.32)의 각 항의 비가 동일해야 한다.

$$\left\{\frac{T_0 q_{s0}}{(1-\lambda)\,x_0 h_0}\right\}_r = 1 \tag{7.33}$$

따라서 모형의 시간축척은 다음과 같다.

$$t_r = \frac{(1-\lambda)_r x_r h_r}{q_{sr}} \tag{7.34}$$

그러나 식 (7.34)가 성립하기 위해서는 $\frac{\partial(B'q_s')}{\partial x'}$이 모형과 원형에서 동일하다는 가정을 포함하고 있다. 실제로 모형과 원형의 소규모 하상형태가 다르면 이 가정은 일반적으로 성립하지 않고 하상변동속도를 상사시킬 수 없게 된다. 이런 점에 이동상 모형실험의 정확도 등에 상당한 문제를 일으키게 된다. 이에 대해 山本(1989)는 다음과 같이 설명하였다.

유사량에 대한 다음의 관계가 성립한다고 가정한다.

$$q_s = C u_*^p \tag{7.35}$$

이것을 식 (7.31)에 대입하여 정리하면 다음과 같다.

$$\frac{\partial Z}{\partial t} + \frac{q_s}{(1-\lambda)}\left(\frac{\partial B}{\partial x} + \frac{p}{u_*}\frac{\partial u_*}{\partial x}\right) = 0 \tag{7.36}$$

만약 공간적인 소류력의 분포가 모형과 원형에서 동일하다면, 위 식으로부터 구해지는 시간축척은 다음과 같이 두 개가 된다.

$$t_{r1} = \frac{(1-\lambda)_r x_r h_r}{q_{sr}} \tag{7.37}$$

$$t_{r2} = \frac{(1-\lambda)_r x_r h_r}{p_r q_{sr}} \tag{7.38}$$

따라서 p_r이 1이라면 t_{r1}과 t_{r2}가 일치하고, 식 (7.34)와 동일하게 되어 이 시간축척을 사용하여 하상의 변동속도를 예측할 수 있다. 그러나 p_r이 1이 아닐 경우에는 시간축척이 2개가 되고, 또 공간적으로도 시간축척을 변경하지 않으면 안 되기 때문에 엄밀하게는 하상의 변동형태를 상사시킬 수 없게 된다. 그러나 모형실험은 현상 파악의 한 수단이기 때문에 상사성이 어느 정도 만족하지 않는 부분을 용인할 수도 있다.

그러면 p_r이 1이 아닌 경우 모형의 시간축척을 어떻게 결정하면 좋은 결과를 얻을 수 있는가가 문제가 된다. 그런데 실제로 q_{sr}을 결정할 경우에는 모형 전 구간에 대해 평균적인 유사량 혹은 대표단면의 유사량을 예측하여 결정하여야 한다. 따라서 평균적인 유사량과 다른 장소일수록(소류력이 평균적인 값에서 벗어나 있는 경우) p_r이 1이 아닌 경우에는 하상 변동속도가 원형과 상사되지 않게 된다. 이렇게 하여 q_{sr}을 결정하고 t_{r1}과 t_{r2}을 구하면 t_{r1}은 t_{r2}의 p_r배로 된다. 여기서 t_{r1}은 대표적인 단면을 통과하는 유사량(겉보기 체적)을 모형과 원형에서 같게 하기 위한 시간축척이다. 다시 말해서, 모형의 q_s를 $(1-\lambda)_r x_r h_r$배하면 원형의 유사량으로 되는 시간축척 t_{r2}는 하천 폭의 변화가 없을 경우에 대표적인 단면에서 하상에서 미소요철의 전파속도, 생장 혹은 소멸속도를 같도록 하기 위한 시간축척이라 할 수 있다. 또한 중규모 하상파의 전파속도는 식 (7.37)과 (7.38)의 연립방정식을 풀어서는 구할 수 없고, 그 속도를 맞추기 위해서는 사주 형태를 지배하는 길이 축척과 유사량의 상사성이 필요하다. 실제로 모형실험에서는 실험 목적에 따라 시간축척을 결정해야 하지만, 일반적으로 모형의 현상을 원형에 접근시키기 위한 시간축척은 t_{r1}과 t_{r2}의 사이에 있다고 할 수 있다.

■ 이동상 실험의 측정

이동상 실험에서의 측정 항목은 고정상 실험의 측정 항목 이외에 하상변동과 하상파 형성 상황 등의 측정이 추가된다. 이들의 측정방법과 유의사항은 살펴보면 다음과 같다.

이것은 고정상 실험에서 논한 측정 항목에 사련의 발달, 사구 및 사주(sand-gravel bars)의 형성, 이동 상황, 국소세굴, 유선의 변화 등이 추가된다. 아울러 하구부의 실험에서는 하구 단면 변화 혹은 해안선의 변화 등을 덧붙일 필요가 있다.

하상고 측정은 원칙적으로 모형에서 10 cm 간격으로 특정 단면상의 하상고에 대해 수행 하고, 사진 촬영도 병행한다. 또한, 측정방법은 하상의 형태를 만들 때와 마찬가지이며, 이 때 사련, 사구 등의 형상요소가 포함되도록 측정하여야 한다. 사진 촬영은 사주, 사구 및 사 련 등의 상황을 알 수 있게끔 백색의 수성페인트를 저유량에서 흘려보낸 상황과 다소 물이 남아 있는 상태로 촬영하면 좋다.

구조물 주변의 일정 장소에서 세굴심의 시간적 변화에 대한 측정을 수행할 필요가 있다. 또한, 이러한 국부세굴이 발생하는 곳에서는 상세한 등고선도가 그려질 정도로 종횡으로 하 상고 및 위치를 측정해야 한다.

■ 이동상 모형실험의 한계

이동상 모형실험에서는 하상재료로서 거의 균일한 모래를 사용하고, 세립자분을 제거시킨 재료를 사용하는 경우가 많다. 이때의 문제점을 살펴보면 다음과 같다.

- 하도의 종단경사가 변화하고 있을 때 모형의 상류부와 하류부의 하상재료가 대폭적으 로 다를 때가 있다.
- 현지의 하도의 하상재료의 조성은 평면적으로 변할 뿐만 아니라 수심방향으로도 변한 다. 이 상태는 시간적으로도 변하지만, 특히 대홍수가 발생한 이후와 대규모의 굴삭을 실시한 후에는 대폭적으로 변화한다.
- 장갑화 현상에 의해 생기는 장갑층에 대해 다룰 수 없다.
- 소규모 하상파의 상사성을 얻기 힘들다.
- 모형실험에서는 모형사의 한계소류력 이상의 유량으로 실험하나, 원형하천에서는 이 이 하의 유량에 의해서도 하상변동이 발생한다.
- 장시간에 걸친 하상저하와 하상상승을 모형에서 재현하기가 용이하지 않다.
- 유사형식에 대한 상사조건이 아직 확립되어 있지 않다.

이동상 실험에는 상사조건으로 한정해도 많은 문제점이 있다. 여기에 검증 실험의 중요성 이 있다고 할 수 있다. 또한, 실험은 목표로 하는 현상에 따라 방법이 달라질 수 있다.

7.1.4 고정상 수리모형실험 사례

실제로 수행된 고정상 수리모형실험에 대한 예로, 여기서는 은행천을 대상으로 한 하천수리모형실험을 간략히 소개한다(시흥시 2009).

은행천은 2002년에 하천정비기본계획이 수립된 지방2급 하천으로서 하류부 소래배수갑문 주변 도심지 구간의 하폭이 협소하여 홍수 시 범람에 따른 주변 지역의 침수피해가 우려되었다. 이에 따라 시흥시에서는 시흥시 매화동과 하중동 보통천 합류점을 연결하는 분류수로 신설계획을 수립하였으나, 분류수로 계획 후 대상 유역의 개발사업으로 인해 분류수로 건설 추진이 불가능함에 따라 대체 방안으로 2007년에 **그림 7.3**과 같이 하구부에 수로 신설계획을 수립하였다.

그림 7.3 은행천 신설수로 계획(시흥시 2009)

■ 수리모형실험 조건

수리모형실험의 첫 단계는 실험 조건을 결정하는 것이다. 먼저 실험을 수행할 구간을 결정한다. 이 실험에서는 **그림 7.3**과 같은 구간으로 결정하였다.

수치모의의 경계조건으로 상류 유입유량 조건은 50년 빈도 홍수량을 사용하였고, 하류 수위 조건은 서해 조위의 영향을 고려하여 사용하였다.

은행천 수리모형실험에서는 먼저 현재 상태에 대한 수리모형실험을 통하여, 50년 빈도 홍수 발생 상황을 분석하고 추후 신설수로에 의한 홍수위 저감효과를 분석하기 위한 것이다. 수리모형실험은 현 상태, 대안 1, 대안 2의 세 가지로 나누어 실시하였다.

현 상태 수리모형실험은 50년 빈도 홍수 시 은행천의 치수안전성을 분석하였다. 또한 대안 1과 대안 2 수리모형실험은 은행천의 신설수로 하도 선형 문제, 홍수 월류 등을 분석하기 위한 것이다. 위의 세 가지 조건과 조위 조건 중에서 대표적인 세 가지 조건, 대조평균 만조위, 평균 수면, 대조평균 간조위를 선정하였다.

대조평균 만조위와 평균 해면일 때는 배수의 영향을 받아 하류 경계 조건이 대조평균 만조위보다 약간 높게 되나, 대조평균 간조위일 때는 조위보다 최심하상고가 높기 때문에 조위의 영향을 받지 않는다. 그러므로 하천의 등류 수심을 계산하고 등류 수위와 대조평균 간조위를 비교하여 이 둘 중 큰 값을 하류 경계 수위로 이용하기로 한다.

■ 수리모형 축척 결정

수리모형실험의 계획은 실험 목적에 따라 추출될 자료의 특성과 실험을 수행할 수 있는 시설능력 등을 상호 검토하여 수립되어야 한다. 특히 모형 제작에 있어 중요한 부분은 추출될 자료의 물리적인 현상을 축소된 모형실험에서 충분히 재현할 수 있는지 사전 검토하는 것이다. 이러한 사전 검토는 적정한 모형 재현 범위 및 축척을 결정하고 양질의 실험 결과를 얻는 데 기본이 된다.

수리모형의 축척은 원형의 재현성, 실험실의 유량 공급 능력, 실험모형 제작공간, 측정의 용이성 등을 종합적으로 검토하여 결정된다. 일반적으로 하천모형은 수심 대비 길이가 매우 길기 때문에 왜곡축척을 사용하게 된다. 길이가 짧을 경우라 할지라도 대하천의 경우 수심에 비해 넓은 하도를 가지는 특성을 가지고 있기 때문에 대하천 수리모형실험을 수행할 때는 왜곡축척이 불가피하다.

왜곡모형을 시공할 때는 수평축척과 연직축척을 모두 고려하여 축척을 결정하여야 한다. 수평축척은 하천연장이 길 경우 부지 확보의 어려움이 있으며 연직축척은 최소 수심확보와 하상경사의 변화를 신중히 고려하여 결정하여야 한다.

본 실험은 수위 측정의 정밀도를 고려하여 모형에서 최대한 수심을 확보하고 왜곡도를 최소화하면서 실험 공급유량 및 실험부지 조건이 허용하는 최대 규모를 갖도록 축척을 결정하였으며, 모형 제작에 앞서 축척별 수리적 영향을 평가하기 위하여 연직축척의 비를 1/20, 1/35, 1/40의 3가지 경우에 대해 프루드수를 비교하였다.

본 실험의 모형축척은 공간 및 모형에서의 수리학적 상사 등을 감안하여 사류가 발생하지 않고 최소 수심을 확보할 수 있다고 판단되는 수평축척 1/70, 연직축척 1/35로 결정하였다. 고정상 수리모형의 수리량 환산식과 각각의 축척에 의한 값들은 표 7.2와 같다.

표 7.2 고정상 수리모형실험 1/35 축척 및 수리량 환산비(시흥시 2009)

수리량 환산비	환산식	축척비
수평길이 축척(X_r)	X_r	70
연직길이 축척(Y_r)	Y_r	35
면적비(A_r)	$X_r Y_r$	2,450
속도비(V_r)	$Y_r^{1/2}$	5.92
유량비(Q_r)	$X_r Y_r^{3/2}$	14,494
경사비(S_r)	Y_r / X_r	0.5
조도계수비(n_r)	$X_r^{-1/2} Y_r^{2/3}$	1.28

■ **모형 설계**

이 실험의 모형은 수리모형실험의 목적 및 대상 영역의 수리적 특성, 실험 조건 및 경제적 여건 등을 고려하여 모형의 축척을 결정한 다음, 결정된 축척의 모형을 제작하기 전에 필요한 각각의 요소들을 분석하여 원형의 재현이 올바르게 이루어질 수 있도록 설계하였다. 또한 대상 영역의 규모에 따라 전체 대상 구역을 구성하고, 실험 조건에 따른 유량 공급량을 계산하여 필요한 유량의 공급이 이루어질 수 있도록 하였고, 각 하도단면을 정밀하게 제작 및 설치함으로써 발생할 수 있는 오차를 최소화할 수 있도록 계획하였다. 또한 본 실험에서는 은행천 본류의 주변의 홍수위 변화를 모의하기 위하여 신설수로 상류 1.4 km, 신설수로 하류의 공유수면 합류부의 영향을 보기 위하여 신설수로 배수갑문을 기준으로 하류 400 m, 상류 850 m(보통천, 장현천 유입)를 실험구간으로 선택하였다. 그림 7.4는 수리모형의 평면도이다.

■ **모형 제작 과정**

은행천 수리모형은 수평축척 1/70, 연직축척 1/35의 축척에 따라 모형을 제작하였으며, 현 상태 수리모형의 지형 제작은 CAD 도면을 모형 규모로 출력하여 합판에 부착한 후 정밀하게 재단하였다. 제작된 횡단면은 토털스테이션과 레벨 등 계측장비를 이용하여 측선과 일치하게 위치시키며, 단면과 단면 사이를 모래로 성토하고 침하가 일어나지 않도록 물다짐을 실시한 후 시멘트 몰탈로 하천지형을 재현하였다. 제방의 끝에는 블록을 쌓고 몰탈로 미장하여 제방선을 연장하여 제방을 월류하는 홍수량을 가시적으로 확인할 수 있도록 하였다. 또한 하류에는 수문을 설치하여 수위를 조절할 수 있도록 하였다.

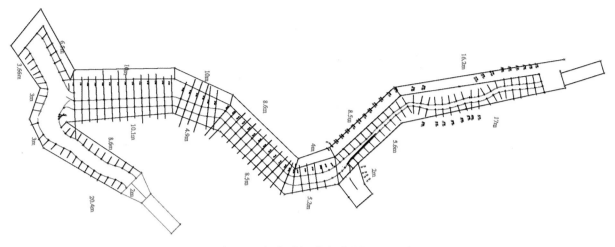

그림 7.4   수리모형 평면도(시흥시 2009)

　　수리모형 제작 과정은 그림 7.5와 같은 순서로 진행하였다.

　　또한, 실제 모형의 제작 광경은 그림 7.6과 같다. 이 과정에는 수리모형이 위치할 영역에 대한 정확한 측량 및 배치가 매우 중요하다. 또한, 각 횡단면을 합판으로 제작하는 과정(②)에도 세심한 주의가 필요하다. 이 과정은 하천 횡단면에 대한 CAD 도면을 이용하면 비교적 쉽게 수행할 수 있다. 다만, 수로에 횡단면을 설치하는 과정 중에 좌우안을 바꾸어 설치하는

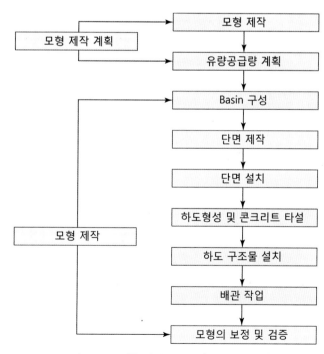

그림 7.5   모형 제작 흐름도(시흥시 2009)

① 수리모형 외벽 작업

② 단면 제삭

③ 수로에 횡단면 설치

④ 배관 작업

⑤ 하도 형성 및 콘크리트 타설

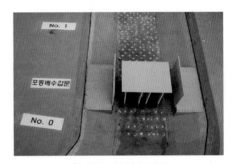

⑥ 하도 구조물 설치

⑦ 하류단 수위조절장치

⑧ 모형의 보정

그림 7.6 수리모형 제작(시흥시 2009)

것은 흔히 일어나는 실수이니 주의를 기울여야 한다. 수리모형 제작 과정에서 가장 손이 많이 가는 부분 중 하나가 ⑧의 모형 보정 부분이다. 모형 보정은 흐름의 조도계수를 원형에 맞추기 위한 것이다. 여기서는 보통 원형의 수위와 모형 수위를 비교해 보고 적절히 조도 요소를 하상에 배치하는 과정을 반복하여 수행한다.

■ 수리모형 기타 설비

그림 7.7은 완성된 수리모형과 주변 설비들을 보여준다. 이러한 주변 설비들은 모형실험에 대한 지침이나 이론에서는 자세히 다루지 않으나, 실제 수리모형실험을 실행할 때는 우선적으로 고려해야 할 주요한 부분이다.

(a) 수리모형 전경

(b) 유량공급장치

(c) 고수조

(d) 펌프시설

그림 7.7 완성된 수리모형과 주변 설비(시흥시 2009)

■ 수위와 유속, 유황 측정

하도의 수위는 포인트 게이지를 이용하여 측정하였다. 그림 7.8은 수위계와 그 측정하는

(a) 3차원 유속계 (b) 수위 측정

그림 7.8 유속계와 수위 측정

광경을 나타낸 것이다. 최근에는 자동 트래버스에 초음파 수위계를 장착하여 수면을 자동적으로 측정하는 방법도 있다.

유황 측정은 하천에서의 흐름 상태를 정확히 파악하기 위해 적색의 색소를 흘려 관찰하였고, 주요 부분은 스케치를 하고 사진과 동영상을 촬영하였다. 촬영한 동영상은 2.4절에서 소개한 표면영상유속계측법(SIV)을 이용하여 분석하였다. SIV 기법은 간단한 장치구성과 영상 처리 및 분석을 위한 소프트웨어만으로 대규모의 실내실험이나 현장에 적용이 가능한 장점이 있다.

그림 7.9의 SIV 기법은 캠코더를 이용하여 대상 영역을 촬영하고 이를 소프트웨어로 처리하는 방식으로, 기존의 PIV 기법에서 필수인 레이저와 카메라의 배치에 대한 제약이 없다.

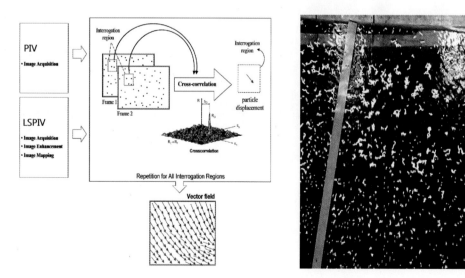

그림 7.9 표면영상유속 분석 과정

SIV 기법의 단점은 레이저 조사 절차가 없어 수중의 2차원이나 3차원 유속장에 대한 정보를 획득하기 어렵다는 것이다. 또한 경우에 따라 왜곡된 영상을 획득되는 경우가 많아 영상처리 전에 촬영 영상의 보정작업을 수행한 후 상관관계 분석을 거쳐야 하므로 기존 PIV 기법에 비해 정확도가 저하되는 단점이 있다. 그러나 이러한 단점에도 불구하고 SIV 기법이 최근 주목받는 이유는 대규모 실험이나 현장조사에서 기존 장비와 인력의 활용에 비해 훨씬 적은 비용과 수고로 짧은 시간 내에 전체 유속장의 측정이 가능하기 때문이다. 본 실험에서 유황 분석은 색소를 사용하여 비디오 촬영을 통해 실시하였다.

■ 수리모형의 조도 보정

제작된 모형은 콘크리트 인공수로로 조도계수는 0.014 정도의 값을 가지고 있다. 원형의 조도계수가 0.03일 때 모형의 조도계수는 모형상사를 적용할 경우 0.023이다.

수리모형 조도 보정을 위해서는 현장 수위 측점자료를 기준으로 수리모형의 수위를 맞추는 것이 가장 정확한 방법이다. 하지만 대상 구간의 수위자료가 없기 때문에 앞서 결정된 조도계수를 이용하여 1차원 수치모의를 수행하고, 계산된 수위에 수리모형의 수위가 일치하도록 조정하였다.

일반적으로 콘크리트 인공수로의 조도계수는 0.014 정도이므로 본 과업에서는 1 cm 조도의 매끈한 돌을 이용하여 조도 보정을 실시하였다. 다음 그림 7.10은 조도 보정을 하는 과정을 보여준다.

(a) 조도 보정 전   (b) 5 cm×5 cm 간격의 조도 부착

그림 7.10 인공조도 부착에 의한 조도 보정(시흥시 2009)

이와 같이 조도 보정을 실시한 후 수리모형 수위와 1차원 수치모형인 HEC-RAS의 수위와 비교하였고, 결과는 그림 7.11과 같다

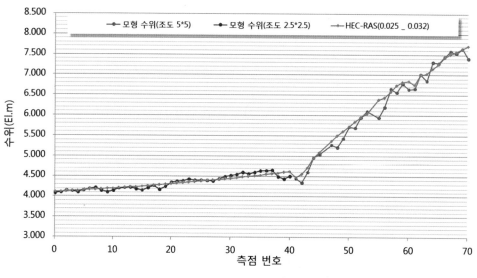

그림 7.11 조도별 수위 비교(시흥시 2009)

■ 수리모형실험 결과

본 수리모형실험은 50년 빈도 홍수 시 은행천의 치수안전성을 검토하여, 문제점을 분석하는데 그 목적이 있다. 은행천 상류 경계조건은 50년 빈도 홍수량(190 m^3/s)을 사용하였으며, 하류 경계조건(No.28, 8.81 EL.m)은 HEC-RAS 모의결과를 사용하였다.

그림 7.12는 주요 구간별 홍수상황을 보여준다. 이 그림에서 보면, 50년 빈도 홍수 시(190 m^3/s) 현 상태 수위 측정 결과 모의구간(No.24~56) 전체에서 홍수가 발생되는 것으로 나타났다.

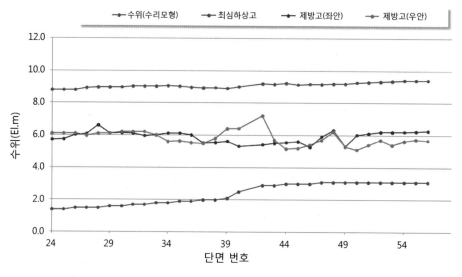

그림 7.12 은행천 수리모형실험 수위분포(대조평균 만조위) (시흥시 2009)

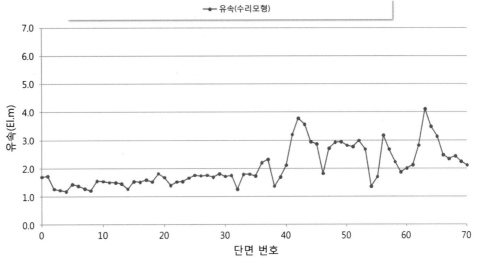

그림 7.13 은행천 수리모형실험 유속(시흥시 2009)

특히, No.50 단면은 제방고와 수위차가 약 4 m 정도로 모의 구간 중 가장 큰 수위차를 보임을 확인하였다.

유속 측정 결과는 **그림 7.13**과 같다. 이 그림에서 보면 No.63에서 최대 유속 4.11 m/s가 발생하나, 이 지점의 프루드수는 0.7로서 사류흐름이 발생하지 않았다. 또, No.40을 지나 신설수로 No.0까지는 유속분포가 안정적으로 측정되었다. 따라서 대조평균 만조위 시 신설수로는 사류가 발생하는 구간이 없으며 유속에 대하여 치수안전성에 문제가 없을 것으로 판단된다.

유황 측정은 하천에서의 흐름 상태를 정확히 파악하기 위해 청색의 색소를 흘려 관찰하였고, 주요 부분은 사진 촬영(**그림 7.14**)과 SIV 분석을 병행하였다. 대조평균 만조위, 평균 수위, 대조평균 간조위 시 공유수면과 신설수로 합류부 곡선부 부근에 사수역이 발생하였다. 이는 흐름에 좋지 않은 영향을 미치므로 도류제 설치 등의 흐름을 개선하는 대안이 필요하다.

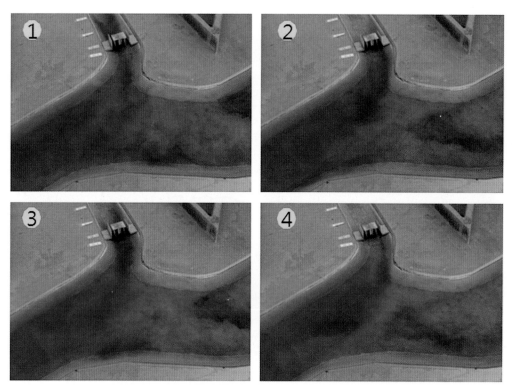

그림 7.14 은행천 합류부 유황분석 실험(시흥시 2009)

7.2 수치모형

수치모형은 계산 수리학의 한 방법으로 계산을 수행하는 데 사용하는 컴퓨터 모형을 가리
킨다. 이들은 수학모형과 수치적인 방법을 디지털 컴퓨터에 적용하여 해석하는 방법을 이용
한다. 다루는 수리현상에 따라 수위 계산, 유속분포 계산, 하상변동 계산, 수질 계산 등 다양
한 모형들이 있다. 다만, 이 절에서는 우리나라의 하천계획에서 빈번히 사용하는 전산 모형
들만 간략히 소개한다.

7.2.1 수위 계산

수위 계산은 대부분의 하천계획 시 유하능력을 검토하기 위해 홍수량에 대한 수위를 계산
하는 것을 말한다. 물론 수위 계산을 마치면, 단면 평균 유속도 함께 계산되지만, 통상은 수
위 계산이라고 한다. 또, 일반적인 하천의 경우 대상으로 하는 흐름이 대부분의 경우 M1 곡
선이므로, 수위 계산을 배수위 계산이라 하는 경우가 많다. 수위 계산은 HEC-RAS를 이용

하는 것이 가장 일반적이므로, 여기서는 HEC-RAS를 이용한 수위 계산만 간략히 소개하기로 한다.

■ HEC-RAS의 기본 방정식

HEC-RAS는 1차원 정상 점변류의 수위 계산을 하는 모형이다. 다만, HEC-RAS 3.0판부터는 부정류 모형이 포함되었으며, HEC-RAS 5.0판부터는 2차원 수위와 유속분포를 계산할 수 있게 되었다. 이 장에서는 HEC-RAS 4.0판 또는 4.1판의 지침서(USACE 2010a, 2010b)을 중심으로 설명하기로 한다.

1차원 부등류의 에너지방정식은 다음과 같다.

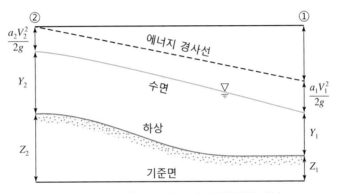

그림 7.15 1차원 부등류의 에너지방정식 개념도

그림 7.15에서 ①, ② 단면 흐름의 총 에너지를 같게 놓으면

$$Y_2 + Z_2 + \alpha_2 \frac{V_2^2}{2g} = Y_1 + Z_1 + \alpha_1 \frac{V_1^2}{2g} + h_e \tag{7.39}$$

여기서 Y_1, Y_2 = 단면 1, 2에서의 수위(EL.m), Z_1, Z_2 = 단면 1, 2에서의 하상표고(EL.m), V_1, V_2 = 단면 1, 2에서의 평균 유속(m/s), α_1, α_2 = 단면 1, 2에서의 에너지 보정계수, g = 중력가속도(m/s^2), h_e = 에너지 손실수두(m)이다.

에너지 손실수두에 대한 방정식은 다음과 같다.

$$H_e = L \cdot \overline{S_f} + \left[\alpha_2 \frac{V_2^2}{2g} - \alpha_1 \frac{V_1^2}{2g} \right] \cdot C \tag{7.40}$$

여기서 L = 단면 간 거리(m), $\overline{S_f}$ = 단면 간의 마찰경사, C = 확장 및 수축에 의한 손실계수이다.

각 단면에서의 미지의 수위를 계산하기 위해서 위의 방정식을 표준축차법으로 계산한다. HEC-RAS 모형에서는 연속방정식과 에너지보존식을 사용한다.

$$\sum_{i=1}^{In} Q_i = \sum_{k=1}^{Out} Q_k \tag{7.41}$$

$$WS_2 + \frac{a_2 V_2^2}{2g} = WS_1 + \frac{a_1 V_1^2}{2g} + h_e \tag{7.42}$$

$$h_e = L\overline{S_f} + C \left| \frac{a_2 V_2^2}{2g} - \frac{a_1 V_1^2}{2g} \right| \tag{7.43}$$

여기서 WS_1과 WS_2는 구간 양단에서의 수위, a_1과 a_2는 구간 양단에서 흐름의 유속계수, $\overline{S_f}$는 구간에서의 대표 마찰경사 값이다.

수위는 위 두 방정식을 반복하여 해를 계산함으로써 얻을 수 있으며 계산 과정은 다음과 같다.

① 하류단면의 수위를 가정(사류 구간에서는 상류단면 수위 가정)
② 단면 2에서의 가정수위에 대하여 통수능(K)과 속도수두를 구하고,
③ 이 값을 이용하여 S_f를 산출한 위의 식 (7.43)을 이용 h_e를 구하며,
④ 식 (7.40)에 의한 상류단면의 수위와 ①에서 가정한 수위가 0.003 m 이내로 수렴할 때까지 축차적으로 반복 계산한다.

단면 간 유량가중 하도길이 L은 다음과 같이 계산한다.

$$L = \frac{L_{lob}\overline{Q_{lob}} + L_{ch}\overline{Q_{ch}} + L_{rob}\overline{Q_{rob}}}{\overline{Q_{lob}} + \overline{Q_{ch}} + \overline{Q_{rob}}} \tag{7.44}$$

여기서 L_{lob}, L_{ch}, L_{rob}는 각각 좌측 제방, 본 수로, 우측 제방에서의 흐름에 대한 구간길이, $\overline{Q_{lob}}$, $\overline{Q_{ch}}$, $\overline{Q_{rob}}$는 각각 좌측 제방, 본 수로, 우측 제방에 대한 구간 양단에서의 평균 유량이다.

마찰경사 $\overline{S_f}$는 다음과 같이 구한다.

$$\overline{S_f} = \left(\frac{Q_1 + Q_2}{K_1 + K_2} \right) \tag{7.45}$$

여기서 K는 통수능(m³/s), A는 통수 단면적(m²)이다.

■ **단면 분할**

임의 단면에서의 총 통수능과 에너지 보정계수를 결정하기 위해서는 흐름을 유속분포가 균일한 단면 요소로 분할할 필요가 있다. HEC-RAS 모형에서는 분할의 기초로 입력 단면의 측점(x-좌표)을 사용하여 홍수터 부분의 흐름을 분할한다. 각각의 분할 단면에서의 통수능은 다음 식을 이용하여 계산한다.

$$K_i = \frac{1}{n_i} A_i R_i^{2/3} \tag{7.46}$$

여기서 K_i는 개별 분할 영역의 통수능, n_i은 개별 분할 영역의 매닝의 조도계수, A_i는 개별 분할 영역의 유수단면적, R_i은 개별 분할 영역의 동수반경이다.

■ **에너지 보정계수**

에너지 보정계수 α는 3개의 흐름 요소에 대한 각각의 통수능을 이용하여 다음 식으로부터 계산할 수 있다.

$$\alpha = (A_t)^2 \left[\frac{\dfrac{(K_{lob})^3}{(A_{lob})^2} + \dfrac{(K_{ch})^3}{(A_{ch})^2} + \dfrac{(K_{rob})^3}{(A_{rob})^2}}{(K_t)^3} \right] \tag{7.47}$$

여기서 A_t는 총 유수단면적, A_{lob}, A_{ch}, A_{rob}는 각각 좌측 제방, 수로, 우측 제방의 유수단면적, K_t는 총 통수능, K_{lob}, K_{ch}, K_{rob}는 각각 좌측 제방, 수로, 우측 제방의 통수능이다.

■ **마찰손실 계산**

마찰손실은 $\overline{S_f}$와 L의 곱으로 계산되며, 여기서 $\overline{S_f}$는 구간에 대표 마찰경사이다. HEC-RAS 모형에서 $\overline{S_f}$를 계산할 때 이용되는 공식은 다음과 같다.

$$\overline{S_f} = \left[\frac{Q_1 + Q_2}{K_1 + K_2} \right]^2 \tag{7.48}$$

■ **모형의 기본 자료**

모형에 필요한 자료는 크게 지형자료와 수리자료로 나눌 수 있다. 지형자료에서 가장 핵심이 되는 것은 평면상의 주수로와 좌우 고수부의 거리(그림 7.16)와 횡단면 좌표(그림 7.17)이다.

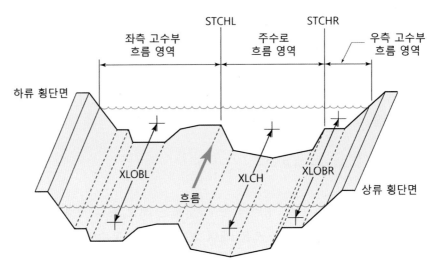

그림 7.16 HEC-RAS의 하천 종단면과 평면 자료

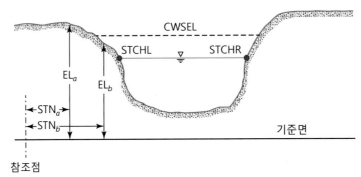

EL$_a$, ELb$_b$ = 점과 점의 기준면으로부터 지면 표고
STN$_a$, STN$_b$ = 점과 점의 참조점으로부터 거리
STCHL = (하류방향을 보았을 때) 주수로 좌측 하안의 입력점
STCHR = (하류방향을 보았을 때) 주수로 우측 하안의 입력점
(주의) 각 횡단면에 대해 (EL, STN) 형태로 100개 점까지 입력할 수 있다.

그림 7.17 HEC-RAS의 하천 횡단면 자료

　　이 하천지형자료는 횡단면자료편집기에 입력하도록 되어 있다. 이 화면의 명칭은 횡단면
자료편집기로 되어 있으나 실제로는 매닝의 조도계수, 단면 급확대 및 급축소 계수를 포함
한 종단 및 평면 자료 등을 입력하도록 되어 있다.
　　한편, HEC-RAS의 기본 입력자료 중 하나는 수리자료이다. HEC-RAS는 정상류와 부등류
계산을 모두 할 수 있으나, 하천계획에서는 대부분 정상류에 대한 계산에 그치므로 여기서는
부등류에 대한 설명은 생략한다. HEC-RAS를 이용한 부등류 계산에 대해서는 HEC-RAS의

이용자 지침서나 한건연 등(2004)의 자료를 참조하기 바란다.

정상류 수면 종단형 계산을 수행하는 데 필요한 자료를 만드는 다음 단계는 정상류 자료 입력이다. 정상류 자료는 정상류 자료 편집기에 입력한다. 여기서는 여러 수문 사상을 동시에 모의할 수 있다. 예를 들어, 10년, 50년, 100년 빈도 홍수위를 한꺼번에 계산할 수 있다.

■ 경계 조건과 계산 절차

계산 방향은 상류와 사류에 따라 달리 적용된다. 상류일 경우 하류에서 상류 방향으로, 사류일 경우 상류에서 하류 방향으로 계산을 수행한다. 전체 구간이 상류일 경우 상류단 경계 조건은 유량을 입력하고, 하류단 경계 조건은 기점 홍수위를 입력한다. 사류일 경우에는 상류단에 유량 및 기점 홍수위를 입력한다.

다음 단계는 필요한 경계 조건을 입력하는 것이다. 경계 조건을 입력하기 위해서는 정상류 자료 편집기의 윗부분에 있는 Reach Boundary Conditions ... 단추를 누르고, 여기에 유량과 수위를 입력하면 된다.

■ 배수위 계산 결과

HEC-RAS의 정상류 배수위 계산 결과는 그림 7.18과 같은 종단도나 계산표로 나타낼 수 있다. 이 종단도나 결과표에서는 계산된 수위와 유속을 면밀하게 살펴보아야 한다. 특히, 계산된 배수위와 좌우 제방고를 비교하여 전체 하도 구간에서 충분한 여유고를 확보하고 있는지에 대한 검토는 매우 중요하다.

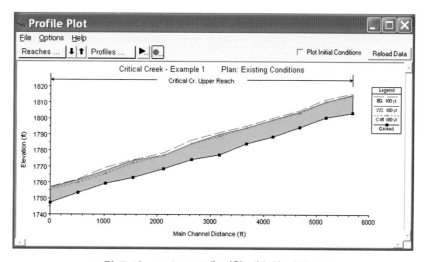

그림 7.18 HEC-RAS에 의한 배수위 계산 결과

또, 정상류의 배수위 계산은 가장 기본적인 계산이며, HEC-RAS 프로그램 자체도 매우 견고한 모형이기 때문에 거의 대부분의 경우에는 별 문제없이 배수위 계산이 잘 된다. 그러나 가끔 물리적인 상황과 동떨어진 결과를 만들어 내기도 한다.

■ 모형 적용 시 유의사항

HEC-RAS를 이용할 때는 다음과 같은 몇 가지 유의해야 할 사항이 있다.

- 1차원 모형이므로 수심에 비해 폭이 매우 큰 하천, 특히 하구부나 저수지 등에 적용할 경우 실제 상황을 적절히 모의할 수 없는 경우가 생긴다.

- HEC-RAS에서는 단면 간 수위가 급변할 경우, 앞서 언급한 점변류 가정에 위배되어 적절한 계산이 어려운 경우가 발생한다. 이 때문에 HEC-RAS의 이용자 지침에서는 연속된 단면 사이의 수위 변화가 1 ft(약 0.3 m) 이하가 되도록 권고하고 있다. 만일 연속된 두 단면 사이의 수위차가 이 규정을 넘는다면, 그 사이에 새 단면을 보간하여 삽입해야 한다.

- 또, 산지에 인접한 도심지 소하천과 같이 경사가 급하고 하상이 암반이나 콘크리트로 이루어진 하천의 경우, 상류와 사류가 혼재되는 경우가 있다. 이런 경우 심하면 물리적으로 타당하지 않은 엄청나게 큰 유속이 발생하는 경우도 있다. 이런 문제를 해결하기 위해서는 상사류 혼재 흐름을 모의하는 선택사항을 이용해야 한다. 상사류 혼재 흐름에 대해서는 HEC-RAS의 Applications Manual(USACE 2010a)의 제9장 혼재류 분석을 살펴보기 바란다.

- 도심지 하천에서는 종종 통수단면 부족 때문에 이를 해결하기 위한 방안으로 분기수로를 만드는 경우가 있다. HEC-RAS를 이용하여 이를 적절히 모형화하기는 어렵지 않으나, 실제 현업에서 이렇게 모의한 사례를 보기는 매우 힘들다. 분기수로에 대한 모의를 할 때는 사전에 위에서 소개한 지침서의 제8장 고리형 유로망 분석을 살펴보기 바란다.

독자들의 이해를 돕기 위해 부록 B.1에 HEC-RAS를 이용한 간단한 배수위 계산을 수록하였다.

7.2.2 2차원 유속분포 계산

교량이나 댐, 보 등 하천구조물을 만들거나, 지류합류점에 대한 하천계획을 할 때는 종종 평면 2차원 유속분포를 알아야 할 경우가 있다. 이러한 평면 2차원 유속분포를 계산하는 모형으로 RMA-2, FESWMS, RiverFlow2D 모형 등이 있다. 현재 실무에서 널리 사용하는 것은 RMA-2 모형이다. 이 절에서는 RMA-2 모형에 대해서만 간략히 살펴보기로 한다.

■ RMA-2 모형 개요

RMA-2 모형은 2차원 수리계산을 하므로, 격자망의 구성과 자료의 입력 등이 1차원 모형에 비해 상당히 복잡하다. 따라서, 이 모형 단독으로는 입출력 GUI를 갖지 않으며 다른 여러 가지 수리계산 모형들과 함께 SMS(Surface-water Modeling System; EMRL 2006)라는 GUI 모형 안에 한데 묶인 패키지 상태로 판매되고 있다. 따라서, RMA-2를 이해하기 위해서 먼저 SMS에 대해 간략히 살펴보기로 한다.

SMS는 미국 Brigham Young 대학의 환경모형연구실과 미 공병단(USACE)의 수로실험소, 그리고 미 연방고속도로청 등에서 개발한 프로그램으로 현재 상용화되어 있다. SMS는 지표수에 대한 모델링 및 해석을 위한 일종의 전후처리 시스템으로 모형의 수행을 위한 입력파일의 작성이나 결과 해석을 위한 그래픽 가시화작업을 수행한다.

SMS는 TABS-MD(GFGEN, RMA-2, RMA-4, RMA10, SED2D-WES), ADCIRC, CGWAVE, STWAVE, HIVEL2D 등과 FHWA에서 제공하는 FESWMS, WSPRO 등을 포함하는데, 각각의 프로그램에 적합하게 만들어진 사용자 인터페이스들로 SMS의 모듈이 구성된다. 각 부모형에서 해석에 필요한 경계조건들을 비롯하여 유한요소망이나 유한차분망, 또는 단면자료 등은 SMS 내에서 생성되며, 각각의 프로그램에 적합한 파일 형식으로 저장된다. 또한, SMS는 각각의 해석모형에서 출력하는 자료들을 읽고 그래픽 가시화작업을 수행한다.

이 연구에서 사용한 SMS의 수치연산 흐름도는 그림 7.19와 같다. GFGEN(Geometry File GENeration) 모형은 ASCII 지형파일을 RMA-2 모형과 RMA-4 모형에서 사용 가능한 2진 파일(binary file)의 형태로 전환시켜주는 일종의 전처리기로서, 유한요소망을 구성하는 격자점(node)과 요소(element)에 관한 정보를 읽어 들여 오류 확인 및 계산시간 단축을 위해 격자점 번호를 다시 지정한다. RMA-2 모형은 흐름모의 모형으로 GFGEN 모형을 통해 생성된 지형 및 격자망 자료를 이용하여 각 격자점에서의 유속벡터와 수위 등을 계산한다. RMA-4 모형은 GFGEN 및 RMA-2 모형의 결과를 이용하여 오염물질 이송확산모의를 수행한다.

한편, RMA-2 모형은 미 공병단에서 1973년에 처음 개발한 이래, 하중도를 포함한 하천 수로구간의 흐름, 교각 부근의 흐름, 유수단면 확대 및 축소부를 포함한 하천구간의 흐름 예측 등을 포함하여, 하천, 저수지, 하구의 수리해석에 널리 사용되어 왔다.

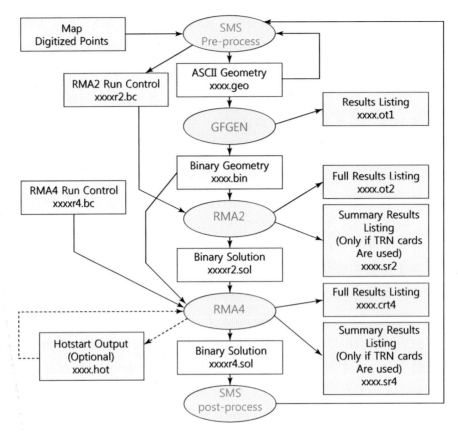

그림 7.19 SMS의 수행흐름도(www.bossintl.com)

■ **지배방정식**

　　RMA-2 모형은 천수방정식을 지배방정식으로 사용한다. RMA-2 모형에서는 천수방정식을 가중잔차(weighted-residual) Galerkin 방법을 사용한 유한요소법으로 계산하고, 유한요소는 1차원 또는 2차원(사각형, 삼각형)이 될 수 있으며, 곡선이 한 변으로 사용될 수 있다. 형상함수는 유속에 대해서 이차함수이며, 수심에 대해서는 일차함수이다. 공간에 대한 적분법은 Gaussian 적분법이 사용되었으며, 시간에 대한 미분은 비선형 유한차분근사법에 의해 계산된다. 수치기법은 완전음해법으로서, 각 시간 단계에서의 비선형 연립방정식을 Newton-Raphson 반복계산법을 사용하여 해를 구한다.

■ **유한요소망의 구성**

　　RMA-2 모형에 이용되는 유한요소망은 격자점과 요소로 구성된다. 하나의 유한요소망은 여러 개의 삼각형 또는 사각형 요소로 대표되는 대상 지역의 표면으로 생각할 수 있다. 여기

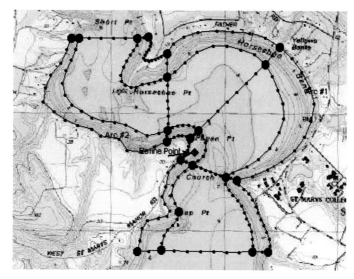

그림 7.20 모형화할 대상 하천

서 격자점들은 망의 지형학적 형태를 정의하는 (x, y, z)좌표들이며, 요소는 이러한 격자점들을 연결함으로써 망의 평면적인 형태를 정의하게 된다. 수리학적 모의를 위한 전체 과정에서 유한요소망을 구성하는 작업은 그 중요성이 매우 높다. 유한요소망을 구성하는 데는 많은 시간과 노력이 소요되며, 구성된 유한요소망의 품질이 전체 계산의 수렴문제와 신뢰도에 결정적인 영향을 미친다.

RMA-2는 유한요소망을 손쉽게 만들 수 있는 편집도구를 내장하고 있다. 그림 7.20은 모형에서 예제로 제공하는 대상 하천의 지형도이다. 이 하천을 RMA-2의 격자망 생성기로 유

그림 7.21 생성된 유한요소 격자망

한요소 격자망을 만들면 그림 7.21과 같다.

■ 경계 조건

기본적으로 RMA-2 모형은 2차원 정상 등류를 모의한다. 이때 전체 흐름은 상류라고 가정한다. 따라서 모형의 상류단 경계에서 유량, 하류단 경계에서 수위를 부여해야 한다. 그림 7.21에서 화살표로 나타낸 부분이 상류단 경계이며, 가장 아래쪽의 단면이 하류단 경계이다.

■ 계산 결과

RMA-2로 2차원 정상등류를 모의하면, 그 결과는 수위와 유속에 대해 나타낼 수 있다. 그림 7.22는 유속분포를 나타낸 것이다. 유속분포는 벡터도나 등고선도 등으로, 수위분포는 등고선도로 나타낼 수 있다.

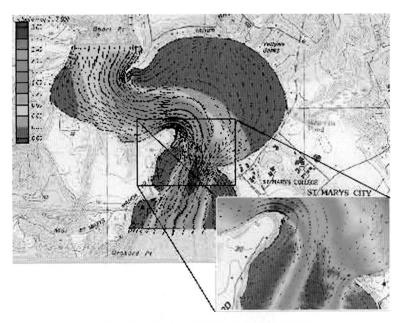

그림 7.22 RMA-2 모형에 의한 유속분포도

■ 모형 적용 시 유의사항

유한요소망은 크게 삼각형 요소와 사각형 요소가 있으며, 요소망의 구성에 있어서 고려할 사항은 다음과 같다.
- 인접한 요소보다 면적이 50% 이상 크거나 작아서는 안 된다.
- 가능하면 1:1의 종횡비를 가져야 한다.

- 요소는 볼록다각형이어야 한다.
- 요소의 각 절점은 동일 평면상에 있어야 한다.
- 지배방정식에서 하상을 완경사로 가정하므로 흐름의 주방향에 대해 각 요소는 10% 이내의 경사를 가져야 한다.

RMA-2 모형은 이전 시간단계의 해석 결과를 사용하여 연속적인 모의가 가능한 재시작 기능이 있고, 또한 젖음(wetting)과 마름(drying) 처리 과정, 지구전향력(Coriolis force), 바람 응력을 고려할 수 있다. 와점성계수, 매닝계수 등 모형 매개변수의 부여방법이 다양하게 제공되며, 수공구조물을 고려할 수 있고, 임의 단면에 대한 통과유량을 계산하여 질량의 보존 여부를 검사할 수 있다. 수렴조건 설정 등과 같은 수치해석을 위한 사용자 입력이 가능하며, 경계조건을 다양하게 부여할 수 있다. 잠김/드러남 처리과정과 홍수터 흐름에 대한 적용 시 적절한 경계조건과 매개변수의 선정은 복잡한 유한요소망에 대해서 해의 안정성을 개선하기 위해 중요한 사항이다.

젖음/마름 처리과정은 홍수터 흐름 문제를 위해서 요구되는 지형적 이산화에 따른 복잡성에 대처하기 위해서 제안되었다. 안정성 문제는 반복계산 수행 동안 마름 상태의 요소를 계산 과정에서부터 제거함으로써 해의 발산을 방지하고 자연 지연조건을 반영하기 위해서 필요한 사항이다.

또, 실제 하천모의에서 발생하는 RMA-2의 문제 중 하나는 대상 하천구간이 긴 구간일 경우에 발생한다. 이때, 하류단 수위가 상류의 어떤 단면의 하상고보다 낮은 경우 프로그램 자체가 실행이 되지 않는다. 이것을 해결하기 위해서는 RMA-2를 부정류로 실행하면서 전체 수면고를 냉시동(cold start)이 아닌 열시동(hot start)으로 하는 약간의 편법이 필요하다.

7.2.3 하상변동 계산

하상변동 계산은 전산수치모형을 이용하여 하천의 하상변동을 모의하는 것이다. 이러한 하상변동모형은 1차원, 2차원, 3차원 모두 다양한 모형들이 발표되어 있으나, 이들 중 실제적으로 이용할 수 있는 모형은 극히 제한적이다. 한국건설기술연구원(1991)의 연구에서 당시까지 발표된 여러 1차원 및 2차원 하상변동모형에 대해 장단점을 검토한 바 있다. 현재 국내에서 이용할 수 있는 1차원 하상변동모형은 HEC-RAS와 CCHE1D, GSTARS 등이 있으나, 여기서는 HEC-RAS에 대해서만 살펴보기로 한다.

▥ HEC-RAS의 하상변동 계산

HEC-RAS는 흐름모형인 HEC-2와 하상변동모형인 HEC-6를 통합하여 Windows하의 GUI 프로그램으로 개량한 것이다. 앞의 7.2.1에서 설명한 HEC-RAS에 의한 수위 계산에 추가하여, 유사량 자료를 입력하면 하상변동 계산을 수행할 수 있다. HEC-6로 수행하였던 1차원 하상변동 계산이 HEC-RAS에 포함된 것은 4.0판이다. 이를 통해서 하천실무에의 적용성이 크게 높아졌다. 더구나 HEC-6가 텍스트 파일을 이용하여 입출력을 하는 데 반하여, HEC-RAS는 그래픽 화면으로 자료의 입출력을 하므로 이용하기가 매우 편리해졌다(USACE 2010b).

HEC-RAS의 하상변동 계산은 다음과 같은 경우에 적용할 수 있다.
- 깊은 저수지의 토사 퇴적과 그 분포
- 얕은 저수지의 토사 퇴적과 그 분포
- 준설의 양과 빈도의 유지
- 자연하천의 하상 상승 및 저하

다음과 같은 경우, 즉 충적하천으로 보기 힘든 경우에는 하상변동모형을 적용할 수 없다.
- 하상이 암반으로 이루어진 산지 하천이나 도심을 흐르는 콘크리트 피복 하천
- 해안에 직접 접속되는 하천으로 하상이 점토나 펄로 이루어진 하천

이 적용 과정을 수행하는 데 필요한 과정은 다음과 같이 요약할 수 있다.

(1) 하천시스템의 과거 기록 조사
(2) 대표 자료의 작성
　　① 하천지형자료(하천의 길이, 횡단면 등)의 준비
　　② 하천지형자료의 수정 및 보완
　　③ 매닝계수 n값의 보정
　　④ 유사 특성 자료의 준비
　　⑤ 수문자료의 준비
　　⑥ 허용 가능한 계산시간 간격의 결정
　　⑦ 유량수문곡선 준비
(3) 수치모형의 검증
(4) 기본시험조건의 분석
(5) 필요한 대안의 분석
(6) 민감도 분석

■ **준부정류**

　　HEC-RAS가 유사이송을 계산하기 전에 하천 수리 변수들이 먼저 결정되어야 한다. HEC-RAS는 동수역학적 단순화와 많은 다른 유사이송모형에서 이용되는 공통적인 접근법을 이용한다. 준부정류 가정은 연속수문곡선을 이산화된 일련의 흐름 종단형으로 근사시킨다. 흐름 시계열에서 한 흐름은 지정된 시간 동안 일정한 크기를 유지한다. 정상 흐름 종단형은 완전부정류모형보다 개발하기가 쉽고, 프로그램 실행이 빠르다.

　　각각의 이산화된 정류 종단형은 유사이송 계산을 위해 더 작은 시간 단위로 세분된다. HEC-RAS는 흐름지속시간, 계산 증분, 그리고 하상혼합시간간격의 세 가지 다른 시간 간격 (그림 7.23)을 이용한다. 여기서 말하는 시간 단위란 유량, 수위, 수온, 유사량이 일정하다고 가정하는 시간 길이이다. 예를 들어, 만일 일유량 자료가 수집되었다면, 보다 작은 시간으로 내삽하지 않는 한 흐름의 지속시간은 24시간이 될 것이다. 수위, 유량, 수온, 유입유사량이 일정한 흐름을 지정하기 위해서는 지속시간이 긴 흐름을 하나 설정하면 된다.

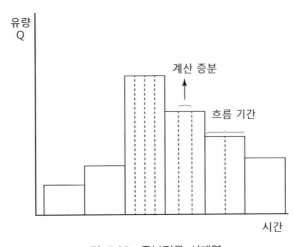

그림 7.23　준부정류 시계열

■ **유사 연속성**

　　HEC-RAS의 하상변동 계산은 Exner 방정식으로 알려진 유사의 연속방정식을 해석하여 수행된다.

$$(1 - \lambda_p)\, B\, \frac{\partial \eta}{\partial t} = - \frac{\partial Q_s}{\partial x} \tag{7.49}$$

여기서 B는 하폭, η는 하상고, λ_p는 활성층의 공극률, t는 시간, x는 거리, Q_s는 유사이송량이다.

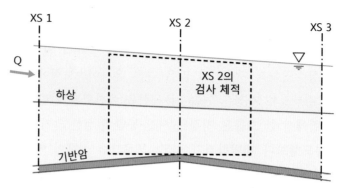

그림 7.24 HEC-RAS에서 유사 계산에 이용하는 검사체적 개요도

이 방정식은 단순히 검사체적 내의 유사체적의 변화(즉, 하상 상승 또는 하상 저하)는 유입유사량과 유출유사량의 차이와 같다는 의미이다(그림 7.24).

유사의 연속방정식은 각 횡단면과 관련된 검사 체적을 통한 유사이송능을 계산하여 푼다. 이 이송능은 검사체적에 들어오는 유사공급량과 비교된다. 만일 이송능이 공급보다 크다면, 유사 부족이 생기며 이것은 하상유사를 침식하여 만족되어야 한다. 만일 공급량이 이송능을 넘어서면, 유사 과잉이 생기며 재료가 퇴적되어야 한다.

■ 입경 등급

HEC-RAS는 유사재료를 여러 개의 입경 등급으로 나눈다. 이송되는 재료의 범위는 0.002 mm에서 2,048 mm까지이며, 중복되지 않도록 된 20개의 입경 등급으로 되어 있다. 내정된 입경 등급은 2를 밑으로 하는 표준 대수에 구분되며, 각 등급의 상한은 인접한 등급의 상한의 2배이다. 각 입경 등급의 모든 입자는 단일 대표입경에 의해 나타내어진다. 대표 입경으로 HEC-RAS는 입경의 기하평균(입경 등급의 상한과 하한의 곱의 제곱근)을 이용한다.

■ 유사량 공식

유사이송 잠재능은 주어진 수리동역학 조건하에서 특정 입경 등급의 물질이 얼마나 이송되는가를 나타내는 척도이다. 이송 잠재능은 프로그램에서 이용 가능한 여러 가지 유사이송 방정식 중 하나를 이용하여 계산한다. 이들 대부분의 방정식은 단일 입경 등급(예를 들어, D_{50} 또는 D_{50}과 D_{90}과 같은 두 입경 등급)에 대해 이용하기 위해 개발된 것이며, 시스템 내의 각 입경 등급에 독립적으로 적용된다. 하상에서의 각 입경 등급의 분포와 관계없이 개별적으로 계산된 이 값은 이송 잠재능이라 불린다. HEC-RAS에는 현재 7가지 유사량 공식이 있다.

현재까지 개발된 이송 함수는 수십 가지가 넘는다. 유사이송은 많은 변수들에 민감하기 때문에, 이송 함수가 개발된 이송재료와 수리동력학 매개 변수에 따라서 서로 다른 방정식에 의해 계산된 이송 잠재능은 수십 배 이상 차이가 나기도 한다. 가능한 한 적용 대상 지역에서 발견되는 입도와 수리적 변수와 비슷한 상태에서 개발된 이송 함수를 선택해야 한다. 이런 방법에 이용되는 실제 방정식은 참고 지침서(USACE 2010a)의 부록 E에는 각 방정식의 이용, 적용성, 민감도에 몇 가지 간략한 정성적인 사항이 기술되어 있다.

■ 입경별 유사이송능

일단 각 입경 등급에 대해 이송 잠재능을 계산하고, 실제 시스템에 대한 대표 총유사량을 계산하여야 한다. 각 잠재능은 유사 입경의 실제 분포에 대해서는 참조하지 않기 때문에(즉, 이송 잠재능은 시스템 전체가 그 입경 등급으로 100% 구성된 것처럼 계산한다), 입경 등급별 잠재능은 실제의 상대적인 분포에 기반하여 할당되어야 한다.

각 입경 등급의 이송능은 이송 잠재능에 하상에서의 그 입경 등급의 비율을 곱해야 한다. 따라서 총 이송능은 다음과 같다.

$$T_c = \sum_{j=1}^{n} \beta_j T_j \tag{7.50}$$

여기서 T_j는 총 이송능, n은 입경 등급의 수, β_j는 입경 등급 j로 구성된 활성층의 백분율, T_j는 입경 등급 j에 대한 이송 잠재능이다. 이것은 각 입경 등급의 유사량은 하상에서의 그 입경 등급의 분포 비율에 비례한다는 Einstein(1950)의 고전적인 가정에 기반한 것이다.

연속 방정식은 각 입경 등급에 대해 개별적으로 적용된다. 총 이송능은 프로그램에서 어디에서도 이용되지 않는다. 이송능은 각 입경 등급의 공급과 비교하기 위해 계산되며, 과잉 또는 부족은 그 입경 등급별로 결정된다.

■ 분급과 장갑화

실제 하천에서는 공급이 제한된 상태로 침식이 발생할 수 있다. 하상재료의 입경분포범위가 넓은 하천에서 하상재료는 장갑층이라 부르는 조립질 재료로 된 층으로 덮여 있는 경우가 많다. 이 층은 정적 장갑화 또는 미세입자의 차등 이송에 의해 형성될 수 있다. 특히 댐 하류에서 미세입자를 이송시키는 대부분의 흐름에서 조립질 재료는 정지상태이고 표면에 모여 그 아래의 입자들을 이송으로부터 보호한다. 재료의 평형 이송을 이루기 위해 조립질 입자가 과도하게 나타나는 경우, 장갑층은 이동적 또는 동적 장갑화에 의해 형성될 수도 있다

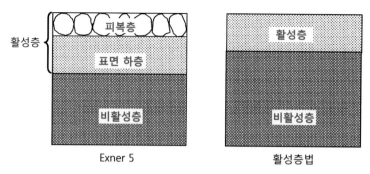

그림 7.25 HEC-RAS의 분급과 장갑화 방법에서 활성층의 개요

(Parker 2008).

　두 경우 모두 장갑층의 형성은 이송이 가능한 표면 입자가 점점 조립화되고 이송되기 힘들게 되기 때문에, 유사이송량을 감소시키는 경향이 있다. 즉, 장갑층이 형성되면 유사이송능이 제한을 받는다.

　이런 장갑층을 모형화하기 위해, HEC-RAS에는 하상 분급과 장갑화를 모의하는 두 가지 알고리즘이 포함되어 있다(그림 7.25 참조). 둘 다 하상을 활성층과 비활성층으로 나누는 데 기반하고 있다. 핵심적인 차이는 활성층과 비활성층의 차이이다. 입경 백분율에 이송 잠재능을 곱해서 이송능을 계산할 때, 입경 백분율은 활성층의 입경 분포에만 의존한다.

　만일 피복층이 조립화되면(즉, 미세입자의 침식), 미세 재료의 활성층 내 백분율이 감소하기 때문에 미세입자의 유사이송능은 감소된다. 또한, 만일 활성층의 성층 중량이 $2D$(입자 하나의 지름의 두 배) 이하로 떨어지면, 분급과 장갑화 법칙이 표면층에 미치는 영향이 작아지며, 이송능에 영향을 미친다. 이 알고리즘에서는 피복층의 두께를 검토하고, 피복층이 $1D$의 50%에 이르면 피복층과 표면하층이 완전히 혼합된다.

■ 유사자료 입력

　HEC-RAS를 이용한 하상변동 계산 과정을 차례로 보이면 다음과 같다. 다만, 1차원 흐름 계산(배수위 계산)은 앞의 7.2.1에서 이미 끝났다고 생각하여 수위 계산에 대한 부분을 생략하고, 유사 계산만 설명한다.

　지형자료가 입력되면 이용자는 이동상 유사이송을 수행하는 데 필요한 유사자료를 입력할 수 있다. 그러나 그 전에 정류 분석를 이용하여 여러 가지 배수위를 계산해 보는 것이 좋다. 이것은 이용자들로 하여금 하천 수리계산에서 부딪히는 여러 문제들을 해결하여, 이동상 계산을 시도하기 전에 견고한 수리모형을 구축하도록 도와준다.

　유사자료는 유사자료 편집기에 입력한다.

■ 이동상 한계

하폭은 각 유사 검사 체적에서 필요한 중요한 제원이다. 침식이나 퇴적의 측방 한계를 설정한다. HEC-RAS는 횡단면의 전체 윤변을 따라 퇴적을 허용하지만, 이동상 한계로 지정된 수로만이 침식되도록 한다. 이동 하상점은 고정되어 있으므로, 횡단면의 이 위치에 거리-표고점이 있어야 한다. 만일 거리-표고점이 없으면, 프로그램이 자동적으로 한 점을 추가한다.

HEC-RAS는 이 횡방향 한계 내의 윤변을 이루는 횡단면 점들을 상승시키거나 저하시킬 것이다. 퇴적이 발생하여 수로의 표고가 상승되었을 때, 이 표고가 하안 지점보다 높게 되지 않도록 하려면 횡방향 한계는 주의깊게 선택되어야 한다. 그렇지 않으면 물리적으로 합당하지 않은 결과가 되고 만다. 이를 방지하기 위해 침식성 하상 한계의 초기 추정값을 주수로 하안 지점으로 제한하는 기능도 있다.

■ 하상토 입도 입력

각 횡단면은 하상토 입도분포를 가져야 한다. HEC-RAS는 먼저 하상토 입도분포의 하상토 입도 템플릿을 생성할 것을 요구한다. 그리고 하상토 입도 템플릿의 끌어놓기 기능을 이용하여 이 하상토 입도를 갖는 적합한 횡단면 범위와 연결할 수도 있다.

횡단면에 하상토 입도를 설정하기 위해, 먼저 하상토 입도 템플릿을 생성한다. 많은 응용문제에서 이 템플릿은 프로젝트 구간에서 채취된 개개 하상토 시료에 대응한다. 하상토 입도 시료는 통과백분율을 이용하거나 입경별 비율의 두 가지 형태로 입력할 수 있다.

■ 유량-유사량 곡선 입력

유량-유사량 곡선(또는 유사량 곡선)은 유량에 따른 유사유입량을 결정한다. 유입유량은 상류단 유입량 시계열, 측방 유입량 시계열, 또는 균일 경계 유입량 시계열이 될 수 있다. 이들 시계열은 특정 하천 지점에 대한 것이다. 만일 어느 지점의 수위-유량관계곡선이 균일 측방 유입량 시계열이라면, 유사량은 유량과 마찬가지로 횡단면을 따라 분포되어야 한다. 이 사항을 선택하면 유사량 지정 편집기가 열린다. 유사량 곡선은 유입유사량과 유량을 관계짓는 것이므로, 여러 개의 유량-유사량 쌍이 정의되어야 한다. 모의기간 동안 예상되는 흐름의 범위 전체를 포함하도록 유량 범위를 선정해야 한다. 만일 유량이 수위-유량관계곡선의 상한을 넘으면, HEC-RAS는 외삽을 하지 않으며, 표에 제시된 최대 유사량을 이용할 것이다. 설정된 최소값 이하의 유량일 경우는 유량이 0일 때 유사량이 0이라고 가정하여 내삽을 한다. 계산된 유량과 총유사량 결과는 대수지에 도시된다.

각 열에는 유량과 각 입경 등급의 총유사량(tons/day)을 입력한다. 유사량의 입경 분포 특성은 각 열에 지정된다. 각 유사량별로 각 입경 등급의 백분율(또는 분할)을 입력한다. 만일

표 7.3 HEC-RAS의 내정된 입경 등급(mm)

입경 등급		하한	상한	기하 평균	입경 등급		하한	상한	기하 평균
Clay	Clay	0.002	0.004	0.00283	Very Fine Gravel	VFG	2	4	2.83
Very Fine Silt	VFM	0.004	0.008	0.00566	Fine Gravel	FG	4	8	5.66
Fine Silt	FM	0.008	0.016	0.0113	Medium Gravel	MG	8	16	11.3
Medium Silt	MM	0.016	0.032	0.0226	Coarse Gravel	CG	16	32	22.6
Coarse Silt	CM	0.032	0.0625	0.0447	Very Coarse Gravel	VCG	32	34	45.3
Very Fine Sand	VFS	0.0625	0.125	0.0884	Small Cobbles	SC	34	128	90.5
Fine Sand	FS	0.125	0.25	0.177	Large Cobbles	LC	128	256	181
Medium Sand	MS	0.25	0.5	0.354	Small Boulders	SB	256	512	362
Coarse Sand	CS	0.5	1	0.707	Medium Boulders	MB	512	1024	724
Very Coarse Sand	VCS	1	2	1.41	Large Boulders	LB	1024	2048	1450

백분율의 총합(분할의 총합)이 100(또는 1.0)과 같지 않으면, HEC-RAS는 계산 동안에 (주어진 유량이 입경별 비율에 기반하여 입력된 총유사량을 생성할 수 있도록) 이들을 정규화한다.

■ 준부정류 자료의 입력과 편집

현재의 HEC-RAS 유사이송 계산은 준부정류 수리에 기반하고 있다. 준부정류는 해당 기간 동안의 흐름의 수문곡선을 정상류의 시계열로 근사하는 것이다. 이런 분석은 정상류나 부정류 흐름과는 다른 정보를 필요로 하기 때문에, HEC-RAS 주화면에서 준부정류를 선택하여 입력하면 된다.

HEC-RAS에서는 여러 가지 다른 경계 조건을 이용할 수 있다. 각 상류 경계(상류 구간의 마지막 횡단면)는 흐름 시계열을 경계 조건으로 지정되어야 한다. 준부정류 편집기는 자동적으로 각 외부 경계 조건에 대응하는 횡단면을 나열해 준다. 외부 경계 설정은 HEC- RAS의 유사 분석을 실행하는 데 필수적이다. 상하류 경계는 준부정류 편집기에서 입력한다.

준부정류는 불규칙한 시간 간격을 가질 수 있으며, 설정된 각각의 흐름은 (유량이 일정한 기간인) 시간 간격을 가지게 된다. 따라서 각 행에 대해 계산시간 간격을 입력해야 한다.

■ 결과 보기

유사 계산을 수행할 때, 세부적인 유사와 수리 출력은 별도의 이진 파일에 기록된다. 하상 변동은 HEC-RAS의 여러 가지 창을 선택하여 관찰할 수 있으며, 세부적인 출력은 공간 그

래프와 표, 시계열 그래프와 표로 표시될 수 있다. **그림 7.26**은 하상변동 계산 결과의 종단
면을 보인 것이다.

하상변동 계산이 적절히 되었는지 검토하려면 횡단면 형상변화도 검토하여야 한다. 횡단
면 형상변화는 여러 시간에 동시에 동영상이나 그래프로 나타낼 수 있다(**그림 7.27**). 침식과
퇴적이 물리적으로 타당한 형태로 모의되었는지 확인하기 위해서는 최소한 최종적인 횡단면

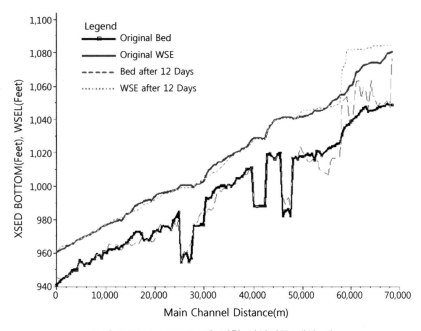

그림 7.26 HEC-RAS에 의한 하상변동 계산 예

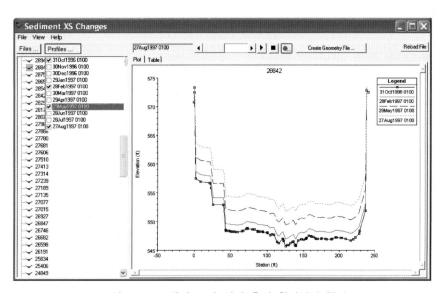

그림 7.27 4개의 모의 시간 후의 횡단면의 형상

형상을 보는 것이 중요하다.

이상으로 HEC-RAS를 이용한 1차원 하상변동 계산에 대해 간략히 살펴보았다. 보다 상세한 것은 자연과 함께하는 하천복원기술개발연구단(2011)의 기술보고서인 「7. 하상변동계산 가이드라인」(류권규 2011)을 참조하기 바란다. 이 내용은 이 책의 부록 B.2에도 간략하게 소개하였다.

7.2.4 수질 계산

일반적으로 하천계획에서 수질모형을 실제 적용한 사례는 많지 않다. 그러나 하천환경계획에서는 수질모형화가 매우 중요한 요소 중 하나이므로, 수질모형화에 가장 빈번하게 사용하는 모형에 대해 살펴볼 필요가 있다.

환경부(2009)의 「환경영향예측모델 사용안내서」에서 수질 분야 모형으로 제시한 것은 QUAL2E, WASP. EFDC, RMA-4였다. 우리나라에서 종래부터 가장 많이 사용해 온 모형은 QUAL2E였다. 그러나 서동일과 윤진호(2011)에 따르면, 미국 환경부(USEPA)는 QUAL2E를 더 이상 공식적으로 지원하지 않으며, 그 대신 QUAL2K 또는 Q2K(Chapra et al. 2008)를 지원한다고 한다. 따라서 여기서는 QUAL2K를 살펴보기로 한다. 이 항의 주요 내용은 서동일과 윤진호(2011)의 문헌을 요약한 것이다.

또, 최근에는 4대강사업을 위시하여 많은 대규모 하천사업에 EFDC를 많이 이용하고 있다. 따라서 이 절의 마지막 부분에서는 EFDC에 대해서도 간략히 설명할 것이다. EFDC 모형에 대한 자세한 설명은 EFDC의 모형 안내서(Tetra Tec, Inc. 2007)나 이동주(2009)를 참고하기 바란다.

■ QUAL2E와 QUAL2K

수질모형 중에서 널리 사용되고 있는 것으로 미국 환경부에서 개발된 QUAL2E 모형(Brown and Barnwell 1987)이 있으며, 우리나라에서도 널리 사용되어 왔다. 이 모형은 미국의 총량오염제도(TMDL, Total Maximum Daily Loads)를 지원하기 위해 제작된 통합모형인 BASINS의 하천수질모형으로도 사용된 바 있다. 그러나 QUAL2E는 식물성 플랑크톤과 유기물의 연결이 고려되지 않고 탈질소 기구 등이 누락되어 있어 전문가들 간에 많은 의견이 제기된 바 있다. 미국 환경부는 QUAL2E를 공식적으로 지원하는 모형 목록에서 삭제하고, Chapra et al.(2008)이 개발한 QUAL2K 또는 Q2K를 공식적으로 지원하고 있다(서동일, 윤진호 2011).

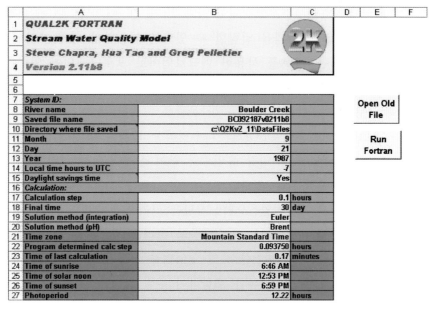

그림 7.28 QUAL2K 모형의 주 화면

■ QUAL2K 모형의 특징

QUAL2K 모형을 실행하면, 그림 7.28과 같은 주화면이 나타난다. 여기서 알 수 있듯이, QUAL2K 모형은 Microsoft사의 Excel에서 VBA(Visual Basic for Application)를 이용한 계산표로 이루어져 있다.

QUAL2K는 다음과 같은 면에서 QUAL2E 모델과 유사한 점이 있다.

- 하천의 종방향과 횡방향으로 완벽하게 혼합되는 1차원적인 흐름을 가지는 하천에 사용할 수 있는 수질모형이다.
- 하천은 본류 및 지류를 함께 고려하여 구간을 설정할 수 있다.
- 수리학적으로는 정상상태인 부등류로 보기 때문에 모의기간 중 시간에 따른 유량의 변화는 없는 것으로 본다.
- 밤낮의 변화에 따른 열에너지와 온도의 변화가 기상조건 변화의 함수로 입력된다.
- 수질변수는 그러나 수질은 시간에 따라 변화하는 것으로 보았으며 따라서 수질의 낮과 밤의 변화를 모의할 수 있도록 구성되어 있다.
- 점오염부하량, 비점오염부하량 그리고 취수 등을 고려할 수 있다는 특징이 있다

반면 QUAL2K 모형이 QUAL2E 모형과 다른 점은 다음과 같다.

- QUAL2E 모형은 MS Windows 환경에서 구동할 수 있으며, 수치적인 계산은

FORTRAN90로 프로그램되어 있다. 반면, QUAL2K는 Excel을 사용하여 자료를 입력할 수 있고, 또한 결과를 열람할 수 있도록 이용하기 쉽게 제작된 것이 큰 장점이다. 모든 명령들은 VBA를 사용한 매크로언어로 프로그램되어 있다.

- QUAL2E에 비하여 소구간을 임의의 길이로 구분할 수 있으며 임의의 소구간에서 다수의 부하량 유입과 취수에 의한 유출을 고려할 수 있다.
- QUAL2K 모형은 CBOD를 하수처리장 방류수와 같이 잘 분해되지 않는 저속반응 CBOD(cs)와 하수처리장 유입수와 같이 잘 분해되는 고속반응 CBOD(cf)의 두 가지로 구분하여 고려할 수 있다.
- 산소 농도가 고갈되었을 때의 상황을 고려하여 수질반응 조건을 조절할 수 있으며, 혐기성 조건에서 발생하는 탈질반응을 고려할 수 있다.
- 퇴적물-수층 간의 용존산소 및 영양염류 농도가 내부적으로 계산될 수 있다.
- 하천바닥의 부착성 조류를 포함하여 수질 모의를 수행할 수 있다.
- 광소멸 계수는 식물성 플랑크톤, 유기성형물질 및 무기성 고형물질(SS; mi)함수로서 산정된다.
- 알칼리도와 무기성탄소를 모의할 수 있으므로 pH의 모형화가 가능하다. 따라서 NH_4^+와 NH_3^+가 pH에 따라 존재 형태가 달라지는 것을 고려할 수 있다.
- 병원균의 사멸은 수온, 광량 및 침강의 함수로 표현된다.
- 각 구간별로 수질반응계수를 별도로 입력할 수 있다.
- 보와 폭포 등을 고려하여 용존산소와 같은 기체 이동을 모형화할 수 있다.

■ QUAL2K 모형의 이론적 배경

QUAL2K 모형은 다음과 같은 물질수지식을 사용하며 수질의 변화를 모의하는 데 사용한다.

$$\frac{dc_i}{dt} = \frac{Q_{i-1}}{V_i}c_{i-1} - \frac{Q_{out,i}}{V_i}c_i + \frac{E'_{i-1}}{V_i}(c_{i-1} - c_i) + \frac{E'_i}{V_i}(c_{i+1} - c_i) + \frac{W_i}{V_i} + S_i \qquad (7.51)$$

여기서

c_i = 구간 i 지점의 농도(mg/L),

c_{i-1} = 구간 $i-1$ 지점의 농도(mg/L),

$Q_{out,i}$ = 점유출 또는 비점유출에 의해 구간 i에서 유출되는 총 유량(m^3/d),

Q_{i-1} = 상류구간 $i-1$에서 구간 i로 유입되는 유량(m^3/d),

V_i = 구간 i의 체적, E'_i = 구간 i의 확산계수(m^3/d),

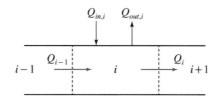

그림 7.29 QUAL2K 모형에서 물의 연속방정식

E'_{i-1} = 구간 $i-1$의 확산계수($\mathrm{m^3/d}$),

W_i = 구간 i로 유입되는 외부 부하량($\mathrm{g/d}$),

S_i = 반응과 이송으로 인해 생성 및 소멸되는 양($\mathrm{g/m^3/d}$)이다.

유량은 연속방정식(그림 7.29)에 의해 식 (7.52)와 같이 표현된다.

$$Q_i = Q_{i-1} + Q_{in,i} - Q_{out,i} \tag{7.52}$$

한편 QUAL2K에 사용되는 확산계수는 식 (7.53)과 같이 산정할 수 있다.

$$E_{p,i} = 0.011 \frac{U_i^2 B_i^2}{H_i u_i^*} \tag{7.53}$$

$$u_i^* = \sqrt{g H_i S_u} \tag{7.54}$$

여기서,

$E_{p,i}$ = 구간 i와 구간 $k+1$ 사이의 종확산 계수($\mathrm{m^2/s}$),

U_i = 유속($\mathrm{m/s}$),

B_i = 하폭(m),

H_i = 평균 수심(m),

u_i^* = 전단속도($\mathrm{m/s}$),

g = 중력가속도($= 9.81~\mathrm{m/s^2}$),

S_i = 하도 구간 i의 경사(무차원)이다.

■ **QUAL2K 모형의 사용법**

그림 7.30은 QUAL2K 모형에서 고려되는 주요 입력 자료 및 경계조건을 나타낸다.

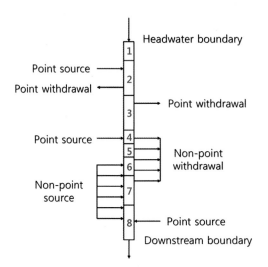

그림 7.30 QUAL2K 구간 구분과 주요 입력 경계조건

QUAL2K 모형은 Excel 기반으로 된 "자료입력 계산표"들과 모형 실행 후 생성되는 "출력 자료 계산표"들로 나눌 수 있으며 주요 계산표의 제목과 기능은 표 7.4와 같다.

표 7.4 QUAL2K 구성요소 계산표

구분	계산표	기능
입력자료	QUAL2K	기본자료 입력
	시간대	수질모의시간 설정
	수원, 구간, 기온, 풍속, 구름량, 비율, 일조량과 열, 점원, 확산원	실행에 필요한 기본 입력자료 구성
	수리자료, 수온자료, 수질자료	실측자료 입력
출력자료	원자료, 수리 요약, 수온 출력, 수질 출력, 수질 주야 출력	모의결과 자료 출력
	이동시간, 유속, 수심, 수온, pH 18개 수질변수(표 7.3 참조)	모의결과 그래프 출력
	일수온, 일DO, 일pH, 일TSS, 일TN, 일TP(주야간)	일별 모의결과 그래프 출력

유량자료, 수질자료, 기상자료 등의 경계조건 모형의 반응계수 등을 입력하는 데 사용되며 "출력자료 계산표"는 모델 실행 후 생성되는 결과를 수치 및 그래프로 나타내는 데 사용된다.

표 7.5는 QUAL2K의 모형에서 고려되는 18개의 수질변수를 나타내고 있으며, 그림 7.31은 수질변수 간의 상호관계를 나타낸다. 그림 7.31에 보인 바와 같이 수체 내의 수질변수들은 용해(ds), 가수분해(h), 산화(x), 질산화(n), 탈질화(dn), 광합성(p), 사멸(d), 그리고 호흡(r), 재포기(re), 침강(s) 등의 물리화학 및 생물학적 과정을 통해 변화를 거듭하게 된다.

표 7.5 QUAL2K 모형의 수질항목과 상태변수

변수	기호	단위
전기전도도	s	mhos
무기용해물	mi	mgD/L
용존산소	no	mgO_2/L
저속반응 CBOD	cs	mgO_2/L
고속반응 CBOD	cf	mgO_2/L
유기질소	no	μgN/L
질산암모늄	na	μgN/L
질산성질소	nn	μgN/L
유기인	po	μgP/L
무기인	pi	μgP/L
식물성 플랑크톤	ap	gA/L
유기성형물질	mo	mgD/L
병원균	X	cfu/100 mL
알칼리도	Alk	$mgCaCO_3$/L
총 무기성탄소	cT	mole/L
저생조류 생체량	ab	gD/m^2
저생조류 질산	INb	mgN/m^2
저생조류 인	ab	gD/m^2

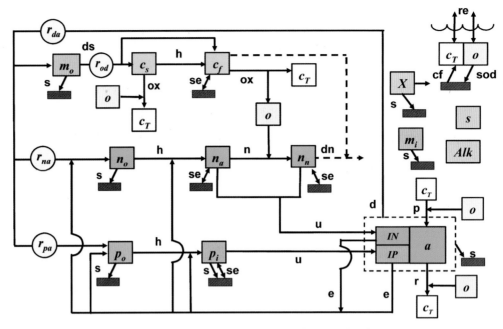

그림 7.31 QUAL2K 모형의 수질변수 간 상호관계

■ 계산 결과 보기

앞서 설명한 것처럼, QUAL2K는 계산 결과를 "출력자료 계산표"들에 표시한다. 그림 7.32는 윤진호 등(2010)이 대천광역시의 관평천을 대상으로 QUAL2K 모형을 적용한 결과 계산한 수질출력 계산표와 CBOD의 그래프이다.

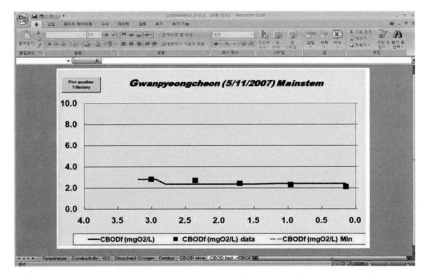

그림 7.32 QUAL2K 모형에 의한 계산 결과 예(윤진호 등 2010)

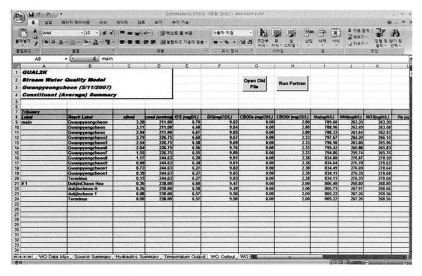

그림 7.32 QUAL2K 모형에 의한 계산 결과 예(윤진호 등 2010) (계속)

▓ EFDC 소개

EFDC(Environmental Fluid Dynamics Code)는 수질의 3차원 분포를 모의할 수 있는 수질 모형이다. 다만, 수리학적인 면에서 완전한 3차원이라기보다는 2차원 층을 다층화한 준3차 원이라는 것이 가장 적합한 표현이다.

EFDC는 미국 환경부의 지원을 받아 버지니아 해양과학연구소(VIMS)에서 1992년 처음 개발되었다. 다양한 분야에 적용 가능하며 하천, 호소, 연해에 대해서 3차원 유동, 수온분포, 염도분포, 염료확산, 치어이동, 유사이동 및 퇴적변화, 수질변화 등을 수치 모의할 수 있다. 3차원 유동 방정식을 해석하며 연직방향으로는 정수압 방정식을 이용한다. 2개의 난류 이동 방정식 해결을 위하여 Mellor-Yamada 난류 모형을 사용한다. 외부에서 정한 고주파 표면 중력파 장을 사용하여 파와 조류 경계층 상호 작용을 구하기 위한 바닥 경계층 모형도 사용할 수 있다. 기본 엇갈린 격자 또는 C형 격자의 공간 차분법을 사용한다. Couple된 이동 방정식으로 난류 에너지, 난류 길이, 염분 및 온도 모의가 가능하다. 또한 보존 방정식을 이용하여 수심이 얕은 지역에서의 마름 영역 모의가 가능하다.

EFDC는 3차원이라는 특징 때문에, 수질의 공간분포를 알고자 하는 국내 하천실무의 요구에 맞아서 4대강사업 이후 급속히 이용폭이 넓어졌다. 기존에 국내에서 3차원 수질모의에 많이 이용한 것은 WASP 모형이었다. 그러나 WASP 모형의 수리 모듈은 1차원적인 흐름이며, 복잡한 실제의 3차원 현상을 재현하기 어렵다. 반면, EFDC는 수리적으로는 준3차원 계산이 가능하지만, 수질 모듈 중에서 BOD와 같이 현장에서 요구하는 항목이 누락된 점이 있다. 그래서 EFDC의 결과를 수질모형인 WASP과 연동하기도 한다(윤진호와 서동일 2013).

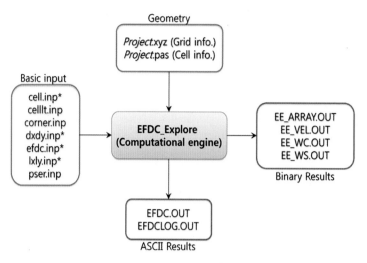

그림 7.33 EFDC의 입출력 구조

EFDC 모형을 구동하기 위해서는 그림 7.33과 같이 EFDC 설치 시 제공되는 기본입력파일 (cell.inp 등 16개의 inp 파일)이 모의하려는 디렉토리 내에 위치해 있어야 한다. 지형정보 파일로는 격자 정보를 포함한 지형정보 파일(파일명.xyz)과 셀을 구성하는 4개의 모퉁이 격자에 관한 정보를 포함한 모퉁이점 파일(파일명.pas)이 있다.

그림 7.34는 EFDC 모형을 구동하기 위한 모의 절차를 나타낸다. 격자정보를 생성한 후 초기조건과 경계조건을 부여하고, 모형 선정 및 연직층 설정 등의 구동 환경을 입력한다. 이후 시간, 계산, 난류모형, 거칠기 계수 등에 관한 변수를 입력하여 모의를 수행하게 된다.

EFDC 모형은 자체 GUI 내에서 모의결과를 등고선이나 벡터도로 표현하고 텍스트 파일로 원하는 정보를 생성하는 기능을 포함한다. EFDC 모형의 View Grid 탭을 클릭하면 바닥

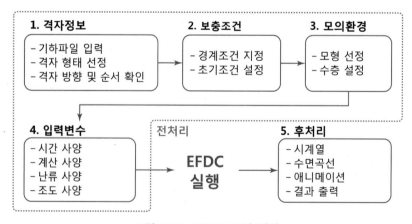

그림 7.34 EFDC 모의 절차

고를 포함한 지형의 평면형상이 나타나며 Option을 통해 셀번호, 셀배치도, 하상표고, 수면표고, 경계, 유속, 하상유사 등의 내용을 시간에 따라 확인할 수 있다. 특히 Model Metrics 옵션의 경우 적정 계산시간 간격, Courant 수, 프루드수 및 파의 전파속도(celerity)에 관한 범위를 제시해 주므로 CFL 조건을 쉽게 확인할 수 있고 사류가 발생되는 지점을 식별할 수 있다. Water Column 옵션에서는 오염물질의 확산 범위를 제공해 준다. 특정 격자에서의 시간에 따른 유속 및 수위정보를 출력해 주는 Time Series, 사용자가 지정하는 측선을 따른 유속, 수위 및 농도의 공간적 분포를 도시화하는 종단도, 다층을 이용한 모의 시 종횡방향 유속의 연직분포 및 오염물질의 농도분포를 도시화하는 연직분포를 보여준다.

EFDC 모형은 국내 하천의 수질 모의를 위해 많이 사용되었다. 그러나 기본적으로 EFDC 모형은 하천보다는 호소의 수질 모의에 적합한 것으로 보인다. 그림 7.35는 EFDC 모형에 의한 대청호의 수질 모의를 예시한 것이다. 금강물환경연구소에서는 대청호에서 매년 여름

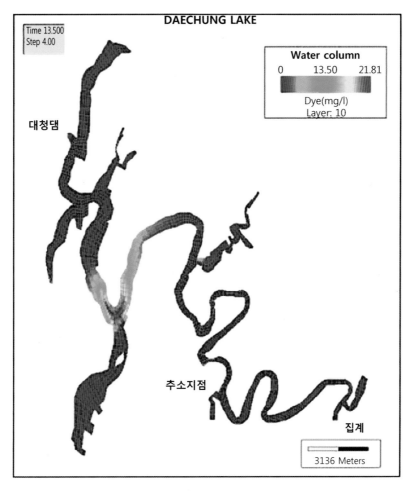

그림 7.35 EFDC 모형에 의한 대청호 수질 모의(윤진호와 서동일 2013)

철 상습적으로 조류가 발생되는 원인을 규명하기 위한 연구를 수행하였다. **그림 7.35**는 이를 규명하기 위해 추소 지점에서 염료를 투입하고 이 염료가 확산되어 가는 모습을 모의한 것이다.

이상의 결과들은 모두 사용자가 읽을 수 있는 ASCII 파일 형태의 txt 파일로 저장할 수 있다. 또한 TP 탭에서는 모의결과를 TecPlot 프로그램에서 읽을 수 있는 dat 형태로 내보내기해 주므로 EFDC 내에서 도시화하기 어려운 유선이나 3차원적인 수위 분포 등을 그릴 수 있다. 그림은 메타파일 형태의 emf 포맷으로 저장할 수도 있다.

연습문제

7.1 하천설계를 위해 1:10의 축척으로 모형을 제작하였다. 모형에서 유량이 0.1 m^3/s라면, 원형에서의 유량은 얼마인가?

7.2 축척이 1:50인 모형을 이용하여 하천 흐름을 측정할 때 모형과 원형 간의 조도계수비를 구하시오. 단, 평균 유속은 매닝 공식을 이용하여 계산한다.

7.3 하천의 유수단면적이 45 m^2이고 원형과 모형의 축척비가 $L_r = 1/30$일 경우, 모형수로의 유수단면적을 구하시오. 또, 하천의 평균 유속이 3.0 m/s일 때 모형에서 평균 유속과 유량을 구하시오.

7.4 하천 흐름 안에 직사각형 교각을 설치하려고 한다. 교각의 폭은 1.2 m, 길이는 3.6 m이고, 평균 수심은 2.5 m이다. 축척 1/16의 모형을 만들고, 유속이 0.8 m/s가 되도록 했을 때 모형교각이 받는 저항력은 4 N이었다.

(a) 원형에 대한 하천의 유속과 저항력을 구하시오.
(b) 이 경우 원형의 항력계수는 얼마인가?

7.5 모형 저장탱크에서 수문을 열고 배수하는 데 10분이 걸렸다. 모형의 축척이 1/40이라면, 원형저장탱크를 비우는 데 필요한 시간을 구하시오.

7.6 다음과 같은 모형 하천 자료를 HEC-RAS에 적용하여 배수위를 계산하시오. 하천의 횡단면과 종단도는 다음과 같다.

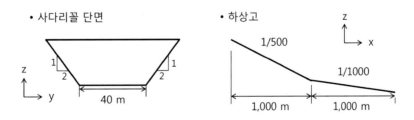

하상의 조도계수는 $n = 0.020$, 단면간격 $\Delta x = 100$ (m)로 하여, 횡단면의 개수는 21개로 하시오. 이때의 경계조건은 상류 유입유량 100 m³/s과 500 m³/s로 하고, 하류 수위는 등류수심으로 하시오.

7.7 연습문제 7.6의 하도에 입경 0.5 mm의 모래가 균일하게 깔려 있고, 상류에서 100 m³/s의 유량이 일정하게 3일간 유입되었을 때의 하상변동을 계산하시오. 단, 유입유사량은 없다고 가정하시오.

용어설명

- **고정상 수리모형**: 모형의 수로바닥을 수류에 의해 이동되지 않는 재료(콘크리트, 목재, 플라스틱, 유리, 강판 등)로 만들어 수리현상을 관찰하고자 하는 모형
- **기하학적 상사**: 모형과 원형의 기하학적인 형태 사이에 일정한 비례가 성립하는 상사
- **냉시동(cold start)**: 어떤 변수의 초기 상태를 0으로 설정하고 수치모형을 실행하는 것
- **동역학적 상사**: 모형과 원형에 작용하는 여러 가지 힘 사이에 일정한 비례가 성립하는 상사
- **모형**: 실험에서 대상이 되는 물체인 원형을 실험을 위해 크기나 모양을 변화시켜서 실험에서 이용하는 것. 대부분의 수리실험에서는 축소모형을 사용함
- **사구**: 보통 길이 0.3 m 이상인 크기가 사련 다음으로 작은 소규모 하상파 중의 하나
- **사련**: 보통 길이 0.3 m 이하로 크기가 가장 작은 소규모 하상파
- **사주**: 길이가 하폭 규모인 중규모 하상파. 위치와 모양에 따라 점사주, 교호사주, 중간사주, 지류사주 등으로 나눔
- **상사**: 모형실험에서 원형(실험의 대상)과 모형(실제 실험에서 사용하는 것)의 크기나 모양, 속도, 힘 사이의 특별한 비례 관계
- **열시동(hot start)**: 어떤 변수의 초기 상태를 0이 아닌 값으로 설정하고 수치 모형을 실행하는 것
- **왜곡도**: 왜곡모형에서 연직축척과 수평축척의 비
- **운동학적 상사**: 모형과 원형에 작용하는 속도나 가속도 사이에 일정한 비례가 성립하는 상사
- **유사이송능**: 주어진 동수역학 조건과 하상재료의 공급조건하에서 특정 등급의 재료가 이송되는 양. 유사이송 잠재능에 해당 등급의 하상재료의 비율을 곱하여 구함
- **유사이송 잠재능**: 주어진 동수역학 조건하에서 특정 등급의 하상재료가 이송되는 양
- **원형**: 실험에서 대상이 되는 물체나 지물. 하천모형실험에서는 하천의 구간, 유수지, 댐 등 수리수문 특성을 알고자 하는 대상. 실물이라고도 함
- **이동상 모형**: 모형의 수로바닥을 수류에 의해 이동하는 재료(모래, 자갈, 석탄분 등)로 만들어 하상변동이나 수로변동 등 유사현상을 관찰하고자 하는 모형
- **장갑층**: 장갑화에 의해 만들어진 조립질 하상의 표층
- **장갑화**: 자갈과 모래 등 하상재료가 혼합되어 있을 때, 흐름에 의해 세립토는 이송되고 조립토는 정지상태로 표면을 덮어서 그 아래의 세립토가 이송되지 않도록 보호하는 현상

참고문헌

경기도. 2007. 은행천 하천정비기본계획 변경 보고서.

김규한. 1999. 이동상 수리모형실험의 상사법칙과 실험방법에 대한 고찰. 한국수자원학회 수리분과 보고서.

서동일, 윤진호. 2011. 1차원 하천수질모델 QUAL2K 소개. 물과 미래, 44(10): 102-107.

송재우. 2012. 수리학. 제3판. 구미서관.

시흥시. 2009. 은행천 신설수로 수리 및 수치모형실험 보고서.

윤진호, 서동일. 2013. 3차원 EFDC-WASP 연계모델을 이용한 경인아라뱃길 수질 예측. 한국환경공학회지, 35(2): 101-108.

윤진호, 서동일, 김원재, 정진홍. 2010. 관평천 생태계 회복을 위한 QUAL2K 기반 생태복원용수의 공급을 위한 의사결정시스템의 적용. 대한환경공학회 춘계학술대회.

이동주. 2009. EFDC 활용 길잡이. 구미서관.

류권규. 2011. "7. 하상변동계산 가이드라인". 자연과 함께하는 하천복원기술개발연구단 운영보고서.

한건연, 이창희, 김지성, 안기홍, 김병현. 2004. HEC-RAS의 이론과 실무적용. 경북대학교 수자원연구실.

한국건설기술연구원. 1991. 하상변동예측모형의 비교분석.

환경부. 2009. 환경영향예측모델 사용안내서.

Chapra, S., Pelletier, G. and Tao, H. 2008. QUAL2K: a modelling framework for simulating river and stream water quality (Version 2.11) Documentation.

Eagleson, P. S. 1970. Dynamic hydrology, McGraw-Hill, New York.

Einstein, H. A. 1950. The bed load function of sediment transportation in open channel flows, Technical Bullertin 1026, U.S. Dept. of Agriculture, Soil Conservation Service.

EMRL (Environmental Modeling Research Laboratory, Brigham Young University) 2006. The Surface-water Modeling System (SMS), Tutorials, Version 9.2.

Parker, G. 2008. "Chapter 3: Transport of gravel and sediment mixtures" ASCE, Manual of Practice 120.

Popescu, I. 2014. Computational hydraulics, numerical methods and modelling, LWA Publishing.

Tetra Tec, Inc. 2007. Environmental fluid dynamics code User Manual, US EPA Version 1.01.

HEC (U.S. Army Corps of Engineers Hydrologic Engineering Center). 2010a. HEC-RAS River Analysis System, Version 4.1, Applications Guide.

HEC (U.S. Army Corps of Engineers Hydrologic Engineering Center). 2010b. HEC-RAS River

Analysis System, Version 4.1, User's Manual.

Williams, G. P. 1970. Flume width and water depth effects in sediment−transport experiment, U.S. Geological Survey Professional Paper 562-H.

山本晃一. 1989. 河川水理模型實驗の手引, 建設省土木研究所.

RIVER ENGINEERING

A.1 하천계획의 법정계획

A.2 하천구역, 홍수관리구역 등의 결정

A.3 하천 측량

A.4 면적 고정형 면적감소계수
회귀식의 회귀상수

부록 A에서는 하천계획에서 하천법과 수자원법의 법정계획에 대하여 살펴보고, 하천구역과 홍수관리구역의 결정, 하천 측량 및 면적고정형 면적감소계수 회귀식의 회귀상수에 대하여 기술한다.

A.1 하천계획의 법정계획

하천계획은 하천 및 유역 내의 물과 하천지형, 하천환경 등의 모든 계획에 대한 일반적인 명칭이다. 2018년 기준으로 구체적인 법정계획은 '하천법'에 의한 '하천기본계획'과 '수자원 조사 계획 및 관리에 관한 법률(이하 수자원법)'에 의한 '수자원장기종합계획', '하천유역수 자원관리계획', '특정도시하천유역치수계획' 등이 있다. 이를 다시 구체적인 대상별로 살펴 보면 유역에 대한 계획인 '유역계획', 유출기구의 평가와 조절을 다루는 '유출계획', 유출토 사의 억제 및 조절 시스템을 다루는 '유사계획', 자연환경 보전, 하천공간, 수량 및 수질의 유지개선을 다루는 '환경계획'으로 나눌 수 있다. 또한 목적별로는 홍수방어를 위한 '치수계 획(또는 홍수방어계획)', 수자원의 효율적 이용을 위한 '이수계획(또는 수자원계획)', 하천환 경의 개선을 위한 '하천환경계획' 등으로 나눌 수 있다. 이들에 대한 분류는 표 A.1과 같다.

표 A.1 하천유역종합계획의 구성(한국수자원학회 2009)

구분	계획	내용	참고조건 및 계획
대상에 따른 구분	유역계획	하천 측면에서 본 유역의 적절한 모습 설정 (유역구분과 평가)	유역 내 자연적 및 사회적 조건, 유역정비계획, 유역계획
	유출계획	유출기구(현황, 하천과 유역 변화가 미치는 영향)의 평가와 조절, 치수·이수기능의 평가와 유출수의 유도계획	유역계획, 광역계획(이수용)
	유사계획	유출토사의 억제·조절 시스템(토사 유출 기구, 유사 영향)	적정 하도 및 연안조건의 확보
	환경계획	적절한 자연환경 보전, 하천공간, 수질 및 수량의 유지개선	사회조건의 변화, 수환경의 변화, 생식조건의 변화
사업 목적에 따른 구분	홍수방어계획	기본홍수(계획의 기본이 되는 홍수수문곡선)의 설정, 홍수방어효과를 확보하기 위한 대책의 수립	사회적, 경제적 조건
	이수계획	유수의 정상적 기능 유지를 위한 하천관리 유량 설정, 각종 이수계획의 기본적인 설정	사회발전과 요청사항의 다양성을 조정
	하천환경관리계획	하천환경, 수환경의 기본 설정, 환경 유지개선을 위한 시책 책정	도시발전, 하천경관의 유지관리
	하도계획	합류점 처리, 하구 막힘 및 처리대책	하도계획, 지류합류계획, 하구부 처리계획
	내수배제계획	내수문제 설정, 내수 처리 방식, 내수 처리 대책의 설정	도시화와 수문 특성 변화 도시지역 침수피해 증가
	유사조절계획	토사재해 방지, 유출토사 조정	산지개발과 보전, 토사 생산, 토석류, 고지 개발, 저수지 퇴사 방지, 수원지 보전
	침하방지계획	침하로 인한 피해 방지 및 경감	가옥, 공공시설, 경지(직접), 하천매립(간접)

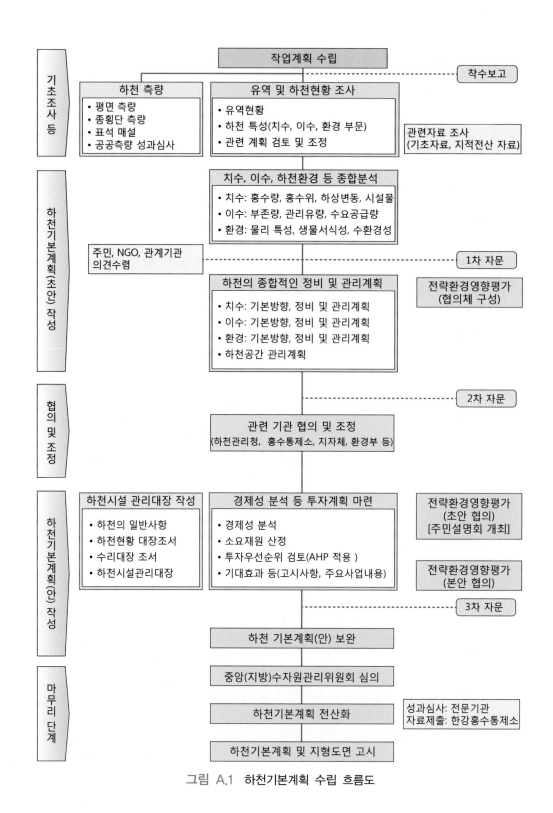

기초조사 등

작업계획 수립 ---- 착수보고

하천 측량
• 평면 측량
• 종횡단 측량
• 표석 매설
• 공공측량 성과심사

유역 및 하천현황 조사
• 유역현황
• 하천 특성(치수, 이수, 환경 부문)
• 관련 계획 검토 및 조정

관련자료 조사
(기초자료, 지적전산 자료)

하천기본계획(초안) 작성

치수, 이수, 하천환경 등 종합분석
• 치수: 홍수량, 홍수위, 하상변동, 시설물
• 이수: 부존량, 관리유량, 수요공급량
• 환경: 물리 특성, 생물서식성, 수환경성

주민, NGO, 관계기관
의견수렴 ---- 1차 자문

하천의 종합적인 정비 및 관리계획
• 치수: 기본방향, 정비 및 관리계획
• 이수: 기본방향, 정비 및 관리계획
• 환경: 기본방향, 정비 및 관리계획
• 하천공간 관리계획

전략환경영향평가
(협의체 구성)

협의 및 조정

---- 2차 자문

관련 기관 협의 및 조정
(하천관리청, 홍수통제소, 지자체, 환경부 등)

하천기본계획(안) 작성

하천시설 관리대장 작성
• 하천의 일반사항
• 하천현황 대장조서
• 수리대장 조서
• 하천시설관리대장

경제성 분석 등 투자계획 마련
• 경제성 분석
• 소요재원 산정
• 투자우선순위 검토(AHP 적용)
• 기대효과 등(고시사항, 주요사업내용)

전략환경영향평가
(초안 협의)
[주민설명회 개최]

전략환경영향평가
(본안 협의)

---- 3차 자문

하천 기본계획(안) 보완

마무리 단계

중앙(지방)수자원관리위원회 심의

하천기본계획 전산화

성과심사: 전문기관
자료제출: 한강홍수통제소

하천기본계획 및 지형도면 고시

그림 A.1 하천기본계획 수립 흐름도

하천계획에서 하천의 종합적인 보전 및 이용에 관한 사항을 다루고 하천시행 계획의 출발점인 하천기본계획은 일반적으로 5단계로 구분할 수 있다(그림 A.1 참조). 1단계는 작업계획의 수립, 하천 측량, 유역 및 하천현황 조사로 기초조사 단계이다. 2단계는 치수, 이수, 하천환경 등 종합분석과 하천의 종합적인 정비 및 관리계획을 수립하는 하천기본계획(초안) 작성 단계이다. 이때에 주민, 시민단체, 관계기관의 의견수렴과 전략환경영향평가의 협의체를 구성한다. 3단계는 하천관리청, 홍수통제소, 환경부 및 지방자치단체 등에 관계기관 협의 및 조정단계이다. 4단계는 경제성 분석 등 투자계획 마련과 하천시설관리대장 작성, 하천기본계획(안) 보완 등의 하천기본계획(안) 작성 단계이다. 이때에 주민설명회 개최로 전략환경영향평가 초안 협의와 본안을 협의한다. 마지막 5단계는 중앙(지방)수자원관리위원회 심의, 하천기본계획 전산화와 하천기본계획 및 지형도면 고시 등의 법적 절차를 이행하는 마무리 단계이다.

하천 관련 법정계획의 위계는 그림 A.2와 같이 수자원장기종합계획이 물 관련의 최상위계획이다. 수자원장기종합계획은 국가 수자원의 효율적인 이용 및 관리를 위해 20년 단위로 수립하고, 5년마다 타당성을 검토하여 필요한 경우에는 변경할 수 있다.

수자원장기종합계획의 하위 계획으로는 '하천유역수자원관리계획'이 있다. 이 계획은 하천유역 내 수자원의 통합적 개발·이용, 홍수예방 및 홍수피해 최소화 등을 위한 이수관리계획, 치수관리계획, 하천환경관리계획 등을 포함한다. 이 계획은 10년 단위로 수립·시행하며, 5년마다 타당성을 검토하여 필요한 경우에는 계획을 변경할 수 있다. 이 계획은 5대 권

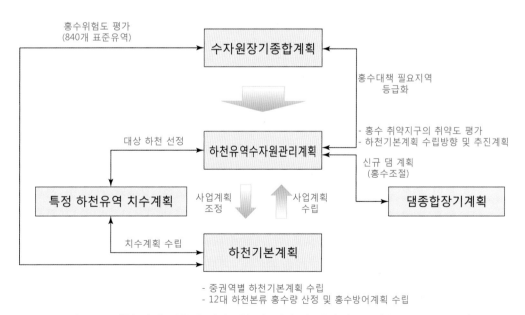

그림 A.2 하천 관련 계획의 법정계획 간 위계 및 연계성(국토해양부 2012a. 수정)

역(한강권, 낙동강권, 금강권, 섬진강권, 영산강권 등을 말한다)으로 구분한 하천유역별로 각각 수립하며, 댐 종합장기계획과 연계된다.

한편, '특정하천유역치수계획'은 '수자원장기종합계획' 및 '하천유역수자원관리계획'의 범위에서 수립하며, 둘 이상의 시·군·자치구를 관통하여 흐르거나 인접하여 흐르는 도시하천유역에 대하여 침수피해 예방 및 침수피해 최소화 등을 위해 수립·시행한다. 즉, 기후변화와 도시화에 따라서 단기 강우량이 증가하고 침수피해 잠재능이 커져 도시홍수의 위험성이 가중되고 있으나 일부 도시하천 유역은 일반적인 치수대책과 분산투자로는 해결이 곤란하기 때문이다. 더욱이 도시하천 유역은 하천법의 하천기본계획, 하수도법의 하수도기본계획, 자연재해대책법의 우수유출저감 계획들을 조정하기 위해 본 계획(구 도시하천유역 종합치수계획)을 수립하고 있으나, 중앙부처 간의 조정기능 부재, 사업시행 지연 등의 실행력 부족으로 연계성이 결여되어 있다.

마지막으로, 하천의 이용 및 자연친화적 관리에 필요한 기본적인 사항 등을 정하는 10년 단위의 '하천기본계획'을 수립하며, '하천유역수자원관리계획' 등과의 연계가 필요한 경우에는 권역별로 지방하천 기본계획을 수립할 수 있다. '하천기본계획'이 수립된 날부터 5년마다 그 타당성 여부를 검토하여 필요한 경우에는 그 계획을 변경할 수 있다. 하천기본계획은 '하천유역수자원관리계획'과 '특정하천유역치수계획'의 사업시행을 위하여 이의 수립 내용을 반영하며 모든 하천공사를 위한 시행계획으로의 역할을 한다. 즉, 하천공사를 위한 하천시행계획은 하천기본계획 내에서 수립되어야 한다.

'수자원장기종합계획'과 '하천기본계획', '특정하천유역치수계획'은 여러 번 계획이 수립된 바가 있으나, '하천유역수자원관리계획'은 2017년 '수자원법'에서 예전의 유역종합치수계획의 명칭을 변경한 것으로 현재까지 시행된 사례가 없다. 과거에는 유역단위로 치수계획만 수립하였으나, 이 법의 제정에 따라 이수, 치수, 환경에 대해 유역단위의 종합계획을 수립할 수 있게 바뀌었다. 또 이 '하천유역수자원관리계획'은 시행계획인 하천기본계획 등의 상위계획 역할도 한다.

이와 같은 법정계획 중 홍수방어계획, 하천공사의 시행, 하천구역 등의 지정과 하천 유지관리 등을 포괄하는 '하천기본계획'에 포함될 주요 내용은 표 A.2와 같다. 이의 내용을 살펴보면 우선 기본계획의 목표를 설정하고, 유역 특성, 강우와 기상 등 하천의 개황에 대한 사항을 정한다. 다음으로 제방, 댐, 저류지 등 홍수방어시설, 토지이용계획 등에 따른 홍수방어계획을 수립한다. 다음으로 이 계획에 따른 연차별 시행계획을 마련한다. 홍수방어계획 수립을 위해서 계획홍수량, 계획홍수위, 계획하폭 등의 하천공사의 시행에 관한 사항을 정한다. 또한 자연친화적 하천조성에 관한 사항과 하천구역, 하천예정지, 홍수관리구역을 정하고, 폐천부지 등의 보전 및 활용에 관한 사항을 정한다. 끝으로 하천의 환경보전과 이용에 관한 사항을 정하는 것이 하천기본계획에 포함될 내용이다.

표 A.2 하천기본계획에 포함될 내용

(1) 하천기본계획의 목표
(2) 하천의 개황에 관한 사항
　　− 유역의 특성 등 일반현황
　　− 강우, 기상 등 자연조건
　　− 하천의 수질 및 생태
　　− 수해 및 가뭄의 피해현황
　　− 하천수의 이용현황
　　− 하천유역의 지형 지물 등을 파악하기 위한 측량기준점에 관한 사항
(3) 제방, 댐, 저류지 홍수조절지 방수로 등 홍수방어시설의 홍수방어계획
(4) 토지이용계획 등에 따른 홍수방어계획
(5) 홍수방어계획의 연차별 시행 방안
(6) 하천공사의 시행에 관한 사항
　　− 기본홍수량 및 홍수량의 배분에 관한 사항
　　− 계획홍수량
　　− 계획홍수위
　　− 계획하폭 및 그 경계
　　− 하도와 유황의 개선
(7) 하천구역 하천예정지 및 홍수관리구역의 결정을 위한 기초자료 제공에 관한 사항
(8) 자연친화적 하천 조성에 관한 사항
(9) 폐천부지 등의 보전 및 활용에 관한 사항
(10) 그 밖에 하천의 환경보전과 이용에 관한 사항

A.2 하천구역, 홍수관리구역 등의 결정

하천구역과 홍수관리구역 등은 국토교통부(2015)에 따라 결정한다.

A.2.1 하천구역의 일반사항

(1) 하천관리청은 하천에 대한 행정사무를 원활하게 집행하기 위하여 「하천법」 제15조 및 「하천법 시행규칙」 제8조의 규정에 따라 하천시설에 대한 관리대장을 작성·관리한다.

(2) 하천관리청은 하천기본계획 수립·변경 시 효율적인 과업수행을 위해 하천시설에 대한 관리대장을 함께 작성할 수 있다.

(3) 하천시설에 대한 관리대장은 하천시설대장과 하천현황대장으로 구분하여 작성한다.

(4) 하천시설에 대한 관리대장에 수록되는 도면은 하천의 상황을 파악하기 쉽도록 적절한 축척으로 작성한다.

(5) 연속지적도와 지적공부의 차이로 인한 오차를 최소화하기 위하여 한국국토정보공사에서 제공하는 지적편집도(지적 측량 성과, 지형형상 기반으로 연속지적도를 보정한 지적도)를 기반으로 하천구역, 홍수관리구역 등을 정하여야 한다.

A.2.2 하천구역의 결정

하천구역은 하천을 구성하는 토지구역으로 하천의 종적길이인 하천구간에 대한 하천의 횡적인 폭을 말한다. 하천구역의 결정은 「하천법」 제10조에 해당하는 구역의 경계를 하천구역으로 결정·고시하고 그 내용을 하천현황대장에 등재하는 동시에 부도에 표시한다.

■ 완성제방 구간

하천기본계획에 완성제방(하천시설의 설치계획을 수립함에 있어 기준이 되는 홍수량만큼의 물이 소통하는 데 필요한 단면을 가지고 있어서 구조적 안정성이 이미 확보된 제방을 말한다)이 있는 곳은 그 완성제방의 부지 및 그 완성제방으로부터 하심측(河心側)의 토지를 하천구역으로 설정한다.

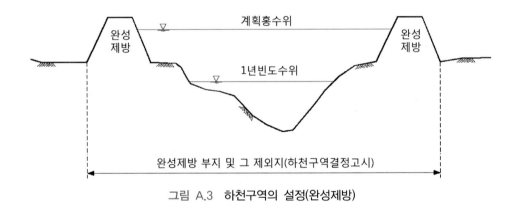

그림 A.3 하천구역의 설정(완성제방)

■ 계획제방 구간

하천기본계획에 계획제방(제방을 보강하거나 새로이 축조하도록 계획된 제방을 말한다)이 있는 곳은 그 계획제방의 부지 및 그 계획제방으로부터 하심측의 토지를 하천구역으로 설정한다.

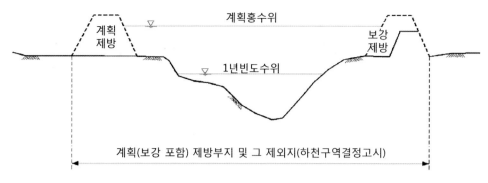

그림 A.4 하천구역의 설정(계획제방)

■ 무제부 구간

하천기본계획에 제방의 설치계획이 없는 구간에서는 계획하폭(하천시설의 설치계획을 수립함에 있어 기준이 되는 홍수량만큼의 물이 소통하는 데 필요한 양안 사이의 폭을 말한다)에 해당하는 토지를 하천구역으로 설정한다.

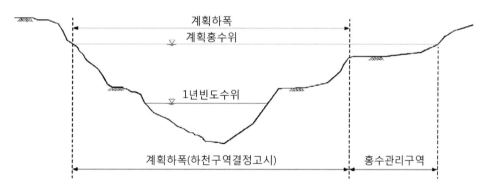

그림 A.5 하천구역의 설정(무제부 구간)

■ 하중도 구간

하천 내 하중도는 계획하폭을 고려하여 하천구역을 결정하여야 하며 계획홍수위보다 높은 곳의 섬은 이를 제외한 토지를 하천구역으로 설정하고 계획홍수위보다 낮은 곳의 섬은 이를 포함하여 하천구역으로 설정한다.

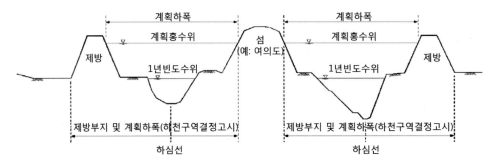

(a) 섬 형태(계획홍수위보다 높은 곳)의 토지

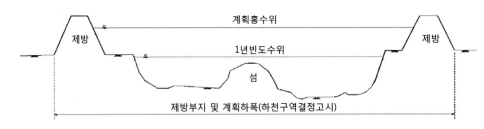

(b) 섬 형태(계획홍수위보다 낮은 곳)의 토지

그림 A.6 하천구역의 설정

■ 선형 공작물 구간

철도·도로 등 선형 공작물이 제방의 역할을 하는 곳에 있어서는 선형 공작물의 하천측 비탈머리를 제방의 비탈머리로 보아 그로부터 하심측에 해당하는 토지를 하천구역으로 설정한다.

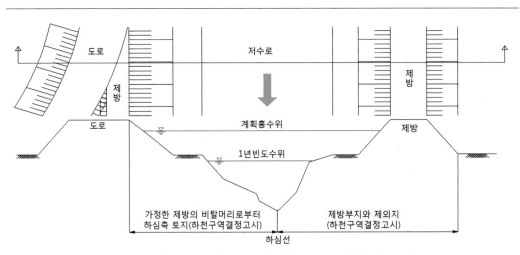

그림 A.7 하천구역의 설정(선형공작물이 제방 역할을 하는 구간)

■ **저류시설 구간**

댐·하구둑·홍수조절지·저류지의 계획홍수위(하천시설의 설치계획을 수립함에 있어서 기준이 되는 홍수량만큼의 물이 소통하는 경우 그 수위를 말한다) 아래에 해당하는 토지를 하천구역으로 설정한다.

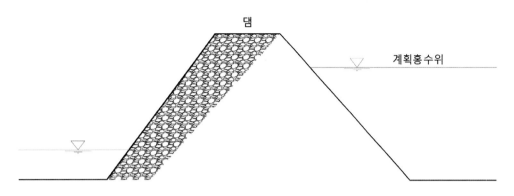

그림 A.8 하천구역의 설정(댐, 하구둑 등 저류시설)

A.2.3 홍수관리구역

홍수관리구역은 하천환경을 보전하고 홍수로 인한 피해를 예방하기 위하여 필요하다고 인정되는 경우에 지정할 수 있다.「하천법」제12조에 해당하는 구역의 경계를 홍수관리구역으로 지정·고시하고 그 내용을 하천현황대장 조서에 등재하는 동시에 부도에 표시한다.

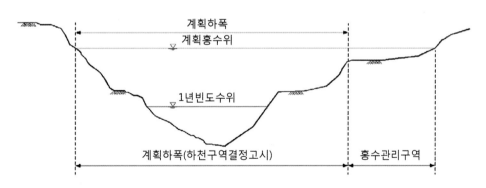

그림 A.9 홍수관리구역의 설정(하천기본계획 수립 구간)

A.3 하천 측량

하천 측량은 국토교통부(2015)에 따라 시행한다.

A.3.1 일반사항

(1) 하천 지형조사는 「공간정보의 구축 및 관리 등에 관한 법률」 제13조에 따라 국토지리
정보원에서 제작하는 수치지형도(1/1,000, 1/5,000)를 이용하는 것을 원칙으로 한다.
(2) 수치지형도가 현재의 지형현황과 상이하거나 정밀도를 보완하고자 하는 경우에 별도
의 하천 지형조사를 실시할 수 있다.
(3) 하천 지형조사는 무인항공기와 유·무인 수중측량선을 이용한 조사를 원칙으로 하되,
지형적 특성에 따라 항공기, GNSS, 평판 등을 이용할 수 있다.
(4) 하천 지형조사는 「공간정보의 구축 및 관리 등에 관한 법률」 제17조(공공측량의 실시
등)에 따라 실시하고, 같은 법 제18조(공공측량성과의 심사)의 규정에 따라 성과심사
를 받아야 한다.

A.3.2 지형조사

(1) 지형조사는 하천구역은 물론 연안 인접지역의 모든 지형지물의 위치와 표고 등이 정
확히 나타나도록 실시하여야 한다.
(2) 지형조사는 제방법선이나 계획하폭선을 중심으로 유제부 구간 제내측은 해당 하천 특
성을 고려하여 결정하며(제외측은 전체 조사), 무제부구간은 계획홍수위 또는 과거
최고홍수위선 이상까지 시행하되 하천의 특성을 감안하여 조정할 수 있다.
(3) 제내지 부문의 지형조사 범위는 국가하천은 1,000 m 이내, 지방하천은 200 m 이내를
원칙으로 하되 제내지 특성을 감안하여 조정할 수 있다.
(4) 하천 개수사업이 완료된 제내지의 경우에는 지형 측량의 활용성이 크지 않으므로 지
형조사를 제외할 수 있다.
(5) 하천 지형조사의 세부적인 방법 및 절차는 국토지리정보원의 "무인비행장치 이용 공
공측량 작업지침"에 따라서 실시한다.

A.3.3 자료 작성

(1) 하천 지형조사를 통하여 제내지와 제외지(수중 부문 포함) 통합한 하천 전체의 면형

정사영상과 수치지형모델을 작성한다.

(2) 국토지리정보원의 수치지형도와 면형 정사영상 및 수치지형모델을 이용하여 지형평면도, 종단면도, 횡단면도를 작성한다.

▨ 지형평면도

(1) 지형평면도는 1/1,000 이상의 축척으로 작성함을 원칙으로 하되 하천의 최소 폭이 도면상에서 2 cm 이상이 되도록 작성하여야 하며 지형평면도를 색인할 수 있는 평면일람도도 포함한다.

(2) 하천기본계획 부도에 수록되는 지형평면도는 적절한 크기로 조정하여 일람도와 함께 수록한다.

▨ 종단면도

(1) 종단면도는 지형조사를 통해서 제작된 수치지형모델에서 추출한 정보를 이용하여 제작한다.

(2) 거리표(종단측점)는 하천의 종점으로부터 기점을 향하여 하천의 종방향으로 계획하폭의 중앙선을 따라 측점을 부여한다.

(3) 측점번호는 하천 종점으로부터 해당 측점까지의 일정한 간격으로 표시(예시: 종점으로부터 누가거리 5.2 km 지점의 측점번호는 No.5 + 200로 표시)하여야 한다.

(4) 종단면도에는 측점표고를 비롯한 측량 구간 내에 위치한 수위표 영점표고 및 단별 표고(제방표고, 소단표고, 저수위 표고 등), 수문 및 갑문문턱(바닥높이), 교량(하부구조와 상단 포함), 보 등 각종 하천시설물의 필요한 표고를 측정하여 도시하여야 한다.

A.3.4 홍수흔적 조사

(1) 하천기본계획 수립기간 중에 발생한 홍수흔적은 무인항공기를 이용한 지형조사를 통하여 실시함을 원칙으로 하되, 전체적인 홍수피해 현황을 파악할 수 있도록 하여야 한다.

(2) 홍수에 의한 흔적수위는 부착 부유물이 소실되기 전인 홍수 발생 직후에 조사하는 것을 원칙으로 하되 불가피한 경우 그 사유를 명시한다.

(3) 흔적수위 조사는 홍수유출 후 최대한 빨리 종단방향으로 세밀하게 확인하면서 좌·우안에서 홍수흔적을 조사해야 한다.

A.3.5 지형 측량

(1) 지형 측량은 하천의 규모와 수립연장, 경제성 등을 고려하여 현황 측량(평판 및 TS 측량), 항공사진 측량, 지도수정 측량, 영상지도 제작 등에 의해 실시하고, 측량이 곤란한 지역은 기제작된 지형평면도를 활용한다.

(2) 지형평면도는 1/2,500 이상의 축척으로 작성함을 원칙으로 하되, 하천의 최소 폭이 도면상에서 1 cm 이상이 되도록 작성하여야 하며, 이때의 최대 축척은 1/500 이내로 한다.

① 하천법에 의해 하천구역, 홍수관리구역 등을 고시하는 경우 첨부서류로 지형도면이 필요하며, 지형도면은 「토지이용규제기본법」 시행령에 따라 작성하게 된다. 「토지이용규제기본법」 시행령 제7조에서는 지형도면을 작성하는 때에는 축척 1/500 ~1/1,500으로 작성하게 되어 있으나 이는 하천의 공사를 위한 실시 설계에 필요한 정도의 축척이다.

② 대축척 지도를 이용하면 계획의 정밀도를 높일 수 있는 장점은 있으나 측량에 소요되는 비용 증가와 작업의 효율성 저하 등의 단점도 있으며, 이러한 점을 고려하여 계획의 목적을 달성할 수 있는 적절한 지형도의 축척을 선택한다.

③ 하천기본계획에서 수립하는 하천계획은 실시 설계 이전의 타당성 검토 수준으로 하천규모에 따라 축척 1/500~1/2,500 범위의 지형도를 이용하면 개수계획의 법선 결정, 계획시설물의 위치 파악, 하천의 구역 결정 등 소기의 목적을 달성하는 데 무리가 없으므로 본 지침에서는 「토지이용규제기본법」 시행령에서 정하는 축척보다 넓은 범위 축척(1/500~1/2,500)을 적용하도록 한다.

(3) 지형평면도를 색인할 수 있는 평면일람도와 위치도는 1/25,000 또는 1/50,000 축척의 수치지도 및 지형도에 적절히 표기하여 구분·작성하고, 기본계획 보고서 부도에는 하천현황을 나타낼 수 있도록 평면도를 적절한 축척으로 축도하여 일람도와 함께 수록한다.

(4) 지형 측량은 하천구역은 물론 연안 인접지역의 모든 지형지물의 위치와 표고 등이 정확히 나타나도록 실시하여야 한다. 지형 측량의 범위는 계획법선을 중심으로 유제부에서는 제외측 전부, 제내측은 해당 하천의 특성을 고려하여 결정하며, 무제부의 경우 계획홍수위 또는 과거 최고홍수위선 이상까지 시행하되 하천의 특성을 감안하여 조정할 수 있다.

(5) 제내지 측 수치도화 범위는 국가하천은 1,000 m 이내, 지방하천은 200 m 이내를 원칙으로 하되 제내지의 특성을 감안하여 조정할 수 있다.

(6) 하천 개수사업이 완료된 제내지의 경우에는 지형 측량의 활용성이 크지 않으므로 측

량 및 수치도화 작업을 제외할 수 있다.

A.3.6 수준 및 종단 측량

(1) 거리표(종단측점)는 하천의 종점으로부터 기점을 향하여 하천의 종방향으로 계획하폭의 중앙선을 따라 측점을 부여한다.

(2) 측점번호는 하천의 종점으로부터 해당 측점까지 일정한 간격으로 표시(예: 종점으로부터 누가거리 5.2 km 지점의 측점번호는 No.5+200로 표시)하여야 한다.

(3) 종단 측량 시에는 측점의 표고를 비롯한 측량 구간 내에 위치한 수위표 영점표고 및 단별 표고(제방표고, 소단표고, 저수위 표고 등), 수문 및 갑문의 문턱(바닥높이), 교량(하부구조와 상단 포함), 보 등 각종 하천시설물의 필요한 표고를 측정하여 도시하여야 한다.

A.3.7 횡단 측량

유제부에서는 제외측 전부, 제내측은 200 m로 하되 하폭 등 해당 하천의 특성에 맞추어 가·감하여 결정하고, 무제부에서는 계획홍수위 또는 과거 최고홍수위선 이상(지장물 위치)까지 시행하되 하천의 특성을 감안하여 조정할 수 있다.

A.3.8 홍수흔적 측량

(1) 하천기본계획 수립기간 중 발생한 홍수흔적은 측량함을 원칙으로 한다.

(2) 기왕에 발생된 홍수에 의한 흔적수위는 부착 부유물이 소실되기 전인 홍수 직후에 조사하는 것을 원칙으로 하되 불가피한 경우 그 사유를 명시한다.

(3) 흔적 수위조사를 홍수유출 후 최대한 빠른 시간 내에 종단방향으로 세밀하게 확인해가면서 좌·우안에서 흔적을 채취해야 한다.

A.4 면적 고정형 면적감소계수 회귀식의 회귀상수

면적고정형 면적감소계수 회귀식의 회귀상수는 국토해양부(2012b)에서 제시하였으며, 다음 표와 같다. 이 상수들은 국토해양부(2001)의 「확률강우량도 개선 및 보완 연구」의 오류를 수정한 것이다.

재현기간 (년)	권역	매개변수	지속기간(시간)											
			1	2	3	4	6	9	12	15	18	24	48	72
2	한강	M	1.2085	1.4664	1.7830	1.9837	2.7809	1.6750	2.6040	1.5264	1.6216	1.7500	1.9251	0.8000
		a	0.0995	0.1013	0.1047	0.1001	0.1005	0.1001	0.0983	0.1001	0.1000	0.1001	0.1006	0.1000
		b	0.2890	0.2424	0.2100	0.1999	0.1693	0.1870	0.1576	0.1758	0.1677	0.1606	0.1401	0.1686
	낙동강	M	1.2563	1.5770	2.0323	2.4575	2.5303	1.8593	1.0509	1.0436	0.9000	1.6908	1.6519	1.6949
		a	0.1356	0.1364	0.1405	0.1278	0.1194	0.1197	0.1103	0.1045	0.1063	0.1090	0.1065	0.1002
		b	0.2483	0.2000	0.1639	0.1542	0.1509	0.1606	0.1998	0.1996	0.1999	0.1510	0.1455	0.1479
	금강	M	1.1000	1.3359	1.5680	1.4400	2.9403	1.7378	1.1730	1.4900	2.6000	2.5342	1.1196	1.0385
		a	0.1010	0.1195	0.1148	0.1158	0.1257	0.1226	0.1028	0.1052	0.1030	0.1000	0.1000	0.1004
		b	0.3100	0.2397	0.2150	0.2119	0.1447	0.1666	0.2050	0.1820	0.1500	0.1493	0.1740	0.1673
	영산강	M	1.0016	1.0407	1.1347	1.2380	1.2274	1.3031	1.2490	1.4100	1.3450	1.1750	0.8500	0.3320
		a	0.1282	0.1235	0.1188	0.1258	0.1319	0.1361	0.1354	0.1330	0.1330	0.1330	0.1104	0.1050
		b	0.2991	0.2635	0.2383	0.2099	0.1905	0.1672	0.1614	0.1500	0.1500	0.1500	0.1800	0.2590
5	한강	M	1.1350	1.2400	1.1910	1.3330	1.9990	1.6083	1.4901	1.2195	1.1000	1.5750	1.2858	0.7350
		a	0.1033	0.1100	0.1000	0.1000	0.1003	0.1018	0.1002	0.1000	0.1001	0.1009	0.1038	0.1038
		b	0.3088	0.2700	0.2747	0.2500	0.1998	0.2000	0.1951	0.2000	0.2000	0.1714	0.1599	0.1800
	낙동강	M	1.1538	1.5340	1.4367	1.3740	1.5796	1.6508	0.9835	0.9084	0.9000	1.6271	1.5107	1.2900
		a	0.1492	0.1500	0.1500	0.1430	0.1500	0.1496	0.1482	0.1393	0.1420	0.1432	0.1313	0.1370
		b	0.2644	0.2000	0.1948	0.1960	0.1630	0.1526	0.1880	0.1950	0.1850	0.1374	0.1425	0.1400
	금강	M	1.1830	1.3680	1.7480	1.6350	2.5000	2.7800	2.4526	1.7300	2.2390	2.1172	1.2460	1.2122
		a	0.1033	0.1146	0.1140	0.1158	0.1257	0.1226	0.1001	0.1002	0.1002	0.1019	0.1001	0.1037
		b	0.3088	0.2550	0.2180	0.2150	0.1650	0.1550	0.1804	0.1960	0.1747	0.1679	0.1837	0.1736
	영산강	M	0.9491	0.9555	1.0500	1.0930	1.5600	1.7800	1.6100	0.9000	0.6670	0.5900	0.6305	0.5138
		a	0.1492	0.1238	0.1379	0.1392	0.1450	0.1387	0.1420	0.1310	0.1210	0.1210	0.1104	0.0966
		b	0.3237	0.2947	0.2460	0.2250	0.1711	0.1550	0.1500	0.1960	0.2300	0.2350	0.2253	0.2575
10	한강	M	1.1210	1.1030	1.2380	1.3900	1.9648	1.6118	1.5000	1.2400	1.1350	1.5730	1.2396	0.6650
		a	0.1033	0.1000	0.1000	0.1000	0.1045	0.1045	0.1005	0.1005	0.1005	0.1000	0.1038	0.1038
		b	0.3150	0.3060	0.2747	0.2500	0.1999	0.2000	0.1980	0.2010	0.1990	0.1750	0.1626	0.1900
	낙동강	M	1.0694	1.0939	1.4363	1.3699	1.4900	1.5800	0.9298	0.9084	0.9000	1.4981	1.1109	1.2900
		a	0.1500	0.1500	0.1482	0.1430	0.1460	0.1494	0.1480	0.1393	0.1420	0.1440	0.1385	0.1415
		b	0.2822	0.2497	0.1997	0.1992	0.1768	0.1600	0.1971	0.1992	0.1896	0.1450	0.1581	0.1400
	금강	M	1.1840	1.3100	1.7600	1.7200	2.4600	4.1000	2.3502	2.3277	1.9867	1.7650	1.2400	1.1300
		a	0.1009	0.1100	0.1150	0.1158	0.1257	0.1210	0.1009	0.1010	0.1006	0.1010	0.1010	0.1040
		b	0.3150	0.2700	0.2200	0.2150	0.1700	0.1400	0.1855	0.1804	0.1850	0.1828	0.1883	0.1820
	영산강	M	0.9194	0.9414	1.0050	1.1340	1.4240	1.8600	1.4590	0.9100	0.7010	0.5710	0.6459	0.5550
		a	0.1493	0.1497	0.1497	0.1460	0.1414	0.1349	0.1381	0.1240	0.1210	0.1210	0.1173	0.0966
		b	0.3433	0.2803	0.2460	0.2210	0.1843	0.1586	0.1629	0.2070	0.2300	0.2450	0.2245	0.2575
20	한강	M	1.1000	1.1200	1.2630	1.4126	2.0379	1.6095	1.4678	1.1880	1.3768	1.5900	1.1720	0.8400
		a	0.1003	0.1000	0.1000	0.1000	0.1054	0.1073	0.1027	0.1070	0.1104	0.1000	0.1070	0.1110
		b	0.3250	0.3060	0.2747	0.2503	0.1982	0.1992	0.1992	0.1992	0.1785	0.1750	0.1630	0.1690
	낙동강	M	1.0422	1.0262	1.4450	1.3699	1.5037	1.6400	0.9620	0.9069	0.8400	1.5295	1.0836	1.2900
		a	0.1500	0.1492	0.1482	0.1448	0.1470	0.1494	0.1500	0.1482	0.1470	0.1481	0.1442	0.1440
		b	0.2910	0.2644	0.2000	0.1992	0.1768	0.1610	0.1966	0.1961	0.1960	0.1437	0.1570	0.1410
	금강	M	1.2040	1.3300	1.7480	1.7650	3.2100	4.2460	2.3502	2.1998	1.6420	1.7600	1.8820	1.0392
		a	0.1000	0.1100	0.1160	0.1158	0.1257	0.1210	0.1004	0.1006	0.1000	0.1010	0.1050	0.1074
		b	0.3157	0.2700	0.2220	0.2150	0.1560	0.1400	0.1886	0.1865	0.2006	0.1850	0.1630	0.1868
	영산강	M	0.9118	0.9600	1.0236	1.1700	1.4639	1.8320	1.2900	0.8650	0.6620	0.5880	0.6700	0.5800
		a	0.1496	0.1497	0.1497	0.1460	0.1414	0.1332	0.1340	0.1240	0.1210	0.1210	0.1173	0.0966
		b	0.3526	0.2790	0.2454	0.2210	0.1843	0.1624	0.1778	0.2140	0.2400	0.2450	0.2245	0.2590

재현기간(년)	권역	매개변수	지속기간(시간)											
			1	2	3	4	6	9	12	15	18	24	48	72
30	한강	M	1.0970	1.1330	1.2357	1.4126	2.0381	1.6094	1.4461	1.2088	1.3768	1.6000	1.2050	0.8350
		a	0.1000	0.1000	0.1001	0.1008	0.1051	0.1087	0.1044	0.1067	0.1110	0.1000	0.1070	0.1116
		b	0.3270	0.3051	0.2791	0.2509	0.1993	0.1986	0.1994	0.1991	0.1785	0.1750	0.1620	0.1692
	낙동강	M	1.0390	1.0375	1.4030	1.3700	1.4900	1.6500	0.9624	0.9152	0.8350	1.5238	1.0812	1.2984
		a	0.1500	0.1500	0.1490	0.1454	0.1494	0.1500	0.1488	0.1480	0.1470	0.1491	0.1491	0.1490
		b	0.2927	0.2625	0.2040	0.2000	0.1774	0.1625	0.1991	0.1974	0.1980	0.1443	0.1543	0.1379
	금강	M	1.2070	1.3000	1.6350	1.7800	3.1750	4.3080	2.4200	1.9100	1.6340	1.8600	1.9100	1.0392
		a	0.1000	0.1100	0.1140	0.1158	0.1257	0.1210	0.1004	0.1006	0.1000	0.1010	0.1050	0.1080
		b	0.3157	0.2750	0.2320	0.2150	0.1570	0.1400	0.1886	0.1970	0.2020	0.1828	0.1630	0.1874
	영산강	M	0.9047	0.9730	0.9970	1.1500	1.2650	1.8350	1.1750	0.8300	0.6650	0.5920	0.6900	0.5900
		a	0.1492	0.1497	0.1500	0.1460	0.1380	0.1343	0.1320	0.1240	0.1210	0.1210	0.1173	0.0966
		b	0.3589	0.2790	0.2500	0.2240	0.2011	0.1620	0.1881	0.2190	0.2400	0.2450	0.2230	0.2590
50	한강	M	1.1050	1.1335	1.2350	1.4127	2.0381	1.6059	1.4434	1.2088	1.3600	1.6150	1.1706	0.8810
		a	0.1012	0.1000	0.1001	0.1001	0.1055	0.1092	0.1047	0.1069	0.1110	0.1000	0.1091	0.1132
		b	0.3245	0.3063	0.2796	0.2529	0.1997	0.1992	0.2000	0.1997	0.1800	0.1750	0.1619	0.1652
	낙동강	M	1.0450	1.0233	1.3900	1.3584	1.5000	1.5500	0.9705	0.9070	0.8450	1.4241	1.0652	1.2984
		a	0.1500	0.1500	0.1500	0.1492	0.1494	0.1490	0.1492	0.1490	0.1450	0.1487	0.1497	0.1494
		b	0.2927	0.2663	0.2050	0.1990	0.1774	0.1690	0.2000	0.1990	0.2010	0.1500	0.1555	0.1384
	금강	M	1.2075	1.3090	1.6500	1.7470	3.2680	4.3700	2.5669	1.9100	1.7179	1.5550	1.9300	1.0500
		a	0.1002	0.1100	0.1140	0.1158	0.1250	0.1210	0.1007	0.1006	0.1010	0.0990	0.1050	0.1080
		b	0.3160	0.2750	0.2320	0.2180	0.1570	0.1400	0.1854	0.1980	0.1989	0.1980	0.1630	0.1880
	영산강	M	0.9100	1.0100	1.0460	1.2200	1.3942	1.8853	1.1700	0.7900	0.6700	0.6400	0.7160	0.6000
		a	0.1494	0.1497	0.1500	0.1498	0.1432	0.1337	0.1330	0.1240	0.1200	0.1210	0.1162	0.0966
		b	0.3587	0.2750	0.2450	0.2149	0.1885	0.1615	0.1881	0.2250	0.2420	0.2400	0.2230	0.2590
80	한강	M	1.0910	1.1350	1.1879	1.4128	2.0381	1.6059	1.4318	1.2229	1.3560	1.6280	1.1790	0.8810
		a	0.1005	0.1009	0.1005	0.1005	0.1058	0.1095	0.1068	0.1072	0.1110	0.1000	0.1091	0.1146
		b	0.3302	0.3064	0.2871	0.2533	0.2000	0.1996	0.1992	0.1990	0.1810	0.1750	0.1619	0.1646
	낙동강	M	1.0480	1.0290	1.3400	1.3502	1.5080	1.5630	0.9892	0.9071	0.8530	1.4100	1.0810	1.2984
		a	0.1500	0.1500	0.1500	0.1499	0.1494	0.1490	0.1498	0.1497	0.1450	0.1487	0.1500	0.1498
		b	0.2939	0.2663	0.2100	0.1998	0.1774	0.1690	0.1989	0.1997	0.2010	0.1515	0.1548	0.1387
	금강	M	1.2000	1.2400	1.6600	1.7600	3.3000	2.8140	2.2991	1.9280	1.7200	1.5650	1.9500	1.0490
		a	0.1004	0.1150	0.1140	0.1158	0.1250	0.1210	0.1008	0.1006	0.1009	0.0990	0.1050	0.1080
		b	0.3180	0.2810	0.2320	0.2180	0.1570	0.1650	0.1928	0.1980	0.1997	0.1980	0.1630	0.1890
	영산강	M	0.9080	0.9500	1.1120	1.2230	1.7500	1.9200	1.1580	0.7850	0.6900	0.6530	0.7430	0.6110
		a	0.1498	0.1550	0.1500	0.1500	0.1499	0.1337	0.1350	0.1240	0.1200	0.1210	0.1162	0.0966
		b	0.3630	0.2880	0.2391	0.2150	0.1660	0.1610	0.1881	0.2260	0.2410	0.2400	0.2220	0.2590
100	한강	M	1.0910	1.1200	1.1880	1.4128	2.0596	1.6220	1.4318	1.2230	1.3400	1.6310	1.1830	0.8800
		a	0.1008	0.1000	0.1008	0.1007	0.1066	0.1103	0.1069	0.1073	0.1110	0.1000	0.1091	0.1146
		b	0.3304	0.3108	0.2872	0.2533	0.1987	0.1984	0.1994	0.1992	0.1820	0.1750	0.1619	0.1649
	낙동강	M	1.0550	1.0320	1.2530	1.3502	1.3460	1.5520	0.9880	0.9100	0.8580	1.4150	1.0810	1.2984
		a	0.1500	0.1500	0.1500	0.1500	0.1499	0.1490	0.1500	0.1500	0.1450	0.1487	0.1500	0.1500
		b	0.2939	0.2663	0.2190	0.2000	0.1880	0.1700	0.1994	0.2000	0.2010	0.1515	0.1550	0.1387
	금강	M	1.2040	1.2550	1.6650	1.7350	3.3100	2.8290	2.2300	1.9370	1.6400	1.5950	1.9300	1.0300
		a	0.1004	0.1150	0.1140	0.1158	0.1250	0.1210	0.1010	0.1006	0.1000	0.1010	0.1050	0.1080
		b	0.3190	0.2800	0.2320	0.2200	0.1570	0.1650	0.1950	0.1980	0.2050	0.1950	0.1640	0.1905
	영산강	M	0.9020	0.9880	1.0300	1.2050	1.7750	1.9200	1.1600	0.8080	0.6900	0.6550	0.7540	0.6150
		a	0.1492	0.1592	0.1600	0.1490	0.1500	0.1340	0.1350	0.1240	0.1200	0.1210	0.1162	0.0966
		b	0.3680	0.2780	0.2460	0.2180	0.1650	0.1610	0.1881	0.2240	0.2420	0.2410	0.2210	0.2600

재현기간(년)	권역	매개변수	지속기간(시간)											
			1	2	3	4	6	9	12	15	18	24	48	72
200	한강	M	1.0917	1.1253	1.1935	1.4127	2.0597	1.6221	1.4318	1.2233	1.3250	1.6400	1.1870	0.8840
		a	0.1000	0.1000	0.1000	0.1001	0.1069	0.1098	0.1076	0.1077	0.1110	0.1000	0.1091	0.1146
		b	0.3325	0.3108	0.2892	0.2551	0.1991	0.1996	0.1994	0.1992	0.1830	0.1750	0.1619	0.1649
	낙동강	M	1.0469	1.0300	1.2097	1.3686	1.3100	1.5550	0.9880	0.9604	0.8630	1.4250	1.0623	1.2984
		a	0.1500	0.1500	0.1500	0.1500	0.1499	0.1490	0.1500	0.1498	0.1450	0.1487	0.1500	0.1500
		b	0.2974	0.2670	0.2241	0.2000	0.1911	0.1700	0.2000	0.1960	0.2010	0.1515	0.1568	0.1394
	금강	M	1.2090	1.2570	1.4700	1.6430	3.4000	2.8190	2.2400	1.9885	1.6300	1.5900	1.9150	1.0400
		a	0.1004	0.1150	0.1090	0.1150	0.1250	0.1210	0.1010	0.1004	0.1000	0.1010	0.1050	0.1080
		b	0.3180	0.2800	0.2530	0.2270	0.1560	0.1660	0.1950	0.1971	0.2060	0.1960	0.1650	0.1905
	영산강	M	0.8900	0.9880	1.0260	1.2190	1.7800	1.9050	1.1650	0.8300	0.6860	0.6540	0.7430	0.6030
		a	0.1492	0.1592	0.1600	0.1490	0.1500	0.1350	0.1350	0.1240	0.1200	0.1210	0.1162	0.0966
		b	0.3770	0.2790	0.2470	0.2170	0.1650	0.1610	0.1881	0.2220	0.2430	0.2420	0.2230	0.2650
500	한강	M	1.0918	1.1255	1.1936	1.4128	2.0607	1.6221	1.4340	1.2238	1.3360	1.7100	1.1960	0.8940
		a	0.1004	0.1006	0.1006	0.1007	0.1077	0.1110	0.1083	0.1084	0.1110	0.1000	0.1091	0.1146
		b	0.3330	0.3115	0.2899	0.2555	0.1990	0.1992	0.1992	0.1994	0.1830	0.1732	0.1619	0.1649
	낙동강	M	1.0533	1.0300	1.1670	1.3840	1.2320	1.5450	1.0020	0.9825	0.8730	1.4400	0.9334	1.3110
		a	0.1500	0.1500	0.1500	0.1500	0.1500	0.1490	0.1500	0.1496	0.1450	0.1487	0.1500	0.1500
		b	0.2973	0.2680	0.2300	0.2000	0.1980	0.1710	0.2000	0.1954	0.2010	0.1515	0.1670	0.1394
	금강	M	1.1880	1.2620	1.4820	1.6610	3.1200	2.8580	2.2550	2.0170	1.6070	1.5500	1.9350	1.0550
		a	0.1004	0.1150	0.1090	0.1150	0.1250	0.1210	0.1010	0.1004	0.1000	0.1010	0.1050	0.1080
		b	0.3230	0.2800	0.2530	0.2270	0.1620	0.1660	0.1950	0.1971	0.2080	0.1987	0.1650	0.1905
	영산강	M	0.8830	0.9850	1.0200	1.1670	1.7700	1.8800	1.1400	0.8500	0.7900	0.6450	0.7280	0.6060
		a	0.1500	0.1592	0.1600	0.1510	0.1500	0.1370	0.1350	0.1350	0.1350	0.1210	0.1162	0.0980
		b	0.3832	0.2810	0.2490	0.2220	0.1660	0.1610	0.1910	0.2110	0.2150	0.2450	0.2260	0.2650

참고문헌

국토해양부. 2011. 확률강우량 개선 및 보완 연구.

국토해양부. 2012a. 수자원계획체계 개선방안 연구보고서.

국토해양부. 2012b. 설계홍수량 산정요령.

국토해양부. 2015. 하천기본계획 수립지침.

한국수자원학회. 2009. 하천설계기준 · 해설.

부록 B. 수위와 하상변동 계산

RIVER ENGINEERING

B.1 예제 1: HEC-RAS를 이용한
    수위 계산

B.2 예제 2: HEC-RAS를 이용한
    하상변동 계산

부록 B에서는 HEC-RAS 모형을 이용한 간단한 수위 계산(예제 1)과 하상변동 계산의 예(예제 2)를 보인다. 예제 1은 아주 단순한 사다리꼴 단면의 직선수로에 대한 예이며, 여기서는 기본적인 HEC-RAS의 이용 순서와 필요 자료를 익힐 수 있다. 반면, 예제 2는 실제 하천에 대한 홍수위와 하상변동까지 포함한 매우 복잡한 예이다. 이 예제를 통해서 실제 하상변동모형을 이용할 때의 요령이나 주의할 점도 알 수 있다.

B.1 예제 1: HEC-RAS를 이용한 수위 계산

수로경사가 1/1000인 사다리꼴 단면 콘크리트 수로에 30 m³/s의 물이 흐르고 있다. 수로의 바닥 폭이 10 m이고, 측면경사가 2:1이다. 수로의 하류부에 댐이 설치되어 저수가 되며, 댐 지점의 수위가 5 m이다. HEC-RAS 프로그램을 이용하여 댐 상류 4 km 지점까지의 수면형을 500 m 간격으로 계산하라. 이때 매닝의 조도계수는 0.013이고, 댐 지점에서 수로 바닥의 높이는 0 m라고 한다.

수면형을 계산하기 위해서는 먼저 HEC-RAS를 실행해야 한다. HEC-RAS의 실행은 바탕화면의 아이콘이나 프로그램의 실행메뉴에서 HEC-RAS를 실행하면 된다. 그러면 다음과 같은 초기화면이 나타난다. (여기서부터는 편의상 그림의 번호와 캡션을 생략한다.)

수면형 계산을 하는 주요 과정은 다음과 같이 다섯 과정으로 나눌 수 있다.

① 새 프로젝트 시작
② 지형자료 입력
③ 수문자료 입력
④ 수리 계산
⑤ 결과 검토와 출력

이 과정을 차례로 간략히 살펴보기로 하자.

B.1.1 새 프로젝트 시작

수위 계산의 첫 단계로 먼저 프로젝트를 만들어야 한다.

① File ⇒ New Project 메뉴를 선택하여 'New Project' 창을 열고, 다음 그림과 같이 Title 에 "Backwater Example"이라고 입력하고, 적절한 디렉토리를 설정해 준다.

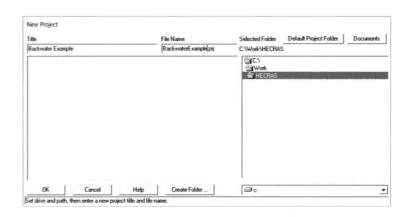

② ____OK____ 단추를 눌러 창을 닫는다. 그 다음에 해야 할 중요한 일이 단위계를 국제단 위계로 바꾸는 것이다. Options ⇒ Unit System 메뉴를 선택하여, 그림과 같이 국제단 위계로 변경한다.

③ ____OK____ 단추를 눌러 창을 닫는다. 그러면, HEC-RAS의 주화면의 아래에 "SI Units" 가 나타날 것이다.

B.1.2 지형자료 입력

하천의 지형자료 입력은 Edit ⇒ Geometric Data 메뉴를 택하여 Geometric Data 창을 연다. 여기서 다음 그림과 같은 하천수계도를 그린다. 하천수계는 하천(river)과 하도구간 (reach)으로 이루어진다. 하천과 하도구간은 여러 개의 횡단면으로 이루어진다. 여기서 다 룬 예제는 하도 하나와 하천 하나로 이루어져 있다. 하천수계도를 그리는 과정은 다음과 같다.

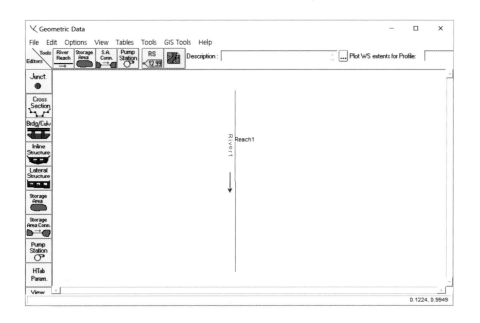

① River Reach 아이콘 을 누른다.

② 마우스 포인터를 하천이나 하도를 그릴 위치로 위치시킨다. 이때 하도는 보통 상류부터 하류 쪽으로 그린다.

③ 마우스 왼쪽 단추를 누르면서 잡아끌기하여 하도의 하류 끝에 왔을 때, 마우스 왼쪽 단추를 더블클릭한다. 여기서 나타난 다음 창의 River에 "River1", Reach에 "Reach1"을 입력한다.

④ Cross Section 단추 를 눌러 Cross Section Data 창을 연다. Options → Add a new Cross Section 메뉴를 눌러 새 횡단면을 만든다. 여기서 횡단면 번호 "0.000"을 입력한다. 보통 하류단을 0으로 잡고, 상류 방향으로 km 단위로 횡단면 이름을 만드는 것이 좋다.

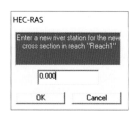

⑤   OK   단추를 눌러 Cross Section Data 창으로 돌아와서, 횡단면 좌표를 입력한다. 횡단면 좌표는 (0, 6), (12, 0), (22, 0), (34, 6)을 입력한다. 이때 사면의 경사는 2:1이고, 최고 수심은 5 m이므로, (0, 5)로 해도 좋지만, 1 m의 여유를 두고자 한 것이다. 또, 거리는 좌측 고수부, 주수로, 우측 고수부 모두 0으로 놓고, 매닝의 조도계수는 모두 "0.013"을 입력한다. 주수로와 좌우 고수부를 구분하는 좌표는 각각 "12"와 "22"를 입력한다. 입력 완료 후 Apply Data 단추를 누르면, 창 오른쪽에 횡단면이 그려진다. 최종적인 "0.000" 단면의 자료는 다음 그림과 같다.

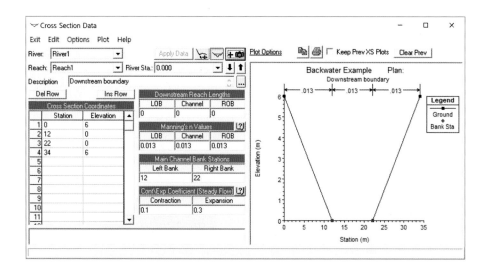

⑥ 다음에 100 m 상류에 있는 "0.100" 횡단면 자료는 "0.000" 횡단면을 복사해서 사용한다. Options ⇒ Copy Current Cross Section 메뉴를 선택한다. 복사한 단면을 "0.500"로 이름을 붙인다.

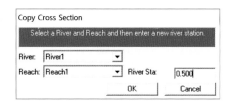

⑦ ___OK___ 단추를 눌러 Cross Section Data 창으로 돌아와서, Elevation을 "0.5"씩 증가
시키고, 구간길이를 "500"으로 변경한다. Elevation 증가는 Options ⇒ Adjust
Elevations 메뉴를 선택하고, 여기서 "0.5"를 입력하고 ___OK___ 단추를 누른다.

그 다음 ___Apply Data___ 단추를 누르면, 창 오른쪽에 횡단면이 그려진다. 최종적인 "0.500"
단면의 자료는 다음 그림과 같다.

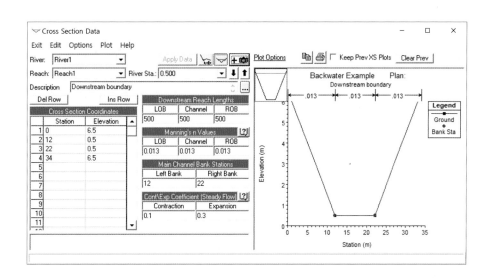

⑧ 이와 같은 과정을 "4.000" 횡단면까지 반복한다. 이렇게 9개 단면에 대한 입력이 완료
되면, Cross Section Data 창을 닫고 Geometric Data 창으로 돌아온다.

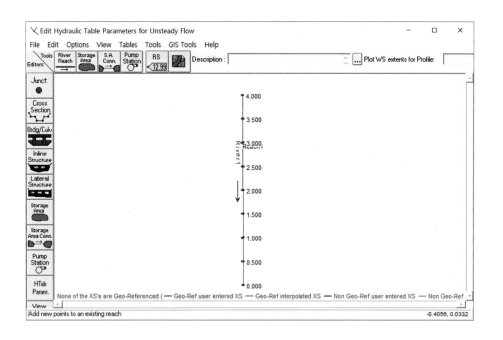

⑨ Geometric Data 창의 File → Save Geometry Data 메뉴를 선택하여 지형자료를 저장한다.

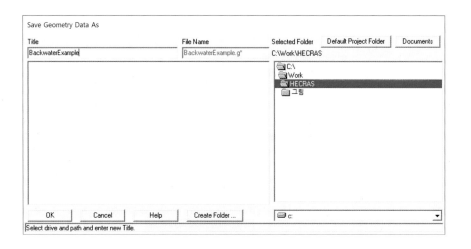

B.1.3 수문자료 입력

입력해야 할 수문자료는 상류단의 유량자료와 하류단의 수위자료이다. 수문자료 입력과정은 다음과 같다.

① 주 화면의 Edit ⇒ Steady Flow Data 메뉴를 선택하거나 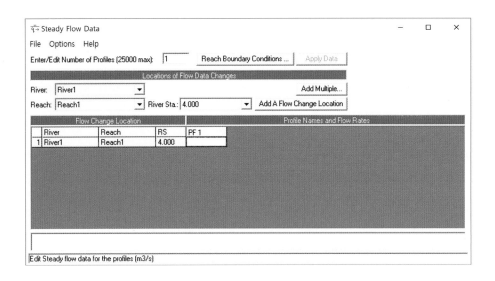 아이콘을 선택하여 정상류 자료 입력을 위한 Steady Flow Data 창을 연다.

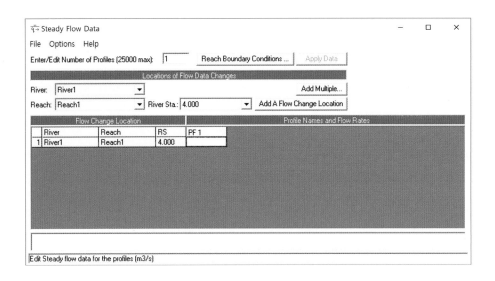

② "4.000" 횡단면의 "PF1" 입력란을 선택한 뒤, 상류단의 유입유량 30.0 (m³/s)를 입력한다.

③ 그 다음은 하류단 경계의 수위를 입력해야 한다. Reach Boundary Conditions ... 단추를 눌러, 경계조건 설정을 위한 창을 연다. 여기서 "Set boundary for one profile at a time"을 선택하고, Known W.S. 단추를 눌러서 나타나는 화면에 하류단 수위 "5.0"을 입력한다.

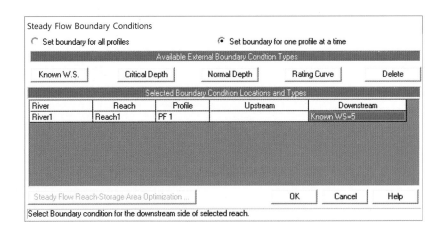

④ 열려 있는 창을 닫고, Steady Flow Data 창으로 되돌아와서, File ⇒ Save Flow Data 메뉴를 선택한 뒤 수문자료를 BackwaterExample.f*로 저장한다.

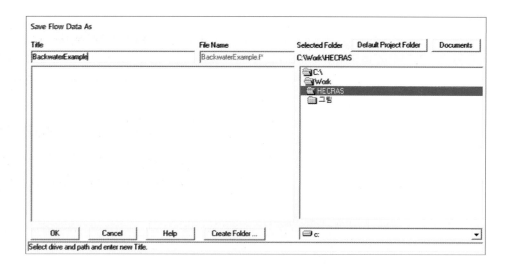

B.1.4 수리계산

이것으로 모든 자료의 입력이 완료되었다. 그 다음은 이들 자료를 이용하여 실제 수리계산을 하는 과정이다.

① 주 화면의 Run ⇒ Steady Flow Analysis 메뉴를 선택하거나, 단추를 눌러서 계산을 시작한다.

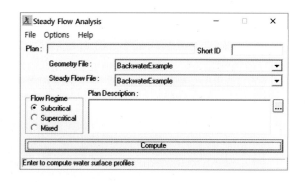

② Compute 단추를 눌러 계산을 시작한다. 그러면 다음과 같은 계산완료창이 나타난다.

B.1.5 결과 검토와 출력

계산 결과는 그림이나 표로 나타낼 수 있다.

① 주 화면에서 View ⇒ Water Surface Profile 메뉴를 선택하거나 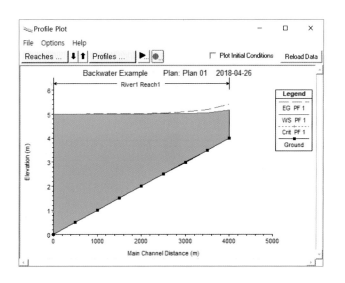 단추를 선택하면 수위 종단도를 보인다.

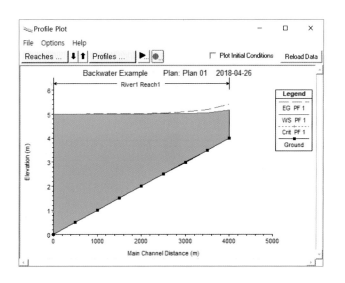

② 주 화면에서 View ⇒ Profile Summary Table 메뉴를 선택하거나 ▦ 단추를 선택하면
수위 계산결과를 표 형태로 보인다.

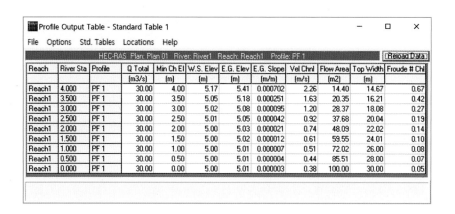

Reach	River Sta	Profile	Q Total	Min Ch El	W.S. Elev	E.G. Elev	E.G. Slope	Vel Chnl	Flow Area	Top Width	Froude # Chl
			[m3/s]	[m]	[m]	[m]	[m/m]	[m/s]	[m2]	[m]	
Reach1	4.000	PF 1	30.00	4.00	5.17	5.41	0.000702	2.26	14.40	14.67	0.67
Reach1	3.500	PF 1	30.00	3.50	5.05	5.18	0.000251	1.63	20.35	16.21	0.42
Reach1	3.000	PF 1	30.00	3.00	5.02	5.08	0.000095	1.20	28.37	18.08	0.27
Reach1	2.500	PF 1	30.00	2.50	5.01	5.05	0.000042	0.92	37.68	20.04	0.19
Reach1	2.000	PF 1	30.00	2.00	5.00	5.03	0.000021	0.74	48.09	22.02	0.14
Reach1	1.500	PF 1	30.00	1.50	5.00	5.02	0.000012	0.61	59.55	24.01	0.10
Reach1	1.000	PF 1	30.00	1.00	5.00	5.01	0.000007	0.51	72.02	26.00	0.08
Reach1	0.500	PF 1	30.00	0.50	5.00	5.01	0.000004	0.44	85.51	28.00	0.07
Reach1	0.000	PF 1	30.00	0.00	5.00	5.01	0.000003	0.38	100.00	30.00	0.05

B.2 예제 2: HEC-RAS를 이용한 하상변동 계산

해석을 황강 자료에 직접 적용하는 과정을 예시한 것이다. 일부의 내용은 황강 고유의 것
일 수도 있다. 이 예제는 류권규(2011)에 제시된 것이다.

B.2.1 자료의 준비

대상 하천의 유역도를 준비하고, 하천 상황에 대해 간략히 조사한다. 황강은 우리나라의

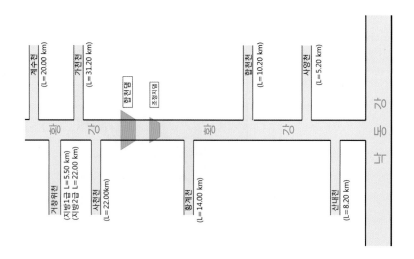

대표적인 충적하천이다. 낙동강 합류점을 기준으로 유역면적은 1,344.2 km²이다. 유역의 중류에 합천댐이 준공되어 유량이 통제되고 유사가 조절된다. 따라서 댐에 의한 하상변동의 상황을 예측할 수도 있다. 대상 구간은 낙동강 합류점부터 합천댐 조정지댐(유역면적 956.8 km²)까지의 45.2 km 구간으로 한다. 황강의 상황을 모식도로 나타내면 다음 그림과 같다(건설교통부와 부산지방국토관리청 2005).

조정지 댐의 상류 유역이 전체 유역에서 71.1%를 차지하므로, 모의를 간단히 하기 위해 지류의 유입이나 하상변동은 고려하지 않는다.

이 구간의 유역도는 네이버 지도(http://map.naver.com/)나 다음 지도(http://map.daum.net/map/index.jsp?t__nil_bestservice=map), 구글어스(http://www.google.com/earth/index.html) 등을 이용할 수 있다. 적절한 범위를 잡은 뒤, 자판의 Alt + Print Screen 를 누른 뒤 그림판이나 Adobe PhotoShop 등을 이용하여 작성할 수 있다. 여기서는 대상 구간을 포함하도록 다음 그림과 같이 적절히 자르고 이름을 '황강유역도.JPG'로 하였다.

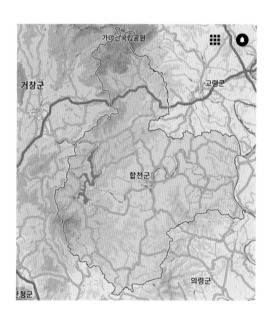

하천자료 중 가장 중요한 것은 하천 횡단면 자료이다. 하천 횡단면 자료는 WAMIS (http://www.wamis.go.kr)에서 받을 수 있다. 황강의 경우 건설부(1983)의 황강 하천정비 기본계획과 건설교통부와 부산지방국토관리청(2005)의 황강하천정비기본계획(보완)의 두 보고서가 있다. 하천 횡단면을 구하는 화면은 다음 그림과 같다.

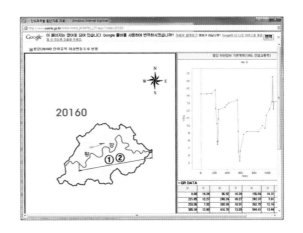

다만, 건설부(1983)의 황강 하천정비 기본계획에서는 500 m 간격으로 90여 개 횡단면으로 나누었으나, 건설교통부와 부산지방국토관리청(2005)에서는 250 m 간격으로 180개 단면으로 나누었다. 이들 자료를 토대로 하상변동 상황을 도시하면 다음 그림과 같다.

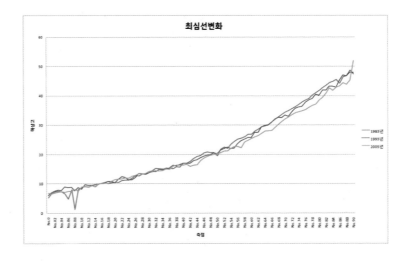

황강의 경우 최상류단에 합천댐이 있으므로, WAMIS에서 합천댐 일방류량 자료를 구해서 이용하는 것으로 한다. 1988년부터 2010년까지의 WAMIS의 자료를 MS Excel로 받아서 정리하면 다음 그림과 같다. 최대 유량은 2002년 9월 1일의 452.7 m³/s, 두 번째 큰 유량은 200년 9월 16일의 404.1 m³/s로 나타났다. 그 외 대부분은 홍수 시에 약 100 m³/s이고, 비홍수기는 20 m³/s 이하의 발전 방류가 대부분인 것으로 보인다.

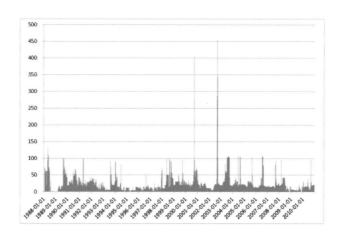

본 구간에서 직접 측정된 유사량 자료는 없다. 유입유사량 자료는 댐 방류량의 경우는 유사가 없는 것으로 한다. 지류 유입유사량에 대해서는 ① 유사유입량을 없다고 보는 방법, ② MUSLE 등과 같은 토사 산출량 공식으로 추정하는 방법, ③ 지류의 하상토 자료와 수리 자료를 이용하여 추정하는 방법 등이 있다. 본 예제에서는 지류 유입유사량을 무시하였다.

하상토 입경 분포는 건설부(1983)의 황강 하천정비 기본계획에서 제시된 표 B.1과 같은 값을 이용한다. 이 자료를 HEC-RAS에 입력하기 위해서는 표 B.2와 같은 입경 등급별 통과 백분율(% Finer)로 바꾸어야 한다.

표 B.1 황강의 하상토 입경 분포(통과백분율)

시료 번호	거리 (km)	통과백분율에 관한 평균 입경(mm)									
		10	20	30	40	50	60	70	80	90	100
0	0.00	0.231	0.328	0.412	0.465	0.500	0.533	0.587	0.634	0.743	0.930
8	4.00	0.207	0.259	0.280	0.300	0.328	0.352	0.421	0.565	0.885	3.400
16	7.95	0.168	0.246	0.295	0.328	0.349	0.371	0.400	0.478	0.635	0.910
24	12.00	0.265	0.318	0.351	0.369	0.389	0.434	0.515	0.686	1.215	4.850
32	16.00	0.205	0.274	0.335	0.370	0.423	0.499	0.630	0.871	1.755	8.000
40	20.00	0.265	0.325	0.345	0.350	0.361	0.383	0.445	0.600	0.940	4.800
48	24.00	0.390	0.568	0.691	0.775	0.831	0.900	1.115	1.444	2.000	5.000
56	28.00	0.178	0.264	0.338	0.385	0.434	0.500	0.610	0.795	1.415	4.850
64	32.00	0.342	0.500	0.691	0.825	0.967	1.225	1.485	1.785	2.655	5.050
72	36.05	0.415	0.664	0.921	1.285	1.500	1.684	2.100	2.794	3.910	7.257
80	40.00	0.405	0.621	0.842	1.150	1.370	1.629	1.928	2.710	4.255	9.500
88	44.15	0.341	0.500	0.778	1.334	2.210	5.218	17.30	37.55	63.50	90.00
90	45.02	0.300	0.615	1.000	1.455	1.815	2.500	3.385	6.415	9.850	24.50

표 B.2 황강의 하상토 입경 분포(입경 등급별)

			GR0	Gr8	Gr16	Gr24	Gr32	Gr40	Gr48	Gr56	Gr64	Gr72	Gr80	Gr88	Gr90
1	CLAY	0.004													
2	VFM	0.008													
3	FM	0.016													
4	MM	0.032													
5	CM	0.0625			0					0	0				
6	VFS	0.125	0	0	5	0	0	0	0	4	2		0	0	0
7	FS	0.25	12	18	21	8	27	10	0	20	20	0	3	2	7
8	MS	0.5	58	76	82	68	60	75	16	60	52	14	15	20	16
9	CS	1	100	92	100	88	83	91	65	85	83	13	35	35	30
10	VCS	2		96		94	92	95	90	93	96	68	72	48	54
11	VFG	4		100		98	96	98	98	98	100	91	88	58	73
12	FG	8				100	100	100	100	100		99	98	64	86
13	MG	16										100	100	69	97
14	CG	32												78	100
15	VCG	64												90	
16	SC	128												100	

하천정비기본계획 보고서나 하상변동조사 보고서에 제시된 하상토 입경 분포 자료를 이용할 때는 주의해야 한다. 하상에 자갈이 많은 경우, 많은 보고서들이 이러한 자갈들을 제외하고 입경 분석을 하므로 실제 하상토 입경 분포보다 훨씬 작은 값이 수록되어 있는 경우가 많기 때문이다.

B.2.2 프로젝트 작성

■ 프로그램 실행

HEC-RAS 4.1.0 ▧ 단추를 눌러 프로그램을 시작한다.

프로젝트를 시작하기 전에 사용할 단위계를 국제 단위계(SI unit)로 설정해 두는 것이 좋다. 단위계 변환은 나중에 할 수도 있으나, 프로젝트 시작 단계에서 지정하는 것이 좋다.

① Options ⇒ Unit System (US Customary/SI)... 메뉴를 누른다.
② System International(Metric System)을 선택한다. 이것은 국제 단위계(SI Unit)를 이용한다는 것이다. Set as default for new projects 단추를 체크해 두면 앞으로 만드는 모든 프로젝트에 대해 국제 단위계를 내정값으로 이용한다는 것이다.

③ <u>OK</u> 단추를 누른다.

■ **프로젝트 작성**

다음에는 프로젝트를 작성한다.

① File → New Project...를 선택하여 새로운 프로젝트를 시작한다.

② 다음 화면이 나타나면 적당한 제목과 경로를 선택한다. 이 예에서는 D:₩HEC₩Whangkang 폴더를 지정하고, Title에 Whangkang이라는 이름을 입력한 뒤 <u>OK</u> 단추를 눌러 프로젝트를 저장한다. (Windows 프로그램이므로 한글 이름을 사용할 수 있을 것으로 보이나 어떤 문제가 생길지 알 수 없어 당분간은 영문 이름만을 이용하기로 한다.)

③ 다음과 같은 메시지가 나올 것이다. 확인 단추를 누른다.

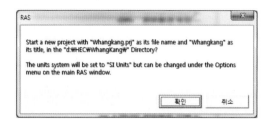

④ Description에 적절한 설명을 기입한다. 한글로 기입해도 된다.

B.2.3 지형자료의 입력

프로젝트 작성의 첫 단계는 지형자료를 입력하는 것이다.

■ **배경영상 지정**

지형자료를 입력할 때는 필요에 따라 배경(보통 유역도)을 지정할 수 있다.

① Edit ⇒ Geometric Data 메뉴(또는 ⚔ 단추)를 누른다. 다음과 같은 Geometric Data 화면이 나타난다.

② Add/Edit background pictures for schematic 단추 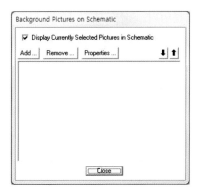를 누른다. 다음과 같은 화면이
   나타난다.

③ Add 단추를 눌러 대화상자를 열고 '황강유역도.JPG'를 선택한다. 그러면 그림 크기에
   대한 질문 상자가 나타난다. 예(Y) 단추를 누른다.

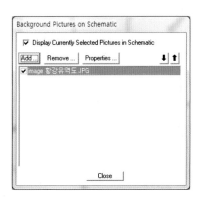

④ $\boxed{\text{Close}}$ 단추를 눌러 Geometric Data 화면으로 되돌아간다.

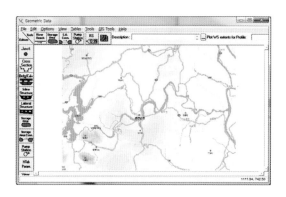

만일 배경 화면이 나타나지 않고 아래 그림과 같이 빈 화면이 나타나면 이는 그림의 위치가 부적절하기 때문이다. 화면 내의 빨간 사각형을 마우스로 잡아서 크기와 위치를 조정해 보면 화면에 그림을 적절히 맞출 수 있을 것이다. 아니면, 그림의 포맷이 JPG가 아닌 경우에도 이런 상황이 발생할 수 있다. 따라서 가급적 그림판에서 JPG로 작성하기를 권장한다.

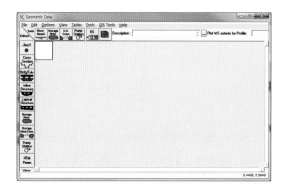

■ 하천망 작성

다음 과정은 하천망을 작성하는 과정이다. 하천망을 작성할 때는 화면이 넓을수록 편리하게 편집이 가능하므로 전체 화면으로 확대한다.

① River Reach 🔲 단추를 누른다. 그러면 마우스 커서가 연필 모양으로 바뀔 것이다. 하천망은 상류에서 하류 방향으로 그려야 한다.

② 마우스 포인터를 그리기 영역에서 움직여서 첫 번째 구간을 그리기 시작하는 지점(구간 상류단)에 위치시킨다.

③ 왼쪽 마우스 단추를 누르고 구간을 그리기 시작한다. 상류단인 조정지댐 위치에서 하류 방향으로 본류를 따라 마우스로 점을 찍어간다. 낙동강과 합류되는 지점에 도달했을 때, 구간 그리기를 마치면 마지막 점에서 왼쪽 마우스 단추를 더블클릭한다.

④ 더블클릭하면 다음과 같은 화면이 나타난다. River(하천명)에 Whangkang, Reach(구간명)에 Main을 입력한다.

⑤ ___OK___ 단추를 누른다. 최종적으로 다음과 같이 하도가 검은 실선으로 나타난다.

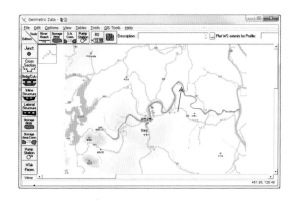

■ **횡단면 자료 입력**

그 다음에는 횡단면 자료를 입력한다.

① 지형자료 창에 있는 [Cross Section] 단추를 눌러 시작한다. 이 단추를 누르면, 다음 그림과 같은 횡단면 자료 편집기(Cross Section Data editor)가 나타날 것이다. (단, 처음 시작할 경우 이 화면은 비어 있을 것이다.)

② 작업할 River와 Reach를 선택한다. 이 예제에서는 Whangkang과 Main을 선택하였다.

③ Options 메뉴로 가서 **Add a new Cross Section** 항목을 선택한다. 새 입력 상자가 나타나면 새 횡단면에 대한 하천 지점명을 입력한다. 지점명은 실제 하천 지점일 필요는 없으나, 숫자여야만 한다. 숫자는 이 횡단면이 구간 내 다른 모든 횡단면과 가지는 상대적 위치를 나타낸다. 횡단면은 상류단(가장 큰 값의 하천 지점)에서 하류단(가장 작은 값의 하천 지점)까지 위치한다. 이 횡단면에는 0.0을 입력한다. (횡단면 번호(River Sta.)와 뒤에 나올 하류 구간 거리(Downstream Reach Lengths)만 정확하다면 횡단면 입력 순서는 실제 하천 단면 순서와 무관하게 입력해도 된다.)

④ ___OK___ 단추를 누르고 횡단면 화면으로 되돌아 와서 0.0번 횡단면에 대한 자료를 입력한다. 횡단면 좌표점을 하나씩 입력하는 방법이 있으나, 가장 손쉽게 입력하는 방법은 MS Excel을 이용하는 방법일 것이다. 일단 Excel에서 각 단면별로 (Y, Z) 쌍으로 단면을 정리한다.

⑤ 그 다음에 (Y, Z) 좌표를 복사하고, Station과 Elevation 열 제목을 함께 선택하면 전체 좌표점 영역이 선택될 것이다. 여기서 붙여넣기(Edit ⇒ Paste 또는 Ctrl + V)를 실행하면 다음과 같이 된다.

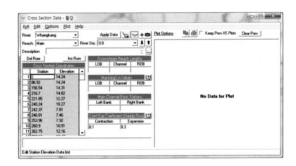

⑥ 횡단면 좌표점(Cross Section Coordinates), 하류 구간 거리(Downstream Reach Lengths), 매닝의 조도계수(Manning's n Values), 주수로 강턱 위치(Main Channel Bank Statioins), 수축/확대 계수(Cont/Ext Coefficint)를 차례로 입력한다. 횡단면 좌표점은 건설부 (1983)의 자료를 이용하였다. 자료를 입력한 뒤에 Apply Data 단추를 누르면 횡단면도 가 나타난다.

이때 주의를 기울여야 하는 것이 좌우 고수부(LOB와 ROB)와 주하도(Channel)를 구분하는 주수로 강턱 위치(Left Bank와 Right Bank)이다. 횡단면도에서는 빨간색 원으로 나타난다. 이것을 지정하는 것은 상당히 주관적일 수 있다. 일단은 적당한 값을 입력하고 뒤에서 조정하여도 된다. 주수로 강턱 위치와 이동상 한계(뒤에 설명함)의 조정에 대해서는 강턱유량(bankfull discharge)의 산정과 관련이 있으며 뒤에서 설명한다.

⑦ 모든 자료를 입력한 뒤에 [Apply Data] 단추를 누른다. 이 단추는 입력된 자료를 기억 장소에 받아들이는 데 이용된다. 이 단추가 자료를 하드디스크에 저장하는 것은 아니며, 자료 저장은 지형자료 창의 File 메뉴에서 시행한다. 입력된 횡단면은 다음 그림과 같아야 한다.

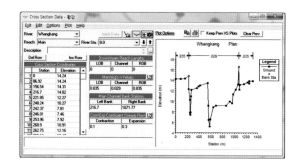

⑧ 자료를 가시적으로 확인하기 위해 횡단면을 그래프로 그린다. 횡단면 자료 편집기의 Plot 메뉴에 있는 Plot Cross Section 항목을 선택한다.

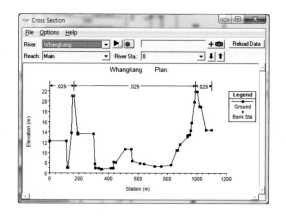

⑨ Options ⇒ Add a new Cross Section 항목을 선택하고, 새로운 단면을 입력한다. 황강의 90여 개 횡단면(0번에서 90번까지)에 대해 위의 과정을 반복한다. (시험용 계산을 위해서는 일부 횡단면을 복사할 수도 있으며, 이에 대해서는 HEC-RAS 이용자 지침서의 4.2.2 횡단면 자료 입력을 참조하라.) 전체 횡단면에 대한 자료 입력이 완료되면 횡단면 편집창을 종료하고 지형 편집창으로 되돌아온다. 다음과 같은 화면이 될 것이다.

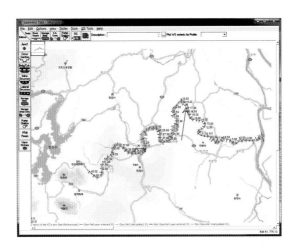

🛑 **주의**

앞의 ⑨ 단계에서 만일 횡단면선의 크기가 화면 크기에 비해 지나치게 크거나 작을 경우는 GIS Tools ⇒ Scale Cut Lines to Reach Lines... 메뉴를 선택하면 하폭 크기에 맞게 조정이 될 것이다.

■ 다른 구간과 합류점 자료 입력

황강에는 특별히 고려해야 할 지류가 없는 관계로 추가적인 구간의 입력이나 합류점 자료 입력은 생략한다. 다른 구간과 합류점 자료 입력에 대해서는 HEC-RAS 이용자 지침서의 4.2.2와 4.2.3을 참조하라.

■ 지형자료 저장

이 시점에서 모든 지형자료 입력이 되었다. 예제를 더 진행하기 전에 지형자료를 하드디스크에 저장한다.

① 자료를 저장하려면 지형자료 창의 File ⇒ Save Geometry Data를 선택한다.

② 나타나는 창에 Title을 Whangkang이라 하고 단추를 누르면 Whangkang.g01

이라는 파일이 생성될 것이다.

B.2.4 고정상 모형 보정

정상류 수면 종단형 계산을 수행하는 데 필요한 자료를 만드는 다음 단계는 정상류 자료 입력이다. 여기에는 본류 상류단과 지류의 유입유량과 하류단인 낙동강의 기점수위 자료가 필요하다.

■ 유입유량

정상류 자료 편집기(Steady Flow Data Editor)를 실행하기 위해 HEC-RAS의 주 화면의 Edit 메뉴에서 Steady Flow Data 항목을 선택하면 정상류 자료 편집기가 나타날 것이다.

표 B.3 황강의 빈도별 홍수량

단면번호	거리 (km)	유역면적 (km²)	지점	빈도별 유량(m³/s)		
				50년	80년	100년
90	45.02	956.8	조정지댐	2,810	3,000	3,110
	39.00	974.8	황계천 합류 전	2,810	3,000	3,110
	38.50	1,016.5	황계천 합류 후	2,960	3,160	3,270
67 + 390	33.50	1,039.7	남정교	3,010	3,220	3,330
	31.50	1,085.7	합천천 합류 전	3,130	3,340	3,450
62 + 100	31.00	1,121.4	합천천 합류 후	3,230	3,450	3,570
49 + 460	24.50	1,178.3	제내현수교	3,380	3,610	3,730
	15.00	1,205.8	사양천 합류 전	3,440	3,670	3,800
29 + 300	14.50	1,224.8	사양천 합류 후	3,480	3,720	3,850
	5.00	1,249.4	산내천 합류 전	3,540	3,780	3,910
9 + 400	4.50	1,296.0	산내천 합류 후	3,650	3,900	4,030
0.0	0.0	1,325.6	황강하구	3,690	3,950	4,080
			기점수위(EL.m)	18.94	19.46	19.70

한편, 빈도별 홍수량은 다음의 표 B.3와 같다(건설부, 1983).

따라서, 미계측된 자료에 대해서는 유역면적 비율로 산정한다.

■ 하류단 수위의 검토

하류단 수위에 대해서는 건설부(1983) 낙동강 하천정비기본계획(보완조사 II) 1권 50년, 80년, 100년의 기점수위가 제시되어 있다. 50년 빈도의 유량도 2,810 m³/s로 실제 발생한 홍수량을 크게 상회하는 값이다. 따라서 이 경우 기점수위의 설정이 매우 어렵다. 건설부 (1983) 낙동강 하천정비기본계획(보완조사 II) 1권에 제시되어 있는 합류점 약 5 km 하류에 위치한 적포교(No.261＋240, 영점표고 5.477 m) 수위자료를 이용할 수 있다. 낙동강의 100 년 빈도 홍수량(14,900 m³/s)에 대한 배수위는 적포교가 18.96 EL.m, 황강 합류점(No.272) 가 19.70 EL.m로 0.74 m 차이가 난다. 따라서, WAMIS에서 구한 적포교의 수위 자료에 0.74 m를 더하여 황강 합류점의 기점수위로 하기로 한다. 1988년부터 2010년까지의 적포교 수위는 다음 그림과 같다.

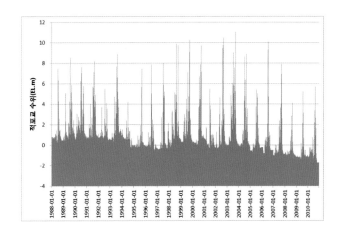

■ 대표 유량 및 하류단 수위 결정

보정을 위해서 표 B.4와 같이 몇 개의 모의 대표 수위와 유량을 결정한다. 이 모의 유량은 황강댐 조정지댐의 방류량 자료와 그때의 적포교 수위를 합류점 기점수위로 환산한 것이며, 빈도별 유량은 건설부(1983)의 홍수방어계획에서 결정된 것이다.

표 B.4 모의를 위한 대표 유량과 빈도별 유량

거리 (km)	유역면적 (km^2)	지점	모의 대표 유량(m^3/s)				빈도별 유량	
		일자	91.7.6	89.11.7	89.8.24	02.9.1	50년	100년
45.02	956.8	조정지댐	10.0	50.0	100.1	452.7	2,810	3,110
39.00	974.8	황계천 합류 전	10.2	50.9	102.0	461.2	2,810	3,110
38.50	1,016.5	황계천 합류 후	10.6	53.1	106.3	480.9	2,960	3,270
33.50	1,039.7	남정교	10.9	54.3	108.8	491.9	3,010	3,330
31.50	1,085.7	합천천 합류 전	11.3	56.7	113.6	513.7	3,130	3,450
31.00	1,121.4	합천천 합류 후	11.7	58.6	117.3	530.6	3,230	3,570
24.50	1,178.3	제내현수교	12.3	61.6	123.3	557.5	3,380	3,730
15.00	1,205.8	사양천 합류 전	12.6	63.0	126.2	570.5	3,440	3,800
14.50	1,224.8	사양천 합류 후	12.8	64.0	128.1	579.5	3,480	3,850
5.00	1,249.4	산내천 합류 전	13.1	65.3	130.7	591.1	3,540	3,910
4.50	1,296.0	산내천 합류 후	13.5	67.7	135.6	613.2	3,650	4,030
0.0	1,325.6	황강하구	13.9	69.3	138.7	627.2	3,690	4,080
기점수위(EL.m)			1.85	2.16	5.37	11.05	18.94	19.7

■ 정상류 자료 입력

먼저 모의 대표 유량과 빈도별 유량에 대해 정상류 모의를 시행한다. 이때, 횡단면에 대해서는 하나씩 차례로 검토할 필요가 있다.

① Edit ⇒ Steady Flow Data...(⊟)를 선택한다. 그러면 다음과 같은 화면이 나타날 것이다.

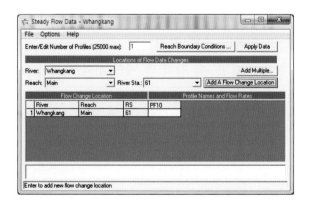

② 모의하려는 종단형이 6개이므로 Enter/Edit Number of Profiles (25000 max):에 6을 입력한 뒤  를 누른다.

를 누른다.

③ Options ⇒ Edit Profile Names를 선택한다. 그리고 각각의 종단형에 이름을 부여한다.

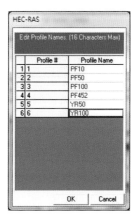

④ 각 종단형에 대한 유량을 입력한다.

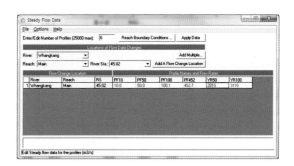

⑤ 유량이 바뀌는 지점을 선택하기 위해 River Sta.에 39.00(황계천 합류 후)를 선택하고

Add A Flow Change Location 단추를 누른다. 새로 나타나는 열에 유량을 입력한다. 마찬가지로 31.00(합천천 합류 후), 14.50(사양천 합류 후), 4.50(산내천 합류 후)에 대해서도 유량을 입력한다.

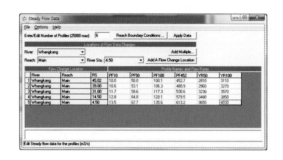

⑥ 입력을 완료하였으면, Reach Boundary Conditions ... 단추를 누른다. 그러면 다음과 같은 Steady Flow Boundary Conditions 창이 나타난다.

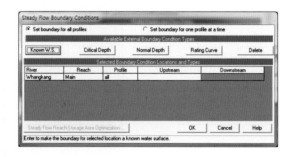

⑦ 하류 경계의 수위를 알고 있으므로, Known W.S. 단추를 누른다. 나타나는 창에 각 유량별 하류단 수위를 입력한다.

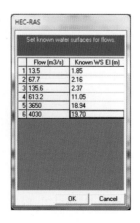

⑧ ____OK____ 단추를 눌러, Steady Flow Boundary Conditions 대화상자로 돌아온 뒤 다시 한번 ____OK____ 단추를 누른다.

⑨ File ⇒ Save Flow Data... 메뉴를 누른 뒤 Title에 Whangkang이라 입력하고 ____OK____ 단추를 누른다. 그러면 Whangkang.f01 파일이 생성된다.

■ **정상류 수위 계산**

① 초기 화면에서 Run ⇒ Steady Flow Analysis...(🔟)을 선택한다.

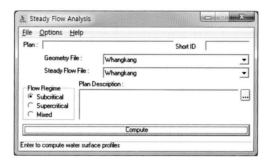

② Compute 단추를 누른다. 자료에 이상이 없으면 다음과 같이 나타날 것이다.

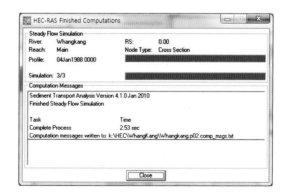

③ Close 단추를 누른다.

■ **결과의 보기**

① View ⇒ Water Surface Profiles ...(📈)를 선택하면 다음과 같은 화면이 나타날 것이다.

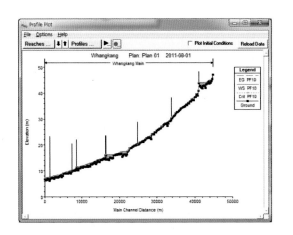

② 화면을 최대화시키면 전체를 조망하기가 좀 더 쉬워진다. Profiles ... 단추를 누르면 원하는 종단형을 선택할 수 있다. 모의한 6개의 유량을 전부 나타내면 다음과 같다.

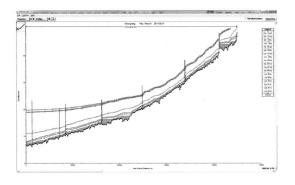

③ View ⇒ Cross-Sections...(▽)를 선택하면 다음과 같이 한 단면의 유량별 수위를 볼 수 있다.

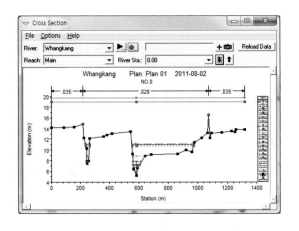

■ 고정상 모형의 보정

여태까지 수행한 결과는 앞서 언급한 몇 가지 해결해야 할 문제를 안고 있다. 그중에서 매닝의 조도계수와 주수로 강턱 위치에 대해서 다시 한번 검토할 필요가 있다. 이때 필요한 것이 강턱유량(bankfull discharge)이다. 강턱유량은 강턱(bank)에 물이 가득이 차서 고수부에 넘어가기 직전의 유량을 말한다. 그러나 우리나라에서는 강턱유량을 적절히 정의하거나 판별하기 어려운 경우가 많으므로, 유황 곡선상의 풍수량 정도의 유량에 대해서 주하도를 분리하는 것이 좋다. 건설교통부와 부산지방국토관리청(2005)에 따르면 합류점의 풍수량은 37.88 m³/s이다. 따라서 모의 유량 중에서 50 m³/s에 대한 배수위를 이용하여 이때 물이 차는 부분을 주수로 강턱 위치로 지정하는 것이 좋다.

① 앞의 Cross Section 창에서 Options ⇒ Profiles...를 선택한다.

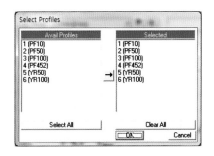

② [Clear All] 단추를 눌러 모두 해제한 후, 강턱유량이라고 볼 수 있는 50 m³/s에 대한 종단형인 PF50만 선택한다. 그러면 그림이 다음과 같이 될 것이다.

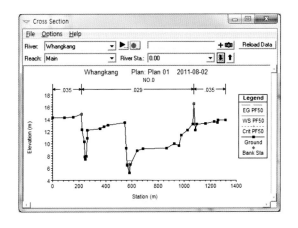

③ 이 화면을 그대로 열어 두고 Edit ⇒ Geometric Data ⇒ ▦ 을 선택하여 횡단면 편집 화면으로 간다.

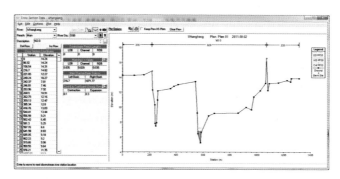

그림 B.1 지형자료에서 횡단면 편집

④ 여기서 (0, 14.24)~(156.54, 14.31) 단면은 제내지이므로 모의할 필요가 없다. 따라서 이 부분을 선택한 뒤 삭제한다. 원하는 행을 선택한 후 ▭ Del Row ▭ 를 누르면 한 행이 없어진다. 마찬가지로 (1082.86, 12.22)~(1315.75,13.85) 단면도 삭제한다.

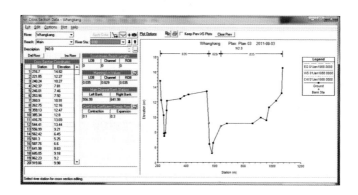

주의

이 부분은 그냥 남겨 두어도 모의에 영향을 미치지 않는 경우가 있으나, 제내지 표고가 매우 낮은 경우에는 HEC-RAS가 이 부분을 하도나 고수부로 간주하는 경우가 있으므로 가급적 제거하는 것이 좋다.

⑤ 40.00 횡단면을 선택한다.

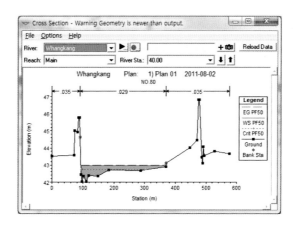

이 횡단면은 50 m³/s인 경우는 문제가 없어 보이나, 452.7 m³/s인 경우 다음 그림과 같이 제내지가 마치 하도의 일부인 것처럼 나타난다.

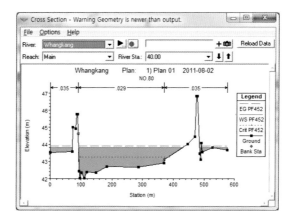

이런 경우는 반드시 좌우 제내지를 제거해 주어야 한다. 그러면 다음과 같이 나타난다.

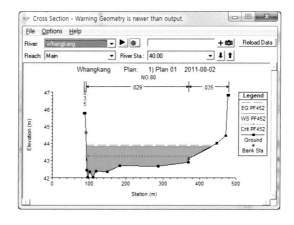

⑥ 좌우 강턱 좌표를 현재의 수위에 가까운 지점에 배치한다. 단면 0.0에 대해서 Left Bank는 556.99, Right Bank는 641.98로 하는 것이 적절한 것으로 판단되었다.

⑦ 매닝계수는 Channel은 건설부(1983)의 안을 따라 0.029로 하되, 좌우 고수부는 0.035로 변경한다. 최종적으로 0번 단면은 다음과 같이 변경된다.

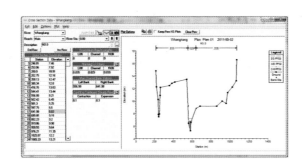

⑧ 마찬가지로 다음의 모든 단면에 대해 불필요한 횡단면 제거, 좌우 강턱 위치 조정, 매닝의 조도계수 조정을 한다.

⑨ 관측된 배수위와 모의된 배수위를 비교한다. 그러나 국내 수문자료의 사정상 이런 자료는 매우 드물며, 황강에도 유량별 배수위 관측자료가 없으므로 이 과정은 생략한다.

⑩ 계산 결과를 다양한 표와 그래프로 나타내는 것에 대해서는 HEC-RAS 이용자 지침서의 4.6절을 참조하기 바란다. 또한, 정상류 해석에 대한 자세한 사항은 HEC-RAS 이용자 지침서의 제7장에 기술되어 있다.

B.2.5 유사자료의 입력

HEC-RAS로 정상 배수위 계산만 수행한다면 4절까지만 수행해도 무방하다. 4.5절 이후는 하상변동 계산을 위한 것이다. 이동상 모의에 관련된 유사자료는 하상토 입경 분포와 유량-유사량 곡선이다.

■ 유사 기초자료 입력

유사자료의 입력은 유사자료 편집기(Sediment Data Editor)에서 시작한다.

① Edit ⇒ Sediment Data 메뉴를 선택하거나 유사자료 단추 를 누른다. Sediment Data Editor(유사자료 편집기)는 다음 그림과 같다.

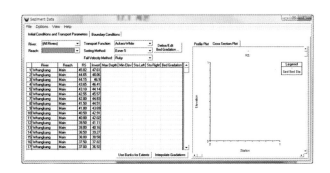

② River와 Reach를 선택한다. 이 경우 하천과 구간이 모두 하나씩이므로 별도로 선택하지 않아도 무방하다.

③ 유사량 공식(Transport Function)을 선택한다. 황강은 비교적 규모가 크며, 하상토의 대부분이 모래로 이루어진 하천이므로 Ackers-White 공식이나 Engelund-Hansen 공식이 적합할 것으로 보인다. 유사량 공식의 선택에 대해서는 한국건설기술연구원(1989) 하천 유사량 산정방법의 선정 기준 개발 보고서를 참조하기 바란다.

④ 유사분급(Sorting Method)과 침강속도(Fall Velocity Method)는 각각 Exner 5와 Rubey가 내정값이므로, 그대로 놓아둔다.

⑤ 단면별로 최대 깊이(Max. Depth) 또는 최소 표고(Min. Elev)의 둘 중 하나를 지정해야 한다. 둘 다 침식될 수 있는 한계를 지정하는 것이다. 최대 깊이는 하상토층의 최대 침식 가능 깊이를 의미하고 내정값은 3.048 m(10 ft)이며, 최소 표고는 침식 가능한 하상토층의 최소 표고를 의미한다. 이 예제에서는 간단히 하기 위해 최대 깊이를 모두 3.0 m로 입력한다.

⑥ 이동상 한계(Sta Left와 Sta Right)를 지정하기 위해서는 횡단면을 이용하는 것이 좋다. Cross Section Plot 탭을 선택하면 횡단면이 나타난다. 이동상 한계는 앞서 지형자료 입력에서 지정한 강턱 위치(Left Bank와 Right Bank)보다 안쪽으로 한정하는 것이 좋다. 본 예제에서는 45.02 단면의 경우 강턱 위치보다 하나 안쪽인 54.26과 165.93을 지정하였다. 그러면 지정된 침식층의 두께와 이동상 한계가 횡단면상에 나타날 것이다.

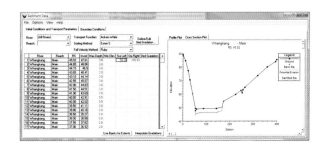

⑦ 나머지 모든 단면에 대해 이동상 한계를 지정한다. 편집을 할 때, Cross Section Data 편집기를 같이 보면 이동상 한계의 결정이 보다 쉬울 것이다. 이 작업을 마치면 화면은 다음과 같이 될 것이다.

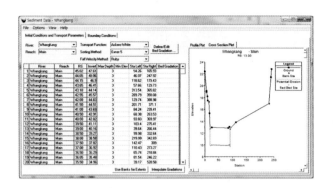

■ **하상토 자료 입력**

① 하상토 입도 분포는 입도의 형틀(templet)을 만들어서 이것을 각 단면에 지정한다. 형틀을 만들기 위해 [Define/Edit Bed Gradation ...] 단추를 이용하여 생성하고 편집한다. 하상토 입도 시료는 통과백분율(% Finer)과 입경 등급별 비율(Grain Class Fraction/Weight)의 두 가지 형태로 입력할 수 있다. [Define/Edit Bed Gradation ...] 단추를 누르면 다음 화면이 나타난다.

② New(□) 단추를 누르면 Gradation Sample 화면이 나타난다. 여기에 적당한 이름을 부여한다. 여기서는 1.5절의 하상토 입경 분포를 입력한다. 0.0 횡단면의 입도를 Gr0이라는 이름으로 입력한다.

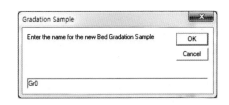

③   OK   단추를 눌러 Bed Gradation 화면으로 되돌아온다. 여기서 **%Finer** 열을 선택하고, Excel에서 정리한 입경 분포를 복사해 넣으면 된다. 0.0 단면에 대한 입경 분포는 다음 그림과 같다.

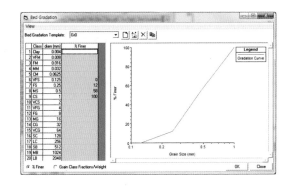

④   OK   단추를 눌러 Sediment Data로 되돌아온다.

⑤ Sediment Data 격자의 Bed Gradation 열의 셀을 클릭하면 정의된 하상토 시료 템플릿의 나열 선택 상자가 나타난다. 45.02 횡단면은 **Gr90**를 선택한다. 하상토 입경 분포의 경우 상류부터 하류 방향으로 나열되어 있음에 유의하라.

⑥ 하나의 하상토 시료를 여러 개의 횡단면에 연결할 수 있다. 따라서, 한번 선택되면, 시료는 마우스 포인터로 선택된 셀의 오른쪽 아래 모퉁이를 연직방향으로 잡아끌기하여 여러 개의 셀에 복사할 수 있다.

⑦ 이런 식으로 각 횡단면의 하상토 입경 분포를 지정한다. 하상토 입경 분포 입력을 마치면 다음과 같이 될 것이다.

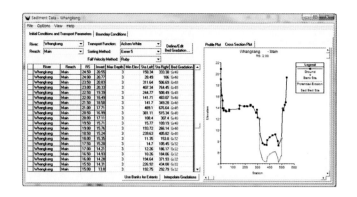

■ 유사량 자료 입력

계속해서 유사량에 대한 자료를 입력해야 한다. 그런데 문제는 황강의 경우 유사량 측정 자료가 없다는 것이다.

① Boundary Condition 탭을 선택한다.

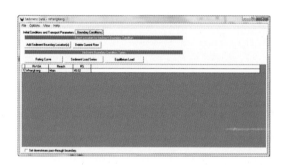

② 현재는 유사량 측정자료가 없으니 상류 경계에 대해 HEC-RAS가 제공하는 평형 유사 량(Equilibrium Load)을 지정하기로 하자. Equilibrium Load 단추를 누른다.

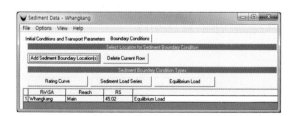

주의

평형 유사량 옵션은 가장 간단하면서 유사량 측정 자료가 없을 때는 유용하게 쓸 수 있는 대안이기도 하다. 그러나, 예측 결과에 대해 적합성 판단을 하기 힘든 경우가 많으므로 유사량 측정자료가 있는 경우라면 측정자료를 우선해서 사용하는 것이 바람직하다.

③ File ⇒ Save Sediment Data...를 눌러 유사자료를 저장한다. Whangkang.s01 파일에 저장될 것이다.

④ File ⇒ Exit를 눌러 유사자료를 닫는다.

B.2.6 이동상 모형 보정

이동상 모형 보정을 위해서는 세심한 주의가 필요하다. 특히 큰 유량일 경우 한 홍수 사상에 대해 하상변동량이 지나치게 크면 곤란하다. HEC-RAS에서는 한 유량 사상에 대해 구간 전체에서 최대 하상변동량이 0.3 m(1 ft) 이하가 되도록 권고하고 있다. 만일 어떤 유량에 대해 하상변동량이 0.3 m를 넘으면, 모의 기간을 잘게 잘라서 입력해야 한다. HEC-RAS에서 부정류 모의를 할 경우 내정값은 1일(24시간) 단위이므로, 큰 유량일 경우는 이를 12시간짜리 두 개나, 6시간짜리 4개로 분할해야 한다.

■ 준부정류 수문 자료 입력

앞의 B2.4에서 채택한 6가지 유량에 대해 허용 계산시간을 결정하기 위한 모의를 실시해 보자. 먼저, 가장 큰 100년 빈도 홍수량(상류단 3,110 m^3/s)에 대해 6시간 4개, 12시간 4개, 24시간 4개 도합 12개의 수문자료를 입력하여 모의를 시행해 보자.

① Edit ⇒ Quasi Unsteady Flow Data (Sediment Analysis)... 메뉴를 선택하거나 🔼 단추를 누른다.

② 유량이 변경될 지점을 지정하기 위해서 Add A Flow Change Location 단추를 누른다. 유량이 변
경될 지점인 39.00, 31.00, 14.50, 4.50번을 선택한다. 그러나 본 예제에서는 간단히 하
기 위해 31.00의 사천천만을 고려하기로 한다.

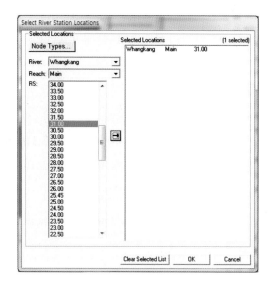

③ OK 단추를 눌러 Quasi Unsteady Flow Editor로 되돌아온다.

④ 상류단의 Boundary Condition Type은 Flow Series로 지정한다. Flow Series 대화상자
에 다음과 같이 입력한다. 이것은 1988년 1월 1일부터 유입량 3,110 m³/s를 6시간씩
4개, 12시간씩 4개, 24시간씩 4개를 각각 지정한 것이다.

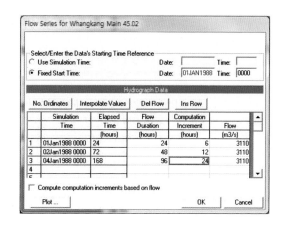

🔔 주의

날짜는 반드시 미국식으로 일월년의 순으로 입력해야 한다. 예를 들어, 1988년 1월 1일은 01JAN1988 로 입력한다.

⑤ ___OK___ 단추를 눌러 Quasi Unsteady Flow Editor로 되돌아온다.

⑥ 하류단인 0.0 횡단면의 Boundary Condition Type은 Stage Series로 지정한다. Stage Series 대화상자에 다음과 같이 입력한다. 이것은 1988년 1월 1일부터 전체 모의 기간 인 168시간 동안 수위가 19.7 EL.m로 일정하게 유지되는 것이다.

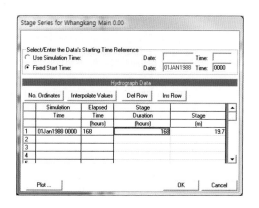

⑦ ___OK___ 단추를 눌러 Quasi Unsteady Flow Editor로 되돌아온다.

⑧ 31.00 횡단면의 Boundary Condition Type은 Lateral Flow Series로 지정한다. Lateral Inflow Series 대화상자에 다음과 같이 입력한다. 이것은 1988년 1월 1일부터 유입량

300 m³/s를 6시간씩 4개, 12시간씩 4개, 24시간씩 4개를 각각 지정한 것이다.

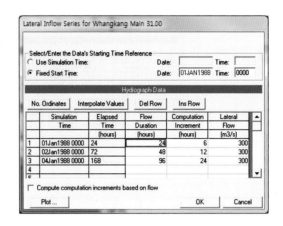

⑨ 단추를 눌러 Quasi Unsteady Flow Editor로 되돌아온다.

⑩ Set Temperature ... 단추를 눌러 수온을 지정한다. 수온은 1988년 1월 1일부터 전체 모의 기간인 168시간 동안 수온이 15℃로 일정하게 유지된다고 한다.

주의

수온을 입력할 때는 이상하게 날짜가 맞지 않는다. HEC-RAS의 오류인 것으로 보인다. 이것은 모의를 할 때 오류를 일으키므로, 수온자료만은 매우 여유 있게 긴 기간을 입력하였다.

⑪ File ⇒ Save Quasi-Unsteady Flow File...로 준부정류 수문자료를 저장한다. Whangkang.q01 파일이 생성될 것이다.

⑫ File ⇒ Exit를 선택하여 Quasi Unsteady Flow Editor를 닫는다.

■ 이동상 계산

① Run ⇒ Sediment Analysis 메뉴를 선택하거나 ⛏ 단추를 누른다.

② Sediment Transport Analysis 화면에서 필요한 자료를 입력하고 Compute 를 누른다.

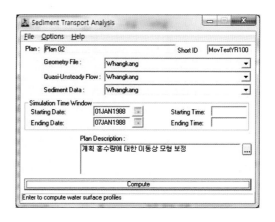

🔔 주의

유사 분석을 수행할 때는 오류가 많이 발생한다. 가끔은 수정된 자료를 제때 저장하지 않아 문제가 생기기도 한다. 따라서 어떤 자료를 수정한 후에는 확실하게 저장하는 것이 좋다.

③ 다음과 같이 계산이 수행될 것이다.

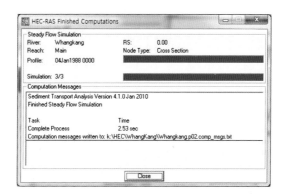

④ 이동상 계산 결과를 보기 위해서는 View ⇒ Sediment-XS Bed Change Plot을 선택한다.

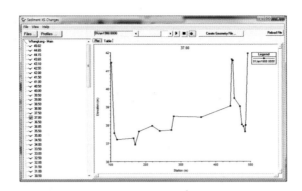

⑤ Profiles ... 단추를 누른 뒤 원하는 시각의 하상을 도시한다. 44.65 단면을 예로 보이면 다음과 같다.

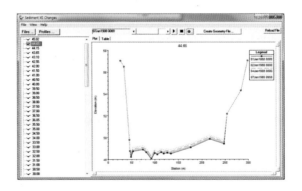

⑥ 시간에 따른 하상변동량을 보기 위해서는 View ⇒ Sediment Time Series Plot을 이용하는 것이 좋다. Variables ... 단추를 누르고, Invert Change (m)를 선택하면, 시간에 따른 하상변동량을 볼 수 있다.

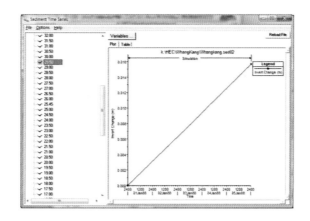

⑦ 이 결과에서 모든 경우에 최대 하상변동량이 0.3 m를 넘지 않으므로, 이 유량에 대해
  서는 모의 시간을 24시간으로 잡아도 문제가 없다는 의미이다. 따라서 모든 수문자료
  에 대해서 24시간 단위로 모의하기로 한다.

B.2.7 하상변동 모의

▥ 하상변동 계산

실제 수문자료를 입력해 보자.

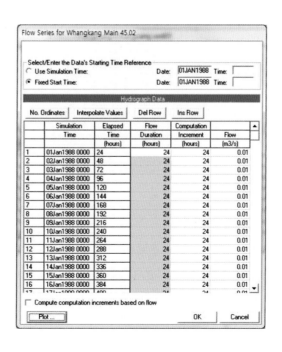

① Edit ⇒ Quasi Unsteady Flow Data (Sediment Analysis)... 메뉴를 선택하거나 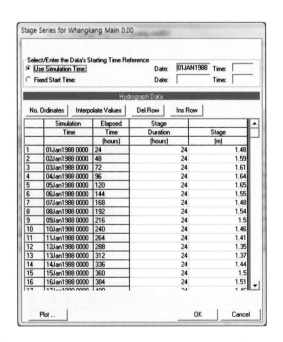 단추를 누른다.

② 다만, 댐 방류량이 0.0 m³/s인 경우는 모의에 문제가 생기므로 0.01 m³/s로 입력하였다. 만일 이런 자료를 제외하면 모의 일자가 달라질 수 있다.

③ 미리 Excel 파일로 정리해 둔 수문자료를 복사해 넣으면 된다.

❗ 주의

수문자료(유량 시계열, 수위 시계열, 수온 시계열)의 입력에서 자료 수는 초기에 100개로 한정되어 있다. 만일 자료 시계열의 수가 100개를 넘을 때는 No. Ordinates 단추를 눌러서 시계열의 수를 늘려야 한다.

④ 하류단의 수위를 입력한다. 하류단 수위도 Excel로 정리한 뒤 복사해 넣으면 된다.

⑤ 31.00 횡단면의 측방 유입량과 수온을 입력한다. 수온은 일평균 수온을 이용해야 하지만, 예제에서는 편의상 항상 15℃를 유지하도록 하였다.

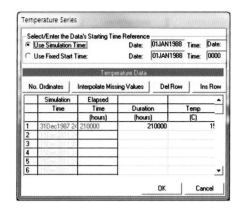

⑥ File ⇒ Save Quasi-Unsteady Flow File... 메뉴를 선택한다.

⑦ Run ⇒ Sediment Analysis... 메뉴나 ⛤ 단추를 누른다. 하상변동 계산이 진행될 것이다.

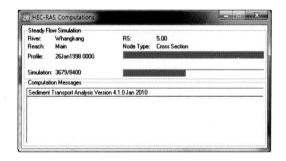

■ **결과의 비교 및 수정**

① 계산이 완료되면, View ⇒ Sediment Spatial Plot 메뉴를 선택한다. Profiles ... 단추를 눌러 결과를 나타낼 일자를 선택한다. 예제에서는 시작일(01JAN1988)과 1년 뒤 (31DEC1988), 모의 최종일(31DEC2010)을 선택한 것이다.

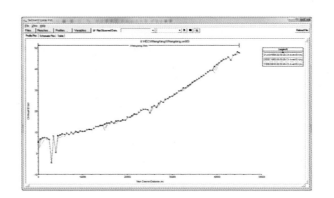

② Variables ... 를 누르고, Invert Change (m)만 선택하면 다음과 같이 바뀐다. 이 모의에서는 12.50 횡단면과 39.50 횡단면에 문제가 있음을 알 수 있다.

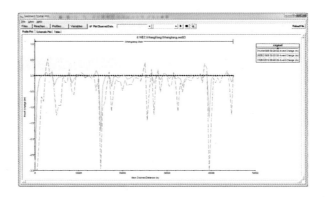

! 주의

어떤 횡단면에 지나치게 큰 변동이 생기는 이유로는 횡단면의 이동상 한계가 너무 작거나 이 횡단면의 하상토 입경 분포에 문제가 있는 경우가 많다.

③ Sediment Data에서 12.50 횡단면을 보면 다음과 같다.

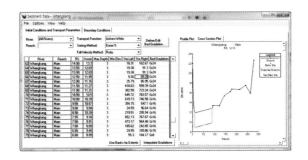

④ Sta Right를 약간 크게 조정한다. 마찬가지로 39.50도 약간 조정한다.

⑤ 자료를 전부 저장한 뒤 Run ⇒ Sediment Analysis... 메뉴나 🗻 단추를 누른다.

⑥ 계산 결과를 실측 하상고와 비교한다.

⁑ 참고문헌

건설부. 1983. 낙동강(황강) 하천정비 기본계획.

건설교통부, 부산지방국토관리청. 2005. 황강 하천정비 기본계획(보완).

류권규. 2011. 하상변동계산 가이드라인, 건설기술혁신사업, 기술보고서.

한국건설기술연구원. 1989. 하천유사량 산정방법의 선정기준 개발.

HEC (U.S. Army Corps of Engineers Hydrologic Engineering Center). 2010a. HEC-RAS River Analysis System, Version 4.1, Applications Guide.

HEC (U.S. Army Corps of Engineers Hydrologic Engineering Center). 2010b. HEC-RAS River Analysis System, Version 4.1, User's Manual.

찾아보기

기타

AUTHOR INTRODUCTION

저자 소개

우효섭

1985년 미국 Colorado State University 토목공학과 공학박사(수리학)
1986~1988년 미국 신시내티 대 토목환경공학과 (연구)조교수
1988~2015년 한국건설기술연구원 근무(원장 역임)
2015년~현재 광주과학기술원 지구환경공학부 교수
저서: 하천수리학(2001년), 개정 하천수리학(2015년, 대표저자), 하천
　　　복원사례집(2006년, 대표저자), 생명의 강 살리기(2011년, 대표
　　　저자), 생태공학(2017년, 대표저자) 등

오규창

1991년 수자원개발기술사
1998년 서울대학교 토목공학과 공학박사(수자원공학)
1987~1993년 한국건설기술연구원(선임연구원)
2014~2015년 한국수자원학회 부회장
2014년~현재 ㈜이산 수자원부 부사장
2016년~현재 한국하천협회 부회장
2018년 현재 하천·댐 기준위원회 위원장

류권규

1988~1999년 한국건설기술연구원 수자원연구실(선임연구원)
1997년 수자원개발기술사
2004년 미국 University of Iowa 토목환경공학과 공학박사
2006년~현재 동의대학교 토목공학과 교수
저서 및 역서: 유사이송(2007년, 공역), 흐름해석을 위한 유한요소법
　　　　　　입문(2013년, 공역), 입자영상유속계측법(2016년, 공
　　　　　　역), 난류수리학(2017년, 공저)

최성욱

1996년 미국 University of Illinois at Urbana-Champaign 토목환경공
　　　학과 공학박사(수리학)
1996~1997년 미국 Illinois State Water Survey, Research Associate
1997년~현재 연세대학교 건설환경공학과 교수
저서: 수리학(2017년, 공저), 난류수리학(2017년, 대표저자) 등

인간과 자연을 위한

하천공학

2018년 8월 24일 1판 1쇄 펴냄
지은이 우효섭 · 오규창 · 류권규 · 최성욱
펴낸이 류원식 | 펴낸곳 (주)교문사(청문각)

편집부장 김경수 | 책임진행 김보마 | 본문편집 홍익 m&b | 표지디자인 유선영
제작 김선형 | 홍보 김은주 | 영업 함승형 · 박현수 · 이훈섭
주소 (10881) 경기도 파주시 문발로 116(문발동 536-2) | 전화 1644-0965(대표)
팩스 070-8650-0965 | 등록 1968. 10. 28. 제406-2006-000035호
홈페이지 www.cheongmoon.com | E-mail genie@cheongmoon.com
ISBN 978-89-363-1771-3 (93530) | 값 36,500원